核 桃 学

张志华　裴 东　主编

中国农业出版社

图书在版编目（CIP）数据

核桃学 / 张志华，裴东主编. —北京：中国农业出版社，2018.4
ISBN 978-7-109-23266-2

Ⅰ.①核… Ⅱ.①张… ②裴… Ⅲ.①核桃—果树园艺 Ⅳ.①S664.1

中国版本图书馆 CIP 数据核字（2017）第 199183 号

中国农业出版社出版
（北京市朝阳区麦子店街 18 号楼）
（邮政编码 100125）
责任编辑 张 利 黄 宇

北京通州皇家印刷厂印刷 新华书店北京发行所发行
2018 年 4 月第 1 版 2018 年 4 月北京第 1 次印刷

开本：787mm×1092mm 1/16 印张：24.75 插页：6
字数：570 千字
定价：198.00 元

编 委 会

主 任 邓秀新

委 员 邓秀新 韩明玉 段长青 张绍铃

陈厚彬 姜 全 赵立山

《核桃学》编委会

主 编 张志华 裴 东

编著人员（按姓氏笔画排序）

马庆国 王 贵 王 滑 王江柱

王红霞 王国安 王勤英 刘朝斌

齐建勋 何富强 宋晓波 张 雨

张志华 张美勇 陆 斌 陈永浩

赵书岗 赵宝军 郝艳宾 荣瑞芬

高 仪 黄坚钦 裴 东 魏玉君

QIANYAN

前言

核桃是世界著名的坚果，深受广大消费者欢迎。我国核桃种质资源丰富，栽培历史悠久，分布广泛，是我国重要的干果和经济树种。

核桃是优良的生态树种，对改善生态环境和建设环境友好型社会发挥着重要作用。核桃的木材质地坚韧、颜色淡雅、纹理美观，是航空、交通和军事工业的重要原料。核桃壳可以制作高级活性炭，是国防工业制造防毒面具的优质材料。核桃的枝、叶、果实青皮、坚果内横隔及种仁是传统的中药材，具有补气养血、润肺健脑、治疗神经疾病、恢复肝脏功能、预防心肌梗死、抑制癌变等功效。特别是核桃的种仁集脂肪、蛋白质、糖类、纤维素、维生素等营养要素于一体，具有很高的营养价值，是真正的药食同源果品。

随着人们对核桃营养、保健、医疗、生态功能的逐步认识，核桃产业的开发越来越受到世界各国的重视，显示出巨大的发展潜力。近年来，在我国农村经济结构调整中，核桃以其适应广泛、果材兼优、改善环境、产值较高等优势，在各地农村种植发展规划中占有重要位置，种植面积不断扩大，经济效益不断提高。伴随我国核桃产业的发展，我国核桃科学研究工作也取得丰硕的成果，在推动核桃产业发展中起到了重要作用。

为了总结我国核桃产业发展中的经验和科研成果，进一步促进核桃产业的健康发展，我们组织编写了《核桃学》。主要对我国历史悠久、种植广泛的核桃（*Juglans regia*）和泡核桃（*Juglans sigillata*）展开阐述，对新兴的工艺型河北核桃（麻核桃）（*Juglans hopeiensis*）也做了适当的介绍。主要内容包括核桃的起源和传播，栽培历史及文化，国内外核桃产业概况，种质资源，主要类型和优良品种，品种选育，生物学特性及结实生理，优质苗木繁育，区划及建园，栽培管理，病虫防治，果实采收、贮藏及加工等。编写内容力求全面反映目前我国及世界核桃科学研究及产业发展状况，以求对从事核桃科研、教学、产业经营、组织管理和生产者有一定的参考价值。

本书作者均为多年从事核桃科研、生产、教学和管理的资深学者，通过广集资料，审慎取材，通力合作，完成了《核桃学》的编写工作。尽管作者在编写中尽其所能不懈努力，疏漏和不妥之处在所难免，敬请读者和同行专家不吝赐教。

编　者

2016年10月

MULU

目录

第一章 绪 论

第一节 中国核桃的起源及栽培历史

核桃（*Juglans regia*）和泡核桃（*Juglans sigillata*）是中国栽培历史悠久、分布广泛、种质资源极为丰富的古老果树，其中泡核桃为中国原产，国内外学者均无异议。而对中国栽培最为广泛的核桃（国外称为波斯核桃或英国核桃）的原产地，却众说纷纭。中国核桃科技工作者通过多种途径和方法，考古察今，分析论证，证明中国是世界核桃原产中心之一，从而使讹传多年的中国核桃来自外国的说法得以澄清。

一、核桃（*Juglans regia* L.）的起源

（一）中国古代典籍的有关记载

关于中国核桃起源问题，居于主导地位和流传最广的文字记载是汉武帝时由张骞出使西域（公元前139—前114年）带回胡桃（核桃）以后，中国始有核桃。并认为伊朗是核桃的原产中心，并由此传播到世界各地。最有代表性的是距张骞出使西域以后300余年的张华所著《博物志》中载："张骞使西域还，乃得胡桃种。"据此，后世各种本草、农书、历史书籍以及林业、果树方面的教材，甚至中小学生课本，皆以此为据，照抄入书，认为中国核桃的唯一来源是张骞从西域带回的种子，以后才广为种植。但距离张骞出使西域最近的纪传体史书《史记》中却只有"汉使取其实来，天子始种蒲陶、目宿肥沃土地……"之记载，并无张骞带回胡桃之文字记述。而司马迁开始撰写《史记》与张骞出使西域仅相距10年，以取材丰富、记述严谨著称的我国第一部纪传体史书《史记》作者司马迁对当时张骞出使西域和东归过程以及从西域带回珍稀果品，是绝不会漏记的。此后，也早于《博物志》100余年出版的，在东汉班固和班昭所著《汉书》中亦只载："汉使采蒲陶、目宿种归……益种蒲陶、目宿离宫馆旁，极望焉。"蒲陶和目宿系指今日之葡萄和苜蓿无疑，亦无带回胡桃种子的只字片言。但距张骞出使西域以后300余年的张华，在其所著《博物志》却提出"张骞带回胡桃种"，唯一的解释可能是后人强加给张骞并讹传至今。

此后，《齐民要术》《农桑辑要》等农书中也只提到安石榴由张骞带回，并无胡桃。《本草纲目》载："胡桃此果本出羌胡，汉时张骞使西域始得种还。"《群芳谱》载："核桃，一名胡桃，一名羌桃。张骞自胡羌得其种，故名。"《花镜》则谓："胡桃一名羌桃、万岁子……壳薄肉多易碎者名胡桃，产荆襄；壳坚厚须重槌乃破者，名山核桃，产燕齐。"

综上所述，中国古代史书和各种农书中均无核桃的确切来源和可信的文字记载。

（二）外国学者的有关论述

外国学者对核桃的栽培、分布和传播问题的论述很多，一些文章还涉及中国核桃的起源问题。但他们的论据有所不同，看法也不尽一致。概括起来可分 3 种情况：一种是难下结论或称“情况不明”；另一种是论及核桃起源及早期传播分布中未提到中国；第三种则认为中国是核桃起源中心之一，或者说千百万年前核桃便传播到中国。如德堪道尔（De Candolle）在《栽培植物考源》中，把核桃列入原产自中国及欧洲北部温带和亚洲温带，但栽培起始年代不明。

日本学者菊池秋雄在《果树园艺》上卷载：“核桃原产地是欧洲东南部、亚洲西部乃至伊朗，但严格地说，其原产地不明。”根据欧美近代考古研究和地质发掘证明，在第三纪（即新生代中期和初期）的欧洲和北美地层中，已经发现很多核桃果实和叶片的化石，认为欧洲从白垩纪即出现核桃属植物的化石，而且有接近分布于欧洲、亚洲的核桃和北美核桃（*J. cenerea* L.）的类型。后来因为第四纪冰川来临，核桃在中欧与其他一些植物如银杏等完全灭绝。但在北美、小亚细亚、印度北部山地、缅甸和日本等处继续生长繁殖，在人类开始活动时期，核桃又被迁回欧洲。星川清亲（日）认为现代核桃的原产地是欧洲东南部和西亚波斯地区，向东传入印度。

H. 福特（美）认为核桃原产地可能是从喀尔巴阡山起，横跨土耳其、伊拉克、伊朗、阿富汗及俄罗斯南部，一直绵延到印度北部的广大地区。于公元前 3 世纪向西传播到希腊，以后经罗马时代在欧洲推广，5 世纪才引入英国，17 世纪引入美国，向东传播到伊朗、印度，4 世纪末由中国传入朝鲜。

瓦维洛夫认为：核桃的世界起源中心有 3 个，一是中国的东部和中部；二是中亚的印度西北部、阿富汗、塔吉克斯坦、乌兹别克斯坦及天山西部；三是外高加索和伊朗。德国园艺学家伯特拉姆·库恩（Bertram Krun）曾说：“核桃的家乡在中国，中国人在几百年的过程中，从一种很小的和没有滋味的野生形态栽培成一种很大的、美味的果实……。”吴鲁夫在《历史地理植物学》（1944）中指出，在喜马拉雅山山谷中，第三纪时期就有核桃的分布，胡桃属非常可能发生在东亚范围内（中国高地）。荷兰植物研究所齐文和原苏联茹考夫斯基合编的《栽培植物及其分化中心辞典》列举核桃属中 3 个种均起源于中国。

某些外国学者对张骞出使西域带回核桃一说，颇有异议。如英国著名植物学家勃基尔（I. H. Burkill）1953 年在伦敦林奈学会上发表《人的习惯与旧世界栽培植物起源》中曾有论：“公元前 134 年中国皇帝（汉武帝——编者注）派张骞将军到西域去寻找游牧的月氏蒙古人共同防御匈奴，当这位将军在冒险 10 年后回来时，带回来葡萄和苜蓿的种子……。在张骞获得荣誉之后，中国人将来源不明的所有西方植物都认为是张骞所输入。”劳佛（Laufer）在他的《中国与伊朗》一书中也断然否认张骞曾将胡麻、芫荽、石榴、黄瓜、葱、红花、无花果和核桃引入中国。但 Bretscheieler 和 Hirth 却对所谓张骞从西域诸国引入核桃、蚕豆、芝麻、胡萝卜、菠菜、红花等确信不疑，且就此著书立说。

（三）有关近代研究及考证

据《中国植物化石》第三册中有关中国新生代植物考察研究资料表明，胡桃属植物在地质年代晚第三纪（距今 1 200 万～4 000 万年）和第四纪（距今 200 万～1 200 万年）时已有6个种分布于中国西南和东北各地。其中山旺胡桃（山东临朐县山旺村）的叶片化石和三枚炭化核桃坚果与现代核桃极为相似，该叶片化石的地质年代为第三纪中新世（距今约2 500万年）。此外，该书在“中国新生代植物群”一节中还列举了江西清江地区始新世地层、新疆准噶尔盆地渐新世下绿岩组以下、北京始新世—早渐新世地层及陕西蓝田毛村早渐新世地层中都曾发现核桃、枫杨、化香树等花粉或孢粉存在。1966—1968年中国科学院西藏科学考察队在聂聂雄湖沉积物中，也曾发现核桃、山核桃等树种花粉遗存，并在邬郁—邬龙地层中采集到第三纪时期的核桃花粉。这些科学考察和地质发掘，证明早在2 500万年以前或更早时期中国就已有核桃种存在的事实，而且这些遗存遍及华东、华北、西北和西藏。这些残遗植物和孢粉的地质年代与近年欧洲和北美地层发掘出的核桃果实和叶片化石地质时期极为相似，从而进一步证明了中国是核桃的起源地之一。

1980年河北省文物考古工作队在河北省武安县磁山村发现距今七八千年原始社会遗址，出土了遗存的炭化核桃坚果残壳，经中国科学院考古研究所实验室鉴定，认为该遗址距今7 335（±100）年。炭化核桃坚果残壳经中国科学院植物研究所鉴定为核桃。

河南密县峨沟北岗新石器时代遗址，曾发掘出炭化的麻栋、枣和核桃（《河南文博通讯》，1979），经中国科学院考古研究所^{14}C实验室对出土木炭年代测定，距今7 200（±80）年，这说明河南峨沟北岗与河北磁山均属于文化类型相似的新石器时代遗址。两地炭化核桃均证明中国早在7 000年以前已有核桃生长，并且是先民们的主要食品之一。

1954年开始发掘的陕西省西安半坡原始氏族公社部落遗址（距今约6 000年），经中国科学院植物研究所反复测试鉴定，表明在地下分别发现有核桃及柿的孢粉存在（《西安半坡》，1963）。再次证明早于西汉时期40年左右，中国不但有核桃存在，而且已有相当范围的核桃、榛、栗、柿树等生长分布。

郗荣庭（1981）根据古籍查考、化石、炭化核桃坚果出土、地质孢粉发掘和近代研究报道，认为核桃不是一地而是多地起源，进而提出中国应是世界核桃起源地之一的论点，从而否认了查无实据的张骞从西域带回核桃以后中国始有核桃这一流传久远的讹传。

穆英林、郗荣庭等（1990）根据核型不对称理论认为，核桃组最为进化，核桃楸组最为原始，从核型和花粉形态上认为核桃是从核桃楸分布中心或边缘地带演化而来，为中国是核桃的起源地之一提供了又一论据。

成锁占等（1987）对核桃同工酶测定结果表明，新疆野生核桃与其他各地收集来的核桃二者同工酶谱及主酶带基本一致，认为新疆野生核桃与核桃同属一种，把新疆野生核桃列为一个新种是不妥当的。根据张新时（1973）多年考察研究认为，新疆野生核桃应属于天山第三纪暖温带阔叶林的残遗群落，是中亚栽培核桃的直系祖先。同时，武德隆从新疆野生核桃林生境和植物带谱规律性看，也认为它是第三纪后期残遗的温带阔叶林植物群落之一，是天然的核桃种“基因库”。从新疆野生核桃林的天然分布和多年存在演化的事实，为中国是核桃原产地之一提供又一现实的根据。

《中国果树史与果树资源》（孙云蔚，1983）认为中国核桃原产于伊朗、小亚细亚，以及中国新疆一带。该书在附注中又载：“自来还有几种我国原产的核桃，例如新疆野生核桃天然分布于新疆巩留、伊宁等地，进而提出核桃为亚洲西部和我国原产。”

《落叶果树分类学》（俞德浚，1984）载：“核桃亦称胡桃，原产于欧洲东南部和亚洲西部，近年由于在我国新疆天山北坡发现野生核桃林，因此有人主张核桃为我国原产……至今在额敏、霍城、昭苏、巩留一带山谷仍有大面积核桃野生林。"

《我国果树历史的研究》（辛树帜，1962）一书认为："自汉武帝通西域，西方名果来我国者有三种，即葡萄、胡桃和石榴，葡萄由张骞自西域带回，我们有上林赋作证。至于核桃之引入，则不见于上林赋，固有羌桃之名，可能我国西部亦为原产地。"《果树引种驯化》（张宇和，1982）认为，汉武帝时由张骞从西域把核桃引入中国纯系后人追加的想法。此外，他认为辛树帜确定核桃 4 世纪引入中国是谬说。但他根据河北农业大学通过近年出土炭化核桃和各地孢粉结果而得出的新结论，认为核桃起源地有进一步研究的必要。

中国林业和果树科学工作者，为探讨研究中国核桃的起源问题，在地理分布、文献考证、地质化石、文物考古、孢粉分析、出土文物鉴定及细胞学等进行了多方面的研究，并取得了明显的进展。段盛娘（1984）认为喜马拉雅山南坡山谷早有野生型、过渡型和栽培型核桃存在。中国科学院青藏高原综合考察队（1982）也曾在南木林等地采到核桃的花粉，均证明西藏是中国核桃原产地之一。路安民（1982）认为，核桃科共有 9 属 71 个种，绝大多数分布在北半球，中国原产 7 属 28 种。他根据化石资料结合现代核桃分布分析，认为核桃科植物极可能起源于中国西南部和中南半岛北部。大量而充分的研究资料表明，中国不但有新疆和西藏野生核桃林存在，并证明确系地质年代第三纪后期残遗的暖温带阔叶林植物群落，而且有新生代核桃孢粉的地层遗存和近代河北、河南两省出土 6 000～7 000 年前的炭化核桃坚果。这些材料不仅充分证明中国是世界核桃原产地之一，并且具有丰富的种质资源。

二、泡核桃（*Juglans sigillata* Dode）的起源

中国泡核桃的起源，有关书籍均有原产中国的论述，并无疑论。杨文衡等（1987）认为，中国原有和陆续引进栽培的 9 个种，其中分布广、品种多的有两个种，即泡核桃和核桃。

段盛娘等（1984）先后在喜马拉雅山南坡山谷中的西藏自治区吉隆县吉隆区、聂拉木县樟木区、错那县勒布区、波密县扎木区和林芝县东久区都曾发现了泡核桃的野生类型，认为西藏是中国泡核桃原产地之一。刘万生等通过西藏核桃考察也发现西藏既有泡核桃的原始群落，也有栽培类型，并与云南、贵州同属一个种，进一步证明泡核桃原产中国。

泡核桃主要分布在中国云南、贵州全境和四川、湖南、广西西部及西藏南部，沿怒江、澜沧江、金沙江、岷江和雅鲁藏布江等流域分布，与第三纪核桃属植物沿喜马拉雅山至中南半岛的沿江分布有明显的渊源。

四川省林业科学研究所于 1981 年在四川冕宁县野海子发掘出大量木材、果实、枝叶等森林遗迹，经中国科学院贵阳地球化学研究所对木材 ^{14}C 年龄鉴定为距今6 058(±167)年。发掘果实遗存中有核桃，其核果圆形，表面密布深纹，壳厚，经中国科学院植物研究所罗健馨鉴定为泡核桃。通过果实和木材鉴定，证明当时野海子古森林的主要树种组成中有云南油杉、丽江铁杉、泡核桃及杜鹃等，是以针叶林为主的亚热带针叶林和常绿阔叶林混交林。证明 6 000 年前泡核桃已在四川大量生长。孙云蔚教授在《中国果树史与果树资

源》中写道：自来还有几种我国原产的核桃，例如新疆野生核桃、野核桃、泡核桃和核桃楸；并且肯定分布于中国云南、贵州、四川的泡核桃属于中国原产。综上列举资料证明，泡核桃为中国原产是毫无疑义的。

第二节 核桃的经济价值

核桃具有很高的经济价值，核桃脂肪不仅是高级食用油，而且具有很高的工业和药用价值。

一、营养价值

营养物质是人体生长发育和维持生命活动的物质基础，是人类劳动生产和进行一切活动的能量源泉。核桃种仁的营养成分丰富，营养保健功能明显，含有丰富的人体必需的优质脂肪、蛋白质、粗纤维、多种维生素、矿质元素和脂肪酸等多种成分，成为世界公认的优良营养保健食品，受到我国和各国广大消费者的喜爱，我国誉之为“长寿果”“万岁果”，欧洲称之为“大力士食品”。美国加利福尼亚州核桃委员会称之为“21 世纪超级食品”。美国食品及药品管理局（FDA）2004 年通过了核桃作为保健食品的准可。

（一）核桃仁

核桃仁营养丰富，每 100g 干核桃仁中含水分 3～4g，脂肪 63.0g，蛋白质 15.4g，碳水化合物 10.7g，粗纤维 5.8g，磷 329mg，钙 108mg，铁 3.2mg，胡萝卜素 0.17mg，维生素 B_1 0.32mg，维生素 B_2 0.11mg，维生素 B_3 1.0mg。核桃仁中含有 18 种氨基酸，其中人体必需的氨基酸含量较高。其中的钙、磷、铁、胡萝卜素、维生素 B_1、维生素 B_3、维生素 B_2 均高于板栗、枣、苹果、山楂、桃、鸭梨、柿等常见果品。特别是核桃仁中碘含量较高（14～33mg/kg），对儿童的生长发育非常有利。北京联合大学冯春艳、荣瑞芬研究认为，核桃仁平均含脂肪 73.79%、蛋白质 16.51%、可溶性糖 3.56%、黄酮 0.52% 和丰富的不饱和脂肪酸。研究结果显示，核桃仁营养和功能成分含量，与不同品种、产地土壤气候条件、管理水平有密切关系。国外检测结果和国内不同地域生产的核桃营养成分含量，会有一定的差异。据美国农业部国家营养数据库（USDA National Nutrient Databank）资料，每 100g 核桃仁含脂肪 56.21g、蛋白质 15.23g、碳水化合物总量 13.7g，以及丰富的矿物质元素和脂肪酸含量。

（二）种皮（仁皮）

种皮指包裹在种仁外面的棕色或黄色薄皮，亦称仁皮或内种皮。因为种皮稍带苦涩，多被剥掉丢弃。万郑敏等采用高效液相色谱分析核桃种皮中的酚类物质，检测到含有 17 种酚类物质，无种皮种仁中仅有 7 种，表明种皮中酚类物质含量丰富，其中部分酚类物质仅存在种皮内。北京联合大学冯春燕等以云南三台核桃、陕西商洛核桃和北京密云核桃为试材，对三个产地核桃样品的种皮特性、质量和营养成分进行了检测分析。结果表明，云南大姚核桃（三台核桃）种皮较薄，陕西商洛核桃种皮中等，北京密云核桃种皮最厚。种皮厚度分别占带皮种仁的 3.42%、3.75%和 4.12%。种皮颜色从深到浅顺序为北京核桃、陕西核桃、云南核桃，表明种皮厚薄对食用带种皮核桃仁的口感有明显影响。此外，研究结果还显示，3 种核桃种皮蛋白质含量平均为 10.97%，可溶性糖含量为 5.26%，高于种仁（3.56%）1.61 个百分点。矿质元素含量除钾和锌外，种皮均远高于种仁，膳食纤维为种仁的 3.3 倍，黄酮含量高于种仁 5.33 倍，总酚含量是种仁的 7.18 倍。

（三）雄花序

核桃进入盛果期后，雄花序逐渐增多。近年研究发现，雄花序内含有丰富的营养物质，是我国农村传统食用材料，据河北大学王俊丽测定，上宋 6 号核桃的花粉营养和功能成分含有：蛋白质 25.38%，氨基酸总量 21.33%，可溶性糖 11.08%，磷 5 775mg/kg，钾 5 838mg/kg，钙 1 330mg/kg，维生素 B_3 281.9mg/kg，维生素 B_1 48.1mg/kg，维生素 B_2 17.2mg/kg，维生素 K 11.8mg/kg，维生素 E 4.4mg/kg，β-胡萝卜素 1.5mg/kg。认为核桃雄花序是营养丰富的天然食品。

昆明理工大学陈朝银等在“大姚核桃花的营养成分分析”中认为，核桃雄花营养较为全面、丰富，是良好的天然营养食品和保健食品。尤其是干雄花序中含有 21.23%的蛋白质、13.16%的膳食纤维和 51.04%的碳水化合物，显示其营养价值是较高的。核桃雄花序资源丰富，营养功能全面，具有较好的开发利用价值。

（四）食品菜肴

中国是美食王国，历史上对核桃仁的营养价值和食用方法有深入的了解和丰富的经验。后汉三国时期北海相孔融在至友人书中说：“先日多惠胡桃，深知笃意。”明代文学家徐渭曾写有“咏胡桃”诗。乾隆和嘉庆年间，西藏达赖喇嘛和班禅活佛每年都向皇帝进贡核桃，为皇帝和达官贵人享用，并以核桃为主、辅食材，做成多种皇宫膳食。自古就有民间食用核桃仁，认为对产妇保健、促进身体发育、健脑益智、延年益寿等功效，并制成多种核桃食品、药膳和菜肴。

我国南北各地以核桃仁为主料的食品很多，如琥珀核桃仁、速溶核桃粉、糖水核桃罐头、甜香核桃、核桃精、银香核桃、咖喱核桃、雪衣核桃、核桃酪、奶油桃仁饼、核桃布丁盏等。

图 1-1　核桃蛋糕

以核桃仁为主（辅）料的菜肴也有很多，如酱爆核桃、五香核桃、糖醋核桃、椒盐桃仁、油氽核桃仁、核桃泥、桃仁果酱煎饼卷、椒麻鲜核桃、核桃巧克力冻、核桃排、核桃蛋糕（图 1-1）等，各地形成各具特色的核桃保健食谱。

以核桃仁为主料的药膳如人参胡桃汤、乌发汤、阿胶核桃、核桃仁粥、核桃五味子蜜糊、核桃首麻汤、凤髓汤、黄酒核桃泥汤、润肺仁饼、莲子锅蒸、枸杞桃仁羊肾汤、桃杞鸡卷等，食疗配方多种多样。

二、药用价值

核桃药用价值是我国多年来研究的热点之一。据古代医书《千金方》记载："凡欲治疗，先以食疗，既食疗不愈，后乃用药尔。"其他许多医药名著中都有食疗和食补的记载与论说。利用核桃预防和治疗疾病，不但为历代医药学家所推崇，也为现代医学所验证。

核桃具有广泛的医疗保健作用，核桃仁可补气养血、温肠补肾、止咳润肺，为常用的补药。常食核桃可益命门，利三焦，散肿毒，通经脉，黑须发，利小便，去五痔。内服核桃青皮（中药称青龙衣）对慢性气管炎、肝胃气痛有疗效；外用治顽癣和跌打外伤。坚果隔膜（中药称分心木）可辅助治疗肾虚遗精和遗尿。核桃的枝叶入药可抑制肿瘤、治疗全身瘙痒等。

祖国医学认为核桃性温、味甘、无毒，有健胃、补血、润肺、养神等功效。20 世纪 90 年代以来，美国等国科学家通过营养学和病理学的研究认为，核桃对于心血管疾病、Ⅱ型糖尿病、癌症和神经系统疾病有一定康复治疗和预防效果。

我国中医学药理研究认为，核桃各器官对多种疾病有一定的辅助治疗作用。

（一）药用材料

1. 果仁 我国中医书籍记载，核桃仁有通经脉、润血管、补气养血、润燥化痰、益命门、利三焦、温肺润肠等功用，常服核桃仁皮肉细腻光润。我国古代和中世纪的欧洲，曾用核桃治疗秃发、牙痛、狂犬病、皮癣、精神痴呆和大脑麻痹症等。

2. 枝条 枝条制剂能增加肾上腺皮质的作用，提高内分泌等体液的调节能力。核桃枝条制取液或者加龙葵全草制成的核葵注射液，对宫颈癌、甲状腺癌等有不同程度的疗效。

3. 叶片 核桃叶片提取物有杀菌消炎、愈合伤口、治疗皮肤类疾病等作用。

4. 根皮 根皮制剂为温和的泻剂，可用于慢性便秘。

5. 树皮 单独熬水可治瘙痒，若与枫杨树叶共熬成汁，可治疗肾囊风等。

6. 果实青皮 在中医验方中果实青皮称为"青龙衣"。内含胡桃醌、鞣质、没食子酸、胡桃醌、生物碱和萘醌等。对一些皮肤类及胃神经疾病有功效。

（二）营养保健

1. 蛋白质 核桃仁中蛋白质含量丰富，其中清蛋白、球蛋白、谷蛋白和醇溶谷蛋白分别占蛋白质总量的 6.81%、17.57%、5.33%和 70.11%，对提高人体免疫力，促进激素分泌、胃肠健康有良好功效。核桃仁中含有 18 种氨基酸，其中 8 种为人体必需氨基酸。核桃仁蛋白系优质蛋白，消化率和净蛋白比值较高。美国科学家通过研究认为，核桃对心血管疾病、Ⅱ型糖尿病有康复治疗效果。

2. 脂肪 核桃仁中脂肪主要成分为脂肪酸和磷脂。脂肪酸可代谢为二十碳五烯酸（EPA）和二十二碳六烯酸（DHA）。EPA 具有降低血脂、预防脑血栓形成等作用；DHA 有提高记忆力，增加视网膜反射力、预防老年痴呆等作用，被誉为"脑黄金"。

3. 膳食纤维 核桃种皮含有丰富的膳食纤维，是"完全不能被消化道酶消化的植物成分”，且主要从植物中摄取。膳食纤维与冠心病、糖尿病、高血压等有密切关系。其重要生理功能已被人们了解和认识。

4. 维生素 维生素是人体正常生理代谢不可缺少的小分子有机物。核桃仁中维生素种类齐全，比较符合人体生理需要，在身体中主要对新陈代谢起调节作用。

5. 矿物质 矿物质是构成人体需要的七大营养素之一，它具有维持机体组成，细胞内外渗透压、酸碱平衡、神经和肌肉兴奋等作用，核桃仁是提供丰富矿质元素的重要坚果。

（三）功能保健

1. 酚类物质 酚类物质是植物果实中次生代谢物质——苯酚的衍生物，与植物生长发育、生理功能关系密切。核桃仁中含有丰富的多酚类物质，具有显著的抗氧化作用，具有抑制低密度脂蛋白氧化和延缓衰老的功效。

2. 酚酸类物质 现代药理试验表明，咖啡酸、绿原酸等多种酚酸类物质，具有抗氧化、抗诱变和抑制癌细胞活性的作用，对预防血栓、高血压、动脉硬化和降血脂等有一定效果。郝艳宾等（2009）用薄壳香核桃为试材，分析了核桃果实青皮、坚果、壳皮、种皮和种仁中酚酸类物质含量（表 1 - 1）。结果表明，果实青皮和种皮中都有对人体有益、丰富的酚酸类物质，其中种皮就含有 9 种酚酸物质和 3 种黄酮类物质，其含量除阿魏酸外均达最高水平。食用去掉种皮的核桃仁，将损失许多对人体有益的功能成分。

表 1 - 1 薄壳香核桃果实不同部位酚酸类物质含量（每 100g 干重含量，mg）

试材	没食子酸	绿原酸	咖啡酸	对羟基苯甲酸	香豆酸
种皮	146.2±10.1a	17.6±1.6a	17.9±0.8a	30.2±2.6a	6.9±1.4a
青皮	41.6±5.2b	7.1±1.2b	1.6±0.3b	1.1±0.2c	2.6±0.3b
壳皮	6.6±1.6c	1.1±0.1c	0.7±0.1c	3.5±0.3b	ND
无皮种仁	5.3±0.5c	ND	ND	0.8±0.1a	ND

试材	阿魏酸	芦丁	桑色素	槲皮素
种皮	6.1±0.5b	187.6±12.7a	ND	8.0±0.4a
青皮	21.1±1.8a	44.3±0.8b	1.1±0.2	7.8±0.7a
壳皮	3.1±0.4c	3.3±0.4c	ND	ND
无皮种仁	ND	0.9±0.1d	ND	0.6±0.1b

注：ND 为未检出；方差分析 $P<0.05$。

3. 核桃油 核桃油中含有人体必需的不饱和脂肪酸，主要是油酸、亚油酸、亚麻酸。3 种不饱和脂肪酸总量约占脂肪酸含量的 90%。饱和脂肪酸主要是棕榈酸和硬脂酸，约占脂肪酸含量的 10%。北京联合大学冯春燕（2010）以云南、陕西、北京三地核桃油为试材检测结果表明，平均含 ω - 9 油酸 13.91%（11.89%～17.02%），ω - 6 亚油酸 68.64%（65.97%～72.00%），ω - 3 亚麻酸 9.42%（7.47%～12.7%）。饱和脂肪酸占脂肪酸总量的 7.88%，不饱和脂肪酸占脂肪酸总量的 91.56%。另外，多不饱和脂肪酸占不饱和脂肪酸量的 77.60%，单不饱和脂肪酸占不饱和脂肪酸量的 14.05%。单不饱和脂肪酸具有降低血压、血糖、胆固醇的效果，多不饱和脂肪酸有益智健脑、预防心脏病、增强免疫力等作用。

北京市农林科学院林业果树研究所郝艳宾等（2002）以香玲、清香、薄壳香、漾沧（泡核桃）4个核桃品种油脂为试材，检测了多种脂肪酸含量（表1-2），表明核桃油中亚麻酸（ω-3）比花生油、菜籽油、大豆油含量高，食用核桃仁或核桃油，可以补充体内生理代谢需要的不饱和脂肪酸，促进身体健康。

表1-2 4个核桃品种的种仁中脂肪酸含量（每100g油中含量，g）

脂肪酸	核 桃			泡核桃	参考文献
	香玲	清香	薄壳香	漾沧	
棕榈酸	5.81±0.80b	4.86±0.28b	5.32±1.00c	6.39±0.20a	2.3～4.4
硬脂酸	3.07±0.26a	2.64±0.30b	2.68±0.20b	2.09±0.12c	0.6～0.8
油酸	13.27±0.20d	18.84±0.32a	14.13±0.10b	17.33±0.77b	5.7～11.8
亚油酸	69.25±1.50b	62.58±0.22d	68.09±0.62b	64.96±1.00c	66.2～72.0
亚麻酸	8.49±0.00b	11.1±0.1a	10.00±0.10a	9.04±0.22b	16.3～25.0
花生酸	0.06	0.06	0.04	0.06	ND
棕榈油酸	ND	ND	ND	ND	—

注：① ND为未检测出或无记载；②英文字母表示差异显著性 $P<0.05$；③参考文献为Greve（1992）。

为减缓核桃油中不饱和脂肪酸的氧化速度，北京市农林科学院林业果树研究所利用TBHQ抗氧化效应，使核桃油在25℃下，贮藏期从3个月延长至30个月以上，并制成核桃油微胶囊，达到四季性能稳定，使用方便的效果。

4. 核桃仁 核桃仁中含有较丰富的黄酮类物质。黄酮类化合物具有扩张冠状血管、增强心脏机能、抑制肿瘤等多种作用。最新发现黄酮还是激发脑潜能的物质，有效抑制中老年人脑功能衰退。

5. 酶类 2014年由我国老中医纪本章主审、中西医结合专家马必生编著的《巧吃核桃抗百病》，介绍了中国多地长寿之乡老寿星通过多年食用核桃抗御慢性病的养生经验。书中讲述了西安交通大学药学研究室从未成熟的嫩核桃仁（半浆半硬）中分析发现了“脑磷脂蛋白酶”，这种酶具有修复脑细胞的显著作用，并获得了国内外医学专家的认可和关注。说明长期食用半熟嫩核桃仁，对预防疾病和辅助治疗慢性病具有良好的功效。

三、油用价值

核桃仁中含有70%左右的优质脂肪，核桃油被列为高级食用油，称为植物油中的油王。核桃油中脂肪酸主要是不饱和的油酸、亚油酸和亚麻酸，占脂肪酸总量的90%以上。亚油酸（ω-6脂肪酸）和亚麻酸（ω-3脂肪酸）是人体必需的两种脂肪酸，容易消化、吸收，是前列腺素、EPA（二十碳五烯酸）和DHA（二十二碳六烯酸）的合成原料，对维持人体健康、调节生理机能有重要作用。试验表明，核桃油能有效降低突然死亡的风险，减少患癌症的概率。在钙摄入不足的情况下，能有效降低骨质疏松症的发生。常食核桃仁和核桃油不仅不会升高胆固醇，还能软化血管、减少肠道对胆固醇的吸收，阻滞胆固醇的形成并使之排出体外，很适合动脉硬化、高血压、冠心病患者食用。亚麻酸有减少炎症发生和促进血小板凝聚的作用；亚油酸能促进皮肤发育和保护皮肤营养，利于毛发健美。此外，核桃油广泛用作机械润滑油；由于核桃油流动性好，欧洲画家一般利用核桃油制作油画。

核桃榨油后的饼粕中仍含有丰富的蛋白质等营养物质，其中蛋白质含有很多的磷脂蛋白。充分利用核桃饼粕制作其他食用产品，如喷雾干燥核桃粉可制作多种保健食品或核桃饮料，开发核桃系列产品是今后研究开发的重要内容。

近年来，我国核桃油加工企业逐年增加，核桃油等级品牌（图 1－2）不断增加，既丰富了食用油品市场，又拉动了核桃产业发展。

图 1－2　核桃油

四、工业价值

随着工业化的发展，能源消费剧增，煤炭、石油、天然气等能源资源消耗迅速，人类社会的可持续发展受到严重威胁。开发再生能源是人类社会面临的重要任务。核桃含油量高达 60％以上，是生物液体燃料的潜在树种。

核桃木材质地坚硬，纹理细致，伸缩性小，抗冲击力强，不翘不裂，不受虫蛀，是航空、交通和军事工业的重要原料。因其质坚、纹细、富弹性，易磨光，是制作乐器和枪托用材。近年来，核桃木经加工处理，用作高档轿车、火车车厢、飞机螺旋桨、仪器箱盒、室内装修等材料，用途范围还在不断扩大。

核桃的树皮、叶片和果实青皮含有大量的单宁物质，可提炼鞣酸制取烤胶，用于染料、制革、纺织等行业。枝、叶、坚果内横隔还是传统的中药材。果壳可烧制成优质的活性炭，是国防工业制造防毒面具的优质材料。用核桃壳生产的抗聚剂代替木材生产的抗聚剂，用于合成橡胶工业，可以减少木材的消耗和对森林的破坏。

五、生态价值

核桃树冠多呈半圆形，枝干秀挺，国内外常作为行道树或观赏树种。在山坡丘陵地区栽植，具有涵养水源、保持水土的作用。核桃是具有很强防尘功能的环保树种。据测定，成片核桃林在冬季无叶的情况下能减少降尘 28.4％，春季展叶后可减少降尘 44.7％。

核桃耐旱耐瘠薄，适应性强，全国20多个省（自治区、直辖市）都有核桃分布和栽培，是优化农业种植结构、绿化荒山荒滩的重要生态经济树种，对实现国土绿化、增加森林覆盖率和木材蓄积量具有显著而深远的影响。

六、工艺价值

利用麻核桃、铁核桃、核桃楸等坚果制成各种把玩、饰品、雕刻、贴片、挂件等文玩工艺品，颇受消费者欢迎。文玩核桃要求壳皮纹理深刻清晰，成对文玩核桃要特点相似、大小一致、重量相当。经多年把玩形成的老红色，更显珍贵。

文玩核桃主要包括麻核桃、核桃楸、铁核桃，广泛分布于北起黑龙江、辽宁，南达云南、贵州，西至新疆，东到山东。但以北京、河北、天津、陕西等地所产麻核桃品质最好，类型繁多，名冠华夏。

麻核桃是文玩核桃中的代表，属于非食用工艺核桃。在国内文玩市场中占有重要地位。此外，以核桃楸、铁核桃为原料，制作的玩品、雕品、饰品、挂件、贴片等工艺品，更是琳琅满目，成为文玩市场中的新亮点，为核桃的开发利用、增加农民收入、丰富市民生活，开辟出新的空间。

七、其他利用价值

核桃全身是宝，除用于人们熟悉的食品工业及药用、园林绿化、木材加工、化工、工艺美术等领域外，①核桃叶可用作牲畜饲料。②叶和青皮浸出液可防治象鼻虫和蚜虫，抑制微生物生长。③总苞（青皮）含有丰富的维生素，可作为提取B族维生素的原料。④鲜嫩雄花序可制作美味多彩的菜品（图1-3）。⑤花粉含有大量的糖类、脂肪、蛋白质和多种矿质元素，是开发花粉保健食品的原料。

图1-3 果仁雄花

第三节 核桃文化

一、世界核桃文化

Carrya是古希腊核桃的名字。传说与一个叫Caria（卡利亚）的女孩有关。一个叫Dionysus（狄俄尼索斯）的神爱上了她。当她意外死亡后，他把她变成了核桃树。古希腊人认为，如果一个女子怀孕前和怀孕期间吃核桃，生的儿子智商将很高。

传说在意大利的贝内文托，有一棵古老的核桃树，女巫在圣约翰内斯（Saint Johannes）之夜在这棵树下作法，这棵树被命名为“女巫之树”，由于核桃树与女巫联系在一起，并且，一些农民在核桃树下睡醒后出现发烧或偏头痛，因此在该地区，核桃树受到了敌视。在岁马，农民不喜欢种植核桃树，他们认为，如果他们这样做了，将早日死亡。相反，核桃树成为居住在法国的乡村佛教信徒的聚集地，他们被邀请在核桃树下睡一个晚上来体验返璞归真的精神。

在古罗马，婚礼仪式上，新郎陪同新娘到寺院的时候将核桃扔在地面上，表明他自己将承担起家庭的责任。几个世纪前，在斯洛文尼亚，新婚夫妇制作一些包裹核桃、榛子、杏仁等干果的面卷，象征着家族繁荣兴旺。

根据俄罗斯和意大利的传统，农民将坚果装在口袋里当作护身符，实际上在许多寓言中核桃都是财富的信使。例如在格林兄弟的《铁炉》一书中，一个公主收到蟾蜍女王的三个核桃，作为护身符，克服了重重困难嫁给了王子。

在保加利亚，在 8 月和圣诞节前夕，人们通过砸核桃来断定自己的命运，如果饱满表示好运，空壳的或坏仁表示霉运。

在过去，农民在自己房屋周围种上一棵核桃树，作为聚会或吃饭乘凉的地方。在意大利，孩子出生时种上一棵核桃树成为一个传统，树的快速生长代表孩子的茁壮成长。

朝鲜农民在核桃树周围整齐地种植着大豆、辣椒、萝卜、马铃薯和甘薯，树下还放牧着一些动物。

在高加索地区，把一些煮熟的胡桃叶加到儿童的洗澡水中来防止佝偻病。把干树叶放置在衣柜来驱赶昆虫。

在伊朗，用核桃叶片提取物可以去除为害库存谷物和豆科植物的鞘翅目害虫。另外，用核桃叶片提取物可以去除羊绒衣服中的衣蛾和羊毛地毯中的害虫。

二、中国核桃文化

在我国有称核桃树为将军树的神话，据说天庭为了拯救人类，玉帝派了 4 个将军下凡携手抗击恶魔，人类因此得到一种长寿果，即核桃。核桃仁凹凸不平是将军操劳的满脸皱纹。因此，云南过春节有祭拜核桃树的习俗。婚礼中箱角和被角都要放核桃，代表生子之意。

我国认为，核桃乃吉祥之物，核字谐音“和（合)”是阖家幸福、四季平安的象征，它能使家人和美生财，逢凶化吉，夫妻百年好合，有将其制品摆放家中会给家人带来吉祥之说。早在 1778 年，乾隆皇帝就曾用核桃制品作为驱邪呈祥、保佑平安之物。1997 年中央政府赠香港特别行政区的纪念品中就有核桃制作的珍品。

中国历史上有“锤吃核桃”一说。古代有钱的人家，老爷、太太或小姐，围着温暖的火炉，欢声笑语，旁有乖巧丫环，用一小铁锤敲打核桃，那声音清脆而富有节奏，直逗得人口内生津，红袖纤手，捧数粒果仁，举案齐眉，这是有钱人的清福。现在的老人若有逸致，闲来无事，轻锤果核，慢品果仁，既活动了筋骨、培养了耐性，又滋养了身体，其乐无穷。

“表里不一”是核桃的又一特点。世界上有很多事物是“金玉其外，败絮其中”，而核桃则相反，是“陋室藏金”。它虽没有美丽的外壳，却有可贵的种仁。所谓“不可貌相”则是大众一种朴素的总结。重内容而去形式是中国文化的重要一脉。

所谓某人是核桃性格，须时时锤敲以示警醒，并非言其表里不一，而是指那种“吃硬不吃软”，须强力胁迫乃服的个性，所谓“黄荆条下出好人”，如同核桃非石砸锤敲不能开裂一样。

第二章 世界及中国核桃产业概况

第一节 世界核桃产业概况

一、生产和贸易概况

世界核桃的分布和栽培遍及亚洲、欧洲、美洲、非洲和大洋洲的50多个国家和地区，年产量约350万t。其中中国、美国、土耳其、伊朗、乌克兰和墨西哥为世界核桃六大生产国，年产10万t以上。最有代表性、生产水平最高、市场占有份额最大的当数美国。

目前，世界核桃贸易量最大的美国，年产核桃40余万t，大约一半出口到欧洲、亚洲等地，其贸易量占整个世界贸易量的50%以上。其余30%主要是智利、土耳其、澳大利亚等国。中国核桃在20世纪70～80年代有过辉煌的历史，出口量占到世界贸易量的50%以上，居世界第一。当时中国出口的带壳核桃每年有两条专船驶往德国和英国，占德国和英国市场的85%。但从1986年后，由于我国的核桃果形不一、色泽不亮、果壳不薄、取仁不易、质量不过关，市场被突起的美国优质核桃所取代，出口量急剧下降，自90年代后，带壳核桃几乎全部被挤出欧洲市场。目前，只有云南的泡核桃还在中东有市场，北方带壳核桃除在韩国有几百吨外，其他市场无中国的带壳核桃。我国核桃仁的出口量也在下降，目前仅为1万t左右。

二、主产国的产业特点

目前世界核桃生产水平上最具代表性是美国和中国。以美国为代表的发达国家从栽植、修剪、施肥、病虫害控制、采收处理等作业基本实现机械化；其次是智利、意大利、澳大利亚、法国等国。

美国是一个年轻而又强大的核桃生产国。核桃并非该国本土原产，而是引进树种。1867年始建第一个核桃园，至今栽培历史只有150年，但由于他们十分注重科技开发，1915年以后就不再用实生苗建园，全部采用嫁接苗建园，20世纪70年代实行了品种化栽培，仅用了30年就一跃成为世界核桃的产销大国，并奠定了世界核桃贸易的霸主地位。美国核桃生产主要有四高：①良种化程度高。主栽6个品种（强特勒、哈特利、希尔、维纳、土莱尔、豪沃迪），品质优良，规格划一。②生产水平高。美国核桃生产普遍采用叶面营养分析指导配方施肥，大部分核桃园应用比较先进的喷灌、滴灌或微灌设施，采用化学除草剂除草，依靠喷洒杀虫剂或采用激素诱捕的方法防治病虫害，采收的机械化程度很高，先用振落机（shaker）振果，然后用吹果机吹到树行中间，再用收获机（harvester）

进行去杂、脱皮（由于核桃园分布在地中海气候带，夏季干燥无雨，核桃在树上基本可以实现90%的干燥和脱皮），再在室内用清洗机进一步清洗和分拣，最后用烘干机烘干，冷库干燥贮藏。如加工果仁，采用破壳机破壳，通过气流分选机进行壳仁分离，然后用分色机将果仁分为深色和浅色，再分出全仁和碎仁，最后分别称重包装销售。③质量效益高。美国核桃坚果的市场售价为3.9美元/kg，核桃仁为9.16美元/kg，而我国分别为2.0美元/kg和7.6美元/kg，可见高品质的效益所在。④市场占有份额高。我国核桃年产量170多万t，美国只有40多万t，但出口量美国占到50%左右的份额，而我国仅占10%左右，且处于继续下降趋势。另外，发达国家对核桃的营销专业化程度高，比如美国的核桃产业由5 300多家种植户和55个销售商构成，绝大多数都是家族经营，一代传给下一代，专业化程度很高。

以中国为代表的发展中国家从栽植、修剪、施肥、病虫害控制、采收处理等作业基本依靠手工作业完成。

三、产业发展趋势

以美国为首的发达国家目前基本实现了核桃生产的机械化，进一步发展的空间有限。在不久的将来，他们在区域化（地中海气候）的基础上，将进一步优化品种，尤其是选育和使用抗性强的砧木和品种，从而可以降低农药的使用和生产成本。同时，在核桃的烘干和分级等作业中，将更多使用激光等技术，提高自动化水平，进一步提升效率和产品质量。

而以中国为首的发展中国家目前基本是手工作业，生产方式比较原始，在不久的将来，核桃产业提升的空间很大。核桃产业在发展中国家的发展趋势：①品种化。目前发展中国家核桃园主要是实生建园。虽然有的国家随着嫁接技术的突破，大批量品种苗的出圃，由品种建园逐步取代实生建园，但由于选育的品种很多，再加上推广上的混乱，良种应用规模和应用效益都还在低水平运行，良种普及率很低，且存在良莠不齐、品种混杂现象。②区域化。目前世界核桃基本都在地中海气候条件下栽培，地中海气候的特点是夏秋季干旱，核桃可在树上自然脱皮、干燥，不会存在霉烂的问题，只要有灌溉条件，生产效益会较好。发展中国家的核桃园以后会集中在地势平坦、肥沃、海拔适宜的区域；而交通不便的偏远山区，由于规模的限制和相对成本的提高，慢慢会被淘汰。③田间管理机械化。随着经济的发展，劳力成本会成为核桃园的最大成本之一。因此，实现田间松土、锄草、施肥、修剪等作业的机械化是降低核桃园生产成本的主要途径之一。因此，以后的核桃园，株距会进一步缩小，行距会进一步扩大，树形会进一步接近自然形或扁圆形，以适应机械化作业的要求。④砧木无性化。目前，全世界栽植早实核桃较多，但由于生长势易衰弱，影响生产年限。以后，世界各地会逐渐引进美国的奇异核桃（*J. paradox*）砧木，以提高生长势，并逐步实现砧木无性化，提高抗逆性。⑤营销专业化。目前发展中国家缺乏具备国际市场竞争力的生产基地、品牌、品种。在今后的生产中，专业的生产合作社、营销机构会进一步壮大和成熟，逐渐形成专业化生产、品牌化营销的现代生产模式。

第二节　中国核桃产业概况

一、悠久的种植和栽培历史，广袤的分布区域

我国核桃种植历史十分悠久。考古发现，距今 1 800 万年的山东省临朐县山旺村的矽藻土页岩中，保存多种核桃属和山核桃属植物化石；河北武安县磁山村、河南新密市峨沟北岗、新郑市裴李岗等地发现距今 7 355（±100）年原始社会遗址文物中有炭化的核桃；距今 6 000 多年的西安半坡村出土文物中发现了核桃孢粉；西藏聂聂雄湖相层积中也发现核桃和山核桃的孢粉，证明了早在 7 000 年前我国有核桃生长，目前采用表型和分子标记方法证明西藏东南、喜马拉雅山南麓、四川西南部和云南西北部，以及新疆北部存在着核桃天然群体，我国横断山脉很可能是世界野生核桃的初生基因中心，是对核桃起源的新认识。栽培核桃的记载最早来源于马融（公元 1 世纪）所说“胡桃自零”，表明那时的人们就已经开始观察核桃的结果习性了；晋代郭义恭所著的《广志》（3 世纪写成）一书中记载：“陈仓胡桃薄皮多肌，阴平胡桃大而皮脆，急促则碎。”表明当时秦巴山区的人们已开始选择皮薄肉厚的核桃坚果种植了，并且开始按产区评价胡桃的品质，在栽培技术方面《群芳谱》中记载：“核桃种植选平日实佳者，留树弗摘，俟其自落，青皮自裂，又捡壳光纹浅体重者，掘地二、三寸，入粪一碗，铺瓦片，种一枚，覆土踏实，水浇之。”等，这些均表明我国早在公元 1 世纪之前就已经有核桃的经济栽培，而且是人们非常喜爱的古老树种。泡核桃（*Juglans sigillata* Dode）是我国特有的核桃种植物，虽然植物学上将其与核桃（*Juglans regia* L.）分为两个不同种植物，但由于坚果特征和生物学特性差异较小，生产上常当作一种物种对待，已有学者提出了泡核桃是核桃的一个生态地理型的观点。泡核桃主要分布在我国的云贵高原地区，其嫁接繁殖技术已经有 300～400 年的历史，1985 年中国科学院对出土于漾濞县平坡镇高发村的一段核桃木进行 ^{14}C示踪，结果表明该木段距今 3 325（±75）年，说明 3 500 年前这里就有核桃栽培。

核桃在我国有广袤的分布和大面积的栽培。长期以来，由于人们对其坚果的喜爱，加之我国丰富的地理气候条件，核桃种植在我国得到广泛传播。目前，除东北地区的严寒地带和南部沿海如台湾、广东、香港和海南等地没有或极少种植核桃外，其他 27 个省（自治区、直辖市）均有分布和栽培，其中，核桃广泛分布在新疆、陕西、河北、甘肃、山东、河南、山西、辽宁、北京等省（自治区、直辖市），另外，宁夏、内蒙古、云南、四川等地区也有少量分布。泡核桃主要分布在云南、四川西南部、贵州西北部、广西北部和西藏东南部等区域。在分布状态上，我国除西藏南部、新疆南部和辽东半岛的核桃栽培区处于相对隔绝和间断分布外，其他各地核桃表现为连续分布。在分布地形上，我国核桃属山区经济林树种，主要栽植在浅山丘陵区，泡核桃集中分布在海拔 1 500～2 100m 的山坡或沟箐地区。在种植面积上，核桃和泡核桃是主要栽培种，山核桃（*Carya cathayensis*）和长山核桃（*C. illinoinensis*）也开始在我国栽培和引种，主要集中在浙江、安徽、江西、湖南和云南西南部等地。近年来，随着我国农村产业结构的调整，作为重要的经济林和木本油料树种，核桃的栽培面积迅速扩大，在平原农耕地上建立了大面积的核桃密植栽培园区。泡核桃已形成以漾濞核桃、大姚核桃和细香核桃等品种为主体的西南核桃生产体系。

二、高速发展的核桃产业，日益凸显的区域优势

（一）我国核桃的产量和面积及在世界核桃生产中的地位

我国是世界核桃生产大国，产量和种植面积均遥遥领先。我国核桃的快速发展从改革开放后的20世纪90年代开始。1950年前，我国核桃年产量不足5万t，产区主要集中在华北和西部地区；1951—1960年10年间年产量曾突破过5万t，但到1961年又跌至4万t；1970年回升至5.1万t。由于当时核桃缺乏良种、无性繁殖困难，种植业基本处于半野生状况，直到20世纪80年代年产量处于缓慢增长状态。进入90年代，由于早实核桃良种选育成功、无性繁殖技术特别是方块芽接技术的突破，加之国家政策引导和市场的驱动作用，全国核桃产业迎来了前所未有的发展机遇。1990年产量为14.95万t，到2000年核桃产量达到30.99万t，10年间产量翻了一番。特别是2003年至今，我国核桃产量以平均每年13.6%的速度递增，超过世界核桃年平均增长率3个百分点。2013年核桃产量已达到170万t。从1996年开始，我国核桃产量增加的速度远远快于收获面积增加的速度，单位面积产量的大幅度提高，反映出良种应用和新的栽培制度在此期间发挥了巨大的作用。从1969年至今，中国是对世界核桃总产量提升贡献最大的国家，其核桃产量由占世界总产量的7.6%上升到49.2%，目前，中国已成为名副其实的核桃生产大国。表2-1、表2-2按降序排列方式，分别列出2004—2013年世界核桃主产国核桃收获面积和产量的情况。

表2-1　2004—2013年世界主产国核桃收获面积

（单位：hm^2）

国家＼年份	2004	2005	2006	2007	2008	2009	2010	2011	2012	2013
中国	185 000	186 000	188 000	210 000	275 000	305 000	350 000	420 000	425 000	425 000
美国	86 603	87 007	87 007	88 222	90 246	91 863	95 911	99 148	109 000	113 120
土耳其	70 000	75 583	76 583	82 117	84 917	86 533	90 683	93 233	99 617	108 767
墨西哥	51 328	54 539	55 653	57 509	64 903	65 478	69 548	68 009	69 796	72 563
伊朗	65 000	59 000	60 000	62 000	60 289	60 289	60 289	62 535	64 000	57 386
印度	30 500	30 800	30 800	30 800	30 800	30 800	30 800	30 800	31 500	31 000
法国	15 946	16 271	16 631	16 928	17 126	9 761	18 893	19 009	19 079	19 563
智利	9 230	9 600	9 700	14 067	11 100	12 600	15 451	16 254	18 256	18 995
塞尔维亚	—	—	14 000	15 000	16 115	16 514	13 000	13 514	10 000	14 400
乌克兰	14 300	14 200	14 000	14 060	14 100	13 400	14 060	13 900	14 100	14 100
希腊	8 652	8 980	9 195	9 232	13 700	10 500	10 500	11 000	10 900	10 600

数据来源：FAO数据库（截至2015年10月4日）。

表 2-2　2004—2013 年世界主产国核桃带壳坚果产量

（单位：t）

国家＼年份	2004	2005	2006	2007	2008	2009	2010	2011	2012	2013
中国	436 862	499 074	475 455	629 986	828 635	979 366	1 284 350	1 655 510	1 700 000	1 700 000
伊朗	168 320	215 000	265 000	350 000	433 630	463 000	433 630	389 985	450 000	453 988
美国	294 835	322051	317 515	297 555	395 530	396 440	457 221	418 212	425 820	420 000
土耳其	126 000	150 000	129 614	172 572	170 897	177 298	178 142	183 240	203 212	212 140
乌克兰	90 700	91 000	68 750	82 320	79 170	83 890	87 400	112 600	96 900	115 800
墨西哥	81 499	79 871	68 359	79 162	79 770	115 350	76 627	96 476	110 605	106 945
智利	14 500	14 500	26 000	28 000	24 000	26 000	32 500	35 000	38 000	42 668
印度	34 000	32 000	36 000	33 000	37 000	36 000	38 000	36 000	40 000	36 000
法国	26 418	32 716	40 333	32 635	36 912	20 417	30 855	38 346	36 425	33 716
罗马尼亚	15 608	47 810	38 471	25 516	32 259	38 329	34 359	35 073	30 546	31 764

数据来源：FAO 数据库（截至 2015 年 10 月 4 日）。

从表 2-1 和表 2-2 不难看出，我国核桃的收获面积是处于第二位美国的 3.76 倍，产量是处于第二位伊朗的 3.75 倍，所以，未来中国仍将保持世界第一大核桃生产国的势头。值得一提的是，紧随其后的美国和伊朗两大核桃生产国，众所周知美国核桃的栽培历史仅 150 多年，但是，1968 年其年产量已达到 9.9 万 t，第一次超过位居第二的土耳其（当年产量 9.6 万 t），到 1973 年美国已经确立了世界第一大核桃生产国的地位。伊朗虽拥有上千年的核桃栽培历史，一直是核桃主产国，但产量并没有领先，然而，伊朗近年来核桃产业的飞速发展令世人惊叹！首先是 1995 年伊朗核桃的产量为 11.92 万 t，第一次超过土耳其（当年产量 11 万 t），成为核桃第三大生产国，2007 年又第一次超过美国，成为当年的第二大生产国，2012 年和 2013 年伊朗已经连续两年产量位居世界第二位，特别是该国核桃的单产近 10 年基本稳居世界第一位。

（二）政策导向引领核桃产业飞速发展

从 2003 年起，中共中央、国务院发布了一系列鼓励发展木本油料林的政策，例如：在《中共中央国务院关于加快林业发展的决定》（中发〔2003〕9 号）中指出，要“努力建设好用材林、经济林、薪炭林和花卉等商品林基地……”。2008 年《中共中央国务院关于全面推进集体林权制度改革的意见》（中发〔2008〕10 号）指出，“对森林防火、病虫害防治、林木良种、沼气建设给予补贴，对森林抚育、木本粮油、生物质能源林、珍贵树种及大径材培育给予扶持”。《国务院关于印发〈国家粮食安全中长期规划纲要〉的通知》（国发〔2008〕24 号）提出，“合理利用山区资源，大力发展木本粮油产业，建设一批名、特、优、新木本粮油生产基地。积极培育和引进优良品种，加快提高油茶、油橄榄、核桃、板栗等木本粮油品种的品质和单产水平。积极引导和推进木本粮油产业化，促进木本粮油产品的精深加工，增加木本粮油供给”。2009 年中央 1 号文件指出要“尽快制定实施全国木本油料产业发展规划，重点支持适宜地区发展油茶等木本油料产业，加快培育推广高产优良品种”。2010 年中央 1 号文件指出“大力发展油料生产，加快优质油菜、花生生产基地县建设，积极发展油茶、核桃等木本油料……”。2012 年中央 1 号文件又指出“支持发展木本粮油、林下经济、森林旅游、竹藤等林产业……”。2014 年《国务院办公厅关于加快木本油料产业发展的意见》（国办发〔2014〕68 号）部署力争到 2020 年建成 800 个油茶、核桃、油用牡丹等木本油料重点县，建立一批标准化、集约化、规模化、产业化示范基地，木本油料种植面积从现有的 0.08 亿 hm^2 发展到 0.133 亿 hm^2，年产木本食用油 150 万 t 左右。2014 年 5 月 26 日，国家林业局会同国家发展改革委员会和财政部，联合印发了《全国优势特色经济林发展布局规划（2013—2020 年）》，将优先纳入规划范围的 30 个树种，分为优势经济林和特色经济林两类，其中，优势经济林包括油茶、核桃、板栗、枣、仁用杏 5 个树种，确定的优势区域为 804 个重点基地县，占规划所有县的 74.8%。国家一系列政策和措施，极大地推动了核桃产业发展，使我国核桃产量以超过世界核桃年平均增长率 3 个百分点的速度增长。

（三）区域优势日见凸显

2003 年国家林业局出台了《2002—2010 年全国经济林发展规划》，对核桃等经济林产业发展提出了指导性意见，云南、四川、新疆及华北等地建立各具特色的名特优生产基地，核桃产业带初步形成。2012 年，全国共有 1 046 个县栽培核桃，其中，种植面积大于 0.667 万 hm^2 的县有 198 个，0.333 万～0.667 万 hm^2 的县有 114 个，0.067 万～0.333 万 hm^2的县有 273 个，小于 0.067 万 hm^2 的县有 461 个。按种植面积，排名前 10 位的省份有云南（235.21 万 hm^2）、四川（55.18 万 hm^2）、陕西（48.43 万 hm^2）、山西（45.65 万 hm^2）、新疆（29.26 万 hm^2）、贵州（27.15 万 hm^2）、甘肃（27 万 hm^2）、河北（18.71 万 hm^2）、湖北（14.46 万 hm^2）、辽宁（13.71 万 hm^2）。表 2-3 将 1990—2013 年分成 3 个阶段，列出各省份核桃年产量和在全国所占份额，按照 2013 年各省份产量降序排列。

表 2-3 中国核桃各省份产量和所占份额

省份	1990 年			2000 年			2013 年		
	产量（t）	占全国份额（%）	排名	产量（t）	占全国份额（%）	排名	产量（t）	占全国份额（%）	排名
云南	35 331	23.62	1	68 788	22.20	1	705 043	30.32	1
新疆	5 413	3.62	9	11 584	3.74	8	418 958	18.02	2
四川	16 572	11.08	4	32095	10.36	4	245 876	10.58	3
陕西	16 834	11.26	3	34 498	11.13	3	159 921	6.88	4
辽宁	925	0.62	15	5 603	1.81	12	144 070	6.20	5
河北	12 254	8.19	6	30 102	9.71	5	104 334	4.49	6
山东	3 232	2.16	11	10 866	3.51	9	100 376	4.32	7

（续）

省份	1990 年			2000 年			2013 年		
	产量（t）	占全国份额（%）	排名	产量（t）	占全国份额（%）	排名	产量（t）	占全国份额（%）	排名
湖北	1 544	1.03	13	2 628	0.85	16	93 987	4.04	8
河南	7 424	4.96	7	17 143	5.53	7	83 228	3.58	9
甘肃	13 003	8.69	5	20 095	6.48	6	75 913	3.27	10
山西	20 648	13.81	2	46 988	15.16	2	58 025	2.50	11
吉林				4 489	1.45	13	29 771	1.28	12
贵州	5 882	3.93	8	7 492	2.42	11	20 790	0.89	13
北京	4 606	3.08	10	8 816	2.85	10	18 882	0.81	14

数据来源：《林业统计年鉴》。

表 2-3 显示，我国核桃的集中栽培区在西南和西北地区，排名前 3 位的云南、新疆和四川三省（自治区）产量所占份额达 58.92%，新疆由 1990 年排名第九和 2000 年排名第十，2013 年一跃成为仅次于云南省的我国第二大核桃生产基地，云南省则是一直保持核桃产量和面积最大的省份。

三、科技支撑力度明显增强，良种和新技术广泛应用

核桃是我国乃至世界分布范围最广、面积最大的坚果类经济树种，是我国山区农民增收最具潜力的特色优势产业。但长期以来其生产以粗放经营为主，单位面积产量低，品质良莠不齐，资源潜力没有得到充分有效的发挥。为了改变这种现状，1980 年中国林业科学院林业研究所与国内 8 家科研院所联合，经过 10 年努力培育出首批具有自主知识产权的 32 个早实核桃良种；1990 年又在原有攻关协作组的基础上，再次联合国内 9 家科研院所和大专院校组成协作组，在得到国家科技攻关项目（支撑计划）、自然科学基金项目、国家林业局重点项目等 50 余个课题 20 余年的持续资助下，继续针对“新品种”和“粗放经营”中的关键问题开展攻关研究，取得系列突破性技术成果，解决了核桃生产中主要技术瓶颈问题：①针对良种无性繁殖难的世界性难题，创新性地提出提早芽接时期，并采取芽接前放水等技术措施，使芽接成活率由 1990 年前的 10%左右，提高到现在的 95%以上，本技术已成为目前我国北方地区应用最广泛和最高效的繁育技术，至 2012 年全国共有可培育核桃苗的苗圃 5 707 个，其中，大于 33.3hm^2 的苗圃有 23 个，年出圃量 77.58 亿株。②针对核桃良种适生性、坚果品质等关键因子，建立区域化和优质化的指标体系，提出了适宜平原地区、低山丘陵区、中山丘陵区栽植的早实品种，为产业发展布局提供了技术支撑。③针对核桃作为山区生态经济建设中主要树种的现状，提出了具有保持水土和良好生态功能的整地方式，大大提高了土地利用率。第一次提出山区核桃种植应采取果材兼用型种植模式，不仅能有效地控制水土流失，而且生态和经济效益十分显著。④确立了

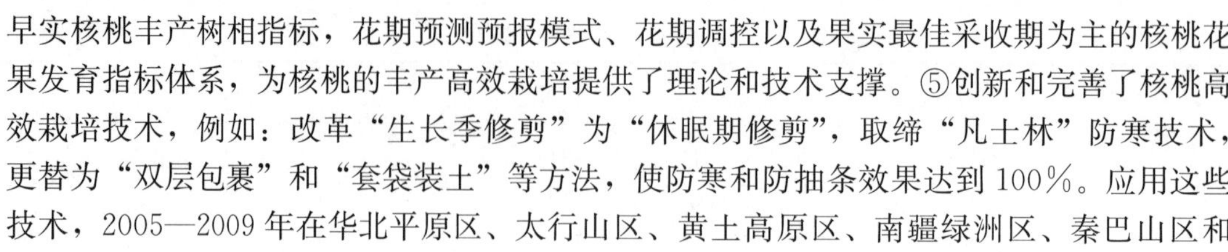

早实核桃丰产树相指标，花期预测预报模式、花期调控以及果实最佳采收期为主的核桃花果发育指标体系，为核桃的丰产高效栽培提供了理论和技术支撑。⑤创新和完善了核桃高效栽培技术，例如：改革“生长季修剪”为“休眠期修剪”，取缔“凡士林”防寒技术，更替为“双层包裹”和“套袋装土”等方法，使防寒和防抽条效果达到100%。应用这些技术，2005—2009 年在华北平原区、太行山区、黄土高原区、南疆绿洲区、秦巴山区和云贵高原区建立高标准试验示范园 8.33 万 hm^2，七年生示范园核桃坚果产量达到 2 250～3 000kg/hm^2。

科技应用为我国核桃产业发展提供了有力支撑。从 FAO 统计数据看出：1990 年我国核桃产量 14.9 万 t，2009 年产量 97.94 万 t，结果树平均产量由 373.5kg/hm^2 提高到 1 470kg/hm^2，提高幅度近 4 倍，2013 年我国结果树平均产量已达 4 000kg/hm^2，是 1990 年的 10.7 倍。2003 年我国带壳核桃产量 39.35 万 t，第一次超过美国（当年产量 39.16 万 t）成为世界第一大核桃生产国。带壳坚果的售价从 1990 年的 8 元/kg，提高到 2010 年的 40 元/kg，价格提高了 5 倍。

四、产业链初步形成，农民增收效果凸显

目前，核桃良种苗木繁育、园地规划和定植、幼树和成龄树的栽培管理、坚果采收、加工和销售，都建立了相应的标准化管理规程，截至 2014 年我国已经颁布了 27 项核桃（包括山核桃）生产加工的技术标准，其中国家标准 6 项、行业标准 21 项，核桃主产省（自治区、直辖市）也已经制定了相应的地方标准；同时更加注重产品认证和产地认定。例如：“石门核桃”“汾州核桃”“临安山核桃”“昌宁核桃”等 20 余个地理标志认证产品；新疆阿克苏核桃等获得了国家绿色食品认证；一批产品获得中国驰名商标。截至 2012 年核桃加工量 52.7 万 t，年加工产值 759.01 亿元。从事核桃生产、贮藏和加工的企业 997 个，占全国贮藏加工企业数量的 3.52%，年产值千万元以上的企业有 177 个。2012 年我国核桃销售额为 2 023 亿元，从事营销人员 83.27 万人，出口量 1.99 万 t，出口额 306.7 亿元，进口量 5 636t，进口额 122.6 亿元。2012 年核桃农民专业合作社组织 3 500 个，合作组织成员 37.3 万户。

随着农业产业结构的调整，核桃的栽培面积迅速扩大，涌现出许多以核桃生产加工为支柱产业的县市，下面举例说明核桃重点县发展现状。

1. 云南省大姚县　大姚县是“中国核桃之乡”，据《中国核桃志》记载，栽培历史已有 450 多年，几百年的生物演变和人工选育，形成今天的“大姚核桃”地理标志认证产品。1976 年被云南省列为核桃生产基地县，2000 年又通过了欧盟有机认证，目前全县已建成以核桃为主要原料的加工和商贸企业 7 家，主要从事核桃漂洗果、炒果、脱衣桃仁、饮品、精粉和核桃油等初、深加工和销售，形成了稳定的核桃收购、加工、销售网络。截至 2014 年末，全县种植核桃 1 300 多万株，面积达到 10.27 万 hm^2，产量达 2.1 万 t，农民出售核桃收入达 6.78 亿元，农民人均核桃坚果收入达 3 130 元，2015 年 7 月“大姚核桃”被认定为“中国驰名商标”。

从表 2-4 看出，大姚县核桃生产已成为名副其实的农民收入来源和脱贫致富途径，所以，该县农民称核桃树是他们的“绿色银行”。

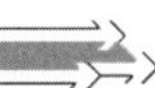

表 2-4　云南省大姚县 2010—2014 年核桃生产和农民增收情况

年份	面积（hm^2）	产量（t）	产值（亿元）	种植户人均核桃收入（元）	全县农民人均核桃收入（元）	人均核桃收入占可支配收入的比例（%）
2010	64 236.67	10 067	2.84	2 256	1 110	31.8
2011	84 886.80	12 021.6	3.39	2 393	1 318	32.0
2012	98 114.53	15 494	4.79	4 442	1 862	37.5
2013	103 083.93	17 885	5.74	5 707	2 649	42.4
2014	103 170.80	20 600	6.78	6 638	3 130	43.7

2. 新疆温宿县　温宿县是“中国核桃之乡”和“全国特色林果种苗基地”，与新疆维吾尔自治区林业科学院合作选育的核桃品种温 185、新新 2 和新早丰等品种先后荣获国家科技进步二、三等奖和省部级科技进步一、二等奖，温 179 和扎 343 核桃品种在 1999 年昆明世界园艺博览会上分别获银奖和铜奖。2008 年在北京昌平区金池蟒山会议中心，温宿县选送的核桃温 185 荣获一等奖，被授予“中华名果称号”，并指定为“2008 年北京奥运会推荐果品”。目前新疆核桃单产较高的示范园多集中在温宿县，核桃栽培技术先进、规范化程度高，多次受到国家领导人的称赞。截至 2015 年，温宿县核桃种植面积超过 4.67 万 hm^2，在温宿林果产业发展中占有不可动摇的主导地位。目前全县已建成以核桃为主要原料较大规模的加工和商贸企业 16 家，主要从事核桃漂洗果、炒果、脱衣桃仁、饮品、精粉和核桃油等初、深加工和销售，形成了稳定的核桃收购、加工、销售网络。

表 2-5　新疆温宿县 2012—2014 年核桃生产和农民增收情况

年份	核桃面积（万 hm^2）	产量（万 t）	产值（亿元）	种植户人均核桃收入（元）	全县农民人均核桃收入（元）	人均核桃收入占人均收入的比例（%）
2012	3.49	3.07	9.21	7 675	5 756	55.6
2013	4.02	4.35	13.05	10 875	8 156	67.9
2014	4.53	5.7	17.1	14 250	10 688	79.8

第三章
核桃种质资源

第一节　核桃属植物学分类

核桃属（又称胡桃属）（*Juglans*）为被子植物门双子叶植物纲胡桃科（Juglandaceae）植物。绝大多数分布于北半球，其坚果多具有极高的食用价值，被广泛栽培和利用。

一、核桃属植物的形态特征

落叶乔木或灌木；芽具芽鳞；小枝髓部呈薄片状分隔；树皮幼龄时光滑，老时有纵裂。叶为奇数羽状复叶，互生；小叶对生，有时顶叶退化，多具锯齿，稀全缘。雌雄同株；雄花芽为裸芽，雄花序为柔荑花序，下垂，无花序梗，具多数雄花，单生于上年生枝的叶腋内。雄花具短梗；苞片1枚，小苞片2枚，分离；花被片3枚，分离，贴生于花托，与苞片相对生；雄蕊通常4～40枚，生于扁平花托上，花丝甚短，近无，花药具毛或无毛，药隔较发达，伸出于花药顶端；雌花序穗状，直立着生于当年生枝顶部；雌花通常2～30枚，无梗，2枚苞片与2枚小苞片愈合呈壶状，总苞贴生于子房，花后随子房膨大；花被4枚，高出总苞，下部连合并贴生于子房；子房下位，2心皮组成，柱头2裂，羽状。果实为假核果（园艺分类属坚果），外果皮（青皮）由总苞和花被发育而成，未成熟时肉质，不开裂，表面光滑或有小突起，被茸毛，完全成熟时为纤维质，多伴有不规则开裂；每个果实内有种子1枚，稀2枚；内果皮（也称为坚果壳或核壳）骨质，表面具不规则刻沟、刻窝，永不自行破裂。果核内不完全2～4室，壁内及隔膜间具空隙；种皮膜质，子叶肉质，表面有不规则沟窝，富含脂肪和蛋白质。

二、核桃属植物的种及其分类

核桃属植物分3组，20多个种，分布于两半球温、热带区域。

路安民（1979）将中国的核桃属植物分为2组5种1变种，即：

组1. 胡桃组（Section *Juglans*）：

胡桃即核桃（*J. regia* L.）

泡核桃即铁核桃（*J. sigillata* Dode）

组2. 胡桃楸组（Section *Cardiocaryon*）：

河北核桃即麻核桃（*J. hopeiensis* Hu）

核桃楸（*J. mandshurica* Maxim）

野核桃（*J. cathayensis* Dode）及其变种华东野核桃［*J. cathayensis* Dode

var. *formosana*（Hayata）A. M. Lu et R. H. Chang]

杨文衡（1984）及曲泽洲、孙云蔚（1990）记述了中国栽培的核桃属植物有 13 种（含引入种），分别是：

（1）核桃（*J. regia* L.）

（2）泡核桃（*J. sigillata* Dode）

（3）核桃楸（*J. mandshurica* Maxim）

（4）河北核桃（*J. hopeiensis* Hu）

（5）野核桃（*J. cathayensis* Dode）

（6）心形核桃（*J. cordiformis* Maxim）

（7）吉宝核桃（*J. sieboldiana* Maxim）

（8）黑核桃（*J. nigra* L.）

（9）灰核桃（*J. cinerea* L.）

（10）函兹核桃（*J. hindsii* Rehd）

（11）小果核桃（*J. draconis* Dode）

（12）果子核桃（*J. orentalis* Dode）

（13）长果核桃（*J. stenocarpa* Maxim）

其中栽培最多的是核桃和泡核桃，其他为少量栽培或野生。

《中国核桃种质资源》（2011）一书中按照 1979 年《中国植物志》第 21 卷和 2004 年《中国植物志》第 1 卷的分类方法，结合近年来引进种，将我国核桃属植物分为 3 个组，共 9 个种，分别是：

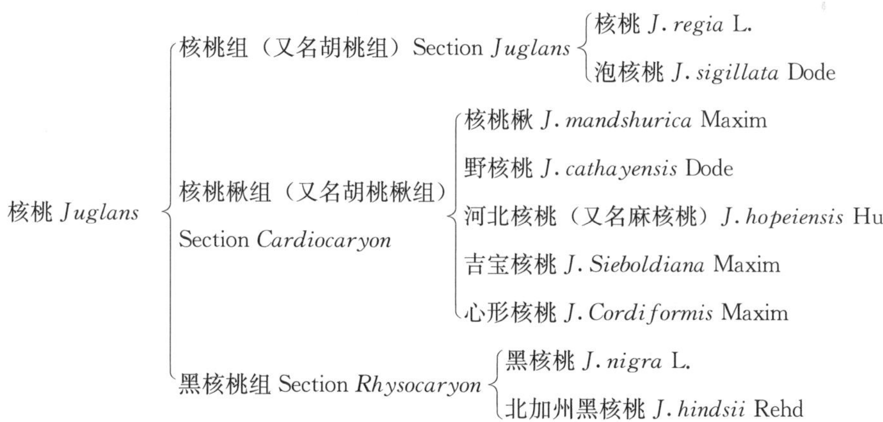

三、核桃属主要种的植物学特征

（一）核桃组（又名胡桃组）（Section *Juglans*）

1. 核桃（*J. regia* L.）　又名胡桃、羌桃、万岁子。

落叶乔木，树高 10～30m，寿命一般为 100～200 年，最长可达 800 年以上。树干较别的树种矮，幼树树冠半直立，进入成龄期后，树冠大而开张，呈自然半圆头或圆头状。树皮幼时灰绿色，平滑，老时灰白色，纵向浅裂，老树或生长在雨量较大地区的树干皮色变暗。一年生枝绿褐色，具白色皮孔；髓部片状。混合芽圆形或三角形，营养芽为三角形，隐芽很小，着生在枝条的基部；雄花芽为裸芽，圆柱形，呈鳞片状。奇数羽状复叶长30～40cm，复叶柄圆形，基部肥大，被极短腺毛及腺点，脱落后叶痕呈三角形。小叶数5～9枚，长圆形、倒卵圆形或长椭圆形，先端钝圆或微尖，基部歪斜，全缘或具微锯齿，叶表面深绿色，无毛，背面淡绿色，侧脉11～15对，脉腋内具短柔毛；侧生小叶柄极短或无，顶生小叶具短柄。雄花序下垂，长8～12cm，雄花苞片、小苞片及花被片均被腺毛；花被6裂；雄蕊15～20枚，花丝极短，花药成熟时黄色，无毛。雌花序直立顶生，小花2～3朵簇生；雌花的总苞被极短腺毛；子房外密生细柔毛，柱头2裂，偶有3～4裂，呈羽状反曲，浅绿色。果序短，俯垂，具1～3果；果实圆形或长圆形，直径4～6cm；外果皮肉质，绿色，表面光滑或具柔毛，着黄白色点；外种皮骨质，表面稍具刻沟或光滑，具2条纵棱，先端具短尖头；隔膜较薄，内无空隙，内果皮壁内有不规则空隙或无空隙而仅有皱褶。种仁呈脑状，被黄白色或黄褐色种皮，上面有深浅不一的脉络。

2. 泡核桃（*J. sigillata* Dode） 又名铁核桃（四川、云南）、漾濞核桃、茶核桃（云南）。

落叶大乔木，树高10～30m，寿命一般为100～200年，最长可达600年以上。树皮灰色，浅纵裂，老树或生长在雨量较大地区的树干暗褐色。小枝青灰褐色，具白色皮孔，二年生枝色稍深。芽卵圆形，芽鳞具短柔毛。奇数羽状复叶，复叶柄圆形，基部肥大，有腺点，脱落后叶痕呈三角形。顶叶较小或退化，小叶9～15枚，呈长圆形或椭圆状披针形，具短柄，轴及叶柄有黄褐色短柔毛；叶全缘或具微锯齿，先端渐尖，基部歪斜；侧脉17～23对，背面脉腋内簇生柔毛。雄花序长5～25cm，雄蕊12～30枚，花丝极短。雌花序顶生，花序轴密生腺毛，雌花2～4朵，子房外密生细柔毛，柱头2裂，初时呈粉红色，后变为浅绿色，呈羽状反曲。果实倒卵圆形，纵径3.4～6.0cm，横径3～5cm，果皮绿色，肉质，幼时有黄褐色茸毛，成熟时变无毛，表面着黄白色点；坚果倒卵圆形，纵径2.5～5cm，横径2～3cm，两侧稍扁，表面具刻窝。内种皮极薄，浅褐色，上面有深浅不一的脉络。

产自云南、贵州、四川西部、西藏雅鲁藏布江中下游，生长于海拔1 300～3 300m山坡或山谷林中。种子含油率高，木材坚硬。

（二）核桃楸组（又名胡桃楸组）（Section *Cardiocaryon*）

1. 核桃楸（*J. mandshurica* Maxim） 又名胡桃楸、东北核桃、楸子核桃、山核桃。

乔木，高20m以上，胸径30～80cm；枝条扩展，树冠宽卵形；树干通直；树皮灰色或暗灰色，交叉纵裂，裂缝菱形；幼枝色淡，被有短茸毛，白色皮孔隆起。芽三角形，被黄褐色毛。奇数羽状复叶，小叶9～19枚，矩圆形或椭圆状矩圆形，先端尖，基部歪斜，不对称，截形至近于心脏形；边缘有明显细密锯齿，叶表面初有稀疏短柔毛，后仅中脉有毛，叶背面色淡绿，有贴伏短柔毛；侧生小叶无柄。雄花序长10～27cm，花序轴被短柔毛；雄花具短柄，苞片1，小苞片2，花被片1枚位于顶端与苞片重叠，2枚位于花的基部两侧；雄蕊常12枚，花丝短，花药黄色，药隔急尖或微凹，被灰黑色细柔毛。雌花序有5～10雌花，花被片披针形或线状披针形，被柔毛，柱头两裂，暗红色。果序长10～15cm，俯垂，通常具4～7果。果实近球形或卵形，先端尖，纵径3.5～7.5cm，横径3～

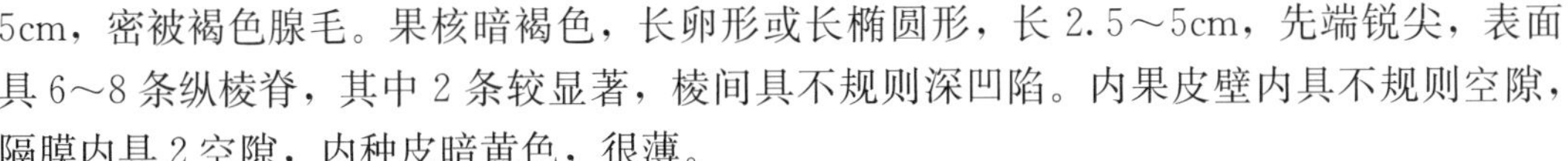

5cm，密被褐色腺毛。果核暗褐色，长卵形或长椭圆形，长 2.5～5cm，先端锐尖，表面具 6～8 条纵棱脊，其中 2 条较显著，棱间具不规则深凹陷。内果皮壁内具不规则空隙，隔膜内具 2 空隙，内种皮暗黄色，很薄。

2. 野核桃（*J. cathayensis* Dode）　又名华核桃、山核桃。

落叶乔木，有时呈灌木状，高 5～20m，树冠半直立，呈自然半圆头或广圆形；一年生枝灰绿色，具腺毛。顶芽裸露，锥形，密生黄褐色毛。羽状复叶长 40～50cm，长者可达 100cm 以上，叶柄及叶轴被毛；小叶 9～17，无柄，长卵圆形或卵状短圆形，长 8～15cm，宽 3～7.5cm，先端渐尖，基部斜圆或偏心形，基部或叶缘具细密锯齿，表面暗绿色，有稀疏柔毛，背面浅绿色，密生短柔毛及星状毛，中脉及侧脉均被腺毛。雄花序长 20～25cm，雄蕊约 13 枚，花药被毛；雌花序直立顶生，长 20～25cm，花序轴密被深褐色毛，雌花 6～10 朵，柱头 2 裂，呈羽状反曲，红色或粉红色。果序具 6～13 果；果实卵圆形或长圆形，长 3～4.5cm，先端急尖，黄绿色，密被腺毛；果核卵状或阔卵形，顶端尖，壳骨质，坚厚，表面具 6～8 条棱脊，棱脊间有不规则刺状凸起及凹陷。内褶壁骨质，种皮黄褐色，脉络不明显，极薄。种仁小。

分布在云南、四川、贵州、湖北、湖南、江西、浙江、江苏、安徽、山东、山西、甘肃。可作嫁接胡桃的砧木。果仁及油可食用；木材坚实，可制枪托；树皮和外果皮含鞣质；内果皮可制活性炭。

本种有一变种，称华东野核桃［*J. cathayensis* Dode var. *formosana*（Hayata）A. M. Lu et R. H. Chang］，与野核桃的区别在于果核较平滑，仅有 2 条纵向棱脊，皱曲不明显，无刺状突起和深凹窝。

3. 河北核桃（*J. hopeiensis* Hu）　又名麻核桃。

落叶乔木，树皮灰白色，幼时光滑，老时纵裂；嫩枝密被短茸毛，后脱落近无毛。奇数羽状复叶长 45～80cm，叶柄初被短茸毛，后变稀疏；小叶 7～15 枚，长椭圆至卵状椭圆形，长 10～23cm，顶端急尖或渐尖，基部歪斜、圆形，表面深绿色，光滑无毛；背面淡绿色，叶脉上具短茸毛，叶缘具不规则稀疏锯齿或近全缘。雄花序长 20～25cm，花序轴被稀疏腺毛；苞片和小苞片具短柔毛，花药顶端有短柔毛。雌花序具 2～5 朵小花，串状着生于花轴上。每花序着果 1～3 个，果实近球形，纵径约 5cm，横径约 4cm，被稀疏腺毛或近于无毛；坚果有长圆形、近半圆形、圆形、方形、心形等多种形状，顶端有尖或较平，基部平、圆或凹，表面刻沟、刻点深，有 6～8 条不明显棱脊，缝合线较突出，其余不甚显著；壳厚不易开裂，具不规则空隙；内褶壁骨质，发达，横隔膜骨质，取仁极难，不堪食，适于制作工艺品。木材坚硬，可作军工用材。

河北核桃是核桃属中最珍稀的一个种，常与核桃和核桃楸混生，周汉藩先生于 1930 年在北京昌平县（当时隶属河北省）长陵乡下口村的半截沟采集，由我国植物分类学家胡先骕教授命名为新种，并认为是核桃与核桃楸的天然杂种。主要分布在北京、河北北部、山西、陕西等有核桃和核桃楸混交的区域，其中在有核桃楸密集分布的沟谷地分布较多。

《中国植物志》第 21 卷（1979）认为：由于该种具有长椭圆形或卵状椭圆形的叶，果序仅 1～4 个果而近似于核桃；但内果皮多棱脊、具空隙，隔膜厚亦具空隙而和核桃楸相似，因此，A. Rehder 和胡先骕认为是这两个种的杂交种。根据其花药有毛，幼叶、幼枝密被短柔毛及星芒状毛而后脱落，以及果实等特点，该种更接近于核桃楸；唯有小叶有极不显著的疏齿甚至近全缘以及果序有1～3果而稍和核桃楸相异，将本种作为核桃楸的一个变种可能更为恰当。

4. 吉宝核桃（*J. sieboldiana* Maxim） 又名鬼核桃、日本核桃。

落叶乔木，树高20～25m，树干皮灰褐色或暗灰色，浅纵裂。一年生枝黄褐色，密生细腺毛，皮孔白色，微隆起。芽呈三角形，其上密生短柔毛。叶为奇数羽状复叶，小叶13～17枚，长椭圆形，基部楔形，先端渐尖，边缘微锯齿，幼叶被黄褐色毛，之后脱落近光滑，叶脉具毛，叶背密被星状毛，小叶无柄，复叶柄密生腺毛。雄花序长15～20cm，下垂，雌花序顶生有8～11朵小花，呈串状着生。子房和柱头紫红色，子房外密生腺毛，柱头2裂。果实长圆形，先端突尖，绿色，密生腺毛。坚果有8条明显的棱脊，棱脊之间有刻点，缝合线突出，核壳坚厚，内褶壁骨质，不易取仁。

原产日本北部和中部山林中，于20世纪30年代引入我国，在辽宁、吉林、山东、山西等地有生长，可作为核桃育种亲本和嫁接核桃的砧木。

5. 心形核桃（*J. cordiformis* Maxim） 又名姬核桃。

落叶乔木，树高20～25m，树干灰褐色或暗灰色，浅纵裂。一年生枝黄褐色，密生细腺毛，皮孔白色微隆起。芽呈三角形，密生短柔毛。奇数羽状复叶，小叶13～17枚，长椭圆形，基部斜形，先端渐尖，边缘微锯齿，无柄，复叶柄密生腺毛。雄花序长15～20cm，雌花序顶生，有小花8～11朵，呈串状着生。子房和柱头紫红色，子房外密生腺毛，柱头2裂。果实扁心脏形，坚果壳光滑，先端突尖，非缝合线侧面较宽，缝合线两侧较窄，相当于较宽面的1/2左右，非缝合线侧面中间各有1条纵凹沟。坚果壳坚厚，无内褶壁，缝合线处易开裂，可取整仁，出仁率30%～36%。

原产日本，20世纪30年代引入我国，在辽宁、吉林、山西、内蒙古等地有生长。是良好的果材兼用树种，是核桃嫁接的良好砧木。其主要形态特征与吉宝核桃相似，主要区别在果实。果实为扁心形，较小，坚果壳光滑，先端突尖，壳坚厚，无内隔壁，缝合线处易开裂，可取整仁。

（三）黑核桃组（Section *Rhysocaryon*）

1. 黑核桃（*J. nigra* L.） 亦称东部黑核桃。

树高可达30m以上。树皮暗褐色或灰褐色，纵裂较深。枝条呈灰褐色，被灰色茸毛，皮孔稀而凸起；芽阔三角形，具芽座（2cm），与2个副芽叠生；奇数羽状复叶，小叶15～23枚，长卵圆形，叶缘有不规则锯齿，先端渐尖，基部扁圆形，叶表面光滑，背面有毛或长成后近于光滑；雄性柔荑花序5～12cm，小花有20～30枚雄蕊，花药有毛；雌花序常具2～5朵小花。果实单生或2～5簇生，圆球形，浅绿色，果皮表面有小突起和短茸毛、发黏。青果皮成熟时与坚果硬壳不分离，坚果圆形或扁圆形，先端微尖，坚果壳具深纵向刻沟；坚果内褶壁木质，4心室。

起源于美国，目前是美国重要的用材型树种，主要分布在落基山脉的东侧，用作木材和胶合板材，在北京、南京、辽宁、河南等地有少量引种。

2. 北加州黑核桃（*J. hindsii* Rehd） 亦称函兹核桃。

枝条呈褐绿色，无毛，皮孔密，黄白色；芽贴生，密被棕色茸毛，与一个副芽叠生；

小叶数 15～19 片，小叶宽 2～3cm；坚果小而壳面光滑。

为北半球亚热带树种，起源于美国加利福尼亚州（以下简称加州）北部，抗寒性较差，抗根腐，现已被广泛用作核桃砧木。在欧洲人刚移居加州时，只有少数的散生片林，移民们用作坚果生产和行道树扩大了其栽植面积。函兹核桃比黑核桃生长快速，坚果壳面光滑，但风味不及黑核桃。

四、核桃属植物的亲缘关系

奚声珂（1987）广泛调查和综合考评了地理分布等因素，将中国核桃栽培类型分为华北山区、秦巴山区、西南高原及新疆 4 个地理型，并对这 4 个地区进行了植物学和生态学等方面探讨，为中国核桃引进优良品种、杂交育种工作的开展提供了参考。张毅萍（1987）经过大量调查和参阅文献，认为中国核桃基本属于人为分布，泡核桃基本属于自然分布，并提出分布区的划分原则及依据。

泡核桃（又名铁核桃，别名漾濞泡核桃、深纹核桃、茶核桃）是 1906 年由法国人杜德（Louis-Albert Dode）命名，该种主要分布于我国西南部地区，从表型上看，与核桃有明显的差异，但杨自湘等（1989）对核桃属 10 个种的过氧化物同工酶分析认为，酶谱的多态性主要存在于种间，同时指出 Dode 单纯依靠表型差异将泡核桃定名新种，也已经在同行中引起了争议。穆英林和郗荣庭（1990）观察了核桃的小孢子发生过程及其各个阶段的核型，认为核桃、核桃楸和黑核桃的花粉母细胞减数分裂基本正常，河北核桃极不正常。Wang H 等（2008）分析了我国川、滇、藏等地山区的核桃、泡核桃野生的遗传结构，认为核桃与泡核桃很可能属于同一个种。王滑等（2009）采用叶绿体 ITS 序列分析和 SSR 分子标记技术研究了核桃与泡核桃野生群体间的亲缘关系，发现这两个种间的遗传距离与种内的遗传距离相近，种间的差异不明显，指出这两个种应同属核桃种下的不同生态地理型。另外，方文亮等采用人工授粉的方法获得了泡核桃与核桃的杂交种并且培育出一批优良杂种新品种，说明泡核桃与核桃两种之间不存在生殖隔离现象。

河北核桃（或称麻核桃）是核桃属植物中比较特异的类型，其表型性状介于核桃楸和核桃之间，《中国植物志》（2004）认为麻核桃是核桃楸的极端变异种，所以未将该种单独列入。研究者根据麻核桃的植物学性状，估计为核桃楸与核桃的天然杂种。成锁占等（1987）利用 5 种同工酶分析结果将 10 种核桃划分为 3 组，每组的地理分布差异明显，并证明河北核桃为核桃与核桃楸的天然杂交后代发展而来的。吴燕民（1999）等利用 RAPD 分子标记方法证实核桃楸与核桃的天然杂交是核桃形成的主要机制，在麻核桃形成过程中，核桃楸的遗传贡献率大于核桃，因此，在核桃属分类中麻核桃应归为核桃楸组。研究者发现麻核桃种子的胚败育率很高，花粉母细胞减数分裂极不正常（穆英林等，1990），其性状也不稳定，自然分布范围很窄，植株数量也有限。

野核桃有一个变种，称为华东野核桃，又名华胡桃，在形态上与野核桃的区别是：坚果壳较光滑，仅具 2 条纵向棱脊，皱褶不明显，没有刺状突起及深凹窝。在《中国植物志》（第一卷，2004）中曾描述华东野核桃与吉宝核桃为一个种系，而与灰核桃有隔离分化现象。华东野核桃主要呈野生状态分布在我国福建、台湾、浙江等省，分布范围和数量均较少。

《中国核桃种质资源》(2011) 一书中根据研究者多年对新疆核桃的实地考察和同工酶、SSR等分析结果，认为新疆天山的野生核桃林的新疆野核桃 (*J. fallax* Dode) 应归为核桃 (*J. regia* L.) 种内。

第二节 核桃种质资源的评价与利用

一、核桃种质资源的收集和保存

核桃属 (*Juglans*) 属于被子植物门双子叶植物纲胡桃科 (Juglandaceae)。分为4组，即核桃组 (Sect. *Juglans*)、核桃楸组 (Sect. *Cardiocaryon*)、黑核桃组 (Sect. *Rhysocayon*) 和灰核桃组 (Sect. *Trachycaryon*)。我国原产的核桃属植物有5个种，分别为核桃 (*J. regia* L.)、泡核桃 (*J. sigillata* Dode)、核桃楸 (*J. mandshurica* Max.)、河北核桃 (*J. hopeiensis* Hu) 和野核桃 (*J. cathayensis* Dode)。其中核桃和泡核桃坚果的利用价值最大，在我国的栽培分布地域最广。另外，还有一些引入种，如心形核桃 (*J. cordiformis* Max.)、吉宝核桃 (*J. sieboldiana* Max.)、东部黑核桃 (*J. nigra* L.)、北加州黑核桃 (*J. hindsii* Rehd)、小果核桃 (*J. microcarpa* Dode)，以及一些种间杂交种等在我国也有少量栽培。一直以来，我国就被认为是核桃起源和分布中心之一，资源极为丰富，其分布范围广，遗传类型多样。核桃分布遍及中国南北，而泡核桃主要分布在西南地区（云贵高原、四川西部、西藏西南部地区最为集中）。目前我国核桃种质资源主要有优良品种、优良无性系、优良单株、实生农家类型、特异种质资源几种主要类型。由于我国地理气候条件复杂多变，我国核桃的种质资源非常丰富。目前记载的核桃优良品种有上百个，优良无性系、优良单株、实生农家类型、特异种质资源更是多达几百种。

当今世界各国普遍采用低温库、种质圃等方式保存种质资源，但是建库和每年维持运转的费用很高。中国核桃虽然具有丰富的种质资源，但保存这些资源却具有相当的难度。目前受限于保存方法和维持费用的影响，我国核桃种质资源的保存工作进展比较缓慢。随着我国经济实力的增强，对于核桃种质资源保存工作的财政支持力度不断加大，特别是很多地方政府对种质资源重要性的认识不断提高，很多核桃种质资源较为集中的主产区都建立了自己的种质资源圃。目前在云南、新疆、陕西、四川等地都建立了针对当地核桃优良种质资源的核桃种质资源库。在全国范围内，目前对核桃种质资源收集保存相对丰富的是位于山东省泰安市的山东省果树研究所的国家果树种质泰安核桃资源圃，在高峰时期保存了90多份我国核桃主要的种质资源类型，目前虽然有所缩减，也保存了73份优良种质资源。同时，位于山东肥城的中国核桃种质资源基因库也于2012年建立，目前泰山植物园中国核桃种质资源基因库共引进核桃品种128个，计划在未来几年内，引进更多的核桃种质资源。各个地方由于条件限制，对于目前筛选出的大多数地方优良品系、实生农家类型等优良种质资源，采用的是就地登记保护以及采集接穗嫁接到资源圃的方法进行保存。

二、核桃种质资源的评价和利用

(一) 核桃种质资源的评价

1. 表型性状的评价 核桃种质资源的评价主要是利用不同层面的遗传多样性水平进

行的。遗传多样性为物种涵盖的居群间和居群内个体间遗传变异的总和。包括表型、生化、染色体、蛋白质和碱基序列等多层次遗传变异。最为直观与便捷的评价方法就是利用表型性状遗传多样性进行评价。表型多样性是遗传多样性与环境多样性的综合体现，主要研究种群在其分布区内各种环境中的表型变异（Brochmann，1992）。广义的形态标记还包括借助简单测试即可识别的那些性状，如生殖特性、抗病虫性等。表型是一种特定的、遗传上稳定的、视觉可见的外部特征。遗传性状稳定，多态性较好的形态标记至今在分类学、遗传学中广泛应用。在评价核桃表型性状多样性时通常是选取叶片形态以及果实和坚果的形状进行评价。叶片形态是一个重要的形态特征，与植物的营养和其他生理、生态因子，以及植物的繁殖密切相关，因而具有研究价值。果实和坚果性状的表型变异也是研究植物种群遗传多样性的一个重要组成部分，特别是果实形态往往是较稳定的遗传特征，因此在种质资源评价时具有特别重要价值（Malvolti，1996）。目前针对核桃表型性状进行了很多研究，主要方向是利用产量、早熟、种仁重量、出仁率、坚果重量以及壳的厚度、仁色、壳面光滑程度和风味这些性状的比较，筛选出具有优异性状的特殊类型（Trentacoste，2011）。同时还利用相关性分析，判断不同性状之间相关性的显著程度，从而通过一个容易测定的性状估测其他表观上较难测定的性状。目前就有研究证实：坚果长度与坚果宽度、种仁长度、种仁厚度、饱满指数呈显著负相关。这些研究对于推动核桃表型多样性的研究工作起到很大的促进作用（Ebrahimi，2011）。

2. 核桃脂肪与脂肪酸的评价 核桃是一种集脂肪、蛋白质、糖类、纤维素、维生素五大营养要素于一体的优良干果类食物，具有很高的营养价值（黄黎慧等，2009）。目前对于核桃营养价值的评价主要集中在脂肪酸与蛋白质这两方面的指标上。核桃脂肪酸包含13种成分，主要成分为亚油酸（C18∶2），其他依次为油酸（C16∶1）、亚麻酸（C18∶3）、软脂酸（C16∶0）和硬脂酸（C18∶0），这5种主要成分占了核桃油脂肪酸总量的98%（肖良俊等，2014）。目前种质资源筛选对于脂肪的评价主要集中在粗脂肪的含量（选择高油的种质资源）以及各种不同脂肪酸成分的比例上。主要体现在亚油酸（ω-6）与亚麻酸（ω-3）的比值，世界卫生组织推荐这一比值要低于10∶1，我国则建议这一比值为（4～6）∶1最合适。现有核桃种质资源油脂的含量基本在50%～70%，个别含油率高的优株可达到75%以上（陈季琴等，2007）。

3. 核桃蛋白质的评价 核桃仁蛋白质含量占核桃仁总重量的16.7%，通常由4种蛋白质构成，分别是清蛋白、球蛋白、醇溶谷蛋白和谷蛋白，其中谷蛋白的比例最高，占整个核桃蛋白的70%以上（Raval，1994；Rosengarten，1992）。在核桃中含有18种氨基酸，其中有8种必需氨基酸，精氨酸和谷氨酸含量都相当高。对核桃进行分析发现，蛋氨酸是核桃蛋白质的第一限制性氨基酸。研究结果显示，目前核桃不同资源类型里，大多蛋白质含量在15%～23%之间。早实品种坚果中蛋白质含量普遍高于普通实生核桃，不同地区和不同变异类型核桃的蛋白质含量存在一定差异（Caqlarirmak，2003；Joolka，2005）。

4. DNA水平的种质资源评价 分子标记是指以个体间核苷酸序列变异为基础的遗传标记，是DNA分子水平遗传变异的直接反映。相比于其他标记更加稳定可靠。随着遗传多样性研究的深入发展，DNA分子标记已成为评价核桃种质资源的最主要手段。在核桃

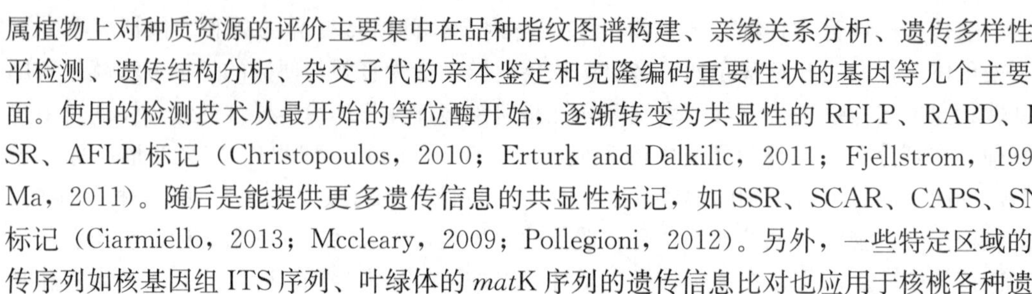

属植物上对种质资源的评价主要集中在品种指纹图谱构建、亲缘关系分析、遗传多样性水平检测、遗传结构分析、杂交子代的亲本鉴定和克隆编码重要性状的基因等几个主要方面。使用的检测技术从最开始的等位酶开始，逐渐转变为共显性的 RFLP、RAPD、ISSR、AFLP 标记（Christopoulos，2010；Erturk and Dalkilic，2011；Fjellstrom，1994；Ma，2011）。随后是能提供更多遗传信息的共显性标记，如 SSR、SCAR、CAPS、SNP 标记（Ciarmiello，2013；Mccleary，2009；Pollegioni，2012）。另外，一些特定区域的遗传序列如核基因组 ITS 序列、叶绿体的 *mat*K 序列的遗传信息比对也应用于核桃各种遗传资源的系统进化分析中（Mallikarjuna，2007）。这些研究从分子水平上分析了我国核桃种质资源的遗传多样性和亲缘关系，揭示了我国核桃品种遗传背景的复杂性，在实际应用中不仅可根据指纹图谱和聚类结果进行亲本选配，还可为核桃品种的鉴定、已知品种的保护、品种间的比较提供依据。运用分子标记技术确立核心种质资源，最关键的问题就是在多大的相似性程度上才能认为种质是重复的。同时，确定核心种质还需要利用不同的分子标记技术，相互比较和相互印证。

（二）核桃种质资源的利用

我国丰富的核桃种质资源在育种工作中得到较广泛的应用。首先是杂交育种。培育早实、丰产、优质、抗病、果实兼优的核桃新优品种是核桃杂交育种的目标。利用新疆早实核桃结实早、增产潜力大等优良性状，我国以此作为改良核桃早实性与丰产性育种的主要亲本取得了丰硕的成果，温 185、扎 343、新早丰等首批 16 个国家级核桃品种中，约有 80%是从新疆核桃或源于新疆核桃选育而成的。新疆核桃引入内地后，由于空气湿度增加，病原菌增多，黑斑病、炭疽病、枝枯病等病害发生严重，而在华北地区的一些核桃实生农家类型及优良单株则表现出较好的抗病性，因此人们认识到实生繁殖的核桃农家类型种群可能是我国核桃抗性育种的宝贵基因资源。通过杂交，一些子代在发病程度上有所减轻，部分植株表现出较强的抗性（赵登超等，2010；王红霞等，2007；田英等，2014）。

图 3-1　中宁奇核桃树体

在从国外引入的部分推广新品种中，曾观察到不同品种的实生单系间抗寒性存在很大差异，而国内大部分品种的抽条率也因品种来源不同而有较大区别，这些工作可为引种及品种选育提供参考。部分国外引进的品种因其较强的适应性在中国得到了大面积推广。如河北农业大学从日本引入的品种清香由于其优良的坚果品质以及较强的适应性和抗病性，在我国得到大力推广，目前已有较大的种植面积（郗荣庭等，2001）。优良种质资源的筛选对于核桃的抗性育种有十分重要意义。杨克强等（1998）研究了我国核桃越冬性及对白粉病的抗性，结果表明不同的品种其易感病的程度存在显著差异，这为筛选具有较好抗性的品种提供了资源基础。同时，利用国外优良种质资源进行砧木的选育也是种质资源利用的一个重要方向。美国利用黑核桃较好的抗病性将其作为砧木与普通核桃进行嫁接，取得了较好的生产效益。中国林业科学研究院选育的中宁强、中宁奇（图 3－1）等核桃砧木由北加州黑核桃（*Juglans hindsii*）×核桃（*Juglans regia*）的种间杂交种 Paradox 经优选获得。该杂交种生长势旺、抗根腐病、耐盐碱、耐黏重和排水不良土壤的特性，且与核桃的嫁接亲和力强，其杂交种子在美国加州被大量用作核桃砧木。

我国核桃种质资源具有丰富的遗传多样性，蕴含了许多决定重要经济性状的优异基因，但由于这些基因常常与其他基因连锁，并且在精确定位上存在困难，不易进行杂交育种。但近年来分子生物学技术的快速发展，特别是能够精确定位的分子标记技术的出现为核桃种质资源的利用展现了更为广阔的前景。

第 四 章
核桃主要栽培品种

第一节　核桃的主要类型及品种

一、主要类型

核桃（*Juglans regia* L.）按开始结实年龄可分为早实和晚实两大类型。实生播种第二年或嫁接后第二年能开花结果的为早实核桃；实生播种 4 年以上或嫁接后 3 年以上才能开花结果的为晚实核桃。早实核桃与晚实核桃的区别还体现在以下几个方面。

（一）分枝和枝芽特性

早实核桃分枝能力强，生长量大，幼树新梢常有二次甚至三次生长。根据辽宁省经济林研究所的调查：二年生早实核桃发枝率为 30.0%～43.5%，单株最多发枝 18 个；而二年生晚实核桃发枝率只有 6.5%，大多晚实单株仅有顶芽抽生 1 个延长枝（表 4-1）。四年生早实核桃平均分枝数为 32 个左右，最多达 95 个；而四年生晚实核桃平均分枝 6 个左右，最多只有 9 个。

表 4-1　二年生核桃分枝调查表

种类	品种	调查株数	总芽数	发枝数	发枝率（%）	二次枝数	单株平均分枝		单株最多分枝	
							一次枝	二次枝	一次枝	二次枝
早实	露仁 1 号	19	399	152	38.1	29	8.0	1.5	17	8
	早熟丰产	18	349	105	30.0	30	58.0	1.7	15	4
	薄壳 3 号	13	257	112	43.5	18	8.6	1.4	18	4
	库车 1 号	17	340	119	35.0	34	7.0	2.0	17	5
晚实	朝阳薄皮	18	306	20	6.5	0	1.1	0	2	0

二次分枝也是早实核桃区别于晚实核桃的重要特性。所谓二次分枝，是指春季一次枝封顶之后，由近顶部芽再次抽生新枝。而晚实核桃一年中只抽生一次枝。早实核桃的这种特性在幼树期表现尤为明显。

早实核桃与晚实核桃在枝芽特性上也有明显差别。早实核桃每叶腋通常有 2～3 个芽；常离生，尤其在枝条中部第一个芽常远离叶柄；在二次枝的中下部常形成无叶芽（只有芽而无叶片）；常有颈状芽（芽从紧贴枝条处长出一小段）。晚实核桃每叶腋通常有 1～2 个芽；在叶腋处常紧贴在一起，即使是离生，离生的距离也很短；极少有无叶芽和颈状芽，即使是通过短截新梢促发二次枝，也很难形成无叶芽。

（二）成花及二次开花特性

早实核桃成花容易，侧芽结果能力强，侧芽形成花芽的比例一般在50%～100%，生产中很少使用促进成花的技术措施。晚实核桃成花相对较难，侧芽结果能力较弱，一般只有顶芽或顶芽下1～2个芽能抽生结果枝，生产中可用环割、环剥等技术促进成花。

早实核桃具有二次开花特性，这也是与晚实核桃的主要区别之一。二次开花是指当年形成的雌花芽或雄花芽开放以后，再次抽生花序并开放。第二次抽生的花序包括雌花序、雄花序、雌雄混合花序（图4-1）。二次雌花序呈穗状，有雌花5～40朵，能正常受精坐果；二次雄花序较长，多15～30cm，能正常散粉；雌雄混合花序为柔荑花序，一般在花序的下半部着生雌花，上半部着生雄花，雌花能正常受精，而雄花常发育不良，不能正常散粉。

图4-1　早实核桃的二次花和二次果

（三）生态适应性

与晚实核桃相比，早实核桃的抗寒性和抗病性相对较弱。早实核桃主要原产新疆南疆地区，由于原产地光照强、气候干燥，不利于病害传播，早实核桃病害相对较轻。从20世纪60年代开始，全国各地开始引种栽培早实核桃，通过实生或杂交选育，各地相继选育出一批早实核桃良种。由于气候差异，尤其是夏季高温、高湿地区，大多早实核桃品种与当地晚实核桃相比不同程度存在抗病性差等问题。

另外，早实核桃生长量大，常有二次生长，结果早、坐果多等特性，会导致枝条生长不充实，营养物质在枝条和树体上的积累减少，这也是导致其抗寒性、抗病性降低的重要原因，在气候和立地条件较差的地块通常会表现为幼树抽条、成树早衰等现象。

二、优良品种

(一) 国内品种

1. 薄丰 薄丰由河南省林业科学研究院从新疆核桃实生后代中选出，1989年育成，2011年通过河南省林木良种审定。

坚果长圆形，果基圆，果顶尖。壳面光滑，缝合线窄而平，结合较紧，外形美观。纵径4.2cm，横径3.5cm，侧径3.4cm，单果重13g左右，最大16g，壳厚1.0mm，内褶壁退化，横隔膜膜质，可取整仁，出仁率58%左右。核仁充实饱满，浅黄色，脂肪含量70%左右，蛋白质含量24%。

树势强，树姿开张，成枝力较强。一年生枝灰绿或黄绿色，节间较长，侧花芽比例90%以上，中短枝结果为主。早实型。每雌花序着生2～4朵雌花，多双果，坐果率64%左右。在河南3月下旬萌芽，4月上旬雄花散粉，4月中旬雌花盛花期，雄先型。9月初坚果成熟，10月中旬开始落叶。

该品种适应性强，丰产，坚果外形美观，品质优良。适宜华北、西北土层较厚的丘陵、山区发展。

2. 薄壳香 薄壳香由北京市农林科学院林业果树研究所从新疆核桃的实生后代中选出，1984年定名。

坚果倒卵圆形，果基凸圆，果顶微凹。壳面较光滑，缝合线微凸，结合较紧，外形美观。纵径3.80cm，横径3.38cm，侧径3.50cm，平均单果重12.4g，壳厚1.1mm，内褶壁退化，横隔膜膜质，可取整仁，出仁率58%左右。核仁充实饱满，浅黄或黄白色，脂肪含量64.3%，蛋白质含量19.2%。

图4-2 薄壳香

树势强，树姿较直立，成枝力较强。一年生枝黄绿色，节间较长，侧花芽比例70%以上，中枝结果为主。早实型。每雌花序着生2朵雌花，多单果，坐果率50%左右。在北京4月上旬萌芽，雌、雄花期4月中旬，雌花略早于雄花，属雌雄同熟型。9月上旬坚果成熟，11月上旬落叶。

该品种抗寒、耐旱、抗病性较强。较丰产稳产，坚果仁色浅，风味香，品质极优。适宜华北地区土层较厚的山地及平原地区栽培。

3. 薄壳早 薄壳早由四川省林业科学研究院于2007年从当地核桃实生树中选出，2009年通过四川省林木品种审定委员会认定。

坚果近圆形，略扁，果基凸圆，果顶具小尖。壳面较光滑，缝合线较平，结合较紧，外形美观。纵径3.44cm，横径3.59cm，侧径3.27cm，单果重11.4g，壳厚1.0mm，内褶壁退化，横隔膜膜质，易取整仁，出仁率61.2%。核仁充实饱满，浅黄色，脂肪含量65.3%，蛋白质含量17.6%。

树势强，树姿较开张，成枝力中等。一年生枝黄褐色，节间短，侧花芽比例83%。

早实型。每雌花序着生1～4朵雌花，多3果，坐果率60%以上。在四川黑水县3月下旬萌芽，4月中下旬雄花散粉，4月下旬雌花盛花期，雄先型。9月中旬坚果成熟，11月下旬落叶。

该品种树势强，较丰产，坚果壳薄，易取仁，品质优良。适宜川西北、川西南土层较厚的山地和盆地北缘核桃栽培区发展。

4. 北京861 北京861由北京市农林科学院林业果树研究所从新疆核桃的实生后代中选出，1990年定名。

坚果长圆形，果基圆，果顶平。壳面较光滑，缝合线窄而平，结合较松。纵径3.6cm，横径3.4cm，侧径3.4cm，平均单果重9.9g，壳厚0.9mm，内褶壁退化，横隔膜膜质，易取整仁，出仁率67%左右。核仁充实饱满，浅黄色，脂肪含量68.7%，蛋白质含量17.1%。

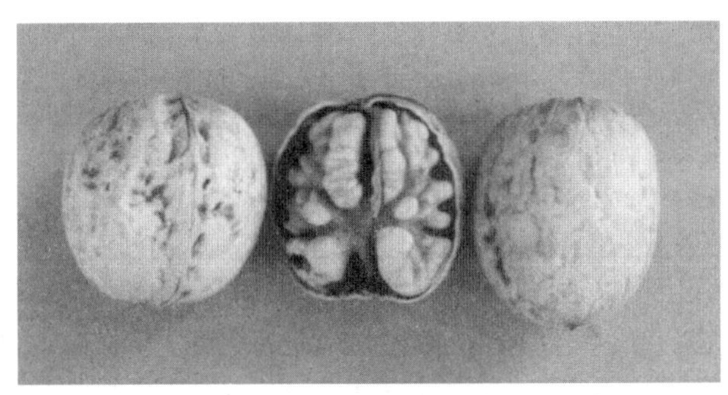

图4-3 北京861

树势强，树姿较开张，成枝力较强。一年生枝黄绿色，节间较短，侧花芽比例95%，以中短枝结果为主。早实型。每雌花序着生2～3朵雌花，多双果，坐果率60%左右。在北京4月上旬萌芽，雌花期4月中旬，雄花期4月中下旬，属雌先型。9月上旬坚果成熟，11月上旬落叶。

该品种适应性强，较抗病。丰产，坚果壳薄，偶有露仁，个别年份露仁较重，极易取仁，仁涩味较重。适宜北方核桃产区发展。

5. 川核1号 川核1号由四川省林业科学研究院于1999年从当地晚实核桃中选出，2001年通过四川省林木品种审定委员会认定。

坚果近圆形，果形端正，果顶具小尖。壳面较光滑，多刻窝，缝合线较凸，结合紧密。纵径3.96cm，横径4.02cm，侧径3.82cm，单果重17.3g，壳厚1.2mm，内褶壁退化，横隔膜膜质，可取整仁，出仁率59.0%。核仁充实饱满，浅黄或黄白色，脂肪含量69.3%，蛋白质含量14.3%。

树势强，树姿半开张，成枝力中等。一年生枝黄褐色，节间长。晚实型。每雌花序着生1～3朵雌花，多双果，坐果率60%以上。在四川秦巴山区3月中旬萌芽，4月中旬雄花散粉，4月下旬雌花盛花期，雄先型。9月下旬坚果成熟，11月上旬落叶。

该品种树势强，丰产性较好，坚果品质优良。适宜秦巴山区核桃栽培区发展。

6. 川核2号 川核2号由四川省林业科学研究院于1999年从当地晚实核桃中选出，2001年通过四川省林木品种审定委员会认定。

坚果近圆形，果形端正，果顶微尖。壳面光滑，缝合线低平，结合紧密。纵径3.68cm，横径3.82cm，侧径3.52cm，单果重17.3g，壳厚1.2mm，内褶壁退化，横隔膜膜质，可取整仁，出仁率57.6%。核仁充实饱满，浅黄紫色，脂肪含量67.8%，蛋白质含量12.4%。

树势强，树姿半开张，成枝力中等。一年生枝黄褐色，节间长。晚实型。每雌花序着生1～3朵雌花，多双果，坐果率60%以上。在四川秦巴山区3月中旬萌芽，4月中旬雄花散粉，4月下旬雌花盛花期，雄先型。9月下旬坚果成熟，11月上旬落叶。

该品种树势强，丰产性较好，坚果品质优良。适宜秦巴山区核桃栽培区发展。

7. 川核3号 川核3号由四川省林业科学研究院于1999年从当地晚实核桃中选出，2001年通过四川省林木品种审定委员会认定。

坚果宽椭圆形，果形端正，果顶具小尖。壳面较光滑，多小刻窝，缝合线较凸，结合紧密。纵径4.15cm，横径3.96cm，侧径3.86cm，单果重17.0g，壳厚1.3mm，内褶壁退化，横隔膜膜质，可取整仁或半仁，出仁率59.0%。核仁充实饱满，浅黄色，脂肪含量71.5%，蛋白质含量12.9%。

树势强，树姿半开张，成枝力中等。一年生枝黄褐色，节间长。晚实型。每雌花序着生1～3朵雌花，多双果，坐果率60%以上。在四川秦巴山区3月中旬萌芽，4月中旬雄花散粉，4月下旬雌花盛花期，雄先型。9月下旬坚果成熟，11月上旬落叶。

该品种树势强，丰产性较好，坚果品质优良。适宜秦巴山区核桃栽培区发展。

8. 川核4号 川核4号由四川省林业科学研究院于1999年从当地晚实核桃中选出，2001年通过四川省林木品种审定委员会认定。

坚果近圆形，果形端正，果顶具小尖。壳面较光滑，多刻窝，缝合线较凸，结合紧密。纵径3.73cm，横径3.47cm，侧径3.42cm，单果重12.6g，壳厚1.2mm，内褶壁退化，横隔膜膜质，可取整仁，出仁率58.5%。核仁充实饱满，黄白色，脂肪含量72.2%，蛋白质含量11.3%。

树势中庸，树姿半开张，成枝力中等。一年生枝黄褐色，节间长。晚实型。每雌花序着生1～3朵雌花，多双果，坐果率60%以上。在四川秦巴山区3月中旬萌芽，4月中旬雄花散粉，4月下旬雌花盛花期，雄先型。9月下旬坚果成熟，11月上旬落叶。

该品种丰产性较好，坚果品质优良。适宜秦巴山区核桃栽培区发展。

9. 川核5号 川核5号由四川省林业科学研究院于1999年从当地晚实核桃中选出，2001年通过四川省林木品种审定委员会认定。

坚果倒卵圆形，果顶具突尖。壳面较光滑，有少量刻窝，缝合线较平，结合紧密。纵径3.67cm，横径3.39cm，侧径3.12cm，单果重12.9g，壳厚1.3mm，内褶壁退化，横隔膜膜质，可取整仁或半仁，出仁率55.8%。核仁充实饱满，黄白色，脂肪含量71.7%，蛋白质含量12.0%。

树势强，树姿半开张，成枝力中等。一年生枝黄褐色，节间长。晚实型。每雌花序着生1～3朵雌花，多双果，坐果率60%以上。在四川秦巴山区3月中旬萌芽，4月中旬雄花散粉，4月下旬雌花盛花期，雄先型。9月下旬坚果成熟，11月上旬落叶。

该品种树势强，丰产性较好，坚果品质优良。适宜秦巴山区核桃栽培区发展。

10. 川核6号 川核6号由四川省林业科学研究院于1999年从当地晚实核桃中选出，2001年通过四川省林木品种审定委员会认定。

坚果扁圆形，果顶具突尖。壳面较光滑，有少量刻窝，缝合线微凸，结合紧密。纵径3.22cm，横径3.85cm，侧径3.42cm，单果重13.1g，壳厚1.0mm，内褶壁退化，横隔膜膜质，可取整仁，出仁率 64.7%。核仁充实饱满，黄色，脂肪含量 74.0%，蛋白质含量 10.8%。

树势强，树姿半开张，成枝力中等。一年生枝黄褐色，节间长。晚实型。每雌花序着生 1～3 朵雌花，多双果，坐果率 60%以上。在四川秦巴山区 3 月中旬萌芽，4 月中旬雄花散粉，4 月下旬雌花盛花期，雄先型。9 月下旬坚果成熟，11 月上旬落叶。

该品种树势强，丰产性较好，坚果壳薄，取仁易，含油率高，品质优良。适宜秦巴山区核桃栽培区发展。

11. 川核 9 号　川核 9 号由四川省林业科学研究院于 1999 年从当地晚实核桃中选出，2001 年通过四川省林木品种审定委员会认定。

坚果圆形，果顶具小尖。壳面较光滑，有少量刻窝，缝合线低平，结合紧密。纵径 3.15cm，横径 3.12cm，侧径 2.85cm，单果重 9.2g，核仁充实饱满，浅黄色，脂肪含量 74.9%，蛋白质含量 10.7%。

树势强，树姿半开张，成枝力中等。一年生枝黄褐色，节间长。晚实型。每雌花序着生 1～3 朵雌花，多双果，坐果率 60%以上。在四川秦巴山区 3 月中旬萌芽，4 月中旬雄花散粉，4 月下旬雌花盛花期，雄先型。9 月下旬坚果成熟，11 月上旬落叶。

该品种树势强，丰产性较好，坚果壳薄，取仁易，含油率极高，品质优良。适宜秦巴山区核桃栽培区发展。

12. 川核 10 号　川核 10 号由四川省林业科学研究院于 1999 年从当地晚实核桃中选出，2001 年通过四川省林木品种审定委员会认定。

坚果圆形，果顶具突尖。壳面较光滑，缝合线低平，结合紧密。纵径 3.63cm，横径 3.42cm，侧径 3.48cm，单果重 11.5g，壳厚 1.0mm，内褶壁退化，横隔膜膜质，可取整仁，出仁率 61.0%。核仁充实饱满，黄白色，脂肪含量 74.7%，蛋白质含量 10.6%。

树势中庸，树姿半开张，成枝力中等。一年生枝黄褐色，节间长。晚实型。每雌花序着生 1～3 朵雌花，多双果，坐果率 60%以上。在四川秦巴山区 3 月中旬萌芽，4 月中旬雄花散粉，4 月下旬雌花盛花期，雄先型。9 月下旬坚果成熟，11 月上旬落叶。

该品种果形美观，壳薄，取仁易，含油率极高，品质优良。适宜秦巴山区核桃栽培区发展。

13. 岱丰　岱丰由山东省果树研究所从早实核桃丰辉实生后代中选出，2000 年通过山东省农作物品种审定委员会审定。

坚果长椭圆形，果基圆，果顶微尖。壳面较光滑，缝合线稍凸，结合紧密。纵径 4.36～5.32cm，横径 3.43～3.65cm，侧径 3.19～3.62cm，单果重 13～15g，壳厚 0.9～1.1mm，内褶壁膜质，横隔膜膜质，易取整仁，出仁率 55%～60%。核仁充实饱满，浅黄色，脂肪含量 66.5%，蛋白质含量 18.5%。

树势较强，树姿较直立，成枝力较强。一年生枝绿褐色，节间较短，侧花芽比例 87%。早实型。每雌花序着生 2～3 朵雌花，多双果和三果，坐果率 70%。在山东泰安地区 3 月下旬萌芽，4 月中旬雄花散粉，4 月下旬雌花盛花期，雄先型。9 月上旬坚果成熟，11 月上旬落叶。

该品种树势较强，丰产性好，坚果长椭圆，壳薄，取仁易，品质优。在山东、河北、山西、北京、湖北等地都有栽培。

14. 岱辉 岱辉由山东省果树研究所实生选育而成，2004年通过山东省林木良种审定委员会审定。

坚果圆形，果基圆，果顶微尖。壳面较光滑，缝合线较平，结合紧密。单果重11.6～14.2g，壳厚0.8～1.1mm，内褶壁膜质，横隔膜膜质，易取整仁，出仁率58.5%。核仁充实饱满，黄色，脂肪含量65.3%，蛋白质含量19.8%。

树势较强，树姿开张，成枝力强。一年生枝绿褐色，节间较短，侧花芽比例96.2%。早实型。每雌花序着生2～4朵雌花，多双果和三果，坐果率77%。在山东泰安地区3月下旬萌芽，4月10日前后雄花散粉，4月中旬雌花盛花期，雄先型。9月上旬坚果成熟，11月中下旬落叶。

该品种树势较强，丰产性好，坚果品质优良。在山东、河北、河南、山西等地都有栽培。

15. 岱香 岱香由山东省果树研究所从辽宁1号×香玲后代中选出，2004年通过山东省林木良种审定委员会审定。

坚果圆形，果基圆，果顶圆。壳面较光滑，缝合线稍凸，结合紧密。单果重13.0～15.6g，壳厚0.9～1.2mm，内褶壁膜质，横隔膜膜质，易取整仁，出仁率55%～60%。核仁充实饱满，黄色，脂肪含量66.2%，蛋白质含量20.7%。

树势较强，树姿开张，成枝力强。一年生枝绿色，节间较短，侧花芽比例95%以上。早实型。每雌花序着生2～4朵雌花，多双果和三果，坐果率70%。在山东泰安地区3月下旬萌芽，4月中旬雄花散粉，4月下旬雌花盛花期，雄先型。9月上旬坚果成熟，11月上旬落叶。

该品种在山东、河北、山西、河南、四川等地都有栽培。

16. 丰辉 丰辉由山东省果树研究所1978年通过上宋5号×阿克苏9号杂交育成，1989年定名。

坚果长椭圆形，果基圆，果顶尖。壳面较光滑，刻沟浅，缝合线窄而平，结合紧密。单果重11.30～13.0g，壳厚0.8～1.1mm，内褶壁退化，横隔膜膜质，易取整仁，出仁率55%～69%。核仁充实饱满，浅黄色，脂肪含量61.77%，蛋白质含量22.9%。

树势中庸，树姿直立，成枝力较强。一年生枝绿褐色，节间较短，侧花芽比例88.9%。早实型。每雌花序着生2～3朵雌花，多双果和三果，坐果率70%左右。在山东泰安地区3月下旬萌芽，4月中旬雄花散粉，4月下旬雌花盛花期，雄先型。8月下旬坚果成熟，11月中旬落叶。

该品种树势中庸，适应性较强。早期产量较高，盛果期产量中等，坚果美观，品质优。在山东、河北、山西、河南、陕西等地都有栽培。

17. 寒丰 寒丰由辽宁省经济林研究所1971年通过新纸皮×日本心形核桃（*Juglans cordiformis*）杂交选育而成，1992年定名，2006年通过辽宁省林木品种审定委员会审定。

坚果长阔圆形，果基圆，果顶微尖。壳面光滑，缝合线微凸，结合紧密。纵径4.0cm，横径3.6cm，侧径3.7cm，单果重13.4g，壳厚1.2mm，内褶壁膜质或退化，横隔膜膜质，易取整仁，出仁率 54.5%。核仁充实饱满，黄白色。

树势强，树姿直立或半开张，成枝力强。一年生枝绿褐色，节间较短，属中短枝型，侧花芽比例 92.5%。早实型。每雌花序着生 2～3 朵雌花，多双果，坐果率 60%以上。在辽宁大连地区 4 月中下旬萌芽，5 月中旬雄花散粉，5 月下旬雌花盛花期，雄先型。9 月中旬坚果成熟，10 月下旬至 11 月上旬落叶。

该品种抗春寒，孤雌生殖能力强，坚果品质优良。适宜北方有晚霜和倒春寒危害的核桃栽培区种植。

18. 冀丰　冀丰由河北省农林科学院昌黎果树研究所 1999 年选出，2001 年通过河北省林木品种审定委员会审定。

坚果圆形，果基平圆，果顶平圆。壳面光滑，缝合线窄而平，结合紧密。三径均值 3.24cm，单果重 11.19g，壳厚 1.14mm，内褶壁膜质，横隔膜膜质，可取整仁，出仁率 58.5%。核仁充实饱满，黄白色，脂肪含量 68.53%，蛋白质含量 16.2%。

树势中庸，树姿开张。枝条银灰色。结果母枝平均抽生 2.3 个结果枝，雌花量中等，果枝平均坐果 1.8 个。高接第三年开始结果，晚实型。在河北昌黎地区 4 月初萌芽，4 月下旬雄花散粉，4 月下旬雌花盛花期，雌雄同熟型。8 月下旬坚果成熟，10 月底落叶。

该品种适应性广，丰产优质，对核桃黑斑病、炭疽病有一定抗性。适宜华北及其气候相似区土层较厚的浅丘陵区栽培。

19. 极早丰　极早丰由中国农业科学院郑州果树研究所 1996 通过温 185×新新 2 号杂交选育而成，2011 年通过河南省林木品种审定委员会审定。

坚果近圆形，果基和果顶较平，果面较光滑。缝合线较窄而平，结合紧密。三径平均 3.85cm，单果重 14.2g，壳厚 0.73mm，内褶壁膜质，横隔膜膜质，易取整仁，出仁率 65.4%。核仁充实饱满，乳黄色。

树冠长椭圆形，树姿开张。一年生枝灰绿色。早实型。每结果母枝抽生结果枝 2.1 个，每结果母枝平均坐果 1.73 个，以双果和三果为主。在河南洛阳 3 月下旬萌芽，4 月 15 日至 4 月底雌花开放，4 月 23～25 日雄花散粉盛期，雌先型。8 月底坚果成熟，11 月下旬开始落叶。

该品种抗寒、抗病，早期丰产性极强。适宜河南地区栽培。

20. 金薄香 3 号　金薄香 3 号由山西省农业科学院果树研究所从新疆核桃实生后代中选出，2007 年通过山西省林木品种审定委员会审定。

坚果圆形。壳面光滑，有露仁，缝合线凸起明显，结合紧密。纵径 4.31cm，横径 3.7cm，侧径 3.65cm，单果重 11.2g，壳厚 1.2mm，易取整仁，出仁率 56.2%。

树势较强，树姿较开张，成枝力强。一年生枝墨绿色，以中短果枝结果为主。早实型。每雌花序着生 2～3 朵雌花，单、双、三果比例为 67.6%、28.3%、4.1%。在晋中地区 4 月初萌芽，4 月中旬雄花散粉，花期 7～10d，2～3d 后雌花开放，雄先型。9 月上、中旬坚果成熟，10 月底至 11 月初落叶。

该品种适应性强，丰产、稳产。适宜太原以南土层较厚的丘陵、平川、山坡地带种植。

21. 金薄香 4 号　金薄香 4 号由山西省农业科学院果树研究所从新疆核桃实生后代中

选出，2007年通过山西省林木品种审定委员会审定。

坚果长圆形。壳面光滑，缝合线微凸，结合较松。纵径4.75cm，横径3.63cm，侧径3.77cm，单果重13.9g，壳厚1.2mm，内褶壁膜质，横隔膜膜质，易取整仁，出仁率58.6%。核仁饱满，棕红色。

树势较强，树姿较开张，成枝力强。一年生枝浅绿色，以中短果枝结果为主。早实型。在晋中地区4月中下旬雄花散粉，4月底至5月上旬雌花开放，雄先型。

该品种适应性强，有较强的抗寒、抗病能力，丰产性好，孤雌生殖能力强（孤雌生殖率为50.0%～51.5%）。

22. 金薄香6号　金薄香6号由山西省农业科学院果树研究所从新疆核桃实生后代中选出，2011年通过山西省林木品种审定委员会审定。

坚果长卵圆形，果基凸圆，果顶尖。壳面光滑，缝合线凸起明显，结合紧密。纵径4.8cm，横径3.5cm，侧径3.5cm，单果重17.12g，壳厚1.18mm，易取整仁，出仁率52.4%。核仁饱满，浅黄色。

树势较强，成枝力强。一年生枝浅绿色，以中短果枝结果为主。早实型。每雌花序着生2～3朵雌花，单、双、三果比例为39.8%、57.6%、2.6%。在晋中地区4月上中旬萌芽，4月中旬雄花散粉，4月下旬雌花开放，雄先型。8月底坚果成熟，10月底至11月初落叶。

该品种适应性强，坚果较大，丰产、稳产。适宜冬季极端低温不低于－22℃、土层较厚的丘陵、平川、山坡地种植。

23. 金薄香7号　金薄香7号由山西省农业科学院果树研究所从新疆核桃实生后代中选出，2008年通过山西省林木品种审定委员会审定。

坚果长圆形，果基平圆，果顶圆、微尖。壳面光滑，缝合线凸，结合紧密。纵径3.15cm，横径3.29cm，侧径3.11cm，单果重10.6g，壳厚1.0mm，易取整仁，出仁率60.4%。核仁饱满，黄色。

树势较强，成枝力强。一年生枝灰绿色，以中短果枝结果为主。早实型。每雌花序着生1～3朵雌花，单、双、三果比例为51.6%、46.3%、2.1%。在晋中地区4月上中旬萌芽，5月上旬雌、雄花开放，雌雄同熟型。9月初坚果成熟，10月底至11月初落叶。

该品种抗逆性强，丰产。适宜冬季极端低温不低于－22℃、土壤肥沃的丘陵、平川、山坡地种植。

24. 金薄香8号　金薄香8号由山西省农业科学院果树研究所从新疆核桃实生后代中选出，2008年通过山西省林木品种审定委员会审定。

坚果长圆形，果基圆，果顶微尖。壳面光滑，缝合线凸起明显，结合紧密。纵径4.34cm，横径3.67cm，侧径3.70cm，单果重11.5g，壳厚1.0mm，易取整仁，出仁率62.6%。核仁饱满，深黄色，脂肪含量66.67%，蛋白质含量19.23%。

树势强，成枝力强。一年生枝浅绿色，以中短果枝结果为主。早实型。每雌花序着生1～3朵雌花，单、双、三果比例为68.3%、28.5%、3.2%。在晋中地区4月上旬萌芽，5月上旬雌花盛期，5月中旬雄花散粉，雌先型。9月初坚果成熟，10月底至11月初落叶。

该品种抗逆性较强，丰产性好，具有较高的无融合生殖能力。适宜冬季极端低温不低于－22℃、土层较厚的丘陵、平川、山坡地种植。

25. 晋丰　晋丰由山西省林业科学研究所（现山西省林业科学研究院）从山西祁县核桃良种场选出，1991 年定为优系，2007 年通过山西省林木品种审定委员会审定。

坚果圆形，果基圆、稍宽，果顶微尖。壳面光滑，有露仁，缝合线较平，结合较紧密。纵径 3.5～3.8cm，横径 3.10～3.36cm，侧径 3.20～3.44cm，单果重 10.2～12.8g，壳厚 0.96～1.10mm，内褶壁退化，横隔膜膜质，易取整仁，出仁率 64%～66%。核仁充实饱满，浅黄色，脂肪含量 67.4%，蛋白质含量 19.1%。

树势强，树姿开张，成枝力强。侧花芽比例高。早实型。每雌花序着生 2～3 朵雌花，多双果。在晋中地区 4 月上中旬萌芽，5 月上中旬雄花散粉，5 月下旬雌花盛花期，雄先型。9 月上旬坚果成熟，10 月下旬落叶。

该品种抗晚霜能力较强，丰产，可矮化密植栽培，肥水不足时常有露仁现象。适宜华北、西北土层较厚、有水浇条件的丘陵山区发展。

26. 晋龙 1 号　晋龙 1 号由山西省林业科学研究所（现山西省林业科学研究院）从山西汾阳晚实核桃实生群体中选出，1990 年通过山西省科技厅鉴定。

坚果近圆形，果基微凹，果顶平。壳面较光滑，有小麻点，缝合线窄而平，结合较紧密。纵径 3.6～3.8cm，横径 3.60～3.96cm，侧径 3.8～4.2cm，单果重 13.0～16.35g，壳厚 0.9～1.12mm，内褶壁退化，横隔膜膜质，易取整仁，出仁率 60%～65%。核仁充实饱满，浅黄色，脂肪含量 64.96%，蛋白质含量 14.32%。

树势较强，树姿较开张，成枝力中等。一年生枝绿棕色，多顶芽结果。晚实型。每雌花序多着生 2 朵雌花，多双果，坐果率 65%。在晋中地区 4 月下旬萌芽，5 月上旬雄花散粉，5 月中旬雌花盛花期，雄先型。9 月中旬坚果成熟，10 月下旬落叶。

该品种抗逆性较强，晚实类型中表现早果，高接树 2～3 年可结果。适宜华北、西北地区发展。

27. 晋龙 2 号　晋龙 2 号由山西省林业科学研究所（现山西省林业科学研究院）从山西汾阳晚实核桃实生群体中选出，1994 年通过山西省科技厅鉴定。

坚果近圆形，果基圆，果顶圆。壳面光滑，缝合线窄而平，结合紧密。纵径 3.5～3.7cm，横径 3.70～3.94cm，侧径 3.70～3.93cm，单果重 14.60～16.82g，壳厚 1.12～1.26mm，内褶壁退化，横隔膜膜质，可取整仁，出仁率 54%～58%。核仁饱满，浅黄色，脂肪含量 73.7%，蛋白质含量 19.38%。

树势强，树姿较开张，成枝力中等。侧花芽比例较高。晚实型。每雌花序多着生 2～3 朵雌花，多双果，坐果率 65%。在晋中地区 4 月中旬萌芽，5 月上旬雄花散粉，5 月中旬雌花盛花期，雄先型。9 月中旬坚果成熟，10 月下旬落叶。

该品种抗寒、耐旱，抗病性强，丰产、稳产。适宜华北、西北丘陵山区发展。

28. 晋香　晋香由山西省林业科学研究所（现山西省林业科学研究院）从山西祁县核桃良种场选出，1991 年定为优系，2007 年通过山西省林木品种审定委员会审定。

坚果近圆形。壳面光滑，缝合线平，结合较紧密。纵径 3.60～3.95cm，横径 3.30～3.56cm，侧径 3.40～3.66cm，单果重 11.0～12.8g，壳厚 0.75～0.90mm，内褶壁退化，

横隔膜膜质，可取整仁，出仁率54%～58%。核仁饱满，色浅，脂肪含量68.59%，蛋白质含量17.04%。

树势强，树姿较开张，成枝力强。侧花芽比例高。早实型。每雌花序多着生2～3朵雌花，多双果，坐果率高。在晋中地区4月上旬萌芽，4月下旬雄花散粉，5月上旬雌花盛花期，雄先型。9月上旬坚果成熟，10月下旬落叶。

该品种抗寒、耐旱，抗病性较强，丰产。适宜矮化密植，适宜北方平原或丘陵土肥水条件较好的地区栽培。

29. 京香1号 京香1号由北京市农林科学院林业果树研究所1976年从北京延庆实生核桃树群体中选出，1999年选为优系。2009年通过北京市林木品种审定委员会审定。

坚果圆形，果基圆，果顶圆、微尖。壳面较光滑，缝合线中宽而低，结合较紧密。纵径3.49cm，横径3.55cm，侧径3.57cm，单果重12.2g，壳厚0.8mm，内褶壁退化，横隔膜膜质，易取整仁，出仁率58.8%。核仁充实饱满，浅黄色，脂肪含量71.6%，蛋白质含量15.2%（图4-4）。

图4-4 京香1号

树势强，树姿较直立，成枝力中等。一年生枝棕褐色，节间较短，侧花芽比例30%左右。晚实型。每雌花序多着生2朵雌花，多双果，有三果，坐果率58%左右。在北京地区4月上旬萌芽，4月中旬雄花散粉，4月下旬至5月初雌花盛花期，雄先型。9月上旬坚果成熟，10月底至11月上旬落叶。

该品种抗寒、抗病性强，较耐旱和贫瘠土壤。丰产性较强，连续结果能力强，品质优。适宜北京及生态相似地区栽培。

30. 京香2号 京香2号由北京市农林科学院林业果树研究所1974年从北京密云县团山子村实生核桃树中选出，1999年选为优系。2009年通过北京市林木品种审定委员会审定。

坚果圆形，果基圆，果顶圆。壳面较光滑，缝合线中宽、微凸，结合紧密。纵径3.57cm，横径3.37cm，侧径3.66cm，单果重13.5g，壳厚1.1mm，内褶壁退化，横隔膜膜质，易取整仁，出仁率56.0%。核仁充实饱满，浅黄色，脂肪含量69.5%，蛋白质含量16.6%（图4-5）。

图4-5 京香2号

树势中庸，树姿较开张。一年生枝条浅灰色，成枝力较强，侧花芽比例50%左右，中短枝型。晚实型。每雌花序多着生2～3朵雌花，多双果，有三果，坐果率65%左右，青皮不染手，属“白水”核桃类型。在北京平原地区 4 月上旬开始萌芽，4 月中旬雄花散粉，4 月下旬雌花盛期，雄先型。8 月底至 9 月上旬坚果成熟，10 月底落叶。

该品种抗寒、抗病性强。丰产、稳产，品质优，青皮不染手。适宜北京及生态相似地区栽培。

31. 京香 3 号　京香 3 号由北京市农林科学院林业果树研究所 1974 年从北京房山区中英水村实生核桃树中选出，1999 年选为优系。2009 年通过北京市林木品种审定委员会审定。

坚果近圆形，果基平，果顶微尖，果肩微凸。壳面较光滑，缝合线中宽、微凸，结合紧密。纵径 3.43cm，横径 3.4cm，侧径 3.6cm，单果重 12.6g，壳厚 0.7mm，内褶壁膜质，横隔膜膜质，易取整仁，出仁率 61.2%。核仁充实饱满，浅黄色，脂肪含量 70.3%，蛋白质含量 16.6%（图 4－6）。

图 4－6　京香 3 号

树势较强，树姿较开张。一年生枝条灰褐色，成枝力中等，侧花芽比例 35%左右，中短枝型。晚实型。每雌花序多着生 2 朵雌花，多双果，有三果，坐果率 60%左右。在北京平原地区 4 月上旬开始萌芽，4 月中旬雌花盛期，4 月下旬雄花散粉，雌先型。9 月上旬坚果成熟，11 月上旬落叶。

该品种抗寒、抗病性强。丰产、稳产，品质优。适宜北京及生态相似地区栽培。

32. 客龙早　客龙早由四川省林业科学研究院和黑水县林业局于 2007 年从新疆核桃实生树中选出，2009 年通过四川省林木品种审定委员会认定。

坚果椭圆形，果顶尖。壳面较光滑，有少量刻窝，缝合线较低平，结合紧密。纵径 3.54cm，横径 3.30cm，侧径 3.17cm，单果重 11.41g，壳厚 1.01mm，内褶壁退化，横隔膜膜质，可取整仁，出仁率 62.4%。核仁饱满，色浅，脂肪含量 64.31%，蛋白质含量 18.86%。

树势强，树姿较开张，成枝力中等。一年生枝黄褐色，节间短，侧花芽比例 83%。早实型。每雌花序着生 1～4 朵雌花，多双果，坐果率 60%以上。在四川黑水县 3 月下旬萌芽，4 月中下旬雄花散粉，4 月下旬雌花盛花期，雄先型。9 月中旬坚果成熟，11 月下旬落叶。

该品种丰产稳产性好，坚果品质优良。适宜在川西北、川西南山地和盆地北缘、东北缘核桃栽培区发展。

33. 魁香　魁香由河北省卢龙县林业局选出，2007 年通过河北省林木品种审定委员会审定。

坚果圆形，果基平圆，果顶圆。壳面光滑，缝合线微凸，结合紧密。纵径 3.24cm，横径 3.64cm，侧径 3.44cm，单果重 13.9，壳厚 1.0mm，内褶壁退化，横隔膜膜质，可取整仁或半仁，出仁率 55.4%。核仁饱满，色浅，脂肪含量 74.3%，蛋白质含量17.6%。

该品种抗寒性强，抗病能力较强，树势强，树姿较开张。适宜北方核桃产区栽培。

34. 礼品1号 礼品1号由辽宁省经济林研究所1978年从新疆晚实核桃A2号实生后代中选出。1989年定名。

坚果长圆形，果基圆，果顶圆、微尖。壳面光滑，缝合线窄而平，结合不紧密。纵径3.5cm，横径3.2cm，侧径3.4cm，单果重9.7g，壳厚0.6mm，内褶壁退化，横隔膜膜质，极易取整仁，出仁率70%左右。核仁充实饱满，黄白色（图4-7）。

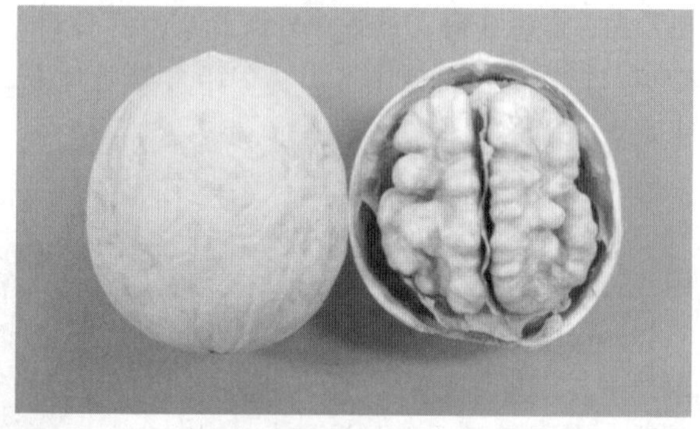

图4-7 礼品1号

树势中庸，树姿开张，成枝力中等。一年生枝灰褐色，节间长，以长果枝结果为主。晚实型。每雌花序着生2朵雌花，多单果和双果，坐果率50%。在辽宁大连地区4月中旬萌芽，5月上旬雄花散粉，5月中旬雌花盛花期，雄先型。9月中旬坚果成熟，11月上旬落叶。

该品种抗病抗寒，坚果壳面光滑美观，取仁极易，产量中等。适宜北方核桃栽培区种植。

35. 礼品2号 礼品2号由辽宁省经济林研究所1977年从新疆晚实核桃A2号实生后代中选出。1989年定名。

坚果长圆形，果基圆，果顶圆、微尖。壳面光滑，缝合线窄而平，结合较紧密。纵径4.1cm，横径3.6cm，侧径3.7cm，单果重13.5g，壳厚0.7mm，内褶壁退化，横隔膜膜质，极易取整仁，出仁率67.4%。核仁充实饱满，黄白色（图4-8）。

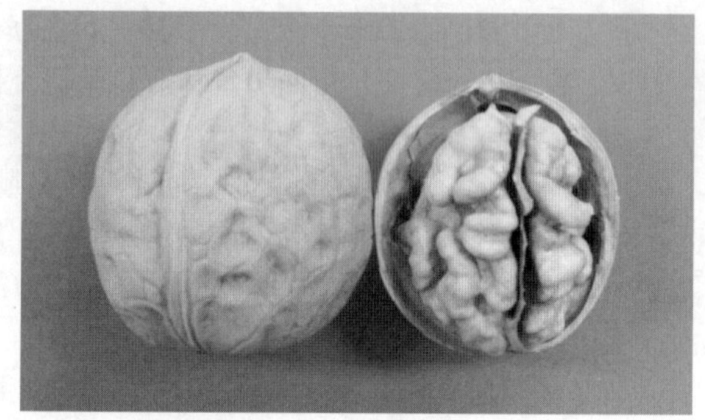

图4-8 礼品2号

树势中庸，树姿半开张，成枝力较强。一年生枝绿褐色，节间长，以长果枝结果为主。晚实型。每雌花序多着生2朵雌花，多双果，坐果率70%。在辽宁大连地区4月中旬萌芽，5月上旬雌花盛花期，5月中旬雄花散粉，雌先型。9月中旬坚果成熟，11月上旬落叶。

该品种抗病，坚果大，取仁极易，丰产。适宜北方核桃栽培区种植。

36. 里香 里香由河北省农林科学院昌黎果树研究所选出，2001年通过河北省林木品种审定委员会审定。

坚果卵圆形，果基平圆，果顶尖。壳面有麻点，缝合线窄、微凸，结合紧密。三径均值3.3cm，单果重12.9g，壳厚1.2mm，可取整仁，出仁率57.3%。核仁充实饱满，浅黄色，脂肪含量68.97%，蛋白质含量16%。

树势中庸，树姿半开张，成枝力强，晚实型。每结果母枝抽生结果枝 1.6 个，雌花量中等，每果枝平均坐果 1.56 个。在河北昌黎地区 4 月 4 日左右萌芽，4 月 22 日左右雄花散粉，4 月 25 日左右雌花开放，雌雄同熟型。9 月上旬坚果成熟，11 月初落叶。

该品种抗旱、耐瘠薄，抗核桃黑斑病、炭疽病。适宜华北地区栽培。

37. 辽宁 1 号　辽宁 1 号由辽宁省经济林研究所通过河北昌黎大薄皮晚实优株 10103×新疆纸皮核桃早实单株 11001 杂交育成。1980 年定名。

坚果圆形，果基平或圆，果顶略呈肩形。壳面较光滑，缝合线微凸，结合紧密。纵径 3.5cm，横径 3.4cm，侧径 3.5cm，单果重 9.4g，壳厚 0.9mm，内褶壁退化，横隔膜膜质，易取整仁，出仁率 59.6%。核仁充实饱满，浅黄或黄白色（图 4－9）。

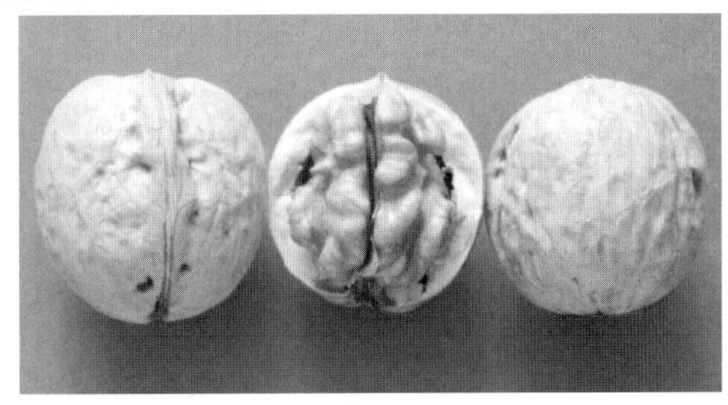

图 4－9　辽宁 1 号

树势强，树姿直立或半开张，成枝力强。一年生枝灰褐色，节间短，以短果枝结果为主。早实型。每雌花序着生 2～3 朵雌花，多双果，坐果率 60%。在辽宁大连地区 4 月中旬萌芽，5 月上旬雄花散粉，5 月中旬雌花盛花期，雄先型。9 月下旬坚果成熟，11 月上旬落叶。

该品种较抗寒、耐旱，适应性强，丰产，坚果品质优良。适宜北方核桃栽培区种植。

38. 辽宁 2 号　辽宁 2 号由辽宁省经济林研究所通过河北昌黎大薄皮晚实优株 10104×新疆纸皮核桃早实单株 11001 杂交育成。1980 年定名。

坚果圆形或扁圆形，果基平，果顶肩形。壳面光滑，缝合线微凸，结合紧密。纵径 3.6cm，横径 3.5cm，侧径 3.6cm，单果重 12.6g，壳厚 1.0mm，内褶壁膜质或退化，横隔膜膜质，易取整仁，出仁率 58.7%。核仁充实饱满，浅黄色。

树势强，树姿半开张，成枝力强。一年生枝紫褐色，侧花芽比例 95%以上，节间短，以短果枝结果为主。早实型。每雌花序着生 2～4 朵雌花，多双果和三果，坐果率 80%。在辽宁大连地区 4 月中旬萌芽，5 月上旬雄花散粉，5 月中旬雌花盛花期，雄先型。9 月下旬坚果成熟，11 月上旬落叶。

该品种丰产性强，必要时需疏花疏果，坚果品质优良。适宜北方核桃栽培区种植。

39. 辽宁 3 号　辽宁 3 号由辽宁省经济林研究所通过河北昌黎大薄皮晚实优株 10103×新疆纸皮核桃早实单株 11001 杂交育成。1980 年定名。

坚果椭圆形，果基圆，果顶圆、突尖。壳面较光滑，缝合线微凸，结合紧密。纵径 3.5cm，横径 3.0cm，侧径 3.1cm，单果重 9.8g，壳厚 1.1mm，内褶壁膜质或退化，横隔膜膜质，可取整仁或半仁，出仁率 58.2%。核仁充实饱满，黄白色。

树势中庸，树姿开张，成枝力强。一年生枝绿褐色，侧花芽比例可达 100%，节间短，以短果枝结果为主。早实型。每雌花序着生 2～3 朵雌花，多双果和三果，坐果率 60%。在辽宁大连地区 4 月中旬萌芽，5 月上旬雄花散粉，5 月中旬雌花盛花期，雄先型。9 月下旬坚果成熟，11 月上旬落叶。

该品种抗病性强，坚果品质优良。适宜北方核桃栽培区种植。

40. 辽宁 4 号 辽宁 4 号由辽宁省经济林研究所通过辽宁朝阳大麻核桃×新疆纸皮核桃早实单株 11001 杂交育成。1990 年定名。

坚果圆形，果基圆，果顶圆、微尖。壳面光滑，缝合线平或微凸，结合紧密。纵径 3.4cm，横径 3.4cm，侧径 3.3cm，单果重 11.4g，壳厚 0.9mm，内褶壁膜质或退化，横隔膜膜质，易取整仁，出仁率 59.7%。核仁充实饱满，黄白色（图 4-10）。

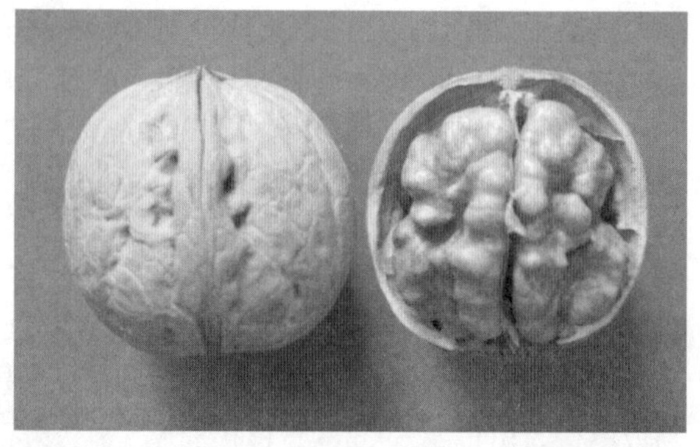

图 4-10 辽宁 4 号

树势中庸，树姿直立或半开张，成枝力强。一年生枝绿褐色，侧花芽比例 90%以上，节间较长，以中短果枝结果为主。早实型。每雌花序着生 2～3 朵雌花，多双果，坐果率 75%。在辽宁大连地区 4 月中旬萌芽，5 月上旬雄花散粉，5 月中旬雌花盛花期，雄先型。9 月下旬坚果成熟，11 月上旬落叶。

该品种适应性强，坚果品质优良。适宜北方核桃栽培区种植。

41. 辽宁 5 号 辽宁 5 号由辽宁省经济林研究所通过新疆薄壳 3 号的 20905 优株×新疆露仁 1 号的 20104 优株杂交育成。1990 年定名。

坚果长扁圆形，果基平，果顶微尖、肩形。壳面光滑，缝合线宽而平，结合紧密。纵径 3.8cm，横径 3.2cm，侧径 3.5cm，单果重 10.3g，壳厚 1.1mm，内褶壁膜质，横隔膜膜质，易取整仁，出仁率 54.4%。核仁充实饱满，浅黄色（图 4-11）。

图 4-11 辽宁 5 号

树势中庸，树姿开张，成枝力强。一年生枝绿褐色，侧花芽比例 95%以上，节间短，以短果枝结果为主。早实型。每雌花序着生 2～4 朵雌花，多双果和三果，坐果率 80%。在辽宁大连地区 4 月上中旬萌芽，4 月下旬至 5 月上旬雌花盛花期，5 月中旬雄花散粉，雌先型。9 月中旬坚果成熟，11 月上旬落叶。

该品种丰产性特强，必要时需疏花疏果，坚果品质优良。适宜北方核桃栽培区肥水条件较好地区种植。

42. 辽宁 6 号 辽宁 6 号由辽宁省经济林研究所通过河北昌黎晚实薄皮优株 10301 优株×新疆纸皮核桃早实单株 11001 杂交育成。1990 年定名。

坚果椭圆形，果基圆，果顶微尖。壳面光滑，缝合线平或微凸，结合紧密。纵径 3.9cm，横径 3.3cm，侧径 3.6cm，单果重 12.4g，壳厚 1.0mm，内褶壁膜质或退化，横

隔膜膜质，易取整仁，出仁率58.9%。核仁充实饱满，黄褐色。

树势较强，树姿半开张或直立，成枝力强。一年生枝黄绿色，侧花芽比例90%以上，节间较长，以长果枝结果为主。早实型。每雌花序着生2～3朵雌花，多双果，坐果率60%。在辽宁大连地区4月中旬萌芽，5月上旬雌花盛花期，5月中旬雄花散粉，雌先型。9月下旬坚果成熟，11月上旬落叶。

该品种连续丰产性强，坚果品质优良。适宜北方核桃栽培区种植。

43. 辽宁7号　辽宁7号由辽宁省经济林研究所通过新疆纸皮早实优株21102×辽宁朝阳大麻核桃（晚实）杂交育成。1990年定名。

坚果圆形，果基圆，果顶圆。壳面极光滑，缝合线窄而平，结合紧密。纵径3.5cm，横径3.3cm，侧径3.5cm，单果重10.7g，壳厚0.9mm，内褶壁膜质或退化，横隔膜膜质，易取整仁，出仁率62.6%。核仁充实饱满，黄白色（图4-12）。

树势强，树姿开张或半开张，成枝力强。一年生枝绿褐色，侧花芽比例90%以上，节间较短，以中短果枝结果为主。早实型。每雌花序着生2～3朵雌花，多双果，坐果率60%。在辽宁大连地区4月中旬萌芽，5月上中旬雄花散粉，5月中旬雌花盛花期，雄先型。9月下旬坚果成熟，11月上旬落叶。

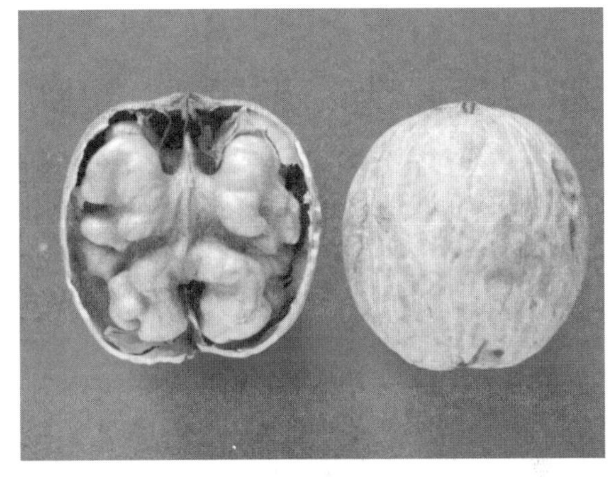

图4-12　辽宁7号

该品种适应性强，连续丰产性好，坚果品质优良。适宜北方核桃栽培区种植。

44. 辽宁8号　辽宁8号由辽宁省经济林研究所通过新疆薄壳5号实生后代20502优株×新疆纸皮核桃实生后代30306优株杂交育成。1990年定名。

坚果椭圆形，果基圆，果顶圆、微尖。壳面光滑，缝合线隆起或较平，结合紧密。纵径3.5cm，横径3.4cm，侧径3.4cm，单果重11.3g，壳厚1.3mm，内褶壁膜质，可取整仁，出仁率52.4%。核仁充实饱满，黄白色。

树势强，树姿开张，成枝力强。一年生枝绿褐色，侧花芽比例90%以上，节间较短，以中短果枝结果为主。早实型。每雌花序着生2～3朵雌花，多双果，坐果率50%以上。在辽宁大连地区4月中旬萌芽，5月上旬雌花盛花期，5月中旬雄花散粉，雌先型。9月中旬坚果成熟，11月上旬落叶。

该品种适应性强，丰产，坚果品质优良。适宜北方核桃栽培区种植。

45. 辽宁10号　辽宁10号由辽宁省经济林研究所通过新疆薄壳5号实生后代60502优株×新疆纸皮核桃实生后代11004优株杂交育成。2006年定名。

坚果长圆形，果基微凹，果顶圆、微尖。壳面光滑，缝合线平或微隆起，结合紧密。纵径4.6cm，横径4.0cm，侧径4.0cm，单果重16.5g，壳厚1.0mm，内褶壁膜质或退化，易取整仁，出仁率62.4%。核仁充实饱满，黄白色。

树势强，树姿直立或半开张，成枝力强。一年生枝绿褐色，侧花芽比例92%以上，节间较长，以中短果枝结果为主。早实型。每雌花序着生2～3朵雌花，多双果，坐果率62%。在辽宁大连地区4月中旬萌芽，5月上旬雌花盛花期，5月中旬雄花散粉，雌先型。9月中旬坚果成熟，11月上旬落叶。

该品种丰产性强，坚果大、品质优良。适宜北方核桃栽培区种植。

46. 龙珠 龙珠由河北省卢龙县林业局选出，2007年通过河北省林木品种审定委员会审定。

坚果近圆形，果基圆，果顶平。壳面较光滑，有麻点，缝合线微凸，结合紧密。纵径3.54cm，横径4.09cm，侧径3.84cm，单果重13.1g，壳厚1.0mm，内褶壁退化，横隔膜膜质，可取整仁，出仁率56.3%。核仁饱满，色浅，脂肪含量77.13%，蛋白质含量16.76%。树势中庸，树姿较开张，成枝力中等。

该品种抗寒性、抗病性强。适宜北方核桃产区栽培。

47. 鲁光 鲁光由山东省果树研究所1978年通过新疆卡卡孜×上宋6号杂交育成，1989年定名。

图4-13 鲁光

坚果长圆形，果基圆，果顶微尖。壳面光滑美观，刻沟浅，缝合线窄而平，结合较紧密。单果重15.30～17.2g，壳厚0.8～1.0mm，内褶壁退化，横隔膜膜质，易取整仁，出仁率56%～60%。核仁充实饱满，浅黄色，脂肪含量66.38%，蛋白质含量19.9%（图4-13）。

树势中庸，树姿开张，成枝力较强。一年生枝绿褐色，节间较长，侧花芽比例80.76%。早实型。每雌花序着生2朵雌花，多双果，坐果率65%左右。在山东泰安地区3月下旬萌芽，4月上旬雄花散粉，4月中下旬雌花盛花期，雄先型。8月下旬坚果成熟，10月下旬落叶。

该品种不耐干旱，适宜土层深厚的立地条件栽植，主要栽培于山东、河北、山西、河南、陕西等地。

48. 鲁果2号 鲁果2号由山东省果树研究所从新疆早实核桃实生后代中选出，2007年通过山东省林木良种审定委员会审定。

坚果圆柱形，果基一侧微隆，另一侧平圆，果顶圆。壳面较光滑，有浅刻纹，缝合线较平，结合紧密。单果重14～16g，壳厚0.8～1.0mm，内褶壁退化，横隔膜膜质，易取整仁，出仁率56%～60%。核仁充实饱满，黄色，脂肪含量71.36%，蛋白质含量22.3%。

树势较强，树姿较直立，成枝力强。新梢浅褐色，节间较短，侧花芽比例73.6%以上。早实型。每雌花序着生2～3朵雌花，多双果和三果，坐果率68.7%。在山东泰安地区3月下旬萌芽，4月10日左右雄花散粉，4月中旬雌花盛花期，雄先型。8月下旬坚果成熟。

该品种在山东、河南、河北、湖北等地都有一定面积栽培。

49. 鲁果3号　鲁果3号由山东省果树研究所从新疆早实核桃实生后代中选出，2007年12月通过山东省林木良种审定委员会审定。

坚果近圆形，果基圆，果顶平圆，浅黄色。壳面较光滑，缝合线紧密，稍凸，不易开裂。纵径3.53～4.11cm，横径3.15～3.58cm，侧径3.0～3.27cm，单果重11.0～12.8g。壳厚0.9～1.1mm，内褶壁膜质，纵隔不发达，易取整仁，出仁率58%～65%。核仁充实饱满，浅黄色，香味浓，无涩味，脂肪含量21.38%，蛋白质含量71.8%。

树势较强，树姿开张，树冠圆形。一年生枝浅绿色，粗壮，侧花芽比例87%。每雌花序着生2～4朵雌花，多双果和三果，坐果率70%。在山东泰安地区3月下旬萌芽，4月中旬雄花散粉，4月下旬雌花盛花期，雄先型。9月上旬坚果成熟，11月上旬落叶。

该品种在山东、河北、山西、河南等地都有栽培。

50. 鲁果4号　鲁果4号由山东省果树研究所实生选出，2007年通过山东省林木良种审定委员会审定。

坚果长圆形，果基、果顶均平圆。壳面较光滑，缝合线稍凸，紧密。纵径4.75～5.73cm，横径3.68～4.21cm，侧径3.51～3.83cm，单果重16.5～23.2g，壳厚1.0～1.2mm，内褶壁膜质，纵隔不发达，可取整仁，出仁率52%～56%。核仁饱满，浅黄色，色浅味香，脂肪含量63.91%，蛋白质含量21.96%。

树姿较直立，成枝力强。一年生枝浅绿色，侧花芽比例85%以上。早实型。每雌花序着生2～4朵雌花，多双果和三果，坐果率70%。在山东泰安地区3月下旬萌动，4月中旬雄花开放，4月下旬为雌花期。雄先型。9月上旬坚果成熟，11月上旬落叶。

该品种在山东、河北、河南、北京等地有一定栽培面积。

51. 鲁果5号　鲁果5号由山东省果树研究所实生选出，2007年通过山东省林木良种审定委员会审定。

坚果长卵圆形，果基平圆，果顶尖圆。壳面较光滑，缝合线紧平。纵径4.77～5.34cm，横径3.53～3.84cm，侧径3.63～4.3cm，单果重16.7～23.5g，壳厚0.9～1.1mm。内褶壁退化，横隔膜膜质，可取整仁，出仁率55.36%。核仁饱满，色浅味香，脂肪含量59.67%，蛋白质含量22.85%。

树势强，树姿开张，成枝力强。一年生枝墨绿色，侧花芽比例96%。早实型。每雌花序着生2～4朵雌花，多双果和三果，坐果率87%。在山东泰安地区3月下旬萌动，4月中旬雄花散粉，4月下旬雌花盛花期，雄先型。9月上旬坚果成熟，11月上旬落叶。

该品种在山东、河北、山西、四川、河南等地都有栽培。

52. 鲁果7号　鲁果7号由山东省果树研究所从香玲×华北晚实核桃优株杂交后代中选出，2009年通过山东省林木良种审定委员会审定。

坚果圆形，果基圆，果顶圆，浅黄色。壳面较光滑，缝合线平，结合紧密，不易开裂。纵径4.74cm，横径3.52cm，侧径3.44cm，单果重13.2g，壳厚0.9～1.1mm，内褶壁膜质，横隔膜不发达，易取整仁，出仁率56.9%。核仁饱满，浅黄色，脂肪含量65.7%，蛋白质含量20.8%。

树势较强，树姿较直立，成枝力较强。一年生枝浅绿色，侧花芽比例84.7%。早实型。每雌花序着生2～4朵雌花，坐果率70%。在山东泰安地区3月下旬萌芽，4月中旬雄花雌花均开放，雄雌花期较相近，但为雄先型。9月上旬坚果成熟，11月上旬落叶。

适宜土壤条件较好的地区栽培。在我国部分核桃栽植地区有引种栽培。

53. 鲁果8号 鲁果8号由山东省果树研究所从岱香实生后代中选出，2009年通过山东省林木良种审定委员会审定。

坚果近圆形。壳面较光滑，缝合线紧密，窄而稍凸，不易开裂。单果重12.6g，壳厚1.0mm，内褶壁膜质，横隔膜不发达，可取整仁，出仁率55.1%。核仁饱满，色浅味香，脂肪含量66.1%，蛋白质含量20.8%。

树姿较直立，成枝力强。一年生枝浅绿色，侧花芽比例80%。早实型。每雌花序着生1～4朵雌花，多双果，坐果率70%。在山东泰安地区3月底萌芽，4月中旬雄花开放，4月下旬雌花盛花期，雄先型。9月上旬坚果成熟，11月上旬落叶。

该品种发育期相对较晚，较少遭遇晚霜危害。在山东及附近核桃栽植地区有引种栽培。

54. 鲁香 鲁香由山东省果树研究所1978年杂交选出，1989年定为优系。

坚果倒卵形，果基平圆，果顶尖圆。壳面刻沟浅密，较光滑。纵径3.97～4.35cm，横径2.97～3.25cm，侧径3.16～3.67cm，单果重11.3～13.2g，壳厚0.9～1.1mm，内褶壁退化，横隔膜膜质，可取整仁，出仁率65%～67%。核仁充实饱满，色浅，无涩味，有奶油香味，脂肪含量64.58%，蛋白质含量22.93%。

树势中庸，树姿较开张，成枝力中等。一年生枝细长，侧花芽比例86%。早实型。每雌花序多着生2朵雌花，坐果率82%。在山东泰安地区3月下旬萌芽，4月15日左右雄花盛花期，4月22日左右雌花盛期。雄先型。8月下旬坚果成熟。抗病性强。

55. 绿波 绿波由河南省林业科学院1976年从该院试验园的新疆核桃实生后代中选出，1989年定名。

坚果卵圆形，果基圆，果顶尖。壳面较光滑，缝合线较窄而凸，结合紧密。纵径4.0～4.3cm，横径3.2～3.4cm，侧径3.3～3.5cm，单果重11～13g，壳厚0.9～1.1mm，内褶壁退化，出仁率54%～59%。核仁充实饱满，浅黄色，脂肪含量68.7%～78.9%，蛋白质含量18.8%。

树势强，树姿开张，成枝力中等。一年生枝浅绿色，节间较短，侧花芽比例80%。早实型。每雌花序着生2～5朵雌花，多双果，坐果率69%左右。在河南3月下旬萌芽，4月中上旬雌花盛花期，4月中下旬雄花开始散粉，雌先型。8月底坚果成熟，10月中旬落叶。

该品种适应性强，长势旺，丰产，优质。适宜在华北黄土丘陵山区发展。

56. 绿岭 绿岭由河北农业大学和河北绿岭果业有限公司1995年从香玲核桃的芽变选出，2005年通过河北省林木品种审定委员会认定。

坚果卵圆形，浅黄色。壳面光滑美观，缝合线平滑，结合紧密。三径平均3.42cm，单果重12.8g，壳厚0.8mm，出仁率67%以上。核仁饱满，浅黄色，脂肪含量67%，蛋白质含量22%。

树势强，树姿开张。侧芽结果率 83.2%，以中短枝结果为主。早实型。在河北临城 3 月下旬萌芽，雄先型。9 月初坚果成熟，11 月上旬落叶。

该品种抗逆性、抗病性、抗寒性均强，较耐旱。适宜土层深厚的山地梯田、缓坡地及平地栽植，旱薄地不宜栽植。

57. 绿早　绿早由新疆核桃的自然实生株选出，2007 年通过河北省林木良种审定委员会审定。

坚果圆形。纵径 3.89cm，横径 3.66cm，侧径 3.57cm，单果重 11.75g，壳厚 0.73mm，横隔膜膜质，易取整仁，出仁率 65%以上，脂肪含量 69.3%，蛋白质含量 19.3%。

树势中庸，树姿开张，成枝力强。短枝结果为主，侧芽形成混合芽率 95%以上。早实型。每雌花序多着生 1～3 朵雌花，双果率 38.2%。在河北临城 3 月下旬萌芽，4 月上雌花开放，4 月中旬雄花散粉，雌先型。7 月底至 8 月初坚果成熟，11 月上旬落叶。

该品种抗逆、抗病、抗寒性均较强，果实成熟期早，比香玲品种早 30d。适宜土层深厚的山地梯田、缓坡地及平地栽植，旱薄地不宜栽植。

58. 清脆　清脆由河北农业大学实生选育而成，2014 年定名，2015 年通过河北省林木良种审定委员会审定。

果实近圆形，平均单果鲜重 72.8g，纵径平均 5.08cm，横径平均 4.80cm，种仁颜色白，香甜爽口，口感清脆，适宜鲜食。树体高大，树姿半开张，成枝力强，结果枝率 84.32%以上，以侧花芽结果为主，多为双果，病虫果率 7%以下，十年生每 $667m^2$ 产鲜果（带青皮）1 102kg。

该品种连续丰产性强，抗病性强，极抗日烧，对土壤和环境条件适应性强。适宜北方土层较厚、管理条件较好的丘陵坡地和平地栽培。

59. 陕核 1 号　陕核 1 号由陕西省果树研究所从扶风隔年核桃的实生后代中选出，1989 年通过林业部鉴定。

坚果近卵圆形，果基圆，果顶圆。壳面光滑美观，麻点稀而少。三径平均 3.4cm，单果重 11.7～12.6g，壳厚 1mm 左右，可取整仁或半仁，出仁率 61.8%。核仁饱满，色浅，脂肪含量 69.8%。

树势较旺，树姿半开张，成枝力强。侧花芽结果率 47%。早实型。每雌花序着生 2～5 朵雌花。在陕西省关中地区 4 月上旬萌芽，4 月中旬雌花盛开，4 月下旬雄花散粉，雌先型。9 月上旬坚果成熟，10 月中旬落叶。

该品种适应性较强，适宜土壤条件较好的丘陵、川塬地区栽植。

60. 陕核 5 号　陕核 5 号由陕西省果树研究所从引进的新疆早实核桃实生群体中选出，2004 年通过陕西省林木良种审定委员会审定。

坚果长圆形。单果重 10.7g，壳厚 1mm 左右，略有露仁，极易取整仁，出仁率 55%。核仁色浅，味香，粗脂肪含量 69.07%。

树势旺盛，树姿半开张，成枝力中等。侧花芽结果率 100%。早实型。每雌花序着生 2～4朵雌花，每果枝平均坐果 1.3 个。在陕西省关中地区 4 月上旬萌芽，4 月下旬雌花盛开，5 月上旬雄花散粉盛期，雌先型。9 月上旬坚果成熟，10 月中旬开始落叶。

该品种适应性较强，水肥不足时果实欠饱满。适宜土肥条件较好的黄土丘陵区密植栽培，也可用于林粮间作栽培。

61. 硕宝　硕宝由河北省卢龙县林业局选出，2007年通过河北省林木品种审定委员会审定。

坚果元宝形。壳面较光滑，缝合线结合紧密。纵径4.3cm，横径4.5cm，侧径3.9cm，单果重21.1g，壳厚1.2mm，内褶壁退化，横隔膜膜质，可取整仁，出仁率52.1%。核仁较饱满，色浅，味香不涩，脂肪含量72.1%，蛋白质含量16.4%。

树势强，树姿较开张。9月上旬坚果成熟。

该品种耐旱，抗寒性强，抗病能力较强。

62. 温185　温185由新疆林业科学院从温宿县木本粮油林场核桃卡卡孜子一代植株中选出。

坚果圆形，果基圆，果顶渐尖。壳面光滑，缝合线平，结合较紧密。纵径4.7cm，横径3.7cm，侧径3.7cm，单果重12.84g，壳厚0.8mm，内褶壁退化，横隔膜膜质，易取整仁，出仁率65.9%。核仁充实饱满，色浅，脂肪含量68.3%。

树势强，树姿较开张。当年生枝深绿色。早实型。多双果和三果，有多果。在新疆温宿县4月中旬至5月上旬雌花期，比雄花散粉早6～7d，雌先型。8月下旬坚果成熟，11月上旬落叶。

该品种抗逆性强，连续丰产性强，产量高，品质优良，丰产期应及时疏花疏果，坐果过多坚果易变小和露仁。主要在阿克苏及喀什地区栽培，并已在河南、陕西、辽宁等省推广。

63. 西扶1号　西扶1号由西北林学院（现西北农林科技大学）从扶风隔年核桃实生后代中选出，1989年通过林业部鉴定。

坚果椭圆形。壳面光滑，缝合线微隆起，结合紧密。三径平均3.2cm，单果重10.3g，壳厚1.1mm，可取整仁，出仁率56.21%。核仁饱满，脂肪含量68.49%，蛋白质含量19.31%。

树势旺，树姿半开张，成枝力中等。侧花芽比例90%。早实型。每雌花序着生2～5朵雌花。在陕西关中地区4月上旬萌芽，4月下旬雌花盛开，5月上旬为雄花散粉盛期，雄先型。9月上旬坚果成熟，10月下旬开始落叶。

该品种适应性强，特丰产，品质优良。适宜矮化密植栽培，可在我国北方地区适当发展。

64. 西扶2号　西扶2号由西北林学院（现西北农林科技大学）从扶风隔年核桃实生后代中选出，2000年通过陕西省林木良种审定委员会审定。

坚果长圆形。壳面较光滑。单果重15.9g，壳厚1.4mm，易取整仁，出仁率52%。核仁充实饱满，浅黄色。

树势强，树姿较开张，成枝力较强。早实型。每雌花序着生2～3朵雌花，坐果率60%。在陕西关中地区4月下旬萌芽，雄、雌花盛开同时在4月25日左右，雌雄同熟型。9月中旬坚果成熟，11月上旬落叶。

该品种适应性较强，抗旱，抗寒。适宜华北、西北及中原地区密植栽培。

65. 西林1号 西林1号由西北林学院（现西北农林科技大学）从新疆核桃实生后代中选出，1984年定名。

坚果长圆形，果基圆，果顶较平。壳面光滑，略有小麻点。纵径3.6cm，横径3.0cm，侧径2.8cm，单果重10g，壳厚1.16mm，内褶壁退化，横隔膜膜质，易取整仁，出仁率56%。核仁充实饱满，黄色，脂肪含量68.79%，蛋白质含量17.38%。

树势强，树姿开张，成枝力较强。一年生枝黄绿色，侧花芽比例68%，节间较短。早实型。每雌花序多着生3朵雌花，坐果率60%。在陕西3月下旬萌芽，4月20日左右雄花散粉，5月2日左右雌花盛开，雄先型。9月上、中旬坚果成熟，11月中旬落叶。

该品种适应性强，适宜华北、西北及中原地区栽培。

66. 西林2号 西林2号由西北林学院（现西北农林科技大学）从新疆核桃实生后代中选出，1989年通过林业部鉴定。

坚果圆形，果形端正。壳面光滑美观，略有小麻点。三径平均3.94cm，单果重14.2g，壳厚1.2mm，内褶壁不发达，横隔膜膜质，易取整仁，出仁率61%。核仁充实饱满，乳黄色，脂肪含量69.69%，蛋白质含量17.68%。

树势强，树姿开张，成枝力强。一年生枝黄绿色，节间短。早实型。每雌花序着生2～3朵雌花，坐果率60%。在陕西关中地区4月上旬萌芽，4月下旬雌花盛开，雄花散粉盛期为5月上旬，雌先型。9月上旬坚果成熟，10月下旬落叶。

该品种适应性强，早期丰产，但水肥不足时易出现落花落果和坚果空粒现象。适宜华北、西北立地条件较好的平原地区密植栽培。

67. 西林3号 西林3号由西北林学院（现西北农林科技大学）从早实核桃实生苗中选出，1984年定名。

坚果长椭圆形，壳面光滑。三径均值4.4cm，单果重13.3g，壳厚1.4mm，取仁较易，出仁率61%。核仁饱满，黄色，脂肪含量64.32%，蛋白质含量17.32%。

树势中等，树姿开张，成枝力强，侧花芽结果率92%以上。早实型。每雌花序着生2～3朵雌花，每果枝平均坐果1.2个。在陕西杨凌4月上旬萌芽，4月下旬雌花盛开，雄花散粉为4月下旬至5月上旬，雌先型。8月下旬坚果成熟，10月下旬开始落叶。

该品种适应性强，早期丰产，果型大，但土水肥差时种仁不饱满，有采前落果现象。可作为礼品核桃或大果型种质资源在西北立地条件好的地区局部发展。

68. 西洛1号 西洛1号由西北林学院（现西北农林科技大学）和洛南县核桃研究所从陕西商洛晚实实生群体中选出，2000年通过陕西省林木良种审定委员会审定。

坚果椭圆形，顶部稍平。缝合线窄而平，结合较紧。三径平均3.6cm，单果重13g左右，壳厚1.1mm，内褶壁不发达，横隔膜膜质，易取整仁，出仁率50.87%。核仁充实饱满，仁淡黄色，脂肪含量69.29%，蛋白质含量17.63%。

树势中庸，树姿开张，成枝力1∶4.5。一年生枝褐绿色，节间较长，侧花芽比例12%。晚实型。每雌花序着生2～3朵雌花，多双果，坐果率60%左右。在陕西省洛南4月上旬萌芽，雄花4月7日左右盛开，雌花4月25日左右盛开，雄先型。9月上旬坚果成熟，10月下旬开始落叶。

该品种适应性强，抗病，抗晚霜，丰产稳产，品质优良。适宜华北、西北黄土丘陵及秦巴山区稀植栽培，也可进行林粮间作。

69. 西洛2号 西洛2号由西北林学院（现西北农林科技大学）和洛南县核桃研究所从陕西商洛晚实实生群体中选出，2000年通过陕西省林木良种审定委员会审定。

坚果长圆形，果基部圆形，果顶微尖。壳面较光滑，有稀疏小麻点，缝合线较平，结合紧密。三径平均3.6cm，单果重13.1g，壳厚1.3mm，内褶壁不发达，横隔膜膜质，易取仁，出仁率54%。核仁充实饱满，乳黄色，脂肪含量69.65%，蛋白质含量19.13%。

树势中庸，树姿早期直立，结果后多开张，成枝力中等。一年生枝褐色，侧花芽比例30%，晚实型。每雌花序着生2～3朵雌花，多双果，坐果率65%。在陕西洛南4月上旬萌芽，雄花4月中旬盛开，雌花4月下旬盛开，雄先型。9月上旬坚果成熟，11月上旬落叶。

该品种适应性较强，丰产稳产，抗旱，抗病，抗贫瘠土壤。适宜华北、西北黄土丘陵及秦巴山区稀植栽培，也可进行"四旁"或林粮间作栽培。

70. 西洛3号 西洛3号由西北林学院（现西北农林科技大学）和洛南县核桃研究所从陕西商洛晚实实生群体中选出，2000年通过陕西省林木良种审定委员会审定。

坚果椭圆形，壳面光滑。三径均值3.3cm，壳厚1.2mm，内褶壁不发达，横隔膜膜质，极易取整仁，出仁率56.64%。核仁充实饱满，淡黄色，粗脂肪含量69.65%。

树势旺，树姿较开张，成枝力中等。侧花芽比例32%，晚实型。每雌花序着生2～3朵雌花，坐果率66%。在陕西洛南4月中旬萌芽，雄花4月26日盛开，雌花5月5日盛开，雄先型。9月上旬坚果成熟，10月下旬落叶。

该品种适应性强，避晚霜，丰产稳产，品质优良。适宜华北、西北及秦巴山区稀植栽培，也可进行"四旁"和林粮间作栽培。

71. 香玲 香玲由山东省果树研究所1978年以上宋6号×阿克苏9号杂交育成。1989年定名。

坚果近圆形，果基平圆，果顶微尖。壳面光滑、刻沟浅，浅黄色，缝合线窄而平，结合较紧密。纵径3.65～4.23cm，横径3.17～3.38cm，侧径3.53～3.89cm，单果重12.4g，壳厚0.8～1.1mm，内褶壁退化，横隔膜膜质，易取整仁，出仁率62%～64%。核仁充实饱满，脂肪含量65.48%，蛋白质含量21.63%。

树势较强，树姿较直立，成枝力较强。一年生枝黄绿色，节间较短，侧花芽比例81.7%。早实型。每雌花序着生2朵雌花，坐果率60%左右。在山东泰安地区3月下旬萌芽，4月10日左右雄花期，4月20日左右雌花期，雄先型。8月下旬坚果成熟，11月上旬落叶。

该品种具早期丰产特性，盛果期产量较高，大小年不明显。在我国核桃栽培区有大面积栽培。

72. 新丰 新丰由新疆林业厅种苗站于1976年从新疆和田县实生核桃群体中选出，1985年定名。

坚果长圆形，果基小而平，果顶凸而尖。壳面较光滑，色较深，缝合线较凸起，结合紧密。纵径4.5cm，横径3.4cm，侧径3.3cm，单果重14.67g，壳厚1.3mm，内褶壁较发达，横隔膜革质，易取整仁，出仁率53.1%。核仁充实饱满，黄褐色，脂肪含量

65.48%，蛋白质含量21.63%。

树势强，树姿开张，成枝力强。早实型。中短果枝结果为主。果枝平均坐果1.84个，其中单果枝率29.1%，双果枝率60.1%，三果枝率10.0%，多果枝率0.8%。4月中旬雌花开放，雄花晚于雌花4～5d开放，雌先型。9月上旬坚果成熟，11月上旬落叶。

该品种树势强，生长健壮，丰产稳产，抗性强，适生范围广。适宜新疆各核桃产区及西北、华北各地栽培。

73. 新新2号 新新2号由新疆林业科学院1979年从新和县实生核桃群体中选出，1990年定名。

坚果长圆形，果基圆，果顶稍小，平或圆。壳面光滑，浅黄褐色，缝合线窄而平，结合紧密。纵径4.4cm，横径3.3cm，侧径3.6cm，单果重11.63g，壳厚1.2mm，内褶壁退化，横隔膜膜质，易取整仁，出仁率53.2%。核仁充实饱满，色浅味香，脂肪含量65.3%。

树势中庸，树冠紧凑，成枝力强。一年生枝绿褐色，节间细长。早实型。果枝平均坐果1.87个，其中单果枝率26.4%，双果枝率48.6%，三果枝率22.2%，多果枝率2.8%。花期为4月中旬至5月初，雄花比雌花先开10d左右，雄先型。9月上旬坚果成熟。

该品种适应性强，较耐干旱，抗病力强，早期丰产性强，盛果期质量上等，宜带壳销售。适宜密植集约栽培。

74. 元宝 元宝由河北省卢龙县林业局选出，2007年通过河北省林木品种审定委员会审定。

坚果元宝形，壳面光滑，色浅，缝合线窄而平，结合紧密。纵径3.3cm，横径3.9cm，侧径3.55cm，单果重14.5g，内褶壁退化，横隔膜膜质，可取整仁，出仁率59.2%。核仁充实饱满，浅黄色。

树势中庸，树姿较开张，成枝力中等。晚实型。9月初果实成熟。

该品种耐寒，抗旱，抗病力强。

75. 元丰 元丰由山东省果树研究所1975年从山东省邹县草寺新疆早实核桃后代中选出，1979年定名。

坚果卵圆形，果基平圆，果顶微尖。壳面刻沟浅，缝合线窄平，结合紧密。纵径3.72～4.2cm，横径2.4～3.3cm，单果重11～13g，壳厚1.1～1.3mm，内褶壁退化，横隔膜膜质，易取整仁，出仁率47%～50%。核仁充实饱满，色较深，脂肪含量68.68%，蛋白质含量19.23%。

树势中庸，树姿开张，成枝力中等。一年生枝黄绿色，节间短，侧花芽比例75%。早实型。每雌花序着生2朵雌花，多双果，坐果率70%以上。在山东泰安地区3月下旬萌芽，4月上旬雄花散粉，4月下旬雌花盛花期，雄先型。9月上旬坚果成熟，11月下旬落叶。

该品种主要在山东、河南、陕西、辽宁、河北等地栽培。

76. 元林 元林由山东省林业科学院和泰安市绿园经济林果树研究所以元丰×强特勒杂交选育而成，2007年通过山东省林木品种审定委员会审定。

坚果长圆形。壳面刻沟浅，缝合线窄平，结合紧密。纵径 4.25cm，横径 3.6cm，侧径 3.42cm，单果重 16.84g，出仁率 55.42%。核仁充实饱满，脂肪含量 63.6%，蛋白质含量 18.25%。

树势强，树姿直立或半开张，成枝力强。侧花芽比例 85%左右。早实型。坐果率 60%～70%。在山东泰安地区 4 月初萌芽，比香玲晚 5～7d。

该品种萌芽晚，抗晚霜危害。适宜土层深厚、土质肥沃的立地条件栽培。

77. 赞美　赞美由河北农业大学于 1997 年从河北省赞皇县核桃实生群体中选出，2012 年通过河北省林木品种审定委员会审定。

坚果长圆形，外形美观，果面光滑。缝合线结合较紧密。纵径 3.51cm，横径 3.26cm，侧径 3.16cm，单果重 11.3g，壳厚 1.23mm，内褶壁退化，易取仁，出仁率 53.6%。核仁充实饱满，黄白色，脂肪含量 57.3%，蛋白质含量 15.3%。

树体矮小，树姿半开张。早实型。每雌花序着生 1～3 朵雌花，坐果 1～3 个，双果率 48%。在河北赞皇 3 月底至 4 月初萌芽，4 月上旬雄花散粉，4 月中旬雌花盛花期，雄先型。8 月中旬至 9 月上旬坚果成熟，10 月底至 11 月初落叶。

该品种抗日灼，极少发现炭疽病、黑斑病。适宜河北中南部及相同生态条件地区栽培。

78. 扎 343　扎 343 由新疆林业科学院 1963 年在新疆林业科学院扎木台木本油料实验站核桃实生园中选出，1989 年定名。

坚果椭圆形或近卵圆形。壳面淡褐色，缝合线平或微隆起，光滑美观。单果重 16.4g，内褶壁和横隔膜膜质，易取整仁，出仁率 54.0%。核仁饱满，脂肪含量 67.48%。

树势强，树姿开张，成枝力强。一年生枝深褐色或深青褐色，中短枝结果为主。早实型。双果和多果占 50%以上。4 月中旬开花，雄花花期结束后雌花才开始开放，雄先型。9 月上旬坚果成熟。

该品种适应性和抗性强，宜带壳销售。雄先型，花粉多，花期长，是雌先型品种理想的授粉品种。

79. 珍珠核桃　珍珠核桃由四川省林业科学研究院于 2007 年从当地核桃实生树中选出，2009 年通过四川省林木品种审定委员会认定。

坚果圆形，果面光滑，果顶具小尖。缝合线较低平，结合紧密。纵径 2.53cm，横径 2.44cm，侧径 2.3cm，单果重 4.51g，壳厚 0.78mm，内褶壁退化，横隔膜膜质，易取整仁，出仁率 60.3%。核仁充实饱满，色浅。

树势强，树姿较开张，成枝力中等。一年生枝黄褐色，节间短。早实型核桃特征明显。每雌花序着生 1～4 朵雌花，多 3 果，坐果率 60%以上。在四川黑水县 3 月下旬萌芽，4 月中旬雄花散粉，4 月下旬雌花盛花期，雄先型。9 月中旬坚果成熟，11 月下旬落叶。

该品种树势强，耐寒，较丰产，宜加工休闲食品或带壳销售。适宜川西北、川西南和四川盆地北缘及东北缘核桃栽培区发展。

80. 珍珠香　珍珠香由河北农业大学于 1993 年从华北山区核桃实生群体中选出，2012 年通过河北省林木品种审定委员会审定。

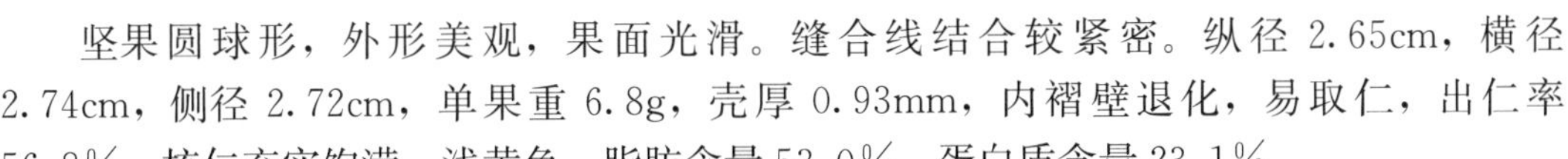

坚果圆球形，外形美观，果面光滑。缝合线结合较紧密。纵径 2.65cm，横径 2.74cm，侧径 2.72cm，单果重 6.8g，壳厚 0.93mm，内褶壁退化，易取仁，出仁率 56.8%。核仁充实饱满，浅黄色，脂肪含量 53.0%，蛋白质含量 23.1%。

树体高大，树姿半开张，成枝力强。晚实型。多顶芽结果，每雌花序着生 1～4 朵雌花，坐果 1～4 个，坐果率 85%以上，双果率 53.1%。在河北赞皇 3 月底至 4 月初萌芽，4 月中旬雄花散粉，4 月中、下旬雌花盛花期，雄先型。8 月底坚果成熟，10 月底至 11 月初落叶。

该品种适应性广，耐瘠薄，连续结果能力强，宜炒制、烘焙、煮制等加工或干食。适宜河北中南部及相同生态条件地区栽培。

81. 中核短枝　中核短枝由中国农业科学院郑州果树研究所从新疆核桃实生后代中选出，2012 年通过河南省林木品种审定委员会审定。

坚果近圆柱形，果基和果顶较平，果面较光滑。缝合线较窄而平，结合紧密。三径平均 4.09cm，单果重 15.1g，壳厚 0.9mm，内褶壁膜质，横隔膜膜质，易取整仁，出仁率 65.8%。核仁充实饱满，乳黄色。

树冠椭圆至圆头形。一年生枝绿色，成枝力强，枝条节间短而粗。早实型。每结果母枝抽生结果枝 2.1 个，每结果母枝平均坐果 1.86 个，以双果和三果为主。在河南郑州地区 3 月下旬萌芽，4 月 15～20 日雌花盛花期，4 月 21～22 日雄花散粉盛期，雌先型。9 月初坚果成熟，10 月下旬开始落叶。

该品种坚果大，壳薄，丰产稳产。适宜河南地区栽培。

82. 中林 1 号　中林 1 号由中国林业科学研究院林业研究所以涧 9－7－3×汾阳串子杂交育成，1989 年定名。

坚果圆形，果基圆，果顶扁圆。壳面较粗糙，缝合线两侧有较深麻点，缝合线中宽凸起，顶有小尖，紧密结合。纵径 4.0cm，横径 3.7cm，侧径 3.9cm，单果重 14g，壳厚 1.0mm，内褶壁略延伸，膜质，横隔膜膜质，可取整仁或半仁，出仁率 54%。核仁充实饱满，浅至中色，脂肪含量 65.6%，蛋白质含量 22.2%。

树势较强，树姿较直立，成枝力强。侧花芽比例 90%以上。早实型。每雌花序着生 2 朵雌花，多单果或双，坐果率 50%～60%。在北京 4 月中旬萌芽，4 月下旬雌花盛花期，5 月初雄花散粉，雌先型。9 月上旬坚果成熟，10 月下旬落叶。

该品种丰产潜力大，坚果品质中等。可在华北、华中及西北地区发展。

83. 中林 2 号　中林 2 号由中国林业科学研究院林业研究所以涧 9－9－13×汾阳光皮棉杂交选出，1989 年命名。

坚果卵圆形，壳色浅，光滑，缝合线微微隆起，结合紧密。纵径 4.13cm，横径 3.44cm，侧径 3.45cm，单果重 12g，壳厚 0.9mm，内褶壁退化，横隔膜膜质，易取整仁，出仁率 60%左右。核仁充实饱满，浅至中色。

树势中庸，树姿半开张，成枝力中等。节间略长。侧花芽比例 80%以上。早实型。每雌花序着生 2 朵雌花，多单果或双果，坐果率 60%以上。在北京雌花期为 5 月初，4 月下旬雄花散粉，雄先型。9 月初坚果成熟，10 月底落叶。

该品种产量中等，坚果壳薄。适宜在水肥良好的地区栽培。

84. 中林3号 中林3号由中国林业科学研究院林业研究所以涧9－9－15×汾阳穗状核桃杂交选出，1989年定名。

坚果椭圆形，壳中色，较光滑，靠近缝合线处有麻点，缝合线窄而凸起，结合紧密。纵径4.15cm，横径3.42cm，侧径3.4cm，单果重11g，壳厚1.2mm，内褶壁退化，横隔膜膜质，易取整仁，出仁率60%。核仁充实饱满，仁色浅。

树势较强，树姿半开张，成枝力较强。一年生枝褐色，侧花芽比例50%以上。早实型。在北京雌花期在4月下旬，5月初雄花散粉，雌先型。9月初坚果成熟，10月底落叶。

该品种树势强，坚果品质上等，适应能力较强，适生能力较强。可在北京、河南、山西、陕西等地栽培。

85. 中林5号 中林5号由中国林业科学研究院林业研究所以涧9－11－12×涧9－11－15杂交选出，1989年定名。

坚果圆形，果基平，果顶平。壳面光滑，色浅，缝合线较窄而平，结合紧密。纵径4.0cm，横径3.6cm，侧径3.8cm，单果重13.3g，壳厚1.0mm，内褶壁膜质，横隔膜膜质，易取整仁，出仁率58%。核仁充实饱满，中色，脂肪含量66.8%，蛋白质含量25.1%。

树势中庸，树姿较开张，成枝力强，节间短而粗。早实型。每雌花序着生2朵雌花，多双果，单枝平均坐果1.64个。在北京5月初雄花散粉，4月下旬雌花盛花期，雌先型。8月下旬坚果成熟，10月下旬或11月初落叶。

该品种不需漂白，宜带壳销售。适宜在华北、中南、西南平均气温10℃左右的地区栽培，尤宜进行密植栽培。

86. 中林6号 中林6号由中国林业科学研究院林业研究所以涧8－2－6×山西晚实优系7803杂交选出，1989年定名。

坚果略长圆形，壳浅色，光滑，缝合线中等宽度，平滑且结合较紧。纵径3.9cm，横径3.6cm，侧径3.6cm，单果重13.8g，壳厚1.0mm，内褶壁退化，横隔膜膜质，易取整仁，出仁率54.3%。核仁充实饱满，浅至中色。

树势较强，树姿较开张，成枝力强。侧花芽比例95%。早实型。多单果，果枝平均坐果数1.2个。

该品种长势强，产量中上等，坚果品质极优，宜带壳销售，抗病性较强。适宜在华北、中南及西南高海拔地区栽培。

（二）引进品种

1. 爱米格（Amigo） 爱米格为美国主栽品种，1984年奚声珂引入中国，现在辽宁、北京、山东和河南等地有少量栽培。

坚果略长圆形。壳面较光滑，棕色，缝合线平，结合较紧密。单果重10g左右，壳厚1.4mm，易取仁，出仁率52%。

树体较小，树姿较开张。早实型。在北京地区4月中旬萌芽，4月中下旬雌花盛花期，5月上旬雄花散粉，雌先型。9月上旬坚果成熟。

该品种适于密植，可在北京及其以南地区栽植。

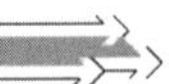

2. 强特勒（Chandler）　强特勒为美国主栽品种，1984 年奚声珂引入中国，现在辽宁、北京、山东、河南、陕西和山西等地有少量栽培。

坚果长圆形。纵径 5.4cm，横径 4.0cm，侧径 3.8cm，单果重约 11g，壳厚 1.5mm，壳面较光滑，缝合线平，结合紧密。易取仁，出仁率 50%。核仁浅色，品质极佳，丰产性强，是美国主要带壳销售品种。

树势中庸，树体中等大小，树姿较直立。侧花芽比例 90%以上，早实型。在北京地区 4 月 15 日左右萌芽，4 月 20 日左右雄花散粉，5 月上旬雌花盛花期，雄先型。9 月 10 日左右坚果成熟。

该品种适在温暖的北亚热带气候区栽培。

3. 契可（Chico）　契可为美国栽培品种，1984 年奚声珂引入中国，现在辽宁、北京、山东、河南等地有少量栽培。

坚果略长圆形。纵径 4.0cm，横径 3.5cm，侧径 3.4cm，单果重约 8g，壳厚 1.5mm，壳面较光滑，缝合线略凸起，结合紧密。易取仁，出仁率 47%。核仁浅色，品质极佳，早期丰产性强。

树势较强，树体较小，树姿较直立。侧花芽比例 90%以上，早实型。在北京地区 4 月上旬萌芽，4 月 20～25 日雄花散粉，4 月 25 日左右雌花盛花期，雄先型。9 月上旬坚果成熟。

该品种为短枝型早实品种，丰产，坚果较小。对华北地区适应性较强，尤宜在肥水条件较好的园地密植栽培。

4. 哈特雷（Hartley）　哈特雷为美国主栽晚实品种，1984 年奚声珂引入中国，现在辽宁、北京、山东、河南等地有少量栽培。

坚果钻石圆形，果基平，果顶渐尖。单果重 14.5g，壳面光滑，缝合线平，结合紧密。易取仁，出仁率 46%。核仁浅色，丰产性中等，是美国主要带壳销售品种。

树势较强，树姿较直立，成枝力较强，以中果枝结果为主，侧花芽比例 20%～30%，晚实型。在北京地区 4 月上旬萌芽，4 月中旬雌花盛花期，4 月下旬雄花散粉，雌先型。9 月中旬坚果成熟。

该品种果形似钻石，外形美观，产量中等。适在北亚热带气候区栽培。

5. 清香　清香为河北农业大学 20 世纪 80 年代初从日本引进的核桃优良品种，2003 年通过河北省林木品种审定委员会审定，2013 年通过国家林木品种审定委员会审定。

坚果近圆锥形。单果重 16.9g，壳厚 1.2mm，壳面较光滑，缝合线结合紧密。易取整仁，出仁率 52%～53%。核仁浅黄色，脂肪含量 65.8%，蛋白质含量 23.1%。

树势较强，树体中等大小，树姿半开张。晚实型。坐果率 85%以上，多双果，连续丰产性较强。在河北保定地区 4 月上旬萌芽，4 月中旬雄花散粉，4 月中下旬雌花盛花期，雄先型。9 月中旬坚果成熟。

该品种适应性强，对炭疽病、黑斑病及干旱和干热风的抵御能力强。

6. 希尔（Serr）　希尔为美国 20 世纪 70 年代主栽品种，1984 年奚声珂引入中国。现在河南、北京等地有少量栽培。

坚果椭圆形。单果重约12g，壳厚1.2mm，壳面较光滑，缝合线结合较紧密。易取整仁，出仁率59%。核仁浅色，品质优良，产量较低。

树势旺，树冠中等。晚实型。在北京地区4月上旬萌芽，4月22～25日雄花散粉，4月25～28日雌花盛花期，雄先型。9月上旬坚果成熟。

该品种坚果较大，品质优良，但落花较严重，易感黑斑病。适宜作防护林或林果兼用树种。为短枝型早实品种，丰产，坚果较小。对华北地区适应性较强，尤宜在肥水条件较好的园地密植栽培。

7. 泰勒（Tulare） 泰勒为美国栽培品种，1966年育成。

坚果近圆形。平均单果重13g左右，壳厚1.0mm，壳面较光滑，有网状沟纹，缝合线平，结合紧密。易取整仁，出仁率53%。

树势强，树姿直立。侧花芽比例75%以上，早实型。在山东泰安地区4月上旬萌芽，4月15日左右雄花散粉，4月20日左右雌花盛花期，雄先型。9月上旬坚果成熟。

该品种为早实品种，枝芽密集，适于宽行密植栽培。

8. 维纳（Vina） 维纳为美国主栽品种，1984年奚声珂引入中国，现在辽宁、北京、山东、河南等地有少量栽培。

坚果锥形，果基平，果顶渐尖。单果重约11g，壳厚1.4mm，壳面光滑，缝合线略宽而平，结合紧密。易取仁，出仁率50%。核仁色浅，早期丰产性强。

树势强，树体中等大小，树姿较直立。侧花芽比例80%以上，早实型。在北京地区4月中旬萌芽，4月22～26日雄花散粉，4月26～30日雌花盛花期，雄先型。9月上旬坚果成熟。

该品种适应华北核桃栽培区气候，抗寒性强于其他美国栽培品种。萌芽比中国北方核桃品种晚10d左右，雌花期在4月底，可避免晚霜危害。为宝贵的育种资源。

第二节 泡核桃主要类型及优良品种

一、主要类型

泡核桃（*Juglans sigillata* Dode）分为泡核桃、夹绵核桃、铁核桃3个类型。

1. 泡核桃 泡核桃（又称茶核桃、绵核桃、薄壳核桃等）类型多为嫁接繁殖，少数实生。该类型的核桃树一般树干分枝较低，侧枝向四周扩张，树冠庞大呈伞形或半圆球形，果枝密集，结实量大。树皮粗糙，裂纹较深，小枝棕黄色，侧芽大而圆，小叶黄绿色呈长椭圆状披针形。果实扁圆形，外果皮光滑，黄绿色，有黄白色斑点。坚果种壳厚0.5～1.1mm，用手可捏开；内褶壁明显而不发达，内隔膜纸质或膜质，种仁容易整仁取出。出仁率55%～56%，种仁含油率70%左右，味极香。具有很高的经济价值和用途。该类型可细分许多品种。目前有一定经营规模和经济收入的品种有30多个。不同品种分布在不同的适宜地区。目前推广发展的主要良种是漾濞大泡核桃和大姚三台核桃两个品种。

2. 夹绵核桃 夹绵核桃（又称二异子核桃或称中间核桃）类型多为实生品系，少有嫁接繁殖。它的果实性状介于泡核桃类型与铁核桃类型之间，为中间类型。坚果出仁率

40%～45%，壳厚 1.1～1.3mm，种仁含油率 70%左右。此类型的品种区分较粗放，名称不一。有的品种适应性强，在立地条件较差的情况下仍能获得较高的产量。夹绵核桃类型在云南省分布很广泛。

3. 铁核桃 铁核桃（又称坚核桃、硬壳核桃、野核桃等）类型为天然实生种。其核桃树的树干通直高大，分枝高、角度小，树冠小，果枝少，果实产量低。树皮灰褐色，裂纹浅。小枝绿色有茸毛，皮孔大而突起，侧芽小而尖，小叶阔披针形，深绿色，有明显的锯齿。果实多为椭圆形，略尖，外果皮深绿色，粗糙，有红毛和黄色斑点。坚果壳厚（1.3mm 以上），刻纹深密，内褶壁发达，内隔膜坚实骨质，种仁少，很难取出，出仁率 25%～30%，种仁含油率 70%左右，油香，经济价值较低。该类型未详细区分品种。铁核桃类型的植株适应性强，生长势旺。其坚果除榨油外，多用作培育砧木苗及制作各种工艺品。铁核桃类型在云南省各地均有不同程度的分布。

二、主要栽培品种

（一）农家栽培品种

云南省林业科学院于 1964—1968 年在对云南省核桃种质资源调查的基础上，经分析、评比、鉴定，筛选出 20 多个农家核桃栽培品种。

1. 泡核桃 泡核桃（又称大泡核桃、茶核桃、绵核桃）为云南早期无性优良品种，已有 2 000 多年的栽培历史。主要分布在漾濞、永平、云龙、昌宁、凤庆、楚雄、保山、景东、南华、巍山、洱源、大理、腾冲、新平、镇源、云县、临沧等地，垂直分布范围为海拔 1 470～2 450m。

坚果扁圆形，果基略尖，果顶圆，纵径 3.87cm，横径 3.81cm，侧径 3.1cm，单果重 12.3～13.8g。果面麻，色浅，缝合线中上部略突起，结合紧密，先端钝尖，壳厚 0.9～1.1mm。内褶壁及横隔膜纸质，易取整仁。核仁饱满，味香不涩。核仁重 6.4～7.9g，出仁率 53.2%～58.1%。核仁含油率 67.3%～75.3%（不饱和脂肪酸占 90%左右），含蛋白质 12.8%～15.13%。一年生嫁接苗定植后一般 7～8 年开花结果。丰产树盛果期株产坚果 100kg 左右，高者达 250kg，树冠投影面积产仁量 0.18～0.22kg/m^2。

树势较强，树姿呈圆头形。树冠直径 15m 左右。成枝力盛果期为 1∶1.36，随树龄的增大而降低。新梢黄褐色，背阴面呈黄绿色，皮孔白色；长 6.2cm，粗 0.9cm。顶芽圆锥形，第一、二侧芽圆形，基部侧芽扁圆形，贴生，无芽距和芽座。小叶 9～13 枚，多 9～11 枚，椭圆状披针形，顶端渐尖，顶端小叶多歪斜或退化。雄先型。雄花较多，雄花序长 8～25cm，每雄花序有 90～120 朵雄花。每雌花序有雌花 1～4 朵，多为 2～3 朵，坐果率 81%。以顶芽结果为主，侧花芽率 10%以下。单果率 14.5%，双果率 45.1%，三果率 39.1%，四果率 1.3%。在漾濞 3 月上旬发芽，3 月下旬雄花散粉，4 月中旬雌花盛开，9 月下旬坚果成熟采收，11 月上旬落叶。有枝干害虫轻度为害，无严重病害。

该品种的植株长寿，丰产，品质优良，是果油兼优的优良品种，是云南省多年来大力发展推广的优良品种之一。目前，栽培面积已超过 13 万 hm^2。该品种适宜在滇西、滇中、滇西南、滇南北部，海拔高度 1 600～2 200m 的地区栽培。最适海拔高度 1 700～2 100m（图 4 - 14）。

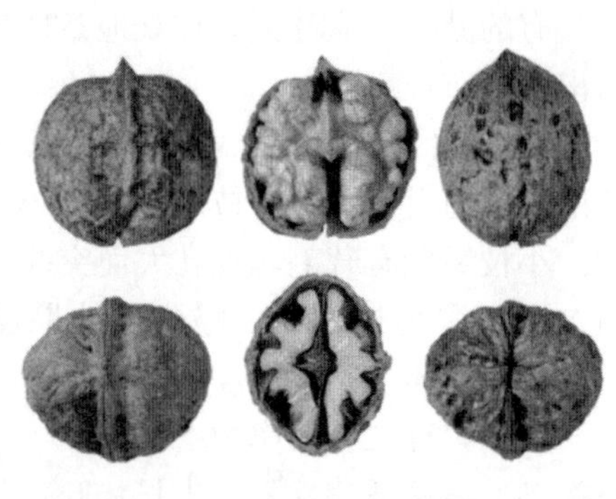

图 4－14　泡核桃

2. 三台核桃　三台核桃（又名草果核桃）主要分布在云南省大姚、宾川及祥云等地，后来发展到新平、双柏、武定、昆明、楚雄、南华等县（市）。垂直分布范围为海拔 1 500～2 500m。

坚果倒卵圆形，果基尖、果顶圆，纵径 3.84 米，横径 3.35cm，侧径 2.92cm，单果重 9.49～11.57g。种壳较光滑，色浅，缝合线窄，上部略突，结合紧密，尖端渐尖，壳厚 1.0～1.1mm。内褶壁及横隔膜纸质，易取整仁。仁重 4.6～5.5g，出仁率 50%以上。核仁充实，饱满，色浅，味香纯、无涩味。仁含油率 69.5%～73.1%，含蛋白质 14.7%。一年生嫁接苗定植后 7～8 年结果。盛果期平均株产果 80kg，高产达 300kg，树冠投影面积产仁量 0.25kg/m^2。

树势旺，树体大，树姿开张。盛果期冠径达 13.4～21.8m，结果母枝平均抽梢 1.32 个，新梢绿色或深绿色，长 8.0cm。顶芽圆锥形，顶端 1～2 侧芽圆形，腋芽扁圆形，无芽柄及芽座。小叶 7～13 枚，多为 9～11 枚，椭圆状披针形，顶端渐尖。雄先型。雄花序较多，长 10～25cm，每雄花序着生小花 100 朵左右；每雌花序有雌花 1～4 朵，2～3 朵居多，占 75%。以顶芽结果为主，侧花芽占 10%左右。坐果率 73.6%，每果枝平均坐果 1.92 个，其中单果率 31.2%，双果率 45.2%，三果率 23.2%，四果率 0.4%。在大姚地区 3 月上旬发芽，4 月上旬雄花散粉、雌花显蕾，4 月中旬雌花盛开，4 月下旬幼果形成，9 月下旬坚果成熟，11 月下旬落叶。有轻度的树干害虫为害，无严重病害（图 4－15）。

该品种的植株长寿，果实高产，是果油兼优的优良品种，是云南省大力推广的优良品种之一。该品种适宜在滇中、滇西、滇西南、滇南北部，海拔高度 1 600～2 200m 的地区栽培。

3. 细香核桃　细香核桃（又名细核桃）为云南省早期无性繁殖优良品种之一。主要分布在滇西昌宁、龙陵、保山、施甸、腾冲等地，其分布海拔高度 1 650～2 200m。

坚果圆形，果基和果顶较平，纵径 3.3cm，横径 3.3cm，侧径 3.2cm，单果重 8.9～10.1g。果面麻，缝合线较宽、凸起，结合紧密，尖端钝尖，壳厚 1.0～1.1mm。内褶壁和横隔膜纸质，易取整仁。仁重 4.7～5.8g，出仁率 53.1%～57.1%。核仁充实饱满、色浅、味香，含油率 71.6%～78.6%，含蛋白质 14.7%。一年生嫁接苗定植后 5～6 年结

图 4-15　三台核桃

果，盛果期平均株产约 85kg，树冠投影产仁量 0.18kg/m^2。

树势强，树姿开张，成年树的树冠直径达 13.5～21.8m。成枝力为 1∶1.53。小枝黄褐色，长 5.1cm，粗 0.88cm。顶芽圆锥形，第一、二侧芽圆形。小叶 7～11 枚，多为 9 枚，椭圆状披针形，叶尖渐尖，顶端小叶多歪斜或退化。雄先型。每雌花序着生雌花 2～3朵。每果枝平均坐果 2.5 个。单果率 13.4%，双果率 28.9%，三果率 51.8%，四果率 5.99%。在产地保山 3 月上旬发芽，3 月下旬雄花散粉，4 月上旬雌花盛开。9 月上旬坚果成熟，比一般品种早 10d 左右。10 月下旬落叶（图 4-16）。

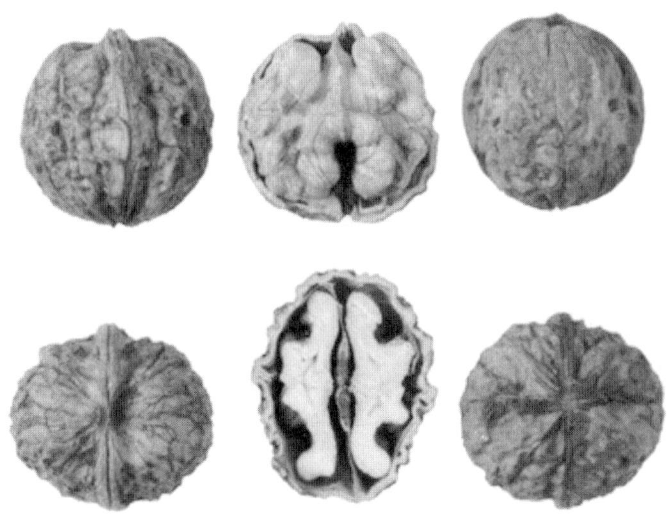

图 4-16　细香核桃

该品种坚果较小，外观较差，但丰产性好，仁味香纯，坚果出仁率及仁含油率较高，适宜作加工品种。该品种适宜在滇西、滇中、滇西南海拔高度 1 600～2 200m 的地区栽培。

4. 大白壳核桃　大白壳核桃为早期云南核桃无性繁殖品种。主要栽培于云南省华宁县。其分布地的海拔高度 1 500～2 000m。

坚果圆形，果基平，果顶圆，纵径 3.7cm，横径 3.7cm，侧径 3.5cm，单果重 11.7～13.0g。壳面光滑，色浅，缝合线平，结合紧密，尖端钝尖，壳厚 1.1mm。内褶壁退化。横隔膜纸质，易取整仁。核仁重 6.1～7.5g，出仁率 51.9%～57.4%。核仁较饱满，淡紫色，味香，无涩味。一年生嫁接苗定植后 5～6 年结果。盛果期株产果 40～60kg，树冠投影产仁量 0.13kg/m^2。

树姿开张，成年树树冠直径 13～19m，成枝力 1∶1.36。小枝褐色，有白色的皮孔，长 9.4cm，粗 0.8cm。顶芽圆锥形，顶端 1～2 侧芽圆形。复叶长 44.5～56cm，小叶 13 片，少数 11 或 15 片，顶端小叶歪斜或退化，椭圆状披针形、渐尖。雄先型。每雌花序着生雌花 2～3 朵，少数 1 或 4 朵。以顶芽结果为主，果枝率 51.5%，坐果率 77.7%，平均每果枝坐果 2 个，其中单果率 24.8%，双果率 55.1%，三果率 0.3%。在产地华宁 3 月上旬发芽，3 月下旬雄花散粉，4 月中旬雌花盛开。9 月中旬坚果成熟。

该品种丰产性中等。坚果大，壳面光滑，果形美观，可作为改良坚果外观的育种亲本。主要适宜滇中地区栽培，种植地的海拔高度为 1 500～2 000m（图 4－17）。

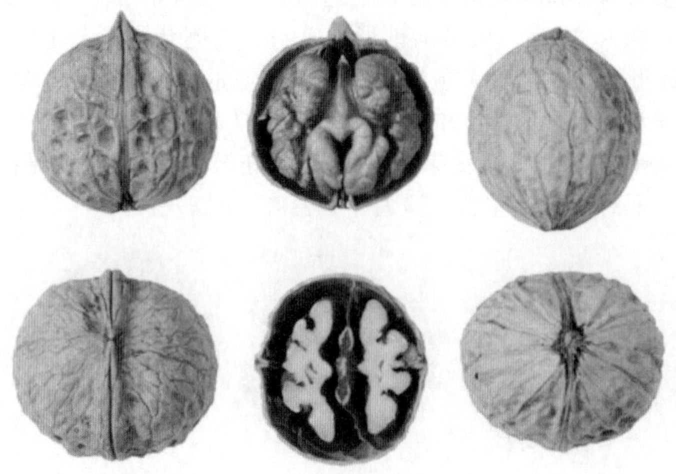

图 4－17　大白壳核桃

5. 圆菠萝核桃　圆菠萝核桃（又称阿本冷核桃）为云南省早期无性繁殖品种。主要栽培于云龙、漾濞、永平、洱源等地。其生长地的海拔高度 1 700～2 600m，而多见于海拔高度 2 000～2 500m 的高山区。

坚果短扁圆或圆形，果基圆，果顶平，纵径 3.5cm，横径 3.7cm，单果重 10.9g。壳面麻、浅黄色，缝合线中上部略突起，结合紧密，顶端渐尖，壳厚 1.1～1.2mm。内褶壁革质，横隔膜革质，能取 1/2 仁。核仁重 5.5g，出仁率 50%～55%。核仁饱满，色浅、味香、不涩。仁含油率 65.5%～71.3%。较丰产，盛果期株产果 42～70kg，树冠投影产仁量 0.16kg/m^2。

树姿开张，树冠紧凑，盛果期冠径 9.2～15.5m，每母枝平均抽梢 1.28 个，新梢灰褐色，平均长 5.41cm，粗 0.84cm。小叶 9～11 枚，深绿色，卵状披针形。以顶端结果为主，侧枝结果率 17.3%。雄先型。每雌花序着生雌花 2～3 朵，少的 1 或 4 朵。果枝率 58.7%，坐果率 81.0%，平均每果枝坐果 2 粒，其中单果率 23.9%，双果率 52.9%，三果率23.5%。在产地2月下旬或3月上旬发芽，4月上旬雄花散粉，4月下旬雌花盛开。9月下旬坚果成熟。果实圆形，三径平均5.7cm，绿色，果皮厚1cm（图4-18）。

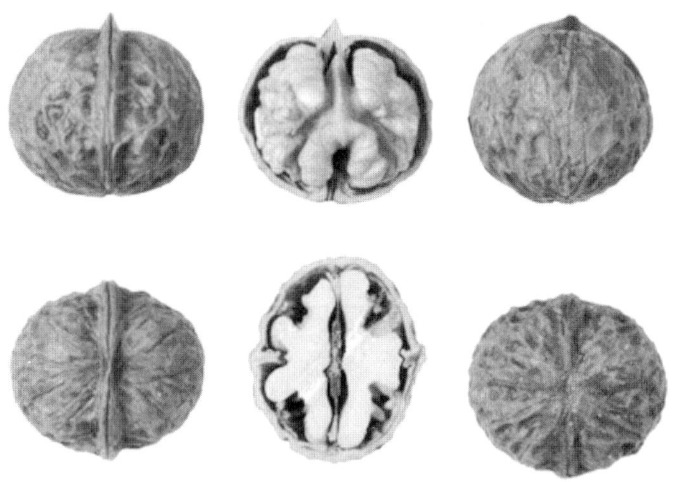

图4-18　圆菠萝核桃

该品种长寿、较丰产、耐寒，可在海拔较高的地区栽培。适宜在滇西地区海拔高度2 000～2 500m的山地栽培。

6. 草果核桃　草果核桃（又名三台核桃）为早期的云南核桃无性繁殖品种。主要栽培于漾濞、洱源、巍山等县，分布地的海拔高度2 000～2 300m。

坚果长圆形，果基及果顶尖削，形似草果，纵径4.1cm，横径3.1cm，侧径2.0cm，单果重10.2g。壳面麻，缝合线中上部突起，渐尖，壳厚0.9～1.0mm。内褶壁和横隔膜纸质，易取整仁。核仁重5.0g，出仁率48.8%，核仁较饱满，色浅，味香；含油率69%。

树体较小，分枝角度小，新梢多而细，褐色或绿褐色，小叶7～11片。雌先型。每雌花序着生雌花2朵。多顶枝结果，侧枝结果率20%。3月上旬发芽，3月中旬雌花开放，3月下旬雄花散粉，9月上旬坚果成熟。

该品种坚果较小，品质上等，商品价值较高，产量比较稳定，树干容易空心。该品种主要适宜在滇西地区海拔高度2 000～2 300m的山地栽培（图4-19）。

7. 鸡蛋皮核桃　鸡蛋皮核桃为早期的云南核桃无性繁殖品种，因坚果壳特别薄而得名。主要栽培于漾濞、巍山、洱源、云龙、大理等地。其分布地的海拔高度1 850～2 400m。

坚果椭圆形、果基略尖，果顶圆，纵径4.0cm，横径3.4cm，侧径3.2cm，单果重11.9g。壳面麻点较浅，色浅，缝合线窄，中上部略突，结合紧密，尖端渐尖，壳厚0.75mm。内褶壁革质，横隔膜纸质，易取整仁。核仁重6.7g，出仁率51.9%～56%，核仁饱满，色浅、香、脆，无涩味。核仁含油率65.0%～68.7%。盛果期株产果25～30kg，树冠投影产仁量0.16kg/m^2。

树姿开张，成年树冠径10.0～13.0m，成枝力1∶1.2，小枝黄褐色，下垂。小叶9～11枚，少数为7或13枚，椭圆状披针形，渐尖。雌雄花同熟，每雌花序着生雌花2～3朵，稀1或4朵。果枝率57.1%，坐果率88.9%。顶芽或第一、二侧芽发枝结果；单果

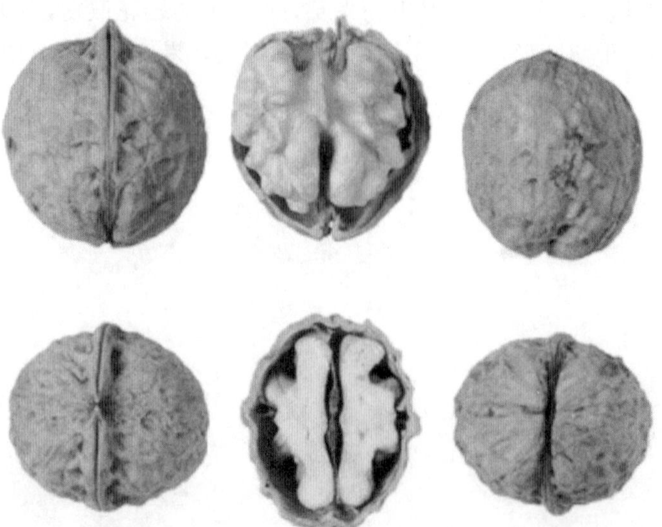

图 4-19　草果核桃

率 15.6%，双果率 43.8%，三果率 40.6%；每果枝平均坐果 2.25 个。在产地 3 月上旬发芽，3 月下旬雄花散粉和雌花盛开，9 月上旬坚果成熟。果实长椭圆形，三径均值 4.8cm，青皮厚 0.7～0.8cm。

该品种树体小，果枝率及坐果率较高，坚果早熟，壳薄，出仁率较高，香脆可口，品质上等。是优良生食及核仁加工用品种。主要适宜在滇西地区海拔高度 1 800～2 400m 的山地栽培。

8. 滑皮核桃　滑皮核桃为早期的云南核桃无性繁殖品种。主要栽培于巍山、漾濞、大理、洱源等县。其分布地的海拔高度 1 800～2 400m。

坚果圆形，果基稍平，果顶圆，纵径 3.4cm，横径 3.8cm，侧径 3.4cm，单果重 11.9g。壳面较光滑，缝合线平，结合紧密，尖端渐尖，壳厚 1.1mm。内褶壁革质，横隔膜革质，可取 1/2 仁。核仁欠饱满，仁重 6g，出仁率 50.2%。仁色黄褐，味香，含油率 70%左右，含蛋白质 19.1%。晚实，盛果期单株产果量约 50kg，树冠投影产仁量 0.13kg/m^2。

树姿开张，成枝力 1∶1.25。树枝黄绿色或绿褐色。侧花芽占 30%，果枝率 58.3%，坐果率 76.3%。单果率 28.3%，双果率 37.6%，三果率 14.1%。小叶 7～13 枚，多 9～11 枚。雌先型。产地 3 月上中旬发芽，3 月下旬雌花盛开，4 月上中旬雄花散粉，9 月中旬坚果成熟。

该品种坚果光滑美观。核仁欠饱满，仁色深，味欠佳，不宜大量发展。主要适宜在滇西地区海拔高度 1 800～2 400m 的山地栽培。

9. 早核桃　早核桃（又称南华早核桃）为早期的云南核桃无性繁殖品种。主要栽培于楚雄、南华等县（市）。其分布地的海拔高度 1 500～2 200m。

坚果扁圆形，果基圆，果顶平，纵径 3.4cm，横径 3.5cm，侧径 2.7cm，单果重 8.2g。壳面麻，刻纹较浅，较光滑，色浅，缝合线中上部略突起，尖端渐尖，壳厚

0.85mm。内褶壁退化，横隔膜纸质，可取整仁。核仁重 4.3g，出仁率 52%。核仁较饱满，仁色浅，味略香，无涩味。含油率 67.6%。盛果期株产果 25～30kg，产量较低，树冠投影产仁量 0.13kg/m²。

树姿开张，树冠径约 11m，成枝力 1∶1.36。小叶 5～11 枚，多为 9 枚。雌先型。每个雌花序着生雌花 1～3 朵。果枝率 66.1%，每果枝平均坐果 1.8 个，其中单果率 27.5%，双果率 69.4%，三果率 2.8%。8 月下旬坚果成熟，为早熟品种。

图 4-20　早核桃

该品种坚果较小，早熟，壳薄，仁饱满，色浅、味香，质量上等。但产量偏低。主要适宜滇中海拔高度 1 500～2 200m 的地区栽培（图 4-20）。

10. 小泡核桃　小泡核桃（又称小核桃）为早期的云南核桃无性繁殖品种。主要栽培于漾濞、巍山、大理等县（市）。其分布地的海拔高度 1 500～1 870m。

坚果小，圆形，果基平，果顶圆，纵径 2.9cm，横径 3cm，侧径 2.8cm，单果重 7.7～8.09g。壳面麻、色浅、缝合线稍凸，结合紧密，尖端钝尖，壳厚 1.01～1.1mm。出仁率 47.3%～50%，仁含油率 65.7%～69.2%，含蛋白质 17.3%。盛果期单株产果 30～61.5kg，树冠投影产仁量 0.2kg/m²。

树姿直立，树冠紧凑，呈卵圆形。成枝力 1∶1.5。小叶多为 9 枚，稀 7 或 11 枚。叶基圆，卵状披针形、渐尖。雌先型。每雌花序着生雌花 2～3 朵，稀 1 或 4 朵。果枝率 61.1%，坐果率 87.6%。结单果率 15%，双果率 55%，三果率 3%，平均每果枝坐果 2.2 粒。在产地，小泡核桃树 3 月上旬发芽，3 月下旬雌花盛开，4 月上旬雄花散粉，8 月下旬坚果成熟。

该品种丰产性好，连续抽生果枝力强，大小年结果不十分明显，坚果品质中上等，果实成熟期比其他品种早熟 15d 左右。适宜滇西海拔高度 1 500～1 900m 的地区栽培。

11. 老鸦嘴核桃　老鸦嘴核桃是早期的云南核桃无性繁殖品种。主要栽培在云龙、漾濞、永平等县。其分布地的海拔高度 1 800～2 400m。

坚果近圆形，果基圆，果顶圆，纵径 3.9cm，横径 4.3cm，侧径 4cm，单果重 17g。壳面麻，色浅，缝合线略突起，结合紧密，尖端渐尖，形似鸦嘴，尖嘴长 1cm，壳厚 1.4mm。内褶壁革质，横隔膜革质，可取 1/4 仁。仁重 7.99g，出仁率 45.2%。仁饱满，色浅，味香，无涩味。仁含油率 69.4%，晚实，盛果期株产坚果 30～50kg，树冠投影产仁量 0.18kg/m²。

成枝力 1∶1.31。小叶 7～15 枚，多为 11～13 枚；椭圆状披针形。雄先型，每雌花序着生雌花 2～3 朵，稀 1 或 4 朵。顶芽发枝结果，果枝率 61.8%，坐果率 86.3%；结单果率 14.3%，双果率 61.9%，三果率 23.8%。平均每果枝坐果 2.11 个。9 月下旬果成熟。

该品种果枝率和坐果率较高，核仁色浅，味香，但坚果壳厚，品质欠佳。适宜在滇西海拔高度 1 800～2 400m 的地区栽培。

12. 二白壳核桃 二白壳核桃为早期的云南核桃无性繁殖品种。主要栽培于华宁县。其分布地的海拔高度 1 500～2 000m。

坚果圆球形，果基圆，果顶圆，纵径 3.3cm，横径 3.5cm，侧径 3.1cm，单果重 12.5g。壳面光滑，色浅，缝合线平，结合紧密。果型美观，壳厚 1mm。内褶壁革质，横隔膜革质，可取整仁。核仁重 6.6g，出仁率 52.9%。核仁饱满，仁色浅，味香，含油率 70.3%。

该品种坚果外形美观，核仁品质上等。可作为改善坚果外形的育种亲本，宜扩大栽培。主要适宜在滇中海拔高度 1 500～2 000m 的地区栽培。

13. 娘青核桃 娘青核桃（又称凉气夹绵核桃）为早期的云南核桃无性繁殖品种。主要栽培于漾濞县。分布地的海拔高度 1 750～2 400m。

坚果卵形，果基圆，果顶尖削，纵径 3.9cm，横径 3.5cm，侧径 2.3cm，单果重 10.9～12.2g。果面粗糙，缝合线中上部略突，结合紧密，渐尖，壳厚 1.2～1.3mm。内褶壁及横隔膜革质，能取 1/2 仁。仁重 4.5～5.7g，出仁率 40.9%，仁饱满，仁淡紫色，纹理深色，味香，不涩。仁含油率 70.4%～75.6%。含蛋白质 14.8%。一年生嫁接苗定植后 5～6 年结果，较丰产，盛果期株产坚果 43.8～78.5kg，树冠投影产仁量 0.16kg/m^2（图 4 - 21）。

图 4 - 21 娘青核桃

树姿开张，冠形紧凑，成年树冠径约 18m，成枝力 1∶1.4。短枝多，皮色黄绿，长 4.7cm，粗 0.8cm。顶芽圆锥形，第一、二侧芽圆形。小叶 7～13 枚，多为 9～11 枚，椭圆状披针形，顶端小叶歪斜或退化。雄先型。每雌花序着生雌花 1～4 朵，多为 2～3 朵。以顶芽发枝结果为主，侧枝结果率 17.8%。果枝率 56%，坐果率 74.6%，结单果率 24.8%，双果率 47.9%，三果率 26.2%，四果率 1.1%。平均每果枝坐果 2 个。在产地 3 月上旬发芽，3 月下旬雄花散粉，4 月上旬雌花盛开，9 月下旬坚果成熟。

该品种适应性强，耐瘠薄土壤，嫁接易成活，果枝密集，丰产性好，核仁品质中上等，宜作仁用品种栽培。主要适宜在滇西、滇中海拔高度 1 700～2 400m 的地区栽培。

14. 大屁股夹绵核桃 大屁股夹绵核桃为早期的云南核桃无性繁殖品种。主要栽培于漾濞县，零星分布，种植地适宜的海拔高度 2 000m 左右。

坚果扁圆形，果基宽平，中间略凹，果顶圆，单果重 14g。壳面麻，缝合线中上部凸起，结合紧密，尖端钝尖，壳厚 1.3mm。内褶壁革质，横隔膜革质，只能取碎仁。仁重 5.89g，出仁率 41.4%，核仁色浅，味香不涩，含油率 66.4%～69.6%。盛果期株产坚果约 30kg。

树势旺，树姿直立，成年树冠径约 9m。小叶 7～11 枚，多为 9 枚。雌雄同熟。在产地 3 月上旬发芽，雌雄花期同在 3 月下旬至 4 月上旬，9 月中旬坚果成熟。

该品种产量不高，坚果品质中下等，但适应性强，宜于荒地栽培。适宜在滇西海拔高度 2 000m 左右的地区栽培。

15. 大泡核桃夹绵　大泡核桃夹绵（又称方核桃）为早期的云南核桃无性繁殖品种。主要栽培于漾濞县，零星分布，多种于海拔高度 1 890～2 100m 的地带。

坚果扁圆形，果基平，果顶宽圆，渐尖，有 4 棱，单果重 15.29g。壳面麻，缝合线中上部突起，结合紧密，壳厚 1.2～1.3mm。内褶壁和横隔膜革质，可取 1/2 仁。出仁率 48.3%。核仁较饱满，色浅，味香，仁含油率 70.7%。盛果期单株产果量约 45kg。

树体小，树姿开张，成年树高 7.5m，冠径约 8m，枝条黄褐色，稍扭曲。小叶 9～11 枚，深绿色，椭圆状披针形。8 月下旬坚果成熟。该品种主要适宜在滇西海拔高度 1 800～2 100m 地区栽培（图 4－22）。

图 4－22　大泡核桃夹绵

16. 小核桃夹绵　小核桃夹绵是早期的云南核桃无性繁殖品种。主要栽培于漾濞县，零星分布，多种于海拔高度 1 500～1 700m 的地带。

坚果圆形，果基圆，果顶圆，三径平均 3.1cm，单果重 8.7g。壳面麻，壳厚 1.3mm。内褶壁和横隔膜革质，取仁难。核仁重 3.8g，出仁率 43.4%，仁饱满，色浅，味香，不涩。仁含油率 68.2%。

树体较小，树姿开张。小枝褐色或灰褐色。小叶 5～7 枚，深绿色，卵状披针形，雌雄同熟。产地 3 月上旬发芽，3 月下旬至 4 月上旬为雌雄花盛期，9 月上旬坚果成熟。

该品种产量稳定，坚果品质下等。适宜于滇西 1 500～1 700m 的低海拔高度地区栽培。

17. 弥渡草果核桃　弥渡草果核桃（又称纸皮核桃）为云南省后期优选的云南核桃无性繁殖品种。主要栽培于弥渡、祥云县。种植地的海拔高度 1 800～2 300m。

坚果椭圆形，果底和果顶圆，纵径 3.1cm，横径 3.1cm，侧径 2.9cm，单果重 7.8g。壳面较光滑，淡黄色，缝合线窄，结合紧密，尖端渐尖，壳厚 0.9mm。内褶壁及横隔膜纸质，易取整仁。核仁重 4.9g，出仁率 63%，核仁充实饱满，色浅，味香，无涩味。仁含油率 71.8%。盛果期株产果 30～50kg，树冠投影产仁量 0.18kg/m^2。

树势中等，树姿直立，成枝力 1∶1.17；新梢黄褐色。小叶 7～13 枚，多 9～11 枚，椭圆状披针形，渐尖。每雌花序着生雌花 2～3 朵，稀 1 或 4 朵。以顶芽发枝结果为主，果枝率 67.4%，坐果率 71.7%。每果枝平均坐果 2.2 个，其中单果率 16%，双果率 48%，三果率 36%。果实早熟，于 8 月中旬成熟。

该品种坚果小，约 128 个/kg，但丰产性好，果枝率高，成熟早，果壳薄，出仁率高，品质好，是理想的早熟核桃品种。适宜在滇西海拔高度 1 800～2 300m 的地区栽培。

18. 泸水 1 号　泸水 1 号（又称马核桃）为云南省后期优选的云南核桃无性繁殖品

种。主要栽培于泸水县，种植地的海拔高度1 700～2 300m。

坚果阔扁圆形，果基圆，果顶圆渐尖，纵径3.7cm，横径3.9cm，侧径3.5cm，单果重14.1g。壳面较麻，色浅，缝合线宽而突起，结合紧密，壳厚1.15mm。内褶壁及横隔膜纸质，易取整仁。核仁重7.5g。出仁率53%。核仁饱满，黄色，味香，不涩。仁含油率74%。盛果期株产果28～58kg，产量中等，树冠投影产仁量0.23kg/m²。

树体较小，盛果期冠径7～11m，成枝力1∶1.3。雌先型。每雌花序着生雌花2～3朵，稀1或4朵。以顶芽发枝结果为主，果枝率58.3%，坐果率85%，每果枝平均坐果2.47个，其中单果率16.9%，双果率26.8%，三果率49.%，四果率7%。小叶7～11枚，多9枚，椭圆状披针形。9月中旬坚果成熟。

该品种树体较小，冠形紧凑，果产量较高，坚果品质中等。适宜在滇西海拔高度1 700～2 300m的地区栽培。

19. 水箐夹绵核桃 水箐夹绵核桃为云南省后期优选的云南核桃无性繁殖品种。主要栽培于凤庆、昌宁县。其种植地的海拔高度1 750～2 100m。

坚果椭圆形，果基及果顶圆，纵径3.7cm，横径3.4cm，侧径3.3cm，单果重11.5g。壳面粗糙，缝合线突起，结合紧密，尖端钝尖，壳厚1.3～1.4mm。内褶壁和横隔膜革质，可取1/4仁。仁饱满，仁重4.9g，出仁率42.7%，仁色浅，味香，不涩。仁含油率70.5%。一年生嫁接苗定植后10年左右结果，盛果期株产果20～40kg，树冠投影产仁量0.17kg/m²。

树势较强，树姿较直立，分枝角度小，树冠松散，呈扫帚状。成年树冠径约9.5m，成枝力1∶1.2。枝条绿色，密集圆形混合花芽，呈聚生状结果（7～35个果），一株树偶见10多个结果团。小叶9～13枚，椭圆状披针形，渐尖。果枝率62.2%。坐果率86.8%，其中单果率9.5%。双果率24.3%，三果率60.8%，四果以上的结果率5.4%。平均每果枝坐果2.6个。9月下旬坚果成熟。

该品种最突出的特点是偶有果枝会出现密集状的结果现象，果产量高，但不易取仁，出仁率较低。适宜滇西及滇南北部地区海拔高度1 700～2 100m的地带栽培。

20. 小红皮核桃 小红皮核桃（又称小米核桃）主要分布在会泽、昭通、曲靖等地。

坚果扁卵形，果基略尖，果顶平，坚果小，纵径3.2cm，横径3.4cm，侧径2.8cm，单果重9.1g。壳面较光滑，缝合线结合紧密，尖端钝尖，壳厚0.8mm。内褶壁和横隔膜纸质，易取整仁。核仁重5.1g，出仁率55.6%。核仁充实饱满，色浅，味香纯，无涩味。仁含油率66.6%。该品种青果时向阳面皮色呈红色。坚果小，较光滑，出仁率高，坚果品质中上等。适宜在滇东及滇东北地区、海拔高度1 800m左右的地带栽培。

除此20个云南核桃品种外，还有分布在滇东及滇东北一带的大白核桃；分布于洱源、曲靖、昭通等地的大麻核桃；分布在鲁甸县的大麻核桃、二麻核桃、乌米籽核桃（又称紫仁核桃）；分布在洱源县的火把糯核桃；分布在漾濞县的马米咯核桃等品种。这些品种零星分散，种植面积不大，产量较小，品质中下等，不是主要发展的云南核桃品种。目前云南省大力推广发展的是漾濞泡核桃和大姚三台核桃两个优良的云南核桃品种，其他品种可根据各地的气候条件或开发用途进行发展。

（二）实生选育品种

1. 丽53 实生选优的晚实品种，树体生长好，无病虫害，抗逆性强。3月30日左右开雌花，9 月下旬至 10 月上旬果熟。雄先型。每枝结果 1～3 个，结果枝率达 40%。坚果近圆球形，种壳刻纹浅较光滑，平均单果重 11.4g，壳厚 0.7mm。种仁黄白色，饱满饱胀，易取，味香，出仁率 65%～68.5%，仁含油量为 73.9%（图 4－23）。

适宜云南海拔 1 800～2 100m 的地区，年均温 14.5℃左右，年降水量 1 000mm 左右，≥10℃活动积温 5 000℃左右，土壤为冲积壤土。

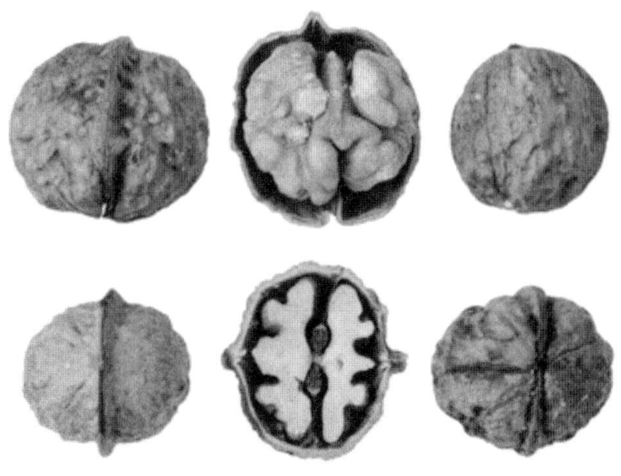

图 4－23　丽 53

2. 维 2 号　在云南省维西县塔城乡其宗实生核桃中选出，是泡核桃树种的栽培实生优株。

结实枝率高达 77%，平均每枝结果数为 2.18 个；树体高大，树冠投影产仁量为 0.17～0.33kg/m²；3 月上旬芽膨大，3 月中旬开雄花，3 月下旬开雌花，为雄先型，9 月中下旬果熟，11 月上旬落叶。三径平均 3.84cm，单果重 15.6g，64 个/kg，比漾濞泡核桃大；坚果美观，圆球形，种壳麻点少而浅，光滑美观；种仁饱满，仁易取，出仁率 54%，含油量高达 75%，食味香纯；种壳较厚，1.2～1.5mm，厚薄均匀，耐贮藏，据测定放置 1 年的种子含油量为 70.84%，比新鲜核桃含油量降低 4.16%，食味尚好，放置 3 年核桃还可以食用；耐运输，由于种壳厚，耐挤压，运输后不会造成种壳破碎。适宜海拔 1 600～2 400m 的地区（图 4－24）。

3. 永 11 号　实生选优的晚实品种，树体生长好，耐寒冷，无病虫害，抗逆性强；树冠投影产仁量 0.30kg/m²，10 月中旬果熟。坚果纺锤形，单果重 11.0g。种壳厚 0.9mm，出仁率 52%～60%，含油量 71.2%，种仁饱满，仁易取，仁黄白美观，食味香纯。适宜高寒山区发展。比一般核桃晚熟半个月（图 4－25）。

适宜云南海拔 2 000～2 350m 的地区，年均温 12.0～15.0℃，年降水量 900～1 000mm，≥10℃活动积温 4 000～5 500℃，土壤为红壤。稍耐寒冷，可在半山和高山发展。

4. 永泡 1 号　泡核桃实生植株中选育的优良无性系；晚实，4～5 年进入初产期，10～15 年进入盛产期，初产期干果产量达 660kg/hm²，盛产期干果产量达 4 125kg/hm²，以本地普通品种为对照，分别超过对照 33%和 150%；坚果椭圆形，有不规则浅刻纹及 2 纵脊，三径均值 3.63cm，平均壳厚 1.00mm，平均单果重 13.41g，果大，壳薄，种仁饱

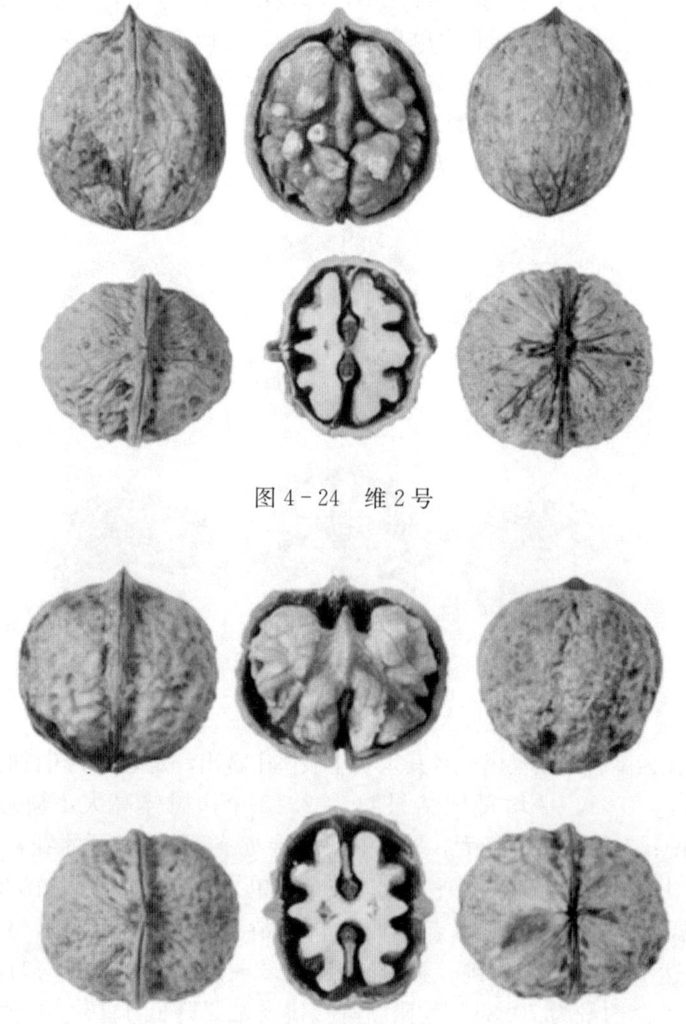

图 4-24 维 2 号

图 4-25 永 11 号

满，食味香醇，平均出仁率 67.2%；蛋白质含量 16.1%左右，含油率 69.3 %左右。

适宜云南省永善县务基乡及周边同类地区，海拔 1 000～2 000m，年均温 11.4～18℃，年降水量 700～1 100mm，≥10℃活动积温 3 000～4 500℃，石灰土、红壤、黄壤或者沙砾地区。

5. 永泡 2 号 泡核桃实生植株中选育的优良无性系；晚实，4～5 年进入初产期，10～15 年进入盛产期，初产期干果产量达 660kg/hm^2，盛产期干果产量达 4 125kg/hm^2，以本地普通品种为对照，分别超过对照 67%和 200%；坚果椭圆形，有不规则浅刻纹及 2 纵脊，三径均值 3.93cm，平均壳厚 1.28mm，平均单果重 17.28g，果大，壳薄，种仁饱满，食味香醇，平均出仁率 50.64 %；蛋白质含量 19.7%左右，含油率 65.2%左右。

适宜云南省永善县青胜乡及周边同类地区，海拔 1 000～2 000m，年均温 11.4～18℃，年降水量 700～1 100mm，≥10℃活动积温 3 000～4 500℃，石灰土、红壤、黄壤

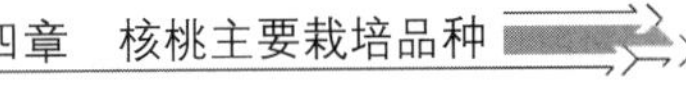

或者沙砾地区。

6. 永泡3号　树体高大，寿命长，树势较强，成枝力强，树姿开张，丰产，耐寒。3月15日左右芽膨大，3月中下旬雄花，4月初开雌花，9月上旬果熟，11月底到12月初落叶。雄先型，每枝结果2～4个，多3个，坚果呈扁圆形，单果重13.54g，出仁率50.1%，含油率67.84%，蛋白20.45%。

适宜云南省永善县海拔1 400～2 200m，酸性及中性土壤，土层深厚地区种植。

7. 桐子果核桃　地方优良品种；晚实，5～7年进入初产期，12～15年进入盛产期，初产期干果产量达1 470kg/hm²，盛产期干果产量达3 075kg/hm²，以漾濞泡核桃为对照，分别超过对照206%和60%；坚果扁圆形，果基圆或平，果顶尖，果面麻，刻点密而稍浅，壳色较深，缝合线紧密、凸，先端尖；三径均值3.82cm，壳厚0.78mm，平均单果仁重7.1g，内褶壁革质，隔膜革质，取仁尚易，能取整仁或半仁，种仁充实饱胀，仁黄白色，食味香纯，无涩味；平均出仁率52.97%，蛋白质含量16.8%左右，含油率69.99%左右（图4－26）。

图4－26　桐子果核桃

适宜滇西、滇中、滇西南、滇南北部，海拔1 700～2 600m，年均温9～16℃，年降水量800～1 600mm，≥10℃活动积温4 800～5 700℃，中性、微酸或者碱性土壤地区栽培。

8. 乌蒙1号　树势中等，树形疏散分层。盛产期树冠投影产仁量0.57kg/m²，果实8月下旬至9月上旬成熟，每枝挂果1～4个，平均挂果2～3个，结果枝率达45%。成枝力中等，坚果近圆球形，种壳刻纹浅，缝合线较平，果个小，平均单果重8.30g，三径均值3.02cm、2.95cm、2.86cm，壳厚0.81mm。种仁乳白色，饱满，易取，味浓香，平均出仁率66.56%，平均蛋白质含量18.8%，平均种仁含油量为69.88%。

适宜云南省彝良县海拔1 000～1 700m，年均温13～18℃，年降水量800～1 200mm，≥10℃活动积温5 000℃左右，保水、透气的壤土或沙壤土，土层深厚的地区种植。

9. 乌蒙3号　树势中庸，树形疏散分层。盛产期树冠投影产仁量0.62kg/m²，果实9

月上旬至9月中旬成熟，每枝挂果1～4个，平均挂果2～3个，结果枝率达40%。成枝力中等，坚果近元宝形，种壳刻纹浅，缝合线较平，果个小，平均粒重8.30g，三径均值4.72cm、3.60cm、3.56cm，壳厚0.9mm。种仁乳白色，饱满饱胀，易取，味浓香，单果重17.18g，出仁率55.14%，蛋白质含量20%，种仁含油量为68.20%。

适宜云南省彝良县海拔1 000～1 700m，年均温13～18℃，年降水量800～1 200mm，≥10℃活动积温5 000℃左右，保水、透气的壤土或沙壤土，土层深厚的地区种植。

10. 乌蒙8号 树势中庸，树形疏散分层。盛产期树冠投影产仁量0.64kg/m²，果实8月下旬至9月上旬成熟，每枝挂果1～4个，结果枝率达40%。成枝力中等，坚果近元宝形，种壳刻纹麻，缝合线较平，平均单果重11.31g，三径均值4.35cm、3.40cm、3.02cm，壳厚0.94mm。种仁淡黄色，仁较饱满，取仁容易，味浓香，出仁率58.64%，蛋白质含量20.3%，种仁含油量69.65%。

适宜云南省彝良县海拔1 000～1 500m，年均温13～18℃，年降水量800～1 200mm，≥10℃活动积温5 000℃左右，保水、透气的壤土或沙壤土，土层深厚的地区种植。

11. 乌蒙10号 树势中庸，树形疏散分层。盛产期树冠投影产仁量1.17kg/m²，果实9月中旬至9月下旬成熟，每结果母枝平均抽生2.5个结果枝，每结果枝平均结果6.6个，结果枝率达50%，成枝力中等，坚果近元宝形，种壳刻纹麻，缝合线较平，平均粒重7.35g，三径均值3.03cm、2.97cm、2.76cm，种壳厚0.577mm。种仁淡黄色，仁较饱满，取仁容易，味浓香，仁重4.902g，出仁率66.67%，蛋白质含量19.8%，种仁含油率70.71%。

适宜云南省彝良县海拔1 000～1 500m，年均温13～18℃，年降水量800～1 200mm，≥10℃活动积温5 000℃左右，保水、透气的壤土或沙壤土，土层深厚的地区种植。

12. 乌蒙16号 盛产期平均树冠投影产仁量0.27kg/m²，坚果扁圆形，个大，10月中旬成熟，三径均值3.86cm、3.67cm、3.24cm，单果重13.49g，约74个/kg。种仁饱满，取仁极易，平均种壳厚0.9mm，出仁率52%～61%，含油率67.4%，种仁黄白色，食味香纯，耐晚霜。

适宜云南省鲁甸县海拔1 800～2 000m的地区种植。

13. 乌蒙19号 盛产期平均树冠投影产仁量0.27kg/m²，坚果卵圆形，种个大，10月中旬果熟，三径均值4.31cm、3.72cm、3.38cm，单果重13.48g，约74个/kg。种仁饱满，取仁极易，种壳厚0.8mm，出仁率57%～63%，含油率67.6%，种仁黄白色，食味香纯，耐晚霜。

适宜云南省鲁甸县海拔1 900～2 200m的地区种植。

14. 华宁大砂壳 树体高大，种植后5～6年开始开花结实，7～12年每667m² 干果产量45～120kg，13年以上每667m² 产量180kg以上，树龄可达百年以上，盛产期树冠投影产仁量259.4g/m²。单果重17.8～22.4g，壳厚1.13mm，出仁率56.45%，平均含油率69.32%。核果短、近圆形、个大、壳白，刻纹密集而浅；壳薄，能取整仁，白色，味香，无苦涩等异味。抗病虫害能力较强（图4-27）。

适宜滇中海拔1 650～2 600m、酸性及中性土壤、土层深厚地区种植。

15. 鲁甸大麻核桃1号 5年进入初产期，13年进入盛产期，果实10月上旬成熟，

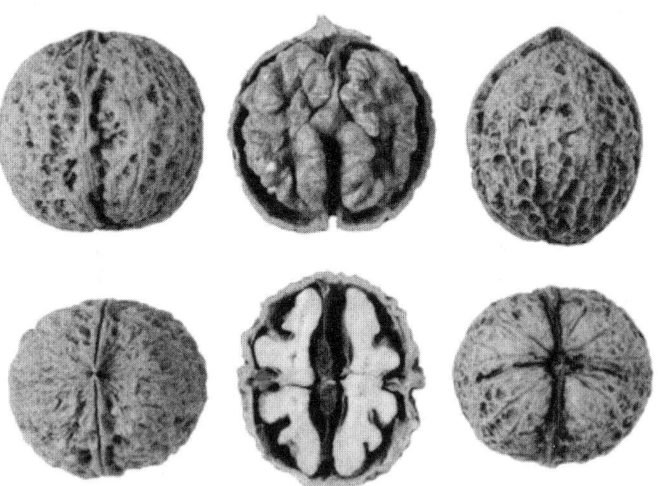

图 4-27　华宁大砂壳

盛产期树冠投影产仁量＞228g/m²；单果重 9.7～20.2g，坚果扁圆球形，三径均值 3.4cm、4.0cm、4.2cm，壳厚 0.6～1.2mm，外观端正，仁色黄白；出仁率 50.2%～66.5%，含油率 66.8%。

适宜云南省昭通市鲁甸县海拔 1 600～2 200m 的地区种植。

16. 鲁甸大麻 2 号　树势中等，树形紧凑，生长较快，成枝力强，花枝率、果枝率高，内膛挂果能力强。一年生嫁接苗定植后 3～4 年开花结果，果实 9 月上旬成熟。果皮腺点突出，核果较麻。六年生树侧枝结果 48.1%，花枝率 65.7%，果枝率 64.8%，每果枝平均坐果 3.24 个，平均单株产量 6.52kg，树冠投影产仁量 0.36kg/m²。

适宜云南德宏海拔 1 000～1 800m 的酸性或微酸性红壤和黄壤的阳坡或半阳坡种植。

17. 鲁甸大泡核桃 3 号　5 年进入初产期，12 年进入盛产期；高产，果实 10 月上旬成熟，盛产期树冠投影产仁量 220g/m²；优质，单果重 16.4～19.5g，三径均值 3.6cm、4.3cm、4.2cm，壳厚 0.6～1.2mm；壳面麻点多，取仁易，仁色浅白，味香。出仁率 50.2%～58.5%，含油率 69.1%，蛋白质含量 18.9%。

适宜云南省昭通市鲁甸县海拔 1 600～2 200m 的地区种植。

18. 红皮连串　晚实品种，果实 9 月下旬成熟，坚果近圆形，两肩平，底部圆，外观较光滑；每雌花序着生雌花 3～10 朵，多 4～5 朵，结果呈串状；7～9 年进入盛产期，盛产期树冠投影产仁量 0.23kg/m²，三径均值 3.23cm、3.36cm、3.1cm。平均单果重 12.8g，平均壳厚 1.2mm；内褶壁不发达，隔膜纸质，可取整仁，仁色浅黄色，核仁饱满，味香，出仁率 54.2%。平均含油率 68%。

适宜滇东北地区海拔 1 700～2 300m，云南省其他地区海拔 1 900～2 350m，年均温 12.0～15.0℃，年降水量 900～1 000mm，≥10℃活动积温 3 000～5 500℃，土壤为红壤的地区种植。

19. 丽 20 号　果实 9 月中旬成熟，坚果阔扁圆形，果基圆，果顶圆渐尖。5 年进入初产期，12 年进入盛产期，第七年树冠投影产仁量 0.074kg/m²，三径均值 3.65cm、

3.4cm、3.55cm。平均单果重14.6g，平均壳厚1.1mm；壳面较麻，色浅，缝合线宽而突起，结合紧密，内褶壁及横隔膜纸质，易取整仁。出仁率55%～62.7%。核仁饱满，黄色，味香，不涩，平均含油率71.4%，平均果枝率60%，每花序多为三果。有一定的大小年现象。

适宜云南省丽江市玉龙县、古城区境内海拔2 000～2 400m的地区种植。

20. 丽科1号 5年进入初产期，10～20年进入盛产期；初产期产量324.5kg/hm²，盛产期产量3 450kg/hm²；出仁率57%～77.2%，含油率67.6%，蛋白质含量18.3%；抗病虫害、抗旱、抗寒，具有一定的耐晚霜能力。

适宜在丽江市玉龙县范围内的半山、金沙江河谷及周边同类地区，海拔1 700～2 300m，年均温12～15℃，年降水量900～1 000mm，≥10℃活动积温4 000～5 500℃，红壤、黄红壤等微酸疏松肥沃土壤里种植。

21. 丽科2号 5年进入初产期，10～20年进入盛产期；初产期干果产量345.5kg/hm²，盛产期产量3 900kg/hm²；平均出仁率78.2%～80.1%，含油率67.2%，蛋白质含量14.1%；抗病虫害、抗旱、抗寒，具有一定的耐晚霜能力。

适宜在云南省丽江市玉龙县范围内的金沙江河谷及周边同类地区，海拔1 600～2 100m，年均温14～16℃，年降水量900～1 000mm，≥10℃活动积温4 000～5 500℃，红壤、黄红壤等微酸疏松肥沃土壤里种植。

22. 丽科3号 泡核桃实生植株中选育的优良无性系；晚实，4年进入初产期，12～15年进入盛产期，初产期干果产量达264.5kg/hm²，盛产期干果产量达2 643kg/hm²；种壳麻点多而深，三径均值3.19cm，平均单果重12.8g，平均壳厚0.98mm，缝合线中上部突起，结合紧密，内褶壁纸质，横隔膜膜质，易取整仁，核仁充实、饱满、味香纯、种仁微紫；平均出仁率64.2%，蛋白质含量14.93%左右，含油率65.74 %左右；耐寒冷，无病虫害，抗逆性强。

适宜云南省华坪县境内永兴乡及周边同类地区，海拔1 800～2 000m，年均温14～16℃，年降水量900～1 000mm，≥10℃活动积温4 000～5 500℃，红壤、黄红壤等微酸疏松肥沃土壤地区种植。

23. 丽科4号 泡核桃实生植株中选育的优良无性系；晚实，5年进入初产期，15～20年进入盛产期，初产期干果产量达287.3kg/hm²，盛产期干果产量达2 954kg/hm²；种壳麻点多而深，三径均值4.09cm，平均单果重15.7g，平均壳厚0.83mm，缝合线中上部突起，结合紧密，内褶壁纸质，横隔膜膜质；易取整仁，核仁充实、饱满、味香纯、种仁微紫，平均出仁率65.3%，蛋白质含量16.60%左右，含油率65.28%左右；耐寒冷，无病虫害，抗逆性强。

适宜云南省华坪县境内的永兴乡及周边同类地区，海拔1 800～2 000m，年均温14～16℃，年降水量900～1 000mm，≥10℃活动积温4 000～5 500℃，红壤、黄红壤等微酸疏松肥沃土壤地区种植。

24. 保核2号 5年进入初产期，12年进入盛产期，盛产期树冠投影产仁量478g/m²。坚果扁圆形，顶端突尖，三径均值3.82cm、3.78cm、3.30cm。壳面麻点多、密、浅，缝合线中度隆起，紧密；单果重11.2g，仁重7.6g；壳厚0.8mm；内褶壁退化，纸质，易取整仁，出仁率 67.9%；仁饱满，味香，品质上等。脂肪含量 73.8%，蛋白质含量 13.1%（图 4－28）。

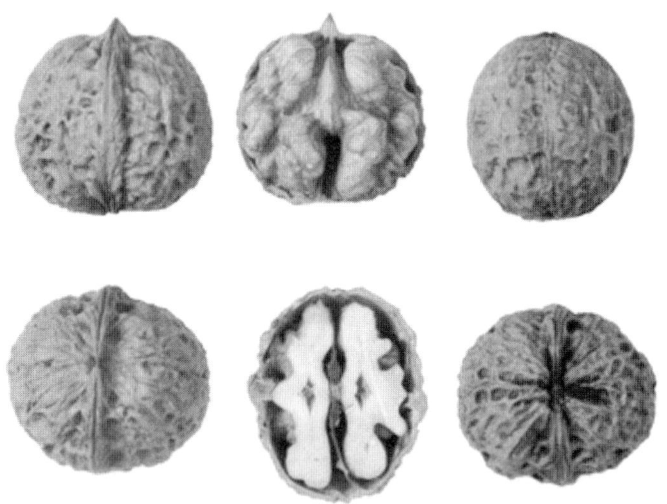

图 4－28　保核 2 号

适宜云南省保山市海拔 1 650～2 200m，年均温 13～17℃，年降水量 1 000mm 以上，年日照时数 2 000h 以上，土层深厚、酸性及中性土壤的地区种植。

25. 保核 3 号　5 年进入初产期，12 年进入盛产期，盛产期树冠投影产仁量855g/m^2。坚果扁圆形，顶端突尖，三径均值 3.50cm、3.93cm、2.9cm。壳面麻点多且较深大，缝合线较隆起，紧密；单果重 9g，仁重 6g；壳厚 0.5mm；内隔壁及内褶壁退化，纸质，取仁易，出仁率 67.1%；仁饱满，味香，仁色黄白，风味甜，品质上等。脂肪含量 73.6%，蛋白质含量 15.4%（图 4－29）。

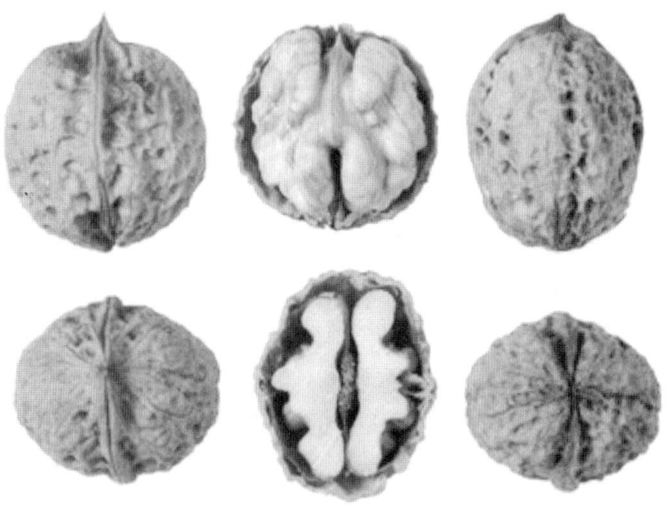

图 4－29　保核 3 号

适宜云南省保山市海拔 1 500～1 800m，年均温 13～17℃，年降水量 1 000mm 以上，年日照时数 2 000h 以上，土层深厚、酸性及中性土壤地区种植。

26. 保核 5 号　5 年进入初产期，12 年进入盛产期，盛产期树冠投影产仁量 0.26kg/m^2。坚果扁圆形，顶端突尖，三径均值 4.3cm、4.8cm、4.8cm。壳面粗糙，刻纹深、多、大，平均单果重 20.7g，平均壳厚 1mm；内褶革质，内隔纸质，易取整仁，出仁率 54.8%；仁色极白，风味甜，品质上等。脂肪含量 62.2%，蛋白质含量 11.1%（图 4 - 30）。

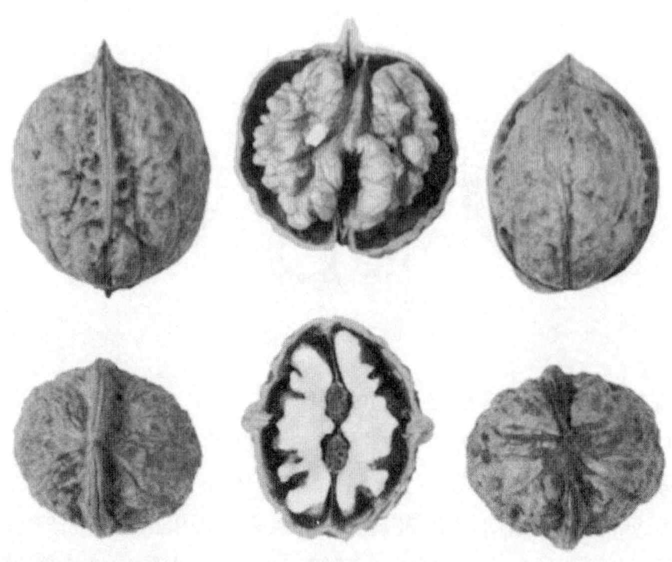

图 4 - 30　保核 5 号

适宜云南省保山市海拔 1 800～2 200m，年均温 13～17℃，年降水量 1 000mm 以上，年日照时数 2 000h 以上，土层深厚、酸性及中性土壤的地区种植。

27. 保核 7 号　5 年进入初产期，12 年进入盛产期，盛产期树冠投影产仁量 0.64kg/m^2。坚果扁圆球形，三径均值 3.57cm、3.78cm、3.16cm；壳面麻点少；平均单果重 10.1g，平均仁重 5.9g，平均壳厚 0.7mm；取仁易，出仁率 58.4%，仁饱满，味香，色白；脂肪含量 69.1%，蛋白质含量 14%（图 4 - 31）。

适宜云南省保山市海拔 1 900～2 200m，年均温 13～17℃，年降水量 1 000mm 以上，年日照时数 2 000h 以上，土层深厚、酸性及中性土壤的地区种植。

28. 巧家核桃 1 号　晚实品种，树体大，树势旺，耐寒冷、耐晚霜，树体生长好，无病虫害，抗逆性强，为雄先型品种。9 月下旬至 10 月上旬果熟，单果重 18.8g，种仁饱满，取仁极易，出仁率 60%，含油率 66.18%，含蛋白质 22.6%，食味香纯，取仁极易。

适宜云南省巧家县海拔 1 400～2 200m、酸性及中性土壤、土层深厚地区种植。

29. 巧家核桃 2 号　晚实品种，树体大，树势旺，耐寒冷、耐晚霜，树体生长好，无病虫害，抗逆性强，为雄先型品种。9 月下旬至 10 月上旬果熟，单果重 22.3g，种仁饱满，取仁极易，仁色白，出仁率 64%，含油率 66.66%，含蛋白质 23.6%，食味香纯，取仁极易，抗逆性较强。

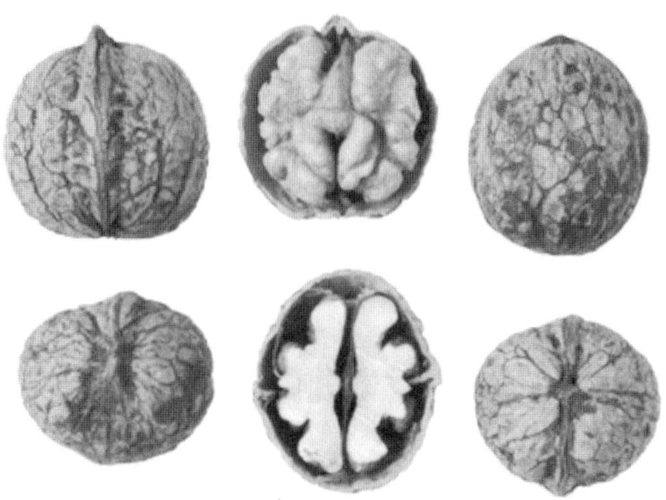

图 4-31　保核 7 号

适宜云南省巧家县海拔 1 400～2 200m、酸性及中性土壤、土层深厚地区种植。

30. 巧家核桃 3 号　晚实品种，树体大，树势旺，耐寒冷、耐晚霜，树体生长好，无病虫害，抗逆性强，为雄先型品种。坚果扁圆形，单果重 14g，出仁率 56.45%，能取整仁，白色，味香，无苦涩等异味。含油率 68.44%，蛋白质含量 15.4%。

适宜云南省巧家县海拔 1 400～2 200m、酸性及中性土壤、土层深厚地区种植。

31. 巧家核桃 4 号　晚实品种，树体大，树势旺，耐寒冷、耐晚霜，树体生长好，无病虫害，抗逆性强，为雄先型品种。7 月下旬至 8 月上旬果熟，坚果扁圆形，单果重 14g，出仁率 55%，能取整仁，白色，味香，无苦涩等异味。含油率 74.11%，蛋白质含量 18.4%。

适宜云南省巧家县海拔 1 400～2 200m、酸性及中性土壤、土层深厚地区种植。

32. 弥勒 1 号　树冠开张，果实 9 月下旬成熟，果枝率 57%，每果枝果数 2.4 个，单果重 13.5g，出仁率 53.4%。坚果中大，外观光滑，麻点大而浅，种基平，种尖平，缝合线平，三径均值 3.8cm，种壳厚 1.1mm，内褶壁退化，横隔膜纸质，取仁极易，仁色黄白，种仁饱满、味香。蛋白质含量 18.3%，粗脂肪含量 70.2%。

适宜滇中海拔 1 650～2 150m、酸性及中性土壤、土层深厚地区种植。

33. 鸡飞香茶核桃　小枝灰绿色，顶芽圆形。坚果近卵圆形，基部稍平，顶部突尖，壳面麻点稀、浅，缝合线宽，隆起，紧密；壳厚 0.7mm，内褶不发达，纸质，可取整仁，出仁率 62%；约 90 粒/kg；仁饱满，浅棕色或浅琥珀色，味香，仁皮上的脉络较明显，灰黑色。大小年现象不明显，能连续丰产。特耐贮藏。

适宜云南省昌宁县海拔 1 650～2 000m、酸性及中性土壤、土层深厚地区种植。

34. 龙佳核桃　树体较小、树势中庸，抗病性强。结实早，3 年初果，10 年进入盛产期。短果枝结果，成枝力强，花枝率、果枝率高，果枝密集，丰产性好，果枝结果率达 98.6%，平均每果枝坐果 2.6 个。坚果扁圆球形，顶端突尖，三径一般为 3.5cm、3.9cm、3.0cm；径高比 1∶1.1，壳面麻点较多，较浅，缝合线较隆起，紧密；底端（果蒂）稍凸出。平均单果重 13.3g，壳厚 0.72mm，易取整仁，出仁率 57.6%；仁饱满，味香，黄白色。含油率 71.2%，蛋白质含量 17.1%。

适宜云南省云龙及周边海拔 1 800～2 400m、酸性及中性土壤、土层深厚地区种植。

35. 宁香核桃 树体小、树势中庸，抗逆性强；3～4 年初果，5～7 年进入丰产期，短果枝结果为主，丰产性好，结果枝长 3.4cm，每结果母枝抽生结果枝数 2.4 个（最多达 7 个），每果枝坐果 2.76 个，9 月上、中旬采收，单果重 12.97g。坚果扁圆球形，出仁率 61.62%，壳厚 0.53mm，仁饱满、浅黄白色、味香甜、无涩味，仁用价值高。含油率 69.91%，蛋白质含量 17.61%。

适宜滇西昌宁海拔 1 500～2 100m、酸性及中性土壤、土层深厚地区种植。

36. 红河 1 号 树势旺，树冠开张，盛产期平均树冠投影产仁量 0.22kg/m^2，单果重 16.1g，壳厚 0.8mm，出仁率 61%，仁色浅黄，种仁饱满。内褶壁退化，横隔膜纸质，抗晚霜能力强。

适宜云南省弥勒县及周边生态气候相似，海拔 1 600～2 200m，保水、透气的壤土或沙壤土，土层深厚的地区种植。

37. 红河 2 号 树势旺，结果枝平均挂果 2.2 个，盛产期平均树冠投影产仁量 0.29kg/m^2，壳厚 1.0mm，单果重 13.1g，取仁易，仁色浅黄，种仁饱满，出仁率 56.6%，风味香醇。

适宜云南省建水县及周边生态气候相似，海拔 1 600～2 200m，保水、透气的壤土或沙壤土，土层深厚的地区种植。

38. 剑丰 为新疆核桃实生栽培群体中选育的优良无性系，母树在剑川县；早实，5～8年进入初产期，10 年进入盛产期，初产期干果产量达 2 240kg/hm^2，盛产期干果产量达 10 080kg/hm^2，以新翠丰为对照，超过对照 40%以上。坚果个中等，圆形，三径均值 3.97cm，壳厚 1.11mm，单果重 15.07g，取仁易，种仁黄白、食味香甜、无涩味，出仁率 54.8%，蛋白质含量 18.6%左右，含油率 68.8%左右；无病虫害，能避晚霜。

适宜云南省剑川县境内海拔 1 800～2 700m，年均温 9～16℃，年降水量 800～1 600mm，≥10℃活动积温 3 500～5 000℃，中性、微酸或微碱性和疏松肥沃土壤地区种植。

39. 胜勇 泡核桃实生栽培群体中选育的优良无性系。早熟早实，8 月中下旬采收，比永 11 早熟 35d 左右，3～5 年进入初产期，8 年进入盛产期，初产期干果产量达720kg/hm^2，盛产期干果产量达 12 000kg/hm^2。果中大，外形美观，三径均值 3.4cm，单果重 10.8g，壳厚 0.9mm，出仁率 58.4%，含油率 65.6%左右；仁黄白美观，味香，仁饱满饱胀，取仁易。

适宜云南省永胜、玉龙县境内海拔 1 500～2 100m、年均温 17～19℃、年降水量 700～1 000mm、≥10℃活动积温 4 500～5 000℃的褐壤地区种植。

40. 胜霜 从泡核桃实生栽培群体中选出的优良无性系。早熟，8 月中下旬采收，比永 11 早熟 35d 左右；早实，3 年进入初产期，15 年进入盛产期，初产期干果产量达 750kg/hm^2，盛产期果产量达 12 300kg/hm^2，以永 11 为对照，分别超过对照 10%和 7%。果实中大，仁饱满饱胀，三径均值 3.6cm，单果重 11.5g，壳厚 0.81mm，出仁率 57.8%，含油率 66.36%左右；仁黄白美观，食味香纯，取仁易。抗病虫、抗寒、耐旱和

耐瘠薄能力强。

适宜云南省永胜、玉龙县境内海拔 1 800～2 600m、年均温 10～15℃、年降水量 900～1 100mm、≥10℃活动积温 4 000～5 000℃，中性、微酸或碱性土壤地区种植。

41. 寻倘 1 号　早实品种。树势中庸，无病虫害，抗旱耐寒，抗晚霜能力强，短果枝结果为主，成枝力强，初果期花枝率、果枝率高，8 月上旬果熟；2～3 年进入结果初期，8～10 年进入结实盛期，初期产量 189kg/hm^2，盛产期产量 6 000kg/hm^2。坚果单果鲜重 30～50g，坚果长椭圆形，果顶微平，果基扁圆，坚果大，缝合线平，壳厚 1.01mm，易取整仁，核仁充实、饱满，仁白色，味香纯，核仁含脂肪 68.5%，蛋白质 18.5%。

适宜云南省寻甸县海拔 1 750～2 500m、酸性及中性土壤、土层深厚地区种植。

42. 石林 6 号　树体大，寿命长，树势生长旺盛，成枝力强，树姿开张，抗逆性较强，果枝率高，6～9 年进入结实初期，10～15 年进入盛产期，初产期产量 600kg/hm^2，盛产期产量 7 500kg/hm^2，单果重 14g，壳厚 1mm，易取整仁，果仁饱满，出仁率 53.57%，含油率 68.36%，蛋白质含量 17.8%，风味香纯，果仁口感较好，但果形欠美观。

适宜云南省石林县及周边海拔 1 700～2 100m、酸性及中性土壤、土层深厚地区种植。

43. 东川 4 号　树体大，寿命长，树势生长旺盛，成枝力强，树姿开张，抗逆性较强，果枝率高，种植后 6～9 年进入初产期，初产期产量 750kg/hm^2，盛产期产量 8 500kg/hm^2，单果重 11g，壳厚 0.97mm，三径均值 3.86cm，易取整仁，果仁饱满，出仁率 53.57%，含油率 6 836%，蛋白质含量 15.48%，风味香纯。

适宜云南省东川区及周边海拔 1 700～2 100m、酸性及中性土壤、土层深厚地区种植。

44. 庆丰 1 号　3～5 年进入初产期，10 年进入盛产期；初产期产量 75～150kg/hm^2，盛产期产量 2 250kg/hm^2；出仁率 62%，含油率 71%，蛋白质含量 22.7%；抗病性、抗寒、抗晚霜能力强，适应性强。

适宜云南省昭通市海拔 1 200～2 400m、年均温 12.7～16.9℃、年降水量 800～1 200mm、≥10℃活动积温 4 000～5 500℃、中性或微碱性土壤种植。

45. 庆丰 2 号　3～5 年进入初产期，10 年进入盛产期；初产期产量 75～150kg/hm^2，盛产期产量 120kg/hm^2；出仁率 60%，含油率 67.4%，蛋白质含量 18.3%；抗病性、抗寒、抗晚霜能力强，适应性强。

适宜云南省昭通市海拔 1 200～2 300m、年均温 12.7～16.9℃、年降水量 800～1 200mm、≥10℃活动积温 4 000～5 500℃、中性或微碱性的壤土及沙壤土种植。

46. 云晚霜 1 号　6～8 年进入初产期，10～15 年进入盛产期；初产期产量 800kg/hm^2，盛产期产量 2 800kg/hm^2；出仁率 61.8%，含油率 66.2%，蛋白质含量 18.2%；抗病虫害、抗旱、抗寒，耐晚霜，能耐－7℃低温晚霜。仁饱满香甜，产量高，结果稳定。

适宜云南省境内滇东北、滇西北海拔 1 800～2 350m、年均温 11～15℃、年降水量 700～1 600mm、≥10℃活动积温 4 000～5 500℃，中性、微酸或微碱性疏松肥沃土壤种植。

47. 云晚霜 2 号　6～8 年进入初产期，10～15 年进入盛产期；初产期产量 750kg/hm^2，盛产期产量 3 000kg/hm²。出仁率 53.8%，含油率 66.9%，蛋白质含量 14.8%；抗病虫害、抗旱、抗寒，耐晚霜，能耐−7℃低温晚霜。仁饱满香甜，产量高，结果稳定。

适宜云南省境内滇东北、滇西北海拔 1 700～2 300m、年均温 11～15℃、年降水量 700～1 600mm、≥10℃活动积温 3 500～5 000℃，中性、微酸或微碱性疏松肥沃土壤种植。

48. 漾江 1 号 树势强壮，分枝角度大，内膛充实，树冠紧凑。坚果扁圆球形，基部较平，尖端渐尖，三径平均为 3.1cm、3.6cm、3.7cm；外观麻点多，有大有小，一般较深；缝合线较窄、较平，紧密；单果重 13.5g，仁重 7.0g；壳厚 1.2mm；内隔壁不发达，纸质，取仁较易，出仁率 50.0%～54.6%；仁饱满，黄白色，味香微涩，含油率 70.53%～72.2%。

该品种 3 月上中旬芽萌动，3 月下旬至 4 月上旬雄花期，4 月上中旬雌花期；9 月中下旬果实成熟，10 月下旬落叶（图 4－32）。

该品种丰产性强，品质较好，坚果性状较一致，适宜海拔 1 600～2 200m。

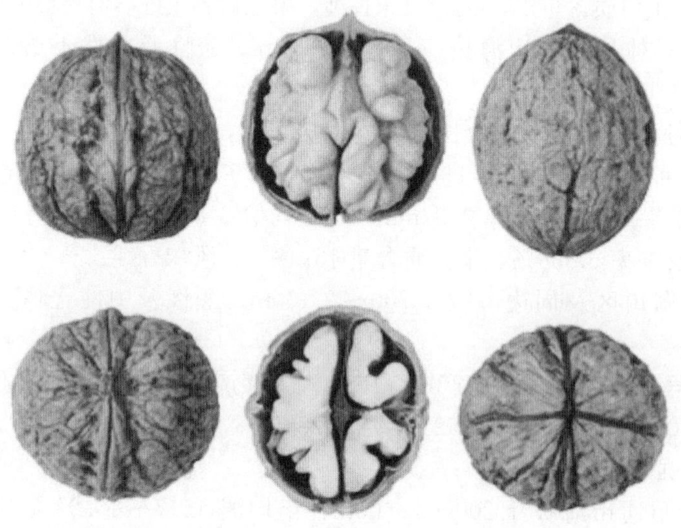

图 4－32 漾江 1 号

（三）杂交品种

云南省林业科学院针对云南核桃生产中存在结实晚（8 年左右才开花结果）、效益慢、种壳刻纹深密、欠美观等问题，在国内外首次选用我国南方著名的晚实良种漾濞泡核桃、三台核桃（*J. sigillata* Dode）与北方新疆早实核桃优株云林 A7 号（*J. regia* L.）进行种间杂交，选育出我国南方首批 5 个早实杂交核桃新品种，即云新高原、云新云林、云新 301、云新 303 和云新 306，2004 年和 2010 年分别通过了云南省林木品种审定委员会的审定。该 5 个早实杂交核桃新品种具有早实、丰产、优质、适应性广等优良特性，综合性状优于国内外同类品种，解决了传统品种结实晚、效益慢的问题，打破了几百年来云南省核桃产区单一发展晚实核桃品种的格局，表现出较好的推广应用前景。现已在云南、四川、贵州、广西、湖北、湖南等地推广 6.67 万 hm²。

漾濞县选用云南漾濞泡核桃作父本、娘青夹绵作母本进行种内杂交，选育出了漾杂

1 号、漾杂 2 号、漾杂 3 号等优良品种。

1. 云新高原　云新高原是由云南省林业科学院于 1979 年种间杂交育成。亲本为云南漾濞晚实泡核桃（*J. sigillata* Dode）和从新疆引进的早实核桃（*J. regia* L.）云林 A7 号进行种间杂交。1986—1990 年无性系测定。1997 年通过云南省科委组织的鉴定。2004 年 12 月通过云南省林木品种审定委员会品种审定。

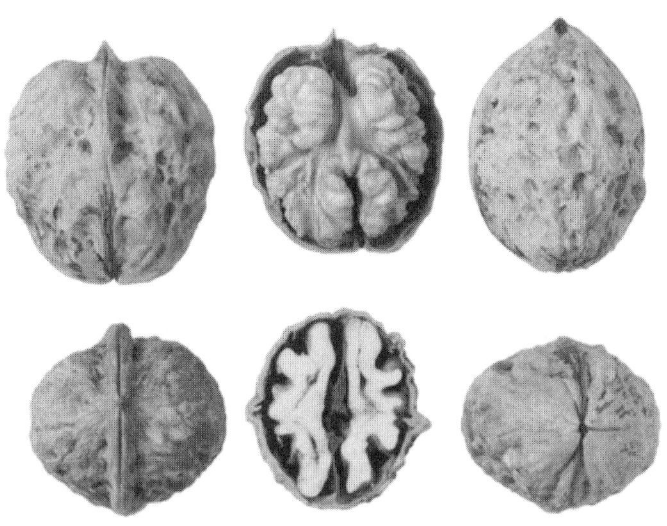

图 4－33　云新高原

该品种树势强健，树冠紧凑，成枝力较强，为中果枝类型。复叶长 45cm，小叶多为 9 片，呈椭圆状披针形。顶芽圆锥形，侧芽圆形或扁圆形，有芽距、芽柄，枝条绿褐色。侧花芽占 51%，雌花序多着生 2 朵，坐果率 78%，雌先型。在漾濞地区 3 月上旬发芽，3 月下旬雌花成熟，4 月上旬幼果形成，8 月下旬坚果成熟。坚果长扁圆形。纵径 4.3cm，横径 3.9cm，侧径 3.3cm，单果重 13.4g。核仁重 7.0g，出仁率 52%。壳面刻纹较浅，缝合线中上部略突，结合紧密，壳厚 1.0mm。内褶壁退化，横隔膜纸质，可取整仁。鲜仁饱满、脆香、色浅，仁含油率 70%左右。

一年生嫁接苗定植后 2～3 年结果，8 年进入盛果期，株产 10～15kg。该品种成熟早，早上市，是目前云南省理想的鲜食及鲜仁加工品种。

主要的特点是早实、丰产、优质、耐寒及树体较矮化，种实个大、壳薄、成熟早，比漾濞泡核桃和大姚三台核桃提前 20～30d 成熟，早上市，鲜仁饱满、脆香，价格高，深受消费者的欢迎。

经初步试验，在滇西、滇中、滇东、滇东北及滇西北海拔 1 600～2 400m 的地区适宜栽培。但必须采取适地适树，集约化经营管理措施，才能优质丰产。若立地条件不当，管理粗放，就会表现出产量低、果实小，部分空瘪现象。要发展须先进行引种试验成功后，再扩繁推广。现已在云南省昆明、漾濞、双江、云县、风庆、耿马、巍山、永平、丽江、永胜、个旧、石屏、新平、陆良、沾益、双柏、武定、鲁甸、宣威、安宁、保山、泸西等 20 多个县（市）9 个地州试验示范栽植。并引种到四川、贵州、湖南、湖北等省试植。

2. 云新云林 云新云林是由云南省林业科学院于1979年种间杂交育成。亲本为从新疆引进早实核桃云林A7号和云南漾濞泡核桃。1986—1990年进行无性系测定。1997年通过云南省科委组织的鉴定。2004年12月通过云南省林木品种审定委员会品种审定。

该品种树势较旺，树冠紧凑，成枝力强，为中短果枝类型。复叶长46.5cm，小叶多为9～11片，呈椭圆状披针形。顶芽圆锥形，侧芽圆形或扁圆形，有芽距，有芽柄。枝条黄褐色。侧花芽占70.1%，雌花序多着生2～3朵，坐果率82.1%。为雄先型。在漾濞地区，3月上旬发芽，3月下旬雄花散粉，4月下旬雌花成熟，9月上旬坚果成熟，比漾濞泡核桃提前15～20d成熟、上市。坚果扁圆形。纵径3.3cm，横径3.5cm，侧径3.2cm，单果重10.7g，核仁重5.8g，出仁率54.3%，壳面刻纹较浅，缝合线中上部微突，结合紧密，壳厚1.0mm。内褶壁不发达，横隔膜纸质，可取整仁。仁饱满，鲜仁脆嫩，仁色黄白，含油率70.3%，味香，不涩（图4-34）。

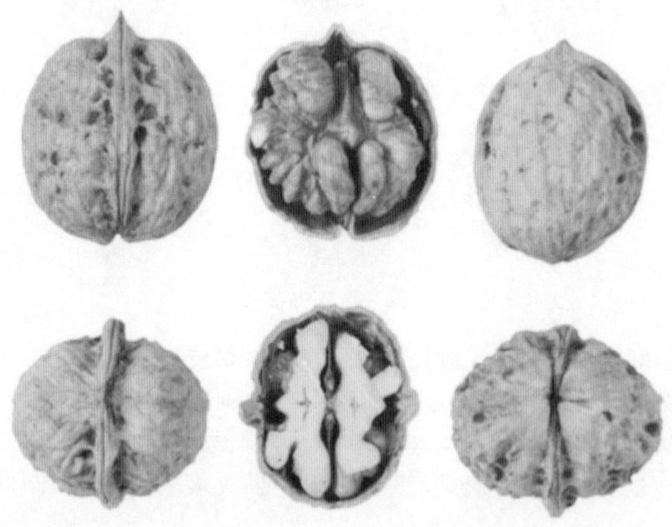

图4-34 云新云林

一年生嫁接苗定植后2～3年结果，8年进入盛果期，株产10kg左右。早实、早熟、丰产、坚果品质优良、耐寒、树体较矮化，种实中等、早上市，是理想鲜食和鲜仁加工品种。经初步试验示范，可在云南省滇西、滇中、滇东、滇东北及滇西北北海拔1 600～2 400m地区栽培，但必须采取集约化栽培管理措施才能丰产优质。若立地条件不当，管理粗放，会出现生长不良、结果少、果实小，部分种仁有空瘪现象。该品种性状是否稳定，有待进一步观察，须引种试种成功后再发展。现已在云南省昆明、双江、云县、凤庆、耿马、巍山、永平、丽江、永胜、个旧、石屏、新平、陆良、沾益、双柏、武定、鲁甸、宣威、安宁、保山等20多个县（市）9个地州试验示范栽植，并引种到四川、贵州、湖南、湖北等省试植。

3. 云新301 由云南省林业科学院于1990年种间杂交育成。亲本为云南省大姚三台核桃和从新疆引进的早实核桃新早13号进行种间杂交。1995—2000年进行无性系测定。2002年12月通过云南省科技厅组织的专家鉴定。2004年12通过云南省林木品种审定委员会品种认定，2010年12月通过审定。

树势较旺，树冠紧凑，成枝力强。七年生树高 4.05m，干径 10.1cm，冠幅 12.3m^2。为短果枝类型，枝条绿褐色。顶芽圆锥形，侧芽圆锥形。有芽柄、芽距。小叶 9～11 片，多为 9 片，呈椭圆状披针形，花枝率 95.8%，每花枝平均着花 2.66 朵；果枝率 77.9%，每果枝平均坐果 2.31 个，侧果枝占 88%，坐果率 82%。在昆明地区 2 月下旬发芽，雄先型，3 月下旬雄花散粉，4 月上旬雌花开放，8 月下旬坚果成熟，11 月中旬落叶。坚果长扁圆形。三径均值 3.2cm；坚果重 7.06g，仁重 5g，出仁率 65.07%，壳面刻纹浅滑，缝合线不突起，结合紧密。壳厚 0.81mm，内褶壁退化，横隔膜纸质，可取整仁。仁饱满，仁色黄白，味香，仁含油率 68.4%（图 4－35）。

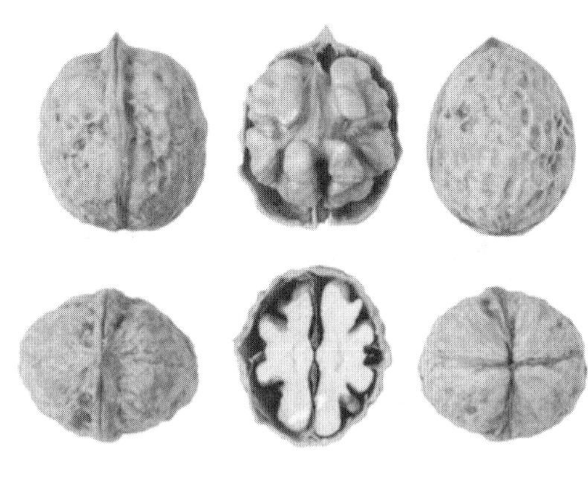

图 4－35 云新 301

一年生嫁接苗定植后 2～3 年结果，8 年进入盛果期，株产 10kg 左右。早实、早熟、丰产、优质、树体矮化，耐寒，适应性较广，上市早，是理想的鲜食和鲜仁加工品种，但必须采用集约化栽培管理措施才能丰产优质。现已在云南省昆明、云县、凤庆、漾濞、新平、石屏、沾益、陆良、鲁甸、丽江等 10 多个县 8 个地州试验示范栽培。

4. 云新 303 由云南省林业科学院于 1990 年种间杂交育成。亲本为云南省大姚三台核桃与从新疆引进的早实核桃新早 13 号进行种间杂交。1995—2000 年进行无性系测定。2002 年 12 月通过云南省科技厅组织的鉴定。2004 年 12 月通过云南省林木品种审定委员会认定，2010 年 12 月通过审定。

树势较旺，树冠紧凑。七年生树高 4.5m，干径 17.6cm，冠幅 14.7m^2。为短果枝类型。小叶 9～11 片，多为 9 片，呈椭圆状披针形，顶芽圆锥形，侧芽圆锥或扁圆形。有芽柄、芽距，枝条绿褐色。花枝率 96.4%，每花枝平均着花 2.93 朵；果枝率 84.5%，坐果率 84.5%，每果枝坐果 2.41 个，侧果枝率 87.4%。在昆明地区 2 月下旬发芽，雄先型，3 月下旬雄花散粉，4 月上旬雌花开放，8 月下旬坚果成熟，11 月中旬落叶。坚果长扁圆形。三径均值 3.4cm，单果重 10.6g，仁重 6.4g，出仁率 60.09%，壳面刻纹浅滑，缝合线不突起，结合紧密。壳厚 0.79mm，内褶壁退化，横隔膜纸质，可取整仁。仁饱满，仁色黄白，味香，无涩味，仁含油率 68.6%（图 4－36）。

图 4-36　云新 303

一年生嫁接苗定植后 2～3 年结果，8 年进入盛果期，株产 6～10kg。早实、早熟、丰产、优质，树体矮化及耐寒，适应性较广，上市早，是鲜食和鲜仁加工理想品种。要充分发挥好新品种的经济性状，必须采用集约化栽培技术措施。现在云南省昆明、云县、凤庆、漾濞、新平、石屏、沾益、陆良、鲁甸、丽江等 10 余个县 8 个地州试验示范栽培。

5. 云新 306　由云南省林业科学院于 1990 年种间杂交育成。杂交亲本选用云南大姚三台核桃与从新疆引进的早实、丰产优株核桃新早 13 号进行种间杂交。1995—2000 年进行无性系测定。2002 年 12 月通过云南省科技厅组织的鉴定。2004 年 12 月通过云南省林木品种委员会认定，2010 年 12 月通过审定。

树势较旺，树冠紧凑。七年生树高 4.8m，干径 14cm，冠幅 16.23m^2。为短果枝类型。小叶 7～11 片，多 9 片，呈椭圆状披针形；顶芽圆锥形，侧芽圆锥或扁圆形。有芽柄、芽距，枝条绿褐色。成枝力 1∶3.86，花枝率 96.7%，每花枝平均着花 2.91 朵；果枝率 85%，侧果枝率占 88.6%，每果枝平均坐果 2.41 个，坐果率 85.4%。在昆明地区 2 月下旬发芽，雄先型，3 月下旬雄花散粉，4 月上旬雌花盛期，8 月下旬坚果成熟，11 月中旬落叶。坚果扁圆形，三径均值 3.5cm，单果重 10.4g，仁重 6.4g，出仁率 60.59%。壳面光滑，缝合线不突起，结合紧密。壳厚 0.85mm，内褶壁退化，横隔膜纸质，可取整仁。仁饱满，仁色黄白，味香、无涩味，仁含油率 68.4%（图 4-37）。

图 4-37　云新 306

一年生嫁接苗定植后 2～3 年结果，8 年进入盛果期，株产 10kg 左右。早实、早熟、丰产、优质，树体矮化及耐寒，适应性较广，上市早，是理想的鲜食和鲜仁加工品种。但必须采用集约化栽培技术措施方能丰产优质。现已在云南省昆明、云县、凤庆、漾濞、新平、石屏、沾益、陆良、鲁甸、丽江等 10 余个县 8 个地州试验示范种植。

6. 漾杂 1 号　树势较强，分枝角度较大，内膛充实，树冠紧凑，树冠开心形，16 年生植株高达 11.5m；高产，单株产量 74kg，树冠投影产仁量达 350g/m^2；优质，坚果三径均值为 3.3cm、3.8cm、4.0cm，单果重 15.6g，壳厚 1.0mm，取仁极易，可取整仁，出仁率 54%，仁饱满，黄白色，味香，脂肪含量 72%，蛋白质含量 14.5%；抗性强。2011 年 12 月通过云南省林木品种审定委员会审定（图 4－38）。

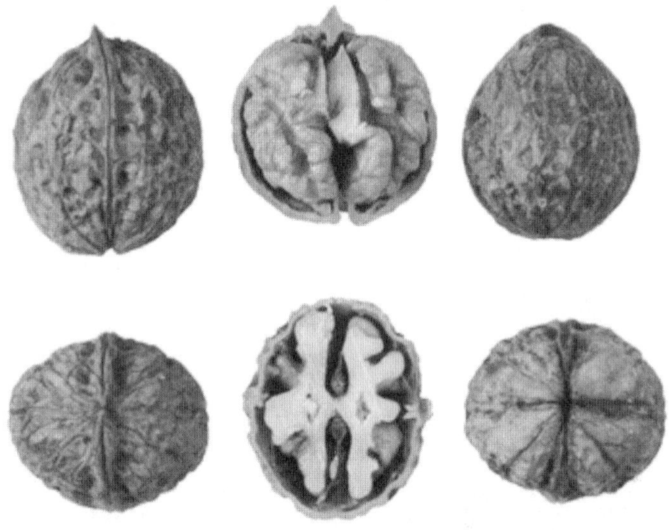

图 4－38　漾杂 1 号

适宜云南省海拔 1 800～2 300m，年均温 12～15℃，年降水量 800～1 200mm，保水透气良好的壤土、沙壤土，疏松肥沃、有机质含量高、土层深度在 1m 以上，pH 5.5～7.0 的地区种植。

7. 漾杂 2 号　树势较强，分枝角度较小，内膛充实，树冠紧凑，16 年生植株高达 12m；高产，单株产量 40.26kg，树冠投影产仁量 300g/m^2；优质，坚果三径均值为 3.9cm、3.1cm、4.2cm，单果重 14.7g，壳厚 1.0mm，取仁极易，可取整仁，出仁率 58.87%，仁饱满，黄白色，味香，脂肪含量 70.04%，蛋白质含量 14.32%；抗性强。2011 年 12 月通过云南省林木品种审定委员会审定（图 4－39）。

适宜云南省海拔 1 800～2 300m，年均温 12～15℃，年降水量 800～1 200mm，保水透气良好的壤土、沙壤土，疏松肥沃、有机质含量高、土层深度在 1m 以上，pH 5.5～7.0 的地区种植。

8. 漾杂 3 号　树势较强，分枝角度较大，内膛充实，树冠紧凑，16 年生植株高达 12m；高产，单株产量 83.68kg，树冠投影产仁量 419g/m^2；优质，坚果三径均值为 3.7cm、2.9cm、3.9cm，单果重 13.4g，壳厚 1.0mm，取仁极易，可取整仁，出仁率

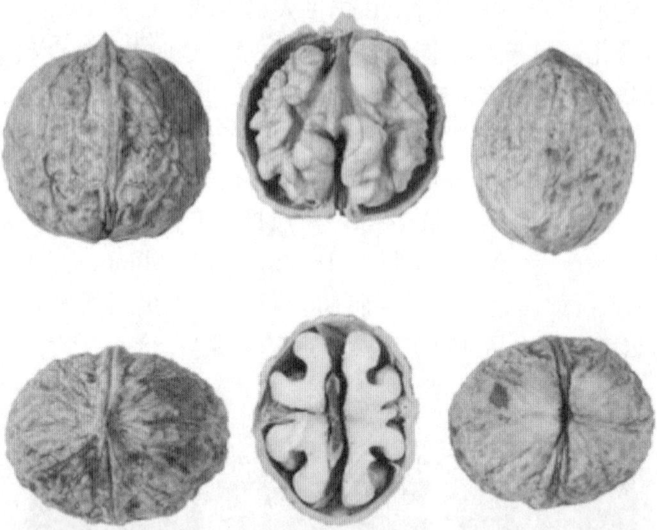

图 4-39 漾杂 2 号

53.85%，仁饱满，黄白色，味香，脂肪含量 71.65%，蛋白质含量 13.56%；抗性强（图 4-40）。2011 年 12 月通过云南省林木品种审定委员会审定。

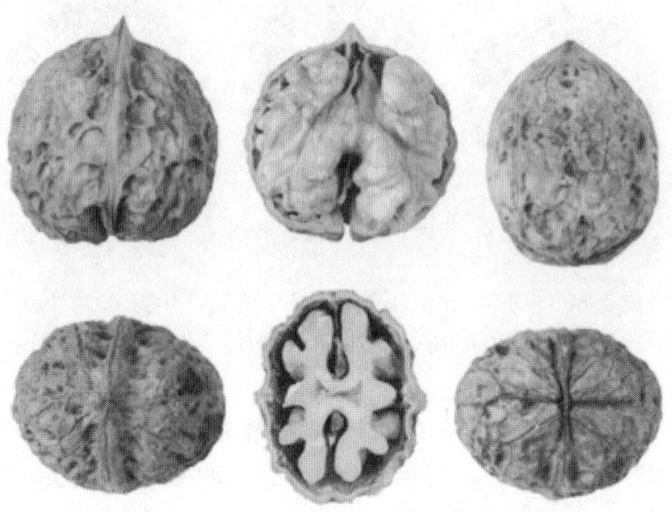

图 4-40 漾杂 3 号

适宜云南省海拔 1 800～2 300m，年均温 12～15℃，年降水量 800～1 200mm，保水透气良好的壤土、沙壤土，疏松肥沃、有机质含量高、土层深度在 1m 以上，pH 5.5～7.0 的地区种植。

第三节　河北核桃（麻核桃）主要类型及品种

河北核桃（*Juglans hopeiensis* Hu）又称麻核桃，本种是 1930 年在北京昌平区（当时隶属河北省）长陵乡下口村采集，经我国植物分类学家胡先骕教授命名为新种。

麻核桃食用价值低，因其果壳质地坚硬、纹理美观、沟壑深且富于变化，可作为人们日常休闲健身的“掌中宝”，用于揉手健身。麻核桃经过长时间搓揉，可成为一件亮里透红、红中透明，似玉质，不是玛瑙胜似玛瑙的艺术品（图 4 - 41）。

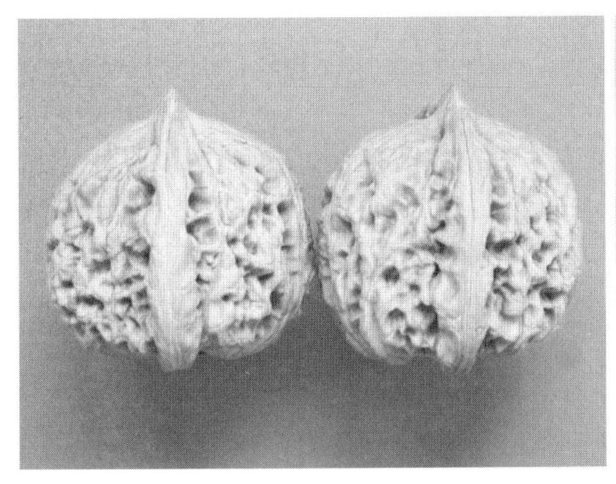

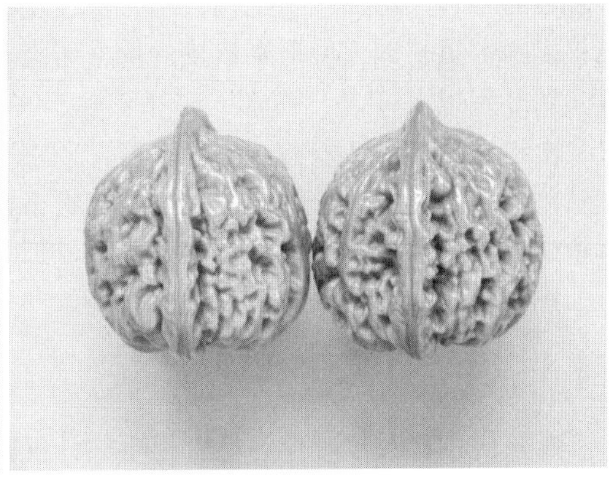

图 4 - 41　未揉（左）和揉手 3 年后（右）的麻核桃

麻核桃也是进行核桃艺术品雕刻的主要原料。根据麻核桃的天然纹理，因势做形，可以雕刻成如“辰龙仟喜”“刘海戏金蟾”（图 4 - 42）等题材的艺术品。

图 4 - 42　麻核桃雕刻艺术品：“辰龙仟喜”（左）和“刘海戏金蟾”（右）

揉核桃健身在我国有悠久的历史和深厚的文化底蕴，在悠久的历史长河中逐步形成了特有的中国核桃文化。在明清时期，揉核桃便盛极一时，据传明天启皇帝朱由校不仅把玩核桃，而且还自己雕刻核桃，民间便有“玩核桃遗忘国事，朱由校御案操刀”的野史流传。据传清乾隆皇帝曾赋诗以赞美文玩核桃：“掌上旋日月，时光欲倒流。周身气血涌，何年是白头?”现在北京故宫博物院仍保存着十几对揉手核桃，封纸上注有“某贝勒恭进”“某亲王预备”等字样。到清末，有“核桃不离手，能活八十九，超过乾隆爷，阎王叫不走!”的民谣流传，可见揉核桃已盛极一时。

清末至民国年间，由于战事频发，民不聊生，文玩核桃被人逐渐淡忘。中华人民共和国成立后，在很长一段时期文玩核桃被视为“四旧”和“八旗遗风”，逐渐淡出人们的生活，许多野生麻核桃树也遭到砍伐。

改革开放后，随着我国人民生活水平的提高和保健意识的增强，文玩核桃又开始受到人们关注。尤其进入21世纪以来，文玩核桃的消费群体不断扩大，不仅有老人，而且越来越多的年轻人也加入到把玩甚至收藏文玩核桃的行列。由于野生麻核桃资源匮乏，野生麻核桃的产量很低，使得麻核桃的价格居高不下，一对个头较大品相较好的麻核桃甚至可以卖到万元以上。

由于良好的经济效益，近十多年来麻核桃人工种植快速发展，尤其是2010年以后，麻核桃产量迅速增加，使得麻核桃整体价格稳中有降。但文玩核桃的市场也在迅速扩大，市场也从传统的北京、天津迅速向其他一二线城市，甚至三线城市扩展。笔者粗略估计，目前麻核桃的市场规模已达几亿元之多。

一、主要类型

麻核桃种群数量较少，笔者粗略估计仅以千计，但遗传类型较多。目前市场上能见的种类在百种左右，常见的优良品种（品系）有二三十个。通常人们主要根据其坚果形状、缝合线（俗称“边”）特征，将麻核桃分为：狮子头、虎头、鸡心、官帽、公子帽等几大类型。

（一）狮子头

狮子头，传统五大名核之一，其桩较矮，果形圆、近圆、扁圆、近半圆，底较平或微凹，缝合线（边）较凸、较厚，缝合线的肩部弧度较圆。“温润如君子，敦厚似贤士，矮短亦侏儒，脱尘是衲子”，是前人对狮子头麻核桃的赞誉。据说早期的一款狮子头，其外形端庄饱满，近球形，雄狮头状，纹路形如卷花、绕花、拧花，好似雄狮头的鬃毛，故名狮子头。后来，随着新的麻核桃资源不断被发现，将果形近圆形的都称为狮子头。目前狮子头的种类最多，根据其纹路命名的有“蟠龙纹狮子头”“水龙纹狮子头”，根据其果形命名的有“苹果园狮子头”“闷尖狮子头”，根据其产地命名的有“南将石狮子头”“四座楼狮子头”等。

（二）公子帽

公子帽，传统五大名核之一，又称相公帽，其形状稍矮，果形近心形，底凹或较平，缝合线（边）凸、较薄，外延明显，从尖部一直延伸到底部，且缝合线的肩部弧度较斜、较平，形似汉字的“公”字，也似京剧中书生相公戴的帽子，故而得名。“风流如词客，飘逸如仙子，清瘦似道骨，飘洒真少年”，这是前人对公子帽麻核桃的赞誉。

（三）官帽

官帽，传统五大名核之一，果形阔圆，底较平，缝合线（边）凸、较厚或薄，外延明显，边的肩部弧度较圆，形似汉字的“官”字，形似明朝官员戴的帽子，故而得名。“浩气如丈夫，廉洁自高士”，是前人对官帽麻核桃的赞誉。

（四）鸡心

鸡心，传统五大名核之一，果形长圆，底较平，尖大、锐尖，缝合线（边）较凸、较厚，边的中下部弧度较小、较直，形似鸡的心脏，故而得名。“丽娴亦佳人，珠光欺宝玉”，是前人对鸡心麻核桃的赞誉。

（五）虎头

虎头，为五大名核之一，其桩较高，果形长圆或椭圆，底较窄，较平或微凸，缝合线（边）较凸、较厚，缝合线的肩部弧度较圆。与狮子头相比，虎头的桩较高，底稍小。“浑圆亦修长，威风掌中藏，虽未居山林，依然核中王”，这是笔者对虎头的赞誉。

二、优良品种、品系

1. 艺核1号　艺核1号由河北农业大学于1984年在河北省涞水县白涧区赵各庄镇板城村东窝河北核桃野生资源中发现，属鸡心系列，2005年12月通过河北省林木品种审定委员会审定。是麻核桃第一个通过审定的优良品种。

树体高大，树姿半开张，生长较旺，枝条粗壮，复叶7～13枚。雄花序长20cm左右，小花110～264朵，雌花3～14朵簇生，雄雌花序比例11∶1。果实圆形，纵径6.46cm，横径5.96cm，具果尖，梗洼平，果柄较长。坚果圆形，民间俗称“大果鸡心”的一种，纵径4.96cm，横径4.39cm，底座平，纹理粗深，变化丰富，缝合线突出，壳厚，内隔壁发达，骨质，纹理粗犷，凹凸变化较大（图4-43）。

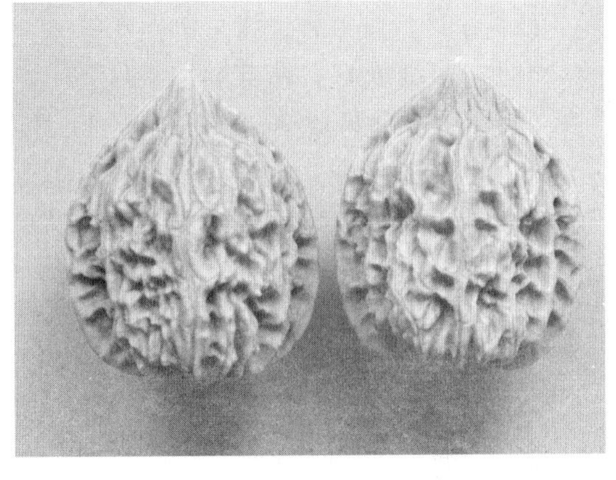

图4-43　艺核1号

在河北保定地区3月底至4月初萌芽展叶，4月中旬雄花盛期，4月中、下旬雌花盛期，为雄先型品种，5月中旬至6月下旬为果实速长期，6月底至7月上旬为硬核期，9月上、中旬为采收期。

高接树第二年结果，第六年产量为55 440个/hm^2。定植嫁接苗第三年结果，第五年产量为17 160个/hm^2。抗病性及抗寒力均较强。

2. 京艺1号　京艺1号由北京市农林科学院林业果树研究所于2004年从北京房山区霞云岭乡堂上村实生麻核桃中选出，属虎头系列，俗称麦穗虎头。2009年12月通过北京市林木品种审定委员会审定。

坚果长圆形，果基较平或微凹，果顶圆、微尖。果个中等，横径（边宽）3.8cm左右（最大可达4.5cm），纵径4.0cm，侧径3.6cm。缝合线（边）突出，中宽，结合紧密，不易开裂。壳面颜色浅，纵纹明显，纹路较深，多麦穗纹，纹理美观，文玩品质优（图4-44）。

一年生枝条灰色，皮目大而稀。混合芽圆形。复叶长62cm，小叶数9～15片，多11、13片，小叶阔披针形，叶色绿，叶尖渐尖，叶缘全缘。雄花数中多，柱头颜色浅黄。青果椭圆形，果基圆，果顶尖圆，常有乳状凸起。果面茸毛较多，果点小、较密，青皮厚度0.53cm（缝合线中部），成熟后青皮易剥离。

树势强，树姿较直立。成枝力中等，顶芽结果，长枝型。雄先型。每雌花序着生4～

图 4-44　京艺 1 号

7 朵雌花，柱头浅黄色，多坐果 1～3 个，自然坐果率 15%左右。高接树第 2～3 年可见花。幼树丰产性较差，成树丰产性中等。

在北京平原地区，萌芽期在 4 月上旬，雄花期 4 月中下旬，雌花期在 4 月底至 5 月上旬，9 月上中旬坚果成熟，10 月底至 11 月上旬落叶。

该品种抗寒性强；抗病性较强，雨季雨水较多的年份叶片易感黑斑病；抗旱性较强。坚果中大，果形好，尾部稍空，纹理美观，为手疗佳品。

3. 华艺 1 号　华艺 1 号由北京市农林科学院林业果树研究所在 2005 年从山西麻核桃群体中选出，属狮子头系列，俗称蟠龙纹狮子头。2009 年 12 月通过北京市林木品种审定委员会审定。

坚果圆形、稍扁，底座较平或微凹，属狮子头系列。果个中等，横径（边宽）4.0cm 左右（最大可达 4.5cm），纵径 3.7cm，侧径 3.6cm。缝合线（边）突出，中宽，结合紧密，不易开裂。壳面颜色较浅，纵纹较明显，纹路较深，纹理美观。文玩品质优（图 4-45）。

图 4-45　华艺 1 号

一年生枝条灰色，皮目中大而稀。混合芽圆形。复叶长 63cm，小叶数 9～13 片，多 11 片，小叶阔披针形，叶色绿，叶尖渐尖，叶缘全缘。雄花数较少，柱头颜色浅黄。缝合线中部青皮厚 0.52cm，青皮茸毛较多，成熟后青皮易开裂。

树势强，树姿较直立。成枝力中等，顶芽结果，中长枝型。属晚实类型。雄先型。每雌花序多着生 3～7 朵雌花，自然坐果率 8%左右，多单果，有双果。高接树第三年见果。幼树丰产性较差，成树丰产性中等。

萌芽期 4 月上旬，雄花期在 4 月中下旬，雌花期在 4 月底至 5 月上旬，9 月上旬坚果成熟，10 月底至 11 月上旬落叶。

该品种抗病性强，抗寒性强，抗旱性较强。坚果中大，质地硬，有压手感，果形好，纹理美观，为手疗佳品。

4. 京艺 2 号　京艺 2 号由北京市农林科学院林业果树研究所于 2006 年在延庆县大庄科乡小庄科村实生麻核桃中选出，属狮子头系列，俗称白狮子头。2014 年 12 月通过北京市林木品种审定委员会审定。

坚果近圆形，底座较平或微凹、较宽（俗称大屁股），果顶圆、微尖，属狮子头系列。果个中等，平均横径（边宽）3.86cm（最大可达 4.62cm），纵径 3.57cm，侧径 3.50cm。缝合线（边）突出，中宽，结合紧密，不易开裂。壳面颜色浅，纵纹较明显，纹路较深，纹理美观。文玩品质优（图 4－46）。

图 4－46　京艺 2 号

一年生枝粗壮，深灰色，皮目较小、中密，枝条茸毛短、中多。复叶长 55cm，小叶数 7～13 片，多 9、11 片，小叶椭圆形，叶色浓绿，叶尖渐尖，叶缘全缘。混合芽圆形，柱头颜色黄或粉黄，雄花数较多，雄花序较长，花粉量中多。青果近圆形，果基平，果顶圆，颜色浓绿，果点中大、密，茸毛较少，缝合线中部青皮厚 0.45cm，成熟后青皮易剥离。

树势中庸，树姿较开张，成枝力中等。多顶芽结果，侧花芽比例低。属中短枝型。属晚实类型，嫁接苗 4～5 年（高接第三年）出现雌花，第三年出现雄花。雄先型。每雌花序着生 3～5 朵雌花，每结果枝坐果 1～3 个，多 1 个，自然坐果率 10%左右。幼树丰产性较差，成树丰产性中等，连续结果能力较强。

北京地区 4 月上旬萌芽，雄花期在 4 月中下旬，雌花期在 4 月底至 5 月上旬，9 月上中旬坚果成熟，10 月底至 11 月上旬落叶。

该品种适应性强，抗病性强，抗寒性强，丰产性中等。坚果中大，果形好，纹理美观，为手疗佳品。

5. 京艺6号 京艺6号由北京市农林科学院林业果树研究所于2006年在海淀区上庄实生麻核桃中选出，属狮子头系列，俗称磨盘，也称闷尖狮子头。2014年12月通过北京市林木品种审定委员会审定。

坚果扁圆形（常侧歪），矮桩，底座较平，果顶平，闷尖。果个中小，平均横径（边宽）3.68cm左右（最大可达4.51cm），纵径3.38cm，侧径3.51cm。缝合线（边）较突出，中宽，结合紧密，不易开裂，纵纹不明显，粗纹，纹路较深，纹理较美观。文玩品质优（图4-47）。

图4-47 京艺6号

一年生枝较粗壮，浅灰色，皮目较小、较密，枝条茸毛长、较多。复叶长59cm，小叶数7～15片，多9、11片，小叶椭圆形，叶色绿，叶尖渐尖，叶缘全缘。混合芽圆形，柱头颜色黄，雄花数较多，雄花序较短，花粉量中多。青果圆形，果基平或凹，果顶圆，颜色绿，果点大而密，茸毛多，缝合线中部青皮厚0.59cm，成熟后青皮易开裂。

树势较强，树姿较直立，成枝力较强。顶芽结果。属中短枝型。属晚实类型，嫁接苗4～5年（高接第三年）出现雌花，第三年出现雄花。雄先型。每雌花序着生3～6朵雌花，每结果枝坐果1～3个，多1个，自然坐果率15%左右。幼树丰产性较差，成树丰产性较强，连续结果能力较强。

萌芽期4月初，雄花期在4月中下旬，雌花期在4月底至5月上旬，9月上中旬坚果成熟，10月底至11月上旬落叶。

该品种适应性强，抗寒性强，抗病性较强，丰产性较强。坚果较小，果形好，闷尖，为手疗佳品。

6. 京艺7号 京艺7号由北京市农林科学院林业果树研究所于2006年在门头沟区王平镇琨樱谷实生麻核桃中选出，属狮子头系列，俗称苹果园狮子头，2014年12月通过北京市林木品种审定委员会审定。

坚果圆形，果底凹、圆（形似苹果），果顶圆、微尖，属文玩核桃狮子头系列。果个中等大小，平均横径（边宽）3.80cm（最大可达4.50cm），纵径3.61cm，侧径3.70cm。缝合线（边）较凸、较薄，结合紧密，不易开裂。壳面颜色浅，纵纹明显，纹路深，纹理美观。文玩品质优（图4-48）。

图 4-48　京艺 7 号

一年生枝较粗壮，灰色，皮目较小、较密，枝条茸毛较短、中多。复叶长 57cm，小叶数 7～13 片，多 9、11 片，小叶椭圆形，叶色绿，叶尖渐尖，叶缘全缘。混合芽圆形，柱头颜色粉红，雄花序中长，雄花数较多，花粉量中多。青果圆形，果基凹，果顶圆，颜色绿，果点中大、较密，茸毛较多，缝合线中部青皮厚 0.53cm，成熟后青皮易剥离。

树势较强，树姿较直立，成枝力较强。多顶芽结果，侧花芽比例较低。属中短枝型。属晚实类型，嫁接苗 4～5 年（高接第三年）出现雌花，第三年出现雄花。雄先型。每雌花序着生 3～6 朵雌花，每结果枝坐果 1～3 个，多 1 个，自然坐果率 10%左右。幼树丰产性较差，成树丰产性中等，连续结果能力较强。

萌芽期 4 月初，雄花期在 4 月中下旬，雌花期在 4 月底至 5 月上旬，9 月上中旬坚果成熟，10 月底至 11 月上旬落叶。

该品种适应性强，抗寒性强，抗病性强，丰产性中等。坚果中大，果形好，纹理美观，为手疗佳品。

7. 京艺 8 号　京艺 8 号由北京市农林科学院林业果树研究所于 2007 年在平谷区熊尔寨实生麻核桃中选出，属狮子头系列，俗称四座楼狮子头，2014 年 12 月通过北京市林木品种审定委员会审定。

坚果圆形，底座较平，有放射状条纹（俗称“菊花底”），果顶圆、平尖或微尖。果个中等大小，平均横径（边宽）3.95cm（最大可达 4.65cm），纵径 3.58cm，侧径 3.85cm。缝合线（边）凸，较厚，结合较紧密，较易开裂，纵纹较明显，粗细纹均有，纹路深，纹理美观。文玩品质优（图 4-49）。

一年生枝粗壮，浅灰色，皮目小、较密，枝条茸毛短、较密。复叶长 62cm，小叶数 7～13 片，多 9、11 片，小叶长椭圆形，叶色绿，叶尖渐尖，叶缘全缘。混合芽圆形，柱头颜色黄色，雄花数较多，雄花序较长，花粉量较多。青果圆形，果基平或微凹，果顶圆，颜色浓绿，果点较大、密，茸毛多，缝合线中部青皮厚 0.80cm，成熟后青皮易剥离。

树势较强，树姿较开张，成枝力较强。多顶芽结果，侧花芽比例中高。属中短枝型。属早实类型，嫁接苗 3～4 年（高接第 2～3 年）出现雌花，第三年出现雄花。雄先型。每雌花序着生 3～6 朵雌花，每结果枝坐果 1～3 个，多 1～2 个，自然坐果率 15%左右。幼树丰产性中等，成树丰产性较强，连续结果能力较强。

图 4-49　京艺 8 号

萌芽期 4 月上旬，雄花期在 4 月中下旬，雌花期在 4 月下旬，9 月上旬坚果成熟，10 月底至 11 月上旬落叶。

该品种适应性强，抗寒性强，抗病性强，丰产性较强。坚果中大，果形较好，为手疗佳品。

8. 艺龙　艺龙由河北农业大学和河北德胜农林集团有限公司，于 2002 年在陕西省宝鸡市陈仓区天王镇梁家沟发现该品种母株，民间俗称官帽，2015 年通过河北省林木品种审定委员会审定。

果实纵径 5.43cm，棱径 5.24cm，横径 5.12cm，具果尖，梗洼平，果柄较长。坚果缝脊似耳且宽，以穴点为主的壳面突起如满天星斗、峰峦叠嶂，变化丰富，缝合线突出，纵径 4.62cm，棱径 4.16cm，横径 4.02cm，底座紧缩，边宽而薄，壳厚，内隔壁发达，骨质。坚果长圆形，其形状与明代官员所戴的帽子近似，果个大，纹理点状突出，适合手掌按摩，且易上色，适合把玩（图 4-50）。

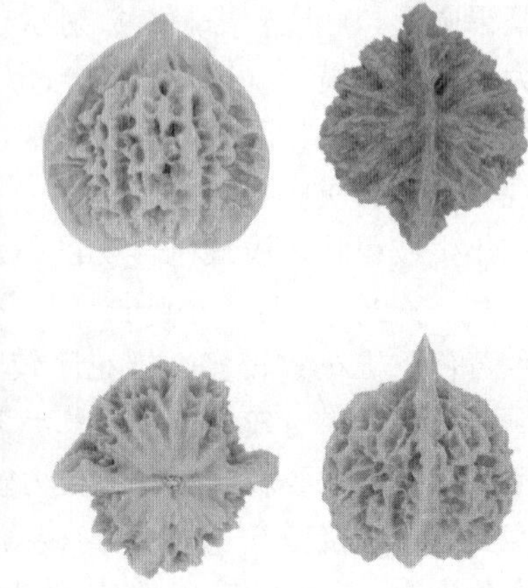

图 4-50　艺　龙

树体高大，树姿半开张，生长较旺，结果后树势稳定。枝条粗壮，新梢生长量达69.5cm，芽体充实，成枝力3.4，雄花量较大，平均雄雌序比例11∶1，结果枝率15.25%，连续结果能力强。嫁接亲和力强，成活率高，高接树第二年开花结果，第八年产量为55 860个/hm^2。在河北定州地区4月初萌芽展叶，4月中、下旬雄花盛期，4月下旬至5月初雌花盛期，5月中旬至6月下旬为果实速长期，6月底至7月上旬为硬核期，8月底为采收期，10月底至11月初落叶。土壤和环境条件适应性强，适合在具有一定灌溉条件的平地、缓坡地栽植。

该品种连续丰产性强，抗病性强，极抗日烧，对土壤和环境条件适应性强。适于北方土层较厚、管理条件较好的丘陵坡地和平地栽培。

9. 艺狮 艺狮由河北农业大学和河北德胜农林集团有限公司，于2002年在河北省保定市涞水县娄村乡南安庄村发现160年生麻核桃实生大树母株，民间俗称密纹狮子头，2015年通过河北省林木品种审定委员会审定。

果实近圆形，纵径4.90cm，棱径4.93cm，横径5.24cm，果顶平，果柄较长。坚果形似古代辟邪石狮头部，壳面纹络匀密而细碎，网点自然结合，脊肋宽而平滑，尖钝座方，纵径3.93cm，棱径3.78cm，横径3.84cm。坚果近圆形，三径相近，易于把玩。大小适中，易配对，易上色，是文玩核桃的优良品种（图4-51）。

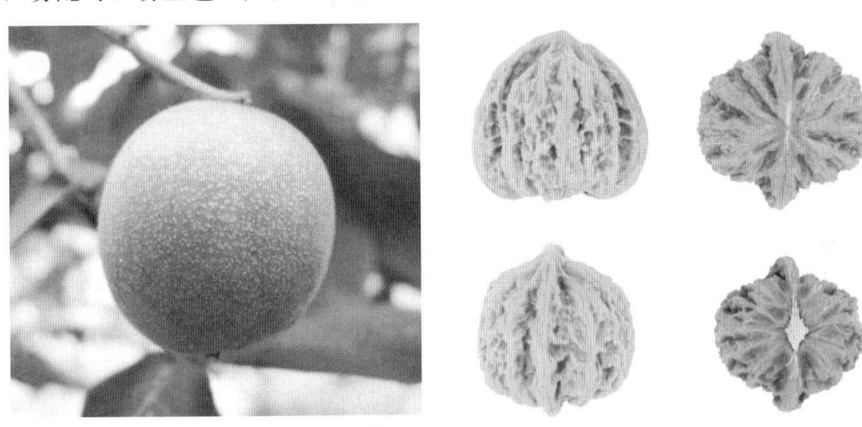

图4-51 艺 狮

树体高大，树姿半开张，幼树生长较旺，结果后树势稳定。以普通核桃为砧木嫁接亲和力强，成活率高。13年生树高7.5m，冠径9.7m×7.1m，枝条粗壮，新梢生长量58.9cm，芽体充实，成枝力3.3，病虫果率1.5%，结果枝率13.28%，连续结果能力强。平均株产103个。在河北定州地区4月初萌芽展叶，4月中、下旬雄花盛期，4月下旬至5月初雌花盛期，5月中旬至6月下旬为果实速长期，6月底至7月上旬为硬核期，8月底为采收期，10月底至11月初落叶。

该品种适应性很强，对土壤要求不严，耐瘠薄，普通核桃栽培区均可种植。抗炭疽病、黑斑病及干旱、干热风能力强，抗寒性强。适于土层较厚、管理条件较好的丘陵坡地和平地栽培。

10. 艺虎 艺虎由河北农业大学和河北德胜农林集团有限公司，于2002年在北京市房山区蒲洼乡发现母株，民间俗称虎头，2015 年通过河北省林木品种审定委员会审定。

青果近圆形略长，纵径 5.45cm，棱径 5.10cm，横径 5.08cm，果穗轴长。坚果近圆形稍长，形似虎头，果尖钝，底座平，纹理错落，纹络清晰规律有序犹如麦穗，缝合线厚实略凸，纵径 4.19cm，棱径 4.00cm，横径 3.88cm，壳厚不易开裂，内褶壁发达、骨质，极难取仁（图 4－52）。

图 4－52　艺　虎

树体高大，树姿半开张，树势健壮，结果后树势稳定。枝条粗壮，芽体饱满，连续结果能力强。以普通核桃为砧木，嫁接亲和力强，成活率高。12 年生树高 7.1m，干周 81.4cm，冠径 5.4m×6.7m，新梢生长量 62.6cm，芽体充实，成枝力 2.6 个，结果枝率 15.38%，连续结果能力强。平均株产 182 个。适应性强。在河北临城地区 4 月初萌芽展叶，4 月中、下旬为雄花盛期，4 月下旬至 5 月初为雌花盛期，雄先型，5 月中旬至 6 月下旬为果实速长期，6 月底至 7 月上旬为硬核期，8 月中下旬为采收期，10 月底至 11 月初落叶。

该品种连续丰产性强，抗病性强，极抗日烧，对土壤和环境条件适应性强。

适宜北方土层较厚、管理条件较好的丘陵坡地和平地栽培。

11. 艺豹　艺豹由河北农业大学和河北德胜农林集团有限公司，于 2002 年在河北省保定市涞水县娄村乡长安庄村发现该品种母株，民间俗称公子帽，2015 年通过河北省林木品种审定委员会审定。

青果圆形，纵径 5.52cm，棱径 5.05cm，横径 5.01cm，果顶较平，果穗轴长。坚果缝脊宽，体型低矮，形似古代公子或相公的帽子，纹理错落，变化多样，果尖凸尖规整，纵径 4.57cm，棱径 4.02cm，横径 3.94cm，壳厚，具厚边，内隔壁坚硬而发达（图 4－53）。

树体高大，树姿半开张，幼树长势旺，结果后树势稳定。枝条粗壮，芽体饱满，连续结果能力强。嫁接亲和力强，成活率高。树龄 12 年生树高 8.6m，干周 79.5cm，冠径 5.4m×6.7m，新梢生长量达 70.6m，芽体充实，成枝力 2.7 个，结果枝率 13.2%，连续结果能力强。平均株产 136 个。适应性强。在河北临城地区 4 月初萌芽展叶，4 月中、下旬雄花盛期，4 月下旬至 5 月初雌花盛期，雄先型，5 月中旬至 6 月下旬为果实速长期，6 月底至 7 月上旬为硬核期，8 月上中旬采收，10 月底至 11 月初落叶。

图 4-53 艺 豹

该品种连续丰产性强，抗病性强，极抗日烧，对土壤和环境条件适应性强。适宜北方土层较厚、管理条件较好的丘陵坡地和平地栽培。

12. 艺麒麟 艺麒麟由河北农业大学和河北德胜农林集团有限公司，于 2002 年在河北省邯郸市武安市活水乡北武当山发现该品种母株，民间俗称王勇官帽，2015 年通过河北省林木品种审定委员会审定。

果实长圆形，纵径 5.65cm，棱径 5.22cm，横径 5.23cm，具果尖，梗洼平，果柄较长。坚果形似寿桃，缝合线突出，纹络形似麒麟鳞片，变化丰富，底座平，纵径 4.72cm，棱径 4.31cm，横径 4.18cm（图 4-54）。

图 4-54 艺麒麟

树体高大，树姿半开张，生长较旺，结果后树势稳定。12 年生树高 6.8m，冠径 7.6m×9.4m，枝条粗壮，新梢生长量达 51.6cm，芽体充实，成枝力 2.5 个，结果枝率 12.42%，连续结果能力强。平均株产 109 个。适应性强。在河北临城地区 4 月初萌芽展叶，4 月中、下旬雄花盛期，4 月下旬至 5 月初雌花盛期，5 月中旬至 6 月下旬为果实速长期，6 月底至 7 月上旬为硬核期，8 月底为采收期，10 月底至 11 月初落叶。

该品种适应性很强，耐瘠薄，抗炭疽病、黑斑病及干旱、干热风能力强，抗寒性强。适宜土层较厚、管理条件较好的丘陵坡地和平地栽培。

13. 华艺 2 号 华艺 2 号由北京市农林科学院林业果树研究所于 2006 年在昌平区大庄科乡东二道河村实生麻核桃中选出，属文玩核桃狮子头系列，俗称水龙纹狮子头。2008 年定为优系。

坚果圆形，底座平，侧径（肚）大，果顶较圆、钝尖。果个中等，平均横径（边宽）3.87cm（最大可达 4.65cm），纵径 3.87cm，侧径 3.88cm。缝合线（边）凸，较厚，结合紧密，不易开裂，纵纹较明显，粗纹，多呈水波状（又称水波纹），纹路较深，纹理美观。文玩品质优（图 4－55）。

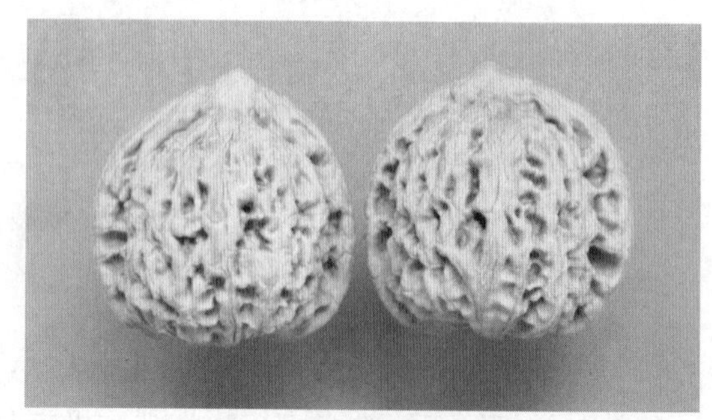

图 4－55 华艺 2 号

一年生枝粗壮，浅灰色，皮目大、较多，枝条茸毛短、少。复叶长 56cm，小叶数 7～13 片，多 9、11 片，小叶长圆形，叶色浓绿，叶尖渐尖，叶缘全缘。混合芽圆形，柱头颜色粉黄，雄花数较多，雄花序较长，花粉量极少。青果近圆形，果基圆，果顶圆、尖常歪，颜色浅绿，果点中大、密，茸毛中多，缝合线中青皮部厚 0.75cm，成熟后青皮易剥离。

树势中庸，树姿较开张，成枝力强。多顶芽结果，侧花芽比例较高。属中短枝型。属早实类型，嫁接苗 3～4 年（高接第二至第三年）出现雌花，第二年出现雄花。雄先型。每雌花序着生 3～6 朵雌花，每结果枝坐果 1～3 个，多 1 个，自然坐果率 5%左右。幼树丰产性差，成龄树丰产性较差，个别年份产量较高，连续结果能力中等。

萌芽期 4 月上旬，雄花期在 4 月中下旬，雌花期在 4 月下旬至 5 月上旬，9 月上旬坚果成熟，10 月底至 11 月上旬落叶。

该品系适应性强，抗寒性强，抗病性强，丰产性较差。坚果中大，果形好，纹理美观，为手疗佳品。

14. 华艺 3 号 华艺 3 号由北京市农林科学院林业果树研究所于 2006 年收集，属虎头系列，又称大虎头，2010 年定为优系。

坚果长圆形，果顶圆尖。横径 3.7cm（最大可达 4.3cm），纵径 4.3cm，侧径 3.6cm。缝合线中宽，较突出，结合紧密。壳面颜色较浅，纵纹较明显，沟纹较深，纹理较美观。文玩品质优良（图 4－56）。

图 4－56 华艺 3 号

一年生枝粗壮，浅灰色，皮目中大、较稀，枝条茸毛较多。复叶长小叶数 7～13 片，多 11 片，小叶长圆形，叶色浓绿，叶尖渐尖，叶缘全缘。混合芽圆形，柱头颜色黄或粉黄，雄花数较多，雄花序较长，花粉中多。青果近圆形，果基圆，果顶圆，颜色绿，果点中大、稀，茸毛较多，缝合线中部青皮厚 0.58cm，成熟后青皮易剥离。

树势极强，树姿较直立，成枝力强。顶芽结果，属中长枝型。属晚实类型，高接第四至第五年出现雌花，第三年出现雄花。雄先型。每雌花序着生 3～6 朵雌花，每结果枝坐果 1～2 个，多 1 个，自然坐果率 4%左右。幼树丰产性差，成龄树丰产性较差，个别年份产量较高，连续结果能力中等。

萌芽期 4 月上旬，雄花期在 4 月中下旬，雌花期在 4 月底至 5 月上旬，9 月上旬坚果成熟，10 月底至 11 月上旬落叶。

该品系适应性强，抗寒性强，抗病性强，丰产性较差。坚果中大，果形长圆，纹理较美观，为手疗佳品。

15. 华艺 4 号　华艺 4 号由北京市农林科学院林业果树研究所于 2006 年收集，属公子帽系列，又称心形公子帽。2010 年定为优系。

坚果心形，果基较平或微凹，底部常有“十”字纹，果顶尖。横径 3.8cm（最大可达 4.5cm），纵径 3.7cm，侧径 3.5cm。缝合线中宽，较突出，结合紧密。壳面颜色较深，纵纹较明显，沟纹较深，纹理较美观。文玩品质优（图 4－57）。

图 4－57　华艺 4 号

一年生枝粗壮，浅黄褐色，皮目大而稀，枝条茸毛少。复叶小叶数 7～13 片，多 11、13 片，成叶叶柄有紫红色条纹，小叶长圆形，叶色浓绿，叶尖渐尖，叶缘全缘。混合芽圆形，柱头颜色黄或粉黄，雄花数较多，雄花序较长，花粉大。青果椭圆形，果基圆，果顶圆，颜色绿，果点中密，茸毛较少，缝合线中部青皮厚 0.70cm，成熟后青皮易剥离。

树势较强，树姿开张，成枝力中等。多顶芽萌发、结果，侧花芽比例 40%左右，属中短枝型。属晚实类型，高接第三至第四年出现雌花，第三年出现雄花。雄先型。每雌花序着生 3～10 朵雌花，每结果枝坐果 1～4 个，多 2～3 个，自然坐果率 30%左右。幼树丰产性中等，成龄树丰产性较强，连续结果能力中等，常有大小年现象。

萌芽期 4 月上旬，雄花期在 4 月中下旬，雌花期在 4 月底至 5 月上旬，9 月上旬坚果成熟，10 月底至 11 月上旬落叶。

该品系适应性强，抗寒性强，抗病性强，丰产性较差。坚果中大，坚果心形，“十”字纹底，纹理美观，为手疗佳品。

16. 华艺 5 号　华艺 5 号由北京市农林科学院林业果树研究所于 2006 年收集，属狮子头系列。2010 年定为优系。

坚果近圆形，果基凹，果顶圆、微尖。横径 3.7cm（最大可达 4.3cm），纵径 3.7cm，侧径 3.5cm。缝合线较窄，突出，结合紧密。壳面颜色较浅，纵纹较明显，纹理较美观，常有刺纹、沟纹较深。文玩品质优良（图4-58)。

图4-58　华艺5号

一年生枝较粗壮，深灰色，皮目小、较密，枝条茸毛中多。复叶小叶数7～13片，多9、11片，小叶长圆形，叶色浓绿，叶尖渐尖，叶缘全缘。混合芽圆形，柱头颜色黄色，雄花数较少，雄花序中长，花粉大。青果圆形，果基圆，果顶圆、微凸，颜色绿，果点中大、密，茸毛较多，缝合线中部青皮厚0.65cm，成熟后青皮易剥离。

树势中庸，树姿较开张，成枝力中等。顶芽结果，属中短枝型。属晚实类型，高接第三至第四年出现雌花，第三年出现雄花。雌先型。每雌花序着生3～7朵雌花，每结果枝坐果1～5个，多2～3个，自然坐果率35%左右。幼树丰产性较强，成龄树丰产性强，连续结果能力较强，结果多时坚果变小。

萌芽期4月上旬，雄花期在4月下旬，雌花期在4月中、下旬，9月上旬坚果成熟，10月底至11月上旬落叶。

该品系适应性强，抗寒性强，抗病性强，丰产性强。坚果较小，果形圆，多刺纹，纹理较美观，适于手疗。

17. 华艺7号　华艺7号由北京市农林科学院林业果树研究所于2007年在陕西宝鸡秦岭山区实生麻核桃中选出，属官帽系列，又称刺纹大官帽。2011年定为优系。

坚果长圆形，底较平或凹、常歪，果顶较尖。坚果大，横径（边宽）4.07cm左右（最大可达5.12cm)，纵径4.89cm，侧径4.14cm。缝合线（边）凸，较厚，结合紧密，不易开裂，纵纹较明显，刺状纹，纹路深，纹理较美观。文玩品质优（图4-59)。

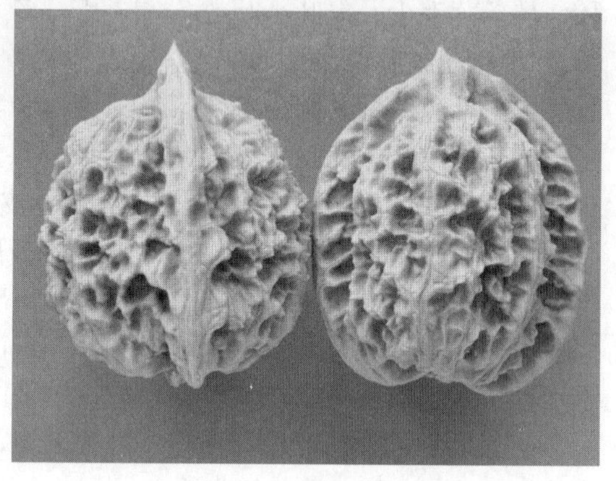

图4-59　华艺7号

一年生枝粗壮，灰色，皮目较小、较密，枝条茸毛短、少。复叶长59cm，小叶数9～13片，多11片，小叶长椭圆形，叶色绿，叶尖渐尖，叶缘全缘。混合芽圆形，柱头颜色粉黄，雄花数中多，雄花序较长，花粉量中多。青果阔圆或椭圆形，果基圆，果顶圆、微凸，颜色绿，果点较小、较密，茸毛较多，缝合线中部青皮厚0.76cm，成熟后青皮易剥离。

树势较强，树姿较开张，成枝力强。多顶芽结果，侧花芽比例较低。属中短枝型。属晚实类型，嫁接苗4～5年（高接第二至第三年）出现雌花，第三年出现雄花。雌先型。每雌花序着生3～5朵雌花，每结果枝坐果1～3个，多1个，自然坐果率20%左右。幼树丰产性中等，成树丰产性较强，连续结果能力较强。

萌芽期 4 月初，雄花期在 4 月下旬至 5 月初，雌花期在 4 月中、下旬，8 月下旬坚果成熟，10 月底至 11 月初落叶。

该品系适应性较强，抗寒性强，抗病性强，较丰产。坚果大，多刺状纹，手握有扎手感，为手疗佳品。

18. 华艺 8 号 华艺 8 号由北京市农林科学院林业果树研究所于 2007 年在陕西宝鸡秦岭山区实生麻核桃中选出，属官帽系列，又称金针官帽。2011 年定为优系。

坚果近圆形，底较平、常歪，果顶较尖。坚果较大，横径（边宽）4.12cm（最大可达 4.70cm），纵径 4.07cm，侧径 3.61cm。缝合线（边）凸，较厚，结合紧密，不易开裂，纵纹较不明显，刺状纹，纹路深，纹理较美观。文玩品质优（图 4-60）。

图 4-60 华艺 8 号

一年生枝较粗壮，灰褐色，皮目大、较稀，枝条茸毛较少。复叶小叶数 9～13 片，多 11 片，小叶长椭圆形，叶色绿，叶尖渐尖，叶缘全缘。混合芽圆形，柱头颜色粉红，雄花多，雄花序较长，花粉量中多。青果阔卵圆形，果基平或微凹圆，果顶尖圆，颜色绿，果点大、较密，茸毛较多，缝合线中部青皮厚 0.78cm，成熟后青皮易剥离。

树势中庸，树姿较开张，成枝力中等或较弱。多顶芽结果，属中长枝型。属晚实类型，第二年出现雄花，高接第三年出现雌花。雄先型。每雌花序着生 3～7 朵雌花，每结果枝坐果 1～3 个，多 1 个，自然坐果率 15%左右。幼树丰产性中等，成树丰产性较强，连续结果能力较强。

萌芽期 4 月上旬，雄花期在 4 月下旬至 5 月初，雌花期在 5 月上旬，9 月上旬坚果成熟，10 月底至 11 月初落叶。

该品系适应性较强，抗寒性中等，抗病性强，较丰产。坚果较圆，多刺状纹，手握有扎手感，为手疗佳品。

19. 京艺 3 号 京艺 3 号由北京市农林科学院林业果树研究所于 2006 从北京海淀区凤凰岭实生麻核桃中选出，属狮子头系列。2008 年定为优系。

坚果近圆形，果基平或微凹，果顶微尖。横径 3.6cm（最大可达 4.2cm），纵径 3.7cm，侧径 3.3cm。缝合线较突出，中宽，结合紧密。壳面颜色较浅，纵纹较明显，偶有刺状纹，沟纹较深，纹理较美观。文玩品质优良（图 4-61）。

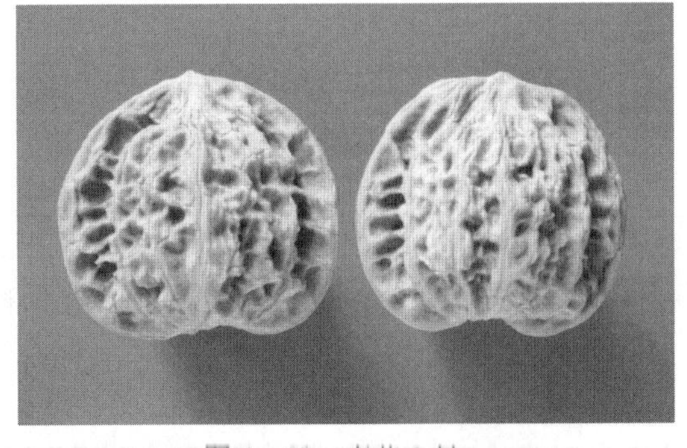

图 4-61 京艺 3 号

一年生枝粗壮，灰褐色，皮目大而稀，枝条茸毛较多。复叶小叶数 9～13 片，多 9、11 片，小叶长椭圆形，叶色绿，叶尖渐尖，叶缘全缘。混合芽圆形，柱头颜色红或粉红，雄花多，雄花序较长，花粉量较多。青果圆形，果基平或微凹，果顶圆，颜色绿，果点中大、较密，茸毛中多，缝合线中部青皮厚 0.85cm，成熟后青皮易剥离。

树势较强，树姿较开张，成枝力较强。多顶芽结果，侧花芽比例 50%左右，属中短枝型。属早实类型，高接第二至第三年出现雌花，第三年出现雄花。雄先型。每雌花序着生 3～7 朵雌花，每结果枝坐果 1～2 个，多 1 个，自然坐果率 20%左右。幼树丰产性中等，成树丰产性较强，连续结果能力较强。

萌芽期 4 月上旬，雄花期在 4 月下旬至 5 月初，雌花期在 5 月上旬，9 月上旬坚果成熟，10 月底至 11 月初落叶。

该品系适应性较强，抗寒性强，抗病性强，丰产性较强。坚果圆形，青果较大而坚果较小，有刺状纹，纹理较美观，适于手疗。

20. 京艺 4 号　京艺 4 号由北京市农林科学院林业果树研究所于 2006 年从北京平谷区实生麻核桃中选出，属狮子头系列。2008 年定为优系。

坚果近圆形，果基平，果顶圆、微尖。横径 3.9cm（最大可达 4.5cm），纵径 4.0cm，侧径 3.7cm。缝合线较突出，中宽，结合紧密。壳面颜色较浅，纵纹较明显，多方格纹，纹理美观，沟纹较深。文玩品质优（图 4-62）。

图 4-62　京艺 4 号

一年生枝较粗壮，浅褐色，皮目大、较稀，枝条茸毛较少。复叶小叶数 9～13 片，多 9、11 片，小叶长椭圆形，叶色绿，叶尖渐尖，叶缘全缘。混合芽圆形，柱头颜色粉黄或粉红，雄花多，雄花序中长，花粉量少。青果圆形，果基平或微凹，果顶圆，颜色绿，果点大、较密，茸毛较少，缝合线中部青皮厚 0.72cm，成熟后青皮易剥离。

树势强，树姿较直立，成枝力强。多顶芽结果，侧花芽比例 40%左右，属中长枝型。属早实类型，高接第二至第三年出现雌花，第二年出现雄花。雄先型。每雌花序着生 3～5 朵雌花，每结果枝坐果 1～2 个，多 1 个，自然坐果率 6%左右。幼树丰产性较差，成树丰产性中等，连续结果能力较差。

萌芽期 4 月上旬，雄花期在 4 月下旬至 5 月初，雌花期在 5 月上旬，9 月上旬坚果成熟，10 月底至 11 月初落叶。

该品系适应性较强，抗寒性强，抗病性强，丰产性较差。坚果圆形，多方格纹，纹理美观，为手疗佳品。

21. 京艺 5 号　京艺 5 号由北京市农林科学院林业果树研究所于 2006 从北京平谷区实生麻核桃中选出，属狮子头系列，又称密纹狮子头。2009 年定为优系。

坚果椭圆形，果基平或微凹，基部两侧内收，果顶微尖。横径 3.8cm（最大可达 4.4cm），纵径 4.0cm，侧径 3.6cm。缝合线较突出，中宽，结合紧密。壳面颜色较浅，纵纹明显，纹理细密、美观，沟纹较浅。文玩品质优良（图 4-63）。

图 4-63 京艺 5 号

一年生枝粗壮，灰褐色，皮目较大、中密，枝条茸毛较多。复叶小叶数 9～13 片，多 9、11 片，小叶长椭圆形，叶色绿，叶尖渐尖，叶缘全缘。混合芽圆形，柱头颜色黄色，雄花多，雄花序较长，花粉量较多。青果短椭圆形，果基平，果顶圆、有小乳突，颜色绿，果点小而密，茸毛较多，缝合线中部青皮厚 0.55cm，成熟后青皮易剥离。

树势较强，树姿较开张，成枝力中等。多顶芽结果，侧花芽比例 20%左右，属中长枝型。属晚实类型，高接第三年出现雌花，第三年出现雄花。雄先型。每雌花序着生 3～8 朵雌花，每结果枝坐果 1～3 个，多 1～2 个，自然坐果率 25%左右。幼树丰产性中等，成树丰产性较强，有大小年现象，连续结果能力中等。

萌芽期 4 月上旬，雄花期在 4 月下旬至 5 月初，雌花期在 5 月上旬，9 月上旬坚果成熟，10 月底至 11 月初落叶。

该品系适应性较强，抗寒性强，抗病性强，丰产性较强。坚果椭圆形，底侧扁，纹理细密、美观，适于手疗。

22. 京艺 9 号 京艺 9 号由北京市农林科学院林业果树研究所于 2009 从北京门头沟区百花山实生麻核桃中选出，属狮子头系列，俗称满天星狮子头。2011 年定为优系。

坚果尖圆形，果基较平或凹，果顶较尖。横径 3.9cm（最大可达 4.6cm），纵径 4.2cm，侧径 3.6cm。缝合线中宽，突出，结合紧密。壳面颜色较浅，纵纹较不明显，星点纹，纹理较美观，沟纹较深。文玩品质优（图 4-64）。

图 4-64 京艺 9 号

一年生枝粗壮，深灰色，皮目较小、较密，枝条茸毛短、较多。复叶小叶数 9～13 片，多 11 片，小叶长椭圆形，叶色绿，叶尖渐尖，叶缘全缘。混合芽圆形，柱头颜色粉黄，雄花数较少，雄花序较长，花粉量较多。青果近圆形，果基平、微凹，果顶尖圆，颜色绿，果点较密，茸毛较多，缝合线中部青皮厚 0.66cm，成熟后青皮易剥离。

树势强，树姿较直立，成枝力强。多顶芽结果，侧花芽比例较低。属中短枝型。属早实类型，高接第二至第三年出现雌花，第二年出现雄花。雌先型。每雌花序着生 3～7 朵雌花，每结果枝坐果 1～3 个，多 1～2 个，自然坐果率 25%左右。幼树丰产性中等，成树丰产性强，有大小年现象，连续结果能力中等。

萌芽期4月初，雄花期在4月下旬至5月初，雌花期在4月中、下旬，9月上旬坚果成熟，10月底至11月初落叶。

该品系适应性较强，抗寒性强，抗病性强，较丰产。坚果较大，星点纹，手握有扎手感，为手疗佳品。

23. 南将石狮子头 南将石狮子头由河北省涿鹿县林业局于2002年从涿鹿县南将石村选出。2014年1月通过河北省林木良种审定委员会审定。

坚果圆形、稍长，果基平或凹，常歪，果顶微尖。横径3.7cm（最大可达4.5cm），纵径3.8cm，侧径3.6cm。缝合线突出，中宽，结合紧密。壳面颜色浅黄，纵纹不明显，纹理美观，沟纹较深，新揉手的核桃有刮手感。文玩品质优（图4－65）。

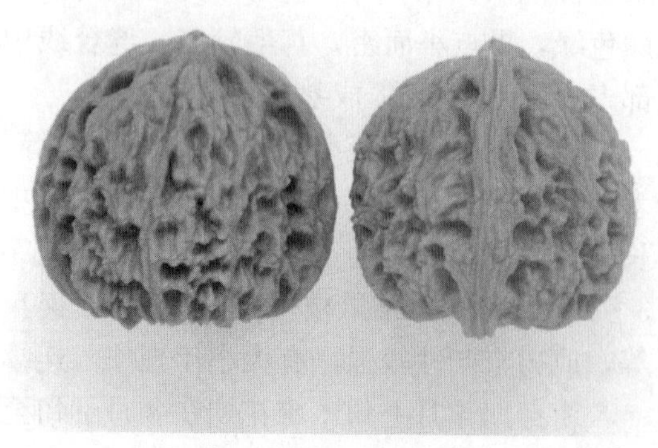

图4－65 南将石狮子头

一年生枝较粗壮，浅灰褐色，皮目细长、较大、较密，枝条茸毛较少。复叶小叶数9～13片，多9、11片，小叶长椭圆形，幼叶红色，成叶叶色绿，叶尖渐尖，叶缘全缘。混合芽圆形，柱头颜色红或粉红色，雄花较多，雄花序较长，花粉量较多。青果圆形，果基平，果顶圆，颜色绿，果点小而密，茸毛较多，缝合线中部青皮厚0.59cm，成熟后青皮易剥离。

树势较强，树姿较直立，成枝力较强。顶芽结果，属中短枝型。属晚实类型，高接第三至第四年出现雌花，第三年出现雄花。雄先型。每雌花序着生3～4朵雌花，每结果枝坐果1～3个，多1～2个，自然坐果率30%左右。幼树丰产性中等，成树丰产性强，连续结果能强。

萌芽期4月10日前后，雄花期在4月中、下旬，雌花期在4月底至5月上旬，9月上旬坚果成熟，10月底至11月初落叶。

该品系适应性较强，抗寒性、抗病性强、丰产性强。

24. M59 M59由北京市农林科学院林业果树研究所于2006年从昌平区十三陵镇上口村实生麻核桃中选出，属狮子头系列，又称片纹狮子头。2008年定为优系。

坚果近圆形，果基平，果顶圆、较尖。横径3.9cm(最大可达4.4cm)，纵径3.8cm，侧径3.9cm。缝合线突出，中宽，结合紧密。壳面颜色浅，纵纹不明显，片坑纹，纹理较美观。文玩品质优良（图4－66）。

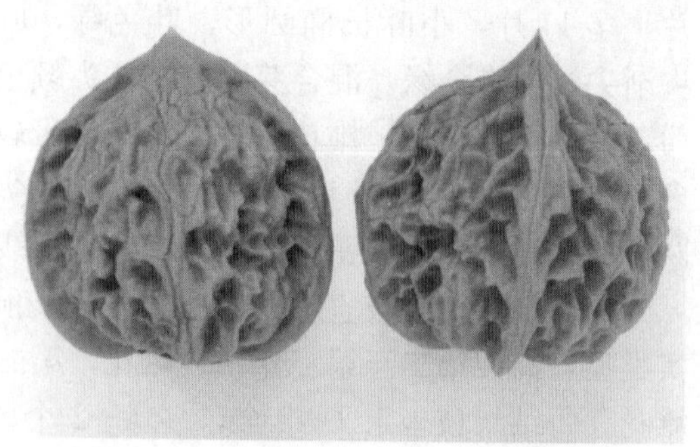

图4－66 M59

一年生枝较粗壮，浅灰褐色，皮目细长较大、较稀，枝条茸毛中多。复叶小叶数7～13片，多9片，小叶长椭圆形，幼叶红色，成叶叶色绿，叶尖渐尖，叶缘全缘。混合芽圆形，柱头颜色黄或粉黄色，雄花多，雄花序较长，花粉量大。青果卵圆形，果基较平，果顶圆、有乳突，颜色绿，果点中大较稀，茸毛中多，缝合线中部青皮厚0.59cm，成熟后青皮易剥离。

树势中庸，树姿较开张，成枝力中等。多顶芽结果，属中短枝型。属早实类型，高接第二至第三年出现雌花，第二年出现雄花。雄先型。每雌花序着生3～10朵雌花，每结果枝坐果1～4个，多1～3个，自然坐果率30%左右。幼树丰产性中等，成树丰产性强，连续结果能力中等，有大小年现象。

萌芽期4月上旬，雄花期在4月中、下旬，雌花期在4月底至5月上旬，8月下旬坚果成熟，10月下旬至11月初落叶。

该品系适应性强，抗寒性强，抗病性强，丰产，可作抗寒、抗病的育种材料。坚果中大，片坑纹，纹理较美观，适于手疗。

25. M30　M30由北京市农林科学院林业果树研究所于2006年从延庆县大庄科实生麻核桃中选出，又称罗汉头。2008年定为优系。

坚果长圆形，果基平、常歪，果顶尖，两肩下沉而凸（凸脑门，形似“罗汉头”）。横径3.9cm（最大可达4.4cm），纵径4.3cm，侧径4.1cm。缝合线突出，较宽，结合紧密。壳面颜色较浅，纵纹较明显，常有蝌蚪纹，纹理美观，沟纹密、多变。文玩品质优良（图4-67）。

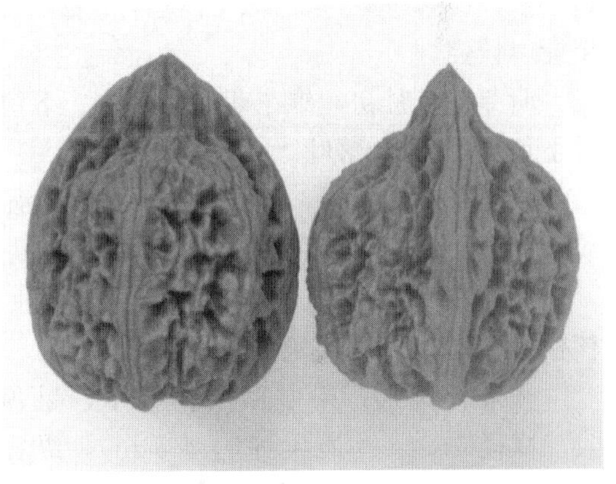

图4-67　M30

一年生枝粗壮，浅灰褐色，皮目大、较稀，枝条茸毛较少。复叶小叶数7～13片，多9、11片，小叶长椭圆形，叶色绿，叶尖渐尖，叶缘全缘。混合芽圆形，柱头颜色黄色，雄花多，雄花序短，花粉量较大。青果椭圆形，果基圆，果顶凸圆，果肩低、圆，颜色绿，果点较小、极密，茸毛较多，缝合线中部青皮厚0.65cm，成熟后青皮易剥离。

树势强，树姿较直立，成枝力强。多顶芽结果，属中短枝型。属晚实类型，高接第三年出现雌花，第三年出现雄花。雄先型。每雌花序着生3～5朵雌花，每结果枝坐果1～2个，多1个，自然坐果率10%左右。幼树丰产性较差，成树丰产性中等，连续结果能力较强。

萌芽期4月初，雄花期在4月中、下旬，雌花期在4月中旬，8月下旬至9月初坚果成熟，10月下旬至11月初落叶。

该品系适应性强，抗寒性强，抗病性强，较丰产。坚果较大，大肚（侧径大），凸脑门，常有蝌蚪纹沟，纹密、多变，纹理美观，适于手疗和雕刻。

26. M23　M23由北京市农林科学院林业果树研究所于2006年收集，属狮子头系列，又称小满天星。2009年定为优系。

坚果圆形，果基平、常歪，果顶圆。横径3.3cm（最大可达4.0cm），纵径3.5cm，侧径3.2cm。缝合线较凸，结合紧密。壳面颜色较浅，纵纹不明显，星点纹，纹理美观。文玩品质优良（图4-68）。

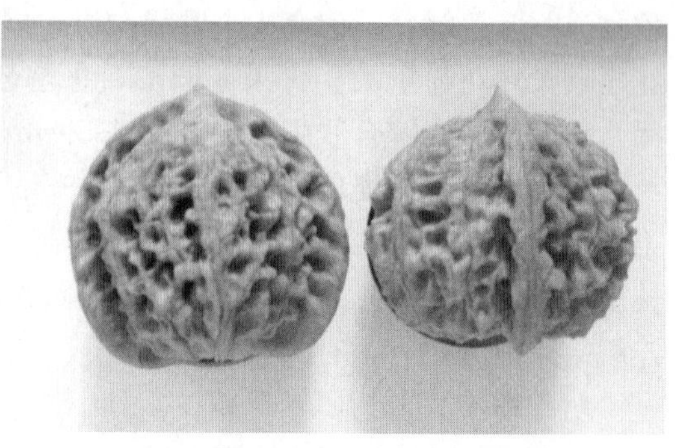

图4-68 M23

一年生枝粗壮，浅灰褐色，皮目较大、较稀，枝条茸毛中多。复叶小叶数7～13片，多9、11片，小叶长椭圆形，叶色绿，叶尖渐尖，叶缘全缘。混合芽圆形，柱头颜色粉红，雄花较多，雄花序较长，花粉量较大。青果圆形，果基较平或微凹，果顶圆，果肩圆，颜色黄绿，果点大、较密，茸毛较多，缝合线中部青皮厚0.93cm，成熟后青皮易剥离。

树势较强，树姿较直立，成枝力较强。多顶芽结果，属中短枝型。属晚实类型，高接第四年出现雌花，第三年出现雄花。雄先型。每雌花序着生3～6朵雌花，每结果枝坐果1～3个，多1～2个，自然坐果率20%左右。幼树丰产性较差，成树丰产性较强，连续结果能力较强。

萌芽期4月初，雄花期在4月中、下旬，雌花期在5月上旬，9月上旬坚果成熟，10月下旬至11月初落叶。

该品系适应性强，抗寒性强，抗病性强，较丰产。坚果较小，果形圆而正，星点纹，纹理美观，适于手疗和加工手串。

27. M9 M9由北京市农林科学院林业果树研究所于2006年从平谷区熊儿寨实生麻核桃中选出，2008年定为优系。

坚果长圆形，果基微凹，较窄，果顶尖。横径3.9cm（最大可达4.5cm），纵径4.4cm，侧径3.9cm。缝合线突出，中宽，结合紧密。壳面颜色较浅，纵纹较明显，迂回纹，纹理较美观，沟纹较深。文玩品质优良（图4-69）。

图4-69 M9

一年生枝较粗壮，浅灰褐色，皮目小、较密，枝条茸毛较少。复叶小叶数7～13片，多9、11片，小叶长椭圆形，叶色绿，叶尖渐尖，叶缘全缘。混合芽圆形，柱头颜色黄色，雄花较少，雄花序较长，花粉量较大。青果长圆形，果基平，果顶凸圆，果肩圆，颜色黄绿，果点小而密，茸毛较少，缝合线中部青皮厚0.58cm，成熟后青皮易剥离。

树势中庸，树姿较开张，成枝力较强。多顶芽结果，属中长枝型。属晚实类型，高接第四年出现雌花，第三年出现雄花。雌先型。每雌花序着生3～6朵雌花，每结果枝坐果1～3个，多1～2个，自然坐果率20%左右。幼树丰产性中等，成树丰产性较强，连续结果能力较强。

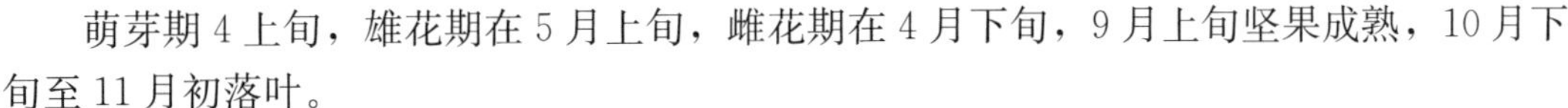

萌芽期4上旬，雄花期在5月上旬，雌花期在4月下旬，9月上旬坚果成熟，10月下旬至11月初落叶。

该品系适应性强，抗寒性强，抗病性强，较丰产。坚果中大，长圆形，迂回纹，纹理较美观，适于手疗，也可作为抗寒抗病育种的材料。

第四节　山核桃优良品种

一、山核桃主要栽培品种

1. 浙林山1号　浙江林学院于2001年选育出来的优良单株。2006年通过浙江省林木良种审定委员会认定，良种证号：浙R-SC-CC-003-2006。乔木，树冠开展，中上部树冠大；奇数羽状复叶5～7枚，小叶软革质，椭圆状披针形，渐尖，边缘具细密锯齿，背面密被黄褐色腺鳞；雄花为柔荑花序，长12～26cm，雌花为短总状花序，2～3朵生于新枝顶。果实皮厚，具明显4纵脊，纵径3.6cm，横径3.2cm，鲜果重46～52个/kg，坚果大，卵圆形，纵径2.08～2.14cm，横径2.14～2.22cm，干籽重105～115个/kg，出籽率30.2%，出仁率52.49%，含粗脂肪66.67%，粗蛋白11.59%，钙0.17%，钾0.38%，性状稳定，果实品质好（图4-70）。

图4-70　浙林山1号

2. 浙林山2号　浙江林学院于2001年选育出来的优良单株。2006年通过浙江省林木良种审定委员会认定，良种证号：浙R-SC-CC-004-2006。乔木，树冠倒卵形，中上部树冠大；奇数羽状复叶5～7枚，小叶软革质，倒卵状披针形，渐尖，边缘具细密锯齿，背面密被黄褐色腺鳞；雄花为柔荑花序，长8～16cm，雌花为短总状花序，2～3朵生于新枝顶。果实皮厚，具4纵脊，纵径3.5cm，横径3.2cm，鲜果重62～70个/kg，坚果大，卵圆形，纵径2.08～2.24cm，横径1.96～2.18cm，干籽种236～252粒/kg，出籽率30.2%，出仁率47.88%，含粗脂肪69.33%，粗蛋白10.64%，钙0.13%，钾0.40%，性状稳定，果实品质好（图4-71）。

3. 浙林山3号　浙江林学院于2003年选育出来的优良单株。2006年通过浙江省林木良种审定委员会认定，良种证号：浙R-SC-CC-005-2006。乔木，树冠圆卵形，中部树冠大，树势中庸，萌芽力较弱；奇数羽状复叶5～7枚，小叶软革质，椭圆状披针形或倒卵状披针形，先端渐尖，边缘具细锯齿，上面绿色，下面密被黄褐色腺鳞；雄花为柔荑花

图 4-71　浙林山 2 号

序，长 12～18cm，雌花为短总状花序，2～3 朵生于新枝顶，无花柱，柱头 2 裂。果实近球形，具 4 纵脊，纵径 2.8cm，横径 2.7cm，鲜果重 68～82 个/kg，坚果卵圆形，中等偏大，纵径 1.9cm，横径 1.8cm，干籽重 270～290 个/kg，出籽率 36.74%，出仁率 49.6%，较产地平均水平高。整个生长物候期明显提早，其中展叶期提早 10～12d，花期提早 4～5d，成熟期 9 月初，提早 7～10d（图 4-72）。

图 4-72　浙林山 3 号

4. 皖金 1 号　金寨县大别山山核桃专业合作社与浙江农林大学选育出来的优良单株。2013 年通过安徽省林木良种审定委员会认定，良种证号：皖 S-SC-CD-016-2013。乔木，高 12m，枝下高 3.5m；树冠广卵形，冠幅 6m×7m；冬芽细瘦，奇数羽状复叶，小叶 5～7 枚，椭圆状披针形至倒卵状披针形，长 6～14.5cm，宽 1.5～5.5cm，叶色浓绿，叶缘具锯齿。雌花序具花 2～3 朵；雄花序为柔荑花序，长 5.0～9.5cm，总花序柄长1～3mm。3 月底 4 月初芽萌动，4 月上旬抽梢展叶，5 月上旬春梢顶端分化雌花开放，5 月中旬雄花散粉，7 月上旬至 8 月中旬为果实膨大期，9 月上中旬果实成熟。果实椭球形，果皮黄褐色，大小均匀，平均单果重 9.59g；坚果近球形，纵径 2.13cm，横径 2.04cm，果形指数 1.05，核壳厚 0.83mm，核隔膜厚 0.48mm，出仁率 50.71%，种仁含粗脂肪 64.04%，其中不饱和脂肪酸占 91.81%，粗蛋白 64.04mg/g，可溶性糖 57.58mg/g。花期较晚，抗寒性好，对枯枝病、干腐病等主要病害具有较强的抗性，丰产稳产性好（图4-73）。

图 4-73　皖金 1 号

5. 皖金 2 号　金寨县大别山山核桃专业合作社与浙江农林大学选育出来的优良单株。2013 年通过安徽省林木良种审定委员会认定，良种证号：皖 S-SC-CD-017-2013。乔木，12m，枝下高 2.6m；树冠广卵形，冠幅 6m×8m；冬芽细瘦，奇数羽状复叶，小叶 5～7 枚，椭圆状披针形至倒卵状披针形，长 6～14.5cm，宽 1.5～5.5cm，叶色浓绿，叶缘具锯齿。雌花序具花 2～3 朵；雄花序为柔荑花序，长 5～9.5cm，总花序柄长 1～3mm。3 月底 4 月初芽萌动，4 月上旬抽梢展叶，5 月上旬春梢顶端分化雌花开放，5 月中旬雄花散粉，7 月上旬至 8 月中旬为果实膨大期，9 月上中旬果实成熟。果实椭球形，果皮黄褐色，大小均匀，平均单果重 17.35g；出籽率 33.58%；坚果椭圆形，纵径 2.77cm，横径 2.06cm，果形指数 1.35，核壳厚 0.80mm，核隔膜厚 0.46mm，籽粒平均单重 6.5g，出仁率 55.66%，种仁含粗脂肪 66.86%，其中不饱和脂肪酸占 86.95%，粗蛋白 56.50mg/g，可溶性糖 67.72mg/g。花期较晚，抗寒性好，对枯枝病、干腐病等主要病害具有较强的抗性，丰产稳产性好（图 4-74）。

图 4-74　皖金 2 号

6. 皖金 3 号　金寨县大别山山核桃专业合作社与浙江农林大学选育出来的优良单株。2013 年通过安徽省林木良种审定委员会认定，良种证号：皖 S-SC-CD-018-2013。乔木，高 11.6m，枝下高 2.4m；树冠广卵形，冠幅 6m×7m；冬芽细瘦，奇数羽状复叶，小叶

5～7枚，椭圆状披针形至倒卵状披针形，长 6～14.5cm，宽 1.5～5.5cm，叶色浓绿，叶缘具锯齿。雌花序具花 2～3 朵，雄花序为柔荑花序，长 5～9.5cm，总花序柄长 1～3mm。3 月底 4 月初芽萌动，4 月上旬抽梢展叶，5 月上旬春梢顶端分化雌花开放，5 月中旬授粉，7 月上旬至 8 月中旬为果实膨大期，9 月上中旬果实成熟。果实椭球形，果皮黄褐色，大小均匀，平均单果重 11.39g；出籽率 42.37%；坚果椭圆形，纵径 2.49cm，横径 2.02cm，果形指数 1.23，核壳厚 0.66mm，核隔膜厚 0.41mm，出仁率 52.54%，种仁含粗脂肪 66.12%，其中不饱和脂肪酸占 80.99%，粗蛋白 60.15mg/g，可溶性糖 34.55mg/g。花期较晚，抗寒性好，对枯枝病、干腐病等主要病害具有较强的抗性，丰产稳产性好。

图 4－75　皖金 3 号

二、长山核桃优良品种

长山核桃人工栽培从 17 世纪初开始已有 400 多年的历史。我国自 20 世纪 50 年代开始引种栽培，并进行实生选种。

1. 金华 1 号　1932 年从美国引入的种子培育成的植株，由浙江省亚热带作物研究所选为优良品种。雌雄花期能相遇，结果良好，不需要配置授粉树也能结实。嫁接苗种植后，3～4 年生时有少量植株能结实。10 年生株产 16kg，20 年生株产 30kg，26 年生时最高株产达 40kg，大小年产量相差较大，但种子质量很好。坚果椭圆形，下部粗圆，上部稍细，果顶两侧凹陷。浙江 5 年生株产 2～2.5kg，坚果重 8.93g，出仁率 54.2%，含油率 78.7%。云南省产的坚果重 6.1～9.02g，出仁率 52.6%～58.6%，种仁含油量 73.5%～77.8%。种仁金黄色，脊沟中宽，仁基不裂。仁味特别香纯，比一般品种口感好，深受群众喜爱。

2. 波尼（Pawnee）　美国长山核桃优良品种，1963 年杂交，亲本为 Mohawk×Starking HG，1984 年发布。坚果椭圆形，果顶钝尖，果基圆，横切面扁平，坚果重 10.2g，出仁率 58%。种仁金黄色，脊沟宽，脊沟靠果基部分裂深。雄花散粉早或居中，少量可以自花结实。为雄先型品种。威奇塔、贝克、长林 13 可作为授粉树配置。该品种特点：

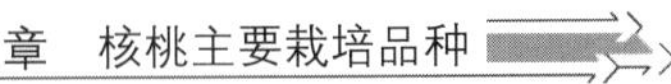

物候早，早实，坚果早熟，有大小年倾向。中度感染黑斑病（*Mycosphaerella dendroides*），较抗黄蚜（*Monelliopsis* sp.）。

3. 卡多（Caddo）　美国长山核桃优良品种，为杂交品种，亲本为 Brooks×Alley，1968 年定名推广。坚果长椭圆形，果基果顶锐尖，似橄榄形。132～165 个/kg，出仁率 52%～58%。种仁脊沟宽，金黄色，品质优，耐贮藏，色泽保持能力极佳。雄先型。据初步观察威奇塔（Wichita）、贝克（Baker）、长林 13 号雄花期（4 月下旬至 5 月初）与卡多的雌花期（4 月下旬至 5 月初）近似，可作授粉树配置。该品种早实、较丰产，坚果早熟，食味口感好，隔年结实不明显。但抗黑斑病能力差。且坚果偏小，外形不美观。

4. 德西拉布（Desirable）　美国长山核桃优良品种，原产于密西西比州。来源于人工杂交，亲本为 Success×Jewett，1936 年释放。坚果大而美观，椭圆形，果基果顶稍尖。坚果重 9.1～11.4g，88～110 粒/kg，出仁率 50%～56%。易脱壳，仁金黄色，脊沟宽。雄先型，雄花散粉早、丰产，坚果品质优良。果实 10 月中下旬成熟。易感丛枝病，抗黑斑病能力差。

5. 金奥瓦（Kiowa）　美国长山核桃优良品种，1953 年由美国农业部长山核桃试验站杂交育成。亲本为 Mahan×Desirable，1976 年释放。坚果性状和外观与德西拉布相似。果长椭圆形，果基、果顶钝或略尖，坚果横断面圆形。坚果重 9～11.5g，88～110 粒/kg，出仁率 55%～60%。种仁金黄色，脊沟宽。雌先型，早实丰产，适宜密植。果实晚熟。易感黑斑病。

6. 坎扎（Kanza）　美国长山核桃优良品种，美国农业部长山核桃试验站杂交培育出的新品种。1955 年杂交，亲本为 Major×Shoshoni，1996 年释放。坚果卵圆形，果顶尖，果基钝圆，粒重 6g，出仁率 54%。种仁金黄色，雌先型。早实丰产。抗黑斑病。坚果较小，容易脱壳。果实发育期短。

7. 凯普费尔（Cape Fear）　美国长山核桃优良品种，1937 年从 Schley 母树上自然授粉的种子实生苗中选出。坚果椭圆形，种顶种基钝尖，种壳上有明显深色斑条纹。坚果重 8.3g，出仁率 54%。早实、丰产，每 667m^2 产量达 250kg。种仁乳黄至金黄色，脊沟稍宽，次脊沟深。雄先型。雄花散粉较早。叶易感真菌性病害而导致落叶。

8. 埃尼奥特（Elliott）　美国长山核桃优良品种，原产佛罗里达实生苗，生长势旺。在佐治亚州栽培广泛。坚果卵圆形，果顶锐尖，果基圆，似泪滴状，又称“一滴泪”。坚果较小，重 6.5～8.2g，出仁率 51%～55%。雌先型。果实中熟，结果中等，种仁金黄色，脊沟宽，基部深裂。取仁容易，种仁饱满，为优良去壳出售品种。抗黑斑病，易受黑蚜为害。种子经常用来培育砧木。

9. 肖尼（Shawnee）　美国长山核桃优良品种，1949 年由美国农业部长山核桃试验站人工杂交育成。亲本为 Schley×Barton，1968 年释放。坚果重 9.5g，出仁率 57%，含油量 74.3%。坚果较长，果实横切面不圆，两侧略扁。果基钝尖，果顶渐尖。壳薄易脱仁。种仁脊沟窄，仁基中裂。仁金黄色。雌先型。抗黑斑病能力差。

10. 巴顿（Barton）　美国长山核桃优良品种，1937 年由美国农业部长山核桃试验站杂交培育成。亲本为 Moore×Success，1953 年释放。坚果椭圆形，果基果顶钝或稍尖。坚果重 9.6g，出仁率 57%。种仁金黄色，次脊沟较深。萌芽较迟，雄先型。早果丰产。

抗黑斑病。

11. 福克特（Forkert） 美国长山核桃优良品种，人工杂交而来。亲本为 Success×Schley，1960 年进入商业化生产。坚果长椭圆形，果顶尖，果基钝。果壳颜色稍带黄色，表面有显著的暗色条斑。坚果重 9.25g，出仁率 62%。种仁乳黄色，种仁脊沟深而窄。雌先型。抗黑斑病。

12. 威奇塔（Wichita） 美国长山核桃优良品种，1940 年由美国农业部长山核桃试验站杂交选育成。亲本为 Halbert×Mahan，1959 年释放。坚果长椭圆形，果顶较尖，锐而不对称，果基略尖。坚果重 7～10.1g，出仁率 57%～63%，是出仁率最高的品种。种仁棕黄色或金黄色，脊沟宽而浅，基部裂开。雌先型，散粉期居中。结果极早，产量多，果仁品质良好，去壳出售。枝杈角直立，整形时需要经常修剪。易感黑斑病。该品种对环境要求高，喜肥水和精细管理。

13. 契可特（Choctaw） 美国长山核桃优良品种，1949 年由美国农业部长山核桃试验站杂交育成。亲本为 Success×Mahan，1959 年释放。坚果卵圆形至椭圆形，果顶钝，果基略尖，横断面圆形，缝合线不明显。坚果重 9～11.4g，出仁率 54%～60%。种仁乳黄色至金黄色。脊沟浅。雌先型。结果极早，青果上有较匀青黑点，是该品种的特征。产量多，叶茂，坚果优良，带壳出售。抗黑斑病。

14. 肖斯霍尼（Shoshoni） 美国长山核桃优良品种，由美国农业部长山核桃试验站人工杂交育成。亲本为 Odom×Evers，1972 年释放。坚果重 7.6～11.4g，出仁率 52%～58%。坚果短椭圆形，果基圆钝，果顶钝尖，易脱壳。雌先型。特别早实丰产，果实中熟。隔年结果现象明显，超量结果时坚果质量差，必要时要疏花疏果。该品种耐霜霉病，抗疮痂病。

15. 奥康纳（Oconee） 美国长山核桃优良品种，1956 年由美国农业部长山核桃试验站杂交而育成。亲本为 Schley×Barton，1989 年释放。坚果椭圆形，果顶、果基钝圆。坚果重 9.6g，出仁率 56%。取仁容易，种仁品质优良。雄先型。早实丰产。抗白粉病、脉斑病。抗黑斑病能力中等。

16. 莫荷克（Mohawk） 美国长山核桃优良品种，由人工杂交育成。亲本为 Success×Mahan，坚果重 7.6～12.9g，出仁率 55%～60%。雌先型。始果期中等，产果多，果实早熟，在坚果大的品种中属于成熟最早品种。带壳出售，品质极优。树势强，叶茂，易感疮痂病。

17. 特贾斯（Tejas） 美国长山核桃优良品种，1949 年由美国农业部长山核桃试验站杂交而育成。亲本为 Mahan×Risien，1973 年释放。坚果长椭圆形，果基果顶尖（果顶尖是圆锥状尖）。坚果重 6.9～8.3g，出仁率 50%～56%。种仁脊沟宽而浅，易脱壳。雌花先熟。结果中早，产果多，果实中熟，树势强壮，叶茂。但极易感黑斑病。

18. 韦斯顿施莱（Western Schley） 美国长山核桃优良品种，起源于得克萨斯州，从近 1 000 株实生苗中选出，于 1924 年命名推出。并被用作杂交亲本，其后代为 Harpero。果为倒卵椭圆形，基部钝圆。坚果不大，重 7.1g，出仁率 57%～60%。坚果耐藏性能优良。为美国西部灌溉条件下，标准的易去壳品种。秋季树体进入休眠期早，能抵抗初冬冻害。抗病虫害能力弱。

19. 斯图尔特（Stuart） 美国长山核桃优良品种，原产于密西西比州实生苗。是长山核桃主产区最著名的品种。该品种久经考验，曾作为标准品种。雌花先熟。坚果卵椭圆形，果顶钝，果基圆钝。坚果中等大，单果重 8.3～9.0g，出仁率 44%～50%。云南引种后表现始果期晚，晚熟产量不高。

20. 马罕（Mahan） 美国长山核桃优良品种，原产于密西西比州的 Schley 实生苗，始果期早，产果多，树势强，叶茂，易感疮痂病，结果多时坚果质量差，必要时要进行疏花疏果。雌花先熟。坚果长椭圆形，果顶尖，果基短尖，中间有点细，坚果不对称，两侧略扁。坚果大，单果重 9.1～14.1g，出仁率 50%～58%。

21. 山站 2 号 浙江省亚热带作物研究所从 1965 年法国植物病理学家夏普赠送的马罕（Mahan）品种的实生后代中选出的优良品种。7 年开始结果，8 年株产 15.5kg。雌花先熟，须配置授粉树。坚果形状与马罕极似。坚果重 7.92g，出仁率 57.6%，仁含油量 78.95%。嫁接苗定植后 2～3 年始果。

22. 贝克（Baker） 美国长山核桃优良品种，是中型果实品种，在云南省漾濞、永平、禄劝、新平、宁洱、腾冲、绿春等地种植，均表现良好。坚果椭圆形，果顶果基钝尖，果顶两侧扁凹，被银灰色粉，种壳淡褐色，是该品种一特征。仁浅金黄色，脊沟稍宽深，仁基浅裂。坚果重 5.2～6.89g，出仁率 53.3%～57.8%，仁含油量 74%。雌花先熟。比较丰产，果中熟。

23. 莫兰（Moreland） 美国长山核桃优良品种，在云南省漾濞、永平、禄劝、新平、祥云、宁洱种植。坚果椭圆形，果顶渐尖，两侧稍凹，果基钝短尖，种壳淡褐黄色，果上部有黑色斑条。仁淡金黄色，脊沟中宽稍深，仁基中裂。坚果重 5.26～8.26g，出仁率 53.6%～59.8%。果实成熟稍晚。

24. 绍兴 1 号 1931 年从美国引入该品种的种子，培育成实生树，由浙江省亚热带作物研究所选为优良品种。雌雄花期能相遇，结果稳定，较丰产，大小年产量悬殊小，不需要配置授粉树，可以结实。其嫁接苗种植后，3～4 年生可以结果，10 年生株产 15kg，20 年生株产 30kg，26 年生株产达 60.7kg，38 年生株产达 127kg。浙江产的坚果重 6.08g，出仁率 47.3%，仁含油量 73.8%。

25. 禄泉 2010 年云南省林业科学院在禄劝小湾长山核桃种植园内的实生树中选出的优良品种。在漾濞、新平、普洱、昆明等地种植。坚果略长椭圆形，上部有黑斑条，果顶部渐尖，两侧稍扁凹，果基钝短尖。坚果重 7.12g，出仁率 57.3%。仁深金黄色，脊沟中宽深，次脊沟长稍深，仁基多数不裂。果中晚熟。

第五章 核桃育种

第一节 核桃育种概述

一、育种的历史与意义

培育核桃良种是实现核桃优质丰产的重要途径之一，为此世界各国都非常重视核桃新品种的培育工作。中国虽然拥有丰富的核桃种质资源，也有较长的核桃栽培历史。但在很长一段时间内核桃选种一直停留在实生选种的阶段，因子代变异大，良莠不齐，不能满足商品生产的需要。20 世纪 70 年代随着北方地区核桃繁殖技术的推广，核桃育种进入了无性系选择育种阶段。而我国系统地、有目的地通过杂交育种等方法进行品种改良工作也是从 70 年代才开始步入正轨。美国的核桃栽培历史只有 100 年左右，但由于十分注重科技含量，狠抓核桃生产的良种化、区域化、机械化和商品化，仅用了 30 年左右就一跃成为和中国并驾齐驱的世界核桃产销大户。推出了强特勒、哈特利、维纳等优良品种，都具有丰产性好、抗性强的特性，在世界范围内都得到一定程度的栽培推广。因此，要发展核桃产业，提高我国核桃产业的生产效率与竞争力，必须要有优良品种作为基础。

我国地域辽阔，各地的地形地貌（山地、平原、丘陵）、气候、土壤条件都不相同，这就决定了当前核桃新品种选育既要保证一定区域范围内适应性的前提下，又要具有较强的针对性。同时，随着人们生活水平的提高，消费需求日益多样化，因此，育种目标也要因地区、时间和市场需求的变化而变化。进入 21 世纪后，我国核桃育种目标以早实、丰产为前提，增加了抗逆性（抗病、抗虫、抗寒、耐高温日灼等）、物候期偏晚（避晚霜冻害）；改良核桃坚果外形（果形均匀，光滑，果壳色浅）；改良核桃坚果营养品质（提高出油率和达到合理的脂肪酸比例）；改良风味（特别是提高鲜食风味和口感），树体生长快（果材兼用型）；容易加工（大小适中，易于机器去壳）等不同的技术指标。同时，为了增强核桃树体抗性，并达到矮化树体，实现早实丰产的目的，针对砧木改良的育种工作也是核桃育种工作中的一个重要方向。

二、育种取得的主要成就

20 世纪 70 年代，我国核桃育种工作进入全面发展时期；20 世纪 90 年代，我国评定出首批早实型核桃新品种 16 个，并在全国范围内推广种植，已取得了良好进展。从 90 年代开始，各省（自治区、直辖市）都积极开展核桃的选育工作，选育出了大量的适合当地条件的若干优良单株或优良品种。如山西的晋龙 1 号，山东的元丰，辽宁的礼品 1 号，陕西的西扶 2 号、陕核 1 号和西洛 1 号，新疆的新早丰、温 185 和扎 343，云南的漾濞泡核

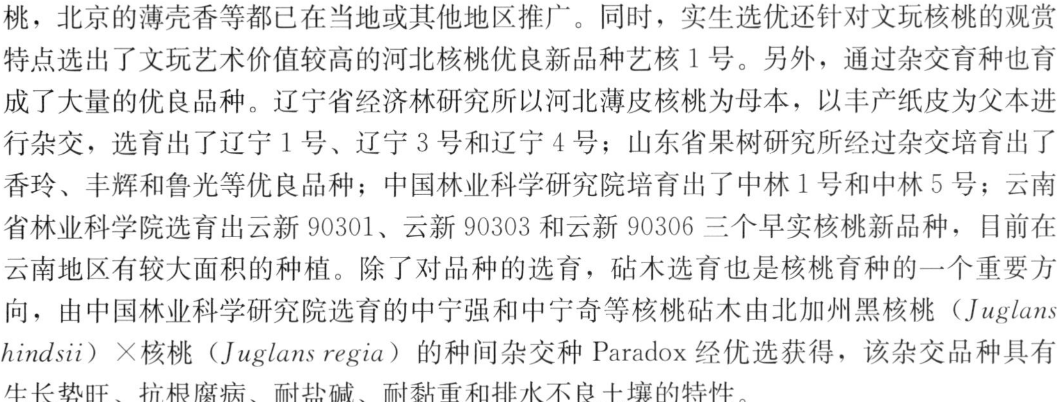
桃，北京的薄壳香等都已在当地或其他地区推广。同时，实生选优还针对文玩核桃的观赏特点选出了文玩艺术价值较高的河北核桃优良新品种艺核 1 号。另外，通过杂交育种也育成了大量的优良品种。辽宁省经济林研究所以河北薄皮核桃为母本，以丰产纸皮为父本进行杂交，选育出了辽宁 1 号、辽宁 3 号和辽宁 4 号；山东省果树研究所经过杂交培育出了香玲、丰辉和鲁光等优良品种；中国林业科学研究院培育出了中林 1 号和中林 5 号；云南省林业科学院选育出云新 90301、云新 90303 和云新 90306 三个早实核桃新品种，目前在云南地区有较大面积的种植。除了对品种的选育，砧木选育也是核桃育种的一个重要方向，由中国林业科学研究院选育的中宁强和中宁奇等核桃砧木由北加州黑核桃（*Juglans hindsii*）×核桃（*Juglans regia*）的种间杂交种 Paradox 经优选获得，该杂交品种具有生长势旺、抗根腐病、耐盐碱、耐黏重和排水不良土壤的特性。

第二节　核桃育种目标

中国核桃育种目标，主要概括为以下几点：以生产坚果为主，适于大面积栽培的目标为早实、丰产、优质、抗逆性强；以道路和荒山绿化为主，经济产量为辅的选育目标为果材兼用型。为适应我国今后核桃生产发展，以适应机械化操作的需要，砧木选育也提上了育种日程。

历史时期不同，育种的侧重点不同。20 世纪 60 年代，由于我国核桃结果晚，产量低，因此育种目标以早实、丰产为主，开展了新疆早实核桃引种选育，选优工作普遍开展，从其早实后代中选出了一批优良品种和单株，如山东省果树研究所选育的元丰，北京林业果树研究所选育的京 861，河南林业厅选育的绿波等。80 年代，由于美国核桃生产的品种化程度提高，坚果外观整齐、品质优良等原因，在国际市场占有率大大提高，而我国核桃却因实生繁殖，粗放管理，导致坚果品质参差不齐，难在国际市场上抗衡，从而占有率大幅度萎缩，几乎被挤出国际市场。为提高中国核桃品质，增加出口创汇能力，这一时期的育种目标主要是品质育种。核桃科研工作者在以往选种育种的基础上，通过人工杂交，选育出一批壳薄、外观美观、核仁色浅、味香不涩的优良品种，如山东省果树研究所选育的香玲、丰辉、鲁光，辽宁经济林研究所选育的辽宁 1 号等。90 年代，随着中国首批 16 个核桃优良品种在生产上的推广应用，核桃生产有了较大发展，核桃栽培者生产积极性进一步提高，对品种的要求也越来越高，不单是早实、丰产、优质，还要适合不同立地条件和栽培需要，山东省果树研究所选育出了岱丰、鲁果 4 号等，辽宁经济林研究所选育出了辽宁 8 号等。地域不同，育种的侧重点也不同，如核桃主产区的云南、贵州等地，选种目标首先是耐阴、不惧温湿，然后是早实、丰产、优质。河北北部、辽宁、吉林等寒冷地区，首要的育种目标就是耐寒性强，然后才是早实、丰产优质。

一、早实育种

“早实”就是结果早，一般播种后 2～3 年开花结果，晚实核桃 8～10 年开始结果。早实核桃是珍贵的育种资源，可以大大缩短育种周期。早实品种的选育和栽培，对提高我国核桃的产量和品质有重要的现实意义。利用早实核桃早结果的优良特性，早实核桃之间杂交，可获得具有优良特性的新品种早实核桃；其他类型种质进行杂交，可以获得具有早实特性的意外新种质，并继续进行新品种选育。如山东省果树研究所以野核桃（*J. cathayensis* Dode）为母本，与早实核桃（*J. regia* L.）品种香玲等，开放授粉杂交，获得杂交种，经过杂交种子代培育，获得有优异性状的杂交后代 56 株。进一步调查后代的植物学性状和生物学性状，2003 年评价出 8 个优株，后代早实率 80%以上，为选育品质优良和抗逆性强的核桃品种积累了一批优良的资源。其中 YZ1－1（鲁文 1 号）和 YZ1－8（鲁文 8 号）表现早实性好，抗逆性强，坚果大，鸡心形，端正、壳坚实、纹路凹凸有致美观、手感好，着色快，可作为文玩核桃类型发展，2010 年获国家植物新品种保护权。

二、丰产育种

“丰产”是一个好的品种应具备的基本特性。虽然核桃丰产育种获得了很大进展，但与核桃本身的丰产潜力还有差距，美国品种的核桃高产就足以证明了这一点。中国核桃的首要育种目标应为满足不断增长的市场消费需求。国内外核桃市场需求不断攀升，中国为核桃主产国，今后一段时期的育种目标就是培育超高产品种，其产量要超过现有品种的10%～20%。丰产育种的手段，仍应该以有性杂交为主，同时，远缘杂交、组织培养、分子生物育种、基因导入也可作为辅助手段。中国人多地少，山区占国土总面积的 69%，核桃主要种植地区为山区，地块小、地力薄、机械化能力低，因此，育种选择上应选择树体紧凑、矮化、易管理的丰产性品种作为育种资源，以选育丰产、稳产、适宜性强的优良品种。

三、抗性育种

病虫害及不良环境（逆境、非生物胁迫）严重威胁核桃的高产稳产优质。选育抗逆性强的品种是防治病虫害和抵抗逆境威胁的有效措施。炭疽病、细菌性黑斑病、腐烂病、枝枯病、褐斑病、溃疡病、白粉病等病害是中国核桃的主要病害；主要虫害有云斑天牛、刺蛾、举肢蛾、介壳虫、金龟子、大青叶蝉等；另外还有晚霜危害，尤其是云贵川高海拔地区，大大影响了核桃的生产。因此，培育抗逆性强的品种更是我国核桃今后育种的重要目标。目前，我国核桃抗性育种虽然取得了一些进展，但所育品种产量和品质上有一定弊病，不能完全满足生产需求，因此，今后抗性育种仍需要不断发现和鉴定抗性种质，并采取新技术、新方法，创造新抗原，培育新品种。

四、优质育种

为了普遍提高中国核桃的品质，促进核桃产业健康可持续发展，今后核桃品质育种仍是一个不变的重要主题。①核桃是我国一个重要的木本粮油树种，从食用油来考虑，正逐步成为一个重要的战略树种。要培育含油量超过 70%的核桃高含油品种，即油用型核桃类型品种，是目前急需的核桃育种目标。②核桃蛋白质中含有人体所需的各种氨基酸，另外，精氨酸和鸟氨酸能刺激脑垂体分泌生长激素，控制多余脂肪形成，还含有丰富的维生素、多酚、类黄酮、磷脂、褪黑色素等，营养及保健价值极高。因此，从营养保健价值角

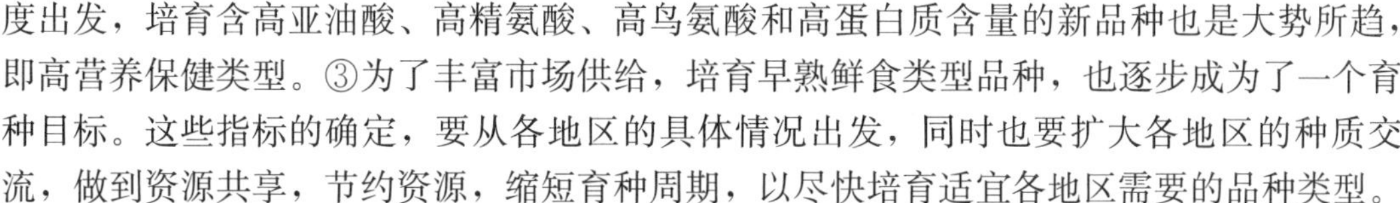

度出发，培育含高亚油酸、高精氨酸、高鸟氨酸和高蛋白质含量的新品种也是大势所趋，即高营养保健类型。③为了丰富市场供给，培育早熟鲜食类型品种，也逐步成为了一个育种目标。这些指标的确定，要从各地区的具体情况出发，同时也要扩大各地区的种质交流，做到资源共享，节约资源，缩短育种周期，以尽快培育适宜各地区需要的品种类型。

五、果材兼用型品种的选育

核桃树树体高大，叶形美丽，防风吸尘；木材色泽淡雅，纹理美观，结构紧密，质地坚韧，是制作高档家具、军工用材、高级乐器等的珍贵木材。干性强、生长快的核桃类型不仅可美化环境，还适合生产木材，生产高档坚果。因此，选育果材兼优的核桃品种类型，也是今后的育种重点之一。山东省果树研究所选育的鲁核1号核桃品种，就是一个果材兼用型核桃新品种。该品种树干通直，速生，早实，中后期丰产稳产性好，坚果品质优良，抗逆性强。适宜于道路绿化、果粮间作等。

六、砧木育种

砧木对核桃的抗逆性、适应性、产量、品质、树势、经济寿命等方面有重要的影响，因此，砧木选育也极为重要。培育抗病、抗虫等生物胁迫以及耐盐、耐涝、耐寒等非生物胁迫的砧木，也是砧木抗性育种的重要指标。抗核桃黑线病砧木是美国的砧木育种目标，因为，在北加州黑核桃（*Juglans hindsii* Rehd）或奇异核桃（*Juglans hindsii* × *J. regia*）砧木上嫁接的核桃，嫁接部位易遭受樱花卷叶病毒侵害形成黑线病，该病在中国不常见。核桃根茎腐主要是由疫霉属真菌 *Phytophthora citricola* Saw. 和 *Phytophthora cinnamomi* Rands. 引起的植物病害，表现为叶斑、幼苗猝倒、根腐病、枝干溃疡和果实腐烂病等。受害部位产生边缘不明显的黑褐色水渍状病斑，可迅速引起病部的坏死腐烂，造成毁灭性破坏。枫杨、黑核桃和奇异核桃对根腐病有较强的抗性，而核桃本砧易遭受根腐病为害，因此，选育抗根腐病砧木品种是今后一段时期我国核桃砧木选育的一个重要指标。1997年，美国加利福尼亚州大学戴维斯分校以小果黑核桃（*Juglans microcarpa* Berlandier）为母本，与普通核桃进行杂交，于2001年选育出抗疫霉属的无性系核桃砧木 RX1（*Juglans microcarpa* DJUG 29.11 × *J. regia* O. P）。以北加州黑核桃为母本与普通核桃进行杂交，于1999年选育出抗疫霉属病害的核桃砧木 VX211（*J. hindsii* PDS96－43 × *J. regia* O. P）。

核桃根腐病是一种土壤蜜环菌真菌 *Armillaria mellen*（Vahlex Fr.）Karst. 引起的病害，它使根部腐烂与溃疡。中国林业科学研究院2011年选育出耐根腐病的核桃砧木中宁奇（*Juglans hindsii* × *J. regia*）。

中国核桃栽植区主要在丘陵山区，干旱少雨，灌溉条件差，严重影响了核桃产量、品质和效益，制约了核桃产业的发展。选育抗旱核桃砧木，也是中国核桃砧木选育的目标之一。中国林业科学研究院2011年选育出耐干旱核桃砧木中宁强，山西林业科学院2011年选育出耐干旱的晋 RS-1 系核桃砧木。

普通核桃不耐涝，而铁核桃比较耐涝。北方核桃产区因栽植或排涝设施不规范，时有发生涝害死树现象，有的年份造成较大损失，因此，耐涝砧木选育也是很重要的选育目标。中国林业科学研究院选育的核桃砧木中宁奇耐黏重土壤和排水不良。

七、适于机械化栽培和加工的核桃品种选育

中国目前核桃栽培仍以人工操作为主，但随着科技的进步，尤其是新疆等地势平坦的核桃大产区，实现核桃机械化栽培是生产发展的必然趋势。因此，选育耐修剪、果柄短、坚果整齐、成熟期集中、坚果壳质薄而硬，缝合线紧耐机械磨损的品种类型是必要的。另外，随着核桃产业的发展，以及核桃产业自动化加工设备的研发和应用，培育适宜核桃加工的品种也成为重要需求。如壳仁间隙较大的，适宜机械脱仁的仁用品种；单果重小于7g，壳薄小于1mm，易取整仁的带壳烤食品种等。

现代医学证明，核桃的青果皮、内种衣、坚果壳中所含的维生素C、核桃醌、鞣质、没食子酸、胡萝卜素、核黄素、维生素E等在内的生物活性物质具有重要的医疗保健作用。因此，在兼顾高产、优质、多抗的前提下，适当选育功能活性物质含量较高的核桃新品种也是核桃育种工作的新目标。

第三节　核桃实生选种

一、实生选种的特点

从开始驯化栽种核桃开始，人们就用实生选种的方法，选择具有我们所需要性状的核桃单株。我国实生核桃树有2亿多株，在异花授粉自然杂交的情况下，子代会发生明显的性状分离，形成很独特的基因型。这个庞大的实生种群保留有丰富的遗传多样性，是宝贵的种质资源，可以为日后的育种工作提供丰富的遗传材料。由于核桃是童期较长的木本植物，即使是早实类型，通过杂交得到的F_1代仍然需要4年以上的时间才能观察到较为稳定的坚果性状，这导致了核桃杂交育种的周期过长，育种成本过高。因此，核桃实生选种仍为当前新品种选育的主要手段之一。

二、实生选种的方法

早期的核桃良种选育主要是利用集团选择法，但真正意义上的良种选育还是从单株开始的。核桃的选优工作最初是从早实核桃开始的，当前在全国各个核桃分布区都有大量的核桃实生农家类型，这些实生繁殖、性状分离的单株是核桃实生选育的主要目标群体。实生选种以中国林业科学研究院和辽宁省经济林研究所等单位开展较早，20世纪60年代初分别在辽宁和山西进行了大量的核桃选优工作，并选择出若干优良株系，有的优良性状比较突出、适应性较好的优良品种已被引种到其他地区栽培。

综合评分法是应用最广泛的方法，该方法是对影响核桃品质的出仁率、坚果重、丰产性等主要经济性状进行加权计分，根据综合得分情况进行选优，但对各性状的权重的确定带有很大的主观性。近年来，主成分分析法、综合指数法等在核桃的良种选择中也得到了广泛应用。1976年我国制定了统一的优树标准，1987年颁布了国家标准《核桃丰产与坚果品质》，使选优工作更为深入广泛地开展。20世纪80年代以来，参照核桃优树的国家标准（GB 7907—87）（GB 7907—87已由LY/T 1329—1999替代。——编者注），各省

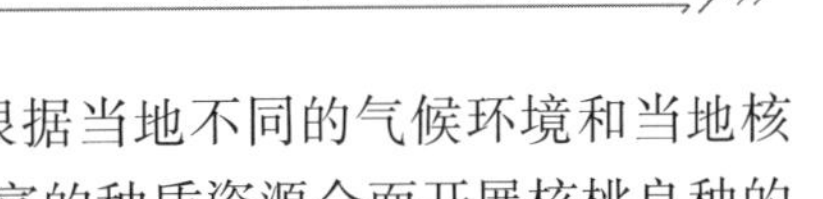

（自治区、直辖市）如云南、四川、湖北、陕西等地也根据当地不同的气候环境和当地核桃生产状况，制定核桃优树选择标准及方法，利用其丰富的种质资源全面开展核桃良种的实生选种工作，并选育出一大批核桃优良品种（系），对提高我国核桃的坚果品质，促进我国核桃的良种化生产起到了积极的推动作用。

三、实生选种的程序

目前我国核桃实生选种采用两级程序。

第一级：从生产园或实生农家类型中选优良单株，包括预选和初选。试验要求尽量选择栽培环境相同的单株，对筛选的目标性状进行调查。目前筛选的优良性状主要集中在丰产性好，坚果商品价值高，抗病性好，物候期晚能够避晚霜等优良性状。调查时要确定测量数据的稳定性好，能够充分地代表目标单株的性状。调查单枝的生长情况至少需要测量15个单枝，坚果性状至少需要测量20个坚果。调查数据至少需要两年的重复观测以减少随机误差的影响。

第二级：对初选优良单株进行无性繁殖后代的比较筛选，评定出无性系品种用于生产。

1. 报种和预选　在坚果成熟前30d左右，根据群众报种情况，现场调查核实，对符合要求的单株标记、编号、填写调查表格。根据生长结果表现和品质等确定为初选的候选树。

2. 初选　对候选树第二年进行初选。主要评定经济性状和适应性。经2～3年对产量、品质、抗逆性等复核鉴定后，表现优良者确定为初选树。

3. 复选　对初选优株嫁接30～50株，作为选种圃和多点试验树。观察母树、无性系后代表现，观察早实性、砧穗亲和力等，选出优系为复选优系。

4. 决选　由省或市级选种单位负责，对报来材料和标本，在大范围内集中分类评比和决选。

四、实生选种的亲本鉴定

由于实生选种的单株都是由亲本自然授粉杂交形成，其亲本的遗传信息常常是未知的，这对于品种鉴定以及良种的进一步遗传改良工作都是很大的限制。如果能鉴定出实生选育良种亲本信息，将会在很大程度上解决这些问题。由于表型性状受环境影响太大，再加上很多性状都是多基因位点控制，很难单纯从表型的相似度来判断实生单株的亲本。随着分子生物学技术的不断发展，特别是分子标记这一技术手段的不断优化，实生单株的亲本鉴定变得越来越高效并且成本越来越低。

目前多种分子标记如RAPD、AFLP、ISSR、SSR、SNP等都能应用到核桃子代的亲本鉴定上，其中SSR标记因其稳定性好，多态性高，并且具有共显性的特点逐渐成为亲本鉴定的首选标记。周贝贝等（2011）用SSR标记与表型标记结合的方法，证实了上宋6号和鲁香是鲁果2号的亲本。另外，Pollegioni等（2012）也利用SSR标记对普通核桃与美国黑核桃的杂交子代进行了鉴定。除了核基因组区域的标记以外，还有叶绿体细胞器基因组也可用于核桃的亲本鉴定中。在核桃属植物中，叶绿体与线粒体都属母本遗传的细胞器，因此在母本鉴定中具有特别突出的优势，但是叶绿体细胞器在遗传过程中不经过减数分裂的过程，没有遗传重组的情况发生，整个基因组多态性位点较少，需要筛选到突变较多的区域才能更好地运用于核桃亲本鉴定的研究中。

第四节　核桃杂交育种

一、核桃主要经济性状的遗传

核桃树是高度杂合的多年生植物，雌雄花期多不一致，多属于异树异花授粉，实生繁殖产生复杂的变异。在核桃性状遗传中，一些属于质量性状，遗传方式简单；另一些属于数量性状，受微效多基因控制，后代常表现复杂的分离现象。任何性状的表现都是由基因型和环境因素共同作用的结果。

1. 早实性　核桃杂交实生苗从播种到第一次开花结果所经历的时期叫童期。童期短，早实性强。杂种实生苗童期长短受亲本基因控制，与亲本早实性呈正相关，亦受栽培措施的一定影响。云南省林业科学院 1982—1985 年采用云南薄壳核桃（*Juglans sigillata* Dode）良种和新疆早实核桃（*J. regia* L.）优株作亲本，进行种间杂交，对杂交后代进行观察，2～3 年结果的早实株率 58.52%。山东省果树研究所 2002—2004 年对野核桃与早实核桃杂交后代的杂种一代（F_1）和杂种二代（F_2）的遗传性状进行研究表明：F_1 代早实率为 80%，F_2 代早实率为 39%。这都说明早实性在杂种后代中表现遗传优势。核桃属内杂交后代在早实性方面常表现显性。据南京中山植物园报道，隔年核桃与普通核桃杂交，后代平均值有向早实核桃遗传的动向。总的来看，核桃的早实性是多基因控制的数量性状。石河子大学农学院园艺系于 2010 年通过对与核桃早实性相关的 SCAR 标记片段的扩增并测序，获得与早实性状相关的 SCAR 标记的片段大小为 762bp。用该特异性引物对新疆 5 个核桃实生母体和 F_1 代出现该标记的比例分别为 92.68%、97.92%、96.43%、93.10%和 97.73%，这也表明核桃的早实性遗传力较高。

2. 丰产性　产量是核桃育种中最重要的目标性状之一。其受许多因素如栽培密度、单株果数、单果重、出仁率、温度、光照、湿度等的影响，是一个复杂的数量性状，遗传力较低。云南省林业科学院于 1965—1995 年用云南泡核桃与新疆早实核桃杂交，对获得的 236 株杂交苗中的 11 个早实优株，进行了 5 年的产量调查，结果表明，产量各不相同，最高的高出 446%，差异显著。

3. 坚果大小　核桃坚果大小是由多基因控制的数量性状，在杂交后代中表现连续变异，有一定幅度的分离。而且后代坚果大小的变异动态是趋于中果型。云南省林业科学院于 1996—2001 年对 11 个杂交组合后代坚果的调查表明，坚果大小超亲株系为 20.83%，表现出一定的杂种优势。

4. 坚果壳厚　核桃坚果壳厚表现趋中变异，也可出现超亲现象。云南省林业科学院（2004）认为：杂种 F_1 代壳厚平均级次高于或近似于亲中值，壳厚遗传表现出明显的杂种优势。山东省果树研究所（2005）指出，厚壳的野核桃（*Juglans cathayensis* Dode）与薄壳早实核桃杂交，F_2 代出现露仁的植株，这说明种间杂交可由于贡献基因的积累或产生非加性效应，而出现超亲露仁的杂种类型。

5. 出仁率 核桃坚果的出仁率受壳厚的影响最大，表现超中变异，为多基因控制，呈数量性状遗传。云南省林业科学院在采用漾泡、三台核桃为亲本之一的杂交组合中，杂种后代平均出仁率近似亲中值，高于高亲的植株占28.3%，低于低亲的24.5%，其频数近于正态分布。

6. 蛋白质和脂肪 种仁的蛋白质和脂肪含量遗传力较高，与产量性状呈负相关。其遗传主要受基因加性效应控制。山东农业大学（2011）对元林（母本）和青林（父本）核桃品种及其杂交后代的粗脂肪和粗蛋白含量遗传参数进行了分析，结果表明：杂交后代的蛋白质和脂肪含量均有较大差异，其遗传力（H^2）分别为0.93和0.92，相对遗产增益（$\Delta G'$）分别为33.12%和19.06%。

二、亲本的选择和选配

核桃主要经济性状大多数是数量性状，受多基因遗传控制。亲本的选择在很大程度上决定了育种计划的成败。在选择亲本时要根据主要的育种目标进行，企图选育多用途的品种是不可能的。亲本选配是选用两个或几个亲本进行配组杂交的方式。亲本选配恰当，就可能获得符合育种目标的大量变异类型，从而提高育种效率。亲本选配不当，即使选配了大量的杂交组合，也不一定能获得符合育种目标的变异类型，造成不必要的人力、物力、财力和时间的浪费。亲本选择应遵循以下原则。

1. 亲本性状互补 根据种质的性状表现选配亲本是一种直观简便的方法，在许多性状上亲本和后代的表现有高度的正相关，可以在一定程度上用亲本值来推断后代的表现。性状互补就是杂交亲本双方“取长补短”，把亲本双方的优良性状综合在杂种后代的同一个个体上。

2. 生态类型差异的亲本相配组 不同类型是指生长发育习性不同，其他性状方面有明显差异的亲本。不同地理起源是指虽一般性方面可能差异不很大，但可能较长期在没有品种交流的地区栽培的良种。应用地理上远缘的品种杂交，可以丰富杂种的遗传基础，扩大变异类型，后代的分离往往较大，增加选择材料的机会，容易选出理想的性状进行重新组合。

3. 母本优良性状要多 由于母本细胞质对后代的影响，在有些情况下，后代性状倾向于母本的较多。因此，用具有较多优良性状的亲本做母本，以具有需要改良性状的亲本做父本，杂交后代出现综合性状优良的个体往往较多。

4. 质量性状，双亲之一要符合育种目标 从隐性性状亲本的杂交后代中不可能分离出有显性性状的个体，因此，当目标性状为显性时，亲本之一必须有这种显性性状。当目标性状为隐性时，虽双亲都不表现该性状，但只要有一亲本是杂合性的，后代仍有可能分离出所需的隐性性状。这一点不是经常都能办到的，因此，选配亲本时应该至少有一亲本具有该隐性的目标性状。

5. 一般配合力较高的亲本相配 一般配合力是指某一亲本品种与其他品种杂交的全部组合的平均表现。一般配合力的高低决定于数量遗传的基因的累加效应，基因累加效应控制的性状在杂交后代中会出现超亲变异，通过选择可以稳定成型的优良品种。

6. 双亲遗传差异大的亲本相配 杂种优势形成的遗传机制及应用研究都表明，双亲遗传差异大的亲本杂交，容易获得较大的杂种优势，双亲遗传差异的大小可作为核桃育种组合选配的重要依据之一。

经验性亲本选配原则一般是指地理和生态类型的差别来间接反映遗传差异，进行亲本选配，但遗传差异与地理生态差异非同义语，有时把地理上相隔较远的种质包括到杂交组合中并不一定都能带来预期的效果。

三、杂交技术

1. 制定育种计划 在上一年12月前，根据科研指标或生产需求，制定出详细的育种计划。包括杂交组合数、每个杂交组合的花朵数、套袋种类及时间、花粉收集方法、父母本地点、授粉方式等。

2. 选择育种杂交园及父母本树 育种杂交园需交通便利、园相整齐、无病虫害、较精细管理、品种明晰，可以是生产园，也可以是资源圃，最好是省级以上的果树资源圃。

根据育种杂交计划，在计划当年进行杂交园实地调查，选择生长健壮、无病虫害、结果中等、品种（系）纯正，树龄早实核桃6～15年生，晚实核桃15～25年生。每个杂交组合确定3～5株树，最后杂交用1～2株树；同时确定2～3株父本树。加强父母本树的整形修剪、土肥水管理及病虫害防治工作。

3. 花粉的采集与处理 核桃雄花物候期分为雄花序膨大期、花序伸长初期、花序伸长中期、花序伸长末期、散粉期、散粉末期。在雄花序伸长末期，花序停止伸长，萼片即将张开，花药已成熟，但还没有散粉时，是收集雄花粉的最佳时期。

采集雄花序最好在晴天9～11时进行，将采集的雄花序用蒸馏水冲洗干净，放在硫酸纸上摊开，室内阴干。阴干后过细目筛，而后放入花粉采集瓶中在2～5℃低温下保存。也可把洗净晾干后的雄花序在2～5℃保鲜冷藏，用于自然开放式杂交。

另外，也可以用蒸馏水冲洗干净伸长末期的雄花序晾干后，用硫酸纸小袋套住，散粉后用小袋收集花粉直接授粉用。这种方法只能是即采即用，父母本的花期基本一致时才可以。

花粉必须是当年采集的，这就要求父本树雄花期比母本提前或同期。如果父本雄花期比母本雌花期晚，就要采集雄花枝室内水培，使其提早开放收集花粉。水培过程中，要在水溶液中加入1%蔗糖，室温控制在23～25℃，并保持高透光率。

4. 母本雌花的处理

第一种处理方法：在雌花出现前，选择树冠上部和外围的结果母枝，将雄花全部摘除，用硫酸纸或羊皮纸将雌花枝套住，最后用细铁丝扎紧袋口，把纸袋固定在结果母枝上。

第二种处理方法：在雌花生长至充分大，至羽毛状柱头未开裂时，用蒸馏水冲洗雌花后，用小纸袋套住整朵雌花。

第三种处理方法：在雌花显花期，用聚乙烯醇胶封住柱头，并挂牌标记，至雌花盛花期，去除聚乙烯醇胶膜进行授粉。

第四种处理方法：全株去雄。将母本树上全部雄花序去除掉，雌花开放时，将保鲜贮

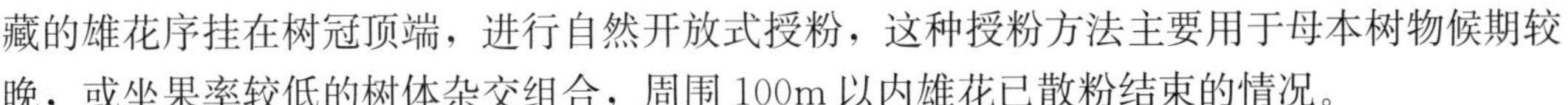

藏的雄花序挂在树冠顶端，进行自然开放式授粉，这种授粉方法主要用于母本树物候期较晚，或坐果率较低的树体杂交组合，周围100m以内雄花已散粉结束的情况。

5. 授粉及花粉活力测定　在自然状态下，花粉的寿命只有2～3d，2～5℃条件下可保存25d左右。授粉前要对花粉生活力进行测定。可用氯化三苯基四氮唑（TTC）染色法：将0.1%氯化三苯基四氮唑滴于沾有花粉粒的载玻片上，盖上盖玻片，于30℃培养箱中避光培养半小时左右，在显微镜下观察，红色的为有活力的花粉粒，未染色的为失去活力的花粉粒。

授粉时期为雌花柱头呈30°～45°角并有黏液分泌时为宜。一天中于8～10时授粉较好。授粉以适量为好，过量的花粉可引起柱头失水，造成雌花脱落。

授粉时可打开纸袋底部，用毛笔蘸花粉少量，轻轻吹在柱头上，也可轻涂于柱头上。尽量减少开袋时间，以防空气中其他品种花粉落到柱头上。也可用喷粉法授粉：用一根内径7～10mm的玻璃管，一头拉成很细的毛细管，把花粉装进管子，另一头用小团棉花塞住，然后套上橡皮滴头。将玻璃管尖端戳进纸袋，管口对准雌花柱头上方，用手指挤压橡皮滴头，把花粉喷进纸袋内散落在柱头上。喷粉完毕后，将洞口用胶带封住。

用聚乙烯醇胶封住柱头的雌花授粉时，首先用蒸馏水冲洗柱头，然后轻轻撕除聚乙烯醇膜，迅速涂抹花粉于柱头上，再用聚乙烯醇胶将柱头封住。

自然开放式授粉，是将保鲜贮藏的花序每5～10个绑成一束，挂在树体较高处，雄花序的数量视树冠的大小而异，尽量分布均匀，自然开放散粉落在柱头上。

6. 挂牌标记　每个杂交结果枝上挂上一个有编码的标牌，在授粉的同时进行标记，标明杂交组合（父母本）、授粉时期以及授粉花朵数。

7. 授粉后管理　授粉后的母树一定要加强管护。授粉后如有纸袋破裂的，一定及时更换和标记，结果枝一定固定好，防止外力伤害折断。6～10d后，柱头开始暗淡萎缩，子房开始膨大，应及时摘除套袋，同时统计坐果数。

四、杂交种子的采集和处理

杂交种要等到完全成熟后才可采集。采收过早，种仁发育不完善，营养物质不足，出苗率低；采收过晚，果实落到地上，容易引起霉烂或遗失，造成不必要的损失。因此，适时采收非常重要。

核桃果实成熟时总苞（外果皮）颜色由深绿色或绿色逐渐变为黄绿色或浅黄色，茸毛稀少，部分果皮顶端出现裂缝，青果皮容易剥离，种仁肥厚，胚已成熟，播种后出苗率高，苗壮。以核桃果成熟形态特征作为杂交种成熟的标志，具有可靠性。

杂种果实分组合采收，并挂牌标记，写明组合及杂交亲本名称，以防混淆。美国黑核桃杂交种可直接带青皮播种，不用后续处理。核桃杂种果实采收后，立即放到通风的室内，堆放厚度不超过50cm，5～7d待青皮松离易脱时，用刀子人工剥离。然后清水冲洗后装入网兜挂牌标记，放于通风处晾干，不能暴晒。晾干后去除病虫果，再分组统计杂交种数量，然后室内挂藏，也可放入双层塑料袋内，放入干燥剂密封，在可控温、控湿的条件下贮藏。

核桃楸、麻核桃、野核桃、心形核桃和吉宝核桃等需要冬季沙藏催芽，否则，出苗率非常低且不整齐，出苗时间长达1年或以上，不利于杂种苗的管理。沙藏时，每个组合都要插上一个牌子，标明编号及组合。

五、杂种实生苗的培育

杂种苗圃应选择在土壤肥沃，土质疏松，排水良好，水源充足，交通便利的地方。对土壤要进行精耕细作。北方要在秋季进行深耕施肥及灌冻水。种子进行沙藏催芽后春季播种。秋季播种不利于杂种的保存，极易丢失或霉烂。株行距采用宽窄行相间的方式，宽行100cm，窄行50cm，株距30cm，比一般育苗株行距稍大，以便于田间观察。播种后要及时做好标记，绘制播种图，记载每个杂交组合的播种数和位置，建立杂交档案。在生长期，加强土肥水管理及病虫害防治。

六、优良杂种的选择

核桃杂交亲本在遗传基础上是异质结合型，杂种有广泛的分离，演变极为复杂，所以杂种的优选频率较低，选择优良杂种的工作也较为复杂。

1. 杂种苗特点 核桃杂种苗的栽培性状是逐渐发展变化的。播种当年和一年生的幼龄实生苗，一般都表现叶片薄而小。同一杂交组合的一、二年生幼苗，其形态上一致性很强，随苗龄逐渐增长，栽培性状逐渐发生变化，形态特征逐渐分离，至播种后3～5年，才基本稳定。种间杂交组合一、二年生的杂种苗常表现出几种类型，但各种类型的单株间极相似，不易区分。

三至五年生杂种苗的营养性状，在分化加剧的基础上已趋稳定。核桃杂种苗的早实性，决定于所选用的亲本和培育条件，受亲本遗传性的制约。早实与早实亲本的后代，播种后2～3年可开花结果株率为70%以上，早实与晚实亲本杂交后代早实株率30%以上。一般第一年所结果实偏小，坚果重量、壳厚、出仁率变化幅度较大，而核仁色泽、风味、品质变化不大。

2. 优良杂种鉴定的一般途径和方法 根据育种目标，进行优良杂种鉴定选择。核桃优良杂种鉴定分为早实性、丰产性、坚果性状、品质、抗病性、抗逆性、生长势、矮化特性、嫁接亲和性等的早期鉴定。

（1）根据形态特征选择优良杂种　主要是指对叶片、茎、芽的大小、厚薄、粗度、皮孔、茸毛、锯齿等进行鉴定。以综合性状总体表现作为早期选择的依据，来获得具有优良性状的单株。核桃的早实性与主副芽的间距和副芽的大小密切相关，可为早实性明显的形态标志。主副芽距离和副芽越大，早实性越强。核桃矮化性状与节间距和枝条尖削度密切相关，节间越短，枝条尖削度越小，树体越矮化；枝条髓心越小越充实，冬季不易抽条。野核桃与早实核桃回交后代中，小叶数少于9片的个体，其坚果多较光滑，往往内隔壁膜质化，易取核仁。美国黑核桃为母本与早实核桃杂交的后代中，小叶片大及小叶片数少于其母本的个体可选为优良杂种。

（2）依据生长势和生物学特性选择优良杂种　核桃实生苗的生长势强弱和生物学特性往往与未来结果数有相关性。生长势强弱表现在苗期的生长量、新梢的长度与粗度、萌芽力和成枝力、树的高度、树冠大小和茎干粗度等。生长势既有量的方面，也有质的方面，生长势还表现在抗逆性的强弱上。

萌芽期与抗晚霜密切相关。萌芽期晚的可避过晚霜危害，萌芽期早的易遭受晚霜危害。萌芽期还与成熟期相关，萌芽期早的成熟早，萌芽期晚的成熟晚。

(3) 根据生理生化特性选择优良杂种　山东省果树研究所在人工冷冻条件下，测定核桃枝条含水量、膜透性、膜脂过氧化性、保护酶活性、渗透调节物质、H_2O_2 含量、ASA-GSH 等指标，分析枝条耐寒能力及耐寒机理，运用隶属函数法进行核桃抗寒性综合评价，以期为核桃优株抗寒性提供有力依据。

第五节　核桃生物技术与分子标记辅助育种

一、组织培养

植物组织培养是指从植物体分离出符合需要的组织、器官或细胞，原生质体等，通过无菌操作，接种在含有各种营养物质及植物激素的培养基上进行培养以获得再生的完整植株或生产具有经济价值的其他产品的技术。该技术自 20 世纪 60 年代崛起，至今已成为现代生物技术的重要组成部分。通过组培技术快速繁殖苗木，不受季节、时间和病虫害的影响，可全年生产试管苗，所以能够大大提高繁殖系数和工作效率。从遗传角度讲利用组培技术还能得到高度一致，同时具有良好表型的群体，亦可获得无病毒苗木，在加速良种及砧木无性苗木的繁育方面具有很高的经济价值。近年来，我国的植物组织培养技术已由实验室中试验阶段，逐步向商品化生产过渡，这使得组培快繁所建立的商业化生产体系的开发前景非常广阔，可以为生产上提供大量的优质苗木。同时也为基因工程提供从分子水平直接进行遗传操作、定向改造植物性状的手段。

自 20 世纪 60 年代末至今，核桃组培离体繁殖技术也有了一定的进展。在材料方面，主要表现在取材已经从幼年型实生苗发展到成年型嫁接树；在培养基使用方面，也获得了核桃专用培养基（DKW 培养基）和改良 DKW 培养基。然而，相对于大多数木本植物，核桃酚类物质含量高，更容易发生褐变，从而影响培养材料的生长与分化。因此，核桃组织培养难度相对较大，组培技术还需要进一步提高。我们总结了前人的经验，现就这些问题分析如下。

（一）外植体材料的选择与消毒

1. 外植体的选择　外植体指植物组织培养中作为离体培养材料的器官或组织的片段，也包括继代培养中的培养组织切段。在植物组织培养中，外植体的选择直接关系到试验的成败，因此，选择适当的外植体是获得成功的第一步。

核桃外植体通常选取生长健壮的无病虫的植株上正常的器官或组织（如茎尖分生组织），因为它代谢旺盛，再生能力强。取材时间，通常选在核桃生长发育阶段取材，也可在冬季通过水培促芽取材。还要考虑取材大小，材料太大，易污染；材料太小，难于成活。一般选取培养材料的大小为 0.5～1.0cm，叶片和花瓣 $5mm^2$ 左右。如果是胚胎培养或脱毒培养的材料，则应更小。

许多学者分别用不同的外植体材料进行试验，且获得了比较理想的效果。杨海波等用当年生半木质化新梢为外植体。苗玉青等以带腋芽的新生茎段为外植体材料进行培养，均获得了良好的效果。宋锋惠通过试验亦证明了顶芽或半木质化的茎段为最佳外植体。张燕等以实生苗茎段和叶片为外植体，表明顶芽及其下 4～5 节段芽体适宜培养出芽，其叶片为诱导愈伤组织的最佳材料。邢瑞丹等以香玲核桃叶片为外植体，成功培育出了试管苗。

2. 外植体的消毒与灭菌 外植体消毒就是在尽量少伤害材料组织和表皮细胞的情况下，将材料表面的微生物彻底杀死。传统的消毒方法是：流水冲洗→70%～75%酒精浸泡→无菌水冲洗 1～2 次→0.1%～0.2%升汞浸泡（10min 左右）→无菌水冲洗数次。傅玉兰以美国山核桃为材料进行研究，对试验药品种类及浓度、灭菌时间以及处理程序等进行了不同的设计和筛选，结果发现最佳灭菌方法为：70%酒精处理 30s→0.2%升汞（加数滴吐温 80）浸泡 15min→无菌水冲洗 10 次。张燕等以汾阳核桃为材料对抗生素类和农药类物质在灭菌消毒中的作用进行了试验，以不同浓度的青霉素溶液对材料处理，每一处理均加入 3g 多菌灵粉剂。结果表明用 80μg/ml 青霉素溶液和 3g 多菌灵浸泡处理外植体效果最好。

（二）组织培养中的褐化问题

1. 褐化的原因 核桃细胞中富含单宁类物质，特别是酚类物质，经多酚氧化酶（PPO）氧化后产生棕褐色的醌类物质，更容易发生褐变。褐变产物不仅使外植体、细胞、培养基等变褐，而且对许多酶有抑制作用，从而影响培养材料的生长与分化，甚至导致外植体死亡。

在核桃组织培养过程中，影响褐化的因素包括：取材部位、外植体的预处理、培养基的选择、生长调节剂、培养基的附加成分、培养条件和转瓶周期。

2. 褐化的防治

（1）取材部位 张小红等以香玲核桃的休眠芽和新生枝茎段为材料进行试验，将外植体分为休眠芽、嫩枝茎芽、半木质化新枝茎芽 3 种类型进行培养，结果发现：嫩枝茎芽褐化率最高且成活个体不能萌发；休眠芽褐化率较高且萌发率低；以半木质化茎段外植体的腋芽萌发率最高，且褐化率和褐死率均较低，是适宜初代接种材料。

章铁等以大别山山核桃为试验对象，以 25 年生实生结果的优质茎尖及二年生温室栽培的实生苗茎尖为材料，发现二年生实生苗褐化率最低，25 年生实生苗的顶芽和第一芽褐变较轻，而第二、第三芽程度最重。试验表明：不同树龄和不同芽位的外植体由于代谢活动和木质化程度不同褐变程度也不同。刘兰英等试验也证明这一点，以薄壳香核桃为材料，取当年木质化程度较低的新梢进行培养，发现顶芽第一芽、第二芽外植体褐化较轻，而第三、第四芽褐化较重。

（2）外植体的预处理 韩素英等以一年生晋龙 1 号核桃嫁接苗和 11 年生孝义绵核桃大树为材料，运用不同方法对外植体进行预处理，结果发现：先将外植体在 2%硫代硫酸钠溶液中浸泡 20～30min，常规灭菌后再浸入经高压灭菌的 0.2%的硫代硫酸钠溶液中可有效地抑制核桃的褐化。

（3）培养基的选择 许多试验都证明培养基的种类及无机盐含量和培养基状态都对褐化有不同程度的影响。刘兰英等把 DKW 培养基的无机盐含量减半能明显地抑制外植体褐化的发生。张卫芳对 1/2MS 和 SKW 培养基进行比较，试验结果显示：先将茎尖接种于 1/2MS＋2g 活性炭的培养基中，置于 5℃冰箱中暗培养 7d 后取出，再转接于 DKW＋6-

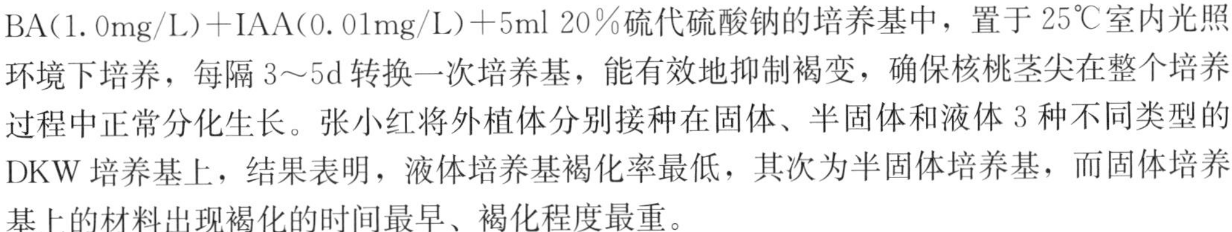

BA(1.0mg/L)+IAA(0.01mg/L)+5ml 20%硫代硫酸钠的培养基中，置于25℃室内光照环境下培养，每隔3～5d转换一次培养基，能有效地抑制褐变，确保核桃茎尖在整个培养过程中正常分化生长。张小红将外植体分别接种在固体、半固体和液体3种不同类型的DKW培养基上，结果表明，液体培养基褐化率最低，其次为半固体培养基，而固体培养基上的材料出现褐化的时间最早、褐化程度最重。

（4）生长调节剂　在核桃组织培养中，生长调节剂类物质的种类及浓度对褐化有不同程度的影响。在培养基中添加单一的细胞分裂素时，6-BA较KT效果好，但随激素浓度的升高，褐化现象明显加重。在含6-BA的培养基中附加一定浓度的IAA或2,4-D，对于褐化有抑制作用。

（5）培养基的附加成分　在培养基中加入PVP、活性炭、维生素C和硫代硫酸钠，对褐化都有一定的抑制效果。试验表明，硫代硫酸钠对褐化抑制效果最佳，PVP和维生素C居中，活性炭最差。

（6）培养条件　刘兰英等通过在高温25℃左右，与低温18℃左右作对比，发现高温明显促进褐变，在低温、黑暗处理下，有利于减轻褐变。

（7）转瓶时间　接种后接种时间周期过长，伤口周围酚类物质积累会增多，加重褐化。张俊林等在接种24h后转瓶，连续转移2～3次，以后每隔10～15d转移一次，可以有效减少褐变。章铁等在接种3～5d后转瓶，发现既不影响茎的生长，又可抑制褐变。总体来说，缩短转瓶周期，减少伤口酚类物质积累，可以减轻褐变。

3. 愈伤组织的诱导　早在20世纪80年代，刘淑兰等就从不同核桃外植体材料诱导产生愈伤组织，并从茎尖获得丛生芽和根源基。朱玉球等以山核桃一年生实生苗茎尖和茎段为材料，在WPM培养基上培养，附加3种植物激素，即6-BA、IBA、GA。在培养温度为（25±2）℃、每日光照12h、光强度为1 500～2 000 lx的条件下对愈伤诱导的最适激素浓度和蔗糖浓度进行试验。得出愈伤诱导的最适培养基为WPM+BA8.0mg/L+IBA2.0mg/L+GA1.0mg/L+蔗糖30mg/L。同时得出第四芽为较适宜的山核桃愈伤组织的诱导的取材部位。

4. 对叶片外植体的培养　邢瑞丹以香玲核桃叶片为外植体进行培养，研究了暗培养时间、不同激素组合、不同激素浓度、叶片放置方式对再生体系建立的影响。结果表明，以暗培养14d，近轴面放置，效果最好。叶片再生的最适培养基为：MS+BA0.5mg/L+NAA0.5mg/L+TDZ1.0mg/L+蔗糖30g/L+琼脂6g/L，在该培养条件下叶片的再生频率高达60%，平均每个外植体再生不定芽数为1.1。

5. 以腋芽为外植体的培养　目前对于叶片再生的研究较少，而更多的学者研究的是腋芽的培养。

（1）启动培养（初代培养）　腋芽的启动培养基中6-BA和NAA的含量与比值对于腋芽的萌发以及长势有重要的影响，美国黑核桃的腋芽最适启动培养基中，二者比值为20，且以1/2MS+6-BA1.0mg/L+NAA0.05mg/L最适宜。而新疆野生核桃茎段启动最适培养基为DKW+6-BA（1.0mg/L）。

（2）增殖培养（继代培养）　以启动培养物为材料进行增殖培养的过程中，美国黑核桃的丛芽诱导最适培养基为1/2MS+6-BA1.5mg/L+NAA0.05mg/L。张丽娟等在试验中发现，BA 浓度对丛芽的诱导以及生长有较大的影响作用：当 BA 浓度过低时，不能诱导丛芽，而过高时，丛芽数量虽多，但生长势弱，有大量愈伤组织产生，只有在 BA0.5mg/L＋IBA0.01mg/L 的组合中，芽苗能长出大量丛芽，且生长势良好。而曾斌却发现新疆野生核桃的最佳继代和壮苗培养基为 DKW＋BA1.0mg/L＋IBA0.01mg/L。

6. 生根诱导 生根是组培繁殖非常关键的一道复杂工序，是能否进行大量生产和实际应用的重要环节，也是商品化生产取得效益的最终环节。采用合理的生根培养基至关重要。大多数的研究结果表明，核桃生根必须经过两个阶段，即有一个诱导阶段，诱导生根中 IBA 比 NAA 效果显著，6－BA 对生根有抑制作用，用 5mg/L 的 IBA 并适当延长诱导期能增加生根率和根的数量。生长素尤其是 IBA 在核桃生根是不可缺少的，IBA 的浓度低于 1mg/L，则不能诱导发根。北京林业大学根据核桃对外源生长素类物质反应较敏感的特点，创建了两步诱导生根法，即首先利用高浓度的生长素启动根源基的发生，而后转移至无生长素的培养基中使根源基生长发育，可获得较高的生根率。具体步骤为：第一步诱导生根培养，培养基为 1/4DKW＋5mg/L IBA，暗培养 10～15d；第二步生根培养，培养基为 1/4DKW，培养 14～20d 后进行移栽，转移培养的介质为蛭石、草炭土，附加 DKW 大量元素营养液（4：2：1.8），光照强度为 1 800lx，移栽初期光照强度为 1 800～3 000lx，每天 16h 光照，8h 黑暗，培养温度为（25±2)℃。研究者认为二步诱导生根法极显著地提高诱导生根率，降低嫩茎基部愈伤化发生，是核桃品种生根的最好方法。

通过以上分析可以看出，在核桃组织培养过程中，通过人们不懈的研究，污染问题基本可以得到控制。褐化问题是制约其成功的关键因素，许多试验都是以严重的褐化导致失败。不少学者通过试验提出了自己的解决方法，主要包括外植体取材部位、改变培养基元素成分及含量、控制各种激素浓度、改善培养环境、在培养基中加入吸附剂和抗氧化剂，这些方法对防止褐化都有一定的作用，但还需更进一步的试验，从而得到一种最佳防止褐化的方法。其次，许多学者在腋芽培养方面都有自己独到的见解，而对于脱分化和再分化方面却研究较少。因此，目前核桃快繁的较好方法是以腋芽诱导丛芽，在脱分化和再分化方面还有待进一步研究。

随着植物组织培养技术的不断更新和发展，核桃组织培养技术会取得更多更新的成果。同时核桃组织培养技术在农业和林业上的良好应用前景也会使得我国的核桃生产迈上一个新的台阶。

二、分子标记辅助育种

分子标记技术的开发是分子生物学领域研究的热点。广义的分子标记是指可遗传的并可检测的 DNA 序列或蛋白质。狭义分子标记是指能反映生物个体或种群间基因组中某种差异的特异性 DNA 片段，是以个体间遗传物质内核苷酸序列变异为基础的遗传标记，是 DNA 水平遗传多态性的直接的反映。随着分子生物学技术的发展，DNA 分子标记技术已有数十种，广泛应用于遗传育种、基因组作图、基因定位、物种亲缘关系鉴别、基因库构建、基因克隆等方面。

分子标记在核桃育种中也有一定的研究，主要从 SSR 标记、ISSR 标记、AFLP 标记和 MSAP 标记进行阐述。

（一）SSR标记

SSR，简单重复序列标记（simple sequence repeat，简称 SSR 标记），也叫微卫星序列重复，是由几个核苷酸（1～5 个）为重复单位组成的长达几十个核苷酸的重复序列，长度较短，广泛分布在染色体上。由于重复单位的次数的不同或重复程度的不完全相同，造成了 SSR 长度的高度变异性，由此而产生 SSR 标记或 SSLP 标记。虽然 SSR 在基因组上的位置不尽相同，但是其两端序列多是保守的单拷贝序列，因此可以用微卫星区域特定顺序设计成对引物，通过 PCR 技术，经聚丙烯酰胺凝胶电泳，即可显示 SSR 位点在不同个体间的多态性。

该标记优点显著：标记数量丰富，具有较多的等位变异，广泛分布于各条染色体上；是共显性标记，呈孟德尔遗传；技术重复性好，易于操作，结果可靠。

刘晓丽等以清香、香铃和爱米格品种为试材，利用 CTAB 法提取基因组 DNA，将 PCR 体系的主要成分设定 5 个梯度，根据每个成分的变化引起的 PCR-SSR 的效果差异，探讨了核桃 SSR 技术中 PCR 体系的主要成分对扩增结果的影响，并对引物的适宜退火温度进行优化，获得了适合核桃亲缘关系分析的反应体系。高玉娜等以美国黑核桃、核桃楸、青林核桃实生子代及部分普通品种共 86 份种质资源为试验材料，利用 8 对 SSR 引物进行遗传多样性分析及聚类分析。结果表明，8 对黑核桃引物共扩增出 48 条带，其中多态性带 44 条，占总扩增带的 91.67%，遗传多样性指数为 0.197 2～0.473 4，Shannon 指数为 0.304 3～0.666 3，表明黑核桃微卫星在核桃近缘种中能得到有效扩增，可以用于近缘种遗传多样性分析和核桃属种间关系研究。聚类结果表明，青林实生子代具有丰富的遗传多样性，与核桃楸及黑核桃具有明显差异，但与其他普通品种界限不明显。

马庆国等采用 SSR 反应体系对 33 个核桃及泡核桃品种进行分析，共检测到了 117 个等位基因，多态位点百分率达到了 100%，平均观察杂合度与期望杂合度分别为 0.397 7 和 0.615 2，研究结果支持核桃与泡核桃为同一个种下的不同生态地理型的结论，大部分川核系列品种与泡核桃品种聚在一起，显示其亲缘关系较为密切，同时发现北京 861、新光等品种具有优异的经济性状且与其他品种间的遗传距离较远，善加利用将有可能成为优秀的育种材料。

意大利 Paola Pollegion 等研究者通过 SSR 技术研究了 Royal Tratturo 区域的 456 个核桃样本，共 62 种等位基因被探测到，每个位点等位基因的数目从 3 个到 14 个不等。AMOVA 软件分析表明 SSR 多态性相当高，但主要是个体差异造成，地域性差异很低。贝叶斯统计将这些样本聚为三类：索兰托系、西西里岛系和其他种质。UPGMA 分析结果表明遗传差异主要是因为基因频率的差异，而自然选择和区域间基因交流是造成这一地区核桃遗传多样性的两个最主要因素。

（二）ISSR标记

简单重复序列间扩增（inter-simple sequence repeat，ISSR）标记，是一种新型的以微卫星重复序列作为引物检测物种多态性的 DNA 分子标记，它结合了随机引物扩增多态 DNA（random amplified polymorphic DNA，RAPD）和简单重复序列（SSR）标记技术的优点，与以往的分子标记相比，能够提供更多的基因组 DNA 信息。在果树上主要用于种质资源鉴定、遗传多样性和居群遗传结构检测、果树的进化与亲缘关系以及指纹图谱的构建。雷玲等建立了适合河北核桃的 ISSR 反应体系，并利用 ISSR 标记技术对德胜农林科技有限公司和河北农业大学标本园 138 份核桃试样的遗传多样性进行了分析。共扩增出可统计条带 53 条，平均每条引物扩增带数为 7.57 条。其中多态性条带 32 条，占 60.38%。根据材料间的特征带和差异带，建立了 138 份供试材料（119 个河北核桃类型，15 个普通核桃类型，2 个核桃楸类型和 2 个黑核桃类型）的 ISSR 指纹图谱。

（三）AFLP 标记

AFLP（amplified fragment length polymorphism，扩增片段长度多态性），是基于 PCR 技术扩增基因组 DNA 限制性片段，基因组 DNA 先用限制性内切酶切割，然后将双链接头连接到 DNA 片段的末端，接头序列和相邻的限制性位点序列，作为引物结合位点。限制性片段用二种酶切割产生，一种是罕见切割酶，一种是常用切割酶。它结合了 RFLP 和 PCR 技术特点，具有 RFLP 技术的可靠性和 PCR 技术的高效性。由于 AFLP 扩增可使某一品种出现特定的 DNA 谱带，而在另一品种中可能无此谱带产生，因此，这种通过引物诱导及 DNA 扩增后得到的 DNA 多态性可作为一种分子标记。

陈静等通过对内切酶用量、酶切时间、连接时间、稀释倍数等的研究，建立了适于核桃分析的 AFLP 银染技术体系。从 64 对引物组合中筛选出 10 对多态性高、条带清晰、分布均匀的引物组合用于材料分析，共扩增出可统计条带 560 条，平均每对引物扩增带数为 56 条。其中多态性条带 527 条，占 94.11%。根据材料间的特征带和差异带，建立了 58 份供试材料（46 个核桃品种，8 个河北核桃类型，4 个核桃楸类型）的 AFLP 指纹图。并应用离差平方和法对 10 对引物扩增的 560 条谱带进行聚类分析，建立了 58 份供试材料的 AFLP 树状图，结合各样品间的遗传距离（欧式距离）对其遗传多样性进行了分析，揭示了供试材料间遗传背景的相似性及复杂性，为核桃的品种鉴定和产权保护，提供了理论依据。

王红霞从 126 对引物组合中筛选出 20 对多态性高、条带清晰、分布均匀的引物组合用于普通核桃品种 AFLP 分析，共扩增出 1 643 条电泳谱带，平均每对引物产生约 82 条谱带，其中 1 512 条为多态性带，多态性比例为 92.03 %；其余 131 条谱带为所有材料共有，占 7.97%。

然后从 20 对谱带清晰、多态性高的引物组合随机选出 8 对引物对核桃种间 131 个材料进行 AFLP 分析，共扩出 833 条电泳谱带，平均每对引物产生约 102 条 AFLP 带，其中 14 个条带为所有材料共有，占 1.68%；其余 819 条均为多态性带，多态性检出率为 98.32%。在核桃不同种之间 AFLP 标记的多态性检出率存在较大差异。然后利用 UPGMA 法对 20 对引物扩增的 1 643 条谱带进行聚类分析，建立了 131 份供试材料的 AFLP 树状图，结合各样品间的遗传相似系数对其遗传多样性进行了分析，将核桃属 8 个种分为 4 个组：黑核桃组，野核桃、吉宝核桃和心形核桃组，泡核桃、核桃楸和河北核桃组，普通核桃组。

马庆国应用荧光 AFLP 体系，对中国 136 个核桃和泡核桃品种进行分析，构建了 136 个品种的荧光 AFLP 指纹图谱，检测到了 75 个品种的 314 条特有带和 1 个品种的 1 条特无带，通过这些特征带能够快速地将相应品种从全部 136 个供试品种中辨别出来，其余材

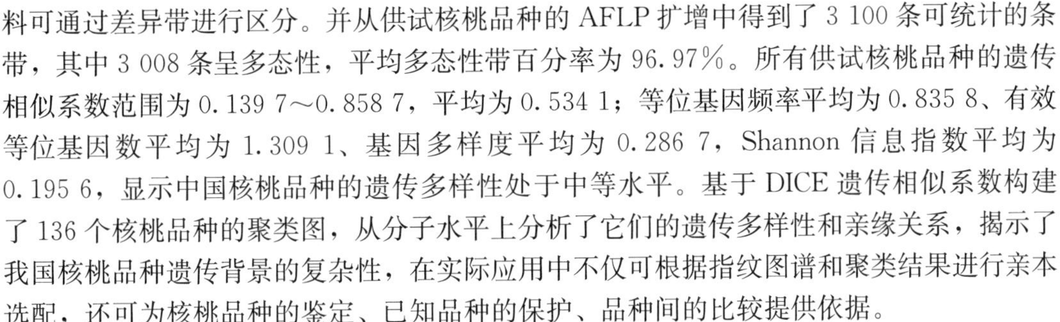
料可通过差异带进行区分。并从供试核桃品种的AFLP扩增中得到了3 100条可统计的条带，其中3 008条呈多态性，平均多态性带百分率为96.97%。所有供试核桃品种的遗传相似系数范围为0.139 7～0.858 7，平均为0.534 1；等位基因频率平均为0.835 8、有效等位基因数平均为1.309 1、基因多样度平均为0.286 7，Shannon信息指数平均为0.195 6，显示中国核桃品种的遗传多样性处于中等水平。基于DICE遗传相似系数构建了136个核桃品种的聚类图，从分子水平上分析了它们的遗传多样性和亲缘关系，揭示了我国核桃品种遗传背景的复杂性，在实际应用中不仅可根据指纹图谱和聚类结果进行亲本选配，还可为核桃品种的鉴定、已知品种的保护、品种间的比较提供依据。

（四）MSAP标记

DNA甲基化（DNA methylation）是基因组DNA的一种重要的表观遗传修饰方式。在DNA复制过程中，S-硫代腺苷甲硫氨酸（S-adenosylmethionine，SAM）在甲基化转移酶的作用下，甲基基团转移到胞嘧啶第五个碳原子上形成了5-甲基胞嘧啶，这一表观遗传学修饰现象在高等植物中普遍存在，是调节基因组功能的重要手段。同一个体不同组织或在不同发育阶段亦具有不同的甲基化特点。

甲基化敏感扩增多态性分子标记技术（methylation-sensitive amplified polymorphism，MSAP），又称为甲基化敏感扩增片段长度多态性，是在AFLP分子标记技术基础上衍生的基于PCR扩增多态性的DNA甲基化检测方法，它将AFLP技术常用的高频酶*Mse* Ⅰ替代为能够识别相同限制性酶切位点（5′-CCGG）但对胞嘧啶甲基化敏感性不同的两种同裂酶（*Hpa* Ⅱ和*Msp* Ⅰ），通过产生不同的DNA切割片段来揭示甲基化位点差异。该标记可在全基因组水平上有效检测样品DNA的甲基化位点，在成功用于检测二形真菌的基因组DNA甲基化水平之后，该技术在多种植物的甲基化检测中得到广泛应用。它具有多态性高、无需预知DNA序列的优点，已成为检测植物基因组DNA甲基化水平和模式的重要方法。在毛竹、脐橙、番茄、高粱等多种植物中得到应用。

周贝贝以河北农业大学标本园辽宁2号为研究对象，采用*Hpa* Ⅱ/EcoR Ⅰ酶切组合的酶切预扩产物进行MSAP引物筛选，从90对MSAP引物组合中，筛选出了43对条带清晰且稳定多态的引物组合，建立了优化的核桃基因组DNA甲基化研究试验体系。利用MSAP技术对核桃同树龄同品种不同组织（成熟叶片组织、当年生嫩茎韧皮部组织、当年生根韧皮部组织、花粉组织、子叶组织和青皮组织）全基因组DNA甲基化进行分析，共扩增出972条清晰可辨的谱带，核桃同一品种不同组织之间基因组DNA甲基化水平差异不显著，其甲基化模式变异频率在0.199%～2.493%之间，其中，子叶组织相对于花粉组织的CG超甲基化变异频率最高，为2.493%，叶片组织相对于茎韧皮部组织的CHG超甲基化变异频率最低，为0.199%。试验结果表明，相同树龄的同一核桃品种不同组织间基因组DNA甲基化水平相对稳定。

三、基因工程技术在核桃育种中的应用

基因工程狭义上仅指将一种生物体（供体）的基因与载体在体外进行拼接重组，然后转入另一种生物体（受体）内，使之按照人们的意愿稳定遗传，表达出新产物或新性状。广义上包括传统遗传操作中的杂交技术、现代遗传操作中的基因工程和细胞工程。是指

DNA 重组技术的产业化设计与应用，包括上游技术和下游技术两大组成部分。上游技术主要由基因重组、克隆和表达载体的设计与构建（即 DNA 重组技术）；下游技术包括基因工程菌（细胞）的大规模培养和外源基因表达产物的分离纯化过程。早在 1989 年美国戴维斯分校已成功将抗虫基因转到核桃上。

这些技术为培育核桃优良特性品种提供一种较为有效的手段，目前已经得到育种专家的极大关注。特别是基因工程的发展促进了核桃中特异基因的开发，现已克隆出一些有价值的基因，如控制核桃童期的成花基因等，现综述如下：

何富强等根据 *LFY* 同源基因保守序列设计引物，以雄花分化早期中林 5 号核桃芽 cDNA 为模板，扩增长为 674 bp 的一段 cDNA 片段，以此序列为基础进行 3′端和 5′端扩增。最终获得1 496 bp的 cDNA 全长序列，包含1 158 bp的完整的开放阅读框（ORF），54 bp 的 5′非翻译区，271 bp 3′非翻译区及 13bp 的 poly A。将该基因命名为 *JrLFY*（Genebank：GU 194836）。然后将该基因开放阅读框（ORF）与其他物种 *LFY* 同源基因内含子/外显子结构比较，设计跨内含子区域引物，以基因组 DNA 为模板，进行 PCR 扩增。最后获得完整的 *JrLFY* DNA 序列（Genebank：HQ 019159），其中包含 3 个外显子和 2 个内含子。3 个外显子的长度分别为 433 bp、362 bp 和 363 bp，2 个内含子的长度分别为 545 bp 和 1 116 bp。通过分析该基因编码的蛋白含有 385 个氨基酸（Genebank：ACZ48701），推测其分子量为 43.15ku，等电点为 6.78。同源性分析结果表明该基因表达的蛋白与其他物种同源蛋白高度相似，与山核桃关系最近，相似度达 99%。对其氨基酸序列进行生物信息学分析，*JrLFY* 基因所编码的蛋白与山核桃、金鱼草、烟草和拟南芥的同源蛋白进行多重比对，在 C 端只有个别氨基酸不同，保守性很强，可以推测这一区域是该基因功能作用的必需区域。核桃 LFY 同源基因在 5′- N 端含有脯氨酸富集区、亮氨酸拉链结构特征，这些结构与大部分双子叶植物 LFY 同源基因的结构相似，这几个结构特点也是转录因子的特征。因此，*JrLFY* 基因编码的蛋白可能具有转录因子的功能。然后以 18S rRNA 作为内参基因，采用 RT-PCR 半定量分析研究核桃 *JrLFY* 组织特异性表达。核桃芽中 *JrLFY* 的表达量在雌花生理分化期比雄花生理分化期高，而嫩茎和叶中 *JrLFY* 基因表达量在雌雄生理分化期无明显差异；在所采集的核桃各组织中 *JrLFY* 基因均有表达，芽、雄花序和雌花表达量高，嫩茎中表达次之，叶中表达最少；*JrLFY* 在各树龄核桃组织中均有表达，不同树龄差异不明显，各树龄核桃芽在雌花生理分化期比雄花生理分化期表达量高，而不同树龄一年生枝和叶中 *JrLFY* 基因表达量在雌雄生理分化期无明显差异。通过 In-Fusion 技术已建了高效的 pRI 101-AN·JrLFY 表达载体，以期进行下游试验。对其基因的控制表达进行研究有助于加深对核桃童期的认识。

除了 *JrLFY* 外，*PAL* 基因片段也被克隆。该基因编码苯丙氨酸解氨酶，是催化苯丙烷代谢途径第一步反应的酶，也是这个途径的关键酶和限速酶。苯丙烷类途径生成的黄酮、类黄酮、木质素和生物碱等次生代谢在植物的生长发育过程中起着重要的作用。王燕等根据 *PAL* 基因设计兼并引物，克隆得到核桃苯丙氨酸解氨酶基因 cDNA 片段，长 866bp，编码 289 个氨基酸，被名为 *JrPAL*，Genbank 登录号为 AY 747676。通过核苷酸和蛋白质序列多重比较，发现 *JrPAL* 与其他植物的 *PAL* 基因高度同源。通过克隆 *JrPAL*，研究人员获得了调控核桃黄酮化合物的代谢基因资源，在此基础上借助转基因技术研究其表达调控机理，从而揭示其在核桃插条生长过程中所起的作用。

另外，Goué 利用同源序列法从黑核桃和普通核桃的杂种核桃中克隆出周期蛋白依赖激酶 A（*CDKA*）基因，并发现 *CDKA* 基因在核桃的纵向生长过程中表达，在协调叶片细胞分裂和分化，促进叶片发育过程中起着关键的作用。通过对 *CDKA* 基因的内含子的大小和位置以及 Southern 杂交显示，在杂种核桃的基因组中存在 *CDKA* 基因的多个拷贝。Teuber 等从核桃中克隆出种子 *Jug r 2* 的 cDNA 序列，该基因编码的蛋白为种子前体蛋白，是一种主要的食物过敏蛋白。

总之，基因工程技术在核桃优良品种的遗传改良应用已经成为一种重要的手段，也越来越得到育种专家的青睐。但核桃基因工程技术主要还停留在上游技术部分，转基因核桃植株的后期观察和功能验证仍然是研究人员需要面临的问题，如何确保基因在后代的稳定遗传，遗传力的多少以及它的环境适应性问题都需要解决。

第六章 核桃的生物学特性与结实生理

第一节 核桃的植物学形态特征与生长周期

一、根

核桃的根颈以下部分总称为根系，它在树体的生长发育过程中起着固着、支持树体，吸收、输导水分和矿质营养，储藏地上部分光合作用产生的养分以及合成和分泌重要植物激素的作用，是树体的重要组成部分。

1. 核桃根系的类型与形态 现阶段我国主要采用实生播种后嫁接良种的方法，所得良种苗木根系属于实生根系。核桃的实生根系属于直根系，主要包括主根、侧根和须根三部分。由核桃种子的胚根发育而来的根称为主根。它的作用是固着和支持树体上部的树干和树冠、增加根系的垂直分布深度、产生侧根以及运输根系吸收的水分和矿质营养到地上部分等。在主根上产生的各级小的分枝称为侧根。侧根可以增加根系的水平分布范围，与主根共同构成根系的骨架。树体在水平范围内的水分和矿质营养的吸收能力就取决于侧根的发育程度。在主根和侧根构成的根系骨架上形成的大量2mm以下的细小根统称为须根。须根是根系中最活跃的部分，可促进根系向新土层的推进，既是根系伸长和生长的部分，又是行使吸收功能的主要部位（图6-1）。

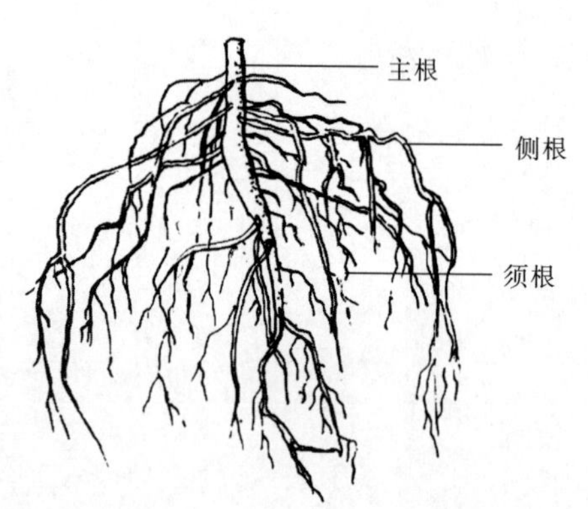

图6-1 一年生实生核桃根系

通常认为 D（根系粗度直径）<0.2mm为吸收根；$0.2\text{mm}\leqslant D<2.0$mm为细长骨干根；$D\geqslant2.0$mm为骨干根。王超（2014）等对八年生早实核桃在间作条件下根系组成情况的研究中发现（表6-1），核桃根系在田间分布数量较多，每剖面平均根数量约76条，主要由 $D<2.0$mm的吸收根组成，约占87.46%；细长骨干根和骨干根所占比例很小，其中细长骨干根约占11.08%，而骨干根仅占1.13%。

表6-1 核桃根系组成情况

粗度级别（mm）	数量（条）	所占比例（%）
$D\leqslant0.1$	8.7±6.7	11.45
$0.1\leqslant D<0.3$	17.1±6.6	22.53

（续）

粗度级别（mm）	数量（条）	所占比例（%）
0.3≤D<0.5	13.6±5.8	17.83
0.5≤D<1.0	16.1±8.0	21.21
1.0≤D<2.0	11.3±5.3	14.44
2.0≤D<5.0	7.6±4.3	9.95
5.0≤D<10.0	0.9±1.0	1.13
D≥10.0	0.9±0.6	1.13
合计	76.1±20.3	100.00

自然状态下，核桃的主根常会因顶端优势明显、生长过于旺盛而限制了侧根的发育，尤其是在幼树时期，这种情况就会造成核桃根系体系的扩大。因此，为了快速增大根系体积，增强根系的吸收和运输功能，育苗时常采取断根措施，促进侧根和须根的形成。土壤中的水分和养分主要是靠直径 1mm 以下的须根吸收的。因此，在移植时，要求苗木上尽量多地带有须根。

2. 核桃根系的分布特征 核桃为深根性树种，根系在垂直和水平方向上扩展范围较大，通常主根系分布在树体周围，侧根和须根向外扩展。一般在土层状况良好、水肥供应充足时，成年核桃树体的主根可达 6m 以上。但是在土壤瘠薄、干旱或地下水位过高时核桃根系分布的深度则会大大降低。同时，根系分布的深浅也影响其对土壤中水分和养分的利用程度。分布越深，利用程度越高。此外，分布越深对地上部分的固着和支持能力越强。通过对八年生早实核桃根系垂直分布情况的调查可以看出（表 6－2），核桃根系在田间垂直方向上分布以 10～60cm 土壤层为主，约占剖面总数量的 86.1%；其中 20～40cm 土层中根的数量分布最多，接近 50%；10～20cm 土层中根的数量也较多，约占 15.23%；而 60cm 以下土壤中所分布根的数量极少，仅占 10.52%，根系数量随深度下降表现先升高后降低的规律。所以，为避免间作物与核桃树体间的肥水竞争强度，间作物应选择根系分布深度在 20cm 以内的浅根作物为宜。

表 6－2 核桃根系垂直分布

深度（cm）	数量（条）	所占比例（%）
10<h≤20	12.0±9.6	15.23
20<h≤30	23.7±5.5	30.09
30<h≤40	15.6±11.8	19.76
40<h≤50	8.9±3.7	11.24
50<h≤60	7.7±3.5	9.79
60<h≤70	5.0±3.2	6.65
70<h≤80	2.7±2.5	3.44
h>80	0.6±1.0	0.73
合计	76.1±20.3	100.00

核桃根系的水平分布范围较广，通常成年树体的根幅直径/冠幅直径（根冠比）为2左右。核桃根系的水平分布表现出随水平距离的增大先降低后增加的趋势，在吸收方面发挥主要作用的须根主要分布在树冠外沿的垂直投影内1～1.5m，以树冠投影的外沿处最多。因此，在生产上施肥的重点应该放在此处。采用环状沟施时，沿树冠投影的外沿向内开沟，并随树冠体积的增大而逐年外移；采用放射状沟施时，遵循内少外多，内浅外深的原则；穴贮肥水时在树冠投影的外沿处开穴。

二、茎

核桃的主茎是由胚芽发育而来，以后在主茎上分化出枝、叶和花。具有大而中空的髓心是核桃的枝条在结构上的一个明显特点，在髓心中具有间断的隔膜，且隔膜的疏密程度与枝条的生长速度有关，生长速度快时髓心中的隔膜较稀疏；生长速度慢时髓心中的隔膜较密。由于核桃枝条的髓心较大，被截断后水分的散失速度很快。因此在修剪时应在芽的上端保留一段，防止芽体被抽干。

按照发育时间，核桃的枝条可分为一年生枝、二年生枝和多年生枝。按照类型的不同，一年生枝又可以分为营养枝、结果母枝、结果枝和雄花枝。

1. 营养枝（生长枝） 是指只着生叶芽和复叶的枝条，可分为发育枝和徒长枝两种。发育枝是由上年的叶芽萌发形成的健壮营养枝，顶芽为叶芽，萌发后只抽枝不结果。发育枝是形成骨干枝，扩大树冠，增加营养面积和形成结果母枝的主要枝类。徒长枝是由于主干或多年生枝上的休眠芽（潜伏芽）萌发形成的，分枝角度小，生长直立，节间长，枝条当年生长量大，但不充实。对于徒长枝应加以控制，疏除或利用它转化为结果枝组等。然而，它却是赖以更新复壮的主要枝类。

2. 结果母枝和结果枝 着生混合芽的枝条称为结果母枝；由混合芽萌发抽生的枝条顶端着生雌花的称为结果枝。晚实核桃的结果母枝仅顶芽及其以下2～3芽为混合芽；早实核桃的粗壮结果母枝，其侧芽均可形成混合芽。由健壮结果母枝上抽生的结果枝，在结果的同时仍能形成混合芽，可连年结实。

3. 雄花枝 是指顶芽为叶芽，侧芽均为雄花芽的枝条。雄花枝多较细弱，在树冠内膛及弱树、老树上雄花枝数量较多（图6-2）。

图6-2 核桃弱树上的雄花枝

核桃茎的生长特性。实生核桃初期茎生长缓慢。据观察，核桃苗木茎的生长特点是胚芽伸出后，茎的生长时快时慢，慢时生长几乎停滞，通常在第三片复叶展开后开始第一次停止生长，此后，每长出一片复叶，茎生长停滞4～5d，主茎生长缓慢时复叶长大。在第一个年生长周期中，茎干以7月末至8月中旬生长最快，但出土较晚（5月下旬以后出土）的苗木，6月末茎部就停止生长，苗木质量显著降低。晚实核桃苗到第三年地上部分才开始连续加速生长，而早实核桃苗一般一至二年生时地上部分生长量较大。同时，晚实核桃苗发生侧枝年龄也较晚，一般在三年生时开始分生侧枝；早实核桃发生分枝较早，一年生时即可有10%左右植株产生侧枝。凡一年生产生分枝的早实核桃，二年生时大多可开花结实，第二年分枝的，第三年多开花结实（图6－3）。

图6－3　三年生晚实核桃树体（左）与二年生早实核桃（右）对照

核桃枝条的生长与树龄、营养状况、着生部位有关。生长期或生长结果期树上的健壮发育枝，年周期内可有两次生长（春梢和秋梢）；长势较弱的枝条，只有一次生长。二次生长现象随着年龄的生长而减弱。核桃枝条顶端优势较强，一般萌芽力和成枝力较弱，但因群类和品种的不同而异，早实核桃往往优于晚实核桃（图6－4）。

图6－4　核桃春季抽生的大量新梢（春梢）

核桃树背后枝（又称倒拉枝）吸水力强，生长旺盛，生长势易强于背上枝，是不同于其他树种的一个重要特性。在栽培中应注意控制或利用，以免扰乱树形，影响骨干枝的生长。核桃树一年生枝的髓心较大，如停止生长过晚，木质化程度差，越冬后易抽条干梢。

成年核桃树树冠的外围枝大多着生混合芽，翌春顶芽萌生结果枝，侧芽萌发枝条延伸，属于合轴分枝的类型，易形成树冠表面结果枝层。

三、叶

叶是植物重要的营养器官之一，是植物行使光合作用、呼吸作用以及蒸腾作用的重要场所。核桃叶为奇数羽状复叶（图 6-5），小叶数依不同核桃种群而异，核桃种群的小叶数为 5～9 片，一年生苗多为 9 片，结果枝多为 5～7 片，偶有 3 片。泡核桃种群的小叶数多为 9～11 片。通常情况下由复叶的顶部向基部小叶逐渐变小，但在泡核桃种群中还常存在顶生小叶退化的现象。

图 6-5　核桃叶片

复叶的数量与树龄和枝条类型有关。正常的一年生幼苗有 16～22 片复叶，结果初期以前，营养枝上复叶 8～15 片，结果枝上复叶 5～12 片。结果盛期以后，随着结果枝大量增加、果枝上的复叶数一般为 5～6 片，内膛细弱枝只有 2～3 片，而徒长枝和背下枝可多达 18 片以上。

复叶的多少和质量对枝条和果实的发育关系很大。据观测，着双果的枝条要有 5～6 片以上的正常复叶，才能保证枝条和果实的发育，并连续结实。低于 4 片的，尤其是只有 1～2 片叶的果枝，难以形成混合芽并且果实发育不良。

四、花

核桃的花为单性花，雌雄同株异花。核桃雄花序为柔荑花序，长度 8～12cm，偶有 20～25cm 者，每花序着生 130 朵左右小花，多者达 150 朵。从花序的基部至顶端，小花的雄蕊数越来越少。雄花花萼 3～6 浅裂，连生于苞片。雄蕊 12～35 枚，轮状着生于片状花托，花丝极短，花药黄色，长度为（844±44）μm、宽度为（549±41）μm。花药两室，平均包含 900 粒花粉粒，通常一个花序可产生花粉约 180 万粒以上，重量可达 0.3～0.5g，但其中只有 10%～35%的花粉具有生活力（图 6-6）。

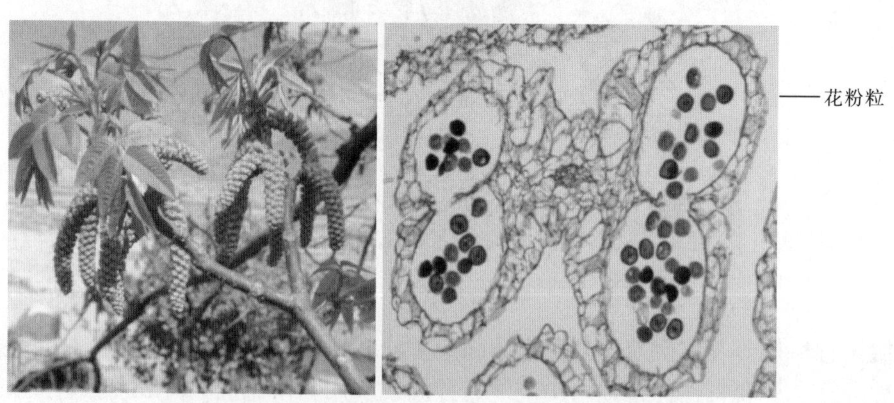

图 6-6　核桃雄花的着生状态及花药横切图

据观察核桃的花粉有圆形和椭圆形两种，两者的比例和花粉粒的大小因品种不同存在差异（王红霞等，2011），平均直径约为 41μm，花粉粒外壁密被断刺状小突起；萌发孔 13～15 个，不均匀地分布于花粉粒的一侧，每个萌发孔有隆起的边缘，孔口有平滑的盖。

核桃的雌花单生或者 2～4 个，有时甚至 4 个以上呈穗状着生于结果枝的顶端。核桃雌花有绿色、红色或者紫色的总苞包裹在子房的外边，总苞密生细茸毛，萼片 4 裂，着生于总苞的上面。子房下位，一室，柱头羽状 2 裂，表面凹凸不平，盛花期时湿度较大，有利于花粉的附着和萌发。柱头长度约为 1cm，浅黄色或者粉红色（图 6-7）。

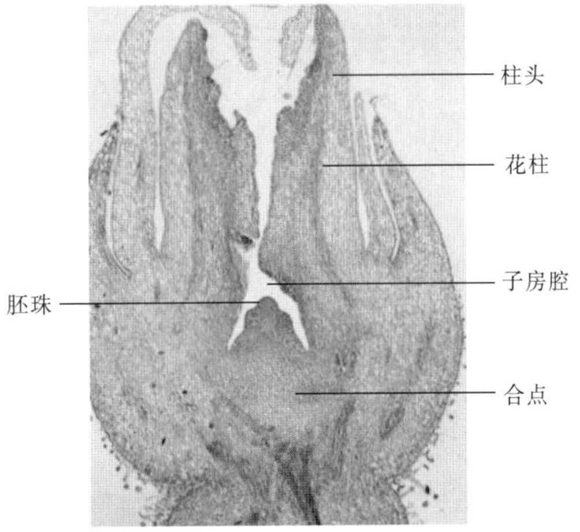

图 6-7　核桃雌花纵切图

雌花初显露时幼小子房露出，二裂柱头抱合，此时无授粉受精能力。经 5～8d，子房逐渐膨大，羽毛状柱头开始向两侧张开，此时为始花期；当柱头呈倒八字形时，柱头正面突起且分泌物增多，为雌花盛花期，此时接受花粉能力最强，为授粉最佳时期。经 3～5d 以后，柱头表面开始干涸，授粉效果较差，之后柱头逐渐枯萎，失去授粉能力（图 6-8）。

图 6-8　核桃雌花的初花期、盛花期和末花期

早实核桃具有二次开花结实的特性，二次花着生在当年生枝顶部。花序有三种类型：第一种是雌花序，只着生雌花，花序较短，一般长为 10～15cm；第二种是雄花序，花序较长，一般长为 15～40cm，对树体生长不利，应及早去掉，第三种是雌雄混合花序，下半序为雌花，上半序为雄花，花序最长可达 45cm，一般易坐果。此外，早实核桃还常出现两性花：一种是雌花子房基部着生雄蕊 8 枚，能正常散粉，子房正常，但果实很小，早期脱落；另一种是在雄花雄蕊中间着生一发育不正常的子房，多数早期脱落。二次雌花多在一次花后 20～30d 时开放，如果坐果，坚果成熟期与一次果相同或稍晚，果实较小，用作种子能正常发芽（图 6-9）。用二次果培育的苗木与一次果苗木无明显差异。

图 6－9　早实核桃不同形态的二次花和二次果

五、果实

核桃的雌花授粉后 15d 合子开始分裂，经多次分裂形成鱼雷形胚后迅速分化出胚轴、胚根、子叶和胚芽。胚乳的发育先于合子分裂，但在胚的发育过程中被吸收，所以在成熟的核桃果实中无胚乳。核桃的果实由外果皮、中果皮、内果皮和种子组成（图 6－10）。其中种子部分包括胚根、胚轴、胚芽和子叶。吴国良等（2005）研究表明，核桃的外、中、内 3 层果皮结构的发育阶段可分为前后两个时期。外果皮由数层细胞组成，前期表皮细胞密布腺毛，后期发育出角质层和气孔构造。不同品种及果实不同部位间果点亦有差异。中果皮为果肉的大部分，细胞大，中间散生有多束维管束。前期 3 层果皮界限不明显，进入后期后维管束数目增加，类型增多且出现分叉。前期内果皮细胞小而透明，与中果皮界限不明显，后期则迅速木质化而形成硬壳，逐渐转化为坚硬的木质化石细胞层，其外的维管束组织高度发达呈网络状。肖玲（1998）认为由于核桃果实有苞片及花被参加发育，所以核桃的果实不是一种真正的核果，可称之为“拟核果”。

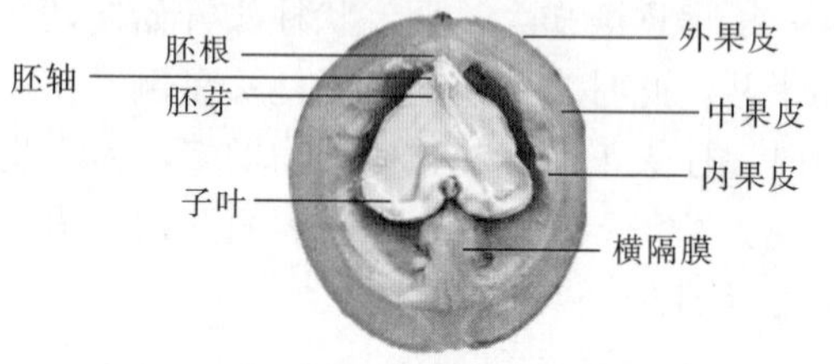

图 6－10　核桃果实纵切面

六、坚果

核桃果实成熟时，最外侧的总苞（俗称青皮）由绿变黄、开裂，从中果皮的维管束处分离，内侧即为核桃的坚果。

核桃的坚果外侧为骨质化坚硬的核壳，主要在果实发育的硬核期形成，厚度 0.3～2mm 不等，主要成分为木质素和纤维素，在坚果生长、发育、成熟、漂洗、运输及贮藏中，起着重要作用。壳面具有沟状刻纹或点状刻窝，刻纹、刻窝的深浅和疏密程度及分布可作为识别品种的重要特征。硬壳可分为两半，中间的结合部分为缝合线，缝合线的宽窄和高低同样可以作为品种的识别特征。硬壳的内部为种仁，即核桃的可食用部分，种仁营养丰富，具有温肺润肠、健脑益智、补气养血、润燥化痰等功效。种仁的外侧被一层较薄的种皮，颜色由浅黄色至深褐色不等，特殊品种种皮甚至为红色和紫色。研究证明种皮中富含一系列具有抗氧化性及抗病性的化学组分，主要包括单宁类、萘醌类、酚酸类以及植物固醇类等，长期食用有助于维持人体健康。种仁占坚果重量的百分比称为出仁率，是衡量坚果品种的重要指标，核桃出仁率一般在 40%～67%之间，不同的品种之间差别较大。

赵书岗等（2011）在坚果硬壳结构的影响因子研究中发现：不同核桃品种间坚果硬壳结构指标均存在显著差异，泡核桃与普通核桃差异尤为显著；除个别品种外，不同产地核桃坚果硬壳密度及硬壳厚度存在显著差异；随着采收期延后，坚果硬壳缝合线紧密度逐渐下降，密度先上升后下降，机械强度呈上升趋势；树体阳面坚果硬壳密度显著小于阴面，机械强度显著大于阴面及内膛。品种、光照等是影响坚果硬壳结构的重要因素。同时，坚果硬壳的结构与种仁的商品品质间存在显著的相关性。核桃坚果硬壳结构与坚果品质及油脂的抗氧化能力存在显著的相关性，缝合线越紧密、硬壳越厚，漂洗污染率、贮藏虫果率和裂果率越低，种仁颜色越浅，贮藏后核桃油脂丙二醛含量越低，抗氧化能力越强，品质越好。而我国现行国家标准《核桃丰产与坚果品质》（GB 7907—87）中规定：优级核桃坚果出仁率≥59%，壳厚≤1.1mm，我国选出的优质核桃品种硬壳普遍较薄，出仁率较高，但种仁颜色普遍较深，裂果率较高，在国际市场竞争中处于不利局面。

七、核桃的生长周期

核桃树的寿命很长，在我国的新疆、西藏和云南等地现存许多几百年甚至上千年的核桃大树仍然生长旺盛，单株产量甚至可达 500kg 以上。新疆和田县境内约 1 300 年的核桃王古树至今仍长势健壮，年产核桃坚果可达 20 000 余颗。核桃王公园已成为和田地区重要的旅游文化景点之一，这株核桃树王与葡萄树王、无花果树王齐名，被当地人誉为“和田三棵树”（图 6－11）。

图 6－11　新疆和田县千年核桃王古树

依据核桃一生中树体的生长发育特征呈现出的显著变化，可以将其划分为 4 个年龄时期，即生长期、生长结果期、盛果期和衰老更新期。生产上可根据各个生长发育时期的特点，采取相应的栽培管理技术措施，调节其生长发育状况，达到栽培的目的。

1. 生长期 从苗木定植到开始开花结实以前，称为生长期。这一时期的长短，因核桃品种或类型的不同差异很大。一般晚实型实生核桃为7～10年，泡核桃为10～15年，两者的嫁接苗也需要3～6年；而早实型核桃的生长期甚短，播种2～3年就可以开花结果，有的甚至在播种的当年就能开花（图6-12）。生长期的特征是树体离心生长旺盛，树姿直立，一年中有2～3次生长，有时因停止生长较晚，越冬时易抽条。这一时期在栽培管理上既要从整体上加强其营养生长，注意整形修剪使尽快形成牢固而均衡的骨架，扩大树冠，又要对非骨干枝条加以控制或缓放，促使提早开花结实。

图6-12 早实核桃幼树结果状

2. 生长结果期 从开始结果到大量结果以前，称为生长结果期。这一时期，树体生长旺盛，枝条大量增加，随着结实量的增多，分枝角度逐渐开张，直至离心生长渐缓，树体基本稳定，晚实核桃在7～20年生，泡核桃在12～24年生，或更晚一些。研究表明，早实核桃六年生以前的分枝数量大体按倍数增加，以后增长幅度逐渐减少，但结果枝绝对数量显著增加。此期栽培的主要任务在于加强综合管理，促进树体成形和增加果实产量；晚实型核桃树15年前冠幅增长快，属于营养生长的旺盛期；泡核桃在结果量逐年增长的同时，营养生长仍很旺盛，离心生长增强（图6-13）。

图6-13 核桃生长结果期树体

3. 盛果期 盛果期的主要特征是果实产量逐渐达到高峰并持续稳定。早实核桃8～12年生、晚实核桃15～20年生、泡核桃约25年生时开始进入盛果期。核桃和泡核桃树的盛果期可以持续很长时间。在栽植和管理条件较好时，一般可达几十年，上百年甚至更长。

研究人员对河南安阳、洛阳、郑州、新乡和卢氏5个地区的630株实生核桃树的调查表明：16年生核桃树产量开始速增，40～90年生达结果高峰期，60年生以后进入高产稳产期。另据国家标准《核桃丰产与坚果品质》中晚实核桃丰产指标表明，不仅核桃，而且泡核桃的果实产量增长和稳产趋势也具有相似的变化趋势。早实核桃引入内地时间较短，尚缺数据，而在新疆的一些早实核桃原株，80～100年生时仍能大量结实。盛果期树的主要特征是树冠和根系伸展都达到最大限度，并开始呈现内膛枝干枯，结果部位外移和明显的局部交替结果等现象。这一时期是核桃树一生中产生最大经济效益的时期。此时期栽培的主要任务是加强综合管理，保持树体健壮，防止结果部位过分外移，及时培养与更新结果枝组，乃至更新部分衰弱的次级骨干枝，以维持高额而稳定的产量，延长盛果期年限（图 6-14）。

图 6-14　核桃盛果期树体和局部结果状

4. 衰老更新期　该时期树体的主要特征是果实产量明显下降，骨干枝开始枯死，后部发生更新枝。本时期的早晚与立地条件和栽培条件相关；晚实核桃和铁核桃从 80～100 年开始，早实核桃进入衰老更新期较早。初期表现为主枝末端和侧枝开始枯死，树冠体积缩小，内膛发生较多的徒长枝，出现向心更新，产量递减；后期则骨干枝发生大量更新枝，经过多次更新后，树势显著衰弱，产量也急剧下降，乃至失去经济栽培意义。这一时期栽培管理的主要任务是在加强土肥水管理和树体保护的基础上，有计划地进行骨干枝更新，形成新的树冠，恢复树势，以保持一定的产量并延长其经济寿命。核桃树衰老更新期开始的早晚与持续时间的长短因品种、立地条件和管理水平而相差甚多（图 6-15）。

图 6-15　进入衰老更新期的核桃树体及内膛骨干枝上的大量徒长枝

八、核桃伤流

植物的枝干受伤或被折断，伤口会溢出汁液，这种现象称为伤流。溢出的汁液称为伤流液。一般认为，高等植物在一定生育期内都会出现伤流。根据发生时间和发生机制的不同，核桃伤流可以分为春、秋季伤流和冬季伤流。核桃的春季伤流是与土温升高、根系开始活动同步发生的。秋季伤流是因为落叶后根系仍在活动，但蒸腾作用基本结束，因而出现伤流，其强度逐渐增加，之后随气温降低，根系活动减弱，秋季伤流逐渐停止。核桃的春、秋季伤流均是由根压引起的，也被称为根压伤流。冬季田间自然生长的核桃枝条受伤，伤口也会出现伤流并维持很长时间（张志华等，1997；杨华廷，2001），此时的伤流主要与木质部汁液正压有关，因此冬季伤流又称茎压伤流。

1. 核桃伤流发生及其动态　核桃属于极易发生伤流的树种，加之伤流发生与嫁接成活和修剪效果关系密切，因而备受关注。核桃伤流在一年中均可发生，且以秋季落叶和春季萌芽前后强度最大。秋季伤流一般从落叶后期（约 10 月下旬）开始，并逐渐增强；之后随气温降低，逐渐下降，可延续到冬季深休眠期（约 12 月下旬）；春季伤流始于芽萌动期（约 3 月中旬），伤流随气温升高而加强，到展叶后期（约 4 月中下旬），随蒸腾加强而降低（丁平海等，1991；张志华等，1997；杨华廷，2001；白振海等，2007）。核桃冬季也可发生伤流，但对其强度说法不一。多认为核桃冬季伤流很弱（丁平海等，1991；张志华等，1997；白振海等，2007）；但杨华廷（1983）和汤铁伟等（2008）的资料表明，冬季伤流仍较强。伤流发生高峰期，切口的伤流可持续 7～10d（杨华廷，2001）。核桃夏季伤流也有报道，其主要受蒸腾强度调控，发生时间不固定，与苗木生活力、土壤水分和空气湿度有关（娄进群等，2006；严昌荣等，1999）（表 6－3）。

表 6－3　伤流的收集时间和收集量

（1986 年 11 月至 1987 年 4 月，丁平海）

收集时间（日/月） 伤流量	1986 年 1/11～15/11	1986 年 15/11～25/11	1986 年 25/11～25/12	1986—1987 年 25/12 至翌年 13/3	1987 年 13/3～25/3	1987 年 25/3～14/4	1987 年 14/4～26/4
9 株树总收集量（ml）	伤流较少	4 122	3 407	伤流很少	492	2 850	433
平均每株收集量（ml/d）	—	45.8	12.6	—	4.6	15.8	4.0

注：11 月 15 日灌冻水。

核桃伤流强度具有明显的日变化，并与植株发育状况和所处的气候、土壤条件相适应。丁平海等（1991）研究表明：六年生上宋品种秋季伤流以 13:00～19:00 较高，19:00 至翌日 12:00 伤流较少；春季伤流日变化不大。在河南驻马店地区 15 年生早实薄壳香品种秋季伤流的日进程表现为：晴天日出后 2h（9:30）开始流动，日落后 2h（19:00）停止流动；晴天上午伤流少下午多，雨雪阴天基本无伤流；树旺和部位低伤流多（白振海等，2007）。一至三年生早实绿岭核桃一年生枝条冬季伤流起始晚，结束早，峰值低，而秋季伤流日进程基本是单峰曲线，伤流始于 8:00～10:00，峰值出现在 10:00～12:00，之后下降，17:00 停止（表 6－4）。

表 6－4　伤流日变化与天气的关系（白振海）

日期	13	14	15	16	17	18	19	20	21	22
天气	重阳	雨	阴	晴	晴	晴	晴	晴	半阴	重阳
伤流起止时间	全天不流	全天不流	全天不流	9：30～19：00	9：30～19：00	9：30～19：00	9：30～19：00	9：30～19：00	9：30～19：00	全天不流

2. 核桃伤流液中的主要成分　对核桃春、秋季伤流液组分研究发现，其含有大量的可溶性糖、游离氨基酸、有机氮、矿质元素以及少量酚类物质等。丁平海等（1991）指出：核桃伤流液中含有大量可溶性糖，主要是葡萄糖、果糖、蔗糖和少量麦芽糖；秋季伤流液糖含量较低，折合成葡萄糖为 78.0mg/L；春季（3 月中旬至 4 月中旬）含糖量较高，平均 187.1mg/L，最高 201.1mg/L；发芽后（4 月中旬至下旬）含糖量急剧下降到 0.7mg/L。核桃春、秋季伤流液中含有 14 种矿质元素，以 Ca、K、Mg、P 和 S 含量较高，其他依次为 Al、B、Ba、Cu、Fe、Mn、Na、Sr、Zn，秋季（11 月 15 日至 12 月 25 日）平均浓度为 99.6mg/L，早春（3 月 13 日至 4 月 14 日）为 47.8mg/L，春季展叶后（4 月 14 日至 4 月 26 日）为 78.8mg/L。核桃伤流液中还含有少量酚类（＜0.07mg/L）和醌类化合物（＜0.003mg/L）（丁平海等，1991）（表 6－5、表 6－6）。

表 6－5　伤流液中可溶性糖和酚类物质含量（每 100ml 含量，mg）（丁平海）

收集时间（日/月）		1986 年 15/11～25/11	1986 年 25/11～25/12	1987 年 13/3～25/3	1987 年 25/3～14/4	1987 年 14/4～26/4
可溶性糖	果糖	180.30	330.63	522.60	527.87	2.63
	葡萄糖	191.63	344.73	551.07	528.27	4.50
	蔗糖	19.50	238.80	328.77	357.60	—
	麦芽糖	—	—	—	119.53	—
总糖（折合为葡萄糖）		410.93	1148.96	1731.21	2010.80	7.13
酚类		0.67	0.14	0.27	0.48	0.16
醌类		0.02	0.03	0.03	0.01	0.02

表 6－6　伤流液中矿质元素的种类和含量（每 100ml 含量，mg）

元素种类 \ 收集时间（日/月）	1986 年 15/11～25/11	1986 年 25/11～25/12	1987 年 13/3～25/3	1987 年 25/3～14/4	1987 年 14/4～26/4
Al	0.57	0.33	0.63	0.46	0.19
B	0.27	0.27	0.59	0.47	0.40
Ba	0.34	0.16	0.15	0.15	0.12
Ca	886.63	421.30	203.97	230.63	323.63
Cu	0.18	0.18	3.08	0.05	0.22
Fe	3.13	1.35	1.91	1.17	1.21
K	324.83	129.37	214.83	148.73	388.00

（续）

收集时间（日/月） 元素种类	1986 年 15/11～25/11	1986 年 25/11～25/12	1987 年 13/3～25/3	1987 年 25/3～14/4	1987 年 14/4～26/4
Mg	126.90	62.63	31.80	34.57	44.57
Mn	4.02	1.84	0.86	0.97	0.77
Na	1.73	1.35	6.15	21.13	1.42
P	3.13	0.27	10.55	0.24	5.87
Sr	2.55	1.17	0.64	0.85	1.26
S	11.59	3.81	10.88	27.28	19.21
Zn	0.67	0.70	2.18	1.66	0.66
总量	1 366.50	624.73	488.22	488.38	787.47

禹婷等（2006）对四年生核桃研究发现，春季（3 月 5 日至 4 月 1 日）伤流液中含有 16 种游离氨基酸，总浓度为 542.0mg/L，按含量顺序为：脯氨酸、精氨酸、苏氨酸、谷氨酸、天氨酸、丙氨酸、苯丙氨酸 7 种，占游离氨基酸总量的 95.3%（表 6－7）。

表 6－7 伤流液中游离氨基酸种类及含量（mg/L）（禹婷）

氨基酸种类	Asp	Thr	Glu	Pro	Gly	Ala	Cys	Val	Met	Lieu	Leu	Try	Phe	Lys	His	Arg	总量
含量	58.6	65.8	60.6	225.0	2.1	17.4	2.8	4.4	1.2	3.9	3.2	3.3	5.3	1.5	3.2	84.1	542.0

3. 核桃伤流与栽培管理 核桃具有明显的秋季、冬季和春季伤流，为避开伤流，杨文衡等（1983）曾提出在秋季采收后到落叶前或春季展叶后进行修剪。但是，采收后到落叶前贮藏营养积累时期，修剪会造成养分损失，春季展叶后修剪同样会造成养分损失。20 世纪 90 年代以来，根据对核桃伤流规律的研究和掌握，提出了改变核桃树修剪时期的意见。

杨华廷（1983）通过试验认为，在避开冬季伤流高峰期的前提下，进行休眠期修剪，可避免或减少伤流的不利影响。张志华等（1997）认为，休眠期修剪较之秋剪或春剪营养损失最少，有利于增强树势和增加产量；美国核桃幼树整形的大量工作也是在休眠期进行的。近些年各地发展的一些优种核桃园，因采集接穗大多在休眠期与修剪同时进行，也均未出现对树体的生长和结果有不良影响，所以核桃可以进行冬剪。白镇海等（2007）在河南的研究指出，休眠期是核桃修剪较合理的时期，冬剪应尽量延期进行，在萌芽前结束为宜。彭刚（2007）提出，在新疆阿克苏地区幼龄核桃在 2 月中旬至 3 月中旬修剪优于落叶前和萌芽后修剪。王安民（2005）在陕西商洛的研究指出，休眠期修剪应在伤流小的 2 月底前结束。所以核桃冬季修剪以冬季伤流几近结束、春季伤流尚未开始的一段时间为宜，将核桃传统的春、秋季修剪改为休眠期修剪，是必要和可行的。但由于各地气候差异和品种的不同，具体修剪时间也不尽相同。目前，一些重要的问题如冬季伤流与当地气候和品种的关系，剪口伤流的持续时间，冬季伤流的营养成分，修剪可能带来的营养损失以及冬

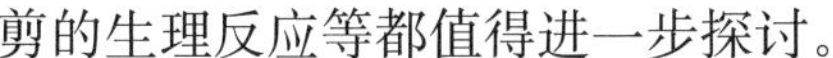

剪的生理反应等都值得进一步探讨。

同时为了减轻或防止伤流积累对生长季嫁接工作的影响，应采取避开阴雨、留抽水枝、留排水口、牙签排水、树干基部放水、深刻、断根等措施保证嫁接的成活率。

第二节　核桃成花与授粉受精

一、花芽分化与开花

核桃从营养生长过渡到开花结果，是一个极其复杂的过程，既受本身遗传物质的制约，也与内源激素平衡、营养物质积累和一系列生理生化过程有关，同时还受栽培条件与技术措施的影响。晚实核桃实生树通常需要6～8年才能形成混合芽，栽培条件较好时，4～5年即可开花结果，但雄花芽则晚于雌花1～2年出现。而早实核桃只需2～3年，有时播种出苗第一年即可开花结果。

（一）花芽分化

花芽与叶芽起源于相同的芽内生长点；在芽的发育过程中，由于各种内源激素含量及贮藏营养物质水平的不同，一些芽原基向雄花芽和混合芽方向分化，花芽分化是开始进入结果期的标志。

雌花起源于混合芽内生长点，一般于6月中旬开始进入形态分化期，此前的雌花生理分化期表现为芽内蛋白态氮、全氮呈下降趋势，淀粉、C/N呈上升趋势，内源IAA和ABA含量升高。IAA可诱导乙烯产生来启动和促进花芽分化。形态分化伴随生理分化而开始，8月上旬分化出苞片和花瓣（雄先型品种只能分化至苞片期），晚秋时芽内生长点进入休眠状态，第二年春季3月下旬芽萌发前分化出雌蕊，4月上旬完成整个雌花的分化，雌花分化全过程约需10个月。

高英（2010）在河北易县用雄先型早实核桃品种辽宁1号为试材，进行了核桃雌花芽分化的形态学观察，把核桃雌花芽的分化过程分为5个时期，即成花诱导期、花柄分化期、苞片分化期、花被分化期和雌蕊分化期，同时随着雌花芽的分化，叶芽内部结构也在发生变化。这些时期相应的内部结构特点为：成花诱导期（4月20日至5月10日）顶端分生组织逐渐变平，细胞排列紧密，幼叶原基出现，而叶芽顶端较花芽略尖，细胞小且密集，外被多层鳞片；花柄分化期（5月30日至6月5日）顶端分生组织伸长，呈长方形突起，顶端细胞排列整齐，幼叶原基增加，维管组织分化，此时，叶芽顶部变平，表皮细胞下有一团致密的细胞，幼叶原基形成，维管组织进一步分化；苞片分化期（6月25日至11月10日）在扁平的顶端两侧各形成一个小的突起，为苞片原基，随着雌花芽的分化发育，突起逐渐增大呈弯月形，叶芽内部结构发生了较大的变化，维管组织分化发育成熟，幼叶形成，待条件适宜进行生长发育；花被分化期（3月15日至25日）在苞片原基内侧各形成一个新突起即花被原基，子房逐渐分化；雌蕊分化期（3月30日至4月5日）在顶端的中心位置先形成一个较大的突起，之后分裂成2个，逐渐分化成羽状柱头，下部分化成子房，胚珠原基和隔膜原基形成。

夏雪清（1989）在河北保定用雌先型早实核桃品种上宋6号为试材，进行了核桃雌花芽分化的形态学观察，把核桃雌花芽的分化过程可分为4个时期，即分化初期（6月2～

30 日)，总苞原基出现期（6 月 16 日至 7 月 7 日)，花被原基出现期（6 月 23 日至 7 月 14 日)，雌蕊原基出现期（3 月下旬)。这里与高英研究结果有所不同，一是分化时期上是从生长点出现明显变化开始划分的，没有成花诱导期和花柄分化期的陈述；二是高英采用的是雄先型品种，因此休眠期以前没有看到花瓣的分化。张志华等（1993）观察发现，核桃雌先型与雄先型品种的雌花在开始分化时期及分化进程上均存在着明显的差异。雌花芽的分化，雌先型品种较雄先型品种开始分化早，在各个时期的分化上，雌先型品种始终领先于雄先型品种；二者在雌花芽分化上的最大区别在于休眠期前雌先型品种分化至花瓣期，而雄先型品种仅分化至苞片期。

Polito 等（1985）对雌雄异熟品种的雌花芽分化特点进行了研究，指出从雌花分化的始点到终点，雌先型的分化均明显领先。张志华等（1995）观察发现，普通核桃雌先型与雄先型品种的雌花在开始分化时期及分化进程上均存在着明显的差异，通过观察 13 个普通核桃品种（其中 6 个雌先型 7 个雄先型）发现，核桃从雌花芽开始分化至雌花开放所需时间，雌先型品种和雄先型品种基本相同，约为 10 个月。但雌先型品种雌花芽的分化先于雄先型品种，并在各个时期上处于领先，二者在雌花芽分化上的最大区别在于休眠期前雌先型品种分化至花瓣期，而雄先型品种仅分化至苞片期，从而为雌花的早开奠定了基础。Polito（1997）利用扫描电镜观察了普通核桃的雌花芽的整个生长季的发育过程进一步证实了这一点，针对 3 个雌先型品种和 3 个雄先型品种研究发现，在生长季雄先型品种雌蕊原基中仅完成苞片原基的分化，而在雌先型品种在前一个生长季已经完成花被原基的分化。雌先型品种在进入休眠期之前比雄先型品种多分化至少一轮花器官原基，且与各品种开花和展叶的物候期无关。

雄花分化是随着当年新梢的生长和叶片展开，于 4 月下旬至 5 月上旬在叶腋间形成。6 月上中旬继续生长，形成苞片和花被原始体，可以明显看到有许多小花的雄花芽，6 月中旬至翌年 3 月为休眠期，4 月继续发育生长并伸长为柔荑花序，每朵小花有雄蕊 3～20 个，苞片 3 个，花被 4～5 个。散粉前 10～14d 形成花粉粒，河北省保定地区雄花盛开散粉期约在 4 月中旬至 5 月上旬，与当时气温有密切关系。雄花芽的分化时间较长，一般从开始分化至雄花开放约需 12 个月。

荣瑞芬（1991）将雄花芽形态分化划分为 5 个时期：①鳞片分化期。母芽雏梢分化之后，在叶腋间出现侧芽原基，4 月上旬侧芽原基在母芽内开始鳞片分化，4 月下旬随着母芽萌发、新梢生长，侧芽原基外围已有 4 鳞片形成，此时从外部形态上还不能分辨出雄芽与叶芽，但在显微镜下观察到叶芽生长点较尖，雄芽生长点较扁平。叶芽分化的鳞片较雄芽多。②苞片分化期。4 月下旬继鳞片分化期之后，在鳞片内侧、球状生长点周围，从基部向顶端逐渐分化出多层苞片突起。③雄花原基分化期。4 月下旬至 5 月初，从雄花芽基部开始向顶端，在苞片内侧基部出现突起，即单个雄花原基。④花被及雄蕊分化期。5 月初至 5 月中旬，雄花原基的顶部变平并凹陷，边缘发生突起，即为花被的初生突起，隔 2～3d后，凹陷的中部并排呈现 2～4 个突起，为雄蕊的初生突起。⑤花被及雄蕊发育完成期。5 月中旬至 6 月初，并排的雄蕊突起发育成并列的柱状体雄蕊，最多可观察到 6 个，一排花被突起发育成一圈花被向内弯曲包裹着雄蕊，而苞片又从雄花基部伸出，伸向花被外围，此时整个雄花芽已突破鳞片，像一个松球。至此，雄花芽形态分化完成，在整个夏

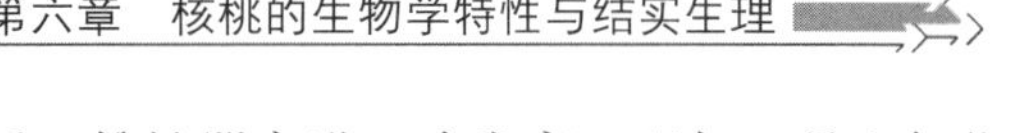

秋季雄花芽几乎无变化。直到翌年 3 月中旬以后，雄性器官进一步发育，翌年 4 月上旬花序伸长，花粉母细胞进行减数分裂，于 4 月下旬开花散粉。从当年 4 月上旬鳞片开始分化到翌年 4 月中旬性细胞形成，历时约一年。

Hazel（1984）用扫描电镜观察了美国山核桃雄花发育过程，其中 1 个雄先型品种和 2 个雌先型品种，发现花序发育的最初时期和雄花原始体及苞片的开始发生期，两个类型的品种基本相似，大约都发生在雄花成熟的 12 个月以前，但是雄花发育后期的开始时间两类品种出现差异，雄先型品种雄花发育的各个时期，直到花药裂片出现都在前一个生长季发生，雌先型品种的小苞片、花顶点、雄蕊原基及花药裂片都在开花当年的春季形成。张志华等（1995）研究发现，从整个雄花芽分化进程上看，除鳞片期未见到雌先型品种和雄先型品种有明显差异，以及形态分化完成后的相对休眠期差异不明显外，其他各期均可发现雄先型品种在雄花芽分化进程上的领先。雄花芽的分化时间较长，一般从开始分化至雄花开放约需 12 个月，虽然在雄花芽出现不久便完成形态分化，但在各个分化时期上雄先型品种明显领先于雌先型品种，从而为雄先型品种雄花的早开放奠定了基础。

（二）开花特性

核桃一般每年开花一次。早实型核桃具有二次开花结实的特性。其二次花的类型丰富多彩，一般呈穗状花序。有的雌雄同序，基部着生雌花，上部为雄花；有的为单性花；也有的雌雄同花（多出现在雌雄同序花序的中部），呈过渡状态，也有的全序皆为两性花，中间为雌花，柱头较细弱，外围着生几对花药。二次雌花序和雌雄同序上着生雌花的数量差异甚大，少则 1 个，多者可达 20～40 个。二次花结果多的呈串状。个别植株一次花和果实也有上述种种情形。二次果果形较小，但开花期较早的可以成熟，并具有发芽力。用二次果所培育的苗木，其生长情况与一次果播种苗无差异，且表现早实特性，所结果实的大小正常。

雄花芽在春季开始膨大伸长，由褐变绿，从基部向顶部逐渐膨大。经 6～8d，花序开始伸长，基部小花开始分离，萼片开裂并能看到绿色花药；6d 后花序伸长生长停止，花药由绿变黄；1～2d 后雄花开始散粉，散粉结束花序变黑而干枯。同一雄花序上的单花在开花时基部小花也明显早于顶端小花。散粉期遇低温、阴雨、大风天气，对自然授粉极为不利，宜进行人工辅助授粉，以增加坐果和产量。

花药的发育于春季开始，花药原基经过分裂后开始形成一堆同形的细胞，然后在 4 个角隅处的表皮下分化出 4 行大的孢原细胞，孢原细胞向外分裂成初生壁层和向内形成初生造孢层。初生壁层经过平周和垂周分裂产生由 3～4 层组成的花药壁，初生造孢细胞经过分裂形成许多小孢子母细胞。

随着花药的成熟，壁层开始分化，最外为表皮，其下为药室内壁，细胞依辐射方向伸长，有辐射状的纤维条加厚，花药成熟时靠纤维状加厚的这层壁使花药纵裂。药室内壁之内为 1～3 层的中层；从花药发育到小孢子母细胞减数分裂时，所有中层细胞都被压扁和挤碎，最后被吸收。中层之内为绒毡层。核桃的绒毡层为腺质绒毡层，在小孢子和花粉的发育中有重要的生理意义。在小孢子开始减数分裂前分裂，形成 2～5 核的大细胞，有浓厚的原生质，以后逐渐退化，于花粉成熟时耗尽。

花药的最内部分为小孢子母细胞，它们由壁层内的孢原组织发育而来，和壁层的细胞相比，小孢子母细胞具有大的细胞核、浓的细胞质，减数分裂开始后小孢子母细胞逐渐相互分离游离于花粉囊中；第一次分裂有较长的前期，形成两个核以后随即开始第二次分裂，两次核分裂完成后同时形成细胞壁，故形成的 4 个小孢子为四面体形。小孢子从四分体中释放出来后，一方面逐渐形成隆起的壁和萌发孔，另一方面开始配子体的第一次分裂，由于这次分裂的不均等性，形成一个大的营养细胞和一个小的生殖细胞，到花粉成熟前，生殖细胞进入营养细胞中，但不再分裂形成两个精子，故成熟花粉为二胞花粉；成熟的花粉呈球形，整个花粉外壁表面密布短刺状小突起；萌发孔 13～15 个，只均匀分布于花粉粒的半球，另一半球无萌发孔，每个萌发孔有隆起的边缘，孔口有平滑的盖。

混合芽春季萌发后，结果枝伸长生长，在其顶端出现带有羽状柱头和子房的幼小雌花，5～8d 后子房逐渐膨大，柱头开始向两侧张开；此后，经 4～5d，柱头向两侧呈倒八字形开张，柱头上部有不规则突起，并分泌出较多、具有光泽的黏状物，称为盛花期。此期接受花粉能力最强，是人工授粉的最佳时期。4～5d 以后，柱头分泌物开始干涸，柱头反卷，称为末花期。此时授粉效果较差。盛花期的长短，与气候条件有着密切的关系。大风、干旱、高温天气，盛花期缩短，潮湿、低温天气可延长盛花期。但雌花开花期温度过低，常使雌花受害而早期脱落，造成减产。有些早实核桃品种有二次开花现象。

胚珠和胚囊的分化开始于雌花开放以后，雌花开放时，胚珠刚开始有珠心原基突起，并在其顶端表皮下四五层细胞下，产生一个较其他细胞体积大、细胞质浓、大核的细胞，即为大孢子母细胞；大孢子母细胞经过减数分裂产生 4 个大孢子，大孢子的排列呈线形；4 个大孢子中只有最下一个是具功能的大孢子，上面 3 个逐渐退化消失；具功能的大孢子是雌配子体的第一个细胞，它经过 3 次连续的分裂，分别形成二核、四核和八核的胚囊；靠近珠孔一端的 3 个核产生细胞壁组成卵器，靠近合点一端的 3 个成为反足细跑，中央大细胞有两个极核，此种胚囊的发育类型被称为蓼型。卵器的 3 个细胞有明显的分化，其中两个为助细胞，它们的细胞核处于珠孔端，而卵细胞的核则处于合点端；两个极核在受精之前合并成为胚囊次生核，3 个反足细胞则逐渐退化。

张志华等（1997）以 6 个核桃种及品种的雌雄花期与气温进行相关性分析，结果发现，12 月下旬至翌年 1 月下旬气温与花期正相关，即温度越低，开花期越早；2 月上旬至 4 月上旬气温与花期负相关，即温度越高花期越早。但由于核桃雌雄花芽差异较大，雌花芽为混合花芽即完全花，而雄花芽为裸花芽，对温度变化的反应也有一定差别，雄花芽由于没有鳞片等包裹对温度变化更为敏感，当地域间或年份间温度变化较大时，雄花开放的时期变化更大。

二、雌雄异熟

核桃为雌雄同株异花植物，在同一株树上雌花与雄花的开花和散粉时间常常不能相遇，称为雌雄异熟。在核桃生产中有 3 种表现类型：雌花先于雄花开放，称为雌先型；雄花先于雌花开放，称为雄先型；雌雄同时开放，称为同熟型。一般雌先型和雄先型较为常见，在核桃的实生栽培群体中，雌先型和雄先型的比例相当，但在选育及栽培的核桃优良品种中，雄先型品种较多。目前，任何选优标准都不对雌雄异熟性作任何要求，是何因素使雄先型类型在品种选育中占得优势，尚有待进一步研究，可能与雄先型品种，雌花晚开，利于躲避春寒有关。在现有核桃种及品种中，由于大多表现较强的雌雄异熟性，虽有少数品种雌雄花期能够相遇，也不是完全吻合，有时只相遇 1～2d，且这种相遇性还会因年度间气候的差异而变化，因此要求建立品种化核桃园时，必须考虑授粉树的配置问题。大量研究表明，能为雌先型品种提供授粉机会的雄先型品种，其雌花期与该品种的雄花期也能较好地吻合，这种互相授粉的特性为核桃品种配置带来方便。但这种特性在温度差异较大的地区间会有较大的变化，比如在河北清香核桃和上宋 6 号花期吻合较好，引种到湖北这种情况发生了较大的变化，由于雄花芽为裸芽，对温度变化的反应更为敏感，温度升高使雄花期提前得更多，使得清香核桃雌花开放时，上宋 6 号散粉期已经过去。因此，选择授粉品种的花期吻合度应参照本地的表现情况为最好。

核桃雌雄异熟性的稳定性在前人的研究报道中是一个很有争议的问题。杨文衡等（1963）认为，雌雄异熟的形式，常因品种、不同植物、树龄、地区、年份而变化，其异熟程度与外界因素，温度、水分、空气湿度、土壤湿度和土壤类型都有关系，冷凉的条件下，有利于雌蕊先熟，反之则有利于雄蕊先熟。张毅萍等（1963）认为，早春气温条件可以影响个别植株某一花期的迟早，但多数植株（大多数花朵）的开花顺序是相当稳定的。在我国早期的有关研究中，试材均为实生后代，不同生态条件下品种的花期表现无法看到，即使同一地点的研究局限性也很大。在前者的研究中采用薄皮和厚皮核桃为试材，并非无性繁殖群体，更不能看作为品种，因此调查结果不能代表其品种表现的规律性。后者的研究尽管采用的试材也不是品种，但是定株调查的结果，具有一定的代表性。张志华等（1993）调查了辽宁大连、河北保定及河北鹿泉不同生态条件下相同核桃品种同年的花期表现，调查结果表明，各地花期相差长达 2 周，但雌先或雄先的次序无一改变，相遇型品种薄壳香在不同地点均表现了一定的相遇性。张志华等还观察了河北农业大学标本园 6 个核桃种及品种连续 8 年的花期情况，由于不同年份气候条件的影响，花期相差较大（5～10d），但雌雄花期的先后顺序无一发生变化。在河南省浚县调查的 36 个品种两年的花期资料中，雌先型与雄先型品种各 17 个，同熟型品种 2 个，两年的花期差异较大，但 36 个品种的开花顺序无一变化，雌雄异熟性在不同年份的表现也是很稳定的。因此认为，品种的雌雄异熟性在不同生态条件下的表现是比较稳定的。Thompson（1997）以 21 个美国山核桃品种为试材，其中 8 个为雄先型，13 个为雌先型，研究了相同品种不同产地雌雄异熟性特点，结果表明，美国山核桃雌雄异熟性不会因气候的改变而发生变化。以往研究发现绝对的同熟型是没有的，如薄壳香核桃部分年份花期能够相遇 1～2d，但无论是否相遇，总是雌花先开，花芽分化进程也和典型的雌先型品种一样，在特殊年份，典型的异熟型品种花期也可能相遇，如 1993 年花期先遇低温，后来气温陡增，先开的花期尚未结束，后开的花期便迅速赶上，使许多品种的花期部分相遇了，这一现象在雌先型品种中表现尤为突出，但无论如何变化，异熟型（雌先或雄先）从未改变。核桃雌雄异熟型品种在花芽分化中表现出明显的异步性，这种发育特点为开花时的雌雄异熟奠定了基础，进一步证实雌雄异熟性是一稳定的品种特性。因此认为，核桃的雌雄异熟性是一稳定的性状，应作为一重要的品种特性在育种及栽培中予以重视。

Lin 等（1977）发现，普通核桃雌花始期与萌芽期有相关性，萌芽期早的品种雌花始期也较早。张志华等（1993）通过两年对 36 个品种的物候期调查发现，大部分雌先型品种的萌芽期较早，但也有少数雌先型品种萌芽期较晚。雌先型比雄先型的雌花期早5～8d，雄花期晚5～6d，同一类型的雌雄花期相遇性很差。但能够为雌先型品种提供授粉机会的雄先型品种，其雌花期与该雌先型品种的雄花期也能较好地吻合，大多数品种具有这种互相授粉的特性。在果实成熟期上，雌先型明显早于雄先型品种（3～5d），与雌花期的领先基本吻合。雌先型与雄先型在落叶期两种类型没有明显差异。果实成熟期的差异可能是由于果实发育所需积温基本相同，而雌先型雌花的早出现为果实的早成熟奠定了基础。

有的学者通过坐果率、产量等的比较，认为雌先型的更好；有的通过同样的比较后得出了相反的结论。张毅萍（1963）研究认为雄先型的坚果整齐度较差，张志华（1993）调查了36个早实核桃品种发现，1989年雄先型品种的平均坐果率及坐果枝率均高于雌先型品种，但坐果枝率最高的是一雌先型品种。平均株产，1988年雄先型较高，1989年雌先型较高，两年中产量最高最低的品种均为雌先型品种，相遇型也未表现高产，分析比较坐果率、坐果枝率、产量指标等，未发现规律性，无法确定哪个类型更好。通过坚果大小的变异系数的研究，未发现明显差异，更无规律可循。虽然平均变异系数雄先型稍高（纵径6.51%，横径6.45%），但纵横径变异系数的最高（纵径8.25%，横径7.86%）、最低值（纵径5.20%，横径5.00%）均出现在雌先型品种中。平均变异幅度纵径雄先型品种较高（1.18cm），而横径雌先型较高（1.03cm）。因此认为，核桃的雌雄异熟性与坐果率、产量及坚果整齐度等没有显著的相关性。

Hansche（1972）研究发现核桃的花期可高度遗传，Gleeson（1982）通过普通核桃控制杂交表明，雌雄异熟性可能由显隐性基因所控制，雌先型为显性。Thomoson（1985）等调查美国山核桃雌先型和雄先型杂交后代的花期表现后提出相近的结论，即雌雄异熟性这一性状为质量性状，其遗传特点符合孟德尔遗传规律，雌先型为显性遗传（PP或Pp），雄先型为隐性遗传（pp）。Gleeson（1982）通过对黑核桃调查发现同一些类型内雄花期和雌花期存在交叠，且少数个体也交叠，可导致类型内杂交或自交，这种遗传模式使得两种杂交类型可能以相同频率出现。

对核桃雌雄异熟性中某些问题的深入研究，对指导栽培生产具有重要意义。诸如对核桃雌雄异熟性物候期及花期预测的研究，可为生产中授粉树的配置及花期预报提供依据；对雌雄异熟花芽分化机理的深入研究，便于制定高效农业技术措施，合理控制雌雄花比例，提高坐果率；对核桃雌雄异熟性遗传特点的研究，可为揭示雌雄性别形成机制提供理论依据。近年来，随着分子生物学技术，特别是分离发育基因方法的发展，有关植物雌雄异熟性的研究取得较大进展，如雌雄异熟系统进化、性别分化特异表达基因克隆及时空表达和调控等研究，但关于核桃雌雄性别分化、雌雄异熟性机理研究还有待于进一步深入。

三、授粉受精

核桃系风媒花。据河北农业大学的观察，核桃花粉飞翔力很强，在距树150m处尚能捕捉到花粉粒。但其飞翔距离与风速有关，在一定距离内，可随风速增大而增加花粉飞散量；在一定风速下，花粉飞散量又随距离增加而减少。故应根据当地历年花期常现风速来决定授粉树的配置距离和比例。必要时须辅以人工授粉。

（一）传粉

核桃花粉粒中等大小（直径约 50μm），在有授粉树及实生成片种植的情况下，自然传粉可以满足授粉的需要，但孤立的及周围数百米内无其他核桃树的情况下应辅以人工授粉。人工授粉时要注意保持花粉的生活力。测定花粉生活力方法，可用10%蔗糖加1%的琼脂，再加200μg/g 硼酸溶液制成的培养基，将核桃花粉粒放在该培养基上，保持25～30℃，约经18h，可观察测定发芽率。刘万生等（1984）详细报道了保持核桃花粉生活力的试验结果，指出核桃花粉不耐低温和干燥。最适保存温度为3℃，可保存30d以上。在湿度方面，试验结果表明：相对湿度为100%时最好，随相对湿度下降而发芽率也相应下降，相对湿度为0%时，5d之内完全丧失生活力。因此，在干燥器中保存花粉是不恰当的。进行人工授粉时，花粉不要过多地涂于柱头上，因为过量授粉会引起雌花柱头失水脱落。授粉时间以柱头张开呈倒八字形并有黏液分泌时最好。

（二）花粉粒的萌发

花粉粒落到柱头上以后，如粘着成功、花粉粒与柱头的识别认可，花粉即可萌发。根据胚胎学上的一般规律，单胚珠植物在柱头上萌发的花粉不多，核桃只有几粒花粉在柱头上萌发。一般花粉管只由一个萌发孔伸出，Reiss 等（1987）在百合上和 Polito（1983）在核桃上的研究结果表明，花粉吸水后萌发前有一个相对不活动期。他们用氯霉素和金霉素显示钙的位置时，看到钙的荧光随时间的推移由吸水时的普遍分布到集中于萌发孔区域，说明花粉管萌发前有细胞器的重新分布，内质网、线粒体特别是与壁形成有关的高尔基体和它的分泌小泡都集中在萌发孔附近，然后开始萌发伸出萌发孔，这个过程不超过15min。

（三）花粉管在雌蕊中伸长的途径

萌发的花粉管在柱头表面生长中遇到乳突细胞的胞间隙即穿入其中，并沿细胞的胞间隙下延。然后由柱头沿引导组织直达子房室的顶部，伸入充满液体的子房腔，沿珠被的外表皮下伸到幼嫩隔膜的顶端，然后穿入隔膜，在胞间隙中长至合点区，此时方向改变为向上生长，穿过珠心到达胚囊，沿胚囊壁生长到助细胞的丝状器，然后进入这个助细胞。图6－16为花粉管伸长途径的图解。

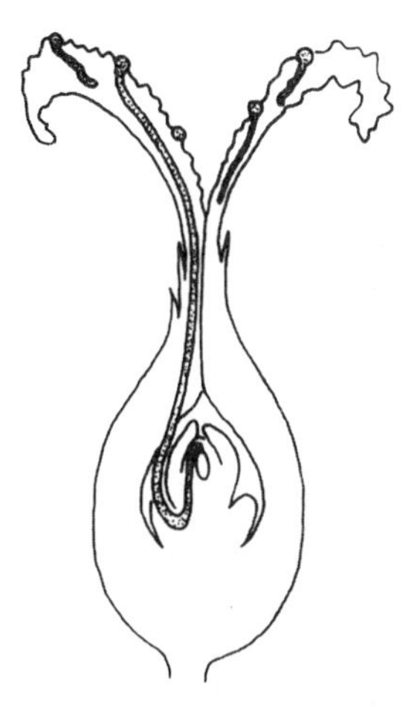

图6－16　花粉管伸长途径

核桃花粉管由柱头到达胚囊的时间集中出现在授粉后96h，120h以前也有少量。核桃花粉管为什么不走一条捷径从珠孔进入而是长途跋涉从合点进入？李天庆（1992）研究结果表明，雌蕊中钙的分布状况是诱导花粉管定向生长的原因之一，营养供应和结构上的作用也很明显，可能在某些部位的定向生长上，还有尚未弄清的向化性源。

（四）双受精

核桃助细胞和卵细胞的合点端没有细胞壁只有质膜。花粉管由退化的助细胞丝状器进入后，释放出两个精子和内溶物，这一个含有两个精子的花粉管与助细胞的混合物流出助细胞的合点端质膜，两个精子分别趋向卵和中央核；相信进入卵细胞的精子也是由卵的合点端的质膜进入的；精子与合并中的两个极核的"三核合并"先于"配子配合"，即前者在1d内完成核仁的最后合并，而精卵的最后核仁融合要在1～2d后才最终完成。

第三节　核桃果实发育与成熟

一、坐果与落果

（一）坐果

核桃果实是指带有不能食用绿色果皮的膨大子房。因为没有明显的花瓣，所以雌花和幼果不易严格区分。核桃花粉落到雌花柱头上，经过花粉萌发，进入子房完成受精到果实开始发育的过程称为坐果。此期间要完成胚、胚乳、种皮和果皮的发育。

1. 胚的发育　受精后的合子，有约10d的休眠时间，于授粉后第15天，合子开始分裂。经过多次分裂形成球形、梨形及心形的幼胚。随后形成鱼雷型胚，并迅速分化出胚轴、胚根、子叶和胚芽。

2. 胚乳的发育　先于合子的分裂的初生胚乳核分裂非常迅速，在合子分裂前，已成数千个游离核分布于迅速增大中的胚囊周边。在球形胚时期，游离核之间出现细胞壁，但随着胚的发育，这些有壁的胚乳细胞也逐渐解体而为胚所吸收，至心形胚时期，几乎所有胚乳均被吸收，故成熟种子无胚乳。

3. 种皮和果皮的发育　从严格的定义上来说，核桃的果实不仅是由子房发育而成，而且由花芽分化早期就已出现的苞片一直参与果皮的形成，因此是一种假果类型。果皮的大部分是肉质的，成熟时脱落；内果皮石细胞化，包围种子，故称核果；在种子发育中，核桃的珠被也随之发育，最后形成包围整个胚的一层黄褐色膜质种皮。从发生来源看，核桃是单珠被，形成的种皮细胞也无层次分化，因而区别不出有内外两层种皮。

核桃存在孤雌生殖现象，即不经过授粉受精也能结出有种子的果实。河北农业大学1962—1963年用异属花粉给核桃授粉；以及用吲哚乙酸、萘乙酸、2,4-D等处理；或用纸袋隔离花粉，都结出了有种仁的果实。其中2,4-D10mg/kg、20mg/kg和30mg/kg处理的坐果率为3.22%～18.51%；套袋的坐果率为1.2%。河北省涉县林业局1983年观察核桃的孤雌生殖能力，得到其孤雌生殖率为4.08%～43.7%；而且雄先型树高于雌先型树。山多尔（Schanderl）在9年中观察了38个中欧核桃品种，有孤雌生殖能力的品种为18.5%。然而，核桃的孤雌生殖能力每年变化很大，变化幅度从2.5%到57%。

（二）落花落果

1. 特点　在核桃果实快速生长期间，落果现象比较普遍，多数品种落花较轻，落果较重，主要集中在柱头干枯后30～40d，即"生理落果"。河北农业大学试验结果表明，核桃成龄树一年中有3次落果。但不同立地条件和不同单株，落果情况差别很大，多者可达50%～60%，少者不足10%。落果主要集中在5月，果实横径1.3～2.0cm时，到果实硬核期很少脱落。在同样条件下，早实核桃落果率高于晚实核桃，但早实核桃品种间落果情况也有差异，高者达80%，少者10%左右。

2. 原因　核桃落果原因主要是授粉受精不良、花期低温、树体营养积累不足及病虫害等。

（1）授粉受精不良　核桃不仅是异花授粉植物，而且具有雌雄同株异花的特点。由于雌雄异花，存在雌雄花不能同时开放的雌雄异熟现象，必然影响到核桃的授粉、受精与坐果。核桃雄花序的花粉虽多，但寿命很短。据试验，核桃花粉室外生活力仅5d左右，刚散出的花粉发芽率90%，1d后降低到70%，第六天全部丧失生活力。在2～5℃贮藏条件下，花粉生活力可维持10～15d，20d后全部丧失生活力。

核桃雄花属风媒花，需借助风力进行传粉和授粉。由于花粉粒较大，传播距离相对较短。测定表明，距核桃树150m能捕捉到花粉粒，300m处花粉粒很少。此外，花期不良的气候条件（如低温、降雨、大风、霜冻等），都会影响雄花散粉和雌花授粉受精，降低核桃的坐果率。

（2）营养积累不足　营养不足是导致核桃大量落果的重要原因。一方面是由于前一年树体积累的贮藏营养较少，另一方面果实发育和枝叶生长对养分的竞争所致。在加强前一年肥水管理提高树体贮藏营养基础上，春季及时追肥或叶面喷肥来补充树体的营养，结合修剪进一步调节果实与枝叶生长发育对养分的竞争，可提高核桃的坐果率。

二、果实发育动态

核桃果实发育是从受精到坚果成熟即从雌花柱头枯萎到青皮变黄并开裂这一整个发育过程，称为果实发育期。这一发育过程需130d左右。从果实整体发育看，大体可分为4个发育时期，即：①果实速长期。在开花后5月上旬到6月上旬，一般30～35d。果实体积和重量迅速增加，体积达到总体积的90%以上，重量达到70%以上。②硬核期。在6月上旬到7月上旬，一般30～35d。绿皮内果核从顶部向基部逐渐硬化，果实内隔膜和褶壁的弹性及硬度逐渐增大，种仁从浆糊状变为嫩仁，营养物质迅速积累，果实大小基本定型，生长量很小。③种仁充实期。在7月上旬到8月下旬，一般50～55d。果实大小已定型，但核仁不断充实，果实重量有增加，核仁含水率下降，脂肪含量迅速增加，核仁风味由甜变得香脆。④果实成熟期。从8月下旬到9月上旬，一般15d左右。果实重量、出仁率及含油率均略有增加。总苞颜色由绿变黄，有的总苞出现裂口，坚果比较容易脱出，标志果实已充分成熟。为了生产优质核桃坚果和提高产量，应适期采收，禁止过早采收。

三、果实成熟生理

核桃生理成熟的标志是内部营养物质积累和转化基本完成，淀粉、脂肪、蛋白质等呈不溶状态，含水量少，胚等器官发育充实，内部生理活动微弱，酶活性较低。核桃成熟的外部形态特征是青皮由深绿色、绿色，逐渐变为黄绿色或浅黄色，容易剥离。一般认为80%果实青皮出现裂缝时为采收适期。从坚果内部来看，当内隔膜变为棕色时为核仁成熟期，此时采摘种仁的质量最好。核桃从坐果到果实成熟约需130d。不同地区、不同品种核桃的成熟期不同。北方地区的核桃多在9月上中旬成熟，南方地区稍早些。早熟品种8月上旬即可成熟，早熟和晚熟品种的成熟期可相差10～25d。

张志华等研究结果表明，核桃果实成熟期间单果质量明显增加，种仁中有机物质的积累以脂肪为中心，种仁中脂肪的积累与可溶性糖及淀粉含量的变化没有明显的相关性，核桃果实成熟期间脂肪的积累并不依赖于早期形成的糖的转化，而主要依赖于光合产物的转化。张志华等研究发现，核桃果实成熟期间青皮中钾的平均含量达 6.81%，最高达 9.25%，高出营养诊断标准（1.2%～3.0%）数倍，明显高于青皮中其他矿质元素含量，也明显高于种仁和硬壳中的钾含量，这表明核桃成熟期间青皮是生理活动最活跃的部位，在将糖分输入胚的过程中起着重要作用。

Peer 等也曾发现美国山核桃果实发育过程中，种仁中的脂肪和青皮中的钾正相关。Hunter 等发现叶片中含钾量较高的美国山核桃其坚果中的脂肪含量高，反之则低；Gaydou 等发现随着钾肥用量的增加，大豆的产量及油分含量均增加，而蛋白质含量则降低。综上所述，不管钾是促进光合产物的运输，还是酶的活化剂，它在核桃果实脂类的生物合成中起着十分重要的作用。

张志华等对核桃果实成熟过程中呼吸速率、乙烯释放量和内源激素含量的变化进行了测定。结果表明，青皮中激素水平均高于种仁。核桃果实有明显的呼吸高峰，几乎与乙烯的变化同步；成熟的果实采收后呼吸速率明显增强，采后用乙烯利处理可刺激呼吸明显增加，这均表现了跃变型果实的特征。成熟后没有采收而留在树上的果实，直至部分果实青皮开裂，呼吸速率一直较低；虽然其乙烯的释放量有所增加，但远不及正常采收后自然堆放的果实增加迅速；成熟的果实采收后堆放 3～5d 青皮即可完全开裂，而仍然生长在树上的果实需 15d 左右才能达到这一程度，这一现象证实核桃果实属于跃变型果实中留在母体上成熟期明显延迟的一类。

第七章 核桃苗木繁育

通过无性繁殖培育健壮的优良品种苗木，是发展核桃生产的根本。近些年，我国核桃科学工作者经过长期大量的研究工作，不仅在核桃嫁接技术取得了突破，并已经在核桃生产中普遍采用。近期还攻克了核桃品种的扦插繁殖难题，这对于推进我国核桃产业的良种化和现代化具有十分重要的意义。

第一节 嫁接育苗

近年来，我国不仅在核桃嫁接技术方面取得了许多成功的经验，而且选育出了一批产量高、品质优、抗性强的优良品种，为核桃的品种化栽培奠定了基础。嫁接苗不仅能够保持品种的优良性状，使核桃具有较高的商品价值；而且具有结果早、易丰产及充分利用核桃砧木资源等优点。

一、苗圃地的选择

苗圃地应选择在交通方便、地势平坦、土壤肥沃、土层深厚（1m 以上）、土质疏松、背风向阳、排灌方便的地方。切忌选用撂荒地、盐碱地（含量 0.25%以上）以及地下水位在地表 1m 以内的地块作苗圃。重茬会造成必需元素的缺乏和有害毒素的积累，使苗木产量和质量下降。因此，不宜在同一块地上连年培育核桃苗木。土壤以沙壤土和轻黏壤土为宜，因其理化性质好，适于土壤微生物的活动，对种子的发芽，幼苗的生长有利，起苗省工，伤根少。苗圃要根据育苗的性质和任务，结合当地的气象、地形、土壤等资料进行全面规划，一般应包括采穗圃和繁殖区两部分。

苗圃地的整理是苗木生产过程中一项重要的技术措施，通过整地可增加土壤的通气透水性，并有蓄水保墒、翻埋杂草、混拌肥料及消灭病虫害等作用。整地的主要内容包括深耕、作畦和土壤消毒等工作。深耕有利于幼苗根系的生长，深度要因时因地制宜。秋耕宜深（20～25cm），春耕宜浅（15～20cm）；干旱地区宜深，多雨地区宜浅；土层厚时宜深，河滩地宜浅；移栽苗宜深（25～30cm），播种苗可浅。北方宜在秋季深耕，耕前每公顷施有机肥 6 000kg 左右，并灌足底水，春季播前再浅耕一次，然后耙平作畦。核桃育苗可采用高床、低床或垄作 3 种方式。南方多雨地区宜用高床，北方水源缺乏地区可采用低床。而垄作的主要优点在于土壤不易板结，肥土层厚，通风透光，管理方便，在灌溉方便的地方，可采用垄作育苗。

土壤消毒的目的是消灭土壤中的病原菌和地下害虫，生产上常用的药剂是福尔马林和五氯硝基苯混合剂等。预防地下害虫可用辛硫磷制成毒土，在整地时翻入土中。

二、砧木苗培育

目前，核桃生产用主要是实生砧木，即利用种子繁育而成的实生苗。作为嫁接苗的砧木，要求其种子来源广泛、繁殖方法简便、繁殖系数高，而且亲和力好，适应性强。

（一）砧木选择

砧木应适合当地生态条件及砧木和接穗的特点。我国核桃砧木主要有7种，即核桃、铁核桃、核桃楸、野核桃、麻核桃、吉宝核桃和心形核桃。目前，应用较多的是前4种。我国常用核桃砧木中，以核桃作本砧最为普遍。此外，黑核桃也正在试验作为普通核桃的砧木，核桃属以外的枫杨也可作核桃砧木。

1. 核桃 是目前河北、河南、山西、陕西、山东、北京等地核桃的主要砧木。具有嫁接亲和力强，成活率高，接口愈合牢固，生长结果良好等优点。喜钙质和深厚土壤，不耐盐碱。近年来美国研究发现，用核桃本砧进行嫁接，抗核桃黑线病。缺点是种子来源复杂，实生后代分离广泛，在出苗期、生长势、抗逆性和与接穗亲和力等方面存在差异。因此，影响苗木的整齐度。

2. 铁核桃 铁核桃亦称夹核桃、坚核桃、硬壳核桃等。它与漾濞核桃是同一个种的两个类型，主要分布在我国西南各省份。坚果壳厚而硬，果小，出仁率低（20%～30%），商品价值低。是泡核桃、娘青核桃、三台核桃、大白壳核桃、细香核桃等优良品种的良好砧木。铁核桃作砧木嫁接漾濞核桃亲和力良好且耐湿热，缺点是不抗寒。我国云南、贵州地区用铁核桃作漾濞核桃砧木已有200多年的历史。

3. 核桃楸 又称楸子、山核桃等。主要分布在我国的东北和华北一带，根系发达，适应性强，耐寒、耐旱和耐瘠薄是其明显特点，但其嫁接成活率和成活后的保存率都不如核桃砧木。是核桃属中最耐寒的一个种，适于北方各省栽植。但大树高接部位高时易出现“小脚”现象。

4. 野核桃 主要分布在江苏、江西、浙江、湖北、四川、贵州、云南、甘肃、陕西等地，常见于湿润的杂木林中，垂直分布在海拔800～2 000m。果实个小，壳硬，出仁率低。喜温暖，耐湿，嫁接亲和力良好，是适合当地环境条件的砧木。

5. 枫杨 又名枰柳（山东）、水槐树（南京）等。在我国分布很广，多生于湿润的沟谷和河滩地，根系发达，适应性较强。抗涝，耐瘠薄，适应性强，但嫁接成活后的保存率较低，可在潮湿的环境条件下选用，但不宜在生产上大力推广。

（二）种子的采集和贮藏

1. 种子的采集 首先应选择生长健壮、无病虫害、坚果种仁饱满的壮龄树为采种母树。夹仁、小粒或厚皮的核桃，商品价值较低，但只要成熟度好，种仁饱满，即可作为砧木苗的种子。当坚果达到形态成熟，即青皮由绿变黄并出现裂缝时，方可采收。此时的种子发育充实，含水量少，易于贮存，成苗率也高。若采收过早，胚发育不完全，贮藏养分不足，晒干后种仁干瘪，发芽率低，即使发芽出苗，生活力弱，也难成壮苗。种子采收的方法有捡拾法和打落法两种，前者是随着坚果自然落地，每隔2～3d树下捡拾一次；后者是当树上果实青皮有1/3以上开裂时打落。一般种用核桃比商品核桃晚采收3～5d。种用核桃不必漂洗，可直接将脱去青皮的坚果捡出晾晒。未脱青皮的可堆沤3～5d后即可脱去青皮。难以离皮的青果一般无种仁或成熟度太差，应剔除。脱去青皮的种子应薄薄地摊在通风干燥处晾晒，不宜在水泥地面、石板、铁板上由日光直接暴晒，以免影响种子的生活力。种子晒干后进行粒选，剔除空粒、小粒及发育不正常的畸形果。

2. 种子的贮藏 核桃种子无后熟期。秋播的种子不需长时间贮藏，晾晒也不必干透，一般采后1个多月即可播种，带青皮秋播效果也很好。而春播的种子需经过较长时间的贮藏。核桃种子贮藏时的含水量以4%～8%为宜。贮藏环境应注意保持低温（－5～10℃）、低湿（空气相对湿度50%～60%）和适当通气，并注意防治鼠害。

核桃种子的贮藏主要是室内干藏法。即将干燥的种子装入袋、篓、囤、木箱、桶、缸等容器内，放在经过消毒的低温、干燥、通风的室内或地窖内。种子少时可吊在屋内，既可防鼠害，又利于通风散热。种子如需过夏，则需密封干藏，即将种子装入双层塑料袋内，并放入干燥剂密封，然后放入能制冷、调温、调湿和通风的种子库或贮藏室内。温度控制在±5℃之间，相对湿度60%以下。

（三）种子的处理

核桃的播种时期分为秋季播种和春季播种。秋季播种，由于核桃种子在播种后，可在土壤中自然完成层积过程，因而可直接播种，但最好先将核桃种子用水浸泡24h，使种子充分吸水后再播种。春季播种，必须进行一定处理才能促进种子发芽。常用方法有如下几种：

1. 沙藏处理 选择排水良好、背风向阳、无鼠害的地点，挖掘贮藏沟（或贮藏坑）。沟的深度为0.7～1.0m、宽度为1.0～1.5m，长度依贮藏种子数量而定。冻土层较深的地区，贮藏沟应适当加深。贮藏前应先对种子进行水选，去掉漂浮于水面不饱满的种子，将剩余的种子，用冷水浸泡2～3d后再进行沙藏。贮前，先在沟底铺10cm厚的湿沙，湿沙的含水量以手握成团而不滴水为度，然后，在上面放一层核桃，核桃上再放一层10cm的湿沙，湿沙上面再放核桃。如此反复，直至距沟口20cm处，最后用湿沙将沟填平。最上面用土培成屋脊形，以防雨水渗入。沟内每隔2m竖一通气草把，以维持种子的呼吸和正常的生理活动。

2. 冷水浸种 未能沙藏的种子可用冷水浸泡7～10d，每天换一次水；也可将盛有核桃种子的麻袋放在流水中浸泡，待种子吸水膨胀裂口后即可播种。

3. 冷浸日晒 方法是将冷水浸种与日晒处理相结合，将冷水浸泡过的种子，放在日光下暴晒几小时，待90%以上种子裂口后即可播种。如果不裂口的种子占20%以上，应把这部分种子拣出再浸泡几天，然后日晒促裂，对于少数未开口的种子，可采用人工轻砸种尖部位的方法进行促裂，然后再播种。

4. 温水浸种 将种子放入缸中，倒入80℃的热水，随即用木棍搅拌，待水温降至常温让其浸泡。以后每天换冷水一次，浸种8～10d，待种子膨胀裂口后，即可捞出播种。

5. 开水烫种 先将干核桃种子放入缸内，再将1～2倍于核桃种子的沸水倒入缸中，随即迅速搅拌2～3min后，待不烫手时再加入冷水，浸泡数小时后捞出播种。此法多用于中、厚壳的核桃种子，薄壳或露仁核桃不宜采用，以免烫伤种子。

（四）播种

1. 播种时期 核桃的播种时期分为春播和秋播两种。秋播宜在土壤结冻前（10 月中下旬到 11 月）进行。秋播操作简便，出苗整齐，所用的核桃种子无需处理即可直接播种。但秋播的缺点是秋播过早，会因气温较高，种子在潮湿的土壤中易发芽或霉烂；若秋播太晚，又会因土壤结冻，操作困难。特别是冬季严寒和鸟兽危害严重的地区不宜秋播。春季播种，需要对种子进行一定的处理，促其发芽后再进行播种。华北地区春播常在 3 月中下旬至 4 月上中旬，土壤解冻后尽量早播。春播前 3～4d，圃地要先浇一次透水。

2. 播种方法与播种量 核桃播种方法根据苗床的不同分为畦播和垄作。畦床播种时，行距 50cm，株距 12cm 左右。垄作时，一般每垄播 1 行，宽垄也可播 2 行，株距 15cm。由于核桃种子较大，为节省种子，多采用点播。播种时以种子的缝合线与地面垂直，种尖向一侧为好。播种量与种子的大小和种子的出苗率有关。一般情况下，每 $667m^2$ 需要 150～175kg，可产苗 6 000～8 000 株。一般开沟深度为 6～8cm 为宜，放上种子后，种子上面覆土厚度 3～5cm。

通常，秋播较深，春播较浅；缺水干旱的土壤播种较深，湿润的土壤播种较浅；沙土、沙壤土比黏土应深些。春播时，墒情良好的可以维持到发芽出苗，一般不需要浇蒙头水。对于北方一些春季干旱风大地区，土壤保墒能力较差时，则需要浇水。采用秋季播种的方法，一般可在第二年春季解冻后核桃发芽前浇一次透水。种子萌芽后，如果大部分幼芽距地面较深，可浅松土；如果大部分幼芽即将出土，可用适时灌水的方法代替松土，以保持地表潮湿，促进苗木出土。

（五）砧木苗的管理

春季播种后 20～30d，种子陆续破土出苗，一般 40d 左右苗木出齐。为了培育健壮的苗木，应加强核桃苗期管理。

1. 补苗 当苗木大量出土时，应及时检查，若缺苗严重，应及时补苗，以保证单位面积的成苗数量。补苗可用水浸催芽的种子点播，也可将边行或多余的幼苗带土移栽。

2. 中耕除草 在苗木生长期间对土壤进行中耕松土，以减少蒸发，防止地表板结，促进气体交换，促使幼苗健壮生长。中耕深度前期 2～4cm，后期可逐步加深至 8～10cm。苗圃地的杂草生长快，繁殖力强，与幼苗争夺水分、养分和光照，有些杂草还是病虫害的媒介和寄生场所，因此育苗地的杂草应及时清除。

3. 施肥灌水 一般在核桃苗木出齐前不需灌水，以免造成地面板结。但北方一些地区，春季干旱多风，土壤墒情较差时，出苗率大受影响，这时需及时灌水，并视具体情况进行浅松土。苗木出齐后，为了加速生长，应及时灌水。5～6 月是苗木生长的关键时期，北方一般要灌水 2～3 次，结合追速效氮肥 2 次，每次每 $667m^2$ 施尿素 10kg 左右。7～8 月雨量较多，灌水要根据雨情灵活掌握，并追施磷钾肥 2 次。9～11 月一般灌水 2～3 次，特别是最后一次冻水，应予保证，幼苗生长期间还可进行根外追肥，用 0.3%的尿素或磷酸二氢钾喷布叶面，每 7～10d 喷 1 次。在雨水多的地区或季节要注意排水，以防苗木晚秋徒长和烂根死苗。

4. 摘心 当砧木长至 30cm 高时可摘心，促进基部增粗。发现顶芽受害而萌生 2～3

个头时要及时剪除弱头，保留1个较强的正头。

5. 断根　核桃直播砧木苗主根扎得很深，一般独根长1m左右，侧根很少，掘苗时主根极易折断，且苗木根系不发达，栽植成活率低，缓苗慢，生长势弱。因此，常于夏末秋初给砧木苗断根，以控制主根伸长，促进侧根生长。断根的方法是用“断根铲”，在行间距苗木基部20cm处与地面呈45°角斜插，用力猛蹬踏板，将主根切断。也可用长方形铁锨在苗木行间一侧，距砧木20cm处开沟，深10～15cm，然后在沟底内侧用锨斜蹬，将主根切断。断根后应及时浇水、中耕。半月后可叶面喷肥1～2次，以增加营养积累。

6. 病虫害防治　核桃苗木的病害主要有细菌性黑斑病等，核桃苗木害虫主要有象鼻虫、金龟子、浮尘子等，应注意防治。

三、接穗的培育及采集

目前，我国核桃生产正在由实生繁殖向无性繁殖和品种化方向发展，优良品种接穗紧缺。加之，核桃嫁接时对接穗质量要求很高，大量结果后的核桃树（尤其是早实核桃）很难长出优质的接穗。因此，核桃与其他果树相比，建立良种采穗圃，培育优质接穗，就更为重要。

（一）采穗圃的建立

建立采穗圃可直接用优良品种（或品系）的嫁接苗；也可先栽砧木苗，然后嫁接；还可用幼龄核桃园高接换头而成。无论采用哪种方法，采穗圃均应建在地势平坦、背风向阳、土壤肥沃、有灌排条件、交通便利的地方，尽可能建在苗圃地内或附近。定植前必须细致整地，施足基肥，所用苗木一定要经过严格选择，要求品种一定要纯、无病虫害、来源可靠。定植时，应按设计图准确排列，不能搞乱。栽后要填写登记表，绘制定植图。采穗圃的株行距可稍小，一般株距2～4m，行距4～5m。

（二）采穗圃的管理

一般对采穗母树的树形要求不严，但由于优质接穗多生长在树冠上部，故树形多采用开心形、圆头形或自然形，树高控制在1.5m以内。修剪主要是调整树形，疏去过密枝、干枯枝、下垂枝、病虫枝和受伤枝。春季新梢长到10～30cm时对生长过强的要进行摘心，以促进分枝，增加接穗数量，还可以防止生长过粗而不便嫁接。另外还应抹去过密过弱的芽，以减少养分消耗。如有雄花应于膨大期前抹除。

定植后3年内可在行间种植绿肥，也可间作适宜的农作物或经济作物，这样既可充分利用土地，又可防止杂草丛生。每年秋季要施基肥，每667m^2 3 000～4 000kg，追肥和灌水的重点要放在前期，发芽前和开花后各追肥1次，每次每667m^2追施尿素20kg。于3～5月每月浇水1次，也可结合追肥进行。夏秋季要适当控水，以防徒长和控制二次枝，10月下旬结合施基肥浇足冻水。生长季节每次浇水后中耕除草，雨季要注意排涝。

采穗过多会因伤流量大、叶面积少而削弱树势，因此，不能过量采穗。特别是幼龄母树，采穗时要注意有利于树冠形成，保证树形完整，使采穗量逐年增加。一般定植第二年每株可采接穗1～2根；第三年3～5根；第四年8～10根；第五年10～20根；以后则要考虑树形和果实产量，并在适当时机将采穗圃转为丰产园。

采穗圃的病虫害防治非常重要，必须及时进行。由于每年大量采接穗，造成较多伤口，极易发生干腐病、腐烂病、黑斑病、炭疽病等。无论病害严重与否，都要以防为主。一般在春季萌芽前喷 1 次 5 波美度石硫合剂；6～7 月每隔 10～15d 喷等量式波尔多液 200 倍液 1 次，连续喷 3 次。圃内的枯枝残叶要及时清理干净。

（三）接穗采集

芽接所用接穗，多在生长季节随接随采或进行短期贮藏。但贮藏时间一般不超过 4～5d。贮藏时间越长，成活率越低。为了提高接穗的利用率，在接穗采集前 7d，对要采集的接穗进行摘心处理，可以促进上部接芽成熟，每个接穗可以多出 1～2 个有效芽。注意接穗摘心要有计划地分批进行，防止摘心后使用不完，接穗抽生二次枝而不能利用。采后立即去掉复叶，留 1.0～1.5cm 的叶柄。如就地嫁接，可随采随接；如异地嫁接，通常需要用塑料薄膜包严，以减少接穗水分散失，最好进行低温、保湿运输。

四、嫁接方法

核桃是嫁接较难成活的树种，研究报道的嫁接方法较多。近年来，芽接育苗技术逐渐成熟和普及，该技术简便、经济、高效，已成为核桃育苗的主要方法。其他嫁接方法在生产中应用较少。

（一）芽接育苗

芽接是目前应用最广泛的果树育苗方式，具有繁殖速度快、省工、省料、成本低、苗木质量高等特点。近年来，华北、西北等普通核桃产区，对核桃芽接育苗技术进行了不懈的研究和改进，现已形成了较为成熟而理想的技术操作规程。按一般果树操作，芽接时期在 7～8 月，此时正值北方雨季，降雨会导致核桃伤流，从而影响芽接成活率，如果提前嫁接时期，播种当年的砧木又达不到嫁接要求的粗度，因此，播种当年不能嫁接，于第二年嫁接，通过 4～8 月采用不同时期嫁接，嫁接后半个月调查成活率，11 月初调查苗木的生长量（表 7-1），5 月中旬到 6 中旬嫁接时，成活率高、苗木生长健壮。嫁接时间太晚，成活率低，长势弱，夏季易日灼，越冬时还易出现抽条现象。

表 7-1 不同时期嫁接成活率及生长情况

嫁接时间（日/月）	成活率（%）	苗高（cm）	干径（cm）	分枝数	备　注
20/4	80	160	1.8	1.7	生长良好
15/5	90	145	1.6	1.2	生长良好
01/6	92	138	1.5	0.7	生长良好
15/6	80	100	1.0	0	生长良好
15/7	70	31	0.6	0	有日灼现象
20/8	56	—	—	—	当年不能抽枝

核桃芽接主要技术规程如下：

1. 间苗　为保证嫁接苗的质量，每 667m^2 地实生苗到第二年嫁接前最多不超过 7 000

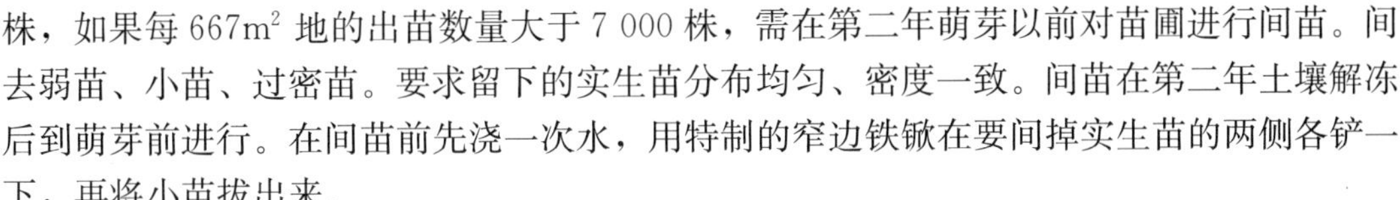

株，如果每 667m² 地的出苗数量大于 7 000 株，需在第二年萌芽以前对苗圃进行间苗。间去弱苗、小苗、过密苗。要求留下的实生苗分布均匀、密度一致。间苗在第二年土壤解冻后到萌芽前进行。在间苗前先浇一次水，用特制的窄边铁锨在要间掉实生苗的两侧各铲一下，再将小苗拔出来。

2. 平茬　在第二年土壤解冻后进行，平茬前要先浇水，平茬要把实生苗在地面处或略高于地面处剪断。实生苗平茬后会萌发几个萌蘖，只选留一个生长健壮的生长，其他的萌蘖都要去掉，除萌时间应在 4 月的上中旬，当萌蘖长到 10～15cm 时及时进行。注意一定要去除干净。一般除萌要进行两次，以第一次为主，第二次是对第一次没有去除干净的树苗再进行一次复查。第二次除萌和第一次除萌间隔时间不要超过 10d。

3. 施肥浇水　第二年实生苗管理要求及时浇水和施肥，肥料要少量多次施入。一般到嫁接前最少要浇 4～5 次水，第一次在平茬前进行；第二次在萌芽前后；第三次在第一次除萌后进行；第四次在第二次除萌后进行；第五次在嫁接前 1～4d 进行，沙土地要在嫁接前 1～3d 进行，好地在嫁接前 3～4d 进行。每次施肥 10～20kg 尿素。

4. 病虫害防治　二年生实生苗的病虫害主要是萌芽期的金龟子。防止金龟子要在萌芽前后，如发现有金龟子为害可喷氯氰菊酯或功夫等杀虫剂防治。

5. 嫁接时间　在有接穗的条件下，砧木只要达到 0.8cm 以上即可进行嫁接，嫁接时间越早越好，一般情况下于 5 月下旬至 6 月中旬嫁接。

6. 接穗采集　要求现采现用，选取健壮发育枝作接穗，接穗剪下后随即剪掉叶片，只保留叶柄 1.5～2.0cm，并用湿麻袋覆盖，以防止其失水。如需短期保存，需将接穗捆好后竖着放到盛有清水的容器内，浸水深度 10cm 左右，上部用湿麻袋盖好，放于阴凉处，每天换水 2～3 次，可保存 2～3d。

7. 切取芽片　先把接芽的叶柄从基部削掉，在接穗接芽上部 0.5cm 处和叶柄下 1cm 处各横切一刀深达木质部，要求割断韧皮部，然后在叶柄两侧各纵切一刀，要求深度达到木质部但不割断木质部，这样较嫩的芽片就可以取下来。

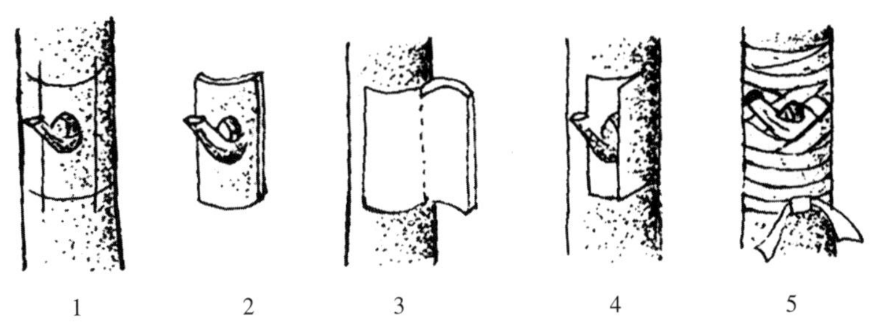

图 7-1　方块芽接

1、2. 切取接芽片　3. 砧木去皮割口　4. 接芽嵌入砧木切口　5. 绑缚

8. 砧木切割　嫁接前先将砧木苗下部的 4～5 个叶片去掉。在砧木离地面 15cm 光滑处切割，长度与芽片长度相同，宽度 1.2～1.5cm，再在外侧纵切一刀，上述刀口深度要求只割断韧皮部不能伤木质部。然后从侧切口处将砧木皮挑开，然后撕去 0.6～0.8cm 宽的砧皮。

9. 镶芽片 将接穗上割好的芽片取下镶到砧木开口处，要求上面要对齐，芽片要镶到里面，不要将芽片盖到砧木外面，要注意在镶芽片和绑缚过程中不要将芽片在砧木上来回磨蹭，避免损伤形成层。

10. 绑缚 用宽2.5cm、厚0.014～0.02mm的塑料条绑缚，要自下而上，用力要适中，不能用力太大，绑缚叶柄处时要注意力度，一定要使接芽的护芽肉部分贴到砧木上，但不要用力过大。绑缚时要注意避免绑住接芽。

（二）室内嫁接

云南称之为蓄热保湿嫁接法，在日本、前苏联应用较普遍。20世纪70年代初，山东、北京、辽宁、河南、云南等地在借鉴国外经验的基础上，进行室内嫁接试验获得成功。此法是利用温室和电热温床等人工控制嫁接愈合环境，使砧、穗在适宜的条件下愈合成活。室内嫁接的砧苗于冬季土壤解冻前挖出假植于工作室附近，接穗于落叶前采取并贮藏于地窖或埋入湿沙内。嫁接前10～15d对砧木和接穗进行"催醒"2～3d（26～30℃）。嫁接时，砧、穗粗度应接近，用舌接法嫁接，绑缚牢固后放在26～30℃湿润介质（锯末）中促生愈伤组织，经10～15d，愈合完好，再置于5℃左右的地方保存，待春季4～5月再植到室外，培育成苗木。

（三）绿枝嫁接

绿枝嫁接是在5月中旬至6月中旬用半木质化绿枝作接穗，在砧木的当年生枝或二年生枝上劈接，可用于育苗和作为春季嫁接未成活的补救措施。具有方法简便、工效高、成本低、成活率高等优点，但由于嫁接萌发后枝条充实程度较差，冬季寒冷的地方越冬有一定困难。

（四）子苗嫁接

子苗嫁接法是美国莫尔（Moore）提出的，1978—1982年梁玉堂等首先引用试验成功。也是需要温室及电热温床等设施的室内嫁接方法。砧木用催芽的种子播种，子苗期控制水分，实行"蹲苗"以加粗根轴。采集细而充实、髓心小的发育枝作接穗，采用劈接法嫁接，当年苗高可达40～60cm。此法育苗周期短、效率高，但为了加粗接穗常需要进行激素浸蘸处理，较麻烦，核桃枝条较粗，匹配接穗难度较大。

（五）微枝嫁接

1992年中国林业科学院研究成功的一种与子苗嫁接类似的室内嫁接方法，但所用接穗是组织培养繁殖的材料。它解决了子苗嫁接中接穗的匹配问题，也使核桃组培生根难而不能直接成苗的问题得以迂回解决。但该技术投资较大、成本高、技术难以掌握。

五、接后管理

1. 剪砧 接后在接芽上留2片复叶剪砧，等到接芽长到5～10cm时，再在接芽上3cm处剪掉砧木，去掉绑缚塑料条。注意：在剪砧以后特别注意浇水，地面较干砧木容易发生灼烧现象，接芽容易抽干死掉，可根据具体情况连浇2～3次水。

2. 检查成活和补接 核桃芽接后15～20d即可检查成活，对于未成活的砧苗，应及时进行补接。硬枝嫁接在接后50～60d检查成活，绿枝嫁接在接后15～30d检查成活。

3. 除萌 嫁接后的核桃砧木容易产生萌蘖，应在萌蘖幼小时及时除去，以免与接穗和接芽争夺养分，影响嫁接成活。核桃枝接一般需要除萌 2～3 次，芽接需要除萌 1～2 次。枝接未成活的植株，可选留一生长健壮的萌蘖枝，其余萌蘖全部去除，为夏季绿枝嫁接或芽接做好准备，也可留作翌年嫁接时用。

4. 肥水管理　嫁接苗成活之前一般不进行施肥灌水。当嫁接苗长到 10cm 以上时，应及时施肥、灌水，也可进行叶面施肥，前期以氮肥为主，后期少施氮肥，增施磷钾肥，以免造成后期徒长。也可在 8 月下旬至 9 月上旬对苗木进行摘心，促其停长成熟，贮存较多的养分，防止越冬抽条。

5. 病虫害防治　核桃苗嫁接期间的虫害主要是黄刺蛾和棉铃虫，黄刺蛾影响工人嫁接，棉铃虫为害新嫁接芽片的嫩芽。注意根据情况及时的喷药防治，以高效氯氰菊酯、功夫等杀虫剂为主。生长后期易感染细菌性黑斑病，要注意在 7 月中下旬开始每间隔 15d 喷一次农用链霉素或其他防治细菌性病害的杀菌药，共喷 3～4 次。9 月下旬至 10 月上旬，要及时防治浮尘子在枝干上产卵为害。

六、苗木出圃

（一）起苗

1. 起苗前准备　起苗前，必须先对所培育的实生苗或嫁接苗的数量和质量进行抽样调查。根据调查结果制定起苗出圃计划和操作规程。出圃计划包括劳力组织、工具配备、消毒药品和包装材料的准备、起苗及调运日期的安排等。操作规程包括挖苗的技术要求、分级标准、包装及假植的方法等。核桃是深根性树种，主根发达，起苗时根系容易受到损伤，且受伤之后愈合能力较差。因此起苗时根系保存的好坏对栽植成活率影响很大。为减少伤根和起苗容易，要求在起苗前一周灌一次透水，使苗木吸足水分，这对较干燥的土壤尤为必要。

2. 起苗方法　由于我国北方核桃幼苗在圃内具有严重的越冬“抽条”现象，所以起苗时间多在秋季落叶后到土壤结冻前进行。对于较大的苗木或“抽条”较轻的地区，也可在春季土壤解冻后至萌芽前进行，或随起苗随栽植。核桃起苗方法有人工和机械起苗两种。机械起苗用拖拉机牵引的起苗犁进行。在起苗过程中，根未切断时不要用手硬拔，以防劈裂根系。人工起苗要从苗旁开沟、深挖，防止断根多、伤口大，力求多带侧根和细根。掘出的苗木不能及时运走时必须临时假植。对少量的苗木也可带土起苗，并包扎好泥团，最大限度地减少根系的损伤。要避免在大风或下雨天起苗。

（二）苗木分级、假植

1. 苗木分级　苗木分级是保证出圃苗的质量和规格、提高建园时的栽植成活率和整齐度的工作之一。核桃苗木的分级要根据苗木类型而定。对于核桃嫁接苗，要求品种纯正，砧木正确；地上部枝条健壮、充实，具有一定高度和粗度，芽体饱满；根系发达，须根多，断根少；无检疫对象、无严重病虫害和机械损伤；嫁接苗接合部愈合良好。在此基础上，依据嫁接口以上的高度和接口以上 5cm 处的直径两个指标将核桃嫁接苗分为七级：

特级苗　苗高>1.20m，直径≥1.2cm。

一级苗　苗高 0.81～1.20m，直径≥1.0cm。

二级苗　苗高 0.61～0.80m，直径≥1.0cm。

三级苗　苗高 0.41～0.60m，直径≥0.8cm。

四级苗　苗高 0.21～0.40m，直径≥0.8cm。

五级苗　苗高<0.21m，直径≥0.7cm。

等外苗　其他为等外苗。

2. 苗木假植　起苗后不能及时外运或栽植时，必须对苗木进行假植；根据假植时间可分为短期假植和长期（越冬）假植，短期假植时间一般不超过 10d，可挖浅沟，用湿土将根系埋严即可，干燥时可及时洒水。越冬长时间假植，则应选地势平坦、避风、排水良好交通方便处挖假植沟。假植沟方向应与主风方向垂直，一般为南北方向。沟深 1m、宽 1.5m，沟长视苗木数量而定，假植时在沟的一头先垫一些松土，将苗木向南按 30°～45°角倾斜放入。向沟内填入湿沙土，然后再放第二批苗，依次排放，使各排苗呈覆瓦状排列，培土深度应达苗高的 3/4，当假植沟内土壤干燥时应及时洒水，假植完毕后用土埋住苗顶。土壤结冻前，将顶部加厚到 30～40cm，并使假植沟土面高出地面 10～15cm，并整平以利排水。春季天气转暖后要及时检查，以防霉烂。

（三）苗木检疫

检疫是防止病、虫和草害随苗木而传播的有效措施。中华人民共和国农业部 2006 年 3 月新公布的《全国农业植物检疫性有害生物名单》，其中与果树有关的昆虫 10 种，线虫类 1 种，真菌类 2 种，细菌类 2 种，病毒类 1 种。目前因直接为害核桃而被专门列入检疫对象的病虫害还没有。

（四）苗木包装、运输

根据苗木运输的要求，苗木的包装要分品种和等级进行包装，包装前宜将过长根系和枝条进行适当剪截，一般每 20 或 50 株打成 1 捆，挂好标签，最好将根部蘸泥浆保湿。包装材料应就地取材，一般以价廉质轻、坚韧并能吸水保持湿度，而又不致迅速霉烂、损坏者为好，可用稻草、蒲包、塑料薄膜等。可先将捆好的苗木放入湿蒲包内，喷上水，外面用塑料薄膜包严。写好标签，挂在包装外面明显处，标签上要注明品种、等级、苗龄、数量和起苗日期等。

苗木外运最好在晚秋或早春气温较低时进行。外运的苗木要做好检疫工作。长途运输要加盖苫布，并及时喷水，防止苗木干燥、发热和发霉，严寒季节运输，应注意防冻，到达目的地后应立即进行假植。

第二节　扦插苗繁育

扦插繁殖因可以较一致地保持母体的优良遗传性状，而不存在嫁接繁殖中砧木影响接穗的问题，而且成苗迅速，根系比较发达等特点，在农业生产中得到广泛应用（高新一，2003）。然而，核桃等树种由于没有潜生根原基（哈特曼，1985），需要扦插后通过诱导产生不定根，同时由于发育状态和内部生理代谢等的影响，难以形成不定根，所以扦插繁殖比较困难。我国科学家经过长期大量的研究工作，通过借鉴试管诱导复幼促进核桃生根的方法，对常规嫩枝扦插技术进行了创新和优化。直到21世纪初才攻克了核桃品种的扦插繁殖难题，建立了幼化黄化核桃嫩枝扦插技术体系。对于推进我国核桃产业的良种化和现代化具有十分重要的意义。

一、复幼措施对核桃嫩枝插穗生根的影响

果树在生长发育过程中通常存在两个明显的年龄时期，即幼龄期和成龄期。不同的年龄时期具有明显不同的生长发育特征。树体的幼龄和成熟的标准通常是以营养生长和生殖生长的转化以及不定器官的发生能力来划分的。处于幼龄期的树体具有旺盛的营养生长和良好的不定根发生能力，而开花及部分或完全丧失不定根发生的能力即为树体进入成龄期的标志。所以，如何保持和恢复果树的幼龄期特征是提高扦插的成活率的关键环节（哈特曼，1985）。树体在发育过程中这种由幼龄期向成龄期的过渡是由于顶端分生组织在结构和行为上的改变导致的，然而形成的组织和器官具有潜伏或部分潜伏幼态特征的能力，表现在分布于树冠不同部位或者分枝级数不同的枝条上的分生组织成熟状态是不同的，这是树木抵御逆境和适应自然的一种方式。一般认为根是幼态的，因而具有保持营养繁殖和再生植株的能力。树干基部的分生组织是比较幼态的，而树冠顶端枝条及其分生组织比较成熟（Peer，Greenwood，2001）。因此，围绕诱导核桃的幼化，可以采取一系列的措施，如重剪和砍伐树木等方法促发萌条和根蘖诱导复幼、将成龄品种嫁接与幼态的实生砧木上诱导复幼、试管内多次继代培养诱导分生组织复幼以及品种核桃无控制授粉得种子、种子萌发的实生苗埋干黄化诱导复幼等。然而，在上述措施中，只有通过试管内多次继代复幼自根苗的扦插能获得10%的生根率。

二、黄化处理与扦插生根的关系

显然仅仅采取任何单一的措施诱导插穗幼化的程度是不够的，需要进一步采取措施。在试管多继代复幼和嫁接的基础上，结合埋干黄化处理能获得十分理想的效果。将幼化自根苗与埋干黄化相结合，采集埋干黄化自根苗上萌发的嫩枝作为插穗，显著提高了嫩枝插穗的生根率，达到68%；而采用多继代幼化自根苗上的接穗嫁接在实生砧木，此苗木进行埋干黄化处理生根的效果最好，生根率可达92%以上（表7-2）。可见对于核桃品种，其萌生的嫩枝诱导生根效果不好，只有经过复幼的自根苗或者嫁接苗再结合埋干黄化处理才会有效。

表7-2 复幼措施对品种核桃（辽宁1号）嫩枝插穗生根的影响（裴东，2009）

处 理	生根率（%）
树干基部萌发的嫩枝	0d
成龄接穗幼态砧木嫁接苗萌发的嫩枝	0d
实生苗埋干黄化萌生的嫩枝	0d
试管多继代复幼自根苗萌生的嫩枝	10c
试管多继代自根苗埋干黄化萌生的嫩枝	68b
试管多继代复幼嫁接苗埋干黄化的萌条	92a

注：表中的英文字母代表5%水平方差分析的结果，下同。

在埋干黄化处理中，嫩枝基部黄化或者未黄化对嫩枝扦插成活的影响明显（图7－2）。嫩枝基部未黄化的奇异核桃和辽宁1号核桃，扦插的生根率分别为15.8%和5%，嫩枝基部黄化的分别是93.3%和69.1%。试验中还发现，如果埋沙过厚（>6cm）会影响埋干苗侧芽的萌发和生长，因此覆沙厚度应以4～5cm为宜。

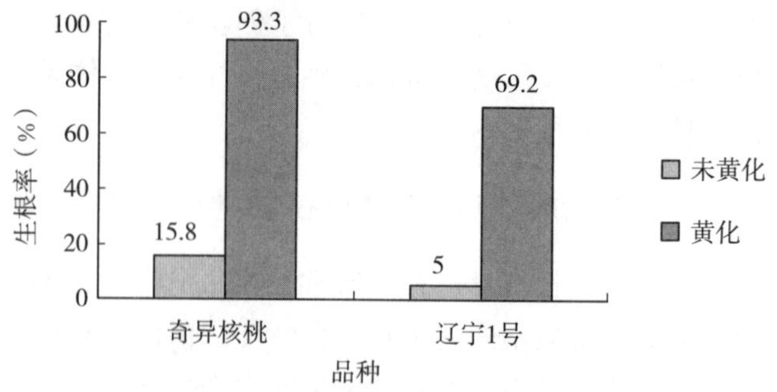

图7－2　嫩枝基部黄化对嫩枝扦插生根的影响
（裴东，2009）

埋干黄化处理促进嫩枝不定根发生可能与下列因素有关：埋干黄化可进一步诱导黄化组织复幼；数目在正常发育过程中，由于顶端分生组织在代谢和结构上的改变，使树体逐渐由幼龄期向成龄期过度，但在建成的组织和器官中仍可保存或部分保存幼态特征，这也是树木抵御逆境，适应自然的一种生存方式（Bonga，1987）。通常与顶芽相比，侧芽特别是潜伏芽的幼龄程度较高，埋干黄化处理能进一步提高埋干上萌生侧芽或者潜伏芽的幼化程度，促进不定根的发生。埋干处理明显改变了萌生侧枝生长的方向和极性，促进内源激素的分布和代谢源库关系发生变化，从而改变了嫩枝的发育和生理状态，有利于嫩枝不定根的发生。在葡萄的研究中发现，枝条平放会明显影响枝条内水分传导和枝条的极性。因此，埋干黄化处理获得的嫩枝与正常条件下萌发的嫩枝在发育和生理状态上是有差异的，而这种差异可能是嫩枝更容易生根的原因。

三、IBA诱导生根

自从1934年荷兰植物生理学家温特（Went）发表了植物生长激素对于不定根的形成具有促进作用的报道后，生长素类物质在扦插繁殖过程中的关键作用已被广泛接受并应用到实际生当中。核桃嫩枝扦插生根同样需要外源生长调节物质的诱导，其中IBA（吲哚丁酸）诱导生根的效果明显优于NAA（萘乙酸），诱导的重复性好，生根率稳定（表7－3）。IBA处理的浓度在0.5～2.0mg/ml，诱导生根的效果好，生根率可达86.5%～93.3%，多数的插穗切口可愈合，愈合率为90%～92.5%。IBA浓度低（<0.5mg/ml）时，插穗切口不能愈合，生根率低于15%；IBA浓度过高（>4mg/ml），愈合率和生根率明显下降。同时，当IBA浓度超过2mg/ml时，插穗蘸药部位变黑，蘸药部位以上2～3cm处膨大，甚至出现开裂现象，但多数插穗尚未死亡，扦插60d后，如果变黑部位切除，重新扦插，仍有部分插穗可以生根。IBA为2mg/ml时，插穗的死亡率为0%，IBA浓度为4mg/ml、8mg/ml时，死亡率低于24%，IBA为0和0.25mg/ml时，死亡率分别为77.5%和50.3%。可见，对照和低浓度IBA处理插穗的死亡率反而较高。

核桃嫩枝生根必须进行IBA的诱导处理，但在研究过程中发现，核桃嫩枝生根对IBA的浓度要求不是很严格。0.5～2mg/ml IBA均有较好的诱导效果，嫩枝生根率都在86.5%以上。另外核桃还表现出较强的IBA耐受力。高浓度的IBA（>2mg/ml）处理，虽然嫩枝生根率有所下降，但嫩枝的生存率仍然较高（>78%）。

表 7-3 不同浓度 IBA 处理对嫩枝扦插愈伤和生根的影响

IBA（mg/ml）	切口愈合率（%）	死亡率（%）	生根率（%）
0	0.0d	77.5a	0d
0.25	20.0c	50.3b	15.0c
0.5	90.0a	0e	93.3a
1	92.5a	5.75d	86.5a
2	93.8a	0e	87.5a
4	81.b	14.5c	41.4b
8	75.8b	24.0c	0d

四、嫩枝扦插的设施和管理

1. 嫩枝扦插的设施 嫩枝扦插采用塑料薄膜覆盖的小拱棚，棚外（四周及顶部）架设透光率30%～50%的遮阴网。小拱棚内设置喷雾设施，以调控棚内的湿度和温度；夏季阴棚内需要通过喷水降低小拱棚内外的温度。嫩枝扦插生根过程期间，小拱棚膜内光强20%～40%，相对湿度85%～98%，基质温度在15～25℃。基质采用充分腐熟的牛粪、粗锯末（直径>2mm）或糠皮（直径4～5mm），以体积等比例混合。扦插前基质用多菌灵2 000倍液消毒。

2. 嫩枝扦插和管理 扦插前将采集的完整嫩枝，长度5～10cm，选择外观表型一致的嫩枝，去掉下部部分复叶，插穗基部用不同浓度的IBA（无水乙醇溶解）速蘸2～3s，扦插于配好的基质中，并立即喷透基质，严密覆膜保湿。嫩枝扦插生根过程中注意调控膜内和棚内的温度、湿度和光强。4～5月初膜内每天喷雾1次，每次0.5min；5月初至7月初每天喷雾3～5次，每次0.5～1min。基质温度4月>10℃，5月15～25℃，6月18～26℃。

嫩枝生根后逐渐通风炼苗，直至揭膜锻炼。完全撤膜后再锻炼4～5d即可移栽到田间。一般扦插60d即可移栽。移栽时尽量选在阴天或者下午，移栽后即灌透水并于次日再灌水一次。

第三节 营养钵育苗

营养钵（又称育苗钵、育苗杯、育秧盆、营养杯），其质地多为塑料制作，黑色塑料营养钵较为常用，具有白天吸热、夜晚保温护根、保肥作用，干旱时节具有保水作用。营养钵育苗是相对于苗圃地育苗而出现的一种容器育苗方法，可以在早春气温较低时提前播种，延长砧木的生长期，当年即可实现嫁接，砧木嫁接率和嫁接成活率均较高，同时也大大缩短了嫁接苗的出圃时间。同时，苗木生长旺盛，生长速度快，当年生苗木造林利用率和造林成活率都较高。云南、贵州、四川等地较为常用。

（一）种子处理

1. 浸种 9月核桃果充分成熟时采集铁核桃种子。选择一块平坦地面建长3m、宽

2m、深1m的水池，水池上方要有注水口，下方要有排水口。将水池注入1/2水位后，加入200mg/kg赤霉素充分搅拌混匀后倒入铁核桃种子，倒入量以种子完全被水浸没为宜。5～7d后将水池水全部放掉，再注入清水后放掉，如此反复2～3次，待种子清洗干净后捞出种子，浸种完成。

2. 沙藏 选择平坦的地方建一沙坑，倒入细沙洒水保湿，要求湿度以“手抓成团，松开即散”为宜，然后将浸泡好的种子和沙子分层进行沙藏处理。处理时先在沙坑底部铺一层10cm厚的细沙，然后在细沙上倒入一层种子平铺摆匀，如此4～5层后在最上方再铺一层15cm厚的细沙，种子与沙子混合层不宜过高，要常洒水保持沙坑湿度。为了提高种子发芽速度和整齐度，在沙坑上最好用拱棚加塑料膜进行保温处理。1个月后检查种子发芽情况，发现有霉烂的要及时清除。

（二）容器育苗

容器育苗不同于常规田间直接播种育苗，它是将处理后的种子播种在装有营养土的容器内，再通过外设大棚的保温、遮光等作用加快苗木生长速度和生长质量，从而达到育苗要求而采取的一项非常规育苗措施。

1. 营养土的配制

（1）草炭土60%＋珍珠岩20%＋过磷酸钙2%＋黄土6%＋稻壳10%＋其他2%。按上述比例配好后，搅拌2～3遍放置2～3h后，喷洒5%的高锰酸钾溶液消毒，使含水率不超过35%。然后放入搅拌筛分机内，将基质充分搅拌均匀，并将较大的颗粒筛出。

（2）40%表层土加40%草炭土再配以15%细沙和5%有机肥用旋耕机反复充分拌匀。营养土配制时一般遵循交通便利、就近取材的原则。

2. 容器的选择 容器（营养钵）的选择一般有两种：一是无纺布袋，规格是上口径20cm、下口径20cm、高30cm，有底无盖呈杯形。采用无纺布袋作营养钵优点是其透水、透气性能较好，底部无打洞，保存好的还可以二次利用，缺点是成本较高。二是塑料膜袋，规格是上口径20cm、下口径20cm、高25～30cm，底部需留几个小孔，优点是造价低廉，缺点是透气性能较差，不可再利用。

3. 装袋播种 营养土和营养钵都准备好后，把营养土装填至营养钵口2～3cm处，然后把处理好的铁核桃种子（选择无霉烂破壳或刚露胚芽的种子）播种到装好营养土的容器内，注意种子要平放，种子裂缝与容器高相垂直，胚芽朝上，胚根朝下，要求覆盖种子的营养土厚度不低于种子的2～3倍。

4. 苗床的选择 对于置放容器的苗床要选择平坦地面进行整地，宽1m，两边留有步道，苗床上铺一层地膜，苗床要利于通风透光和喷淋排涝。

5. 抚育管理 在种子萌发的初始阶段要经常喷淋以保持土壤湿度和空气湿度，架设大棚保持温度，幼苗刚露尖时继续保持湿度，同时注意通风遮阳以免高温灼伤幼苗。在小苗进入速生期时要加以追肥，每隔10～15d施1次含氮量较高的复合肥，3～4次即可。苗木生长后期再喷1～2次磷酸二氢钾。

6. 炼苗 种子和幼苗在大棚内生长38～45d后，移入其他拱棚，不再洒水，改为灌溉保证营养钵的湿度，炼苗时间为20d。在炼苗过程中若下雨出现低温（15℃以下）时，要及时保持温度。

7. 穗条的采集与嫁接

（1）接穗采集　嫁接品种可选择适宜当地的优良品种。铁核桃是落叶树种，发芽比核桃迟，嫁接时间为砧木上的芽刚萌动时。一般在12月下旬至翌年1月上旬（立春前），在四年生以上的树上采集穗条。选芽饱满肥大、生长健壮、髓心小、充分木质化、无病虫害的枝条作接穗。

（2）接穗蜡封技术　蜡封穗条是为了起到保湿作用，防止穗条水分散失，保障接穗嫁接后产生愈伤组织，提高嫁接成活率。封蜡配制：用1份蜂蜡和9份石蜡放在锅内熔化，温度保持在100～110℃范围进行蜡封。温度高，芽会烫伤（坏）；温度低，蜡封的厚，易脱落，达不到保湿的目的。蜡封前要整理穗条，将枝条上部木质化差、髓心大的部分剪去，同时还将穗条下部弱芽剪去，留中间芽饱满、木质化程度高的枝条作为接穗。穗条过长不好蜡封，可将穗条剪成30cm左右蜡封。蜡封速度要快，不能烫伤穗条。蜡封时用手握住接穗一端迅速蘸蜡，同时抖去多余蜡汁，然后调转头握住穗条另一端迅速蘸蜡，将整个穗条封严。蜡封好的穗条先放在地上铺有报纸或塑料布上冷却。然后再清点数量装箱。装箱时顺便检查穗封严情况。若有封不严穗条要补封。封蜡要认真，蜡封得好的穗条表现出蜡层薄、均匀、有光泽。

（3）穗条贮藏和运输　穗条蜡封后，装在纸箱内，放在阴湿低温房间内或地窖中贮藏，可贮藏1个月左右。贮存时间长可寄存在冷库里。切忌在穗条上浇水和盖湿锯末或湿稻草。因湿度过大，造成穗条霉烂或提早发芽。穗条装箱要码好紧靠，防止运输途中穗条互相摩擦造成脱蜡。装好穗条的每个纸箱上标明品种、数量、规格、采集日期、采集地点、采集单位、经办人等。

8. 嫁接

（1）嫁接时期　春、夏、秋三季均可嫁接。云南省雨季和旱季分明，春季为旱季，雨水少、气温回暖快，又是核桃的萌芽期，是嫁接的好时期。嫁接时间从雨水（2月22日）至春分（3月22日）。气候热的地方嫁接时期应适当提前。气候冷的地方嫁接时期应适当推后。

（2）嫁接方法　国内外采用方块芽接（春、夏、秋三季均可方块芽接）、削芽接、腹接、双舌接、插皮接、切接、劈接、嫩枝嫁接等各种嫁接方法，成活率都很高。云南省春季嫁接常用的方法是切接。

嫁接后将接好的子苗移植在搭建有遮阳网的苗床里，浇透水（同时结合浇水进行苗床消毒——水里加兑甲基硫菌灵与溴氰菊酯），然后用塑料棚罩上以保湿，促进成活，并提高成活率，成活后要及时做好除萌、抹芽、解绑等后期管理工作。

9. 嫁接后管理　嫁接后20d左右开始第一次除萌，并除去杂草和死亡的单株，除萌去杂，及时摘除花芽。随后浇透水，将薄膜盖好。苗木嫁接45d左右，在阴天将两头薄膜早晚打开通风、透气、炼苗。50d后，视气候将薄膜揭开，除草除萌，苗木叶面喷施1∶200的复合肥水液。视土壤干湿程度和苗木生长状态浇水，同时清沟。可根据苗木愈合的程度揭开薄膜，夏天注意防止高温、干旱。10月苗木生长缓慢时去掉遮阳网。

10. 容器苗的起运、定植　起苗前一周应浇透水1次，起苗时从沟的一端开始，逐个把容器挖出放到车上，同时，把发育不良、枝叶短小及病虫为害的苗木剔除，放置苗木时要直立向上，不可叠放，各容器依次交错排列，相互挤压紧密。运到定植地后，把苗木小心放到定植穴旁的松土上，双手握住容器外壁，把假植苗木从容器中脱出，放入定植坑，用土埋到根颈处，四周填严、踏实。埋土后，立即浇水，水后检查填补空洞，倾斜严重的应设法移动整个土坨，扶正苗木。

第四节　改劣换优

一、适于改劣换优的条件

（一）树体条件

1. 选择性改接　对20年生以上的低产树和夹仁核桃树要进行改接换优，因树体高大不便高接操作或产量高的树可不改接。

2. 一次性改接　对10年生以下低产、劣质的幼树应全部改接。

3. 逐年改接　对10～20年生的初结果树应逐年改接，对过密的核桃园可隔株改接，待以后将未改接的树间伐。

（二）立地条件

对低产树、幼龄树进行改劣换优时，应选择土层深厚、生长旺盛的树进行改接；对立地条件好，但由于长期粗放管理，使土壤板结，营养不良所形成的小老树，应先进行土壤改良，通过施肥、扩穴、深翻等措施促进树势由弱转强，树体复壮后再进行改劣换优。

二、核桃高接品种选择

选择品种时一定要从丰产性、坚果品质、抗逆性及生物学特性等几方面考虑，不论是早实核桃或是晚实核桃，也不论是定名的品种或是未定名的品种，都应具备以下条件：

1. 丰产性强　达到或超过国家标准要求，特别注意其稳产性。

2. 坚果品质好　达到国家标准中优级或一级指标的要求。

3. 抗逆性强　要根据各地情况而定，在北方寒冷地区要注意抗寒和抗晚霜品种，干旱地区要选择耐旱性强的晚实优良品种，雨水多的地区要注意选择抗病品种。

另外，一个地方可选择1～3个主栽品种，适当配一些授粉品种，但引入品种量不宜过多，否则会造成良种混杂，影响坚果的商品性。

三、核桃高接程序和方法

1. 高接前砧木处理

（1）短截芽接的核桃树　将多余的主枝去掉，对保留的主枝进行短截处理，处理方法如下：三年生以下的树，按多主枝丛状形，春季萌芽前，在主干距地面1～1.2m处截干，萌芽后留2～3个新梢；三年生以上的树，按开心形或主干疏层形，在春季萌芽前，将主枝保留8～10cm，全部锯断，萌芽后每主枝留1个新梢。

（2）放水　对春季枝接树需进行放水，核桃树不同其他果树，嫁接时常有伤流液从接口处溢出，有时十分严重，影响核桃树的嫁接成活率。因此，在大树高接前2～3d进行放

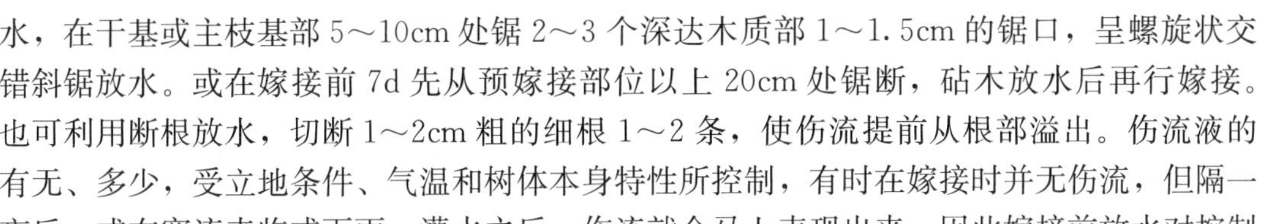

水，在干基或主枝基部 5～10cm 处锯 2～3 个深达木质部 1～1.5cm 的锯口，呈螺旋状交错斜锯放水。或在嫁接前 7d 先从预嫁接部位以上 20cm 处锯断，砧木放水后再行嫁接。也可利用断根放水，切断 1～2cm 粗的细根 1～2 条，使伤流提前从根部溢出。伤流液的有无、多少，受立地条件、气温和树体本身特性所控制，有时在嫁接时并无伤流，但隔一夜后，或在寒流来临或下雨、灌水之后，伤流就会马上表现出来，因此嫁接前放水对控制伤流十分重要。

2. 接穗采集与保存　枝接所用接穗应在发芽前 20～30d 采集，从优良品种树冠外围的中上部采集粗度在 1.2cm 以上、芽子饱满、枝条充实、髓心小（魏玉君等试验认为髓心率应在 50%以下），无病虫害的一年生健壮枝条。采集后母树的剪口要用漆立即封严，防止伤流。接穗剪口应蜡封后分品种捆好，随即埋到背阴处 5℃以下的地沟内保存，也可装入内有湿锯末的塑料袋中，放入冷库中贮藏。嫁接前 2～3d，放在常温下催醒，使其萌动离皮后再嫁接。

芽接采用的接穗，最好是随用随采，如果远途采集，要低温（夜间）运输，选在冷凉潮湿的地方保存，下部 2cm 置于冷水中，靠墙立放，时间不超过 3d。若量大要分次采集。采集接穗的叶柄从基部削平。芽嫩不饱满的枝条，应该提前 3～5d 摘心，待芽充实、饱满后再采。

3. 嫁接时期　芽接以 5 月中旬至 6 月下旬，气温稳定在 25～28℃时芽接为好，嫁接早，成活率高，当年生长量大；春季枝接以萌芽至展叶前最好，太早伤流重，砧、穗不能紧贴，加之接穗、砧木不离皮，难于插合；太迟树体养分消耗多，组织分生能力下降，当年枝条生长量减小。由于各地气候相差很大，以核桃物候期的变化为准。

4. 嫁接方法

（1）芽接法　主要采用大方块芽接。在砧木抽出的新枝上，基部 5～10cm 处，选一光滑处用双刃芽接刀横向切一刀，长 1.5～2cm，先从切口的一侧抠开，然后将切口的砧木皮撕掉，并在下切口的一侧撕下 0.2cm 宽的树皮。根据砧木粗度取相应粗度的穗条，在饱满芽处用双刃刀取下与砧木切口大小一样的芽片，迅速将芽片嵌入砧木的切口，用 2～3cm宽的塑料条或地膜包严包紧，芽和叶柄露在外面。或用单刀（普通嫁接刀）嫁接，注意在砧木上和接穗上取芽的大小要一致。

（2）春季枝接　主要有插皮舌接和插皮接。

插皮舌接选适当位置锯断（或剪去）砧木树干，削平锯口，然后选砧木光滑处由上至下削去老皮，长 5～7cm、宽 1～1.5cm，露出皮层或嫩皮。如果砧木树皮太厚造成接穗皮与砧木结合不紧密的现象，可将横切面与皮层交叉的垂直角削去，削时使刀与横切面呈 45°角。接穗削成长 6～8cm 的大削面呈马耳形（即刀口一开始就要向下切凹，并超过髓心，然后斜削，保证整个斜面较薄）。把接穗削面前端用手捏开，使之与木质部分离，将接穗的木质部插入砧木的木质部和韧皮部皮层之间，使接穗的皮层紧贴在砧木的嫩皮上，插至微露削面即可（图 7-3）。

插皮接又叫皮下接。一般砧木直径在 1.5cm 以上都可以采用这种方法。当接穗芽间距很小或砧木皮严重老化不适用于插皮舌接的枝，而适宜用插皮接。首先剪断或锯断砧干，削平锯口，在砧木光滑无疤的地方，由上向下垂直划一刀，深达木质部，长约

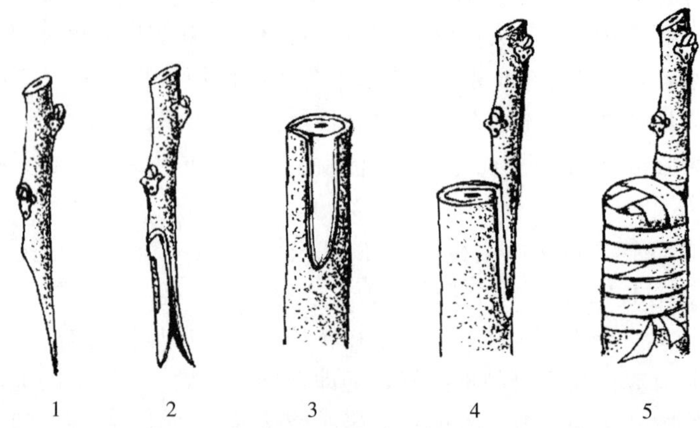

图 7-3　插皮舌接示意

1. 削接穗　2. 捏开皮层　3. 削砧木　4. 插接穗　5. 绑缚

1.5cm，顺刀口用刀尖向左右挑开皮层，如接穗太粗，不易插入，也可在砧木上切一个3cm左右上宽下窄的三角形切口。接穗的削法为，先将一侧削成一个大削面呈马耳形，斜面切削时先用刀斜深入到木质部的1/2处，而后向前切削至先端，长6～8cm，接穗粗时可削长些，细时可削短些。接穗插入部分的厚薄可根据砧木的粗细灵活掌握，粗砧木皮厚可留厚一些，细砧木接穗要削薄一些，以能正好插入切口为准。其另一侧的削法有3种：①在两侧轻轻削去皮层（从大削面背面往下0.5～1cm处开始），在插接穗时要在砧木上纵切，深达木质部，将接穗顺刀口插入，接穗内侧露白0.7cm左右，这样可以使接穗露白处的愈伤组织和砧木横断面的愈伤组织相连，保证愈合良好，避免嫁接处出现疙瘩，而影响嫁接树的寿命。②从大削面背面0.5～1cm处往下的皮全部切除，露出木质部，插接穗时不需纵切砧木，直接将接穗的木质部插入砧木的皮层与木质部之间，使二者的皮部相接。③背面削尖后插入即可（图7-4）。

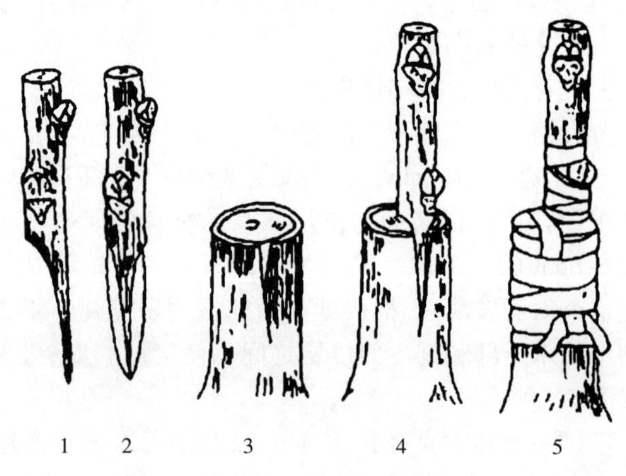

图 7-4　插皮接示意

1. 接穗侧面　2. 接穗背面　3. 剪（或锯）砧后划开皮层　4. 插入接穗后　5. 绑缚

枝接时应注意以下两点：①嫁接部位直径粗度以5～7cm为宜，最粗不超过10cm，过粗不利于砧木接口断面的愈合，因此高接时应选择好适宜的粗度位置。②砧木接口直径在3～4cm时可单头单穗，直径在5～8cm时可一头插入2～3枝接穗。10年生以上的树应根据砧木的原从属关系进行高接，高接头数不能少于3～5个。

枝接的保湿措施接后保湿措施是影响成活率的关键环节，保湿方法多种多样，主要有装土保湿法、塑膜扎封报纸遮阴法、蜡封接穗塑膜包扎法、塑膜扎封法和接后涂保湿剂法等，以装土保湿法和塑膜扎封报纸遮阴法效果最好，但用工量较大。

装土保湿法接穗砧木插合后，先用麻皮或塑料绳将接口部位由下至上成圈绑扎牢固，然后用内衬报纸的塑料筒套在上边，上端高出接穗4～5cm，下端在砧木切口下部绑牢固，然后往筒内装入细湿土或锯末（手捏成团，丢之即散），轻轻捣实，埋土深度要高出接穗顶部1cm，最后将上口扎严。芽萌后需要放风。

塑膜扎封报纸遮阴法接穗砧木插合后，用塑料绳将砧穗绑紧绑牢，随即用宽3～5cm的地膜，全部扎封包严砧穗，薄膜扎封接穗经过接芽时单层膜通过。然后用报纸包裹，外套塑料袋后下部绑扎，接穗芽萌发后，在塑料袋背阴面人工破口放风。

蜡封接穗塑膜包扎法采用蜡封接穗，接穗砧木插合后，用塑料绳将砧穗绑紧绑牢，再用塑料薄膜由下至上包严砧木的横切面及接穗露白处。芽萌动后不用放风。

塑膜扎封法接穗砧木插合后，用塑料绳将砧穗绑紧绑牢，全部扎封包严砧穗，薄膜扎封接穗经过接芽时单层膜通过。芽萌动后可自动破出，不用放风。

四、核桃高接后的管理

1. 除萌　对嫁接后接穗已经成活的植株，及时除掉砧木上所有萌芽，一般每10d左右除1次，连续3～4次。春季嫁接未成活的，每处断面保留1～2个萌芽，过多的萌芽也要去掉，保留的萌条应尽量选在接口附近的较高位置，以保护树干或在生长季再进行芽接或恢复树冠后再行改接；夏季芽接后20d内，去掉所有砧木萌芽；20d后，接芽未成活的可以保留接芽以下的萌芽。

2. 放风　对春季枝接采用的装土保湿法和塑膜扎封报纸遮阴法都需要放风，为保证成活率可采取三步放风，第一步在接后20d左右，接芽成活长至0.5cm时，用剪子把薄膜袋剪一铅笔粗的小口；第二步是待接后30d左右、新梢长4cm，将保湿膜撕一小口，把枝梢引出膜外以适应环境；第三步是接后40d左右，新梢长6cm以上时，把保湿膜撕开，反卷向下至接口外。避免放风过早或太晚影响成活率。一般放风过早时可影响成活率30%～50%；太晚时降低成活率10%～15%。

塑膜扎封报纸遮阴法放风较简单，接穗芽萌发长破膜时，在塑料袋背阴面人工破口放风；新梢长至2cm左右时，将外部遮阴袋全部解除。

放风时让新发嫩芽露出外部时，最好在阴天或傍晚进行，以防气温太高，影响成活率。

3. 剪砧和解绑　夏季芽接的，当接芽长到5cm时剪砧，把接芽以上的部分剪掉。无论春季枝接还是夏季芽接，均要在接芽长到15～20cm时进行解绑，并及时在接口处设立1.5m长的支柱，将新梢用塑料绳∞状绑在支柱上以防风折。

4. 摘心 当嫁接的新梢长到40cm左右时，及时摘心，摘除顶端的3～5cm嫩梢；为了充实发育枝，8月底，对全部枝条进行摘心。对摘心后萌芽的侧枝，每个枝条除选留2～3个方向、距离合适的侧枝外，其余抹除。

5. 加强肥水管理 接穗成活后视土壤墒情加强水肥管理。叶片长出时，开始少量追肥，当新梢长到20～30cm时要追施1次速效性氮肥，促进新梢生长。8月下旬追施磷、钾肥，促进枝条生长充实。

6. 病虫害防治及越冬防护 接穗萌芽后，有金龟子和食芽象甲为害嫩芽，应及早喷药防治。

五、定枝

定枝的目的在于合理利用水分、养分，促进树体向有序方向发展，达到早整形、快成形。嫁接成活后由于砧木根系大，水分养分供应充足，接穗上主芽、副芽、隐芽都要萌发，在很短的枝段上出现了太多的枝。在新梢长到20～30cm时，根据接穗成活后新梢的长势选留分布合理的枝条，疏除多余枝条。对于保留的枝条，提早摘心，促进二次分枝。

六、疏花疏果

早实品种的接穗在成活后当年开花坐果的，要及时疏掉。早实核桃高接后2～3年内要采取疏花疏果措施，尽量不使其结果或少结果，以利恢复树势。否则会因结果多，消耗养分大，树势难以恢复，造成烂根，甚至整株死亡。

第八章
核桃生态区划与建园

第一节　核桃生长发育与生态条件的关系

核桃的生长发育和其他经济林树种一样有着本身固有的特性，对生态条件也有比较严格的要求。只有正确认识和掌握这些特性，科学地栽培和管理，才能取得较满意的效果。我国核桃属植物的主要栽培种是核桃和泡核桃，以生产坚果为目的，麻核桃则是核桃属中最珍稀的1个种，常用于把玩、保健等。本书将以我国栽培中常用的三个种介绍核桃生长发育与生态条件的关系。

一、气候条件

核桃为喜温暖树种，集中分布区在暖温带，泡核桃集中分布区在亚热带，在我国北纬21°29′～44°54′、东经77°15′～124°21′、年均温3～23℃、绝对最低温度－28.9～5.4℃、绝对最高温度27.5～47.5℃、无霜期90～300d、海拔高度－30～4 200m的地区均有核桃和泡核桃栽培或自然分布。

最适的气候条件是：核桃年均温8～15℃，绝对最低温度＞－30℃，绝对最高温度＜38℃，无霜期＞150d；泡核桃年均温16℃左右，绝对最低温度＞－10℃，绝对最高温度＜38℃。核桃和泡核桃树最忌讳晚霜危害，从展叶至开花期间＜－2℃、持续时间＞12h以上的低温，会造成当年坚果绝收，而长时间＞40℃的干热危害，会造成果实和叶片灼伤。

核桃属植物均属于喜光、喜水、喜空气干燥的树种。光照影响核桃的生长、花芽分化，年日照时数最好＞2 000h，才能保证核桃的正常生长发育，如低于1 000 h，核壳、核仁均发育不良。进入结果期后充足的光照直接影响核桃质量和产量。长期晴朗而干燥的气候，充足的日照和较大的昼夜温差，有利于促进开花结实和提高果实品质。新疆核桃早实丰产正是长期在这样的条件下形成的。核桃对水分的要求因核桃种以及品种不同而有所不同。核桃栽培区年降水量从12.6mm（吐鲁番）至1 518.8mm（湖北恩施）。在自然状态下，年降水量600～800mm的地区核桃就能生长良好，对于降水量较低的地区，如果适时适量灌溉，仍能保证坚果产量；泡核桃喜温湿气候，属半阳性植物，适宜年降水量800～1 200mm的地区生长。长时间降水会导致果实发育受阻和病害发生，因此，选择核桃园址，最好在背风向阳处。核桃是风媒花，花期适宜的温度一般在15～17℃，研究者观察发现花期低温对核桃授粉有明显影响，尤其是低温高湿（如气温低于10℃）、阴雨连绵或降温幅度大的情况，对传粉坐果极不利，核桃授粉不良，落花、落果严重，极大影响核桃的产量和质量。

二、立地条件

核桃、泡核桃及麻核桃均属深根性树种，其通过强大的根系从土壤中吸取养分和水分，土壤条件直接关系着核桃的生长发育，土层深厚达 1.5m 以上有利于其根系的发育，土层过薄则其根系不得伸展，吸收能力差，树体的生长也将被抑制。因此，无论在山地或平原，都应选择土层较厚、排水良好、向阳而肥沃的沙质壤土栽培。在山区土层厚而肥沃、背风向阳的沟峪栽植核桃也很适宜。

核桃对土壤水分状况都比较敏感，土壤过旱或过涝均不利于核桃的生长和结实，疏松土质、地下水位低于 1.5m、土壤含盐量宜在 0.25%以下、保水性和透气性良好的壤土较适宜核桃生长。核桃喜钙，在石灰岩风化的土壤生长良好。核桃适宜在中性或微碱性的土壤生长，其最适 pH 以 6.5～7.5 为佳。

核桃喜肥，增施氮肥、磷肥和钾肥都可以增加出仁率，提高产量，磷肥和钾肥还可以改善核仁的品质。同时增加土壤有机质有利于核桃的生长和发育。泡核桃在海拔 300～700m 的低山处种植，较丰产稳产。此外，不要栽植在低温或山沟的风口处或土层过浅的瘠薄山岭。

第二节　核桃生态区划与优势产区

一、核桃分布范围

核桃广泛分布在云南、四川、新疆、河北、山西、陕西、辽宁、甘肃、山东、河南、北京等 26 个省、自治区、直辖市。泡核桃分布主要分布在云贵高原的云南、贵州和四川西部、西藏南部等地区。我国核桃多为引种栽培，但在新疆伊犁、四川西部、西藏南部和东南部等地区也存在野生核桃林。我国核桃分布多为连续的，但在西藏南部、新疆南部和辽东半岛的核桃栽培区处于相对隔绝或间断分布。我国核桃的分布北界由年平均温度决定。以甘肃兰州为中点，东部的北界与年平均温度 8℃等温线接近；西部北界则与年平均温度 6℃等温线接近。

二、生态区划的指标

核桃分区区划主要依据地理气候因素、核桃生长结果表现、种源种质特征和社会经济因素四方面的条件。

1. 地理—气候因素　地理植物学家 Good 认为，植物分布首先是受气候环境，其次是受土壤因素等的制约。也有研究结果认为，一个树种的分布会同时受热量状况的纬度地带性和水分状况的经度地带性的影响。通过多因素（纬度、经度、海拔高度、年降水量、年平均气温、极端最低气温、年日照时数及无霜期共 8 个因子）的主分量分析，人们发现影响树种分布最大的因素是极端低温、纬度和无霜期以及海拔高度和经度。前三者都是反映气温地带性的因素，这同“气温是影响树木分布的主要因素”的理论是吻合的。核桃的分布和区化也应遵循这一规律。

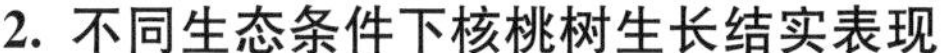

2. 不同生态条件下核桃树生长结实表现

（1）物候期差异 陕西省果树研究所材料表明：核桃树的同一物候期，在不同地区的出现日期有差别。如核桃新梢开始生长日期：陕西洛南县是4月上旬，辽宁大连则是4月下旬。

（2）果实品质差异 中国林业科学院核桃课题组研究表明：云南泡核桃的脂肪含量普遍较高，单宁含量普遍低于核桃，涩味口感较轻，而且相对于其他核桃农家类型的变异较小，商品一致性好；我国西部核桃的脂肪含量小于东部核桃，糖含量却呈现西部大于东部，南方大于北方的趋势，单宁含量较东部的高，涩味口感较差；西部核桃脂肪、蛋白质、糖、单宁含量的变异系数均较大，其遗传多样性比较丰富，商品一致性较差；西藏核桃中脂肪酸的营养配比为最佳，达到4.34。以上情况说明，不同地理分布的核桃树在生长、结实及坚果品质等方面存在明显的差异。

3. 种源和种质因素 核桃作为分布最为广泛的经济林树种，类型和品种多样。核桃区域性应当包含适地适种源、适地适类型、适地适品种等多重含义。已有研究表明，每个种源、类型或品种的适生地区和条件具有一定局限性。从引种结果看，新疆的主栽品种引入其他省份，核桃的生长和产量会发生较大的变化，一些品种表现出明显不适，如生长势衰弱、易感病等；其他省份的核桃引种到新疆后，果实单果重有变大的趋势等。

4. 社会经济因素 社会经济因素主要是指价值规律对核桃种植业的影响。我国果用核桃多属于人为引种，引种生产必然受经济规律的制约。核桃生产有其自身的特点，一是收益周期长、坚果产量较低、单位面积产值较少等，但另一方面，核桃树抗逆性强、管理省工，核桃坚果又具有高营养和高医药价值、耐贮运、产品销路稳定等优点，再加上种植核桃还具有保持水土、改善生态条件的重要作用。因此，在市场经济杠杆作用下，核桃种植业必然在其适合的地区和条件下发展。

三、生态区划的方法

1. 综合因素同主导因素相结合 核桃的分布受地理气候、社会经济因素及影响生长结实和品质等综合条件的影响和制约。在区域划分时，首先应以地理及气候等因素为主要依据，尤其在大的地貌变化（海拔高度、大山南北麓等）影响到气候带和种群生长条件时，更需优先考虑，在此基础上，还应当考虑影响核桃生长和结实的条件以及社会经济因素等。

2. 适当的栽培规模 作为栽培（或分布）区必须具有一定的核桃栽培面积或株数。只有少量引种或试种的省份或地、县，则暂不划入。

四、中国核桃生态区划

分布区的名称首先是根据其地理位置和习惯称谓，使之通俗易于理解，如东部近海分布区、秦巴山区等。其次，按生态条件或其他情况的一致性划分，如黄土丘陵区、云贵高原区等。新疆和西藏区域环境独特，单独划分为妥。

根据以上原则，核桃及铁核桃分布区划分为6个区域：东部近海分布区、黄土丘陵区、秦巴山区、云贵高原区、新疆绿洲区、西藏分布区。

五、中国核桃产区及其特点

1. 东部近海分布区 包括冀、京、辽、津、鲁、豫、皖。该区核桃垂直分布在10多米至1 000多米，最高可达1 560m。主要在燕山、太行山、泰山、蒙山等山地，开阔台地或山丘间平地及沟洼地带。年均温8.4～15.1℃，年降水量493.6～892.7mm，无霜期169～210d，年日照时数2 072.8～2 916.2h。土壤以棕壤、褐色土为主。

2. 黄土丘陵区 包括晋、陕、甘、青、宁。该区核桃垂直分布在200～2 500m范围内，主要以黄土丘陵区为主。年均温7.9～13.4℃，年降水量371.7～563.7mm，无霜期183.8～202.8d，年日照时数2 256.1～2 636.3h。晋南及陕中山区有褐土、棕壤土及山地棕壤，平原有塿土、黄绵土，陕北为褐土，宁南黑垆土。

3. 秦巴山区 包括甘肃南部和陕西秦岭以南的汉中、安康、商洛等地。秦巴山区的核桃多种植在半高山或浅山丘陵的坡麓耕地边埂或“四旁”。垂直分布在海拔500～2 000m之间。年均温11.6～15.7℃，年降水量779.6～910.3mm，无霜期200～230d，年日照时数1 789.6～1 831.7h。土壤类型为山地黄棕壤、山地黄褐土和山地棕壤。

4. 新疆绿洲区 核桃分布在环塔里木盆地的周边绿洲，主要产区有和田、叶城、库车、阿克苏、乌什、温宿等县市。核桃种植在可灌溉的农耕地上或散生，并同作物间作，土壤中盐分高。垂直分布在海拔1 000～1 500m范围内。年均温10.6～12.1℃，年降水量25.0～35.0mm，无霜期200～230d，年日照时数2 694.7～3 156.6h。新疆核桃种植区为灌溉农业区，栽培品种较为单一，矮化密植园比例高，整体呈规模化和标准化。

5. 云贵高原区 包括云南、贵州和四川西部铁核桃产区。垂直分布在海拔400～2 700m范围内。年均温10.6～17.1℃，年降水量971.4～1 042.6mm，无霜期206.4～262.2d，年日照时数1 796.7～2 421.8h。滇东北有山地黄棕壤，滇西多红壤、黄红壤、黄棕壤，滇中有暗红壤，贵州为山地黄壤、石灰土，川西多山地棕壤、红壤。

6. 西藏分布区 该区兼有核桃和铁核桃分布。核桃多数种植在包括雅鲁藏布江沿岸自日喀则至林芝。栽培核桃的垂直分布为海拔200～3 800m。年均温4.7～8.5℃，年降水量295.8～654.1mm，无霜期117.4～175.9d，年日照时数1 978.3～3 172.3h。雅鲁藏布江沿岸阶地多为暗棕壤和漂灰土，林芝有山地棕壤，较高阶地有巴嘎土、黑毡土。

第三节 园地选择

核桃树属于多年生落叶乔木，树大根深，其经济寿命可达百年以上。因此，在营建核桃园之前，要对当地的社会经济情况和农林业的生产现状、自然地理特点、核桃树的生长发育特点、核桃生产现状等进行全面的调研，为园地选择提供科学依据。

我国地域辽阔，各地的气候、地形地貌、土壤、种植习惯等客观和主观因素存在差异，各有优势和劣势。

核桃园地的选定，应遵循“因地制宜、适地适树适品种”的原则，科学地选好核桃种植园地，避免盲目性是科学种植的基础。

一、气候条件

（一）温度

1. 北方核桃种植区　北方核桃种群属于喜温凉树种。优生区的年均温 9～13℃，极端最低温度为－25℃，极端最高温度为 35℃，无霜期 150d 以上。

北方核桃种群中存在早实和晚实两大类群，在适宜的温度范围内，不同品种对温度的变化存在差异，晚实类群的适应性更强些。

2. 南方泡核桃种植区　南方泡核桃的优生区对温度的要求是年均温 13～16℃，最冷月平均气温 4～10℃，极端最低气温为－5℃，最高气温 38℃。适合于湿热的亚热带气候。

3. 新疆干旱灌溉区　新疆核桃适宜生长的年均温 9～16℃，极端最低温度－25℃以上，极端高温 38℃以下，无霜期 180d 以上。

低温：核桃树在休眠期，幼树在－20℃条件下可出现冻害，成年树在低于－26℃时，枝条、雄花芽及叶芽均易受冻害。展叶后温度降至－4～－2℃时，新梢受冻。花期和幼果期，气温降至－1℃时则受冻减产。

高温：核桃树能适应较干燥的气候，但夏季高温超过 38～40℃时，常造成嫩枝、叶片焦枯，果实易受日灼伤害，核仁难以发育，常形成半仁甚至空壳。

（二）光照

核桃属喜光树种，日照时数与强度对核桃生长、花芽分化及开花结实有重要影响。光照充足对北方核桃不仅能保障正常生长结果，而且能显著降低病虫害的发生、发展，对商品率的高低也产生重要影响。

年生长期内日照时数要求达 2 000h 以上，生长期（4～9 月）的日照时数在 1 000h 以上。南方多阴雨和多雾天气，日照时数一般较北方要少些，云南省漾濞在 2 200h；新疆核桃产区的年日照量在 2 700h 以上，生长期（4～9 月）的日照时数在 1 500h 以上。

（三）水分

核桃耐干燥的空气，而对土壤水分状况却比较敏感，土壤过干或过湿均不利于核桃树的生长、结实和坚果品质。

1. 降水量　年降水量在 250mm 以下的新疆干旱地区，发展核桃必须有良好的灌溉条件。在具备灌溉条件下，早实核桃优良品种的“早、优、丰”优势就能得到有效发挥。

年降水量在 250～500mm 之间的半干旱地区，发展早实良种应具备有一定灌溉条件下，推广节水灌溉技术，或应用水土保持工程措施，同时提倡发展晚实品种或中晚实品种。降水量在 500～800mm 之间的半湿润温暖地区，应选择抗病性较强的中晚实品种或具有较强丰产性和适应性的晚实品种。

年降水量在 800～1 200mm 之间是南方泡核桃优生区域。

2. 地下水位　核桃树系中生性偏湿树种，它要求良好的土壤水分条件，但不能忍耐地下水的浸泡。核桃园的地下水位应在地表 2m 以下，地下水位过高核桃根系无法分布、存活。

新疆干旱灌溉地区，特别是地势平坦区域建立新的核桃生产基地时，在构建灌溉系统的同时必须建立配套的排水系统，进行土壤改良，确保核桃树良好生长，才能达到长期丰产、优质的目标。

（四）风

核桃是风媒花，借风力传播花粉，3～4 级的和风（或称微风）能促进散粉，提高授粉、坐果率。此外，和风可以降低过高的温度，调节蒸腾，促进树体内的输导和根系吸收。在春季，和风能起到缓解霜冻辐射的威胁，但大风容易使嫩叶和雌雄花受害，影响授粉。

因此，要选择背风向阳、年大风次数较少特别是春季无大风的地方建核桃园；避免在常出现大风天气的风口，特别是春季核桃开花期刮大风的地域建园。如新疆的若羌县、且末县，春季一场大风从 3 月开春刮到 5 月中旬，核桃树不能正常开花、授粉。

二、地形、地势

1. 在平地建园是最理想的 但要注意地下水位不能高，应在 2m 以下，而且排水良好。

2. 在山地、丘陵地建园 一定选在阳坡和半阳坡的中部、下部，坡度应在 15°～25°以下的缓坡地，以便于整修水平梯田。

3. 箐沟平地、山前沟壑建园 应选择沙土层深厚，地势倾斜，供水和排水性能好的地域。

三、土壤

土壤是一切植物生长发育的基础。核桃庞大的根系和树体首先要求深厚的土层以保证其良好的生长发育和固定、支撑高大树体。

1. 土壤质地 核桃树栽培地的土层厚度，最低不能少于 1m；最适宜的土质是粉沙、细沙土。

2. 土壤类型 土壤为土质疏松、透气性和渗水性良好的沙土、沙壤土、壤土等。核桃树是喜钙的植物，能在南方石灰岩风化的土壤上生长发育良好。

3. 土壤盐碱 在气候适宜的核桃栽培区，制约核桃发展的生态因素是土壤的盐碱含量。核桃树适宜在微酸性土壤及微碱性土壤中生长，土壤 pH 在 5.5～8.2 之间，北方核桃适宜 pH 在 6.5～7.5 之间，南方核桃适宜 pH 在 5.5～7.5 之间，新疆核桃适宜 pH 在 7.0～8.2 之间。

土壤含盐量在 0.25%以下，超过 0.3%即对生长结实有影响，超过 0.5%则出现死亡。

四、排灌条件

核桃在生长发育期间需要大量的水分，如果降水不足或不均，土壤干旱时，要通过灌溉来补充。如果核桃园内低洼积水，可能造成核桃树根系霉烂死亡。因此，核桃园的选地要做到旱能灌、涝能排。

1. 北方核桃园 降水量在 250～500mm 之间的半干旱地区，核桃园地附近必须有灌

溉水源，有一定灌溉条件，推广节水灌溉技术。降水量在500～800mm之间的半湿润地区，核桃园不能低洼积水，排水要通畅。

2. 南方核桃园　年降水量在800～1 200mm之间的南方是泡核桃优生区域，核桃园应有排水工程，排水要通畅。

3. 新疆核桃园　年降水量不足250mm的新疆核桃园，必须有良好的灌溉条件。一些地下水位较高、盐碱较重的核桃园，还必须有排水、排盐系统。

五、其他要求

1. 无环境污染　核桃园选地时，应避开工业废水、污水、灰尘较多的地方，以避免对核桃树的生长发育造成影响和对核桃产品造成污染。

2. 交通运输方便　选择道路畅通、交通方便的地方，有利于管理物料的运输，有利于各种机械化作业，有利于核桃产品的运输、加工、销售等生产经营活动。

第四节　核桃园规划设计

营建核桃园应根据农村产业化结构的调整，充分合理地利用农村的土地资源，集中连片地营建核桃园，实行科学管理，集约经营，以获取最大的经济效益。因此，在营建核桃园之前有必要进行规划设计。

核桃园的规划设计是一项综合性工作，要充分考虑和研究当地的山（地）、水、林、田、路等方面的特点，了解当地的社会经济状况，农业林业的生产发展水平，并根据核桃树的生长发育特性，选择适宜的栽培方式和配套的优良品种，通过规划设计加以体现和实施。

一、园地的初步勘测

在核桃园规划设计之前，应了解园地概貌及基本情况，进行园地勘测。

1. 基本情况踏查　参加园地踏查的人员应包括果树栽培、植物保护、气象、土壤、水利、测绘等方面的技术人员。

调查了解种植园地的年均温、积温，无霜期，年降水量及分布等气候条件。了解种植园地的土层厚度，土壤质地，pH，有机质含量，氮、磷、钾及微量元素含量等土壤条件，以及园地以前所生长的树种及作物。调查了解种植园地的水源情况、水利设施、灌溉条件等。

2. 园地勘测　标明园地的地界四邻、地形地貌、河流沟渠、道路，山地还应标出等高线等。测量园地面积，绘制成平面图。

（1）按照自然地形和所栽品种数量，划分成若干作业区（或小区），并编注区号，测出每个作业区的面积。如果核桃园面积较小，地形比较一致，也可不划分作业区，但要注明品种栽植位置。

（2）道路的设置要标注清楚，园地中的道路除了主道之外，还要有必要的作业道。

（3）要注明排灌系统。园地要注明蓄水池或水库等的位置，要标出灌溉系统的干渠和支渠，也要注明管线的位置。

3. 规划设计 无论平地或山地建园，测完地形、面积、等高线以后，按核桃园规划的要求，根据园地的实际情况，对作业区、防护林、道路、排灌系统、建筑用地、品种的选择与配置等进行规划，并按比例绘制核桃园平面规划设计图。编制核桃园规划设计说明书，主要内容包括：建园目的及任务；规划设计的具体要求；作业区、防护林、排灌及道路系统，土壤改良，株行距、品种配置、栽培方式、建园进度及栽后管理等的规格和安排；园地周边地区的人口、劳力、经济、交通、能源、管理体制、市场销售、农业区划、污染源等的社会环境状况。

二、品种选择与配置

1. 确定栽培模式 目前在我国大面积建核桃园主要有两种模式。

（1）间作栽培模式　这是我国目前栽培核桃的主要形式。根据栽培核桃树的密度和空间大小进行间作。使核桃树与农作物、蔬菜花卉、牧草、中草药、林果苗木等间作，其特点是行距较大，一般核桃树的行距为 10～15m，可进行较长时间的间作。特别是栽植晚实核桃，最适宜这种方式。

（2）园片栽培模式　即成片栽植的核桃园，密度较大，株行距较小，行间不能长期间作，或只能间作 3～5 年。这是近年来新发展起来的早实密植丰产栽培形式，比较适用于早实核桃。其行距较小，一般只有 4～5m。

2. 品种与配置

（1）选用优良品种　目前我国北方栽培的核桃品种分为早实核桃和晚实核桃两个类群。早实核桃二年生开始结果，适宜密植；晚实核桃 4～5 年开始结果，适宜间作式栽培。要选用经国家和省级审定推广的品种，特别是那些经过多年栽培实践表现较好的品种。部分品种介绍如表 8－1。

表 8－1　核桃优良品种

品种名称	早实或晚实	选育单位	鉴定级别	鉴定年份
辽宁 1 号	早实	辽宁省经济林研究所	国家	1989
辽宁 3 号	早实	辽宁省经济林研究所	国家	1989
辽宁 4 号	早实	辽宁省经济林研究所	国家	1989
中林 1 号	早实	中国林业科学院林业科学研究所	国家	1989
中林 5 号	早实	中国林业科学院林业科学研究所	国家	1989
丰辉	早实	山东省果树研究所	国家	1989
鲁光	早实	山东省果树研究所	国家	1989
香玲	早实	山东省果树研究所	国家	1989
温 185	早实	新疆林业科学研究所	国家	1989
扎 343	早实	新疆林业科学研究所	国家	1989
新早丰	早实	新疆林业科学研究所	国家	1989

（续）

品种名称	早实或晚实	选育单位	鉴定级别	鉴定年份
绿波	早实	河南林业科学研究所	国家	1989
京 861	早实	北京市林业果树研究所	国家	1989
西林 2 号	早实	西北林学院	国家	1989
辽宁 2 号	早实	辽宁省经济林研究所	省级	1982
辽宁 5 号	早实	辽宁省经济林研究所	省级	1995
辽宁 7 号	早实	辽宁省经济林研究所	省级	1995
辽宁 10 号	早实	辽宁省经济林研究所	省级	2006
寒丰	早实	辽宁省经济林研究所	省级	2006
辽宁 6 号	早实	辽宁省经济林研究所	省级	2008
新纸皮	早实	辽宁省经济林研究所	省级	1982
中林 3 号	早实	中国林业科学院林业科学研究所	省级	1990
中林 6 号	早实	中国林业科学院林业科学研究所	省级	1990
薄壳香	早实	北京市林业果树研究所	省级	1986
赞美	早实	河北农业大学	省级	2012
绿岭	早实	河北农业大学	省级	1995
元丰	早实	山东省果树研究所	省级	1986
新新 2	早实	新疆林业科学研究所	省级	1990
陕核 2 号	早实	陕西省果树研究所	省级	1987
清香	晚实	河北农业大学	国家	2013
礼品 1 号	晚实	辽宁省经济林研究所	省级	1995
礼品 2 号	晚实	辽宁省经济林研究所	省级	1995
晋龙 1 号	晚实	山西省林业科学研究所	省级	1990
晋龙 2 号	晚实	山西省林业科学研究所	省级	1990
秦核 1 号	晚实	陕西省果树研究所	省级	1984

（2）授粉品种的配置　核桃树虽然是雌雄同株，但由于是单性花，雌雄花不同时成熟，属于异花授粉植物。因此，在建园时必须选择与其栽培目标和栽培模式相匹配的主栽品种和与其互相授粉的配套授粉品种。

表 8-2　核桃授粉品种配置参考表

品种类群	雌雄异熟性	品　　种
早实核桃	雌先型	辽宁 5 号，辽宁 6 号，辽宁 10 号，中林 1 号，晋香，温 185，中林 3 号，西林 2 号，京 861，中林 5 号，绿波，西林 2 号，中林 6 号，薄壳香
	雄先型	辽宁 1 号，辽宁 2 号，辽宁 3 号，辽宁 4 号，辽宁 7 号，新纸皮，新早丰，扎 343，新新 2，丰辉，鲁光，香玲，寒丰，绿岭
晚实核桃	雌先型	礼品 2 号
	雄先型	礼品 1 号，晋龙 1 号，晋龙 2 号，清香

一个核桃园应做到“一园一品”，只栽一个主栽品种，以利形成统一规格的产品。主栽品种与授粉品种的配置比例可按 8∶1 到 2∶1，带间或行间配置，按 2～8 行主栽品种配置 1 行授粉品种，原则上主栽与授粉品种之间的最大距离不得大于 100m。

三、作业区的划分

作业区的划分一定要适应集约化的基本要求，同一作业区内的土壤和气候条件等基本一致。

1. 平原地区　平原地区核桃园的作业区，一般以道路、水渠、防护林带等明显标记为界进行划分。小区面积 6.67hm^2 左右，大平原的作业区可大些，如新疆绿洲是以条田 13.3～16.0hm^2 为一个作业区。小区形状以长方形、南北向为宜，其长边与主风向之间的夹角不大于 30°。

2. 山区、丘陵　山区、丘陵地区的作业区多以山岭、沟壑、沟坡等标记为界进行划分。

四、道路系统

园地道路分主路、支路和小路三种。道路规划应与小区、渠系、防护林带、输电线路、附属建筑物等相结合。主路贯穿全园，外接公路，内连支路，路宽 6～8m。支路为各小区的分界线，与主路垂直相接，路宽 4m 左右。小路设在小区内，为田间作业路，宽 2～3m，与支路垂直相接。

五、防护林带

新营建的核桃生产园，必须进行防护林规划和建设。防护林规划应与路、渠相结合。林带与最近果树距离不少于 15m。防护林带建设应在建园定植苗木前完成。

1. 山地、丘陵　根据当地的地形特点，充分利用沟岗、路边等自然地形，设计防护林。

2. 平原地区　防护林带的主林带方向与当地主风向垂直，由 4～8 行乔木和灌木组成，主林带间距 200～300m。副林带方向与主林带方向垂直，由 2～3 行乔木组成。新疆防护林带是按照“窄林带、小网格”模式营建，主林带由 4～8 行新疆杨、沙枣和红柳组成，副林带由 2～3 行新疆杨组成，主、副林带株行距 2.0～2.5m×1.0～1.5m。

六、排灌系统

园地水利系统包括灌水系统和排水系统两部分。

1. 灌水系统　灌水系统包括输水渠和灌溉渠。

(1) 输水渠　输水渠贯穿全园，位置要高，设在园地高侧，外接引水的干、支渠，内连灌溉渠，比降为 0.2%。大型核桃生产园区，可设置支渠、斗渠、农渠三级输水渠，即水源由外界干渠引入支渠，支渠输入斗渠，再由斗渠输入农渠，后由农渠输入灌溉渠进入果园。在各级渠、路交接处设置闸门、涵管、桥梁等设施。

(2) 灌水系统　灌水系统应与路、防护林配合设置。灌溉渠设在小区内，与输水渠的农渠垂直相接的毛渠，直接浇灌果树，比降为 0.3%。

2. 排水系统　排水系统也设输水渠和排水渠两级，输水渠与外界总排渠相接，排水渠连接输水渠。在绿洲上缘地下水位极低的沙土地带建立核桃园，可不设置排水系统。

七、园地建筑物设置

园地建筑物包括办公室、宿舍食堂、储藏室、晾晒场、库房、粪池、沤肥坑等。一般应建在交通便利、生活生产方便的园地中心地段。粪池和沤肥坑应设在各区路边，以便运送肥料。一般 1～2hm^2 核桃园应设置一口粪池或沤肥坑，可积蓄 15～30t 的肥料，供核桃园一次施肥用。

八、水土保持工程

在山地或坡地营建核桃园，可导致原有植被受到破坏，加之耕作不合理，容易引起水土流失。尤其在雨季，降水过量形成的地面径流，冲走坡地表层肥土和有机质，不仅使果园土层变薄，含石量增加，导致核桃根系裸露，而且使土壤肥力下降，树势衰弱，产量降低，寿命缩短。甚至还会造成泥石流或大面积滑坡，危及核桃园的安全。因此，做好水土保持，成为山地和坡地建园成败的关键。常见的水土保持工程有修筑梯田、鱼鳞坑和水平沟等形式。

1. 修筑水平梯田　在坡地营建核桃园前一定要先修筑水平梯田，既能保持水土，又便于田间管理。

沿坡地等高线，上挖下填、削高填低、大湾顺势、小湾取直，筑成外埂略高、内侧稍低的水平梯田（图 8－1）。梯田面的宽度应视坡度的大小以及栽植行距的宽窄而定，对于坡度<15°的坡地，台面宽度为 5～20m；坡度 15°～25°的坡地，台面宽度 3～5m。在修成水平梯田时，土层厚度应在 1.5m 以上。应做到梯田外撅嘴内流水，以防止梯田面水土冲刷。

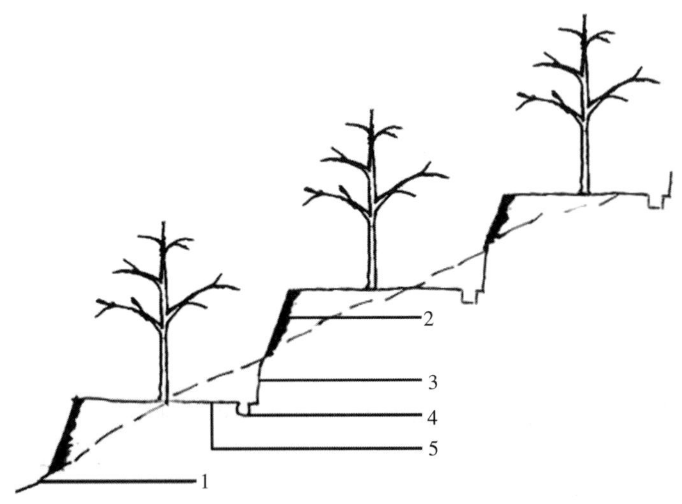

图 8－1　水平梯田修建剖面示意图

1. 原山地坡度线　2. 台地壁　3. 削台地内壁　4. 排水沟　5. 台面种植地面

2. 鱼鳞坑 对于地形复杂、坡度大（在 15°～25°，甚至＞25°）的地方，坡地营建核桃园，应先修大鱼鳞坑。

鱼鳞坑整地方法：在山坡上按造林设计，挖近似半月形的坑穴，坑穴间呈“品”字形排列，坑的大小常因地形的不同而变化，一般坑宽（横）0.8～1.5m，坑长（纵）0.6～1.0m，坑距 4.0～5.0m。挖坑时先把表土堆放在坑的上方，把生土堆放在坑的下方，按要求规格挖好坑后，再把熟土回填入坑内；在坑下沿用生土围成高 20～25cm 的半环状土埂，在坑的上方左右两角各斜开一道小沟，以便引蓄更多的雨水（图 8－2、图 8－3）。

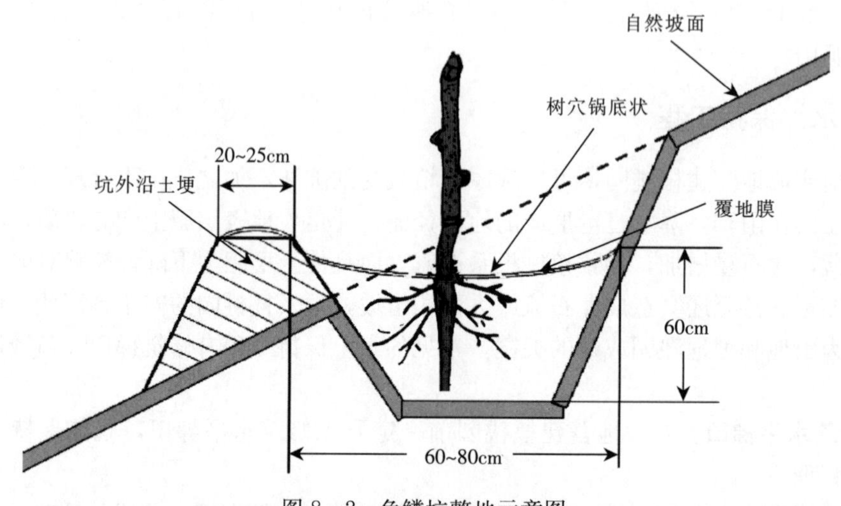

图 8－2　鱼鳞坑整地示意图

图 8－3　鱼鳞坑排列示意图

3. 水平沟整地 水平沟整地是沿等高线挖沟的一种整地方法。水平沟的断面以挖成梯形为好，上口宽 0.6～1.0m，沟底宽 0.3m，沟深 0.4～0.6m；外侧斜面坡度约 45°，内侧（植树斜面）约 35°，沟长 4～6m；两水平沟顶端间距 1.0～2.0m，沟间距 5.0～6.0m，水平沟按“品”字形排列。为了增强保持水土效果，当水平沟过长时，沟内可留几道横埂，但要求在同一水平沟内达到基本水平。

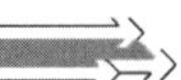

挖沟时先将表土堆放在上方，用底土培埂，然后再将表土填盖在植树斜坡上。水平沟整地由于沟深，容积大，能够拦蓄较多的地表径流，沟壁有一定的遮阴作用，改变了沟内土壤的光照条件，可以降低沟内的土壤水分蒸发（图 8－4）。

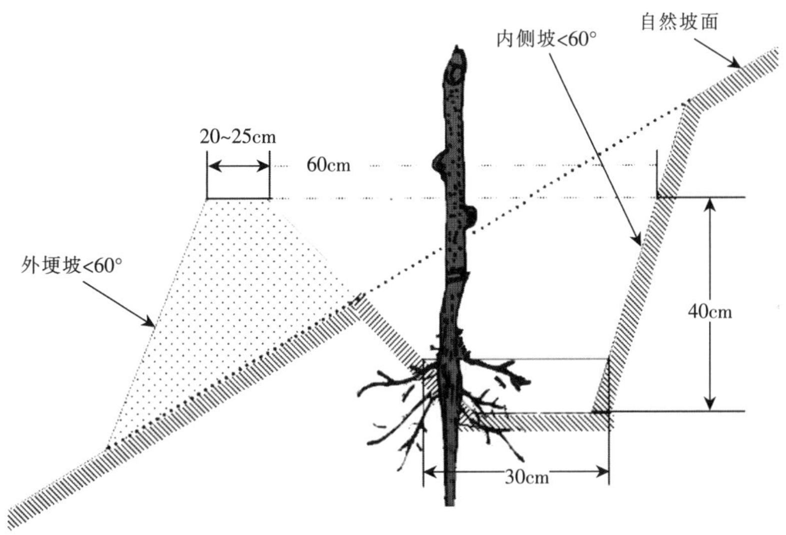

图 8－4　水平沟整地示意图

4. 水平台整地　水平台又称"带子田"，一般用于 30°以下的坡面。沿等高线将坡面修筑成狭窄的台阶状台面，阶台面水平或稍向内倾斜，有较小的反坡。台面宽因坡度而异，一般在 0.8～1.0m，阶台长无一定标准，视地形而定，外沿可培埂或不培埂。

水平台整地采用"逐台下翻法"，也叫"蛇蜕皮法"，即从坡下开始，先修下边一台，然后修第二台，修第二台时把表土翻到第一台，依此类推（修筑过程类似撩壕法）。最后一台可就近采用表土填盖台面（图 8－5）。

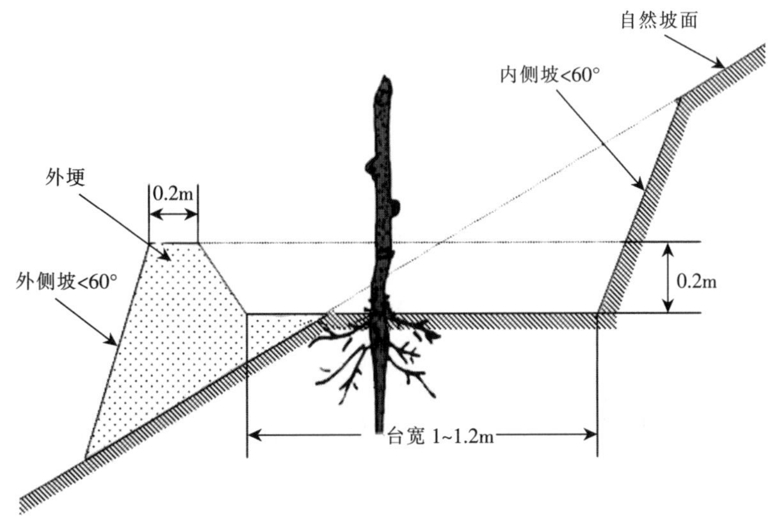

图 8－5　水平台整地示意图

第五节　核桃树栽植

一、栽植方式与密度

（一）栽植方式

1. 山地　苗木的栽植方式一般要根据核桃品种、栽培目的、地势及地形而定，凡地势平缓，坡度不大的，可以按长方形栽植；如果坡度大梯田面窄，则以三角形为宜。

2. 平原　根据核桃园的建设目标、生态气候条件、栽培技术水平等的不同，分为园片式栽培和间作式栽培两种模式。

（二）栽植密度

核桃树由于品种、立地条件、栽培管理水平的不同，其生长发育有明显的差异，这直接关系到栽植密度的大小。合理的栽植密度应该是处于盛果期时，核桃园内通风透光良好，使树冠内和树冠下层的枝条也能保持良好的结实能力。因此，确定合理的栽植密度，必须考虑近期和长期的生产目标，以获得最佳而持续均衡的经济效益。

栽植密度根据当地气候、土壤条件、品种以及核桃园管理水平综合考虑。种植晚实核桃品种可以稀一些，种植早实核桃品种可以密一些；平地及土壤条件好的园片可以稀一些，山地及土壤条件差的园片可以密一些；如果要尽早提高核桃园前期核桃产量和效益，可实施计划密植，缩小株行距、增加有效株数，待园内通风透光不良出现时，进行间伐（移植），调整株行距，通风透光条件。

1. 园片式栽培

（1）早实核桃　一般密度是每 667m^2 34 株、42 株、45 株，其株行距分别是 4m×5m、4m×4m、3m×5m；密植每 667m^2 56 株、74 株，其株行距是 3m×4m、3m×3m；稀植每 667m^2 27 株，其株行距为 5m×5m、4m×6m。

（2）晚实核桃　一般密度是每 667m^2 11 株、12 株、14 株，其株行距分别是 8m×8m、8m×7m、7m×7m；密植每 667m^2 16 株、19 株，其株行距为 6m×7m、6m×6m；稀植每 667m^2 8 株、7 株，其株行距分别为 8m×10m、9m×10m。

2. 间作式栽培

（1）早实核桃　一般密度是每 667m^2 21 株，株行距分别是 4m×8m；密植每 667m^2 28 株、42 株，其株行距分别为 3m×8m、2m×8m；稀植为每 667m^2 19 株、17 株，其株行距为 4m×9m、4m×10m。

（2）晚实核桃　一般密度为每 667m^2 7 株、8 株，其株行距为 8m×12m、8m×10m；密植为每 667m^2 12 株、14 株，其株行距为每 667m^2 7m×8m、6m×8m；稀植为每 667m^2 7 株、6 株，其株行距为 8m×12m、8m×14m。

3. 梯田栽培　梯田面宽 12m 以内，早实核桃可栽 1～2 行，行距为 6～8m，晚实核桃可栽 1 行，株距为 6～8m。梯田面宽 13m 以上时，可分别按园片式或间作式安排密度。

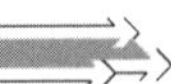

二、栽植时期与挖定植穴

（一）栽植时期

核桃栽植时期主要分为春栽和秋栽两种。春栽一般在 3 月中旬至萌芽前进行，秋栽一般在 10 月下旬至 12 月下旬进行。不同地区，可根据当地具体的气候和土壤条件而定。

1. 南方 南方核桃树的栽植时间分春、秋两季，但以春季为主。在灌溉条件较好的地方，应采用春栽（立春前）；在缺水无法灌溉的地方，秋末冬初核桃苗已进入休眠，秋雨尚未结束，土壤湿度较大时采用秋栽。

2. 北方 北方由于冬季严寒多风、冻土层较深，秋栽易于受冻或抽条，多采用春栽。春栽一般在 4 月中旬左右进行，但要注意浇水、保墒和栽后管理。秋栽一般在 10 月下旬左右进行，即在下霜后至土壤封冻前，栽后应立即采取越冬防寒工作。

3. 新疆 新疆核桃主要是春栽，即在土壤解冻后至苗木萌芽前栽植，一般为 3 月上旬至下旬；秋植在土壤结冻前进行，一般在 10 月底至 11 月中旬。

（二）挖定植坑

1. 山地 在已修好的水平梯田、水平台地、水平沟和已整平的沟谷地上，按事先设计的株行距，挖深 0.8m、直径 1m 的圆形（或方形）坑，回填土时可在底部埋压 0.2～0.3cm 厚树叶、杂草，以增加土壤中的有机质。填完坑要及时灌足水，使坑中的土沉实，再将坑填好，使土稍高出地面。此项作业最好在栽植前一年的夏秋季进行。

2. 平地 根据布点位置，开挖 80cm×80cm×80cm 或 100cm×100cm×100cm 的大坑。挖坑时将表土与生土分开堆放，坑底应施入有机肥 15～20kg、掺土混合，或底部埋压 0.2～0.3m 厚树叶、杂草，再回填土，填完坑要及时灌足水，使坑中的土沉实，待回填物充分沉淀后，随即进行栽植。无灌溉条件的地方，提倡雨季前进行挖坑和回填，雨季过后，回填物不仅能充分沉淀并腐熟，而且坑内墒情良好，能够避免新栽苗木“悬根”下沉，促进苗木生长。上面再放 20cm 厚的土，以待栽植苗木。

三、定植方法

1. 苗木准备 良种壮苗是营建核桃园的基础。目前，我国已经进入核桃栽培良种化、品种化的阶段。因此，新建核桃园一定要选用优良品种的嫁接苗。

（1）选用配套品种 根据建园规划设计，选用配套品种嫁接苗。

（2）嫁接苗规格 由于核桃品种化栽培的需要，国家有关部门提出不再用核桃实生苗直接营建核桃园，一律采用优良品种做接穗培育的嫁接苗。其质量标准要符合国家标准（GB 7907—87）的要求，如表 8-3。

对于早实核桃的嫁接苗，由于接穗多采用二次枝，其抽生的枝梢都比较短，有相当一部分苗木达不到 30cm 的高度。实践证明，只要基本符合要求，接枝健壮，芽饱满，根系发达，栽后成活率高，幼树发育健壮，一般当年生长可达 1m 以上。因此，这类嫁接苗还是可以应用的。

表 8-3 嫁接苗的质量标准（GB 7907—87）

项目＼级别	1级	2级
苗高（cm）	＞60	30～60
基径（cm）	＞1.2	1.0～1.2
主根长度（cm）	＞20	15～20
侧根条数	＞15	＞15

（3）苗木的保护　嫁接苗在起苗、运苗、假植过程中，要采取各种有效的保护措施，做到不损伤、根系不失水、不霉烂、不受冻害等。

2. 栽苗　栽苗时，2人一组，1人挖坑埋土，1人栽苗踩土。栽苗要深浅适宜，嫁接口一定要露在地面以上。

苗木放入坑中摆好后，把根系埋好，稍向上提一提，使根系舒展，土壤要渗入根系中，踩实，使土壤与根系密接，然后在树干周围修成直径50cm的圆形浇水盘（图8-6）。

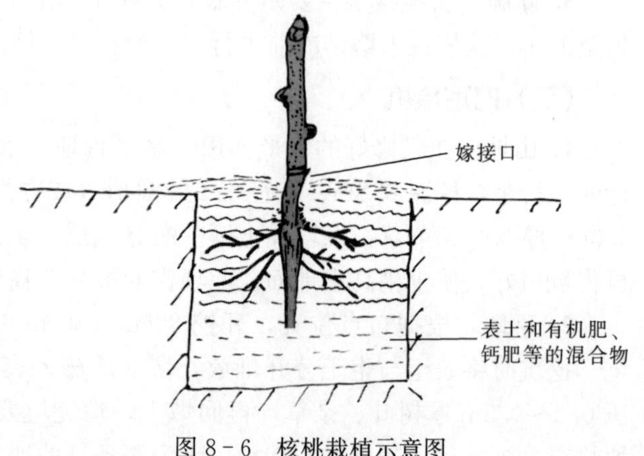

图 8-6　核桃栽植示意图

3. 浇水　根据土壤墒情，每株树浇0.5～1桶水，要求根系部位都能浇透水，水渗下后，再用土将浇水盘盖好。

4. 保墒　在较干旱的地区，要做好栽后的保墒工作。方法是在树干周围培土，培土高度为20cm左右。也可以覆盖地膜，即在浇水后，把浇水盘培土整平，在其上覆盖一层稍大于浇水盘的地膜，即保湿，又保温，有利于幼树的成活和生长。

四、定植后管理

1. 浇水及松土除草　苗木定植后立即浇水一次，及时扶苗培土固垄，20d左右浇第二次水，以后30～40d浇水一次，浇水后及时对定植坑进行松土除草。8月底停水，10月下旬灌足越冬水。

2. 加强看护　防止人、畜等危害。

3. 主干培养

（1）定干　定干高度主要依据栽植的方式确定。农林间作核桃树定干高度1.1～1.5m。园式栽植的核桃定干高度0.9～1.3m，密植栽培则可为0.7～1.0m。

（2）定干方法　春季核桃萌芽后，按定干高度要求，对核桃树干进行短截；在截口以下留约30cm整形带，在整形带内选留2～3个角度适中、着生有序的枝、芽培养主枝，其他枝、芽全部抹除。

4. 补植　苗木定植后应经常检查成活情况，发现有死株和病株及时拔除，然后用备用苗木予以补栽，以免在同一果园内因为缺株过多而影响产量。

5. 防治虫害　新栽的核桃幼树特别要防止害虫为害新发的嫩芽。为害嫩芽的害虫主要有蒙古象鼻虫、金龟子等。防治方法，除人工捕捉外，可提前在核桃园内种一些小白菜，小白菜出土后作诱饵，在其上喷药诱杀。对金龟子可在核桃园周围提前种一些蓖麻子，出苗后，金龟子先吃之，吃后必死，效果很好。

6. 防寒保护

（1）预防春寒　主要防止接口受冻和发芽后的嫩枝叶受冻。前者可在寒流到来之前在树干周围培土，埋没接口，埋土高度 20cm 左右；后者可在核桃园周围，在冷空气来的当夜 0～2 时施放烟雾，可防冻害发生。

（2）越冬防寒　由于当年新栽幼树，枝条幼嫩，茎中空，髓心大，含水量高，易受冻及寒风抽条。因此，在北方各地都要进行防寒工作。其方法主要是，将苗轻轻弯倒，用土埋好；如果幼树不高，应全株埋土；埋土厚度为 30～40cm 即可。也可用废弃的水泥袋、编织袋等，套上幼树，填入土埋好，效果更佳。

第九章 核桃营养与土肥水管理

第一节　核桃树营养元素

核桃树体内虽含有几十种元素，但必需的营养元素只有16种。每种必需元素都有特定的生理功能，不能相互代替。缺少某种元素时，核桃树就不能正常生长结果，而且出现缺素症，只有补充该种元素后才得矫正。已查明的必需元素有：碳（C）、氢（H）、氧（O）、氮（N）、磷（P）、钾（K）、钙（Ca）、镁（Mg）、硫（S）、铁（Fe）、硼（B）、铜（Cu）、锰（Mn）、锌（Zn）、钼（Mo）、氯（Cl）16种。根据核桃树对这些营养元素需要量的不同，把它们分为大量元素碳、氢、氧、氮、磷、钾等，中量元素钙、镁、硫，微量元素铁、锰、锌、铜、钼、硼、氯等。在核桃树生长发育必需的16种营养元素中，碳是以二氧化碳的形式从空气或土壤中取得；氢和氧两种元素来源于水和空气；其他13种元素则依赖于土壤供给，除钼、铜、锰、氯几种元素果树需要量很小、不必特别供应外，其他元素需要通过施肥加以补充，其中，氮、磷、钾三元素，核桃树需求量最大，施肥时应首先考虑，同时，还应考虑钙、镁、硼、锌、铁等元素，以保证核桃树正常的生长结果。另外，有些元素虽然不是核桃树必须，但对核桃生长有一定的作用，比如钠（Na），在缺K时，如果土中有钠存在，则这些植物的生长发育仍可正常进行。钠在植物生命活动的作用，目前还不十分清楚。但在盐生植物中往往以 Na^{+} 调节渗透势，降低细胞水势，促进细胞吸水。

1. 氮　氮素是核桃树正常生长发育所必需的营养元素。它是生命物质的主要成分，并在代谢中占有重要地位。氮素是核桃树树体中蛋白质、酶类、核酸、叶绿素及维生素等的组成成分。氮素主要作用是促进核桃树营养生长、加速幼树成形、延迟树体衰老、提高光合作用效能、促进果实增大、改善品质和提高产量。核桃树氮素缺乏会影响蛋白质形成，造成树体营养不良、生长迟缓、叶绿素合成减少、叶色变黄、枝梢细弱、果实变小，导致落花落果、坐果率低。由于氮可从老叶转移到幼叶，缺氮首先表现在老叶上。

2. 磷　磷是细胞中的重要结构物质之一，磷又是酶与辅酶的重要成分，细胞中能量贮存、传递与利用的媒介。因此，磷在核桃树生命活动中占有重要位置。磷在植物组织中易于移动，故新梢中含量特别多。据测定，核桃新梢中含磷0.32%，嫩梢中含磷0.45%。缺磷对树体的生长及物质的合成影响最大，表现为叶片小，叶脉呈紫色，叶边焦枯，植株矮小，果实品质下降。

3. 钾　钾虽然不是植物细胞的结构物质，也不是代谢物质的成分。但研究结果表明，核桃树正常生长需要大量的钾，钾与碳水化合物的代谢和糖分运输关系密切。钾能促进果实增大，增大糖酸比，增强树体抗寒性。核桃果实含钾量高达1.0%。因此，结果期树，尤其是高产树对钾的需要量非常迫切。果树缺钾时先表现叶脉缺绿，叶片皱缩，严重时叶边缘变成褐色干枯状。由于钾的再分配能力强，缺钾首先表现在老叶上。

4. 钙　钙与细胞壁的结构有密切关系，与细胞膜的稳定程度关系极大。钙是核桃树正常生长发育的重要元素。据测定，核桃钙主要分布在根及茎中，核桃根及茎中含钙量占全树的71%，核桃吸收量与氮素相近。核桃树缺钙时，首先从幼叶出现症状，叶片边缘发黄，经2～3d变成棕褐色的焦枯状，叶尖和焦边向上卷曲。核桃缺钙易患多种生理病害，如黑斑病、腐烂病等。

5. 镁　镁与钙在核桃中的作用及在土壤化学中的表现很相近。和其他元素相比，钙和镁在土壤溶液中的含量是最丰富的。他们的作用极大程度地受制于土壤溶液中的负离子交换过程。在肥沃土壤颗粒中，镁与钙为离子交换提供了80%～90%的空间，在土壤变成酸性时，镁与钙容易被淋溶。因此，在酸性土壤中，经常施入石灰（碳酸钙）和白云石（含有碳酸钙和碳酸镁），可以中和酸性，从而保证有镁与钙离子。有时，在沙质中性土壤中容易导致镁的缺乏，通常施入硫酸镁进行矫正。

6. 硫　几乎所有蛋白质都有含硫氨基酸，因此硫在植物细胞的结构和功能中都有着重要作用。硫能促进豆科作物形成根瘤，参与固氮酶的形成；硫元素能提高氨基酸、蛋白质含量，进而提升核桃品质。由于核桃中50%硫含量存在于基部叶片中，因此核桃从土壤中带走的硫元素量还是比较多的。在土壤中，硫主要存在于有机质中，钙、镁、钾、钠的硫酸盐常常积累在干旱土壤中。我国南方，因高温多雨，土壤硫易分解淋失，属于缺硫土壤；北方土壤也存在缺硫或潜在缺硫的现象。土壤中硫化物可分为无机态和有机态两种。无机硫在氧化作用下产生的硫酸根可以被核桃直接吸收，进而还原成含硫氨基酸，构成细胞物质；硫酸根在硫还原细菌作用下被还原成硫化物、硫代硫酸盐、硫元素等还原态硫，并在硫氧化细菌作用下氧化为硫酸盐。有机态硫通过微生物，在好气条件下，生成硫酸盐；在厌氧条件下，生成硫化物。

7. 铁　铁是一些重要的氧化—还原酶催化部分的组分。在植物体可以成为氧化或还原的形态，即能减少或增加一个电子。铁不是叶绿素的组成成分，但缺铁时，叶绿体的片层结构发生很大变化，严重时甚至使叶绿体发生崩解，可见铁对叶绿素的形成是必不可少的。缺铁时叶片会发生失绿现象。铁在植物体内以各种形式与蛋白质结合，作为重要的电子传递体或催化剂，参与许多生命活动。铁是固氮酶中铁蛋白和钼铁蛋白的组成部分，在生物固氮中起着极为重要的作用。

8. 硼　硼对作物生长发育的影响主要表现在硼能影响细胞伸长和组织分化。生长素（吲哚乙酸）和硼之间有明显的相互作用。在根系中硼抑制吲哚乙酸氧化酶活性。在吲哚乙酸的刺激作用下，根伸长正常。绿色植物中，吲哚乙酸只有在维管植物中形成，它参与木质部导管的分化。因此一般对硼的需求也仅限于维管植物。缺硼植物木质部分化削弱，茎形成层组织细胞分裂加强，形成层细胞增生。硼能与酚类化合物络合，克服酚类化合物对吲哚乙酸氧化酶的抑制作用。在木质素形成和木质部导管分化过程中，硼对羟基化酶和酚类化合物酶的活性起控制作用。硼在碳水化合物代谢中有两方面的功能：细胞壁物质的合成和糖运输。硼能促进葡萄糖-1-磷酸的循环和糖的转化。硼不仅和细胞壁成分紧密结合，而且是细胞壁结构完整性所必需。硼和钙共同起“细胞间胶结物”的作用。硼影响RNA，尤其是尿嘧啶的合成。缺硼植株新叶蛋白质含量降低，这仅限于细胞质，而叶绿体蛋白质含量不受影响，因此缺硼植株失绿并不普遍。硼能加强作物光合作用，促进碳水化合物的形成。当作物硼素不足时，就会造成叶片内糖和淀粉等碳水化合物的大量积累，不能运送到种子和其他部位中去，从而影响作物产量。

9. 铜 铜元素是植物体内多种氧化酶的组成成分，因此在氧化还原反应中铜有重要的作用。它参与植物的呼吸作用，影响到作物对铁的吸收。在叶绿体中含有较多的铜，因此铜与叶绿素的形成有关。不仅如此，铜还具有提高叶绿素稳定性的能力，避免叶绿素过早遭受破坏，这有利于叶片更好地进行光合作用。缺铜时，叶绿素减少，叶片出现失绿现象，幼叶的叶尖因缺绿而黄化并干枯，最后叶片脱落。也会使繁殖器官的发育遭到破坏，同时，铜还参与蛋白质和糖类的代谢。

10. 锰 锰元素对植物的生理作用是多方面的，它与许多酶的活性有关。它是多种酶的成分和催化剂，比如我们所知的脱氢酶、氧化酶等。锰与绿色植物的光合作用、呼吸作用以及硝酸还原作用都有着密切的关系。锰在叶绿体中直接参与光合作用过程中水的光解。水的光解需要锰元素以外还需要氯离子。水光解所产生的氢离子和电子是绿色植物进行光合作用时所必需的。缺锰时，植物的光合作用明显受到抑制。总之，锰是多种酶的活性剂，它能促进碳水化合物的代谢和氮的代谢，与作物生长发育和产量有密切关系。还可以促进硝酸还原作用，有利于合成蛋白质，因而提高了氮肥利用率。试验表明，缺锰时，植物体内硝态氮积累，可溶性非蛋白氮增多。这就足以证明锰对蛋白质形成的作用。

11. 锌 锌主要是作为一些酶的组成成分和活化剂，这些酶对植物体内的物质水解和氧化还原过程及蛋白质合成起重要作用。锌还参与生长素的前身吲哚乙酸的合成过程。缺锌时，植物生长发育停滞，叶片变小，节间缩短，形成“小叶簇生”等症状。此外，锌与叶绿素的形成有关，缺锌时会出现叶脉间失绿现象。锌在植物中的移动性中等，缺锌症状主要出现在中下部叶片。

12. 钼 钼在植物中最重要的作用是构成硝酸还原酶，促使植物体内的硝酸盐还原成亚硝酸盐。钼是固氮酶中的钼铁蛋白的组成分，它是固氮酶的活性中心。因此，豆科植物对钼有特殊的需要。

13. 氯 直到20世纪50年代，氯元素才被证实对植物生长所必需。一般认为，植物需氯几乎与需硫一样多。植物由根和地上部吸收 Cl^- 形态的氯。虽然植物中积累的正常氯浓度约为干物质的0.2%～2.0%，但达到10%水平的也并非罕见。所有这些数值远高于植物生理所需。敏感作物组织中0.5%～2.0%的氯能降低产量和品质。高等植物真正的代谢物中尚未发现氯，其必需的作用似乎在于其生化惰性，这使其适合于具有生物化学或生物物理上重要意义的渗透作用和阳离子中和作用。氯易于在植物组织中转移。氯的另一个功能是在钾流动迅速时充作平衡离子，以便维持叶片和植株其他器官的膨压。观察所见到的部分萎蔫和叶片失去膨压便是缺氯症状，这一点为氯是活性渗透剂的论点提供了依据。俄勒冈州立大学进行的研究表明，高水平氯养分会增加小麦植株叶片总水势和细胞液渗透势。伴随这种有利的内部水分条件变化，旗叶趋于更直立并保持更长久。氯确实在光合作用光系统Ⅱ的释氧过程中起作用。

第二节　核桃营养诊断

一、树体营养诊断

在判断核桃营养缺乏或过多时，核桃树体营养诊断比土壤诊断更有用。核桃树体诊断最具代表的是叶片。根据叶片营养诊断是判断核桃营养缺乏或过多最常见的方法。但核桃叶片营养组成受影响的因素很多，比如核桃的发育阶段、气候条件、土壤中元素的活性、根系分布与活力、灌溉条件、水分状态等。核桃树体其实就是以上因素和核桃叶片含量的综合表现。树体营养诊断就是建立在能使核桃树保持在最佳生长状态时的营养含量和组成。

1. 最佳营养含量　核桃叶片中营养含量因土壤中的营养浓度和核桃的生长速度而改变。在土壤营养条件不好时，叶片中的营养含量就低，从而抑制了核桃的进一步生长和结果。研究人员往往根据不同叶片营养含量和不同叶片外部特征（或不同产量）之间的对应关系建立曲线图，从而确立核桃叶片中的最佳营养含量。通过这个曲线，就有可能判断出不同叶片营养含量可以达到的最大产量。

叶片的营养元素含量一般采用干物质来计算。大量元素使用百分比，中量和微量元素使用 mg/kg 来计算。表 9－1 是核桃树体正常生长时叶片内营养元素含量。

表 9－1　7 月份核桃叶片营养元素含量

元素		浓度
氮	最低浓度	2.1%
	适度	2.2%～3.2%
磷	适度	0.1%～0.3%
钾	最低浓度	0.9%
	适度	1.2%
钙	适度	1.0%
镁	适度	0.3%
钠	最高浓度	0.1%
氯	最高浓度	0.3%
硼	最低浓度	20mg/kg
	适度	36～200mg/kg
	最高浓度	300mg/kg
铜	中高浓度	4mg/kg
镁	中高浓度	20mg/kg
锌	最低浓度	18mg/kg

来源：David. E. Ramos，《美国核桃生产手册》（1998）。

一般情况下，由于叶片营养诊断需要实验室测定，在生产实际中多使用肉眼观察法：如果核桃叶片发黄，并且叶片变小，一般可判断为缺氮，但核桃在缺水和缺铁时，往往也表现为叶片黄化；当核桃芽延迟萌发时，一般为缺锌；当叶片在早夏和中秋发黄，并向内褶皱时，基本是缺钾；当核桃枝条节间变短，顶尖坏死，叶片失绿并变形时，往往是缺硼；当核桃枝条顶尖坏死，叶片边缘呈褐色时，是缺铜的表现；当核桃叶片发黄，但叶脉依然是绿色时，则缺铁；当核桃叶片从边缘变黄时，则缺镁；缺磷的症状不是很明显，总体表现为生长缓慢，叶片发黄，不规则的部位坏死，伴随早期落叶。

表 9－2　核桃部分缺素症的症状

症状	组织	类型	缺素
失绿、萎黄	老熟叶片	均匀	N，S，Fe
		叶脉间	Mg，Mn
	幼嫩叶片	均匀	Fe，S
		叶脉间	Zn，Mn，B
坏死	老熟叶片	叶尖和叶缘	K，Mg
		叶脉间	Mg，Mn
	幼嫩叶片		B，Cu，Cl
变形	嫩叶		B，Mo，Ca，Zn
暗绿	老叶		P

来源：David. E. Ramos，《美国核桃生产手册》(1998)。

2. 核桃营养元素的季节变化　核桃在春季萌芽前，核桃的营养元素主要贮存在根系和树干中。随着气温的上升和萌芽的开始，首先是氮、钾等元素迅速移动到各个生长部位；其次是磷、锌等元素只是在叶片完全形成后，才开始移动，进行再分配。而硼、钙等元素不会进行再分配，而是直接从土壤中吸收，他们在叶片等器官中的浓度，逐步提高，直至夏末，达到最高峰。而镁、锰、氯、钠等元素是随着时间的推移缓慢增加，直至夏末达到最高。

根据对干物质的测量，氮、钾、磷、锌等元素在开始生长阶段，在叶片、果实等部位含量高，6 月以后，氮、钾、磷、锌等的含量逐步稳定，直到落叶以前，才缓慢下降。因此，很多树种，在取叶样时，时间都选择在 7 月，因为这个时候叶片内的营养元素比较稳定。

二、土壤营养诊断

对土壤或植株的营养浓度测定，都能诊断核桃是否缺乏营养。土壤营养分析不但能测量出土壤的营养水平，而且能够判断土壤具体情况（pH 等）或者是导致植物生长异常的原因。土壤分析可以判断是土壤缺乏营养还是由于土壤条件差而导致营养无法吸收，还能判断是否是营养过多而导致的毒害。土壤抽样分析还可以在核桃建园定植前进行，从而预判会形成营养缺乏还是过多，或者存在土壤物理或化学问题。土壤分析的不足是：第一，土壤营养不能真实反映根系在土壤中的吸收状况；第二，核桃根系庞大，土壤变化很大，再合适的抽样也不能代表核桃根系吸收的真实情况，况且，对土壤营养标准的分析解读也有一定的难度。

1. 土壤取样程序 土壤抽样可以在全年进行。但也有例外，比如氮元素，在较湿的土壤中容易通过反硝化过程流失。在很多情况下，硝态氮、钠离子、氯离子，有时还有硼离子容易通过降雨或灌溉流失。因此，测定这些元素时，一定要选好时间，并考虑到流失部分。

由于核桃根系庞大，而且土壤变化很大，因此，抽样时，每株树应取3～10个点样。由于土壤不同深度的营养条件变化很大，土层越深，土壤越是贫瘠。因此，取样时，应在不同深度分层取样。

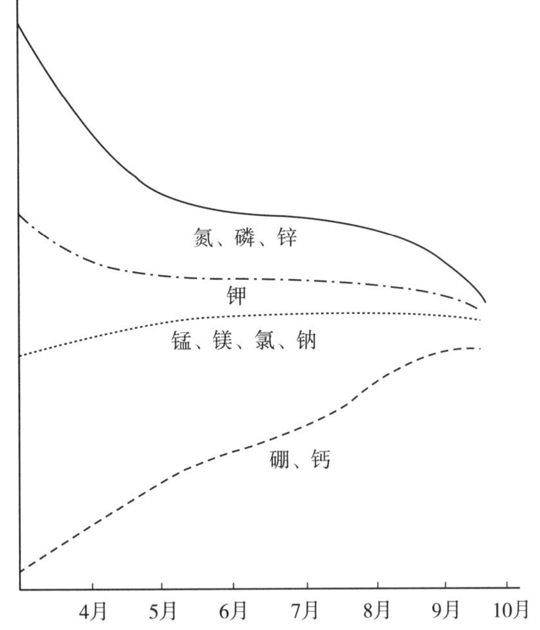

图9－1 核桃叶片中营养元素的季节变化（只代表趋势）

来源：David. E. Ramos，《美国核桃生产手册》(1998)。

2. 土样分析 土样分析判断是一项十分复杂的过程。有时，土壤中某种元素十分丰富，但核桃树却显示出缺乏症状，这说明是核桃吸收的问题，而不是非要加大这种元素的施用量。最能影响核桃营养吸收的因素是土壤的pH。pH低时（小于5.5），容易影响钙、镁、磷和钼的吸收，而锰、铁和铝会显得富余；pH高时（大于7.5），容易钝化锰、锌、铁和铜，从而使核桃显示出相应的缺素症。

当土壤的盐分过高时，会影响核桃根系周围土壤的电导度。如核果类氯元素的电导度应该是7～25mS/L的范围内，而对核桃来说，还缺乏相应的研究数据。过多的钠元素，不仅会影响土壤结构，并直接影响核桃的生长。对壤质土壤来说，可交换钠离子的含量不能超过15%（沙质土壤不能超过10%，黏质土壤则不能超过20%）。

以下是部分元素在土壤中的状态：

（1）氮 土壤中氮素的主要来源是有机质，因此，缺乏有机质的土壤和多雨地区的沙土最容易缺氮。氮素是果树整个生长周期都需要的营养元素，不论哪种土壤，如不使用氮肥都可能发生缺素。

（2）磷 最常见的缺磷土壤有：高度风化并呈酸性反应的土壤；石灰性土壤中磷含量可能很高，但对植物无效；泥炭和腐殖土多半需要施磷。另外，还有一些因素可以影响磷的有效性，如：土壤温度低，磷的有效性就低；土壤温度高，对植物有效的磷就多；酸化石灰性土壤，或在土壤中施用厩肥或有机质都会增加土壤中的有效磷。

（3）钾 通常见到的缺钾的土壤为：轻沙土，其中的钾被淋洗；酸性土壤；泥炭和腐殖土；易固定钾的土壤，如伊利石、蛭石；被高度淋洗的红壤。

（4）钙 经常缺钙的土壤有：酸性土，在钙的盐基饱和度低于25%时，许多作物都会出现缺钙的症状；沙土，特别在年降水量超过760mm的湿润地区，缺钙尤甚；蛇纹石发育而成的土壤；强酸性的泥炭土；土壤黏粒以蒙脱土为主的比高岭土为主的更容易缺钙。

（5）镁　缺镁症一般发生在雨量大的酸性沙土上，在碱性土壤上也有缺镁的报道。冲积土较冰渍土更易缺镁。

（6）铁　在石灰性土壤上果树容易发生缺铁失绿症，这是由于树体铁营养失调引起的。

（7）硼　土壤中硼的主要来源是含硼矿物，如电气石、硬硼钙石等，其次是动植物的残体。

（8）锌　土壤中的锌大部分存在于土壤矿物中，矿物风化后，呈二价锌离子进入土壤溶液，也可形成一价络离子 $ZnCl^+$、$Zn(NO_3)^+$ 或 $Zn(OH)^+$ 等。土壤含锌量受母质影响很大，基性岩发育成的土壤含锌量比酸性岩发育成的土壤多；幼年冲积土含锌量比页岩发育的土壤多。质地黏重而且含钙丰富的土壤，含锌比沙质土壤和酸性土壤高。黑钙土、栗钙土含锌最多，红壤与灰壤含锌较少。土壤全锌大部分是酸溶性的，存在于矿物中，果树不能吸收利用。通常以有效锌作为土壤锌的诊断指标。土壤有效锌随 pH 的升高而降低，缺锌土壤大多数是 $pH>6$ 的土壤。

（9）锰　锰是土壤中含量最高的微量元素。对植物有效的锰只有水溶态、交换态的二价锰和易还原的三价锰，它们统称活性锰。土壤中锰的有效性，受土壤的酸碱度、氧化还原电位、温度、湿度、通透性和有机物含量等影响。通常，土壤 pH 升高，锰的有效性降低。石灰性土壤、石灰性底土的薄层泥炭土、冲积土或石灰性物质发育而成的沼泽土等，都经常发生果树缺锰症。在酸性土壤上增加有机质，可使锰的有效性增加，而在碱性土壤中增加有机质，由于锰和有机质生成络合物，反而降低其有效性。

（10）铜　由含铜低的花岗岩和流纹岩发育而成的土壤，缺铜的沙质土，特别是石灰性沙土，都会发生缺铜。缺铜还会发生在黏土含量低、地下水位过深，而干旱时不能保持表土湿润的泥炭土或低地沼泽土。缺铜时，可对土壤施用铜盐或喷铜盐克服。据研究，当土壤全铜达到2mg/kg时，苹果和梨都不会出现缺素症。

（11）钼　钼在土壤中以 MoO_4^{2-} 或 MoO^- 的形式存在。花岗岩母质发育的土壤含钼较高，黄土母质发育的土壤含钼较低。生草灰化土、高位泥炭土、沙土和沙丘、沙砾、漂石、蛇纹石等发育的土壤，钼的含量也较低。石灰性土壤中钼的有效性较高。我国土壤含钼仅为0.1～6mg/kg，而其中对植物有效的不过10%。因此，即使在含钼较高的土壤中施用钼肥，也有良好的肥效。

第三节　核桃园土壤管理

一、土壤改良

土壤改良是针对土壤的不良质地和结构，采取相应的物理、生物或化学措施，改善土壤性状，提高土壤肥力，增加作物产量，以及改善人类生存土壤环境的过程。

核桃树大根深，因而需要土层深厚，一般1m以上，喜欢疏松和排水良好，地下水位在 2m 以下，土壤的 pH 适应范围 6.2～8.2，最适 pH 为 6.5～7.5。土壤的含盐量要求在 0.25%以下。核桃是喜肥植物，说核桃耐瘠薄土壤是不正确的。

核桃土壤改良的目的是在建园前根据核桃对土壤条件的要求，对拟营建核桃园的地块进行改造。或者是在不完全满足核桃适合生长的土壤条件下已经建立了核桃园而对土壤进行改良。为了保证核桃园寿命长、结果多，园地准备在建园前较容易实施，而建园后难以进行。

土壤改良工作一般根据各地的自然条件、经济条件，因地制宜地制定切实可行的规划，逐步实施，以达到有效地改善土壤生产性状和环境条件的目的。

对于耕作土壤，首先要进行农田基本建设，这在核桃建园章节有叙述。下面主要谈谈核桃园改土。改土的目的是增加土壤有机质和养分含量，改良土壤性状，提高土壤肥力。改土措施主要是种植豆科绿肥或多施农家肥。当土壤过沙或过黏时，可采用沙黏互掺的办法。

采取相应的农业、水利、生物等措施，改善土壤性状，提高土壤肥力的过程称为土壤物理改良。具体措施有：适时耕作，增施有机肥，改良贫瘠土壤；客土、漫沙、漫淤等，改良过沙过黏土壤；平整土地等。用化学改良剂改变土壤酸性或碱性的一种措施称为土壤化学改良。常用的化学改良剂有石灰、石膏、磷石膏、氯化钙、硫酸亚铁、腐殖酸钙等，视土壤的性质而择用。如对碱化土壤需施用石膏、磷石膏等以钙离子交换出土壤胶体表面的钠离子，降低土壤的 pH。对酸性土壤，则需施用石灰性物质。

土壤改良的基本途径有：①水利土壤改良，如建立农田排灌工程，调节地下水位，改善土壤水分状况，排除和防止沼泽地和盐碱化。②工程土壤改良，如运用平整土地，兴修梯田，引洪漫淤等工程措施改良土壤条件。③生物土壤改良，用各种生物途径种植绿肥、养鸡增加土壤有机质以提高土壤肥力或营造防护林等。④耕作土壤改良，改进耕作方法，改良土壤条件。⑤化学土壤改良，如施用化肥和各种土壤改良剂等提高土壤肥力，改善土壤结构等。

二、清耕

清耕、覆盖、生草、间作是核桃园株间和行间地表的管理方式，是土壤管理制度的一种方式。清耕法又称清耕休闲法，即在核桃园株行间休闲，并经常进行中耕除草，使土壤保持疏松、地表无杂草裸露状态的一种核桃园土壤传统管理制度，目前生产中普遍应用。清耕法一般在秋季深耕，春、夏季多次中耕，耕后休闲，对核桃园土壤进行精耕细作。

常用的清耕方法有犁耕、旋耕、人工除草以及刨树盘等。核桃园需要中耕，其作用是疏松表土，铲除杂草。在核桃的生长季节，由于灌溉和降雨，果园土壤沉实，透气性差，且杂草滋生，从而影响到核桃树的生长发育。一般在生产上杂草还未结种子之前中耕除草的效果最佳，既达到当年除草的目的，又减少或降低了第二年杂草的生长量。

清耕法的优点是：改善土壤的通气性和透水性，促进微生物繁殖和土壤有机物的分解，短期内增加土壤速效养分的含量；有效控制杂草，保肥保水，减少与核桃树对养分和水分的竞争；干旱季节中耕，可以防止土壤水分蒸发；雨后中耕可克服土壤板结；春季中耕提高地温，促进根系活动；可以消灭在地下潜伏的害虫。

长期清耕也存在缺点，主要表现在：费工，劳动强度大，雨季难以进行；灭除杂草时，也铲除了有益的草类，破坏了果园的生态平衡；长期采用清耕法会破坏土壤结构，使有机质迅速分解从而降低土壤有机质含量，导致土壤理化性状迅速恶化；地表温度变化剧烈，加重水土和养分的流失。

三、覆盖与生草

目前我国大部分核桃园仍采用开沟施肥、精耕细作等传统的土壤管理模式，该模式费工费力，并对土壤结构产生一定的破坏，不利于土壤的发育。而且我国大部分核桃栽培地区灌溉设施也不完善，尤其是在我国北方核桃栽培地区一般是低山丘陵、荒山、荒地等，严重干旱缺水，影响了核桃的栽培效益，而果园地表覆盖是降低土壤水分蒸发的重要途径，可以在一定程度上缓解干旱缺水的问题。覆盖是利用各种覆盖材料，如作物秸秆、杂草、薄膜、沙砾和淤泥等对树盘、株间、行间进行覆盖的方法。国内外研究表明，地面覆盖具有提高土壤肥力，保墒蓄水，调节微域的生态系统环境以及减少地表水土流失等生态功能，牛粪、秸秆、豆科绿肥等有机覆盖物可显著提高树体根际土壤氮、磷、钾及有机质含量，平衡土壤养分关系。保护性耕作模式可以改善土壤的水分状况、土壤结构，显著提高作物的水分利用效率。然而覆盖也有弱点：连续多年有机物覆盖会引起根系上翻，引起地表肥料暂时亏缺；容易发生鼠害和病虫害；容易引起火灾；缺乏大量覆盖材料。

贾碑等连续 4 年测定了树盘覆草、清耕松土、自然生草的土壤养分和幼树产量，结果表明，土壤有机质含量由大到小依次为覆草处理、自然生草、树盘清耕，覆草处理比自然生草提高 2.33g/kg；土壤速效钾含量由大到小依次为覆草处理、树盘清耕、自然生草，覆草处理比对照自然生草提高 32.0mg/kg；土壤有效磷平均含量由大到小依次为覆草处理、树盘清耕、自然生草，覆草处理比自然生草提高 20.7mg/kg。以覆草处理增产效果最好，4 年平均产量为 531.4kg/hm^2，比自然生草增产 15.4%。

生草法是一项先进的果园土壤管理方法，在欧美、日本等地已广泛实施。果园生草法是指在核桃树盘外或者全园播种禾本科、豆科等草种的土壤管理方法。优点有：防止和减少土壤水分流失；果园实施生草能增加土壤有机质含量，提高土壤肥力，改善土壤理化性质，使土壤保持良好的团粒结构；核桃树缺素症减少。这是因为果园生草后，果园土壤中核桃树必需的一些营养元素的有效性得到提高。因此，与这些元素有关的缺素症得到控制和克服，如磷、铁、钙、锌、硼等；使核桃树害虫的天敌种群数量增大，从而减少了农药的投入及农药对环境和果实的污染，这正是当前推广绿色果品生产所要求的条件；使果园土壤温度和湿度昼夜变化幅度变小，有利核桃树根系生长和吸收活动。雨季来临时草能够吸收和蒸发水分，缩短核桃树淹水时间，增强了土壤排涝能力。同时，生草果园日烧病也减轻，落地果损失也小；便于果园推行机械作业，省人力，提高了劳动效率；果园地面不裸露，防止冬春季风沙扬尘造成环境污染。

核桃园生草分为人工种植和自然生草两种方式。自然生草仅需要实施数次刈割覆盖树盘。果园生草通常采用行间生草，核桃树行间的生草带的宽度应以核桃株行距和树龄而定，幼龄果园行距大生草带可宽些，成龄果园行距小生草带可窄些。果园以白三叶和早熟禾混种效果最好。全园生草应选择耐阴性能好的草种类。

四、间作

所谓间作，就是林业与农业和其他种植业相结合的一种栽培形式。目前国际上正在推行的“混农林业”，实际上就是“农林间作”。间作就是利用不同林木、作物在生长发育方面的差异和互补关系，充分利用自然界的时差、空间、光照热量、地力等条件，不间断地获得较多的产物，取得较高的经济效益。核桃园的间作一直受到科技工作者和生产者的重视，并取得较好的效果。例如：山东省果树研究所在五年生的核桃园中间作山楂、西瓜，辽宁省经济林研究所在四年生的核桃园中，间作草莓、黄瓜，都取得很好的收益。实践证明，核桃园特别是在幼树阶段进行间作，不仅可以充分利用地力和空间，提高经济效益，而且可以实现当前和长远利益的结合，做到以短养长，在田间管理方面还能做到农林兼顾，节省人力物力。

核桃园间作要遵循以下原则：①间作物不得影响核桃树生长。间作是促进增收和有效利用土地的辅助措施，因此，间作物必须有利于核桃树的生长发育，并服务和服从于核桃树体的发育和培养要求。②应选择低秆类间作物。间作物应选择低秆类（高度一般在50cm以下）的矮冠、浅根性、无攀缘性作物，尽量避免与核桃树争水、争肥、争光。③间作物的生长周期相对较短。间作物生长周期一般较短（不超过两年），且收获期早，尽量与核桃采收期错开。④间作物与核桃无共同病虫害。间作物既不能成为核桃树病虫害的寄主，更不能传播和增加核桃病虫害。⑤间作收益显著。间作物应具有较高的经济、社会、生态效益，同时便于生产和销售。⑥应保证核桃树有充足的生长空间。要留出距树干至少1m的树盘或1～1.5m的空带，作为核桃树体水肥和土壤管理的营养带。随着树龄的增大和树冠的扩大，应逐年减少间作面积，扩大树体营养带面积。树体挂果郁闭后，间作物只能选择耐阴作物。

根据园地空间利用情况间作主要有水平间作和立体间作两种形式。水平间作主要是以增加品种的多样性为主，在一定的期间内，它们对光能的吸收和利用都在一个层次上。主要是核桃与其他林果间作，主要树种有花椒、香椿、枣树、桃树、樱桃、李子、榛子、葡萄等。立体间作是间作比核桃矮或比较耐阴的农作物，与林果苗、中草药、瓜菜、花卉、薯类、食用菌等间作。一般是在核桃树的行间或树下种植，可以充分利用核桃树的空间及地力，在管理上可以做到互补，互相兼顾，使核桃园提早获得效益。

根据间作物的种类间作有果粮（油）间作、果菜间作、果药间作、果果间作、果苗间作、果肥间作等。

果粮（油）间作，适用于土层深厚的核桃园。粮油作物具有生长期短、成熟早、易耕种等特点，适宜核桃园选择的间作物种类有大豆、四季豆、马铃薯、油用牡丹等，株行距小时应避免种植玉米等高秆作物。果菜间作，在地势平坦、有灌溉条件，且紧邻城镇，有蔬菜销售市场的地区的核桃园，间作番茄、辣椒、菜豆、魔芋、香椿等蔬菜。果药间作，间作适销对路的中药材，如丹参、板蓝根、白术、生地、桔梗等。间作中药材一般应在两年内采挖或倒茬为宜。果果间作，是指间作草莓、欧李、大枣、葡萄、桃、榛子、樱桃等。果苗间作，是间作低矮的绿化苗、果树苗。果肥间作一般是在立地条件较差、肥源不足、树势衰弱的核桃园可以隔年间作绿肥，通过全园中耕埋入土中。适宜间种的绿肥种类有苜蓿、毛苕子、三叶草等。

第四节　核桃园施肥

一、施肥的基本原理

1. 养分归还学说　德国化学家李比希1840年提出养分归还学说。它包含3个方面的内容：一是随着作物的每次收获，必然要从土壤中带走一定量的养分，随着收获次数的增加，土壤中的养分含量会越来越少。二是若不及时归还由作物从土壤中拿走的养分，不仅土壤肥力逐渐减少，而且产量也会越来越低。三是为了保持元素平衡和提高产量应该向土壤施入肥料。养分归还学说的中心思想是归还作物从土壤中取走的全部东西，其归还的主要方式是合理施肥。

2. 最小养分律　所谓最小养分律就是指土壤中对作物需要而言含量最小的养分，它是限制作物产量提高的主要因素，要想提高作物产量就必须施用含有最小养分的肥料。最小养分律包含四方面的内容：一是土壤中相对含量最少的养分影响着作物产量的维持与提高。二是最小养分是相对作物需要来说，土壤供应能力最差的某种养分，而不是绝对含量最少的养分。三是最小养分会随条件改变而变化。最小养分不是固定不变的，而是随施肥影响而处于动态变化之中，当土壤中的最小养分得到补充，满足作物生长对该养分的需求后，作物产量便会明显提高，原来的最小养分则让位于其他养分，后者则成为新的最小养分而限制作物产量的再提高。四是田间只有补施最小养分，才能提高产量。最小养分率的实践意义有以下两个方面：一方面，施肥时要注意根据生产的发展不断发现和补充最小养分；同时还要注意不同肥料之间的合理配合。

3. 报酬递减律　施肥对产量的影响可以从两个方面来解释，一方面从施肥的年度分析，即开始施肥时产量递增，当增产到一定限度后，便开始递减，施用相同数量的肥料，所得报酬逐年减少，形成一个抛物线。另一方面是从单位肥料能形成的产量分析，每一单位肥料所得报酬，随着施肥量的递增报酬递减，也称肥料报酬递减律。肥料报酬递减律是不以人们意志为转移的客观规律，因此应该充分利用它，掌握施肥的“度”，从而避免盲目施肥。从思想上走出“施肥越多越增产”的误区。

4. 因子综合作用律　作物的生长发育是受到各因子（水、肥、气、热、光及其他农业技术措施）影响的，只有在外界条件保证作物正常生长发育的前提下，才能充分发挥施肥的效果。因子综合作用律的中心意思就是：作物产量是影响作物生长发育的诸因子综合作用的结果，但其中必然有一个起主导作用的限制因子，作物产量在一定程度上受该限制因子的制约。所以施肥就与其他农业技术措施配合，各种肥分之间也要配合施用。例如，水能控肥，施肥与灌溉的配合就很重要。

核桃树为多年生喜肥果树，每年的生长和结实需要从土壤中吸取大量的营养元素。特别是幼树阶段，生长旺盛而迅速，必须保证足够的养分供应。幼树发育的好坏直接影响盛果期的产量。如果所需营养得不到满足，就会出现营养物质的消耗与积累失衡，造成营养失调，削弱器官的生长发育，造成“小老树”。只有通过施肥，不断补充土壤中的养分，才能满足生长发育的需要。施肥还可以改善土壤的机械组成和土壤结构，有利于核桃幼树

的根系发育，促进发芽分化，调节生长与结果的关系，使幼树提早结果。盛果期的核桃树由于年年大量结果，对养分的需求增加，要通过增施肥料进行补充。

二、施肥的依据

核桃为多年生果树，每年要从土壤中吸收大量营养元素，如不及时补充肥料，必将造成某些元素的缺乏和不足，使营养积累和消耗之间失去平衡，从而影响树体的生长，产量下降。

1. 需肥特性　核桃植株高大，根系发达，寿命长，需肥量尤其是需氮量要比其他果树大1～2倍。据法国和美国的研究，每生产100kg坚果要从土中带走纯氮1.456kg、纯磷0.187kg、纯钾0.47kg、纯钙0.155kg、纯镁0.039kg，比生产100kg梨所需的纯氮、磷、钾分别高225.55%、6.5%和4.44%，比生产100kg柑橘所需的纯氮、磷、钾分别高144.17%、70.0%和17.5%。过去种核桃都不施肥，显然单靠土壤供应是不能满足需要的。

钾　钾是多种酶的活化剂，在气孔运动中起重要作用。缺钾症状多表现在枝条中部叶片上，初期叶片变灰白（类似缺氮），然后小叶叶缘呈波状内卷，叶背呈现淡灰色（青铜色），叶子和新梢生长量降低，坚果变小。

钙　钙是构成细胞壁的重要元素。缺钙时根系短粗、弯曲，尖端不久褐变枯死。地上部首先表现在幼叶上，叶小、扭曲、叶缘变形，并经常出现斑点或坏死，严重的枝条枯死。

铁　铁主要与叶绿素的合成有关。缺铁时幼叶失绿，叶肉呈黄绿色，叶脉仍为绿色，严重缺铁时叶小而薄，呈黄白或乳白色，甚至发展成烧焦状和脱落。铁在树体内不易移动，因此最先表现缺铁的是新梢顶部的幼叶。

锌　锌是多种酶的组成元素，能促进生长素的形成。缺锌时，吲哚乙酸减少，生长受到抑制，表现为枝条顶端的芽萌芽期延迟，叶小而黄，呈丛生状，被称为“小叶病”，新梢细，节间短。严重时叶片从新梢基部向上逐渐脱落，枝条枯死，果实变小。

硼　硼能促进花粉发芽和花粉管生长，并与多种新陈代谢活动有关。缺硼时树体生长迟缓，枝条纤细，节间变短，小叶呈不规则状，有时叶小呈萼片状。严重时顶端抽条死亡。硼过量可引起中毒。症状首先表现在叶尖，逐渐扩向叶缘，使叶组织坏死。严重时坏死部分扩大到叶内缘的叶脉之间，小叶的边缘上卷，呈烧焦状。

镁　镁是叶绿素的主要组成元素。缺镁时，叶绿素不能形成，表现出失绿症，首先在叶尖和两侧叶缘处出现黄化，并逐渐向叶柄基部延伸，留下V形绿色区，黄化部分逐渐枯死呈深棕色。

锰　作为酶的活化剂，锰直接参与光合、呼吸等生化反应，在叶绿素合成中起催化作用。缺锰时，表现有独特的褪绿症状，失绿是在脉间从主脉向叶缘发展，褪绿部分呈肋骨状，梢顶叶片仍为绿色。严重时，叶片变小，产量降低。

铜　与锌一样，铜是一些酶的组成成分，铜对氮代谢有重要影响。缺铜时，新梢顶端的叶片先失绿变黄，后出现烧焦状，枝条轻微皱缩，新梢顶部有深棕色小斑点。果实轻微变白，核仁严重皱缩。

2. 营养诊断 近20年来，国外广泛采用营养诊断的方法来确定和调整果树的施肥。营养诊断一般能及时准确地反应树体营养状况，不仅能查出肉眼见到的症状，分析出多种营养元素的不足或过剩，分辨两种不同元素引起的相似症状，而且能在症状出现前及早测知。因此，借助营养诊断可及时施入适宜的肥料种类和数量，以保证果树的正常生长与结果。

营养诊断是按统一规定的标准方法测定叶片中矿质元素的含量，与叶分析的标准值（表9-2）比较确定该元素的盈亏，再依据当地土壤养分状况（土壤分析）、肥效指标及矿质元素间的相互作用，制定施肥方案和肥料配比，指导施肥。

三、肥料的种类、施肥时期、施肥量及施用方法

1. 肥料的种类 有机肥主要有人粪尿、厩肥、堆肥、鸡粪、羊粪、绿肥等多种迟效性肥料；无机肥主要有硫酸铵、硝酸铵、碳酸氢铵、尿素等氮素肥料，过磷酸钙、磷矿粉、骨粉等磷素肥料，氯化钾、氧化钾、草木灰等钾素肥料，磷酸二铵、磷酸二氢钾、氮磷钾复合肥等多元素复合肥料。无机肥多属于速效肥料。

2. 施肥时期 应根据肥料种类和性质，以及核桃幼树的年生长发育不同阶段的特点来确定。

（1）底肥（基肥） 主要是以厩肥和堆肥为主，属于迟效性肥料，施入土壤后，能在较长时间内发挥肥效。一般在春季发育前或秋季落叶后施肥，主要在春季发挥肥效。绿肥（包括沙打旺、苜蓿草、青草、嫩枝叶等）一般在5～7月直接分层埋入土中。

（2）追肥 以氮肥、磷肥、钾肥、复合肥为主，属于速效性肥料，施入土壤后，能在短时间内发挥肥效，一般在生长期间分2～3次追肥。

第一次追肥：以氮肥为主，早实核桃在开花前进行，其施肥量占全年施肥量的40%。晚实核桃在展叶期进行，其施肥量占全年的50%，进入结果年龄后，减为40%，均以速效肥为主，如尿素等。

第二次追肥：早实核桃在果实发育期的6月上中旬进行，其追肥量占全年的40%，以复合肥为主，如氮磷钾复合肥。晚实核桃在6月下旬进行，开始结果以后，可提前到6月上中旬，其施肥量占全年的40%～50%，主要施氮磷钾复合肥、磷酸二铵等。

第三次追肥：主要是在果实采收后，还有一个月的营养积累期，主要追肥氮肥，如尿素，以增加树体的营养积累，有利于第二年的开花坐果。在国外称为“礼肥”。其施肥量占全年施肥量的20%。

3. 施肥量 施肥量的计算方法：按正常管理水平，土壤以中等肥力为准，按每平方米树冠投影面积（简称冠影面积）确定施肥量。早实核桃二至三年生，每平方米冠影面积年施无机肥为50g，四至六年生75g，从三年生开始，厩肥、堆肥的施肥量每平方米冠影面积施肥量5kg，以后隔一年施一次。晚实核桃二至四年生，每平方米冠影面积年施无机肥为30g，五至九年生50g，从十年生以后为75g。厩肥、堆肥的施肥量从五年生开始每平方米冠影面积施肥量为5kg，以后隔一年施一次。

4. 施肥方法 目前我国各地核桃树施肥主要是土壤施肥，也有少数采用根外追肥，即叶面喷肥。下面主要介绍土壤的施肥方法（图9-2）。

放射状施肥：用于追肥和施底肥，从树干至树冠边缘的 1/2 处开始，向外至树冠边缘，在不同的方位，挖 4～8 条放射状的施肥沟，沟宽 30～40cm，追肥还可窄些。施底肥沟深为 30～40cm，追肥为 10cm 左右。

条沟状施肥：在核桃园的行间或株间，在树的两侧各挖 1 条相互平行的施肥沟，其位置在树干至树冠边缘的 3/4 处为中心，向两侧挖沟，长度为冠幅直径的 1/2，沟宽与沟深与放射状施肥相同。但是在施底肥时，一年在行间施，第二年在株间，每次交互进行。

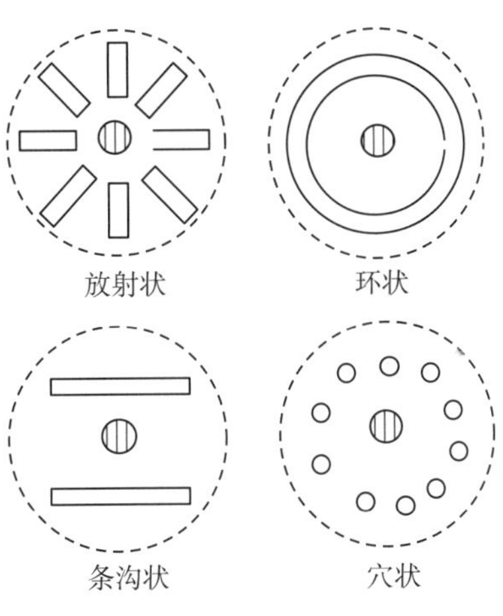

图 9－2　施肥方法

环状施肥：常用于四年生以下的幼树。具体做法是，在树冠的外缘，挖一深 30～40cm，宽 30～40cm 的环状施肥沟，将肥料均匀施入，厚度 15cm 左右，埋好即可。

穴状施肥：此法仅用于追施速效肥。其做法是以树干为中心，从树干至树冠边缘的 1/2 处开始至树冠边缘，围绕着树干挖成若干个分布均匀的施肥穴，穴的直径为 20～30cm、深 10～15cm。

四、根外追肥

核桃根外追肥也称叶面喷肥，是将肥液配制成一定浓度的水溶液，然后喷洒到树上，使叶片吸收养分加快树体生长。其优点是见效快、用量小，不受土壤影响，而且还可与药剂混合使用，省工省时，施用方便。在核桃生长期适时进行根外追肥，既能改善果实质量，还能提高产量。韩唐则的试验研究表明，花期喷施 0.2%～0.3%的硼砂水溶液＋0.2%～0.3%的尿素水溶液能使核桃的花序坐果率提高7%～8%，但对花朵坐果率影响不大。肖万魁经过 4 年的试验表明，核桃树体高大，开花期正是新梢迅速生长和叶幕迅速建造期，营养生长和开花结果争夺养分的矛盾十分激烈，生长前期进行叶面喷肥，可以使树体营养得到及时补充，对生长结果有利。核桃叶面喷肥能够促进叶片生长，加快叶幕建造和增加叶绿素含量，前期形成大叶多，增强了光合能力。叶面喷肥能够提高核桃坐果率，减少生理落果率和增加产量，一般可提高坐果率 15%，增产 20%～30%。刘淑玉等的研究表明，在核桃盛花期喷施 5g/L 尿素，对提高核桃坐果率效果明显。

可用于根外追肥的氮肥主要有尿素、硫酸铵、氯化铵、硝酸铵等。尿素的含氮量高(达 46%)，分子体积小，扩散性强，树体能很好地吸收养分，是根外追肥常用的肥料。可用于根外追肥的钾肥有草木灰、氯化钾、磷酸二氢钾、硫酸钾。可用于根外追肥的磷肥有磷酸二氢钾、磷酸铵和过磷酸钙等。核桃树对磷的需要量相比氮和钾来说要少，但是将其施入土壤中，大部分会变为不溶态，大大降低了肥效，所以在根外追肥时，磷肥也是至关重要的。可用于根外追肥的微量元素肥料主要有硼砂、硼酸、硫酸镁、硫酸亚铁、氯化钙等。果农应该根据核桃树生殖生长和营养生长状况以及树体内缺少的营养元素，选择合适的肥料，保证喷肥效果。

1. 喷施浓度 核桃树生长前期由于枝叶幼嫩，喷肥浓度宜低；生长后期枝叶成熟，喷肥浓度宜高。气候多风干燥时，应适当降低浓度；阴雨天气可适当提高浓度。假如的确需要高浓度，必须在喷施前做个小试验，确定不会引起肥害后再大面积施用。常用肥料浓度为：尿素0.3%～0.5%，硫酸铵0.1%～0.3%，硝酸铵0.1%～0.3%；草木灰1%～6%，氯化钾0.3%，硫酸钾0.5%～1%；磷酸二氢钾0.2%～0.3%，磷酸铵0.3%～0.5%，过磷酸钙1%～3%；硼砂0.2%～0.4%，硼酸0.1%～0.5%，硫酸镁0.2%～0.3%，硫酸亚铁0.2%～0.4%，氯化钙0.5%等。

2. 喷施时期 可根据肥料的用途和树种来确定根外追肥的时期。在核桃树萌芽期，若为防治黄化病或小叶病，喷施铁肥和锌肥效果比较好；花期可喷施硼砂来提高坐果率；在幼果期，为避免果实缺钙而引发生理病害，可喷施优质钙肥；在树体生长中后期，为了促进花芽分化和果实着色，可喷施钾肥和磷肥。另外，气温、风和湿度会对根外追肥造成较大影响，一般在干燥、高温、强光、雨天等环境中喷施效果差。在适宜的范围内，温度越高，叶片吸肥越快；风速越小，肥液在叶片上停留时间越长，吸肥就越多，飘移损失越少；湿度越大，吸肥越多。因此，为了提高肥效，最好在无风的阴天喷肥。晴天可以在10时前和16时后喷施，这样能防止肥液浓缩造成肥效降低，以及肥液的蒸发或肥害。根外施肥后遇到雨天，会大大降低肥效，所以应尽可能把追肥安排在雨后进行。如果喷后3h遇雨，天晴后应补喷，并适当降低浓度。

3. 喷洒次数 一般叶面喷肥的浓度都比较低，每次的吸收量也很少。为了提高喷肥的效果，每年在叶面上追肥的次数一般不少于2次。对于严重缺乏肥料的果园，不但要多次喷施，而且还要注意与土壤施肥结合进行。铁、磷、钙、硼等养分在树体内移动性小或不移动，喷肥次数应适当增加，每隔半月喷施1次，连续喷4～5次。

喷肥要细致均匀，不能漏叶漏枝，通常要以叶片背面或枝上部的幼叶为主，正、反两面都要喷到，这是因为相比老叶，幼叶的生理机能旺盛，气孔所占比重大，肥液渗透量大；叶背面比叶正面气孔多、角质层薄，并且有较大的细胞间隙和疏松的海绵组织，能使肥液充分渗透和被吸收，吸肥快而多。由于不同的营养元素在树体内有不同的移动速度，所以喷洒部位应有所区别，尤其微量元素在树体内流动较慢，最好直接施于需要的器官上，如想提高核桃的坐果率，就必须把硼喷到幼果和花朵上。

4. 喷洒量 核桃树叶面肥液的存留量在一定范围内和吸收量呈正比，因此在喷肥时要做到雾滴细微，均匀、细致。肥液主要靠叶片气孔吸收，而叶背面的气孔比叶正面多，吸肥速度快。因此，叶面、叶背都要喷到。将叶片喷至全部湿润，肥液欲滴而不掉落为最佳。

5. 合理混喷 大部分叶面肥可以和防病虫的药剂混合喷施，但有些肥料不能和农药混合，比如磷酸二氢钾不能和波尔多液、石硫合剂混喷。微肥可与其他农药混喷，或微肥之间合理进行混合喷施，有一喷多效的作用。但是混喷前必须弄清各自的理化性质，如果性质相反，互相妨碍，绝不可混喷。比如说，一般各种微肥都不能与碱性肥料石灰、草木灰等混合喷施，硫酸铜不能与过磷酸钙、磷酸二氢钾混喷，锌肥不能与过磷酸钙混喷。为了防止发生肥害，在混喷前要做试验，各取少量肥料和农药溶液混合在一起，仔细观看有无沉淀、浑浊或气泡发生，如果有，说明不能混合施用。另外，药肥或不同肥料的混合液不能久置，必须随配随用。

五、平衡施肥专家系统

平衡施肥是科学施肥、提高肥效，提高产量、减少环境污染的关键。

平衡施肥专家系统是建立在信息科学发展的基础上，以地理信息系统（GIS），全球卫星定位系统（GPS），遥感技术（RS），计算机自动控制系统，网格抽样技术、作物模拟模型等为核心技术的专家系统。

核桃平衡施肥就是综合运用农业科技成果，根据核桃生命周期和生长周期的需肥规律、土壤供肥性能与肥料效应，在有机和无机相结合的条件下，产前提出氮磷钾和微肥的适宜用量和比例，以及相应的施肥技术，通过养分分析和肥料试验提出合理施肥方案，以满足核桃均衡吸收各种营养，维持土壤肥力水平，减少养分流失对环境的污染，达到高产优质和高效的目的。系统地建立遵循推广性、扩展性、结构化和模块化、实用性和方便性等 4 个原则

第五节　核桃园灌溉与排水

一、核桃园干旱

核桃树的一切生理活动，如光合作用、蒸腾作用、养分的吸收和运输等都需要水分的参与。一般情况下，年降水量 600～800mm，且分布均匀，基本可满足核桃树全年生长发育的需要。如果降水不足或分布不均，即造成核桃园干旱。水分胁迫导致叶片含水量下降、光合速率及荧光参数改变，表现出核桃树生长发育生理障碍，如枝条速生期干旱，枝条生长受阻减慢，严重的会停止生长；果实发育期干旱，果实变小，外种皮萎蔫皱缩；核仁发育期干旱，核仁不饱满，降低坚果商品性。

我国核桃栽培生态差异比较大，各地降水量也有很大差异。如华南分布区降雨比较多，在 800mm 以上，而北方的河北、山西、北京、辽宁、甘肃、河南、山东等地降水在 500mm 左右。新疆核桃栽培区年降水很少。为避免核桃园干旱必须采取果园灌溉。

不同品种的抗旱性有所不同，刘杜玲等的研究表明，12 个早实核桃品种抗旱性强弱依次为：辽宁 1 号＞中林 5 号＞新早丰＞温 185＞鲁光＞中林 1 号＞辽宁 4 号＞扎 343＞强特勒＞香玲＞西林 2 号＞西扶 1 号。

二、核桃园涝害

核桃树对于土壤中水分过多，不论是地表积水或是地下水位过高都很敏感。主要是影响土壤的通透性，容易使根系窒息，造成烂根死亡。核桃园内积水 3～4d，可导致叶片逐渐变黄，直至整株树死亡。因此在核桃园中或树盘中不能积水，凡是遇到容易积水或地下水位容易升高的地方，应及时采取必要的措施。主要是通过挖排水沟排水，对临时性局部积水，也可用机械排水。降低水位的方法是挖 1.5 米深的排水沟，或在建园整地时修筑台田等降低水位。

三、合理灌溉的理论基础

灌溉的基本要求是利用最少量的水取得最好的效果。合理灌溉要有一个量化标准。这可以根据土壤容重、土壤有效水分、萎蔫系数、田间持水量来确定。

（一）灌溉时期

进行合理灌溉，首先要注意选择灌溉时期，具体有以下 4 种方法：

1. 根据土壤湿度决定灌溉时期 判断准确，但不能充分发挥灌溉效益，因为灌溉的真正对象是植物而不是土壤。

2. 根据植物水分临界期事先拟定灌溉方案 但因不同年份的气象条件不同、不同地块植物生长不同而常会有所变动。

按照核桃树的生长发育需要，可在早春、花后、花芽分化期、入冬前进行灌溉。

3. 根据灌溉形态指标确定灌溉时期 植物缺水时，幼嫩的茎叶因水分供应不上而发生凋萎，茎颜色转为暗绿或变红，生长速度下降。这种方法的优点是灌溉形态指标易观察，缺点是需要经过多次实践才能掌握好。

4. 依据灌溉生理指标确定灌溉时期 一般地，我们将叶片长势、细胞液浓度、渗透势和气孔开张度作为灌溉的生理指标。

（二）灌溉方式

灌溉的主要方式有以下几种：

1. 沟灌 沟灌是在核桃树行间开沟引水灌溉的节水型方法。它具有如下优点：灌水量小，湿润面积较小，可减少土壤无效蒸发，水分利用率高，灌后覆土不造成土壤板结等。

2. 坑灌 坑灌是在核桃树冠正下方挖圆形或者方形坑，从输水沟引水入坑中对核桃树进行灌溉的方法。该方法较简单，但水分仅湿润树根部的土壤，土壤易板结，灌水效率不高。

3. 分区灌溉 分区灌溉是将核桃园以单棵树为单位用土埂隔成方形的小区进行引水灌溉的方法。该方法具有湿润范围大、灌水量大的优点，其缺点在于用水量大，易造成土壤板结。

4. 环灌 环灌是在树冠直径 2/3～3/4 的地面修筑土埂环形沟，引水入沟灌溉，也可作圆盘状坑，圆盘与灌溉沟相通。灌溉可疏松盘内土壤，使水容易渗透，灌溉后耙松表土，或用草覆盖，以减少水分蒸发，湿润核桃树主根区的土壤。该方法的优点是灌水量小、节水、对土壤结构破坏小。

5. 穴灌 穴灌是在树冠投影的外缘挖穴，将水灌入穴中，以灌满为度。穴的数量依树冠大小而定，一般为 8～12 个直径 30cm 左右，穴深以不伤粗根为准，灌后将土还原。干旱期的穴灌，可将穴长期保存，而不盖土。此法用水经济，浸湿根系范围的土壤较宽而均匀，不会引起土壤板结，适宜在水源缺乏的地区运用。

6. 渗灌 渗灌加秸秆覆盖是干旱果园节水保水的有效技术措施之一，具有省工、省水、成本低、效益高、便于使用等特点。渗灌池包括渗水池、渗水管、阀门 3 部分，渗水

池容量在 $10m^3$ 以上，渗水管用长 100cm、直径 2cm 的塑料管，每间隔约 40cm 左右两侧及上面打 3 个针头大的小孔，总管装在距池底高 10cm 的阀门上，每个渗水管上安装过滤网以防止堵塞管道。行距 4m 的果园每行宜埋 1 条渗水管，行距 4m 以上的应埋两条渗水管。

7. 滴灌　水源通过滴灌装置形成水滴或细水流，缓慢渗透到核桃树根部土层中。其特点是省水，较喷灌省水 50%左右，约为普通灌水量的 1/4～2/5，可维持稳定的土壤水分，同时可保持根域土壤的通气性，节省劳力，不受园地地形限制，增产显著。但滴灌需要器材较多，投资较大，此外，滴灌可配备施肥罐，稀释后可施入不同种类的肥料，有利于核桃园优质丰产。质量较好的滴灌管使用寿命为 5～8 年。

四、节水灌溉与灌溉施肥

1. 节水灌溉　节水灌溉是指以较少的灌溉水量取得较好的生产效益和经济效益。节水灌溉的基本要求，就是要采取最有效的技术措施，使有限的灌溉水量创造最佳的生产效益和经济效益。核桃园节水灌溉主要有渠道防渗、低压管灌、喷灌、微灌等几种方式。

2. 灌溉施肥　国际上发达国家和地区高度重视水资源和肥料的高效利用，自 20 世纪 60 年代开始推广应用灌溉施肥一体化技术。灌溉施肥是将灌溉与施肥有机结合的一项农业新技术，主要是借助新型微灌系统在灌溉的同时将肥料配兑成肥液一起输入到农作物根部土壤，可以精确控制灌水量、施肥量和灌溉及施肥时间。由于微灌过程主要是根部灌溉，肥料也随水直接被输送到根系的周围，直接被作物吸收利用，极大地减少灌溉用水和肥料的投入，提高水资源和肥料的利用率。核桃园灌溉施肥一般根据微灌设备有滴灌、微喷和小管出流 3 种模式。微灌设备主要用于干旱期的补充灌溉和关键生育期的施肥控制。

第十章 核桃整形修剪

第一节 我国核桃园修剪管理现状与发展趋势

一、修剪现状

我国核桃栽培历史悠久，在古代不行修剪。中华人民共和国成立前后我国农林科技工作者总结长期栽培经验，在白露期间结合采收进行修剪，用斧头或手锯去掉一些较大的枝组和徒长枝。十一届三中全会以前核桃树大部分属于集体所有，农村有林业队，由集体组织进行修剪。农村土地承包以后树随地走，核桃树的修剪基本停止，只有极少数人修剪。随着大批农民进城打工，核桃树常有荒芜的现象，不少老核桃树逐渐枯死。特别是矿区，人们追逐利益，只顾开采不顾地上资源，如山西吕梁、太行山区的老核桃树枯死较多，有些树濒临死亡，没有经济效益。直到现在，我国核桃树的修剪仍未引起高度重视，其主要原因是体制问题，农户所拥有的核桃树较少，外出打工后无人照管。一些种植大户，或者经过土地流转后的公司、合作社比较重视，但由于缺乏修剪技术管理不善。总之，修剪在核桃生产当中没有列入规范，研究开发核桃修剪技术并普及推广是核桃产业发展中迫切需要解决的问题。

二、发展趋势

核桃树作为我国重要经济树种早有阐述，在世界核桃栽培史中我国栽培总面积、总产量早已位居之首。我国既是生产大国又是消费大国，不仅在栽培面积方面要扩大，单位面积的产量也急需提高，强化核桃园管理是当务之急。我国核桃的单位面积产量每 667m^2 仅 50kg 左右，其中低产的重要原因之一就是管理不善，不行修剪或修剪不当是低产劣质，甚至早衰死亡的原因之一。美国等核桃生产先进的国家，每年都进行机械化修剪，而且他们的栽植密度较小，也不间作。我国的核桃园大都实行矮化密植栽培，品种混杂，密度较大。同时还要间作玉米、大豆、蔬菜等作物，这种栽培现状必须改变。今后核桃产业的发展趋势就是品种栽培良种化，有害生物控制无害化，园艺化管理＋机械化，实现经济效益最大化。

第二节 核桃的生长结果习性

核桃树为高大乔木。自然生长条件下高度可达 15～20m；栽培条件下高 4～6m，冠径 5～8m；矮化密植时高度可以控制在 4m 以下，冠径可控制在 3～4m 以内。

幼树的树冠多窄而直立，结果后逐渐开张，所以幼树的树高大于冠径，结果大树的树冠直径大于树高。但树冠的大小和开张角度也因品种而有所差别。如中林 1 号、香玲树冠就大，辽宁 1 号、晋丰就较小。京 861、晋香、晋龙 2 号的树冠较开张，而西扶 1 号、晋龙 1 号和清香就较直立。

一、枝条

枝条是构成树冠的主要组成部分，其上着生叶芽、花芽、花、叶和果实。枝条也是体内水分和养分输送的渠道，是进行物质转化的场所，也是养分的贮藏器官。核桃树的枝条生长有以下特点。

1. 干性　晚实核桃大都容易形成中心干，生长旺盛，所以在整形时大都培养为主干型树形。早实核桃由于结果早，干性较弱，所以开心形树形较多。尤其是采用中、小苗木建园，常常不好选留中心干。要想培养主干型树形，必须采用 1.5m 以上的大苗

2. 顶端优势　又称极性。位于顶端的枝条生长势最强，顶端以下的枝长势减弱，这种顶端优势还因枝条着生的角度和位置的不同，有较大的差异。一般直立枝条的顶端优势很强，斜生的枝条顶端优势稍弱，水平枝条更弱，下垂的枝条顶端优势最弱。此外，枝条的顶端优势还受原来枝条和芽的质量的影响。好的枝芽顶端优势强，坏的枝芽顶端优势弱。

3. 成层性　由于核桃树的生长有顶端优势的特点，所以一年生枝条的顶端，每年发生长枝，中部发生短枝，下部不发生枝条，芽多潜伏。如此每年重复，使树冠内各发育枝发生的枝条，成层分布。整形时根据枝条生长的成层性，合理安排树冠内的骨干枝，使疏散成层排列，能较好地利用光能，提高核桃的产量和品质。

核桃树枝条生长的成层性因品种而有所不同，生长势较强的品种层性明显，在整形中容易利用，有些品种生长势较弱，层性表现不明显，整形时需加控制和利用

4. 成枝力　核桃树萌芽后形成长枝的能力叫成枝力，各品种之间有很大差异。如中林 1 号、中林 3 号、西扶 1 号的成枝力较强，枝条短剪后能萌发较多的长新梢；有的品种成枝力中等，一年生枝短剪后能萌发适量的长新梢，如鲁光、礼品 2 号等；有的品种成枝力较弱，枝条短剪后，只能萌发少量长新梢，如辽宁 1 号、中林 5 号、晋香等。

核桃树整形修剪时，成枝力强的品种，延长枝要适当长留，树冠内部可多疏剪，少短剪，否则容易使树冠内部郁闭。对枝组培养应"先放后缩"，否则不易形成短枝。对成枝力弱的品种，延长枝剪留不宜过长，树冠内适当多短剪以促进分枝，否则各类枝条容易光秃脱节，树冠内部容易空虚，减少结果部位。对枝组培养应"先缩后放"，否则不易形成枝组或使枝组外移。

成枝力通常随着年龄、栽培条件而有明显的变化。一般幼树成枝力强，随着年龄增长逐步减弱。土壤肥沃、肥水充足时，成枝力较强，而土壤瘠薄、肥水不足时，成枝力就会减弱。所以核桃树整形修剪时必须注意栽培条件、品种和树龄等因素。

5. 分枝角度　分枝角度对树冠扩大，提早结果有重要影响。一般分枝角度大，有利树冠扩大和提早结果。分枝角度小，枝条直立，不利于树冠扩大并延迟结果。品种不同差别较大（图 10－1）。放任树几乎没有理想的角度，所以丰产性差。

分枝角度大的品种树冠比较开张，容易整形修剪，分枝角度小的品种，枝多直立，树

冠不易开张，整形修剪比较困难，从小树开始就得严加控制。

6. 枝条的硬度 枝条的硬度与开张角度密切相关，枝条较软，开张角度容易，枝条较硬，开张角度比较困难。如西扶 1 号、中林 1 号就较硬；京 861、晋龙 2 号就较软。对枝条较硬的品种要及时注意主枝角度的开张，由于枝硬，大量结果后，主枝角度不会有大的变化，需要从小严格培养。枝条较软的品种，主枝角度不宜过大，由于枝软，大量结果后，主枝角度还会增大，甚至使主枝下垂而削弱树势。

图 10-1 分枝角度

7. 枝类 核桃树冠内的枝条大致可分为以下三类。

（1）短枝 枝长 5～15cm。停止生长较早，养分消耗较少，积累较早，主要用于本身和其上顶芽的发育，容易使顶芽形成花芽。

（2）中枝 枝长 15～30cm。停止生长也较早，养分积累较多，主要供本身及其他芽的发育，也容易形成花芽。

（3）长枝 枝长 30cm 以上。停止生长较迟，前期主要消耗养分，后期积累养分，对贮藏养分有良好作用，但停止生长太晚，对贮藏营养不利。

核桃树的长枝，可用其扩大树冠，作各级骨干枝的延长枝；也可利用分枝，促进分生短枝和中枝，形成各类结果枝组；还可作为辅养枝制造养分，积累营养，以保证有充分的贮藏营养，满足核桃树的生长和结果。

核桃树的中枝，是结果的主体，他们具有较强的连续结果能力。中枝的数量决定树势的强弱，也决定产量和品质。

核桃树的短枝，结果多，结果能力强，但结果后容易衰弱，特别是在缺乏肥水供应时，因此说在整形修剪时，对这三类枝条要有一个较合理的比例。一般来讲，盛果期树长枝应占总枝量的 10%左右，中枝应占总枝量的 30%，短枝应占总枝量的 60%。品种不同，各类枝条的比例不同，老弱树要多疏多短截，幼树除骨干枝外，要多长放，少短截。保持一定的枝类比，可使核桃园可持续丰产稳产。

二、芽

核桃树的芽是产生枝叶营养器官，决定树体结构，培养结果枝组的重要器官。芽具有以下特点。

1. 异质性 核桃树一年生枝上的芽，由于一年内形成时期的不同，芽的质量差异很大。早春形成的芽，在一年生枝的基部，因春季气温还低，树体内营养物质较少，所以芽的发育不良，呈瘪芽状态。夏季形成的芽，在一年生枝春梢的中、上部，当时气温高，树体内养分较多，所以芽的发育好，为饱满芽。秋季在一年生枝的秋梢基部形成的芽大部分为瘪芽，夏季伏天高温，呼吸消耗大，生长缓慢，形成了盲节。伏天过后，气温适宜核桃树的生长，秋季雨水也较多，生长逐渐加快，形成了秋梢。在秋梢的中部芽子饱满，秋梢

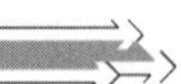

后期的质量不好，木质化程度差，摘心可提高木质化。

不同质量的芽发育成的枝条差别很大，质量好的芽，抽生的枝条健壮，叶片大，制造养分多。芽的质量差，抽生枝条短小，不能形成长枝。

整形修剪时，可利用芽的异质性来调节树冠的枝类和树势，使其提早成形，提早结果。骨干枝的延长头剪口一般留饱满芽，以保证树冠的扩大。培养枝组时，剪口多留春、秋梢基部的弱芽，以控制生长，促进形成短枝，形成花芽。

2. 成熟度　早实核桃品种的芽成熟早，当年可形成花芽，甚至可以形成二次花、三次花。晚实品种的芽大多为晚熟性的，当年新梢上的芽一般不易形成花芽，甚至 2～3 年都不易形成花芽。但不同品种之间也有差异。

早实品种核桃树的修剪，可在夏季对枝条短剪，促进分枝而培养枝组；晚实品种的核桃树可在夏季对枝条摘心，促进分枝，培养树体结构，或加速枝条的成熟，有利越冬。

3. 萌芽力　核桃树的萌芽力差异很大，早实核桃的萌芽力很强，如京 861、中林 1 号、辽宁 1 号，萌芽力可达 80%～100%；晚实核桃的萌芽力较差，一般为 10%～50%。角度开张的树，枝条萌芽率高，直立的树萌芽率低。

萌芽力强、成枝力强和中等的品种，应掌握延长枝适当长留、多疏少截、先放后缩的原则。萌芽力强、成枝力弱的品种，应掌握延长枝不宜长留、少疏多截、先缩后放的原则。

三、叶幕

核桃树随着树龄的增加，树体不断扩大，叶幕逐渐加厚，形成叶幕层。但是树冠内部的光照随着叶幕的加厚而急剧下降，树冠顶部受光量可达 100%，树冠由外向内 1m 处受光量为 70%左右，2m 处受光量为 40%左右，3m 处受光量为 25%，大树冠中心的受光量仅为 5%～6%。一般叶幕厚度超过3～4m时，平均光照仅为 20%左右。一般树冠的光照强度在 40%以下时，所生产的果树品质不佳，20%以下时树体便失去结果的能力（图 10－2）。

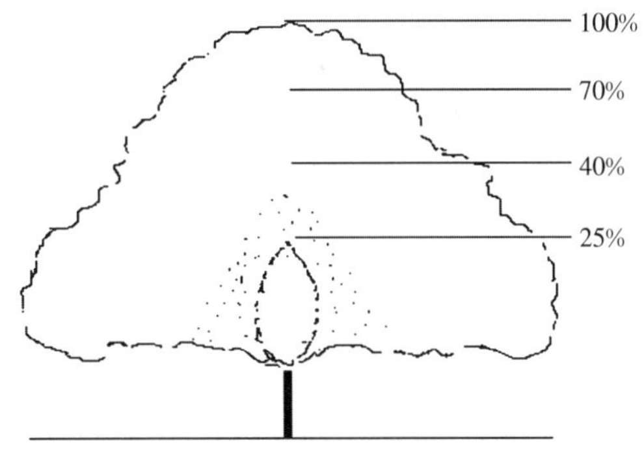

图 10－2　树冠各部位受光量

成龄核桃树的修剪，不仅要考虑枝量和比例，还要考虑叶幕层的厚度。疏散分层性核桃园的密度不高于 4m×5m，即每 667m^2 栽植株数不多于 33 株。树高不超过 4m，第一层叶幕的厚度为 1～1.2m，层间距为 1.5m 左右，第二层的叶幕厚度为 1m 左右。

四、结果枝

核桃不同品种间各类结果枝的比例有较大的差别。如辽宁 1 号、辽宁 3 号、晋香和晋丰等品种的短果枝较多；晋龙 1 号、薄壳香等品种的中、长果枝较多；有些品种的长、中、短果枝均有。各类结果枝的数量还随着年龄的增加而改变。一般幼树以长、中果枝较多；结果大树以短果枝较多；老树以短果枝群较多。随着树龄的增长，结果枝逐步移向树冠的上部和外部，造成树冠内部空虚、下部光秃的现象。修剪时要注意品种和年龄的特点，培养和控制各类结果枝。

核桃树各品种进入盛果期后，大都以短果枝结果为主。短果枝的结果寿命为5～8年。短果枝连续结果的能力也因品种而异。早实类型的核桃品种结果枝连续结果能力较强，在无特殊气候情况下，只要肥水条件好，管理得当，大小年不太明显；晚实类型核桃品种结果枝的连续结果能力也较长，一般也在5～8年。壮树寿命长，弱树寿命短。

五、花芽

核桃树的花芽根据着生部位，可分为顶花芽和腋花芽两类。顶花芽为混合芽，着生在结果枝的顶端，顶花芽结果能力较强，特别是晚实品种，顶花芽结果的比例占到80%以上。顶花芽分化、形成较早，呈圆形或钝圆锥形，较大。腋花芽着生在中长果枝或新梢的叶腋间，较顶花芽小，但比叶芽肥大。早实品种的副芽也能形成花芽，在主芽受到刺激，或者生长强旺时也能先后开花，并能结果。腋花芽抗寒性较强，在顶芽受到霜冻死亡后，腋花芽能正常开花结果，可保证一定的产量，所以腋花芽非常重要。早实品种腋花芽的结果能力较强，盛果期前期的树腋花芽可占到总花量的90%以上。

核桃树的腋花芽因品种不同而有差别，早实类型中，中林1号、辽宁1号、京861腋花芽率最高，薄壳香、西扶1号较低；晚实类型的品种中，晋龙2号、清香品种的腋花芽率较高，晋龙1号最低。树冠开张的品种腋花芽多，直立的品种腋花芽较少。

六、开花

核桃树雄花开放后消耗了大量养分，由于营养不良不能发育成幼果而脱落，因此为了节约养分，在芽萌动期间需进行疏花。由于核桃雄花花粉的数量较大，可疏除全树95%以上的雄花序，下部雄花序可全部疏除。疏花不如疏枝，修剪时注意疏除衰弱的雄花枝，有利提高核桃的产量和品质。

核桃树在开花结果的同时，结果新梢上的叶芽当年萌芽形成果台副梢。如果营养条件较好，副梢顶芽和侧芽均可形成花芽，早实核桃品种的腋花芽翌年可以连续结果。树势较旺，果台副梢可形成强旺的发育枝。养分不足，果台副梢形成短弱枝，第二年生长一段时间后才能形成花芽。腋花芽萌芽形成的结果新梢（果台）上不易发生副梢。

七、结果

核桃幼果在发育期间由于养分不足，会发生生理落果。落果的程度因品种而有差别，西林3号、辽宁2号落果较重。

夏季修剪时，需要进行疏花疏果，以调节营养，提高坐果率，控制大小年。及时灌水施肥可减少落花落果，并可提高产量和品质。

第三节　核桃整形修剪

核桃树不修剪，也可以结果，但结果少，果实小，枯枝多，寿命短。在幼树阶段，如果不修剪，任其自由发展，则不易形成良好的丰产树形结构。在盛果期不修剪，会因通风透光不良出现内膛枝条枯死，结果部位外移，形成表面结果，达不到立体结果的效果，而且果实越来越小，小枝干枯严重，病虫害多，更新复壮困难。因此，合理地进行整形修剪，使树冠具有良好的通风透光条件，对于保证幼树健康成长，促进早果丰产，保证成年树的丰产、稳产，保证衰老树更新复壮、“返老还童”都具有重要意义

一、修剪时期与方法

（一）修剪时期

核桃树修剪一般在采收后进行，即从核桃树采收后到落叶前。据河北农业大学研究，冬季修剪虽会产生伤流，但伤流的成分几乎全是水分和极少量矿物质，不会对树体影响太大。老树伤流轻，甚至没有伤流，冬季可利用农闲时间进行修剪。

核桃树幼树期间长势很旺，结果很少，需在夏季适当进行拉枝开角、去直立枝或改变方向、去除挡光严重的大枝等。萌芽期间可通过抹芽定枝、短剪、捺枝等方法培养各种树形以形成合理的树形结构和叶幕层。

盛果期树的修剪时期主要在采收后到落叶前。由于在生长前期树上有大量果实，去掉大量枝条会影响当年的产量。因此，采收后两周是最佳时期。此时，光照较强，气温也高，地下水分也较多，根系正在生长之中。修剪后伤口很快会愈合，对于枯死枝、病虫害枝也明显，所以是个最佳时期。

（二）树形及其结构

1. 疏散分层形 适于一般密植的核桃园。疏散分层形应该是最高产的核桃树形（图 10－3）。这种树形的主要优点是：树体高大强健，枝多而不乱，内膛光照好，寿命长、产量高。疏散分层形多用于生长条件较好、经营管理技术较高的密植园及四旁地。

疏散分层形的结构分两层，第一层由三大主枝组成，第二层由相互错列的两大主枝组成，层间距为 1.5～2m。每一个主枝上着生 4 个左右的侧枝，相互错列配置，第一侧枝距中心干 60cm 左右，第二侧枝距第一侧枝 30～40cm，第三侧枝距第二侧枝 50cm 左右，第四侧枝距第三侧枝 30cm 左右。每个主枝和侧枝都应该有个延长头，以保证结构的完整性。三大主枝的第一侧枝尽量选留在同一侧，以便合理占据空间。

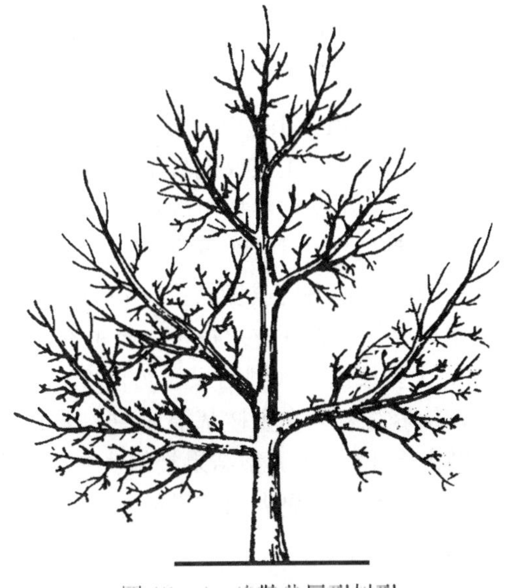

图 10－3 疏散分层形树形

到盛果期各个侧枝已经成为大型结果枝组，即每个主枝拥有 5～6 个大型枝组，包括延长头。中心干的头在影响光照之前，即进入盛果期前可以保留，以增加前期的产量，影响光照时及时去掉，保留两层五大主枝。

2. 开心形 早实核桃密植园，多采用自然开心形（图 10－4）。这种树形的主要优点是：树冠成形快，结果早，通风透光条件好。缺点是：对修剪要求高，要求每年都要修剪以维持树形，否则通风透光条件会急速恶化。

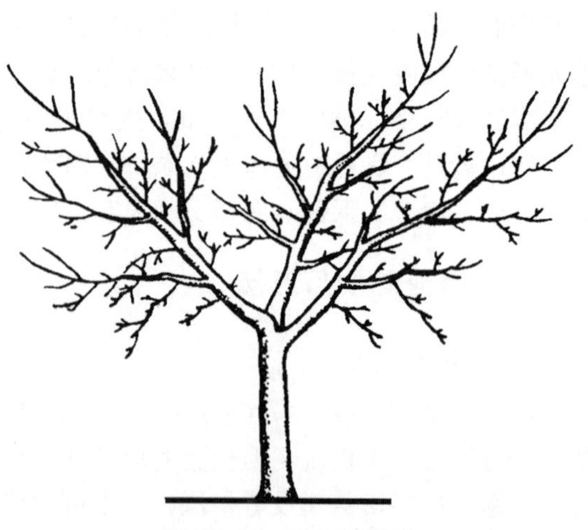

图 10－4 开心形树形

自然开心形多用于瘠薄土壤园地和较开张的品种，以及经营管理技术高的早实核桃密植园。

开心形树形由三大主枝组成。在主干上直接着生三大主枝，开始也可暂时留中心干，待影响光照时落头。三大主枝及侧枝的培养同疏散分层形。不同点是由于总的大枝数减少，枝条的总量减少，单株产量较疏散分层形低。同时开心形由于中心没有干，光照虽好，但易产生向上直立的枝条，形成紊乱。因此要求修剪技术较高，修剪要勤快，及时去除影响光照的枝条。如果修剪好，开心形的核桃园产量由于单位面积的株数较多，产量也较高。

另外，核桃树可以采用其他树形，如纺锤形、十字形、多主枝圆头形等，但总的原则是要解决好光照问题：密植园容易郁闭，宜采用自然开心；稀植园、散生四旁树，光照条件好，宜采用疏散分层形或自然圆头形。总之，核桃树形没有最好的，只有最适合的。光照好、产量高、品质佳且可持续发展就是最好的树形。

（三）结果枝组

结果枝组是核桃树体结构的重要组成部分。它可以着生在中心干上，也可着生在主、侧枝上。由于大大小小的各类枝组着生在各级骨干枝上，因而形成了丰满的树形结构，它是核桃树丰产的基础。科学栽培应从理论上弄清楚它们的位置、类型、结果能力和结果枝的演变过程。

1. 小型枝组 小型结果枝组由 10 个以下的新梢组成（秋冬态），母枝为多年生，独立着生在中心干、主枝或侧枝上，占据较小的空间，可生产较少的坚果。如果用产量来衡量的话，一个小型结果枝组的产量在 0.2kg（20 个果实）以下。

2. 中型枝组 中型结果枝组由 10～20 个新梢组成（秋冬态），母枝为多年生，独立着生在中心干、主枝或侧枝上，占据一定的空间，可生产 0.5kg（50 个果实）左右的坚果，是重要的结果部位。每个主枝上有 1～2 个中型结果枝组。

3. 大型枝组 大型结果枝组由 20 个以上的新梢组成（秋冬态），母枝为多年生，个别当作辅养枝着生在主枝基部或中心干上，多数着生在主、侧枝上，是重要结果部位。每个侧枝上有 1～2 个大型结果枝组。一个大型枝组可结果 1kg（100 个果实）左右。一个侧枝也可以说是一个更大的结果枝组，可结果 1～1.5kg。

（四）枝量

枝量是指一棵树上枝条的总数。枝条太多会郁闭，影响光合作用。枝条太少果枝率就少，又会影响产量。最佳的枝量是该品种产量最高、质量最好时的数量。这是个理论数字，是个标准。实践当中很难掌握，要靠长期从事修剪和栽培活动的经验来掌握。一般初果期管理好的早实核桃树，即五至六年生的树，单株应该有枝条 150～200 个（约 3kg 产量），肥水管理和修剪较差的就 80～120 个枝条（约 2kg 产量）；八至十年生的树，应该有 400～500 个枝条（约 8kg 产量）；十至十五年生的树应该有 600～800 个（约 16kg 产量）。这是丰产园核桃树枝量的指标，它反映了枝量和产量及品质的关系。维持较长时间的这个指标将会获得较高的栽培收益。

（五）整形修剪的基本方法

1. 秋冬修剪　核桃树一般在采收后 2～3 周后开始修剪，老树也可在冬季修剪。通常有以下几种方法。

（1）疏剪　把枝条从基部剪除叫疏剪，由于疏剪去除了部分枝条，改善了光照，相对增加了营养分配，有利于留下枝条的生长及组织成熟。疏除的对象主要是干枯枝、病虫枝、交叉枝、重叠枝及过密枝等。

（2）短剪　把一个枝条剪短叫短剪，或者叫短截、剪截。短剪作用是促进分枝和新梢生长。通过短截，改变了剪口芽的顶端优势，剪口芽部位新梢生长旺盛，能促进分枝，提高成枝力，是幼树阶段培养树形的主要方法。

（3）长放　即对枝条不进行任何剪截，也叫缓放。通过缓放，使枝条生长势缓和，停止生长早，有利于营养积累和花芽分化，同时可促发短枝。

通过撑、拉、拽等方法加大枝条角度，缓和生长势，是幼树整形期间调节各主枝生长势和培养结果枝组的常用方法。旺树枝条强壮，可以“先放后缩”，弱树可以“先缩后放”。

（4）缩剪　多年生枝条回缩修剪到健壮或角度合适的分枝处，将以上枝条全部剪去的方法叫缩剪，也叫回缩或压缩。

回缩是衰弱枝组复壮和衰老植株更新修剪必用的技术。尤其是早实核桃和衰老的晚实核桃树，经过若干年结果后往往老化衰弱，利用回缩可以使它们更新复壮或“返老还童”。回缩的主要作用是解决生长结果的矛盾，使其更可持续地进行生产。

（5）开张角度　是核桃树整形修剪的重要前提，各类树形、各类骨干枝的培养首先是在合适的角度前提下进行的，起码是同步进行的。目前我们在生产上看到的多为放任树形，几乎没有一个树形和骨干枝是合理的。因此，学习整形修剪首先要懂得开角的必要性和重要性。正确地开张好骨干枝角度是培养好树形的前提和基础，可以事半功倍，提高效率。以下是最常见的几种方法。

①抠除竞争芽。强旺中心干或主枝在选留延长头时，首先选择一个饱满芽作顶芽，留 2cm 保护桩剪截。然后抠除第二、第三个竞争芽，使留下的延长头顶芽具有顶端优势，起到带头作用，使下部抽生的枝条均匀，角度更加开张和理想，既节约了养分又使骨干枝更加牢固，同时减少了伤口。在骨干枝培养方面多使用抠除竞争芽方法可以取得理想的效果。

②顶芽留外芽作延长头。主枝延长头留外芽可有效利用核桃树背后枝（芽）强的习性，培养主枝，延长头连续留外芽可培养出理想的主枝角度，即 75°～80°。如果延长头大

于80°要及时抬高梢角，使之保持旺盛的生长势。

③延长枝里芽外蹬。生长势较强的品种培养主枝时，延长头可采用里芽外蹬的方法开张角度。如①所述，抠除竞争芽可开张角度，里芽外蹬加上抠除竞争芽，可迅速开张角度，待延长枝角度合适时，剪除先端的里芽枝，即背上枝。

④捺枝。对于树冠内除骨干枝以外的各类角度不合适的枝条进行捺枝，使之达到需要开张的角度。一般捺枝后由于改变了极性生长的特性，或者说降低了顶端优势，起到了长放的作用，从而形成了结果枝组。捺枝的角度可达到100°以上。

⑤撑、拉、吊枝。对于相对直立的骨干枝或者大型结果枝组开张角度，可以采用撑、拉、吊的方法达到目的。方法不同使用的时间也有所不同，适用的条件也不同，以最方便、最省力、效果最佳为目的。一般在生长季节开张角度省力、效果佳。可撑、可拉、可吊。撑一般对二至四年生的枝条最合适，既不费劲，又容易达到效果；拉也可以，但较费工，需要在地面固定木桩，有时候影响间作物的耕作等管理。拉枝要选择好着力点，否则会变为弓形枝，在拉枝的时候正确选择着力点非常重要；吊可对二至三年生枝条使用，效果较好。选择好合适的位置，装土后将土袋挂在树上即可，这种方法可大力推广，省工、省力、省料，发现问题好解决。

⑥背后枝。处理背后枝多着生在骨干枝先端背下，春季萌发早，生长旺盛，竞争力强，容易使原枝头变弱而形成“倒拉”现象，甚至造成原枝头枯死。处理的方法一般是在萌芽后或枝条伸长初期剪除。如果原母枝变弱或分枝角度较小，可利用背下枝代替原枝头，将原枝头剪除或培养成结果枝组。

⑦徒长枝。处理徒长枝多是由于隐芽受刺激而萌发的直立的不充实的枝条。一般着生在树冠内膛中心干上或主枝上，应当及时疏除，以免干扰树形结构。处理方法：如果周围枝条少，空间大，则可以通过夏季摘心或短截和春季短截等方法，将其培养成结果枝组，以充实树冠空间，增加或更新衰弱的结果枝组。如果枝条较多，不需要保留则尽快疏除。老树则可以根据需要培养成骨干枝，即主枝或者侧枝，也可以是大型结果枝组。

⑧二次枝。处理早实核桃结果后容易长出二次枝。控制方法主要有：在骨干枝上，结果枝结果后抽生出来的二次枝选留一个角度合适的作为延长头，其余全部及早疏除。因为多余的枝条会干扰树形结构，影响延长枝的生长；在结果枝组上形成的二次枝，抽生3个以上的二次枝，可在早期选留1～2个健壮的角度合适的枝，其余全部疏除。也可在夏季，对于选留的二次枝，进行摘心，以控制生长，促进分枝增粗，健壮发育，或者在冬季进行短截。

2. 夏季修剪 也叫生长期修剪，简称夏剪。从3月下旬萌芽到9月采收以前进行，通常采用以下几种方法。

（1）抹芽定枝　萌芽后抹除多余或者无用的芽，根据方位选择确定需要的芽留下，将来可形成各级骨干枝或结果枝组的带头枝，其余枝芽全部抹掉，以绝后患（紊乱树形造成伤口）。抹芽时应考虑昆虫的为害，特别是金龟子的为害，往往在早春干旱时猖獗为害，吃光叶和芽。因此，要掌握时间和修剪的程度。有时候需要分次处理，以便能保证及时扩大树冠。

抹芽定枝主要针对骨干枝延长头和结果枝带头枝，由于所处的位置不同，往往极性

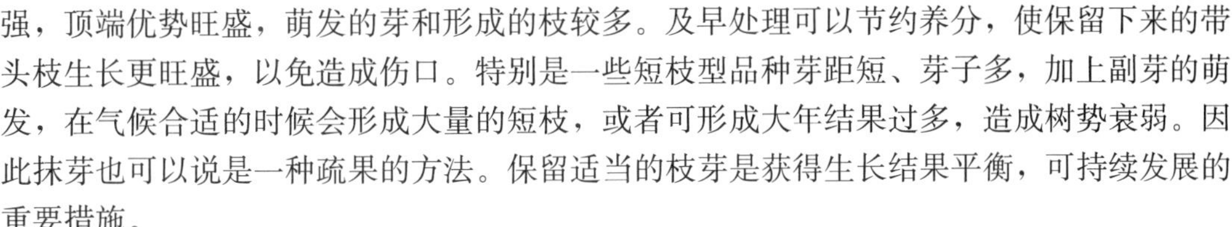

强，顶端优势旺盛，萌发的芽和形成的枝较多。及早处理可以节约养分，使保留下来的带头枝生长更旺盛，以免造成伤口。特别是一些短枝型品种芽距短、芽子多，加上副芽的萌发，在气候合适的时候会形成大量的短枝，或者可形成大年结果过多，造成树势衰弱。因此抹芽也可以说是一种疏果的方法。保留适当的枝芽是获得生长结果平衡，可持续发展的重要措施。

（2）疏枝　就是疏除过多枝条。在夏季5～7月大量的枝条萌发，除各级骨干枝和各类结果枝组的延长头之外，还萌生了大量的新枝，有些枝条弥补了可以利用的空间，可形成永久的结果枝组；在各级骨干枝的相同位置也萌发了成双成对的新梢应当及早疏除，以免影响骨干枝延长头的生长；在各类结果枝组延长头的附近也萌发了较多的枝条，多数是结果枝，可以形成果实，但会影响稳产，应当根据品种、树龄和当年的产量要求提出疏枝程度。

（3）摘心　是在生长季节进行的，例如春季4～5月摘心可培养结果枝组，夏秋季对旺长枝条的摘心，可以抑制新梢生长，充实枝条。摘心的作用是促进新梢当年形成分枝，对翌年的产量起关键的作用。摘心可在各级骨干枝上进行，也可在各类结果枝上进行，但目的和作用不同。高接树为了促进分枝和预防春季抽梢常常在秋季摘心甚至是多次摘心，目的是促进枝条的木质化，抵御来年春季的抽条。

（4）拿枝　是在生长季节对一年生枝条从基部到梢部用手轻轻向下揉拿，以听到木质部微微断裂的声音为度，使之改变着生的角度。这是夏季及早开张各级骨干枝的主要方法。做好这项工作，今后的修剪将显得非常简单容易。拿枝在果树上广泛应用，对开张角度，增加分枝量，形成各类结果枝，形成产量起了非常重要的作用。

（5）捺枝　捺枝是对树冠内直立枝条压平别住的方法。有些位置合适的强壮枝条甩放后可形成大量短枝，是培养结果枝组的主要方法。当然对多余的徒长枝要及时疏除，捺枝是在有空间可以利用时使用，不能大量捺枝，以防造成冠内枝条紊乱。

二、早实核桃整形修剪

1. 整形　早实核桃品种由于侧花芽结果能力强，侧芽萌芽率高，成枝率低，常采用无主干的自然开心形，但在稀植条件下也可以培养成具主干的疏散分层形或自然圆头形。

（1）自然开心形

①定干。树干的高低与树高、栽培管理方式以及间作等关系密切，应根据该核桃的品种特点、栽培条件及方式等因地因树而定。早实核桃由于结果早，树体较小，干高可矮小，拟进行短期间作的核桃园，干高可留0.8～1.2m，密植丰产园干高可定为0.6～1m。

早实核桃品种在春季定植的当年，在一年生苗木的中间部位（即饱满芽部位）进行定干（剪截），留2cm保护桩，抹除第二、第三竞争芽。若采用苗木较小，未达定干高度，可在基部嫁接口上方留2～3个芽截干，下一年达到高度时再进行定干。

②培养树形。

第一步：在定干高度以下留出3～5个饱满芽的整形带。在整形带内，按不同方位选留主枝。大苗主枝可一次选留，小苗可分两次选定。选留各主枝的水平距离应一致或相近，并保持每个主枝的长势均衡并与中心干的角度适宜，一般为75°～80°，主枝角度早开有利丰产（图 10－5）。

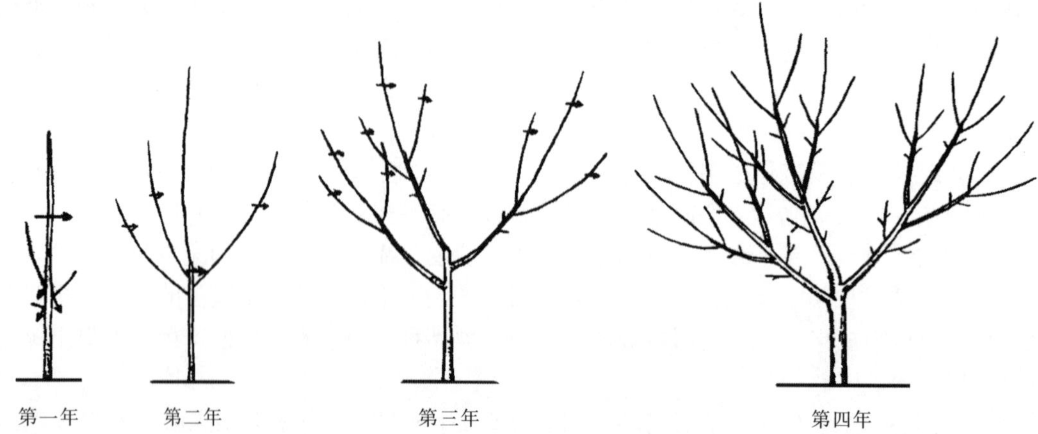

图 10－5　开心形树形的培养

第二步：2～3 年，各主枝已经确定，开始选留第一层侧枝。由于开心形树形主枝少，侧枝应适当多留，即每个主枝应留侧枝 4 个以上。各主枝上的侧枝要左右错落，均匀分布。第一侧枝距主干的距离为 0.6m 左右。侧枝与主枝的角度为 45°，位置要略低于主枝，有利形成明显的层性和较好地利用光能。

第三步：4～5 年，开始在第三大主枝上选留第二、第三和第四侧枝；各主枝的第二侧枝与第一侧枝的距离是 30cm 左右，第三与第二侧枝的距离是 40cm 左右，第四与第三侧枝的距离为 30cm。至此，开心形树形的树冠骨架基本形成。

（2）疏散分层形　栽培条件好，树势较强、密度较小时早实核桃品种也可以培养成有主干的疏散分层形。

①定干。疏散分层形树形的定干同开心形。

②培养树形。与开心形树形的不同点是有中心干，因此，要求栽植大苗。定植小苗树形培养不好，容易卡脖子。有中心干的树形要求中心干与主枝之间有一定的比例，即 1.5∶1。这样，中心干长势强，可以起到中心领导干的作用，即为培养第二层主枝打好基础。

第一步：先定干。当年定植大苗，定干高度为 1～1.2m，整形带为 20cm，干高留 0.8～1.0m。

第二步：2～3 年，选留中心干和第一层的三大主枝。

第三步：3～4 年，选留各主枝的第一侧枝。

第四步：4～5 年，第二、第三侧枝的选留。

第五步：5～6 年，选留第二层主枝 2 个，同时选留第一层的第三、第四侧枝。第一层与第二层的间距为 1.5m 左右。

第六步：6～7 年，选留第二层的第一、第二侧枝。至此，疏散分层性的树形基本完成。进入盛果期后光照不足时，可开心去顶，形成改良性的疏散分层形，即两层五大主枝（图 10－6）。

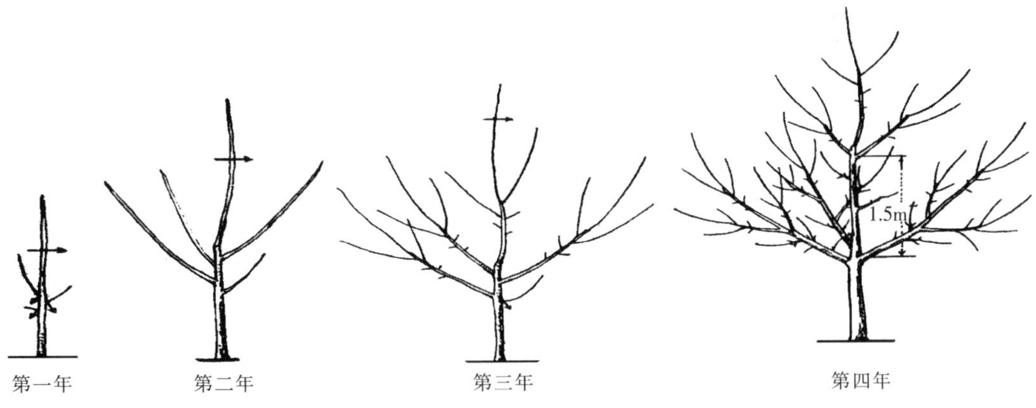

图 10-6　疏散分层形树形的培养

2. 修剪　早实核桃品种分枝多，常常发生二次枝，生长快，成形早，结果多，易早衰。幼年健壮时，枝条多、直，造成树冠紊乱。衰弱时枝条干枯死亡。在修剪上除培养好主、侧枝，维持好树形外，还应该控制二次枝和利用二次枝。疏除过密枝，处理好背下枝。

三、晚实核桃整形修剪

1. 整形　晚实核桃由于侧花芽结果能力差，侧芽萌芽率低，成枝率高，常采用具有主干的疏散分层形或自然圆头形，层间距较早实核桃大，一般为 1.5～2.0m。但在个别地方立地条件较差的情况下也可以培养成无主干的自然开心形。

2. 修剪　晚实核桃品种一般没有二次枝，条件好一年生枝可以长到 2m 以上，条件不好，只能长到 50cm。为了培养成良好的树形，在修剪中一般多短截，促进分枝。当冠内枝条密度达到一定的程度时，对中、长枝才可缓放。前期主要是短截，扩大树冠的主侧枝需要留外芽壮芽短截，辅养枝、结果枝组也有短截带头枝，促进分枝，尽快使树体枝繁叶茂。

四、不同年龄时期的修剪

（一）幼龄核桃树的修剪

核桃树在幼龄时期修剪的主要任务是继续培养主、侧枝，注意平衡树势，适当利用辅养枝早期结果，开始培养结果枝组等。

主枝和侧枝的延长枝，在有空间的条件下，应继续留头延长生长，根据生长势和周围空间及骨干枝平衡情况，对延长枝中截或轻截即可。

对于辅养枝应在有空间的情况下保留，逐渐改造成结果枝组，没有空间的情况下对其进行疏除，以利通风透光，尽量扩大结果部位。修剪时，一般要去强留弱，或先放后缩，放缩结合。对已影响主侧枝生长的辅养枝，可以进行回缩或逐渐疏除，没有空间的及早疏除，以免造成大的伤口，为主侧枝让路。有些辅养枝可以成为永久结果枝组，占据空间。

早实核桃易发生二次枝，对其组织不充实和生长过多而造成郁闭者，应彻底疏除；对其充实健壮并有空间保留者，可用摘心、短截、去弱留强的修剪方法，促其形成结果枝组，达到早期丰产的目的。

核桃的背后枝长势很强，晚实核桃的背下枝，其生长势比早实核桃更强。对于背后枝的处理，要看基枝的着生情况而定。凡延长部位开张，长势正常的，应及早剪除；如延长部位势力弱或分枝角度较小，可利用背后枝换头。对放任树已经形成的背后枝可以回缩控制。

培养结果枝组主要是用先放后缩的方法。在早实核桃上，对生长旺盛的长枝，以甩放或轻剪为宜。修剪越轻，发枝量和果枝数越多，且二次枝数量减少。在晚实核桃上，常采用短截旺盛发育枝的方法增加分枝。但短截枝的数量不宜过多，一般为1/3左右，主要是骨干枝和平、斜下枝的延长头。短截的长度，可根据发育枝的长短，进行中、轻度短截。

初果期树势旺盛，内膛易生徒长枝，容易扰乱树形，一般保留价值不大，应及早疏除，最好是经常检查，发现萌芽及时抹除。如有空间可保留，晚实核桃可改变角度，用先放后缩法培养成结果枝组；早实核桃可改变角度用摘心或短截的方法促发分枝，然后回缩成结果枝组。

（二）盛果期核桃树的修剪

核桃树在盛果时期修剪的主要任务是调节生长与结果的平衡关系，不断改善树冠内的通风透光条件，加强结果枝组的培养与更新。

对于疏散分层形树，此期应逐年落头去顶，以解决上部光照问题。盛果期初期，各级主枝需继续扩大生长，这时应注意控制背后枝，保持原头生长势。当树冠枝展已扩展到计划大小时，可采用交替回缩换头的方法，控制枝头向外伸展。对于顶端下垂，生长势衰弱的骨干枝，应重剪回缩更新复壮，留斜生向上的枝条当头，以抬高角度，集中营养，恢复枝条生长势。对于树冠的外围枝，由于多年伸长和分枝，常常密挤、交叉和重叠，适当疏间和回缩。原则是疏弱留强，抬头向上。留出空间，打开光路。

随着树冠的不断扩大和枝量的不断增加，除继续加强对结果枝组的培养利用外，还应不断地进行复壮更新。对二、三年生的小枝组，可采用去弱留强的办法，不断扩大营养面积，增加结果枝数量。当生长到一定大小，并占满空间时，则应去掉弱枝，保留中庸枝和强枝，促使形成较多、较强的结果母枝。对于已结过果的小枝组，可一次疏除，利用附近的大、中型枝组占据空间。对于中型枝组，应及时回缩更新，使枝组内的分枝交替结果，对长势过旺的枝条，可通过去强留弱等，加以控制。对于大型枝组，要注意控制其高度和长度，防止“树上长树”。对于已无延伸能力或下部枝条过弱的大型枝组，可适当回缩，以维持其下部中、小枝组的稳定。

对于辅养枝，如果影响主、侧枝生长者，可视其影响程度，进行回缩或疏除，为其让路；辅养枝过于强旺时，可去强留弱或回缩至弱分枝处，控制其生长；长势中等，分枝较好又有空间者，可剪去枝头，改造成大、中型枝组，长期保留结果。

对于徒长枝，可视树冠内部枝条的分布情况而定。如枝条已很密挤，就直接剪去。如果其附近结果枝组已显衰弱，可利用徒长枝培养成结果枝组，以填补空间或更替衰弱的结果枝组。选留的徒长枝分枝后，可根据空间大小确定截留长度。为了促其提早分枝，可进行摘心或轻短截，以加速结果枝组的形成。

对于过密、重叠、交叉、细弱、病虫、干枯枝等，要及时除去，以减少不必要地消耗养分和改善树冠内部的通风透光条件等。

（三）衰老期核桃树的修剪

老核桃树主要是更新修剪。随着树龄的增大，骨干枝逐渐枯萎，树冠变小，生长明显变弱，枝条生长量小，出现向心生长，结果能力显著下降。对这种老树需进行更新修剪，复壮树势。

修剪应采取抑前促后的方法，对各级骨干枝进行不同程度的回缩，抬高角度，防止下垂。枝组内应采用去弱留强、去老留新的修剪方法，疏除过多的雄花枝和枯死枝。

对于已经出现严重焦梢、生长极度衰弱的老树，可采用主枝或主干回缩的更新方法。一般锯掉主枝或主干回缩 1/5～1/3，使其重新形成树冠。老树地下肥水管理十分重要，结合进行效果才好。

五、放任树的修剪

1. 放任树的表现

（1）大枝过多，层次不清，枝条紊乱，从属关系不明。主枝多轮生、叠生、并生。第一层主枝常有 4～7 个，盛果期树中心干弱。

（2）由于主枝延伸过长，先端密挤，基部秃裸，造成树冠郁闭，通风透光不良，内膛空虚，结果部位外移。

（3）结果枝细弱，连续结果能力降低，落果严重，坐果率一般只有 20%～30%，产量很低。

（4）衰老树外围焦梢，结实能力很低，甚至形不成花芽。从大枝的中下部萌生大量徒长枝，形成自然更新，重新构成树冠，连续几年产量很低。

2. 放任树的改造方法

（1）树形的改造　放任生长的树形多种多样，应本着“因树修剪、随枝作形”的原则，根据情况区别对待。中心干明显的树改造为主干疏层形，中心领导干很弱或无中心干的树改造为自然开心形。

（2）大枝的选留　大枝过多是一般放任生长树的主要矛盾，应该首先解决好。修剪时要对树体进行全面分析，通盘考虑，重点疏除密挤的重叠枝、并生枝、交叉枝和病虫为害枝。主干疏层形留 5～7 个主枝，自然开心形可选留 3～4 主枝。为避免一次疏除大枝过多，可以对一部分交叉重叠的大枝先行回缩，分年处理。但实践证明，40～50 年生的大树，只要不是疏过多的大枝，一般不会影响树势。相反，由于减少了养分消耗，改善了光照，树势得以较快复壮。去掉一些大枝，当时显得空一些，但内膛枝组很快占满，实现立体结果。对于较旺的壮龄树，则应分年疏除，否则引起长势更旺。

（3）中型枝的处理　在大枝疏除后，总体上大大改善了通风透光条件，为复壮树势充实内膛创造了条件，但在局部仍显得密挤。处理时要选留一定数量的侧枝，其余枝条采取疏间和回缩相结合的方法。中型枝处理原则是大枝疏除较多，中型枝则少疏，否则要去掉的中型枝可一次疏除。

(4) 外围枝的调整　对于冗长细弱、下垂枝，必须适度回缩，抬高角度。衰老树的外围枝大部分是中短果枝和雄花枝，应适当疏间和回缩，用粗壮的枝带头。

(5) 结果枝组的调整　当树体营养得到调整，通风透光条件得到改善后，结果枝组有了复壮的机会，这时应对结果枝组进行调整，其原则是根据树体结构、空间大小、枝组类型（大、中、小型）和枝组的生长势来确定。对于枝组过多的树，要选留生长健壮的枝组，疏除衰弱的树组。有空间的要让其继续发展，空间小的可适当回缩。

(6) 内膛枝组的培养　利用内膛徒长树进行改造。据调查，改造修剪后的大树内膛结实率可达 34.5%。培养结果枝组常用两种方法：一是先放后缩，即对中庸徒长枝第一年放，第二年缩剪，将枝组引向两侧；二是先截后放，对中庸徒长枝先短截，促进分枝，然后再对分枝适当处理，第一年留 5～7 个芽重短截，徒长枝除直立旺长枝，用斜弱枝当头缓放，促其成花结果。这种方法培养的枝组枝轴较多，结果能力强，寿命长。

3. 放任生长树的改造步骤　根据各地生产经验，放任树的改造大致可分 3 年完成，以后可按常规修剪方法进行。

第一年：以疏除过多的大枝为主，从整体上解决树冠郁闭的问题，改善树体结构，复壮树势。占整个改造修剪量的 40%～50%。

第二年：以调整外围枝和处理中型枝为主，这一年修剪量占 20%～30%。

第三年：以结果枝组的整理复壮和培养内膛结果枝组为主，修剪量占 20%～30%。

上述修剪量应根据立地条件、树龄、树势、枝量多少及时灵活掌握，不可千篇一律。各大、中、小枝的处理也必须全盘考虑，有机配合。

六、高接树整形和修剪

高接树整形修剪的目的是促进其尽快恢复树势、提高产量。高接树由于截去了头或大枝，当年就能抽生 3～6 个生长量均超过 60cm 以上的大枝，有的枝长近 2m，如不加以合理修剪，就会使枝条上的大量侧芽萌发，使树冠紊乱。早实核桃品种易形成大量果枝，结果后下部枝条枯死，难以形成延长枝，使树冠形成缓慢，不能尽快恢复树势，提高产量。高接树当年抽生的枝条较多，萌芽多达几十个，需要及时抹芽定枝，确定将来需要作为骨干枝的新梢要有意培养，3～5d 检查一次，随时修剪抹芽，选配好主侧枝，以免浪费营养并造成伤口，做好高接后前 3 个月的修剪工作非常重要。在秋末落叶前或翌年春发芽前，对选留作骨干枝的枝条（主枝、侧枝），可在枝条的中、上部饱满芽处短截（选留长度以不超过 60cm 为宜），以减少枝条数量，促进剪口下第 1～3 个枝条的生长。经过 2～3 年，利用砧木庞大的根系促使枝条旺盛生长，根据高接部位和嫁接头数，将高接树培养成有中央领导干的疏散分层形或开心形树形。一般单头高接的四旁树，宜培养成疏散分层形；田间多头高接和单头高接部位较高的核桃树，宜培养成开心形。

高接树的骨干枝和枝组头一定要短截，若不实行短截，将使一些早实品种第二年就开花结果，有些树结果几十个，甚至上百个。结果过早过多，影响树冠的恢复，造成树体衰弱，甚至植株死亡，达不到高接换优的目的。因此，高接后的早实品种核桃树前两年不要挂果，必须进行修剪并疏花疏果，待接口愈合 90%后尚可大量结果；对于晚实品种的核桃树也一定要进行疏果并修剪，以促进其尽快恢复树势，为以后高产打下基础。

第四节 核桃整形修剪与产量和品质的关系

一、树形与产量的关系

（一）开心形树形与产量的关系

开心形树形是根据立地条件、品种和栽培技术而确定的。一般开心形树形的核桃园密度较大，每 667m^2 栽 33～55 株，成形快，结果早。因此，前期的产量增加快，如果标准化建园，园艺化管理，第四年每 667m^2 产量可达 20～40kg，第六年可达 50～100kg，第八年可达 100～150kg，最大产量可达 200kg。对于修剪技术的要求更加严格，修剪者必须懂得核桃园的全面管理，明白修剪与土肥水管理的协调性，即互补作用，单纯的修剪不能达到丰产优质目的。就修剪而言，要严格按照丰产的数字化原理来安排或确定枝量及质量，同时解决好光照，才能达到优质丰产高效的栽培目的。

（二）疏散分层形树形与产量的关系

立地条件较好的地方，如平地、沟坝地，水肥条件好。可选择较丰产的品种，密度较小一些，一般每 667m^2 栽 22～33 株。相对来讲，前期产量较低，因为单位面积的株数较少。但单株体积很快变大，初果期树包括中心干，可算为 4 大主枝，当形成第二层主枝时，加上中心干的头，相当于 6 大主枝，也就是说，成形时的体积相当于开心形的两倍。因此说疏散分层形是高产的树形，要求对光照的考虑更严格。根据核桃树光照强度的理论，40%以下的区域将为无效区。因此，层间距要大，叶幕层次分明，枝条的密度要合理，对修剪技术的要求较严格。从整体的枝量和质量控制，提高每一个结果枝的有效性。如果说开心形对修剪技术严格的话，是说对单层叶幕层内枝量的控制和光照最大化。而疏散分层性对修剪的要求更全面，除此之外，还要考虑层间距，即双层叶幕内枝量和质量的控制。那么该树形的产量后期要高于开心形。修剪合理，肥水管理得当，每 667m^2 产量可达到 300kg 以上，甚至更高。

二、密度与产量的关系

核桃园密度与产量的关系有两层意思，除与单位面积的栽植株数有关外。一是枝条密度，枝条的密度决定叶幕的密度，并非单位体积内枝条越多越好，过多的枝条会增加叶片的数量，使局部郁闭影响光合作用，光能转化率不能达到最佳；二是枝条的质量，它决定于上年的母枝质量。因此，对于修剪人员来讲，首先是去掉无用枝，不管技术高低。其次是占据空间，如在一定的密度 4m×5m 内，单株的直径最大是 4m，那么两层叶幕的体积尽量圆满。

三、修剪与产量的关系

修剪与产量的关系是指修剪量与产量的关系。修剪量指剪掉枝条的数量和质量。剪什么枝条，剪多少枝条，留下什么枝条，形成什么样子最有利结果，有利提高坚果的质量，这就是技术的内涵。修剪是整个核桃园经营的一部分，修剪者来到核桃园首先要全面细致查看一番，了解该园管理的基础，对核桃园（树）有个基本评价，提出修剪方案，方可实施修剪。修剪后预计秋季的产量是多少，树势会有什么变化，做到可持续发展。

（一）枝角与产量

我国核桃修剪虽然有较长的历史，但有关研究尚属较低水平。在大量各类年龄时期的核桃园中，理想的树形不多，因为没有经过修剪，所以，最大的问题是枝条的角度不合理，自然生长，即90%以上的树大枝多且主枝直立，说明前期没有开张角度，或不知道多大角度合适。调查发现，丰产的树形都开张圆满，梢部与腰部的枝量丰满，质量均衡，光秃枝少。这样的树形、枝条角度是理想的。因此，对于修剪者来讲第一要素是开张角度，幼树期间首先要把主枝的角度控制在75°～80°，极性强的品种（枝条硬度大）控制在80°，较弱（枝条较软）的品种控制在75°。

角度开张的树形，光照条件好。调查发现，角度开张，大枝少小枝多，即“大枝亮堂堂，小枝闹嚷嚷”。大枝少对光照的遮挡就少，同时也没有光秃枝，因为开张的主枝后部枝条也能生长较好。在相同体积内有效枝条多，光合强度大，光合效率高，产量就高。

（二）枝角与品质

主侧枝枝角合理，结果母枝的数量多，质量均衡，开花的质量好，坐果后到成熟前的光照充足，光合效能好，碳水化合物多，因此品质也好。另一方面，幼树期间果实的风味往往不如盛果期的好，原因就在大树能够反映品种的品质特性。在生长与结果平衡时，坚果的品质是最好的。角度直立反映出来的是生长优势，所以角度直立，内膛的坚果品质就较差。

第五节　核桃修剪与树势的关系

核桃树修剪对树势有重要影响。首先是改变了光路和水路。剪掉一部分枝条就腾出一片空间，光线就进入树体，改善了光照条件；剪掉一部分枝条就减少了对水分的消耗，从而对节省的水分进行了再分配，使留下的枝条得到更多的水分，这就是修剪对树势影响的根本原因。修剪对核桃树的大小是减少，但留下来的枝条质量提高了，生长势增强了。如果修剪量太大，大砍大拉，伤口增多，树势反而削弱了。修剪对树势的影响也是一分为二的，辩证的。因此，修剪技术非常重要，应当高度重视，正确把握。

一、树势评价体系

树势评价体系是非常重要，一个核桃修剪技术人员不懂如何评价树势，就不能提出科学合理的修剪方案，即使是修剪也是盲目修剪，达不到修剪的最佳目的。

（一）立地条件与树势

立地条件好，树势就较强。国外核桃园基本上都在平地建园，并且有灌溉条件。我国人多地少，土地利用率较高，尤其是核桃园，各种条件都有，这就增加了管理的难度和成本。立地条件好树势容易调节，因为较好的肥水可以增强树势。而条件较差的地方，土壤贫瘠，缺乏肥水，一旦树势衰弱，很难恢复。因此，修剪技术人员应当充分考虑核桃园的立地条件，慎重下剪。

山地核桃园，修剪要轻，切忌造大伤口。除解决好通风透光外，适当疏除一些弱小枝即可。根据预测产量提出肥水管理程度，如果没有条件则要疏花疏果，在保持树势健壮的条件下结果，不能让产量把树势搞垮。其实山地核桃园（立地条件较差）管理要把土肥水放在首位，其次再是修剪。基础管理搞好了，修剪会取得满意的效果。

（二）土肥水管理与树势

土肥水管理条件好，树势就强，修剪能够发挥最大效益，容易达到预期的效果。修剪者估计产量比较准确，留枝量和留果量容易掌握。土肥水管理条件差的核桃园树势普遍弱，尤其是进入盛果期后，肥水管理成为核桃园管理的主要矛盾。修剪主要是去掉无用枝，调整结果枝组，提高结果母枝的质量。总之，要想多结果、结好果，必须树势好。土肥水管理好树势才壮。

（三）伤口与树势

核桃树如果刮掉皮，造成较大的伤口，树势必然衰弱。因为树皮是树体水分养分的通道，破坏了树皮就等于破坏了通道，树液流动慢了，树势自然也就弱了。因此，从建园栽植开始，定干就要一步到位，不要改造，使主干通直，不造任何伤口。以后要经常检查，一旦发现有萌蘖，及时抹掉，能抹则不剪；主枝尽量少造或不造伤口，使从根部吸收上来的水分能够很快输送到树体所有部位，也能够把光合产物迅速下运到根部，这样上下交流畅通树势生长就健壮。有修剪就有伤口，但修剪越早伤口就越小、越少。不需要的枝条及早疏除，特别要注意内膛枝和辅养枝，该去就疏去。大树主要是结果枝组的调整，基本不会造成大伤口，尤其不会造成骨干枝的大伤口。

（四）伤口保护

伤口出现后应当及时保护，以免造成不良后果。幼树期间是培养树形的时期，伤口处理不当会适得其反。主干造成伤口，极易形成小老树。盛果期树容易发生腐烂病，主干发病需要刮治，刮治即形成伤口。老树更新时必然会锯除大枝，形成较大的伤口。所以，伤口保护处理不容忽视，是修剪管理中的重要环节。2cm 以下的伤口，修剪平滑即可。2cm 以上的伤口必须用保护剂或油漆涂封，消灭病菌，防止水分蒸发，保证剪口芽正常萌发。较大的伤口杀菌后用油漆涂严。老树上的伤口杀菌后，还可以用水泥等填充物封严。

二、品种生长势评价

我国核桃品种较多，下面用枝条类型分别对各品种加以阐述。

（一）短枝型品种

短枝型品种萌芽力较强，成枝力较弱。由于养分较平均地分配到各个芽，顶端抽生大枝的数量很少，特点是大枝少，短枝多。尤其是角度开张的枝条，当年缓放，多发生短枝。正常的外围延长枝具有代表性，尤其是骨干枝，顶端的分枝可明显地辨别出是哪类品种。一般重剪的延长枝，剪口附近的几个芽都是饱满芽，能够抽生 1～3 个中、长枝，占发枝数的 1/6～1/5。节间较短，属于短枝型品种。特点是短枝比例多，节间短。辽宁系品种具有代表性。

短枝型品种不一定生长势弱，平常认为短枝型品种就弱是错误的，应该说短枝型品种树势容易变弱。由于短枝型品种芽子饱满，容易成花，结果多，控制不当常常使树势由强变弱，形成小老树。修剪技术的关键要着眼于平衡生长与结果关系。盛果期的树要保持55％的力量长树，45％的力量结果。

幼树期间是培养树形阶段，短枝型品种要适当多短截，促使形成较多大枝，尽快扩大树冠。进入结果期间，要及时疏除过多的、直立的、向内生长的二次枝，特别是细弱的短小枝条，保持冠内强壮清晰态势。盛果期及时回缩和疏剪，保持结果枝组的空间和旺盛的结果能力。

（二）中枝型品种

中枝型品种是指中等长度的枝条比例较多的品种，萌芽力与成枝力均较高。一般重剪的延长枝，剪口附近的饱满芽，能够抽生3～5个中、长枝，占发枝数的1/ 4～1/3。节间距离中等，属于中枝型品种。特点是中短枝比例多，节间长居中。鲁光、香玲品种具有代表性，核桃品种多数为该类型。

中枝型品种生长势中等，中、短枝容易形成果枝群，大量结果后容易衰弱。保持一定的生长势可维持较长的结果期。同时，中枝型品种有较多的中、长枝，对于树形培养和枝组的形成都较容易。在核桃园中应该属于较好管理的树。

（三）长枝型品种

大多数旺长树属于长枝型品种。特点是长、中枝较多，生长旺盛，结果较少。晚实品种大多数属于此类，如晋龙1号、晋龙2号、清香等。早实核桃品种如中林1号、中林3号、西扶1号、薄壳香等。节间较长，有些长达5cm。一般延长枝重剪后，剪口附近的饱满芽能够抽生4～6个中长枝，占发枝数的1/3～1/2。而且枝条多直立，有些品种还有抱头生长的习性。这些品种极性强，幼树期间如果不及时开张角度，以后很难开张。初果期后的树开张角度就必须借助手锯进行拉枝，甚至需要二次锯，增加了难度和修剪成本。同时由于树枝较旺，结果较少，影响了前期的经营收益。长枝型品种生长势强，结果寿命较长，同时抗病性也较强。利用好这些特性，有利核桃园的可持续效益。注意要较早地开张角度，以便获得早期收益。

三、修剪原则

（一）主枝、侧枝与结果枝组的比例

管理较好的树，主枝、侧枝与结果枝组有一个合理的比例。既好看又实用。看起来大枝明晰，小枝繁多。实际上通风透光好，产量品质好，经济效益高。那么在盛果期的理论数字应该是1∶5∶20（100～200个新梢）。

开心形树形有三大主枝，15个侧枝（含延长头），60个结果枝组，有400～600个新梢。早实品种按果枝率80％计算，有结果枝320～480个。果枝平均结果按1.5个计算，可结果480～720个，每千克核桃按100个计算，单株产量为4.8～7.2kg。如果栽培密度为4m×5m，每667m^{2}栽33株，则每667m^{2}产量为158～237.6kg；疏散分层形树有主枝5个，侧枝25个（含延长头），100个结果枝组，有新梢600～900个。早实品种按果枝率80％计算，有结果枝480～720个。果枝平均结果按1.5个计算，可结果720～1 080个，

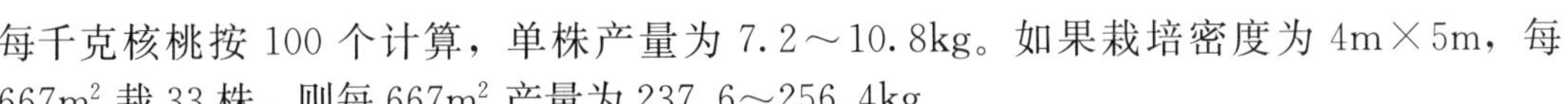

每千克核桃按 100 个计算，单株产量为 7.2～10.8kg。如果栽培密度为 4m×5m，每 667m² 栽 33 株，则每 667m² 产量为 237.6～256.4kg。

核桃园栽培密度不同，品种不同，在各个年龄阶段结果枝的比例不同，果枝平均坐果量不同，产量也不同。围绕核桃园经营的目的，做好修剪等管理工作是一个修剪技术人员的基本职责。

（二）枝条（树冠）密度控制

核桃园枝条密度控制原则是前促后控。幼树期间适当多短截，促进尽快成形，增加枝量，以达到盛果期。盛果期前期，力争达到理想的主枝、侧枝与结果枝组的比例。从而达到丰产稳产，优质高效。如果在盛果期缺乏正常的修剪，枝条的数量将会急剧增加，而枝条的质量有所下降，在肥水缺乏时，大量结果枝枯死，出现大小年现象，树势变弱。

根据各类枝条在树冠中的分布情况和光合效率的合理性，短枝的分布空间为 10～15cm，中枝的空间为 15～20cm，长枝的空间为 50cm。各类枝条的比例在不同年龄阶段不同。幼树期间中、长枝的比例较多，进入盛果初期的树中、短枝比例较多，老树短枝（群）比例较多。合理的枝类比例有利增强树势和持续丰产。

幼树期间，适当多短截，加快分枝，在开张角度的同时增加中短枝比例，盛果期维持中短枝的比例，老树及时回缩更新，提高短枝质量，保持一定数量的中短枝，可以达到延长经济寿命的目的。

（三）各级骨干枝的角度

各级骨干枝的角度在树形结构形成、树体生长势、产量和品种方面都非常重要。因此在修剪实践中得出一些数字规范，请参考以下各级骨干枝角度参数。

1. 主干　主干（中心干）与地面垂直，呈 90°，生长极性强。如果发现幼树主干倾斜，角度小于 90°或中部弯曲，请设立支柱调直。垂直的主干及中心干生长势最强。

2. 主枝（角度与发生位置）　核桃树三大主枝的平角为 120°，可以合理占据空间。主枝发生的部位会影响中心干的生长势，即邻接着生会形成掐脖现象，抑制中心干的生长势。三大主枝临近着生，相互错开较合理。如果中心干的粗度大于主枝粗度的 50%以上，邻接着生的影响不大。主枝与中心干的角度，基角为 65°、腰角为 75°～80°、梢角为 70°是理想的角度。这种树形结构的体积最大，其内部的空间最大，可容纳较多的结果枝组，并且对光能的利用率高。

在生产中可以看到定植大苗定干后，抠除竞争第二、三芽，促使下部萌发的三大主枝的角度非常适合。栽大苗不仅可以高干低留，主干较高、较粗，中心干的粗度也是主枝的 1.5～2 倍，这样的结构即使有点邻接问题也不大。但是，如果中心干的粗度和主枝的粗度一样大，甚至中心干的粗度还没有主枝的粗，那么，将来一定会出现下强上弱，最终成为开心形树形。

3. 侧枝　侧枝与主枝的夹角应为 45°左右，向背斜下侧延伸生长，占据空间，形成大型枝组。侧枝上的枝组互不干扰，枝组内的枝条可交替生长，去弱留强，保持旺盛的生长和结果能力。

（四）控制伤口原则

核桃树修剪就会造成伤口，而伤口的位置、大小和数量会直接影响树势，所以，在核桃树的整形修剪过程中必须高度重视伤口的控制。科学合理地修剪，既可培养出丰满的树形结构，又不留影响树势的伤口。相反，修剪不当，不仅会造成大量伤口，导致愈合困难，还直接影响将来的结果和寿命。下面分别提出控制伤口的基本原则。

1. 部位 在主干上一般不造成伤口，主干上的伤口对树势影响最大。伤口的数量和面积越大影响越大。因此要尽量避免在主干上造成伤口，特别是较大的伤口。预防主干伤口的发生有两条，一是栽植大苗，可直接选择光滑通直的树定干，然后一次性留出第一层主枝。如果在主干部位发现萌蘖，及时抹掉；二是如果栽植苗木较小，可在基部接口以上2～3个芽处截干，留出保护桩。待萌芽后长成大苗，下一年再定干；主枝上一般也不留伤口，伤口对树势的影响仅次于主干。因此，主枝上的伤口也要及时控制，背上枝及早去掉，背下枝及时控制或疏除，根据树形培养步骤，随时疏除多余枝条。中心干上的分枝，要及时控制。至选留第二层主枝前，在层间距部位可留2～3个中、小型结果枝组，严格控制大小，以免造成冠内郁闭。多余枝组及时疏除，不要造成伤口。在整形修剪期间经常循环检查，及时修剪。在5～6月生长高峰期每周检查一遍，发现位置不合适的枝条及时抹掉或疏除。

2. 面积和数量 在整形修剪中尽量不造伤口，或少造伤口。万一需要处理枝条，造成伤口，也要考虑伤口的位置和面积。主干上的伤口直径不要超过主干粗度的1/3，数量不超过1个；主枝上的伤口直径不要超过主枝粗度的1/4，数量不超过2个。新伤口须及时消毒处理，超过2cm的伤口还必须用封口剂保护。

（五）提高资源利用效率

1. 地下肥水资源的利用 核桃园的建立，会对地下肥水资源进行利用。资源利用是否充分，与前期栽植密度，树体生长，和修剪管理有一定的影响。密度合适会及时利用地下的养分与水分。稀植的核桃园对地下肥水有所浪费，因此适当密植和林下间作对于合理利用地下水分养分具有重要意义。变化性密植也可在建园时考虑。从修剪的角度考虑，准确把握修剪原则，科学运用修剪方法，尽快扩大树体，是对地下肥水资源的最好利用。

2. 地上光热空气资源的利用 同样，新建核桃园对地上光热空气资源也会有效利用。修剪对顶部光照的利用非常重要，修剪好的树体，通风透光好，顶部和外部枝条的密度合理，光照可以透过树体2～3m，在不同部位可达到最佳光能利用。修剪较差的核桃园，外部郁闭，在树冠内部2m即不能有效光照，中部无效空间就较大，这样就浪费了光热资源。同样的密度，不能产生同样的光合产物，影响了核桃园经营效益。

3. 土地资源的利用 土地资源的利用与核桃园的栽植密度密切相关。密植园大于稀植园，生长快的核桃园大于生长慢的核桃园，树体高大的核桃园大于较小树体的核桃园。核桃园的经营比农作物的经营对土地资源的利用率高，是由于根系的庞大。核桃树的主根深达3m以上，冠径可达10m以上，而农作物的根系分布范围仅20～30cm。因此，经营好的核桃园不仅密度合适，修剪管理也很重要。修剪管理好树体发育快，根系分布又深又广，会尽快利用土壤资源获得经济收益。

第十一章 核桃病虫害及防控

良好的栽培管理技术与品种选择是核桃丰产优质的物质基础，及时防控病虫为害是促使核桃健康生长发育并获得优质果实丰收的重要保证。我国作为全球核桃栽植大国，每年因病虫为害减产20%～30%，严重时减产50%以上，不仅经济损失惨重，还直接影响着核桃产业的发展。因此，核桃病虫害的有效防控技术，是高效生产优质核桃、维护核桃可持续发展的重要环节之一。

第一节 病虫害防控原则

按照有害生物综合治理的基本原则，核桃病虫害的综合防控应当从可持续发展的生态学角度出发，全面考量生态平衡、生长特性、经济利益和防控效果等，综合制定最合理优化的防控措施。核桃是多年生树木，寿命长，单株效益较高，生态系统相对平衡，病虫害的发生种类与程度也相对稳定，因此，除检疫性病虫害要求必须彻底消灭外，其他病虫种类应当根据其重要性、发生特点和为害程度等区分对待，根据经济阈值制定相关措施，进行科学合理的综合防控。

（一）预防为主，综合防控

这是我国植保工作的总方针，也是核桃病虫害防控的总方针。这个方针的基本内容是：从农业生产的全局和农业生态系统的总体出发，以预防为主，充分利用自然界抑制病虫害的各种因素，创造不利于病虫害发生、蔓延与为害的环境及生态条件；有机地选用各种必要的防控措施，即以农业综合防控为基础，根据病虫害的发生发展规律，因时、因地制宜，合理运用物理措施、生物技术及化学药剂防控等，经济、安全、有效地控制病虫为害；既要达到高产、优质、高效的目的，又要把可能产生的副作用降到最低限度，以保护、维持和恢复生态平衡。对于核桃植保而言，这个总方针主要有三点：一是从核桃生产的自身特点和生态系统的总体观念出发，各种防控措施都要考虑病虫害与各种因素的相互关系，既要注意当时的防控效果，又要考虑多年持续性的生产特点，同时还要保护有益生物、避免各种有害的副作用；二是要注意各种措施的有机协调与配合，充分利用农业综合措施和生态措施，在此基础上合理选择并配合使用物理的、生物的及化学药剂的有效方法，因时、因地、因病虫害种类不同而采取必要的防控技术，最终达到经济有效的防控目的；三是要全面考虑经济、安全、有效的有机结合，无论采取任何措施，都既要控制病虫为害，又要注意节约人力财力、降低防控成本，最终达到丰产丰收高效，并要保证人畜安全，避免或减少对环境的污染、毒副作用和对生态平衡的破坏。

（二）抓住主要病虫害，充分考虑兼防兼控

在核桃树的不同生长发育阶段或不同地区、不同果园，都可能有多种病虫不同程度的为害，但具体防控时不能眉毛胡子一起抓，要善于抓住主要病害或害虫种类，集中措施解决对生产为害最大的病虫害问题。同时还要密切关注次要病害或害虫的发展动态和变化，有计划、有步骤地防控一些较为次要的病虫。例如，新建核桃园调运苗木时，主要应考虑并坚决避免苗木所传带的危险性病虫，如各种根部病害、枝干害虫等；幼树核桃园以保叶促长为主，病虫害的防控重点是为害叶片的病害或害虫和个别为害枝干的害虫，如枝枯病、溃疡病、大青叶蝉、介壳虫类等；盛果期以保果保树为主，其防控重点则为为害果实的病害或害虫和枝干病虫害，如炭疽病、黑斑病、腐烂病、核桃举肢蛾等。另外，不同物候期防控的重点及措施也不相同，应从全局出发、有主有次、全面统筹。休眠期的防控中心是解决越冬的病原物和害虫，主要措施是果园卫生，而果园卫生的重点是依据当时当地的主要病害及害虫种类；展叶开花期，应着重防控病害的初侵染和害虫的始发阶段，具体措施、选用药剂种类、药剂浓度、用药时机等，应主要针对当年可能严重发生的病害及害虫，而且要尽量兼顾其他病虫害；结果期至成熟采收期，以保证果实正常生长发育为主，主要措施以保果为中心，兼顾保叶。再有，不同气候条件下的病虫害防控重点也不相同，如干旱年份或地区以防治蚜虫和叶螨类为主，而雨水较多年份或地区则应以防治黑斑病和炭疽病为主。

（三）立足群体，重视单株

核桃病虫害的防控主要是面对核桃园（群体），控制病虫害在园内的整体发生与为害。但是，核桃属多年生果树，单位面积上株数较少，单株体积较大、经济效益较高，若因病虫害造成植株枯死、园貌不整，对单位面积和整体的产量与效益影响很大。同时，果园的群体是由为数不多的单株构成的，单株受害往往是群体受害的基础和先兆。所以，有效防控核桃病虫害在注意群体的同时，还必须重视单株；在全面防控的同时，还必须重视少数植株的病虫害治疗。这是果树病虫害防控与大田作物及蔬菜之间的最大不同。例如，核桃腐烂病可导致死枝死树甚至果园毁灭，防控时对整个果园来说必须采用壮树防病、伤口保护及休眠期病菌铲除等综合措施控制该病在果园中蔓延流行；同时，对单株及少数枝干上发生的腐烂病斑，必须及时治疗，治疗后还要通过增施肥水、控制产量等措施促进树势恢复。再如，许多根部病害是造成死树甚至毁园的主要原因之一，发现后必须及时治疗，并促进树势恢复。另外，有些害虫（如介壳虫类）在果园内扩展蔓延速度缓慢，发生为害具有相对局限性，甚至只发生在个别植株上，对于这类害虫防控时就应以单株为单位进行挑治，既达到防控目的又可节约投入成本。病斑和病树治疗及害虫挑治，既是避免死枝死树、保持园貌整齐的重要环节，也是预防病虫害由点到面扩大流行的有效措施。

（四）措施合理，节支增收

使用最少的人力、物力、财力，最大限度地控制病虫为害是搞好核桃病虫害综合治理的基本要求。也就是说，必须有经济观念、效益观点，最终达到低投入、高产出的目的。要想做到这一点，必须在“措施合理”上下工夫。措施合理的第一要素是“巧”，即俗语常说的“好钢用在刀刃上”。做到“巧”的关键是掌握病虫害的发生规律和发生特点，把

有限的人力、物力、财力用在关键时刻。例如，防控核桃草履蚧为害，关键点是在早春阻止草履蚧上树，早春在核桃树干下部捆绑塑料裙或缠绕粘虫胶带即可，该措施简单有效，既生态又环保；但若等草履蚧上树后再进行药剂防治，既费工、费力、费药，又污染环境，还收不到良好的防控效果。又如核桃根癌病的有效防控，关键是培育和栽植无病苗木；若种植带病苗木后再进行园内防治，一是早期不易发现，二是后期发现后已“病入膏肓”，已很难彻底治愈并恢复健康生长，且还必须投入较高的人财物等。措施合理的另一要素是要有合理的防控指标。也就是说，除少数特别危险性或检疫性病害虫应彻底消灭外，对绝大多数病害虫均不要求“赶尽杀绝”。例如，防控叶部病虫害时，达到控制叶片不大量受害、不大量早期脱落即可；防控果实病虫害时，达到控制病、虫果率不超过3%即可。过高的要求，只能用过高的防控成本来换取，这不符合节支增收的经济原则。

（五）防控病虫为害，并非防治病虫

在核桃生长发育过程中，常有多种害虫或病害发生，有的可以造成一定甚至很大危害，有的则可能对核桃的生长发育影响可以忽略不计，即对人类的经济活动没有损害或损害甚微。例如，有的食叶害虫或为害叶片的病害，属于偶发性害虫或病害，一般只是零星发生，只为害个别或少数叶片，并不影响核桃的正常生长发育，也不能给人类造成显著的经济损失。像这类害虫或病害，虽然核桃园内时有发生，但并不需针对性防控，从生态学的角度来说，“和平共处”维护生态平衡是最好的选择。但像核桃举肢蛾、炭疽病、溃疡病这类病虫害，在核桃产区基本为普遍发生，每年都有可能造成一定甚至严重损失，所以必须采取针对性措施，以控制其危害程度。另外，像根朽病、白绢病等根部病害，虽然一般为零星发生，但其发病后常造成受害树死亡，损失较大，所以发现后也应尽力进行治疗。也就是说，防控病虫为害是指防控那些对人类活动造成显著经济损失的害虫或病害。

（六）控制和保护环境，减少用药次数

病害虫的发生为害程度受环境条件制约，其中许多是人为可控制因素。在核桃生产管理中，若通过创造利于核桃生长发育而不利于病害虫发生为害的环境条件，进而控制病虫为害、促进核桃健康生长发育，则是最理想的综合防控方案。在实际生产中，多数可通过控制小环境因素，来减轻病虫害的发生，进而减少用药次数，保护生态环境，降低成本支出。如合理修剪使果园通风透光良好，可降低核桃炭疽病和黑斑病的发生，高垄栽植或干基培土可有效控制基腐病、白绢病的发生等。另外，化学农药虽然是保证核桃健康生长发育的主要措施之一，但过量或多次使用不仅增加防治成本、加大农药残留，还会导致生态平衡的严重破坏，诱发另外一些病虫害的严重发生，进而导致农药用量进一步增加，形成恶性循环。因此，在实际生产中必须树立环保和生态意识，尽量做到避害趋利。例如，许多杀虫剂对人、畜及有益生物（主要为天敌昆虫）均具有一定毒性，并形成一定的环境污染，是对人类健康和农业生态系统平衡的重大威胁之一。尤其是那些不易分解、不易代谢、不易衰变的农药成分，长期大量使用必然带来严重后果。因此，在生产实践中首先应该筛选和使用高效、低毒、低残留的专化性药剂，如阿维菌素、甲氧虫酰肼、氯虫苯甲酰胺、灭幼脲、硫酸铜钙、吡唑醚菌酯、甲基硫菌灵等，逐渐淘汰高毒、高残留的广谱性药剂，如杀扑磷、硫丹、毒死蜱、退菌特等，并推广使用生物性农药；其次应注意农药的合

理使用，对症下药，避免滥用农药；第三要大力研究和推广病虫害的非农药防控措施（如诱虫灯、性诱剂、诱虫粘板等），采取综合防控技术，逐渐减少对农药的依赖性。病菌及害虫对农药产生的抗药性，不但是农药不合理使用的直接后果，反过来又加剧了喷药次数及用药浓度的不断提高，不但增加了防控成本，而且也加剧了农药的毒害和对环境的污染及生态平衡的破坏。

另外，核桃树既是经济林又具有生态林的功效，在许多山区和戈壁地区尤为突出。因此，新建核桃园时要科学规划间作林带和防护林带，合理间作豆科、十字花科等农作物或牧草，营造多树种、多林种、多作物的复合型经济林区。以充分发挥树种间病虫害相互调控的生态功效，抵御或减缓病虫害扩散速度，进而降低化学药剂的防控压力。

第二节　病虫害防控途径

根据植物病虫害的防控原则，综合核桃病虫害发生为害特点，将其基本防控技术归纳为植物检疫、农业综合防治、物理措施、生物技术及化学药剂防治五大类。

（一）加强植物检疫

植物检疫是由国家颁布条例和法令，对植物及其产品，特别是苗木、接穗、插条、种子等繁殖材料的调运与贸易进行管理与控制，防止危险性病、虫、杂草传播蔓延的措施。1992 年我国正式颁布和实施了《中华人民共和国进出境动植物检疫法》，标志着我国动植物检疫工作发展到一个更高的阶段。植物检疫是国家保护农业生产与生态的重要措施，也是必须履行的国际义务。近几十年来，先后传入我国的危险性果树害虫有苹果绵蚜、柑橘大实蝇、美国白蛾等，其中美国白蛾对北方核桃栽植区的生产面临着巨大威胁。

植物检疫分为对（国）内检疫和对（国）外检疫两大类，其依据是有关国家机关颁布的“检疫条例”。它是一种强制性的法律文件，违反条例规定的，应予以批评教育或行政处分；造成损失的，视情节责令赔偿；触犯刑律的，依法追究刑事责任。因此，必须以严肃的态度来对待。对内检疫是防止危险性病、虫、杂草在境内传播蔓延，对外检疫是防止危险性病、虫、杂草由境内输出或由境外输入。

“凡局部地区发生、危险性大、能随植物及其产品传播的病、虫、杂草，应定为植物检疫对象”。检疫对象由农业部门和林业部门制定。对于检疫对象的确定必须具备三个基本条件：①必须是局部地区发生的，检疫的目的是防止危险性病、虫、杂草扩大为害范围，已经普遍发生者就没有进行检疫的必要。②必须是主要通过人为因素进行远距离传播的，通过人为因素进行远距离传播的病、虫、杂草，才有实行检疫的可能性，才能列为检疫对象。③危险性的，只有那些能给农林生产造成巨大损失的危险性病、虫、杂草，才有实行检疫的必要性。

检疫时，首先通过调查划分“疫区”（已发生的地区）和“保护区”（没有发生的地区），而后在疫区和保护区之间严格执行检疫制度，由国家和相关部门设在港口、机场、邮局、海关、车站及相关临界区的检疫部门，对进出境或从疫区调出的苗木、接穗、插条、种子及植物产品等实行严格控制，避免检疫对象的扩散蔓延。作为检疫对象，一旦从疫区传入到保护区，就必须采取紧急措施，不惜花费人力、物力、财力，将其彻底消灭，以防后患。

另外，有些主要通过苗木、接穗、插条等传播的病害虫，虽然已经发生较普遍或并不是检疫对象，但对未发生区域或具体核桃园而言，也应参考检疫制度进行严格防范，杜绝使用携带病虫的苗木、接穗等，避免造成无穷后患。如核桃根癌病、根结线虫病、紫纹羽病等。

（二）充分利用农业综合防控技术

农业防控是根据病虫发生与核桃生态环境的关系，通过一系列栽培管理技术，调控和改善生态环境，促使核桃生长健壮，提高其抗逆能力，创造不利于病虫发生为害的环境及生态条件，进而控制或减轻病虫为害的一类措施。农业防控是最经济、最基本、历史最悠久的防控措施，也是最环保、最无公害的一类防控方法。核桃上常用的农业防控技术有如下 6 种。

1. 园地选择与间套作　新建果园时，尽量选择适宜核桃生长的地块及生态环境，不适宜地块可在适当改造后再行栽植。一般核桃喜欢土壤疏松、土层较厚的微碱性土壤，pH 7～8.2 较好，土壤含盐量不超过 0.25%。不论山地、丘陵、平原都可建园，但不宜在土层瘠薄、红胶泥土、黄泥土及白干土上建园。核桃生长发育最适宜的气候条件为：年平均气温 9～16℃，极端最低气温不超过－25℃，年日照 2 000h，无霜期 150～240d，空气相对湿度 40%～70%。坚决反对盲目在高山上建园，不少地方在山顶土层瘠薄处营造核桃林，结果核桃树生长衰弱，病虫害发生严重，在核桃树尚未结果时即陆续毁园。另外，注意防风林建设和间套作植物，不宜选择刺槐和加拿大杨作防风林，行间避免间套作花生、甘薯等作物，以减轻部分病虫害的交互传播为害。

2. 培育和利用无病虫繁殖材料　繁殖材料携带病、虫是核桃苗木的一个较重要问题，尤其是根部病害和介壳虫类等，常随苗木、接穗等扩散蔓延。培育和使用无病、虫繁殖材料，是预防这类病虫害的重要措施，也是最根本措施。获得无病、虫繁殖材料的措施因具体病、虫而异，对于根部病虫害，主要是在无病、虫苗圃中育苗和在无病、虫株上选取接穗等。

3. 搞好核桃园卫生　核桃园卫生是控制病虫发生的重要措施之一，其基本原理是铲除、消灭或减少果园内外的病原物及害虫。具体方法为：清除病虫残体，去除病虫果、病虫叶、病虫枝、病虫梢等，刮除枝干粗皮、翘皮、病斑、病皮，掏除蛀干害虫，破坏害虫繁殖和越冬场所，刨除病株，清除核桃园内枯枝、落叶、落果、杂草等。

病虫种类不同，核桃园卫生的重点不同。具体到不同病虫害，应根据其越冬特点、病虫来源特点、病虫发生及流行规律等，设计不同防治对象的核桃园卫生重点。例如，核桃举肢蛾主要为害果实，以老熟幼虫在树冠下土中或杂草、枯叶、石块、土缝间结茧越冬，所以果园卫生的重点就是春季细翻树盘、消灭越冬幼虫和及时清除树上、树下病虫果；核桃黑斑病菌主要在树上病斑中越冬，翌年通过风雨传播进行为害，所以核桃园卫生的重点就是在核桃发芽前药剂清园。另外，病虫种类不同，核桃园卫生的效果也不同。对于越冬场所比较单一，并且能够彻底清理者，核桃园卫生措施可以起到很好的防控作用。对于越冬场所比较多，且不易彻底清除者，果园卫生虽然没有彻底效果，但作为病虫害防控的一个环节，在综合防控中仍具有重要意义。

4. 合理修剪，控制病虫 修剪是核桃栽培管理中的重要环节，也是防治病虫害的重要措施之一。合理修剪，可以调整树体的营养分配，促进树体生长发育健壮，调节结果量，改善通风透光状况，增强树体的抗逆能力。同时，结合修剪，还可剪除病虫枝、病虫梢、病虫芽、病虫果等，显著减少了病害侵染来源及压低了害虫发生基数，有效“预防”了病害虫的流行和发生。

但是，修剪所造成的伤口又是许多病菌的侵入门户和一些害虫的为害场所，修剪不合理不仅可造成树势衰弱、降低树体抗逆能力，还有可能加重某些病害的发生程度，并诱发一些害虫的种群增长。所以，在树体修剪过程中，要尽量结合病虫害防治的要求，采用适当的修剪方法。同时，对修剪伤口要进行适当的保护和处理。另外，修剪下来的病虫枝、梢、叶、果等组织，要及时清到园外销毁或远离核桃园堆放，以防止病虫再向园内传播转移。

5. 合理土肥水管理，提高树体抗逆能力 土肥水管理直接影响树体的营养状况和抗逆能力，影响枝叶的繁茂程度，间接影响果园的小气候环境，所以与病虫害的发生及流行具有密切关系。从施肥角度而言，根据果园土壤肥力状况、树体不同发育阶段的生长需求等，合理安排肥料种类与数量、科学搭配营养比例、灵活选用施肥方法，最终达到促进树体健壮生长、提高树体抗逆能力的目的。从灌水角度而言，生长期以满足树体生长发育需要为目的，休眠期从防止冻害和预防枝干病害来考虑。北方地区，冬前不宜灌水过多，以免树体充水、易受冻害；早春及时灌水，防止树体缺水、降低抗性。同时，枝干病害严重的果园，一般也是冬前控制浇水、早春及时灌水。从土壤角度而言，一方面高垄栽培或树干基部培土可以避免树干基部积水，预防基腐病、白绢病的发生，另一方面冬季深翻树盘可以破坏一些在土壤中越冬害虫的生态环境，导致越冬害虫存活数量减少，有效降低翌年为害程度。

6. 适期采收与合理贮运 果实采收及贮运与采后病虫害的防控效果具有密切关系。是否适期采收及采收和贮运过程中造成伤口的多少、贮运方式、贮运期的温湿度条件等，都直接影响果实质量品质和采后病虫害的发生及为害程度。采收过早，果仁成熟度及质量偏低，抗病能力低，易诱发一些生理性病变；采收过晚，形成大量落果，并造成许多果实伤口，易诱发贮运期的许多霉菌感染，发生果仁霉烂病。另外，贮运时应适当保持通风，防止湿度及温度偏高，加重果仁霉烂的发生。需要指出，有些贮运期发生的病虫害许多都可以从田间带来，所以防治果实贮运期的病害虫，还必须以良好的田间防控效果为基础。

（三）尽量利用物理机械防控措施

物理机械防控是指利用光照、温度、辐射、气体、各种膜物质等物理因素和简单器械来防控病虫害的一类方法，该类方法操作简单、成本低、效果好、没有污染、不破坏生态平衡，是生产无公害农产品的重要措施之一。有效防控核桃病虫害常用的物理机械措施有如下 5 种。

1. 温度处理 通过温度处理，杀死或控制病虫为害的一类措施。如新建果园时，通过夏季的干旱高温晾晒，可以杀死土壤中的根腐病菌、紫纹羽病菌及多种土壤害虫，以达到土壤消毒及杀虫目的。又如种子、苗木、接穗等繁殖材料的热力消毒等。

2. 机械阻隔 机械阻隔是一种通过机械方法阻断病原物或害虫传播、扩散、蔓延的

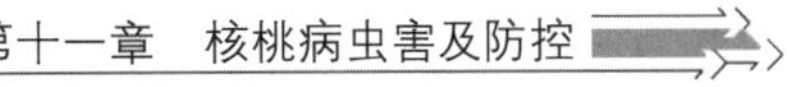

防控措施。如病树周围挖封锁沟，防止根部病害蔓延；在树干下部捆绑塑料裙或涂抹粘虫胶环，防止以爬行为主的害虫（如草履蚧）上树为害；树干涂白阻止天牛类害虫产卵等。

3. 诱杀害虫　诱杀法主要是利用害虫的趋性，配合一定的物理装置、化学毒剂或人工处理来防治害虫的一类方法，通常包括灯光诱杀、食饵诱杀和潜所诱杀3种。

（1）灯光诱杀　许多昆虫都具有不同程度的趋光性，并对光波（颜色）有选择性。利用害虫对光的趋性，采用黑光灯、频振式诱虫灯、双色灯等并结合诱集箱（袋）、水坑或高压电网诱杀害虫。如利用频振式诱虫灯诱杀许多鳞翅目和鞘翅目害虫，采用黄色粘胶板或黄色水皿诱杀有翅蚜虫等。

（2）食饵诱杀　有些害虫对食物气味有明显的趋性，通过配制适当的食饵，可以利用这种趋化性诱杀害虫。如配制糖醋液可以诱杀多种金龟子，在苗圃中撒施毒麸可以诱杀蝼蛄等。

（3）潜所诱杀　利用害虫选择隐蔽场所潜伏越冬的习性进行诱杀。例如，利用核桃瘤蛾老熟幼虫在树下化蛹的习性，可在树干周围直径1m的地面上堆集石块，诱集化蛹，而后捕杀；秋季在核桃树干上绑缚草把诱集越冬叶螨等多种害虫（螨），初冬解下集中烧毁等。

4. 人工防控　人工防控是指根据病虫害发生规律和特点所采用的直接消灭病虫或破坏病虫生存场所的一类人为防控措施。根据该类方法的不同特点，基本可归纳为5种。

（1）振树杀虫　利用害虫具有假死性的特点，在害虫集中发生期，振落并集中消灭。如利用金龟子类成虫的假死性，在傍晚或清晨振树捕杀等。

（2）人工摘除　在病虫集中发生期或零星发生初期，人工摘除，防止病虫扩散的一类方法。如摘除卵块、虫苞、网幕、发病中心等。

（3）破坏生存场所　根据病虫发生特点，在其相对集中阶段，对其存在场所进行人为破坏或铲除的一类防控方法。例如，翻耙树盘，破坏害虫越冬场所；铲除病菌越冬场所等。

（4）捕捉害虫　人工直接捕杀害虫的一类措施，多用于蛀干害虫（天牛、吉丁虫等）的防治。

（5）树干涂白　用石硫合剂、白灰等配成涂白剂，在秋后或蛀干害虫产卵前进行树干涂白。既可预防发生冻害，又可阻止蛀干害虫的成虫产卵，还可杀死初孵幼虫。

5. 外科手术　主要应用于枝干病害和根部病害的治疗与挽救。核桃属多年生木本植物，单株经济收益较高，患病后一般不轻易刨除，而施以必要的“外科手术”，尽力进行挽救。例如，腐烂病、溃疡病等枝干病斑的刮治，白绢病、紫纹羽病等根部病害的病斑治疗，病树的桥接或脚接，桑寄生、槲寄生的植株体去除等。

（四）大力推广与使用生物防控技术

生物防控是利用有益生物或其代谢产物及仿生物控制病虫为害的一类方法。该法不污染环境、无农药残留、不破坏生态平衡，具有无公害和可持续发展的特点。首先，生物防控对人、畜安全，对环境影响极小，尤其是利用活体生物防控病虫害，由于天敌生物的作用专化性，不仅对人、畜无害，而且也不存在残留和环境污染问题。其次，活体生物防控对有害生物可以达到较长时间的控制目的，且不易产生抗性问题。第三，生物防控的自然资源相对丰富，易于开发利用。所以，目前国内外都在致力于生物防控技术的开发研究与应用。

病虫害生物防控的途径和方法很多，目前在生产上应用的主要有天敌的保护和利用、微生物颉颃作用、交叉保护作用、植物源农药、昆虫激素类药剂等。

1. 天敌的保护和利用 主要应用在害虫防控方面。核桃生态系中生存着多种天敌和害虫，它们之间通过取食和被取食的关系，构成了复杂的食物链和食物网。许多害虫受到多种天敌的控制，种群数量一直处于较低的水平，不造成显著损失。天敌生物按其生存特点可分为捕食性天敌和寄生性天敌两类。寄生性天敌在其生长发育的某一时期或终生寄生在核桃害虫的体内或体外，以摄取害虫的营养物质维系生存，进而消灭或致残寄主害虫，使害虫种群数量下降。捕食性天敌则通过捕食直接消灭害虫。

（1）保护和利用本地天敌　充分利用本地天敌控制有害生物是害虫生物防控的基本措施。自然界天敌资源非常丰富，在各类核桃种植区均存在大量的自然天敌。为了有效保护和充分发挥天敌生物的控制效能，可以在核桃园内间作一些有益植物，改善生态环境，为天敌提供转换寄主与繁殖、生存场所及食料，如间作三叶草培养叶螨类天敌昆虫等。另外，害虫药剂防治时，尽量选用专化性药剂，避免使用广谱性农药，以保护害虫天敌。如防治蚜虫时，选用吡虫啉、啶虫脒等烟碱类药剂，既可杀灭蚜虫，又可保护瓢虫类、食蚜蝇类等蚜虫天敌。

（2）天敌的引进和利用　外来天敌的引进和利用是推广生物防控技术、生产无公害农产品的重要途径之一。目前在果树上成功的实例很多，例如1981—1983年我国相继从美国、澳大利亚引入捕食性螨西方盲走螨（*Typhlodromus occidenta*）和伪钝绥螨（*Amblyseius fallacis*），用于控制果园内的山楂叶螨及二斑叶螨，有些果园整个生长季节不使用化学杀螨剂，仅捕食螨即能有效地控制了害螨的为害。

（3）天敌的人工繁殖与释放　有些天敌在果园中控制害虫的作用是非常有效的，但由于生产中的一些不合理措施，特别是广谱性杀虫剂的无序使用，使天敌种群数量较少，不能足以控制害虫；加之，天敌种群数量总是在害虫数量迅速上升后才尾随其后，也很难及时控制为害。所以就需要通过人工饲养扩繁，然后再释放到果园中去，以补充和恢复天敌种群。目前我国人工饲养、释放松毛虫赤眼蜂（*Trichogramma dendrolimi*），防控卷叶蛾类害虫的应用就比较普遍。

（4）保护利用食虫鸟类　果园内有多种食虫鸟类，如啄木鸟、戴胜、杜鹃等可捕食刺蛾类、毛虫类、天牛、吉丁虫等多种害虫。据报道，山东省平邑县招引2对啄木鸟，经过3个冬季，就控制了星天牛的为害。

2. 微生物的颉颃作用 一种微生物的存在与发展，限制了另一些生物的存在与发展的现象，称为微生物的颉颃现象，这种作用称为微生物的颉颃作用。颉颃作用的机制比较复杂，主要有抗生作用、寄生作用和竞争作用等。

一种微生物的代谢产物能够杀死或抑制其他生物的现象称为抗生现象，这种作用称为抗生作用，具有抗生作用的微生物通称抗生菌，抗生菌主要来源于放线菌、真菌及细菌。一般将抗生菌产生的对病原微生物有颉颃作用的代谢产物统称为抗生素，对害虫或害螨有颉颃作用的代谢产物统称为农用杀虫素。抗生作用是最早应用于生物防控的颉颃作用。目前，抗生素和农用杀虫素在果树生产中广泛应用的实例很多，如多抗霉素防控真菌性病害的应用、嘧啶核苷类抗菌素防控炭疽病的应用、硫酸链霉素防控细菌性病害的应用、阿维菌素防控多种害虫与害螨的应用、浏阳霉素防控果树害螨的应用等。

一种微生物在其他生物活体中生存、繁衍，并最终杀死或抑制其生命活动的现象，称为寄生现象，这种作用称为寄生作用。寄生作用在生物防控中的应用也较广泛，目前果树病虫害防控中应用较多的实例有：苏云金杆菌（*Bacillus thuringiensis*，Bt）防控鳞翅目害虫、白僵菌（*Beauveriabassiana*）防控核桃举肢蛾、棉铃虫，核型多角体病毒（heliothis armigera NPV）防控卷叶蛾类害虫等。

在核桃的体表（根、干、枝、叶、花、果等）及体围微生物区系中，除直接作用于病虫并具有抗生作用或寄生作用的微生物外，还有一些同病原物进行阵地竞争或营养竞争的微生物。这些微生物的大量增殖，往往可以防止或减轻病害的发生，这种防病作用称为微生物的竞争作用。

具有颉颃作用的微生物统称颉颃微生物，它们既可直接应用，又可间接应用。直接应用主要是通过寄生作用，间接应用主要通过抗生作用和竞争作用。直接应用就是把人工培养的颉颃微生物按一定比例直接施入土壤或喷洒在树体表面，从而控制有害生物，达到防控病虫害的目的。间接应用一方面是按一定比例喷施抗生素或农用杀虫素，直接防控病虫为害；另一方面是通过激发有益微生物的数量，而占据有害生物的生存空间，最终达到控制病菌为害的目的。

3. 交叉保护作用　在寄主植物上先接种低毒力病原物或无毒力微生物后，增强寄主的抗病性甚至保护寄主不受同种内强毒力病原物的侵染或为害的现象，称为交叉保护现象，这种作用称为交叉保护作用。交叉保护现象在病毒中存在，在真菌中也广泛存在。果树上最经典的实例就是栗干枯病（*Endothia parasitica*）的生物防治，在栗树上接种低毒力的干枯病菌菌株后，栗树则不再受强毒力干枯病菌的为害，且这种低毒力干枯病菌可以在栗园中自然蔓延，最终使整个栗园均不再受干枯病的为害。此外，病原物或非病原物侵染寄主后，还可诱发寄主产生各种植物保卫素，以增强寄主的抗病力，这也是一种交叉保护现象（作用）。

4. 植物源农药　在一些植物体内，存在有某种杀虫或杀菌活性物质，通过一定程序，将其活性物质提取出来而制成的制剂，统称为植物源农药。这类农药直接来源于自然界，低毒、低残留，没有污染，不破坏生态平衡，属于无公害类型。目前形成商品的植物源农药品种主要有楝素、鱼藤酮、苦参碱、藜芦碱等。植物源农药使用成本较高，核桃病虫害防控相对应用较少。

5. 昆虫激素类药剂　以昆虫体内的某种激素为模板、经人工模拟合成的具有同等功效的活性化合物，称为昆虫激素类药剂。昆虫激素类药剂具有专一性或相对转化性，对有益生物没有影响，不污染环境，不破坏生态平衡，属绿色无公害类型。目前生产中广泛应用的主要为昆虫信息素类和昆虫生长调节剂类两个类型。

（1）昆虫信息素类　即性引诱剂类，具有高度专一性。主要应用于鳞翅目害虫的防控和预测预报。目前我国在核桃上可以应用的有：核桃举肢蛾性诱剂、苹小卷叶蛾性诱剂、桃蛀螟性诱剂、美国白蛾性诱剂等。

（2）昆虫生长调节剂类　即人工模拟合成一些昆虫的生长调节剂，用于干扰害虫的正常生理活动及发育历程，进而达到杀虫目的。目前核桃上可以应用的有灭幼脲、杀铃脲、除虫脲、氟铃脲等抑制鳞翅目幼虫蜕皮的药剂，虫酰肼、甲氧虫酰肼等促进鳞翅目幼虫蜕皮的药剂等。

生物防控技术是病虫害综合治理、生产无公害农产品及农业可持续发展的方向，但其具有很大的局限性，目前尚无法完全满足生产需要。第一，生物防控的作用效果较慢，在病虫害大发生后无法及时控制；第二，生物防控受气候和地域生态环境限制，防控效果存在不稳定性；第三，目前可用于大批量生产使用的有益生物及其衍生产品种类还很少，通过生物防控达到有效控制的病虫害种类仍然有限；第四，生物防控通常只能将病虫害控制在一定的为害水平，对于一些要求防控水平较高的病虫害，较难达到防控目标。

（五）合理选用化学药剂防控

化学药剂防控是指使用化学农药防控病、虫、杂草等有害生物的一种方法，它是病虫草害防控的最后一个环节，也是最重要、最关键的一环。由于化学药剂防控具有高效、速效、特效及应用简单等特点，所以目前核桃生产中应用最为普遍。但是，化学防控存在许多缺点：第一，长期广泛使用化学农药，会造成某些病虫产生抗药性，导致农药用量逐渐加大；第二，一些广谱性农药在杀灭病虫的同时，常常杀伤大量天敌，破坏了自然平衡及生态系统，造成了一些病虫的再猖獗发生；第三，有些农药性质稳定，不易降解，使用后残留量大且时间长，严重污染环境，对人、畜安全造成威胁；第四，使用不当还会导致发生药害。因此，合理使用化学药剂防控病虫草害，是保证核桃健康良性生产、维护生态平衡并促进农业可持续发展的重要内容。

1. 农药的分类及作用原理　化学防控是通过化学农药来完成的，防控目标不同，选用农药种类不同。核桃病虫草害防控常用农药按防控靶标分为杀菌剂、杀虫杀螨剂、除草剂三大类。

（1）杀菌剂　对病原微生物具有杀伤或抑制作用的化学物质统称为杀菌剂，核桃上常用的杀菌剂主要是杀真菌剂和杀细菌剂两大类。杀菌剂品种繁多，作用机制比较复杂，但其作用原理基本分为保护作用、治疗作用和铲除作用 3 种。

在病原物侵入核桃以前施用在植株表面，保护核桃不受病原物侵染的作用，称为保护作用，这类杀菌剂称为保护性杀菌剂，简称保护剂。保护剂的特点是不能进入植物体内，对已经侵入的病原物无效，必须在病原物侵入以前使用，且必须均匀周到地喷布在植株表面，病菌对保护剂不易产生抗药性。核桃上常用的保护剂主要有波尔多液、硫酸铜钙、克菌丹、石硫合剂、代森锌、代森锰锌、代森铵、福美双等。

通过进入植物体内杀死或抑制病原物，使植物保持或恢复健康的作用，称为治疗作用，这类杀菌剂称为内吸治疗性杀菌剂，简称“治疗剂”。治疗剂的特点是对已经侵入植物体内的病原物有效，能够治疗已经感病甚至已经发病的植物，但治疗剂多易产生抗药性。这类药剂许多品种具有相对专化性，且许多品种的内吸传导作用并不理想，使用时仍需均匀周到，并尽量早用。核桃上常用的治疗剂主要有多菌灵、甲基硫菌灵、三乙膦酸铝、戊唑醇、苯醚甲环唑、腈菌唑、烯唑醇、三唑酮、多抗霉素、硫酸链霉素等。

在果树休眠期使用，铲除或杀死在树体上潜藏或休眠病菌的作用，称为铲除作用，具

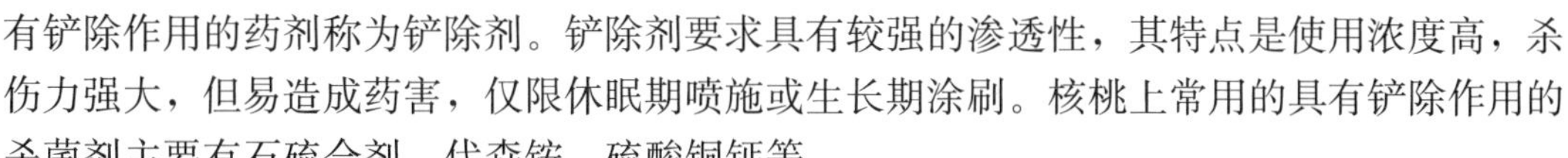

有铲除作用的药剂称为铲除剂。铲除剂要求具有较强的渗透性，其特点是使用浓度高，杀伤力强大，但易造成药害，仅限休眠期喷施或生长期涂刷。核桃上常用的具有铲除作用的杀菌剂主要有石硫合剂、代森铵、硫酸铜钙等。

（2）杀虫、杀螨剂　对害虫、害螨具有杀伤、引诱或驱避作用的化学物质统称为杀虫、杀螨剂，常分为杀虫剂和杀螨剂两大类，但有些化学药剂同时具有杀虫、杀螨双重作用。杀虫、杀螨剂种类繁多，按有效成分可分为有机氯类、有机磷类、拟除虫菊酯类、氨基甲酸酯类、酰胺类、植物源类、微生物源类、特异性昆虫生长调节剂类、性引诱剂类及其他类等。其作用原理也有多种，核桃上常用的杀虫、杀螨剂有胃毒作用、触杀作用、熏蒸作用、内吸渗透作用、性引诱作用、特异性昆虫生长调节作用等方式。

害虫（螨）吃了带有药剂的植物或毒饵后，药剂随同食物进入害虫（螨）消化器官，在消化器官内被害虫（螨）吸收，进而导致其中毒死亡的作用，称为胃毒作用。具有胃毒作用的药剂统称胃毒剂，如吡虫啉、辛硫磷、阿维菌素、灭幼脲、虫酰肼、高效氯氰菊酯、高效氯氟氰菊酯、苦参碱等。

药剂与害虫（螨）直接或间接接触后，透过体壁进入体内或封闭其气孔，使其中毒或窒息死亡的作用，称为触杀作用。具有触杀作用的药剂统称触杀剂，如氰戊菊酯、毒死蜱、啶虫脒、除虫脲、哒螨灵等。

药剂首先由液态或固态气化为气态，以气体状态通过害虫呼吸系统进入虫体，使之中毒死亡的作用，称为熏蒸作用。具有熏蒸作用的药剂统称熏蒸剂，如敌敌畏、毒死蜱、二溴磷等。

药剂喷施到植物表面后，能被植物体吸收或渗透到植物体内或浅层，甚至传导到植株其他部位，害虫（螨）吸食有毒的植物汁液或取食有毒的植物组织后而引起中毒死亡的作用，称为内吸渗透作用。具有内吸渗透作用的药剂如吡虫啉、啶虫脒、阿维菌素等。

导致同种昆虫异性个体间产生行为反应并聚集的作用，称为性引诱作用。具有这种特性的物质称为性引诱剂（性外激素）。核桃上常用的如核桃举肢蛾性诱剂、苹小卷叶蛾性诱剂等。

使昆虫的行为、习性、繁殖、生长发育等受到阻碍和抑制，进而诱使害虫停止为害并逐渐死亡的作用，称为特异性昆虫生长调节作用。具有这类活性的化学物质统称为特异性杀虫剂，核桃上常用的有灭幼脲、除虫脲、杀铃脲、虫酰肼、甲氧虫酰肼等。

应当指出，多数杀虫、杀螨剂具有两种或两种以上作用原理，但也有少数种类作用原理单一。

（3）除草剂　对杂草具有防除作用的化学活性物质统称为除草剂。根据除草剂的防除范围可分为选择性除草剂和灭生性除草剂两类，根据其作用方式又可分为触杀性除草剂和内吸传导性除草剂两类，根据其使用方法还可分为土壤封闭处理剂和茎叶处理剂两类。核桃园内以选用茎叶处理的灭生性除草剂较多，如草甘膦、草铵膦等；有时也常选用土壤封闭型除草剂，如二甲戊灵等。

2. 农药的剂型　农药原药和辅助成分按一定比例科学混合调配，加工制成具有一定组分的形态，称为农药的剂型。剂型的加工目的是为了方便使用。核桃上常用的农药剂型有如下几种。

（1）乳油（EC） 常用杀虫（螨）剂的主要剂型之一，由农药原药、有机溶剂和乳化剂等成分配制加工而成的单相透明油状液体。多用于喷雾，加水稀释后分散成不透明的乳浊液。该类型农药使用方便、药效高、性质相对稳定。

（2）可湿性粉剂（WP） 简称可湿粉，常用杀菌剂的主要剂型之一，由农药原药和可湿剂、稳定剂等辅助成分经机械或气流粉碎后制成的、可以在水中分散的粉状物。多用于喷雾、灌根等，加水稀释后分散成悬浮液。

（3）水分散粒剂（WDG，WG） 农药的新型剂型之一，广泛应用在杀菌剂和杀虫剂上。由农药原药和分散剂、稳定剂、崩裂剂等辅助成分经粉碎、成型、风干后制成，可以在水中迅速崩解分散的粒状物。主要用于喷雾，在水中分散后形成悬浮液，与可湿粉相比具有贮运安全、便于操作、相对环保等特点。

（4）悬浮剂（SC） 又称水悬浮剂，由农药原药和分散剂、湿展剂、稳定剂等辅助成分在水中经过超微粉碎而制成的、具有流动性的黏稠状液体。主要用于喷雾，加水稀释后形成稳定的悬浮液。该剂型贮运及使用安全，相对环保。

（5）可溶性粉剂（SP） 简称可溶粉，能够直接在水中溶解的粉状农药剂型，只适用于直接或间接溶于水的药剂。主要用于喷雾，加水稀释后形成溶液。

（6）水剂（AS） 农药原药直接溶解在水中的均匀液剂，只适用于直接或间接溶于水的药剂。可用于喷雾、灌根、浸泡等，加水稀释后直接形成溶液。

（7）水乳剂（EW） 新型环保剂型，由难溶性农药原药和水及其他辅助成分加工而成的不透明乳状液体，分为油包水型和水包油型两类。主要用于喷雾，加水稀释后形成乳浊液。该剂型贮运安全，低毒环保。

（8）微乳剂（ME） 新型环保剂型，由难溶性农药原药和水及其他辅助成分加工而成的透明或半透明液体，多为水包油型。主要用于喷雾，加水稀释后形成微乳状液。该剂型贮运安全，低毒环保。

（9）可溶性液剂（SL） 由农药原药和水及辅助成分加工而成的可以在水中溶解的透明状液体。主要用于喷雾，加水稀释后形成透明溶液。

（10）粉剂（DP） 由农药原药和惰性填料按一定比例混合后经机械粉碎而制成的细粉状物，一般粉粒直径要求平均10～12μm。主要用于直接喷粉及土壤处理，不能加水稀释。该剂型使用方便，操作效率高，但飘移和环境污染较重。

（11）涂抹剂（PF） 又称膏剂，由农药原药与辅助成分及水经机械加工而制成的稠糊状物或膏状物。只用于直接涂抹，不能加水稀释。

（12）颗粒剂（GR） 由农药原药和辅助成分加工制成的粒状制剂，直接用于土壤处理。

（13）油剂（OL） 又称热雾剂，由农药原药与油性溶剂等辅助成分加工制成的、能够在机械或热力作用下分散成烟雾的油状液体。通过特定烟雾机使用，只适用于喷烟。

（14）烟剂（FU） 由农药原药和发烟剂、阻燃剂等辅助成分加工而成的一种固体剂型，点燃后迅速燃烧放烟，但无火焰。只适用于点燃熏烟。

3. 农药的使用方法 防控目的不同，农药的使用方法也不尽相同。防控核桃病虫草害的常用施药方法主要有如下几种。

（1）喷雾法　将农药加水稀释成一定浓度，通过雾化器械喷洒到植物或土壤表面的施药方法。适用于喷雾的农药必须能在水中均匀分散，如乳油、可湿性粉剂、悬浮剂、水分散粒剂、微乳剂、水乳剂、水剂等。喷雾时必须均匀周到，使植物表面充分湿润、粘药，但又要尽量较少流失。喷雾质量的好坏，除受药剂本身质量影响外，还与喷药器械、喷药质量及环境因素有关。喷雾法药剂分散均匀、药效持久、效果较好，是防治核桃病虫草害的最常用、最主要方法，但在干旱缺水地区应用较困难。

（2）喷粉法　利用喷粉器械，通过气流把粉剂农药吹散后沉积到植物表面的施药方法。该法操作方便、工效高、不需用水，适合于干旱缺水地区使用；但药剂分布欠均匀，防效较差，用药量大，且环境污染较重。

（3）喷烟法　利用喷烟器械，把油剂农药分散成烟雾状而弥散在果园内的施药方法。该法操作简便、效率高、防控害虫效果好，但对药剂及施药环境要求较高。

（4）涂抹法　将药剂直接涂抹在用药部位的施药方法。该法针对性强，防治效果好，无飘移污染，多用于防治核桃枝干病害虫和伤口保护。

（5）诱捕法　利用灯光、引诱剂、诱捕带或诱饵等诱捕并杀灭害虫的方法，既可用于诱杀又可用于害虫测报。

（6）浸泡法　将药剂加水稀释到一定浓度，而后浸泡处理目标物的施药方法。适用于苗木、接穗等繁殖材料的处理，浸泡时间长短因处理物及防控对象不同而异。

（7）浇灌法　将药剂加水稀释到一定浓度，对土壤进行浇灌的施药方法。多用于核桃根部病害的防控。

（8）熏杀法　利用农药的熏蒸作用，在特定条件下熏杀病菌或害虫的施药方法。核桃上多用于蛀干害虫的防控，所用农药必须具有较强的熏蒸作用。

4. 农药的毒性及其环境污染　农药是一类有毒的化学物质，在使用其防控病虫害的同时，可能会对人、畜及其他动物造成一定危害，并对环境形成一定污染，这是农药使用过程中的副作用，也是对人类健康和农业可持续发展的严重威胁之一。

（1）农药的毒性　农药对人、畜及其他动物的毒性分为急性毒性和慢性毒性两类。其中，急性毒性容易注意和预防，而慢性毒性较少被人注意。据研究，农药的慢性毒性主要有致畸、致癌、致突变作用，慢性神经毒性，及对甲状腺机能的慢性损害等。农药对人、畜的毒性，主要通过其在农产品及环境中的残留进入人、畜体内，经常食用含有农药残留的农产品，则毒物逐渐积累，达到一定含量后，就会引起中毒症状。另外，有些毒物还可在某些动物体内逐渐积累，并达到很高的含量，人类食用这些动物后也会引起中毒现象。

（2）农药的环境污染　经常使用某些农药，极易造成环境破坏和污染，并可杀死多种有益微生物及天敌，导致生态平衡受破坏，影响农业可持续发展。

因此，首先应推广选用高效、低毒、低残留、专化性农药，逐渐淘汰高毒、高残留的广谱性产品；其次应注意农药的科学及安全使用，适宜浓度、适宜次数等；第三，积极研究去污处理的方法及避毒措施，尽量降低农药的毒害与污染；第四，大力推广生物防控技术、物理防控措施及农业生态防控，逐渐减少对农药的依赖。

5. 农药的科学使用与注意事项　科学使用农药、提高防控效果、减少农药残留、降低环境污染、保护生态平衡，是搞好化学药剂防控、生产无公害农产品、促进农业可持续发展的根本。

（1）避免造成药害　药害是药剂防控病虫害过程中的副作用表现，核桃上的药害表现主要有：发芽迟，叶小、畸形，花器畸形，叶、果等幼嫩部位产生各种枯斑或焦枯，落叶、落花、落果，枝条枯死，植株死亡等。

药害发生与否及发生轻重，与许多因素有关。首先，决定于药剂本身，一般无机农药最易产生药害，有机合成农药产生药害的可能性较小，生物源农药不易产生药害。同类农药中，乳油产生药害的可能性较大。另外，水溶性越强越易产生药害，但不溶于水的药剂在水中分散性越好，越不易造成药害。其次，与树体本身有关，不同部位、不同生育期对药剂的敏感性不同，一般幼嫩组织对药剂较敏感，花期抗药性较差，休眠期耐药性较强。第三，受环境因素影响，有些药剂高温时易产生药害，如硫制剂、有机磷杀虫剂等；有些药剂高湿环境易造成药害，如铜制剂等。第四，使用浓度越高或用药量越大越易发生药害；喷药不均、药剂混用或连用不当，也易导致药害。

（2）提高防控效果　效果高低是药剂防控成败的关键。首先，必须对症下药，根据不同病虫种类选用相应有效药剂。其次，要适期用药，根据病虫发生规律，抓住关键期进行药剂防控。第三，要科学用药，根据病虫发生特点选用相应有效方法。第四，根据病虫发生情况，合理混合用药及交替用药。第五，充分发挥综合防控作用，有机结合农业措施、物理措施及生物措施等。

（3）提高喷药质量　喷药质量的好坏直接影响药剂防控效果，所以喷药时必须及时、均匀、细致、周到。尤其是核桃树都比较高大，喷药时应特别注意树体内膛及上部，应做到“下翻上扣，四面喷透”。

（4）防止产生抗性病虫　产生抗药性是化学药剂防控中存在的普遍问题，病虫产生抗性后，不仅需要加大药量、提高防控成本，还增加了农药残留、加剧了生态平衡破坏，同时还极易导致病虫害的再猖獗发生。所以，搞好化学药剂防控必须注意避免病虫抗药性的产生。首先，应适量用药浓度，避免随意加大药量，降低农药的选择压力；其次，科学混合用药，利用药剂间的协同作用，防止产生抗性种群；第三，合理交替用药，充分发挥不同类型药剂的专化特点，防止抗性种群扩大。

（5）合理使用助剂　助剂是协同农药充分发挥药效的一类物质，其本身没有防控病虫活性，但可促进农药的药效发挥、提高防控效果。例如，核桃叶片及果实表面带有一层蜡质，药液不易黏附或黏附力很差；若混用助剂后，可降低药液表面张力，增强药液黏附性，进而提高药剂防控效果。再如，介壳虫类和叶螨类，表面也带有一层蜡质，混用某些助剂后，不但可以提高药液的黏附能力，还可增加药剂渗透性，提高杀灭效果。

6. 优质无公害农药选用原则　生产无公害果实，必须选择优质无公害农药。一般需要从7个方面考虑。一要注意安全，不能导致药害；二要低毒、低残留，尽量降低农药残留与污染，并避免对生态平衡的破坏；三要保证防控效果，选择高效药剂，充分控制病虫为害；四要耐雨水冲刷，充分发挥药效，减少用药次数；五要重成分、轻名称，参阅药剂有效成分名称进行筛选，不能被“百花齐放”的诱人名称所困惑；六要科学选用混配农药，充分发挥不同类型药剂的作用特点，避免产生副作用；七要有长远和全局观点，不能只顾眼前和局部利益。

7. 核桃或坚果中农药最大残留限量　中华人民共和国国家标准《食品安全国家标准 食品中农药最大残留限量》（GB 2763—2014）新版已经颁布，并已于2014年8月1日开始实施。该标准规定了371种农药成分分别在不同食品中的最大残留限量值，其中有32种农药明确规定了在核桃或坚果中的残留限量，详见表11-1。

表11-1　不同农药成分在核桃或坚果中的最大残留限量（GB 2763—2014）

农药成分	食品类别	最大残留限量（mg/kg）
2,4-滴（2,4-D）	坚果	0.2
2,4-滴钠盐（2,4-D Na）	坚果	0.2
阿维菌素（abamectin）	核桃	0.01
百草枯（paraquat）	坚果	0.05
保棉磷（azinphos-methyl）	山核桃	0.3
苯丁锡（fenbutatin oxide）	核桃	0.5
苯丁锡（fenbutatin oxide）	山核桃	0.5
苯醚甲环唑（difenoconazole）	坚果	0.03
丙环唑（propiconazol）	山核桃	0.02
虫酰肼（tebufenozide）	核桃	0.05
虫酰肼（tebufenozide）	山核桃	0.01
多菌灵（carbendazim）	坚果	0.1
多杀霉素（spinosad）	坚果	0.07
二嗪磷（diazinon）	核桃	0.01
伏杀硫磷（phosalone）	核桃	0.05
腈苯唑（fenbuconazole）	坚果	0.01
联苯肼酯（bifenazate）	坚果	0.2
磷化氢（hydrogen phosphide）	坚果	0.01
硫酰氟（sulfuryl fluoride）	坚果	3
螺虫乙酯（spirotetramat）	坚果	0.5
氯苯嘧啶醇（fenarimol）	山核桃	0.02
氯虫苯甲酰胺（chlorantraniliprole）	坚果	0.02
氯氟氰菊酯（cyhalothrin）	坚果	0.01
高效氯氟氰菊酯（lambda-cyhalothrin）	坚果	0.01
氯氰菊酯（cypermethrin）	坚果	0.05
高效氯氰菊酯（beta-cypermethrin）	坚果	0.05
噻虫啉（thiacloprid）	坚果	0.02
噻螨酮（hexythiazox）	坚果	0.05
四螨嗪（clofentezine）	坚果	0.5
戊唑醇（tebuconazole）	坚果	0.05
溴氰菊酯（deltamethrin）	核桃	0.02
亚胺硫磷（phosmet）	坚果	0.2
乙烯利（ethephon）	核桃	0.5
氯丹（chlordane）	坚果	0.02

第三节　主要病害及防控

目前已报道的核桃病害种类有30多种，其中主要是由真菌引起的侵染性病害，其次为细菌、寄生植物及线虫引起的侵染性病害和生理性病害（又称非侵染性病害）。在侵染性病害中，以炭疽病、黑斑病、褐斑病、白粉病、腐烂病、溃疡病发生最为普遍，许多核桃产区每年均需进行防控，防控不当常会造成不同程度的损失，特别是炭疽病、黑斑病尤为突出。白绢病在云南、四川局部地区发生较多，严重时导致苗木成片死亡。另外，随着核桃种植面积的不断扩大及深入研究，一些新病害被逐渐发现，如基腐病是近几年在新疆南疆地区新发生的一种枝干病害，发病后导致植株衰弱甚至枯死，叶枯病、叶缘焦枯病在南疆地区近几年也发生较重，他们均已经成为限制当地核桃产业发展的主要因素之一，应当引起高度重视。在生理性病害中，营养缺乏、土壤过于潮湿或盐碱过重、温度过高等是主要诱病因子。

一、根部病害

（一）根朽病

根朽病又称根腐病，在我国大多数核桃产区均有发生，以成年树特别是老龄树受害较多，幼树一般很少发病。病树根部腐朽，地上部植株枯萎，叶片发黄早落，后期导致全树枯死，在局部地区对核桃生产影响很大。该病为害寄主植物很多，除为害核桃外，还是苹果、梨、桃、李、杏、樱桃、山楂、枣、柿等果树及杨、柳、榆、桑等林木上的重要病害。

1. 症状　根朽病主要为害根部，造成根部皮层腐烂。该病初发部位不定，但均首先迅速扩展到根颈部，再从根颈部向周围蔓延，甚至向树干上部扩展。发病后的主要症状特点是：皮层与木质部间及皮层内部充满白色至淡黄褐色的菌丝层，菌丝层先端呈扇状向外扩展，新鲜菌丝层在黑暗处有浅蓝色荧光；病皮显著加厚并有弹性，有浓烈的蘑菇味，由于皮层内充满菌丝而常使皮层分成许多薄片；发病后期，病部皮层腐烂，木质部腐朽，雨季或潮湿条件下病部或断根处可丛生出蜜黄色的蘑菇状病菌子实体。病斑表面初为紫褐色水渍状，有时逐渐流出褐色汁液，后期皮层腐烂。轻病树叶小、色淡、变薄，叶缘卷曲，新梢生长量小，果实小、品质劣；重病树发芽晚、落叶早，枝条枯死；当病斑环绕树干后，常在夏季突然全株死亡。

2. 病原　发光假蜜环菌［*Armillariella tabescens*（Scop. et Fr.）Singer］，属于担子菌亚门层菌纲伞菌目。病菌以菌丝阶段为主，新鲜菌丝层白色，在黑暗处显有浅蓝色荧光，老熟后呈黄褐色、不发光。子实体直接在菌丝层上形成，蜜黄色蘑菇状，丛生，一般6～7个，多时达20～50个或更多。菌盖浅蜜黄色或较深，直径一般为2.6～8cm，最大达11cm，初呈扁球形，逐渐平展，后期中部凹陷，有较密的毛状小鳞片。菌肉白色，菌褶延生，不等长，浅蜜黄色，稍稀。菌柄浅杏黄色，基部棕灰色至深灰色，略扭曲，上部较粗，纤维质，内部松软，柄长4～9cm，粗0.3～1.1cm，有毛状鳞片，无菌环。孢子印白色。担孢子椭圆形或近球形，无色，单胞，光滑，大小为7.3～11.8μm×3.6～5.8μm。

病菌在培养基上生长，若干菌丝扭结在一起，形成很多根状菌索，但在病根和附近的土壤中尚未发现菌索。菌索初期白色，后渐变为黄棕色或棕褐色，形状不一，有线状、短棒状、鹿角状、牛角状及甜菜根状，顶端尖锐或扁平。

该病菌寄主范围非常广泛，可侵害包括核桃、苹果、梨、桃、李、杏、樱桃、枣、板栗、柿、杨、柳、榆、槐等果树及林木在内的300余种植物。

3. 发生规律　病菌主要以菌丝体在田间病株或随病残体在土壤中越冬，并可随病残体存活多年，病残体腐烂分解后病菌死亡。病健根接触及病残体移动是病害传播蔓延的主要方式。病菌菌丝体与健根接触后，可以分泌胶质而黏附，然后再产生小分枝直接侵入根内，即完成直接侵染；另外，病菌还可从伤口侵染。该病多发生在由旧林地、河滩地及古墓坟场改建的果园中，前茬没有种过树的果园很少受害。树势衰弱、土壤板结、管理粗放果园病害发生较重，生长期土壤湿度大有利于病害发生。

根朽病病害扩展全年有两个高峰，分别为4～5月和8～9月。据张良皖等（1982）研究报道，在北方果区，4月中旬土温升至15℃以上、土壤湿度在12%时，病菌开始活动；5月中下旬土温逐渐升至20～25℃、土壤湿度达15%左右时，病菌扩展加速；6月中旬至7月上旬，土温常高达35℃左右，天气干旱，病菌处于停滞状态；直到7月中下旬，雨季来临土温下降，平均土温在26～30℃范围内，此时土壤湿度越大，病菌扩展速度越快。

4. 防控措施　以加强果园管理、注意果园前作、清除病菌残体、阻止病菌扩散蔓延为基础，及时发现病树并进行挽救治疗为辅助。

（1）注意果园前作与土壤处理　新建果园时，尽量不要选择旧林地及树木较多的河滩地、古墓坟场等场所。如必须在这样的地块建园时，首先要彻底清除树桩、残根、烂皮等树木残体，然后对土壤进行灌水、翻耕、晾晒、休闲等，以促进残余树木残体腐烂分解、病菌死亡。有条件的也可夏季土壤盖膜高温闷闭，利用太阳热能杀死病菌。另外，还可用福尔马林200倍液浇灌土壤而后盖膜熏蒸杀菌，待药剂充分散发后栽植苗木。

土壤板结的地块，应进行深翻改土，并增施秸秆、圈肥、绿肥等有机肥，改良土壤性状。地势低洼地块，挖好排水沟或渗水沟，或采用起垄栽植，以避免树干及根部被水浸泡。

（2）及时发现并治疗病树　发现病树后，首先挖开根颈部周围土壤寻找发病部位，彻底刮除或去除病组织，并将病残体彻底清除干净，集中烧毁；而后涂抹77%硫酸铜钙可湿性粉剂100～200倍液或60%铜钙·多菌灵可湿性粉剂100～200倍液、2.12%腐殖酸铜水剂原液、1%～2%硫酸铜溶液、3～50波美度石硫合剂、45%石硫合剂晶体30～50倍液等药剂，保护伤口。轻病树或难以找到发病部位时，也可直接采用打孔、灌施福尔马林的方法进行治疗。在树冠正投影范围内每隔20～30cm扎一孔径3cm、深30～50cm的孔洞，每孔洞灌入200倍的福尔马林溶液100ml，然后用土封闭药孔即可。注意，弱树及夏季高温季节不宜灌药治疗，以免发生药害。

另外，还可直接灌药对轻病树进行治疗。即在树冠下浇灌70%甲基硫菌灵可湿性粉剂600～800倍液或45%代森铵水剂800～1 000倍液、77%硫酸铜钙可湿性粉剂600～800倍液、0.2%硫酸铜溶液等，将主要根区范围灌透。

（3）其他措施　发现病树后，挖封锁沟封闭病树，防止扩散蔓延，一般沟深50～

60cm、沟宽 30～40cm。病树治疗后，增施肥水，控制结果量，及时换根或根部嫁接，促进树势恢复。地势低洼果园，雨季注意及时排水，防止树干基部及根部长时间浸泡。

（二）白绢病

白绢病又称菌核性根腐病，主要发生在热带、亚热带地区，我国南方核桃产区发生较多，但在北方地区也有发生。四川的宜宾、乐山、汶川和云南的漾濞核桃苗木受害较重，发病株率达 10%～15%。该病为害范围很广，据统计有 62 科的 200 多种植物，除核桃外还有苹果、梨、桃、葡萄、茶树、泡桐、楸、桑、柳、杨、花生、大豆、甘薯、番茄、南瓜、马铃薯、烟草、水稻、向日葵、菊花、君子兰等多种果树、林木及农作物等。树体受害后主要是根颈部腐烂，严重时造成植株枯死。

1. 症状 核桃白绢病主要为害树体的根颈部，尤以地表上下 5～10cm 处最易发病。发病初期，根颈部表面产生白色菌丝，菌丝下表皮呈水渍状褐色病斑；随病情发展，白色菌丝逐渐覆盖整个根颈部，呈绢丝状，故称白绢病。潮湿条件下，菌丝蔓延扩散很快，至周围地面及杂草上。后期，根颈部皮层腐烂，有浓烈的酒糟味，并可溢出褐色汁液，但木质部不腐朽。8～9 月，病部表面、根颈周围地表缝隙中及杂草上，可产生许多初期白色、渐变棕褐色至茶褐色的油菜籽状菌核。苗木受害病情发展较快，皮层腐烂后上部枯死，子叶脱落，光干直立，一拔即起。大树受害后，轻病树叶片变小发黄，枝条节间缩短，结果多而小；当茎基部皮层腐烂环绕树干后，导致树体全株枯死。

2. 病原 白绢伏革菌［*Corticium rolfsii*（Sacc.）Curzi.］，属于担子菌亚门层菌纲非褶菌目；无性时期为罗氏小菌核（*Sclerotium rolfsii* Sacc.），属于半知菌亚门丝孢纲无孢目。有性阶段很少发生，自然界常见其无性阶段的菌丝体和菌核。菌核初白色，渐变为淡黄色、棕褐色至茶褐色，球形或椭圆形，表面光滑，似油菜籽状，直径 0.8～2.3mm。担子棍棒形，无色，单胞，在分枝菌丝的顶端产生，大小 9～20μm×5～9μm，顶生 2～4 个小梗，长 3～7μm，微弯，上生担孢子。担孢子无色，单胞，倒卵圆形，7.0μm×4.6μm。

菌核萌发和菌丝生长的温度范围为 10～42℃，最适温度分别为 25～35℃和 30～35℃。在 pH 4～7.2 时菌核萌发最多，菌丝生长最好。pH 4～6.4 时菌核萌发最快。菌核萌发和菌丝生长的最适土壤含水量分别为 20%～40%和 50%～60%。在 C/N 比较高的黏壤土中，菌核萌发率高。尿素及其他氮化物如氰氨化钙、硝酸铵、氯化铵、硫酸铵等均能抑制菌核萌发。病菌能在土壤表层中营腐生生活。另外，病菌可产生 α-淀粉酶、β-淀粉酶、β-半乳糖苷酶、β-(1,3)-葡聚糖苷酶、甘露糖苷酶、纤维素酶、木聚糖酶和果胶酶，还可产生草酸毒素，这些酶和毒素的存在与造成寄主组织腐烂有密切关系。

3. 发生规律 病菌主要以菌核在土壤中越冬，也可以菌丝体在田间病株及病残体上越冬。菌核抗逆性很强，在土壤中可存活 5～6 年以上，但在淹水条件下 3～4 个月即死亡。条件适宜时菌核萌发产生菌丝。菌核萌发的菌丝及田间菌丝体主要通过各种伤口进行侵染，尤以嫁接口最重要，有时也可在近地面的茎基部直接侵入。菌丝蔓延扩展、菌核随水流或农事操作移动，是该病近距离传播的主要途径；远距离传播主要通过带病苗木的调运。另外，菌核通过牲畜消化道仍能存活，施用未腐熟的厩肥也有可能传播该病。

病害发生的最适温度为 25～35℃，多雨高湿发病重。在四川乐山，4～5 月开始发病，

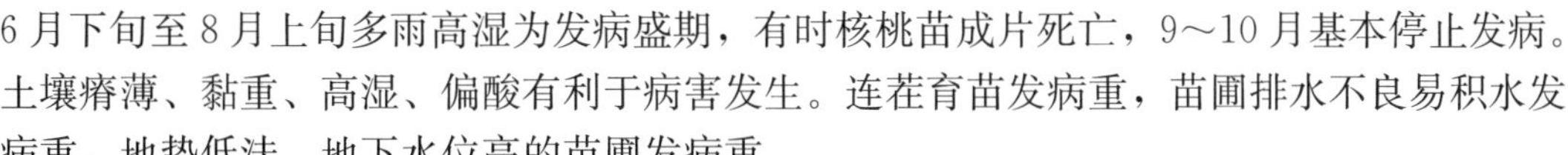

6 月下旬至 8 月上旬多雨高湿为发病盛期，有时核桃苗成片死亡，9～10 月基本停止发病。土壤瘠薄、黏重、高湿、偏酸有利于病害发生。连茬育苗发病重，苗圃排水不良易积水发病重，地势低洼、地下水位高的苗圃发病重。

白绢病菌的致病机理，是首先分泌草酸毒素，破坏寄主细胞膜，增加膜透性，使大量小分子物质及钾、钙等离子渗漏出来，正好作为病菌菌丝侵染生长的营养物质。菌丝分泌果胶酶类，使胞间隙离解，释放出大分子糖类，又正好作为纤维素酶类产生的诱导物和病菌在胞间大量生长的养分。菌丝的生长，大量纤维素酶的产生，穿透寄主细胞壁，使细胞迅速崩溃死亡、组织瓦解。

4. 防控措施

（1）培育和利用无病苗木　不要使用老苗圃、旧林地、花生地、大豆地及瓜果蔬菜地育苗，最好选用前茬为禾本科作物的地块作苗圃，种过 1 年水稻或 3～5 年小麦、玉米的地块最好，推广高垄育苗。调运和栽植前应仔细检验苗木，发现病苗彻底烧毁，剩余苗木进行药剂消毒处理后才能栽植。一般使用 50%多菌灵可湿性粉剂 600～800 倍液或 70%甲基硫菌灵可湿性粉剂 800～1 000 倍液、80%乙蒜素乳油 800～1 000 倍液、77%硫酸铜钙可湿性粉剂 600～800 倍液浸苗 2～3min，晾干后栽植。

（2）及时治疗病树　发现病树后及时扒土晾晒，并对患病部位进行治疗。在彻底刮除病变组织的基础上涂药保护伤口，彻底销毁病残体，并用药剂处理病树穴及树干周围。保护伤口可用 2.12%腐殖酸铜水剂原液或 3%甲基硫菌灵糊剂、77%硫酸铜钙可湿性粉剂 100～200 倍液、60%铜钙·多菌灵可湿性粉剂 100～200 倍液等；处理病树穴及树干周围土壤可用 77%硫酸铜钙可湿性粉剂 500～600 倍液，或 50%克菌丹可湿性粉剂 500～600 倍液、45%代森铵水剂 600～800 倍液、60%铜钙·多菌灵可湿性粉剂 500～600 倍液等进行浇灌。

（3）加强农事管理　施用充分腐熟的圈肥、厩肥等有机肥，适当增施氮肥。雨季注意排水，避免苗圃地及园内积水。苗木栽植时避免过深，嫁接口要露出地面，以防止病菌从嫁接口侵染。发现病树后，在病树下外围堆设闭合的环形土埂，防止菌核等病菌组织随水流传播蔓延，并及时清除病残体销毁。病树治疗后及时进行桥接，促进树势恢复。

（4）生物防治　哈茨木霉（*Trichoderma harzianum*）可穿透白绢病菌的菌核壁建立寄生关系，还能释放脲酶分解尿素产生氨气杀死菌核。哈茨木霉、绿木霉（*T. virid*）、粉红黏帚霉（*Gliocladium roseum*）的分生孢子拌种，能有效防治苗期白绢病。绿黏帚霉（*G. virens*）、荧光假单胞杆菌（*Pseudomonas fluerescens*）也有一些防治白绢病的报道。

（三）紫纹羽病

紫纹羽病在我国核桃产区均有不同程度发生，以树龄较大的老果园发病较重，轻病树树势衰弱，重病树植株枯死。病菌寄主范围很广，除为害核桃外，还可侵害苹果、梨、桃、葡萄、枣、栗、柿、茶、桑、槐、杨、柳、甘薯、花生、大豆等多种果树、林木及农作物。

1. 症状　紫纹羽病主要为害根部，多从细支根开始发生，逐渐向上扩展到侧根、主根基部及根颈部，甚至地面以上；但病菌扩展缓慢，一般情况下，病株经过数年才会死亡。发病后的主要症状特点是：病根表面缠绕有许多淡紫色至紫红色菌丝或菌索，有时在病部周围也可产生暗紫色的厚绒毡状菌丝膜，后期病根表面还可产生紫红色的半球状菌核。病根皮层腐烂，木质部腐朽，但栓皮不腐烂呈鞘状套在木质部外，捏之易破碎，烂根有浓烈蘑菇味。轻病树，树势衰弱，发芽晚，叶片小、黄而早落，枝条节间缩短；重病树，枝条枯死，甚至全树死亡。

2. 病原 紫卷担菌（*Helicobasidium purpureum* Pat.），属于担子菌亚门层菌纲木耳目；无性时期为紫纹羽丝核菌（*Rhizoctonia crocorum* Fr.），属于半知菌亚门丝孢纲无孢目。病菌菌丝在病根外表集结成菌索及菌丝膜，紫色。菌丝膜外表着生担子和担孢子。担子无色，圆筒形，有隔膜 3 个，分成 4 个细胞，大小 25～40μm×6～7μm，向一方弯曲，在每个细胞上各长出 1 个小梗，小梗无色，圆锥形，大小 5～15μm×3.0～4.5μm。担孢子着生在小梗上，无色，单胞，卵圆形，基部尖，大小 16～19μm×6.0～6.4μm。菌核半球形，紫色，大小 1.1～1.4mm×0.7～1.0mm。菌核剖面，外层紫色，稍内黄褐色，内部为白色。

3. 发生规律 病菌以菌丝体、菌索或菌核在田间病株、病残体及土壤中越冬，菌索、菌核在土壤中可存活 5～6 年。在果园中，该病主要通过病健根接触、病残体及带菌土壤的移动进行传播；远距离传播主要通过带菌苗木的调运。条件适宜时，从菌核或菌索上长出菌丝，直接穿透根表皮进行侵染，也可从各种伤口侵入为害。担孢子寿命较短，在病害循环中作用不大。刺槐是紫纹羽病菌的重要寄主，靠近刺槐或旧林地、河滩地、古墓坟场改建的果园易发生紫纹羽病；果园内间作甘薯、花生等病菌寄主植物时，容易导致该病的发生与蔓延；地势低洼、易潮湿积水的果园受害较重。

4. 防控措施 加强栽培管理、培育和利用无病苗木，是预防紫纹羽病发生的技术关键；及时发现并治疗病树，是避免死树的重要措施。

（1）加强栽培管理 尽量不要使用旧林地、河滩地、古墓坟场改建果园，必须使用这样的场所时，则应在彻底清除各种病残体的基础上做好土壤消毒处理。方法为：休闲或轮作非寄主植物 3～5 年，促使土壤中存活的病菌死亡；或夏季用塑料薄膜密闭覆盖土壤，高温闷杀病菌。栽植后不要在果园内间作甘薯、花生等紫纹羽病菌的寄主植物，防止间作植物带菌传病。

（2）培育和利用无病苗木 不要用发生过紫纹羽病的老果园、旧苗圃和种过刺槐的旧林地作苗圃。调运苗木时，要进行苗圃检查，坚决不用有病苗圃的苗木。定植前仔细检验，发现病苗必须彻底淘汰并烧毁，同时对剩余苗木进行药剂消毒处理。一般使用 70%甲基硫菌灵可湿性粉剂 500～600 倍液或 77%硫酸铜钙可湿性粉剂 300～400 倍液、0.5%硫酸铜溶液浸苗 3～5min，即有较好的杀菌效果。

（3）及时治疗病树 发现病树找到患病部位后，首先要将病部组织彻底刮除干净，并将病残体彻底清到园外烧毁，然后涂药保护伤口，如 2.12%腐殖酸铜水剂原液、77%硫酸铜钙可湿性粉剂 100～200 倍液、70%甲基硫菌灵可湿性粉剂 100～200 倍液、45%石硫合剂晶体 30～50 倍液等；其次，对病树根区土壤进行灌药消毒，效果较好的有效药剂有：45%代森铵水剂 500～600 倍液、77%硫酸铜钙可湿性粉剂 500～600 倍液、50%克菌丹可湿性粉剂 500～600 倍液、60%铜钙·多菌灵可湿性粉剂 500～600 倍液等。灌施药液量因树体大小而异，以药液将病树主要根区渗透为宜。

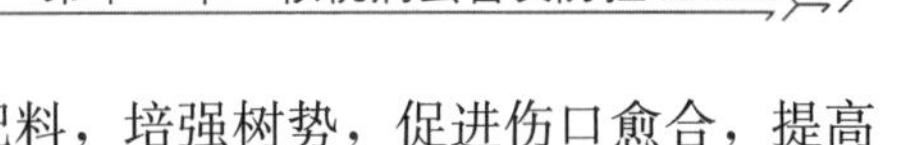

（4）其他措施　增施农家肥等有机肥及微生物肥料，培强树势，促进伤口愈合，提高树体抗病能力。病树治疗后及时根部桥接或换根，促进树势恢复。发现病树后，在病树周围挖封锁沟（沟深 50～60cm、沟宽 30～40cm），防止病害蔓延。

（四）白纹羽病

白纹羽病在我国许多核桃产区均有不同程度发生，主要为害树体根部，造成根部腐烂。病株树势逐渐衰弱，后期导致植株枯死。该病除为害核桃树外，病菌还可侵害苹果、梨、葡萄、桃、李、杏、樱桃、栗、枣、茶、桑、榆、柏、槭、栎、甘薯、花生、苎麻等多种植物。

1. 症状　白纹羽病主要为害根部，多从细支根开始发生，逐渐向上扩展到侧根及主根基部，很少扩展到根颈部及地面以上。发病后的主要症状特点是：病根表面缠绕有白色或灰白色网状菌丝，有时呈灰白色至灰褐色的菌丝膜或菌索状；病根皮层腐烂，木质部腐朽，但栓皮不腐烂呈壳状套在木质部外；烂根无特殊气味，腐朽木质部表面有时可产生黑色圆形菌核。有时在近地面根际出现灰白色至灰褐色的薄绒布状菌丝膜，其上可形成小黑点状物，为病菌的子囊壳。轻病树树势衰弱，发芽晚，落叶早；重病树枝条枯死，甚至全树死亡。

2. 病原　褐座坚壳［*Rosellinia necatrix*（Hartig）Berlese］，属于子囊菌亚门核菌纲球壳目；无性时期为褐束生孢（*Dematophora necatrix* Hartig），属于半知菌亚门丝孢纲束梗孢目。有性时期形成子囊壳，但不常见。子囊壳黑色，球形，着生在菌丝膜上，顶端有乳头状突起，壳内产生多个子囊。子囊无色，圆筒形，大小 220～300μm×5～7μm，有长梗，内生 8 个子囊孢子排成一列。子囊孢子单胞，暗褐色，纺锤形，大小 42～44μm×4.0～6.5μm。无性时期形成孢梗束及分生孢子，多在寄主组织完全腐朽后才产生。分生孢子梗基部集结呈束状，淡褐色，具有横隔膜，上部分枝、无色。分生孢子无色，单胞，卵圆形，2～3μm，易从孢子梗上脱落。老熟菌丝在分节的一端膨大，以后分离，形成圆形的厚垣孢子。菌核在腐朽的木质部表面形成，黑色，近圆形，直径 1mm 左右，大的可达 5mm。

3. 发生规律　病菌以菌丝体、菌索及菌核在田间病株、病残体及土壤中越冬，菌核、菌索在土壤中可存活 5～6 年。环境条件适宜时，菌索或菌核上长出营养菌丝，直接穿透新根的根皮进行为害，也可从伤口进行侵染，而后逐渐向较粗大根上蔓延。近距离传播主要通过病健根接触、病残体及带菌土壤的移动而进行；远距离传播为带菌苗木的调运。

老果园、旧林地、河滩地及古墓坟场改建的果园容易发生白纹羽病，间套种花生、甘薯等寄主植物可加速该病的扩散蔓延及为害程度。

4. 防控措施　白纹羽病以预防为主，但发现病树后应尽早进行治疗。

（1）加强栽培管理　育苗或建园时，尽量不选用老苗圃、老果园、旧林地、河滩地及古墓坟场等场所，如必须使用这些场所时，首先要彻底清除树桩、残根、烂皮等带病残体，然后再对土壤进行翻耕、覆膜暴晒、灌水或休闲、轮作，促进残余病残体的腐烂分解。增施圈肥、农家肥等有机肥及微生物肥料，培强树势，提高树体伤口愈合能力及抗病能力。果园行间避免间套作花生、甘薯等白纹羽病菌的寄主植物，以防传入病菌及促进病菌扩散蔓延。

(2) 苗木检验与消毒　调运苗木时应严格进行检查，最好进行产地检验，杜绝使用病苗圃的苗木，已经调入的苗木要彻底剔除病苗并对剩余苗木进行消毒处理。一般使用50%多菌灵可湿性粉剂 600～800 倍液或 70%甲基硫菌灵可湿性粉剂 800～1 000 倍液、77%硫酸铜钙可湿性粉剂 600～800 倍液浸苗 2～3min，而后栽植。

(3) 及时治疗病树　发现病树后首先找到发病部位，将病部彻底刮除干净，并将病残体彻底清到园外销毁，然后涂药保护伤口，如 2.12%腐殖酸铜水剂原液、30%戊唑·多菌灵悬浮剂 100～200 倍液、77%硫酸铜钙可湿性粉剂 100～200 倍液等。另外，也可根部灌药对轻病树进行治疗，有效药剂如 45%代森铵水剂 500～600 倍液、50%克菌丹可湿性粉剂 500～600 倍液、60%铜钙·多菌灵可湿性粉剂 400～600 倍液、77%硫酸铜钙可湿性粉剂 600～700 倍液、70%甲基硫菌灵可湿性粉剂 800～1 000 倍液、50%多菌灵可湿性粉剂 600～800 倍液等。浇灌药液量因树体大小而异，以药液将主要根区渗透为宜。

(4) 其他措施　发现病树后，应挖封锁沟对病树进行封闭，防止病健根接触传播，一般沟深 50～60cm、宽 30～40cm。病树治疗后及时进行根部桥接或换根，并增施肥水，促进树势恢复。

(五) 圆斑根腐病

圆斑根腐病是为害核桃根部的一种重要潜隐病害，在我国各核桃栽植区均有不同程度发生，以北方核桃产区发生较多，土壤板结、有机质贫乏、化肥施用量偏多的果园发生为害较重。病菌寄主范围很广，除为害核桃外，还可侵害苹果、梨、桃、杏、李、樱桃、葡萄、柿、枣、山楂、花椒、桑、柳、榆、槐、杨、梧桐等多种果树及林木。

1. 症状　圆斑根腐病主要为害须根及细小根系，造成病根变褐枯死，为害轻时地上部没有异常表现，为害较重时树上可见叶片萎蔫、青枯或焦枯等症状，严重时也可造成枯死枝。

根部受害，先从须根开始，病根变褐枯死，后逐渐蔓延至上部的细支根，围绕须根基部形成红褐色圆形病斑，病斑扩大绕根后导致产生须根的细小根变黑褐色枯死，而后病变继续向上部根系蔓延，进而在产生病变小根的上部根上形成红褐色近圆形病斑，病变深达木质部，随后病斑蔓延呈纵向的梭形或长椭圆形。在病害发生过程中，较大的病根上能反复产生愈伤组织和再生新根，导致病部凹凸不平、病健组织彼此交错。

地上部叶片及枝梢表现分为 4 种类型。

(1) 萎蔫型　病株部分或整株枝条生长衰弱，叶簇萎蔫，叶片小而色淡，新梢抽生困难或生长缓慢，有时花蕾皱缩不能正常开放或开花后不能坐果。枝条呈现失水状，甚至皮层皱缩或干死。

(2) 叶片青干型　叶片骤然失水青干，多从叶缘向内发展，有时也沿主脉逐渐向外扩展。青干组织与正常组织分界处有明显的红褐色晕带。严重时全叶青干，青干叶片易脱落。

(3) 叶缘焦枯型　叶片的叶尖或叶缘枯死焦干，而中间部分保持正常，病叶不会很快脱落。在多雨季节或年份，病势发展缓慢。

(4) 枝枯型　根部受害较重时，与受害根相对应的枝条产生坏死，皮层变褐凹陷，枝条枯死，并逐渐向下蔓延。后期，坏死皮层崩裂，极易剥离。

2. 病原　可由多种镰刀菌引起，如尖镰孢（*Fusarium oxysporum* Schl.）、腐皮镰孢［*F. solani*（Mart.）App. et Woll.］、弯角镰孢（*F. camptoceras* Woll. et Reink）等，均属于半知菌亚门丝孢纲瘤座孢目。病菌在土壤中广泛存在，均为弱寄生菌，并有一定的腐生性。

（1）尖镰孢　大孢子两端较尖，足胞明显，中段较直，仅两端弯曲。孢子中部最宽，多数3～4个分隔，大小16.3～50.0μm×3.8～7.5μm。小孢子卵形至椭圆形，单胞，大小3.8～12.5μm×2.3～5.0μm。

（2）腐皮镰孢　大孢子两端较圆，足胞不明显，整个形状较为弯曲，孢子中部最宽，有3～9个分隔。三分隔孢子的大小为30～50μm×0.5～7.5μm，五分隔孢子的大小为32.5～51.3μm×6～10μm。小孢子长圆形、椭圆形或卵圆形，单胞或双胞，单胞孢子大小为7.5～22.5μm×3.0～7.5μm，双胞孢子大小为12.5～25.0μm×3.8～7.5μm。

（3）弯角镰孢　大孢子需经过长期培养后才能少量产生，孢子大都平直，少数稍弯曲，长圆形，基部较圆，顶部较尖，离基部2/5处最宽，有1～3个分隔，无足胞。三隔孢子大小为17.5～28.8μm×4.5～5.0μm。小孢子易大量产生，长圆形至椭圆形，单胞或双胞，单胞孢子大小为6.3～12.5μm×2.5～4.0μm，双胞孢子大小为11.3～17.5μm×3.3～5.0μm。

3. 发生规律　圆斑根腐病菌都是土壤习居菌，既可在土壤中长期营腐生生活，又能寄生在寄主植物上，属于弱寄生菌。当果树根系生长衰弱时，病菌即可侵染而导致根系受害。地势低洼、排灌不良、土壤通透性差、营养不足、有机质贫乏、长期大量施用速效化肥、土壤板结、土质盐碱、大小年严重、果园内杂草丛生、其他病虫害发生严重等，一切导致树势及根系生长衰弱的因素，均可诱发病菌对根系的侵害，造成该病发生。

4. 防控措施　以增施农家肥等有机肥及微生物肥料、改良土壤质地、增加有机质含量、增强树势、提高树体抗病能力为重点，结合以适当的病树及时治疗。

（1）加强栽培管理　增施农家肥、厩肥等有机肥及微生物肥料，合理施用氮、磷、钾肥，科学配合中微量元素肥料，提高土壤有机质含量，改良土壤，促进根系生长发育。深翻树盘，中耕除草，防止土壤板结，改善土壤不良状况。雨季及时排除果园积水，降低土壤湿度。根据土壤肥力水平及树势状况确定结果量，并加强造成早期落叶及枝干受害的病虫害防治，培育壮树，提高树体抗病能力。

（2）病树适当治疗　轻病树通过改良土壤即可促使树体恢复健壮，重病树需要辅助灌药治疗。治疗效果较好的药剂有：50%克菌丹可湿性粉剂500～600倍液、77%硫酸铜钙可湿性粉剂500～600倍液、45%代森铵水剂500～600倍液、70%甲基硫菌灵可湿性粉剂或500g/L悬浮剂800～1 000倍液、50%多菌灵可湿性粉剂600～800倍液、60%铜钙·多菌灵可湿性粉剂500～600倍液等。灌药治疗时，要使药液将主要根区渗透，一般栽植密度的成龄树每株需浇灌药液100～200kg。既可树冠下外围围埂漫灌，也可以根颈部为中心挖数条延伸到外围的放射状条沟灌药，一般沟深30～40cm、沟宽30～40cm，灌药后沟内覆土。

另据王凡等（2013）研究报道，咪鲜胺和申嗪霉素室内毒力测定对核桃根腐病菌（镰刀菌）具有极强的抑菌作用，其EC50分别为0.214 1mg/L和0.230 4mg/L，但田间应用效果需要进一步试验。

（六）根癌病

根癌病又称冠瘿病、癌肿病、根瘤病，是一种世界性病害，在我国核桃种植区均有不同程度发生，病树多生长不良，树势衰弱，影响果实产量与品质，寿命缩短，严重时也可造成死树。有些重茬苗圃育苗时，发病株率常在20%以上，甚至100%。病菌寄主范围非常广泛，除核桃树外还可侵害苹果、梨、桃、李、杏、樱桃、葡萄、枣、栗、山楂、海棠、啤酒花、花红、木瓜等多种植物。根据 Decleene 与 Deley（1976）报道，根癌病菌的寄主范围多达 93 科 331 属 643 种植物。

1. 症状 根癌病主要发生在根颈部，也可发生在侧根、支根甚至地面以上，嫁接口处较为常见，苗木受害较重。其主要症状特点是在发病部位形成肿瘤。肿瘤球形、扁球形或不规则，大小差异很大，小如核桃、大枣甚至豆粒，大到直径数十厘米。初生肿瘤乳白色或略带红色、柔软，后逐渐变褐色至深褐色，木质化而坚硬，表面粗糙或凹凸不平。几年后，肿瘤组织逐渐腐朽。病树根系发育不良，地上部生长衰弱，叶片黄化、早衰，果实小，产量低，品质劣。

2. 病原 根癌土壤杆菌［*Agrobacterium tumefaciens*（Smith et Towns）Conn.］属于细菌，革兰氏染色阴性。菌体短杆状，单生或链生，大小 1～3μm×0.4～0.8μm，具1～6根周生鞭毛，有荚膜，无芽孢。在琼脂培养基上菌落白色、圆形、光亮、透明，在液体培养基上微呈云状浑浊，表面有一层薄膜。不能使兽胶液化，不能分解淀粉。病菌发育温度范围为 0～37℃，最适温度为 25～28℃，致死温度为 51℃（10min）。发育最适酸碱度为 pH 7.3，耐酸碱范围为 pH 5.7～9.2。

3. 发生规律 病菌在病组织的皮层内及土壤中越冬，在土壤中可存活 1 年以上，主要通过雨水和灌溉水进行传播，远距离传播主要靠带病苗木的调运。另外，地下害虫如蛴螬、蝼蛄、线虫等也有一定的传病作用。病菌通过各种伤口（嫁接伤、害虫为害伤、人为因素伤等）进行侵染，尤以嫁接伤口最为重要。肿瘤形成机理是因为病菌侵入寄主后，将其携带的诱癌质粒（Ti-plasmid）上的一段产生植物生长素的 T-DNA（T＝tumour）基因整合到植物的染色体 DNA 上，而后随植物本身的新陈代谢，刺激植物细胞异常分裂和增生，逐渐形成癌瘤，而病原细菌的菌体并未进入植物的细胞。一旦根癌症状出现，就证明病菌的 T-DNA 已经整合到了植物细胞的染色体上，此时再用杀细菌剂防治已经无法抑制植物细胞增生和癌瘤增大。从病菌侵入到显现病瘤的时间，一般需要几周到一年以上。

病菌侵染及发病与土壤湿度成正相关，随土壤湿度的增高而增加，反之则减轻。癌瘤形成与温度关系密切，根据在番茄上的接种试验，22℃时癌瘤形成最为适宜，18℃或26℃时形成癌瘤细小，在 28～30℃时癌瘤不易形成，30℃以上几乎不能形成。碱性土壤有利于病害发生，酸性土壤对发病不利，土壤 pH 6.2～8 范围内均能保持病菌的致病力。当 pH 达到 5 或更低时，带菌土壤即不能引致植物发病，而且也不能从此病土中分离到有致病力的根癌细菌。土壤黏重、排水不良时有利于病害发生，土质疏松、排水良好的沙质壤土发病轻。嫁接方式及嫁接口愈合状况与根癌病的发生也有密切关系，切接伤口大、愈合慢，病菌侵染时期长，发病率高；芽接伤口小、愈合快，病菌不易侵染，嫁接口很少受害；嫁接后培土，伤口与土壤接触时间长，病菌侵染机会多，发病率较高。另外，地下害虫（蛴螬、蝼蛄等）发生为害严重的果园或苗圃，根癌病常发生较重。

4. 防控措施 根癌病主要发生在地下部位，早期很难及时发现，所以有效防控时必须以预防为主，然后结合抑制癌瘤的科学治疗。

（1）培育无病苗木 不用老苗圃、老果园尤其是发生过根癌病的地块作苗圃；苗木嫁接时提倡芽接法，尽量避免使用切接、劈接，并注意使用75%酒精对嫁接工具消毒灭菌；栽植时使嫁接口高出地面，避免嫁接口接触土壤；碱性土壤育苗时，应适当施用酸性肥料或增施有机肥，降低土壤酸碱度；并注意防治地下害虫，避免造成伤口。

（2）加强苗木检验与消毒 苗木调运或栽植前要进行检查，发现病苗必须淘汰并销毁，表面无病的苗木也应进行消毒处理。一般使用1%硫酸铜溶液或77%硫酸铜钙可湿性粉剂200～300倍液、生物农药K84浸根3～5min。

（3）病树治疗 大树发现病瘤后，首先将病组织彻底刮除，然后用1%硫酸铜溶液或2.12%腐殖酸铜水剂原液、77%硫酸铜钙可湿性粉剂200～300倍液、80%乙蒜素乳油150～200倍液、72%农用链霉素可溶性粉剂800～1 000倍液、生物农药K84消毒伤口，再外涂凡士林进行保护。同时，刮下的病残组织必须彻底清理并及时烧毁。

（4）生物防治 自1972年以来，澳大利亚、美国等广泛应用放射土壤杆菌K84（Agrobacterium radiobacter，K84）防治核果类果树根癌病，获得了良好的防治效果，目前澳大利亚根癌病几乎完全得到控制。我国北京和上海在1986年开始用K84防治桃树根癌病，也取得了很好的防治效果。

K84可用琼脂培养基或泥炭进行培养，澳大利亚、美国已经制成细菌剂形成商品销售。使用时用水稀释，将细菌浓度调配成每毫升106个，用于浸种、浸根、浸插条、涂抹保护嫁接伤口等。处理后在病地内种植，可有效防治根癌病的发生。

K84是一种根际细菌，能在根部生长繁殖，并产生特殊的选择性抗生素土壤杆菌素84（Agrocin-84），该抗生素为核苷酸细菌素。经试验测定，不同病原菌株对土壤杆菌素84的反应不同，只有含胭脂碱Ti质粒的生物Ⅰ型、生物Ⅱ型根癌病菌反应敏感。核果类果树根癌病的菌株对其反应敏感，所以使用K84防治桃树根癌病是有效的，而使用K84防治葡萄根癌病则是无效的。因为两者属于不同的生物型。但K84是否对核桃根癌病有效，需要进一步试验证明。

K84防治根癌病的机理是由于它抢先占领了果树伤口位点，在其上定殖并产生土壤杆菌素，而阻止了病菌从伤口侵入。所以，K84属于生物保护剂，只有在发病前，即病菌侵入前使用才能获得良好的防控效果。

梁志宏等（2001）研究报道，从葡萄土壤杆菌（*Agrobacterium vitis*）中分离筛选出的E26菌株，对含有脂肪碱质粒和含有章鱼碱质粒的根癌菌类型均有很好的生防效果，温室试验达83.3%以上，目前已开始应用到生产当中。

（七）根结线虫病

根结线虫病是一种分布比较广泛的核桃根部病害，以华北核桃产区发生较多，南方相对较少。主要为害苗木根部幼嫩组织，严重时根上长满结瘤，导致根部不能正常吸收及运输养分和水分，地上部生长矮小，近似营养缺乏，甚至叶黄、梢枯。根结线虫为害寄主植物非常广泛，除为害核桃外，还常为害苹果、桃、柑橘、花生、瓜类、茄子、豌豆、甘蓝、玉米、小麦等 330 多种植物。

1. 症状 根结线虫病主要为害苗木根部，先从细小根上开始发生。初期在须根及根尖处产生小米粒大小至绿豆粒大小的瘤状物，随后在侧根上也出现大小不等的近圆形根结状物。褐色至深褐色，表面粗糙，内部有微小的白色颗粒状物一至数粒，即为病原线虫的雌虫。发生严重时，根结腐烂，根系减少，地上部表现营养缺乏，叶片小而发黄，甚至枝梢枯死。田间多成片发生，夏季中午炎热干旱时，病株似同缺水，呈萎蔫状。

2. 病原 主要为花生根结线虫［*Meloidogyne avenaria*（Neal）Chitwood］，属于线形动物门线虫纲垫刃目。成虫雌雄异型。雌成虫固定在根内寄生，梨形，前端尖，乳白色，口针基部球稍向后倾斜，会阴花纹圆形至卵圆形，背弓低平，侧区的线纹无波折，有线纹延至阴门角，排泄孔位于距头端两倍口针长处。口针一般长 12～15μm。每雌虫产卵 500～1 000 粒，常产在体后处的胶质卵囊中。卵长椭圆形或肾形，大小 12～66μm×34～44μm。雄成虫线状圆筒形，无色透明，长 1 000～2 000μm，精巢 1～2 个，交接刺长25～33μm，主要生活在土中。二龄幼虫线形，无色透明，口针 12～15μm，体长 398～605μm，为侵染期。三龄和四龄雌性幼虫膨大呈囊状，固定在寄主植物根内为害。

3. 发生规律 花生根结线虫以二龄幼虫在土壤中越冬，或以卵在卵囊内随病根在土壤中越冬。翌年当土壤温度平均达到 11.3℃时，越冬卵孵化为一龄幼虫，蜕皮后变为二龄幼虫出卵壳入土。主要通过耕作、灌水、农具等农事操作活动传播，线虫自身活动范围很小，一般在土中蠕动仅有 20～30cm。从幼嫩根尖侵入为害，刺激根部细胞组织过度增长形成根结，一个生长季节可进行多次侵染。幼虫侵入根部后多固定不动，不断取食，虫体逐渐膨大。四龄时分出雌雄，口针和中食道球明显可见，生殖腺趋于成熟，雄虫从根部钻出，在土壤中自由生活，寻觅雌虫交尾。雌成虫交尾后逐渐发育成梨形，并开始产卵。在 27℃条件下完成 1 代需 25～30d。华北地区一年发生 3 代，华南地区一年发生 3～4 代。

土壤温湿度对线虫侵染活动影响很大。可以侵染的土温范围为 11.3～34℃，最适温度为 20～26℃。适于线虫侵染的最大土壤持水量为 70%左右，持水量低于 20%或高于 90%都不利于线虫侵染。线虫随地下水位上下移动。温暖少雨年份线虫病为害较重，雨水多、大量灌水或土壤干旱线虫病发生较轻。土质瘠薄的沙壤土或沙土容易发病，管理粗放、杂草丛生、病残体多的田块发病重。

线虫侵入根部后，口针不断穿刺幼嫩根尖的细胞壁，并分泌唾液，刺激根皮层薄壁细胞过度生长，形成巨型细胞；同时，线虫头部周围的细胞大量增生，导致根的膨大，最后形成明显的根结。根结影响根的吸收及输导功能，导致地上部营养不良，叶片黄化、早落，严重时造成死枝甚至死树。

4. 防控措施

（1）加强检疫 不要从病区向外调运苗木，严格苗木检查，严格苗圃地检疫，发现有根结为害状的要彻底烧毁。

（2）加强栽培管理 苗木栽植前先种植禾本科作物 2～3 年，或大水漫灌闷田，促进土壤中根结线虫死亡。栽植时增施农家肥等有机肥，培育壮树，提高树体抗病能力。

（3）药剂防治 栽植前 2～3 周，对土表 15～25cm 的浅层土壤进行药剂处理，每 667m^2 使用 10%噻唑磷颗粒剂 0.5～1kg 拌细土后撒施，而后翻耕覆土。栽植后发现病

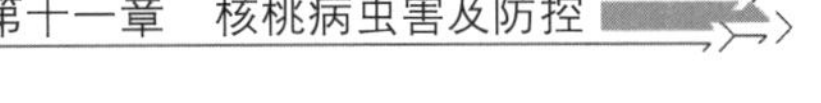

树，使用上述药剂在病树下开沟撒施，而后覆土灌水；也可进行灌药治疗，一般使用1.8%阿维菌素乳油2 000～3 000倍液浇灌，将病树主要根区渗透为宜。

（4）生物防治　病树也可使用生物制剂进行治疗，如每667m^{2}使用5亿活孢子/g的淡紫拟青霉（*Paecilomyces lilacinus*）颗粒剂3～5kg沟施或穴施，或每667m^{2}使用10亿CFU/ml的蜡质芽孢杆菌（*Bacillus cereus*）悬浮剂5～6L兑水后灌根等。

二、枝干病害

（一）腐烂病

腐烂病又称烂皮病、黑水病，是核桃生产上为害枝干的严重病害之一，在我国各核桃产区均有发生，但以北方核桃产区发生为害较重。据卿厚明等（2010）报道，陕西宜君县2010年平均发病株率25%，部分果园达90%，约有10%病树全株枯死。该病在管理粗放、树势衰弱果园发生严重，核桃进入结果期后常见造成枝干枯死，严重时引起整株死亡，对核桃生产影响很大。

1. 症状　腐烂病主要为害枝干皮层，因树龄、为害部位不同症状表现不同。在幼树主干和成龄树较大枝干上常形成溃疡型病斑，在小枝条上多形成枝枯型症状。

（1）溃疡型　初期病斑近梭形，暗灰色，水渍状，微肿起，表面症状不明显，手指按压可流出泡沫状液体；扩展后表皮下组织呈褐色腐烂，有酒糟味；潜隐在表皮下韧皮部，俗称“湿串皮”；有时许多病斑呈小岛状相互串联。皮下病斑沿枝干纵横扩展，但以纵向扩展快而显著，常达数厘米甚至20～30cm以上。后期病部皮层多纵向开裂，沿裂缝流出黏稠状黑褐色液体，俗称“流黑水”，黑水干后乌黑发亮似黑漆状。病斑后期失水下陷，表面散生出许多小黑点，即为病菌子座及分生孢子器，潮湿时小黑点上可涌出橘红色胶质丝状孢子角。严重时，病斑环绕枝干一周，导致上部树体死亡。

（2）枝枯型　病斑扩展迅速，腐烂皮层与木质部剥离并快速失水，导致枝条失绿、干枯。枯枝表面亦可散生出许多小黑点和橘红色胶质丝状孢子角。有时病斑从剪锯口处开始发生，形成明显病斑，并沿梢部向下蔓延，或蔓延至另一分枝，逐渐形成枯梢。

2. 病原　胡桃壳囊孢［*Cytospora juglandis*（Dc.）Sacc.］，属于半知菌亚门腔孢纲球壳孢目，是一种弱寄生菌。分生孢子器埋于木栓层下的子座中，多腔室，形状不规则，黑褐色，大小144～324μm×96～108μm，通过长颈孔口外露，颈长48～54μm。腔室内产生大量分生孢子及胶体物，吸水后呈孢子角状从孔口溢出。分生孢子无色，单胞，香蕉状，大小1.9～2.9μm×0.4～0.6μm。

3. 发生规律　病菌主要以菌丝、子座及分生孢子器在枝干病斑内越冬。翌年条件适宜时产生并释放出大量分生孢子（孢子角），通过雨水或昆虫传播，从各种伤口（冻伤、机械伤、剪锯口、嫁接口、日灼伤等）、皮孔、芽痕等处侵染。核桃整个生长季节均可被侵染为害，但以春、秋两季发生最多，且春季（4月下旬至5月）病斑扩展最快。腐烂病菌具有潜伏侵染特性，核桃园管理粗放，土壤瘠薄、黏重，地下水位高，排水不良，肥料不足，以及遭受冻害、盐碱害、日灼伤等因素，导致树势衰弱，病害发生严重；其中冻害是诱发腐烂病大发生的重要因素；另外，高接换头，嫁接伤口保护及愈合不良时，腐烂病亦常较重发生。

幼树及生长旺盛的树抗病性强，发病率低；进入结果盛期后，树体消耗大量养分，抗病性降低，腐烂病常发生较重。在同一果园中，结果树比不结果树发病多，老龄树比幼龄树受害多，弱树比旺树受害重。在同一树上，枝干向阳面、枝干分杈处、剪锯口和其他伤口处发病较多。

4. 防控措施 壮树防病是基础，及时治疗病斑与铲除树体带菌为辅助。

（1）加强果园管理 增施农家肥等有机肥，科学施用速效化肥，改良土壤，雨季注意及时排水，促进根系发育良好，促使树体生长健壮，提高树体抗病能力。秋后、早春及时树干涂白，防止树干发生冻害或日灼伤，涂白剂配方为：生石灰：食盐：硫黄粉：动物油：水=30：2：1：1：100。结合修剪，彻底剪除病枯枝，集中清到园外销毁。高接换头后，注意嫁接口保护，促进伤口愈合。

（2）刮治病斑 经常检查，发现病斑及时进行刮治，一般在早春进行较好。彻底刮除病斑后，伤口表面涂药进行消毒。常用有效药剂有：2.12%腐殖酸铜水剂原液、3%甲基硫菌灵涂抹剂原液、30%戊唑·多菌灵悬浮剂50～100倍液、70%甲基硫菌灵可湿性粉剂50～80倍液、50%多菌灵可湿性粉剂30～50倍液等。

另据卿厚明等（2010）报道，病斑涂抹大蒜液（将大蒜捣成蒜泥，按1：1的比例加入10%的食盐水即成）、食盐水（1kg食盐加水40kg，烧开后晾凉即成）、碱水（食用碱和水按照1：5的比例配制）等，均具有很好的防控效果。

（3）休眠期药剂清园 早春树液开始流动时全园喷洒1次铲除性药剂，铲除树体带菌，减轻病斑为害。效果较好的铲除性药剂有：41%甲硫·戊唑醇悬浮剂400～500倍液、60%铜钙·多菌灵可湿性粉剂300～400倍液、77%硫酸铜钙可湿性粉剂400～500倍液、45%代森铵水剂200～300倍液等。

（二）溃疡病

溃疡病俗称黑水病，在我国辽宁、河北、河南、山东、陕西、安徽、浙江、江苏、云南、内蒙古等许多核桃产区均有发生，病树生长缓慢、衰弱，常见病枯枝，严重时造成整株枯死。20世纪70年代初期，安徽亳州核桃林场病株率一般达20%～40%，重病区达70%以上。1977年在内蒙古赤峰市郊林场和辽宁盖县等地调查，病株率高达70%～100%。1979年陕西省西安市7万多株核桃防护林死亡率达27%。该病除为害核桃外还可侵害苹果、葡萄、桃、杨、槐、梧桐等树木，主要为害枝干，一般发病株率20%～40%，病树叶片小而黄，树体生长衰弱，结果能力降低，甚至植株死亡。

1. 症状 溃疡病在苗木和大树上均有发生，主要为害枝干，有时也可为害枝条。发病初期，以皮孔为中心在枝干表皮下形成褐色泡状溃疡斑，随溃疡斑扩展，表面稍隆起，皮下组织呈褐色至黑褐色近圆形坏死，直径0.5～1.5cm，泡内充满褐色黏液；皮下坏死斑逐渐扩大，表皮发生开裂，流出淡褐色液体，遇空气后变为黑褐色，导致裂缝下组织呈黑褐色；后期病斑呈梭形或长条形，病组织变黑褐色坏死、腐烂，有时深达木质部；最后病斑干缩下陷，表面逐渐散生出许多小黑点，即为病菌的分生孢子器或子囊壳。在营养枝、徒长枝及二年生左右的枝条上，病斑导致枝条失绿，逐渐形成枯梢，后期表面密生许多针突状小黑点。潮湿时，小黑点上溢出灰白色黏液，为病菌的分生孢子或子囊孢子。在光滑树皮上水泡明显，在粗糙枝干上不形成水泡，皮下组织变褐腐烂，流出褐色黏液。

2. 病原　有性阶段为葡萄座腔菌［*Botryosphaeria dothidea*（Moug. et Fr.）Ces. et de Not.］，属于子囊菌亚门腔菌纲格孢腔菌目。无性时期为聚生小穴壳菌（*Dothiorella gregaria* Sacc.），属于半知菌亚门腔孢纲球壳孢目。

子囊腔多在秋季形成，簇生在子座内，小黑点比分生孢子器稍大。子座埋生在表皮下，后期突破表皮外露，黑色，内有一至多个子囊腔。子囊腔洋梨形，黑褐色，孔口乳头状，大小 120～140μm×150～175μm，内生许多子囊及拟侧丝。子囊长棍棒状，具短柄，无色，大小 45～65μm×10～14.5μm，内生 8 个子囊孢子。子囊孢子无色，单胞，椭圆形，大小 13.0～17.2μm×6～9μm。

分生孢子器在春季病斑上于当年秋季形成，在秋季病斑上于翌年春季形成，产生于子座内，单生或集生，暗色，球形，初期埋生在表皮下，后外露，大小 79～165μm×89～132μm。分生孢子梗短，不分枝。分生孢子无色，单胞，长椭圆形，大小 13.1～21.8μm×3.3～6.3μm。

菌丝生长温度范围为 10～40℃，最适温度为 25～30℃。分生孢子在 13～40℃均能萌发，适宜温度范围为 25～35℃，最适温度为 30℃。分生孢子萌发要求相对湿度 80%以上。萌发适宜 pH 范围为 5.6～7.2，以 pH 6.3 萌发率最高。

据曲文文等（2011）报道，在山东核桃溃疡病的病斑上分离获得了茄镰孢［*Fusarium solani*（Mart.）App. et Wol.］和茶藨子葡萄座腔菌［*B. ribis*（Tode）Gros. et Dugg.］，其中茄镰孢出现频率较高。

3. 发生规律　病菌主要以菌丝体、分生孢子器与分生孢子及子囊腔与子囊孢子在病组织内越冬。第二年条件适宜时病斑表面溢出大量病菌孢子，通过风雨或雨水传播，从伤口（日灼伤、机械伤、冻害伤等）或皮孔侵染为害。该病具有潜伏侵染现象，树势壮时病菌处于潜伏状态，当树势衰弱或生理失调时，病菌开始扩展为害，导致形成病斑。在安徽淮北地区，4 月中旬病斑开始发生，5 月下旬至 6 月中旬为发病盛期，7～8 月基本停止蔓延，9 月出现第二次发病高峰，但小于春季，10 月停止发展。该病潜育期 15～60d，从发病到形成分生孢子器需 60～90d。气温达 11～15℃时病斑开始扩展，28℃左右病害发展达到最高峰，30℃以上基本停止。

树势衰弱、枝干伤口多是诱发溃疡病较重发生的主要因素，土壤瘠薄、土质黏重、质地板结、排水不良、地下水位偏高、管理粗放及冻害较重的果园病害发生较重。核桃园周围栽植杨树、刺槐及苹果时，病菌可以相互传染，病害发生较多。树干阳面病斑多于阴面。华北绵核桃比新疆核桃发病重，早实核桃香玲、元丰、薄丰感病重，辽宁核桃、温 185、扎 343 等感病轻。

曲文文（2011）在山东泰安调查，溃疡病从 3～4 月开始发生，树干上出现零星水泡状病斑，5～6 月水泡状病斑增多，并开始出现破裂，7 月病斑大部分破裂，枝干上出现大面积溃烂，7～8 月病斑逐渐变干、变黑。幼苗在 3 月移栽或 4、5 月平茬后于伤口处出现枯梢状溃疡，表现为枝条失绿、枯黄，7～8 月表面散生出小黑点。

据郑宏兵（2004）研究，山核桃溃疡病的发生与树龄呈现一种抛物线关系。幼树很少感病，在 10～20 年的树龄段，病害随树龄增长而加重；当树龄达到 20 年以上时，病害又随树龄增长而呈下降趋势。另外，树皮含水量与溃疡病的发生呈负相关。树皮含水量越高，抗病性越强，感病程度越低，反之树皮含水量越低，抗病性越弱，感病性越强。

吴志辉等（2006）调查分析，安徽宁国的山核桃溃疡病发生与冬、春降雨及温度有一定关系，在冬季温度较高、降水量较少，而春季雨水较多的年份，病害发生较为严重。

邹丽萍（2013）调查云南曲靖泡核桃溃疡病的发生条件时发现，阳坡的泡核桃树发病最轻，阴坡的发病最重；陡坡上的泡核桃树发病较重，平坡上的发病较轻。分析原因主要为：①阴坡湿度大，有利于病菌孢子的萌发侵染，病害较重；阳坡相对较干燥，不利于病菌侵染。②阴坡光热条件差，树势相对较弱，抗病性低，容易受害。③阳坡地温相对较高，枯枝落叶易于分解，土壤肥力相对较高，树势壮，抗病能力较强。④陡坡易于水土流失，土层较薄，土壤肥力贫瘠，树体生长不良，抗病力相对较低。⑤平坡土层相对深厚，肥力较好，树势相对强壮，抗病能力较高。

4. 防控措施

（1）加强果园管理　增施农家肥等有机肥，按比例科学施用氮、磷、钾肥及中微量元素肥料，改良土壤，培强树势，提高树体抗病能力。雨季注意排水，地下水位偏高的地区尽量采用高垄或台地栽培。秋后及早春适当树干涂白，防止发生冻害及日灼伤。另外，秋后控制浇水，防止发生冻害，早春及时灌水，提高树体抗病性能。

（2）适当病斑治疗　在核桃流水期过后发现病斑及时进行刮治，将病组织彻底刮除干净，而后涂药保护伤口。有效药剂同“核桃腐烂病”病斑涂抹用药。

（3）清除树体带菌　结合修剪，彻底剪除病枯枝，集中烧毁。发芽前全园喷施1次铲除性药剂，杀灭树体表面的越冬病菌。有效药剂同核桃腐烂病发芽前用药。溃疡病发生严重地区或果园，也可使用上述药剂在8月涂刷主干及大侧枝1次。

（4）生物防治　据张宗侠（2012）研究发现，深绿木霉（*Trichoderma atroviride*）在室内对溃疡病菌具有较强的颉颃作用，颉颃机制表现为竞争作用、抗生作用、重寄生作用多种。田甜等（2012）报道，棘孢木霉（*Trichoderma asperellum*，QZ2）和草酸青霉（*Penicillium oxalicum*，QZ8）在室内测定，对 *Botryosphaeria dothidea* 均具有较强的抗生作用，前者主要是通过产生抗生素和重寄生方式抑制病菌生长，后者仅是通过分泌抗生物质抑制病菌生长。但这些生防菌在果园内的效果还需进一步验证。

（三）干腐病

干腐病又称溃疡病、黑水病，主要发生在我国南方核桃产区，如湖南、云南、广西、江西、安徽、浙江等地，北方产区（陕西、山东、河北等）也偶有发生，导致树势衰弱，产量降低，果实腐烂，甚至植株枯死，是核桃生产中的重要病害之一。20世纪60年代，湖南省由于核桃品种引进，曾导致干腐病严重发生，病株率在32.4%～100%，病情指数为8.8～61.5，并造成大量死枝死树。2011年陕西渭南临渭区核桃发病株率7.43%～25.25%，病情指数2.07～12.25，对当地核桃生产构成了严重威胁。

1. 症状　干腐病主要为害三至七年生幼树主干和侧枝，也可为害枝梢和果实。大枝干受害，主要发生在根颈至2～3m高处及侧枝的向阳面。初期病斑多以皮孔为中心，黑褐色，近圆形，微隆起，直径0.5～2cm，手指按压可流出泡沫状液体，有酒糟气味。随病斑逐渐扩大，常数个病斑纵向连成梭形或不规则形黑褐色大斑，可达枝干的半边或大半边。病部皮层变褐色枯死，甚至腐烂，下面木质部变灰褐色。当病斑环绕枝干一周，则导

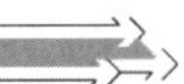

致上部枯死。后期病斑干缩凹陷，表面逐渐散生出许多粒状小黑点，即为病菌分生孢子器，潮湿环境时，其上可溢出灰白色黏液（分生孢子及胶质物）。枝梢受害，初期病斑黑褐色凹陷，后病斑迅速扩展，很快导致整个枝梢变黑褐色枯死，表面产生有突起的黑色小粒点。

果实发病，初期病斑近圆形，暗褐色，大小不等。后病斑逐渐扩大，表面凹陷，严重时达整个果实。病斑表面亦可散生出许多小黑点。病果容易脱落。

2. 病原　核桃囊孢壳（*Physalospora juglandis* Syd. et Hara.），属于子囊菌亚门核菌纲球壳菌目。子囊壳黑色，球形或扁球形，单生或聚生在子座内，后突破寄主表皮外露，直径 161～179μm。子囊无色，棒状，上端钝圆，有短柄，大小 68～93μm×10～19μm，有侧丝。子囊孢子在子囊内双行排列，无色或淡黄色，单胞，椭圆形，大小21.1μm×10.3μm。

无性阶段为大茎点霉（*Macrophoma* sp.），属于半知菌亚门腔孢纲球壳孢目。分生孢子器初埋生于病斑表皮下的子座内，后突破寄主表皮外露，圆形或扁圆形，黑褐色，有孔口，大小 289μm×190μm。分生孢子无色，单胞，椭圆形，大小 10.4μm×22.1μm。

子座生于枝干病斑表皮下，分生孢子器成熟后突破表皮外露。

3. 发生规律　病菌以菌丝体、分生孢子器或子囊壳在病斑组织内越冬。翌年条件适宜时释放出病菌孢子，通过风雨或气流传播，从皮孔或伤口侵染为害。带病苗木及接穗的调运可进行远距离传播。菌丝在韧皮部潜育扩展，逐渐形成病斑，人工接种潜育期 5～10d。夏秋季新病斑上产生分生孢子，通过风雨传播，进行再侵染。据齐康学等（2012）调查，陕西渭南地区干腐病从 3 月下旬开始发生，一直到 11 月为止。

干腐病菌属于弱寄生性真菌，在炎热夏季高温季节，幼树主干和主枝向阳面易受灼伤。若干旱失水，皮孔易失去控制能力，呈开裂状态，病菌俟机侵入。据调查，湖南衡山地区 260 株核桃树发病株率 84.6%，其中病斑在向阳面的占总发病率的 90%。

土壤瘠薄、偏施氮肥、质地黏重、中性偏酸、高温干旱有利于病害发生，栽植后缓苗期或树势衰弱病害发生较重，枝干害虫较重、伤口多有利于病菌侵染，管理粗放果园常见干腐病发生。

4. 防控措施

（1）加强栽培管理　新建核桃园时，尽量选择土层深厚、疏松肥沃、排灌方便的中性地块栽植，并增施农家肥等有机肥，科学使用氮、磷、钾肥及中微量元素肥料，培育壮树，提高树体抗病能力。生长期加强病虫害管控，特别是枝干害虫和导致早期落叶的病虫。早春和秋后注意树干涂白，预防发生日灼及冻害。结合修剪，彻底剪除枯死枝、病伤枝，并集中烧毁。

（2）及时治疗病斑　发现病斑后及时进行治疗，并涂药保护伤口。具体方法及有效药剂同“腐烂病”的病斑治疗。

（3）药剂防控　首先，结合其他病害防治，注意药剂清园，即在发芽前全园喷施 1 次铲除性药剂，杀灭在树体上的越冬病菌。有效药剂如 77%硫酸铜钙可湿性粉剂 400～500 倍液、45%代森铵水剂 200～300 倍液、41%甲硫·戊唑醇悬浮剂 400～500 倍液、60%铜钙·多菌灵可湿性粉剂 300～400 倍液、80%乙蒜素乳油 200 倍液、3～5 波美度石硫合剂等。其次，往年病害严重的果园，5、6月再喷药1次防控病害，有效药剂如70%甲基硫菌灵可湿性粉剂或500g/L悬浮剂800～1 000倍液、430g/L戊唑醇悬浮剂3 000～4 000倍液、10%苯醚甲环唑水分散粒剂1 500～2 000倍液、30%戊唑·多菌灵悬浮剂800～1 000倍液等。

(四) 枝枯病

枝枯病是一种重要核桃病害，在我国各核桃产区均有不同程度发生，严重时常造成大量枝条枯死，对树冠整齐度及产量影响很大。该病除为害核桃外，还可侵害山核桃、枫杨等树木。卢永民2013年调查，陕西丹凤县早实核桃发病株率为42%～64%，对核桃树势和产量造成了严重威胁。

1. 症状 枝枯病主要为害小枝，多从顶梢幼嫩枝条开始发生，逐渐向下蔓延，甚至为害到主干。初期枝条皮层呈暗灰褐色，稍凹陷，病健交界处的健组织常稍隆起；后逐渐变为浅红褐色，最后呈深灰色。病部皮层坏死、干缩，有时开裂，很快扩展绕枝条一周，造成枝枯，其上叶片逐渐变黄脱落。后期，枯枝表面逐渐散生出许多黑色小粒点，即为病菌的分生孢子盘，直径0.8～2mm。遇雨湿润后，小黑点上挤出黑色短柱状孢子角；再遇降雨时孢子角溶开，形成馒头状突起的黑色团块，为病菌的分生孢子及黏液，直径为1～3mm。有时在小黑点附近产生较大的小黑丘，丘上长出几根黑色毛状物，为病菌的子囊壳。

2. 病原 矩圆黑盘孢（*Melanconiumoblongum* Berk.），属于半知菌亚门腔孢纲黑盘孢目。分生孢子盘产生在表皮下，后突破表皮外露，盘上密生大量分生孢子梗。分生孢子梗无色或浅灰色，多不分枝，较长，大小25～30μm×3～4μm，顶生分生孢子，多数单生。分生孢子椭圆形或卵圆形，单胞，多数两端钝圆，有时一端稍尖，暗褐色，大小16～27μm×8～13μm。也有报道为胡桃黑盘孢（*M. juglandinum* Kunze.），只是分生孢子稍大。分生孢子萌发的最适温度为27～30℃，最高为36℃；菌丝生长最适温度为25～27℃，最高为37℃，15℃时生长缓慢。核桃树皮浸出液对分生孢子产生和萌发具有显著刺激作用。

有性阶段为胡桃黑盘壳［*Melanconis juglandis*（Ell. et Ev.）Groves］，属于子囊菌亚门核菌纲球壳菌目，自然界很少发生。子囊壳群生，初埋生在表皮下，后突破表皮外露。子囊壳烧瓶状，具长颈，直径2～5mm。子囊圆筒形，具短柄，大小99～139μm×10～18μm。子囊孢子单行或双行排列，梭形至椭圆形，无色，双胞，大小18～25μm×8～13μm，侧丝线形，常早期消解。

3. 发生规律 病菌主要以菌丝体分生孢子盘和分生孢子团块在枯枝病斑上越冬。第二年遇降雨时分生孢子散开，通过风雨或昆虫传播，从冻伤、虫伤、日灼伤及其他机械伤等各种伤口侵染，导致枝条受害。经8～12d潜育期枝条开始发病，再经15～21d病枝上逐渐开始产生分生孢子盘及分生孢子，该孢子通过风雨传播进行再次侵染。6～8月为病害发生盛期。该病菌是一种弱寄生菌，只能为害生长衰弱的老树或枝条。因此，树势衰弱是导致该病发生的主要条件，多雨潮湿有利于病菌的传播与侵染，病菌侵染后先在老皮组织内腐生，再逐渐向周边活组织蔓延为害。冻害、早春干旱、土壤板结、过度密植、排水不良等均可加重枝枯病发生，夏季向阳面日灼伤有利于病菌的侵染。

4. 防控措施

（1）搞好果园卫生　结合修剪，发芽前彻底剪除病枯枝，集中带到园外烧毁，消灭病菌越冬场所，减少园内菌量。生长季节，发现病枝及时剪除，防止病害扩散蔓延。

（2）加强栽培管理　增施绿肥、农家肥等有机肥，合理使用氮、磷、钾肥及中微量元素肥料，增强树势，提高树体抗病能力。及时防治害虫，避免造成各种机械伤口，减少病菌侵染途径。合理密植，科学修剪，雨季及时排水，创造不利于病害发生的环境条件。秋后或早春进行树干涂白，预防形成冻害或日灼伤。侧枝及大枝干受害后，及时刮除病斑，并伤口涂药保护。

（3）适当药剂防控　往年病害发生严重的果园，在5～6月喷药预防2～3次，间隔期10～15d。有效药剂如：70%甲基硫菌灵可湿性粉剂或500g/L悬浮剂800～1 000倍液、430g/L戊唑醇悬浮剂3 000～4 000倍液、10%苯醚甲环唑水分散粒剂1 500～2 000倍液、30%戊唑·多菌灵悬浮剂800～1 000倍液、60%铜钙·多菌灵可湿性粉剂600～800倍液、41%甲硫·戊唑醇悬浮剂800～1 000倍液、80%乙蒜素乳油1 500～2 000倍液、50%多菌灵可湿性粉剂600～800倍液等。

（五）基腐病

核桃基腐病是近年来在新疆阿克苏地区发生的一种新病害，8～15年生核桃树受害较多，幼树很少发现。该病首先侵染核桃树树干基部，导致基部皮层腐烂、植株枯萎死亡。据商靖（2010）报道，轻病园发病株率1%～3%，重病园可达30%，且随着核桃树龄的增长，有日益加重之势，严重影响了当地核桃产业的发展。当地普遍认为是核桃腐烂病（又称黑水病），但该病与核桃腐烂病有明显区别，腐烂病主要为害枝干的皮层，木质部完好；基腐病主要发生在树干的基部6～10cm处，不仅韧皮部腐烂，而且木质部受害变黑，严重时扩展至根部。经研究证实（商靖，2010）这是一种核桃新病害，并将其定名为基腐病。

1. 症状　基腐病主要发生在主干上，树干基部向上40cm的范围内均可出现病斑，以6～10cm处较多，同一株树上可产生一至多个病斑。在南疆地区4月上旬至5月中旬开始发生。发病早期，树皮表面无明显症状，剥开树皮后在韧皮部和木质部交界处变褐发黑；随温度升高，病斑不断扩展，呈水渍状，皮层与木质部剥离，病部皮层呈纵向开裂，裂口处有大量黑褐色液体流出，8月液流最多。对树干进行纵、横剖切发现木质部变黑，并向上下扩展。严重时木质部全部变黑，病健交界处颜色对比明显。发病后期，病斑扩展迅速，严重时直至根部，致使主根呈褐色腐烂。茎基部病斑扩展至树干一周，导致叶片失绿，枝条干枯，最后死亡。病斑10月上旬停止扩展，至第二年5月在老病斑的边缘继续向外扩展，并流出褐色液体。

2. 病原　寡雄腐霉（*Pythium oligandrum* Drechsler），属于鞭毛菌亚门卵菌纲霜霉目。主菌丝直径3.0～6.0μm；菌丝膨大体球形至近球形瘤状膨大，常单生。孢子囊球形至近球形，少数形状不规则，常有短菌丝连成复合体。藏卵器球形，顶生或间生，有时侧生或间侧生，直径15～30μm（平均21.2μm）；藏卵器外壁具锥形突起物，突起物高2.5～7.8μm（平均4.2μm）、基部宽1.5～2.5μm（平均2.0μm）。雄器较少形成，形成时呈短棒形或曲颈形，异丝生，以顶端或侧面与藏卵器接触，7～18μm×3～12μm。卵孢子球形，平滑，不充满藏卵器或几乎满器，直径13～28μm（平均20μm），壁厚1.4～1.8μm。

病菌最适宜生长的培养基为玉米培养基CMA，最佳C源为蔗糖，最佳N源为尿素。菌丝生长温度为4～33℃，最适生长温度范围为20～33℃，pH范围为3～8，最适pH范围为5～7，光照对病菌生长没有显著影响。

3. 发生规律 病菌可能以卵孢子随病残体在田间病株或土壤中越冬，主要通过流水或风雨传播，从伤口侵染进行为害，田间有再侵染。据商靖（2010）研究，人工无伤接种不发病，有伤接种发病（刀片划伤表皮）。14d病斑纵向扩展2～10mm，横向扩展0.5～4mm；第20d纵向扩展达到8～15cm，横向扩展到4～7cm；第30d皮层与木质部分离，且木质部变褐，并流出少量褐色液体；第35d汁液较多。

田间病斑主要发生在距地面6～10cm处，初期表面无明显症状，待表面产生症状时内部已扩展较大面积。根据调查分析来看，这可能是由于树干日灼伤形成微伤口后，又因为漫灌浇水，病原菌随水流传播造成的。

据商靖（2010）调查，在新疆南疆地区新病斑每年有两个发生高峰，3月开始出现新病斑，4～5月出现第一个高峰。7月数量减少，8月和9月又开始增多，出现第二个高峰。到10月基本停止，11月到翌年3月无新病斑出现。3月初，温度上升，树液开始流动，在病组织上越冬的病菌开始向健康部位侵染；8月和9月病斑增多，可能是由于南疆地区此期气温升高，对树体干基的日灼伤增多，加之灌水后土壤湿度增大，利于病菌的传播，而导致新病斑较多。

基腐病发生与栽植密度、树龄高低及灌溉水次数具有一定关系。密度越低发病率越低，密度越高发病率越高，田间调查以6m×4m的果园发病程度最重，发病率比6m×8m的高1倍。说明果园内通风透光条件差、园内湿度大时，有利于病害发生。从树龄来看，1～20年生的核桃树随树龄增高发病率呈上升趋势，其中11～20年生的核桃树受害最重，发病株率达14.2%，而初果期（一至五年生）的幼树发病率很低，只有1.8%。但是，21年生以上的老树发病率又明显较低。漫水灌溉有利于病害发生，且灌水次数越多发病越重，第一次灌水前发病率为9.6%的核桃园在第三次灌水后发病率达到了15.94%，这可能是灌溉水与树干直接接触而利于病菌传播侵害导致的。

4. 防控措施 以加强栽培管理、预防病菌传播侵害为基础，病树及时发现治疗为辅助。

（1）加强果园栽培管理 合理栽植密度，使果园通风透光良好。尽量起垄栽植，采用滴灌或滴带浇水，防止树干基部与灌溉水直接接触。树体进入盛果期后增施肥水，促使树体健壮，提高树体抗病能力。

（2）及时治疗病斑 发现病树后及时进行治疗，以刮病斑后涂药效果较好，病斑表面直接涂药和病斑划道后涂药效果均不理想。刮病斑时要将病变组织刮除干净，并将病残体集中带到园外销毁。涂抹药剂以杀菌剂与伤口愈合剂混合或配合使用效果最好（比单独使用杀菌剂效果好）。效果较好的涂抹用杀菌剂如：80%乙蒜素乳油100～200倍液、77%硫酸铜钙可湿性粉剂100～200倍液、25%甲霜灵可湿性粉剂80～100倍液、90%三乙膦酸铝可溶性粉剂80～100倍液、50%烯酰吗啉可湿性粉剂150～200倍液等。

（3）树干涂白 秋后树干及时涂白，防止发生冻害和日灼伤。

 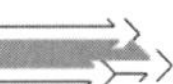

（六）轮纹病

轮纹病是一种零星发生病害，在河北、山西等省份偶有发生，主要为害主干、主枝，形成褐色坏死斑，严重时造成树势衰弱。该病实际上是苹果和梨树上的重要枝干病害，在核桃与苹果或梨树混栽及间套作的果园较为常见。

1. 症状　轮纹病斑多以皮孔为中心开始发生，先产生瘤状突起，后突起逐渐呈褐色坏死，形成近圆形褐色坏死斑，病斑外围常有黄褐色稍隆起晕环，后期病斑边缘可产生裂缝。在衰弱树或衰弱枝上，病斑扩展较快，突起不明显，多表现为凹陷坏死斑，外围亦有黄褐色稍隆起晕环。第二年病斑继续向外扩展，在一年生病斑外形成环状坏死。如此，病斑可连续扩展多年。病斑后期或在两年生病斑上，逐渐散生出不规则小黑点，即为病菌分生孢子器。

2. 病原　大茎点霉（*Macrophoma* sp.），属于半知菌亚门腔孢纲球壳孢目。分生孢子器扁圆形或椭圆形，具乳头状孔口，直径383～425μm，内壁密生分生孢子梗。分生孢子梗棍棒状，单胞，无色，大小为18～25μm×2～4μm，顶生分生孢子。分生孢子无色，单胞，纺锤形或长椭圆形，大小为24～30μm×6～8μm。

3. 发生规律　病菌主要以菌丝体和分生孢子器在枝干病斑内越冬。第二年条件适宜时分生孢子器内涌出分生孢子，通过风雨传播，从皮孔或伤口侵染为害。当年生病斑上一般不产生分生孢子器或分生孢子器不成熟，所以该病在田间没有再侵染。多雨潮湿有利于病菌孢子的释放、传播及侵染，树势衰弱是导致该病发生的主要因素。

4. 防控措施　核桃轮纹病属零星发生病害，一般不需单独进行防控。通过加强栽培管理，壮树防病即可有效控制其发生为害。个别轮纹病发生较重核桃园，结合其他枝干病害（如腐烂病、溃疡病、干腐病等）防控，在发芽前喷施铲除性药剂进行兼防，即可有效预防该病的发生。另外，新建核桃园时，尽量远离苹果及梨树，坚决避免与苹果或梨树混栽及间套作。

（七）枯梢病

枯梢病又称枝枯病，在陕西、山西、山东、辽宁、云南等省时有发生，主要为害枝梢，造成枝条枯死，有时也可为害叶柄和果实。曲文文（2011）调查山东核桃时，严重的果园发病率为15.8%，并常与溃疡病混合发生，导致枝条枯死。孙俊报道（2013）辽宁核桃园一般发病株率为20%～30%，严重的发病株率超过80%，遇高湿条件时常引起大量枝条死亡，对树体生长和果实产量均有很大影响。

1. 症状　枯梢病主要为害枝梢，也可为害叶柄和果实。嫩梢受害，初期病斑不明显，逐渐呈褐色失水状萎蔫，后期嫩梢枯死。小枝受害，初期病斑为黑褐色小点，近圆形，扩展后形成红褐色至深褐色病斑，稍凹陷，长圆形、梭形或长条形；后期病斑失水凹陷，病健交界处有轻微隆起，表面散生出许多黄色至红褐色粒状小点，即为病菌的分生孢子器。当病斑环绕枝条一周后，导致枝条枯死。叶柄受害，病斑初期为椭圆形黑褐色小点，稍凹陷，扩展后逐渐形成长椭圆形黑褐色凹陷大斑，病斑绕叶柄一周后造成上端组织枯死。果实受害，初期表面产生红褐色小斑点，后病斑逐渐扩大呈近圆形黑褐色凹陷，病斑多时连成大片，并常导致果实腐烂、早落。

2. 病原 核桃拟茎点霉（*Phomopsis juglandis*），属于半知菌亚门腔孢纲球壳孢目。子座不明显。分生孢子器褐色，扁球形或不规则形，直径90～315μm，有孔口。同一分生孢子器内可产生两种分生孢子，均为无色、单胞。甲型孢子椭圆形或纺锤形，大小6～9μm×3～4μm；乙型孢子细长形或线形，一端稍弯，有时呈钩状，大小16～19μm×2μm。

孙俊（2013）研究报道，病菌为胡桃楸拟茎点霉（*Phomopsis juglandina*）。甲型孢子无色，单胞，长椭圆形或近纺锤形，两端钝圆，大小6.3～11.8μm×2.9～3.5μm；乙型孢子无色，单胞，线形，直或一端稍弯，23.1～36.9μm×1.0μm。

张宗侠（2012）研究认为，山东省的枯梢病菌为拟茎点霉（*Phomopsis vaccinii*）。甲型孢子无色，单胞，梭形，大小7.43～10.35μm×2.63～3.70μm，平均8.84μm×3.10μm；乙型孢子无色，单胞，弯线形。

3. 发生规律 病菌主要以分生孢子器在枝梢病斑上越冬。翌年条件适宜时溢出分生孢子，通过风雨传播，从各种伤口及皮孔侵染为害，有多次再侵染，多雨潮湿利于病菌的传播与侵染。病菌具有潜伏侵染特性，在核桃正常生长期内病菌侵染后处于潜伏状态，不能导致发病；当植株遭遇不良环境条件、出现生理失调时，病菌才能快速生长蔓延，导致出现明显病斑。树势衰弱是导致该病发生的主要条件，早春低温、干旱多风、多雨潮湿、伤口较多等均可加重枯梢病的发生。

据曲文文（2011）研究，山东泰安地区3～4月开始发病，在幼嫩枝条上出现失绿、枯萎；6～7月枯萎面积逐渐扩大，延伸至大半个枝条；8月枝条开始干枯，其上开始出现红褐色子实体（分生孢子器）。

4. 防控措施

（1）加强果园管理 增施农家肥等有机肥，科学施用氮、磷、钾肥及中微量元素肥料，培育壮树，提高树体抗病能力。结合冬剪及生长期农事活动，彻底剪除病枯梢，集中带到园外烧毁，减少病菌越冬场所及园内菌量。干旱季节及时灌水，雨季注意排水，防止核桃园过度干旱与积水。

（2）休眠期喷药 发芽前全园喷施1次铲除性药剂，铲除树上越冬病菌。效果较好的药剂有：30%戊唑·多菌灵悬浮剂400～600倍液、60%铜钙·多菌灵可湿性粉剂300～400倍液、77%硫酸铜钙可湿性粉剂400～500倍液、45%代森铵水剂200～300倍液等。

（3）生长期适当喷药防控 枯梢病多为零星发生，一般核桃园不需生长期单独喷药。个别往年病害发生较重的果园，在春梢生长期和秋梢生长期的病害发生初期各喷药1次即可。效果较好的有效药剂如：70%甲基硫菌灵可湿性粉剂或500g/L悬浮剂800～1 000倍液、10%苯醚甲环唑水分散粒剂1 500～2 000倍液、430g/L戊唑醇悬浮剂3 000～4 000倍液、50%多菌灵可湿性粉剂600～800倍液、30%戊唑·多菌灵悬浮剂800～1 000倍液、80%代森锰锌（全络合态）可湿性粉剂800～1 000倍液等。

（4）生物防控 据张宗侠（2012）研究发现，深绿木霉（*Trichoderma atroviride*）在室内对梢枯病菌（*Phomopsis vaccinii*）具有较强的颉颃作用，颉颃机制表现为竞争作用、抗生作用、重寄生作用多种。但在果园内的效果还需进一步验证。

（八）丛枝病

丛枝病又称粉霉病、霜点病、霜斑病、黄斑病，在我国安徽、浙江、江苏、云南、四川、甘肃、陕西、河南、山东、吉林等地都有发生，除为害核桃外还可侵害山核桃、枫杨等植物。病树枝条枯死，树冠不整，严重时植株逐渐死亡。

1. 症状 丛枝病多发生在侧枝上，幼树主干的萌蘖枝上也有发生，病枝簇生，茎部略肿大。病枝上叶片稍小，边缘微卷曲，初生时稍带红色。5 月间病叶上出现不规则褪绿黄斑，叶背产生霜状白粉，有时叶正面也可产生。6 月后病叶边缘逐渐焦枯，导致病叶脱落。落叶后再发新叶，叶形较小，表面逐渐产生白粉、焦枯、脱落。如此往复数次形成丛枝现象。病叶枝秋末形成许多侧芽，翌年萌发形成簇生丛枝。部分病枝冬季冻死，数年后树冠呈大小不等的丛枝状，病树逐渐死亡。

有时也可为害叶片，受害叶片正面出现不规则形黄色褪绿斑点，相对应的背面产生灰白色粉状物，为病菌的分生孢子梗和分生孢子，严重时可使叶片焦枯。

2. 病原 核桃微座孢（*Microstroma juglandis* Sacc.），属于半知菌亚门丝孢纲瘤座孢目。病叶表面的白粉状物即为病菌的分生孢子梗和分生孢子。分生孢子梗在圆形或圆锥形子座上产生，密集成丛，突出寄主组织表面，棍棒状，大小 12～18μm×5～7μm，顶生 6～8 个分生孢子。分生孢子长椭圆形，无色，单胞，大小 6.5～8.2μm×3.3～4μm。

3. 发生规律 丛枝病的发生规律目前尚不十分清楚，根据田间调查和防控技术试验分析，病菌可能以分生孢子在落叶上越冬。第二年条件适宜时，分生孢子通过风雨传播进行侵染为害。7 月中旬左右开始发病，苗木和幼树感病重，大树感病轻或很少感病。嫩叶易感病。品种间抗性差异不显著。多雨潮湿、通风透光不良有利于病害发生，树势衰弱植株病害发生较重。

4. 防控措施

（1）加强果园管理 落叶后至发芽前，彻底清除树上、树下落叶及病丛枝，集中深埋或烧毁，消灭病菌越冬场所。合理密植，科学修剪，促使果园通风透光，创造不利于病害发生的环境条件。增施有机肥，合理使用速效化肥，培强树势，提高树体抗病能力。5～6 月间，及时剪除发病枝条，集中深埋销毁。

（2）适当药剂防控 丛枝病多为零星发生，一般果园不需单独用药。个别该病发生较重的果园，从 5 月中下旬开始喷药，10d 左右 1 次，连喷 2～3 次即可有效控制其发生为害。有效药剂如：70%甲基硫菌灵可湿性粉剂或 500g/L 悬浮剂 800～1 000 倍液、10%苯醚甲环唑水分散粒剂 2 000～2 500 倍液、430g/L 戊唑醇悬浮剂 3 000～4 000 倍液、30%戊唑·多菌灵悬浮剂 800～1 000 倍液、80%代森锰锌（全络合态）可湿性粉剂 800～1 000 倍液、70%丙森锌可湿性粉剂 600～800 倍液、80%代森锌可湿性粉剂 600～800 倍液、77%硫酸铜钙可湿性粉剂 800～1 000 倍液等。

（九）木腐病

木腐病又称心材腐朽病、腐朽病，是衰老核桃树上的一种常见病害，在各核桃产区均有发生，一般为害不重，严重发生时导致病树愈加衰弱，逐渐全株枯死。该病除在核桃树上发生外，还常在苹果、梨、桃、李、杏、樱桃、枣、栗、杨、柳、榆、槐、椿等多种果树及林木上发生。

1. 症状 木腐病主要为害核桃树的主干、主枝，以衰老的大树受害较多，发病后的主要症状特点是导致木质部腐朽。该病多从枝干伤口处开始发生，而后由外向内、自上而下逐渐在木质部内扩展蔓延，造成木质部朽烂、疏松质软，后期在病树伤口处产生许多覆瓦状灰白色病菌子实体，或贝壳状或平铺状黄褐色子实体。病树支撑和负载能力降低，刮大风时容易从病部折断，从断口处可看到木质部内生有灰白色菌丝。

2. 病原 常见为裂褶菌（*Schizophyllum commune* Fr.）和多毛栓菌（*Trametes hispida* Bagl.），均属于担子菌亚门层菌纲非褶菌目。

（1）裂褶菌 担子果覆瓦状，6～42mm，灰白色，扇形，质韧，生有茸毛或粗毛，边缘内卷，有多数裂瓣。菌褶辐射状，边缘纵裂反卷。担孢子无色，单胞，光滑，圆柱形，大小 4～6μm×2～3μm。

（2）多孔栓菌 担子果贝壳状或平铺状，无柄或铺展反卷状，大小 6～12μm×2cm，布满黄褐色至深褐色毛，边缘锐，全缘或波纹状屈曲。菌肉黄白色，丝质、海绵状至软木质，厚 2～10mm。菌孔不规则，菌管 3～10mm 不等。担孢子无色，单胞，长圆形，大小 10～11μm×3.5～4μm。

3. 发生规律 木腐病菌均属于弱寄生菌，以菌丝体或担子果在田间病株或病残体上越冬。翌年条件适宜时树体内菌丝继续生长蔓延，担子果上产生担孢子，通过风雨或气流传播，从各种伤口侵染为害，以裂伤、修剪伤影响最大，而后在木质部内生长蔓延。老龄树、衰弱树、主枝折断及机械伤口多的树体容易受害，管理粗放、土壤瘠薄、病虫害发生严重的果园受害较多。

4. 防控措施

（1）加强栽培管理 增施农家肥等有机肥，按比例科学使用氮、磷、钾肥及中微量元素肥料，培育壮树，提高树体抗病能力。科学修剪，注意涂药保护较大的修剪伤口，并促进伤口愈合，这是有效预防木腐病的重要措施。及时防治蛀干害虫，减少枝干伤害。

（2）及时处理病树表面的病菌结构 发现病菌担子果后应尽快彻底刮除，并将清除病菌集中带到园外烧毁，然后使用 2.12%腐殖酸铜水剂原液或 30%戊唑·多菌灵悬浮剂 100～200 倍液、60%铜钙·多菌灵可湿性粉剂 100～200 倍液、77%甲基硫菌灵可湿性粉剂 100～200 倍液等有效药剂涂抹伤口，促进伤口愈合，减少病菌侵染。

（十）膏药病

膏药病主要发生在南方核桃产区，北方核桃产区很少发生。为害轻时导致树势衰弱、枝干生长不良，严重时也可造成死枝死树。该病除为害核桃外，还常在梨、桃、李、杏、樱桃、板栗、苹果、柑橘、山楂、花椒、桑、构、枫、女贞、油桐等果树及林木上发生。

1. 症状 膏药病主要发生在枝干上或枝杈处，发病后的主要症状特点是在受害部位表面附着生有灰褐色至紫褐色的膏药状菌丝膜块，即为病原菌的担子果，圆形、椭圆形或不规则形，边缘白色，后变鼠灰色。菌丝块下树皮凹陷甚至湿腐，导致树势衰弱，严重时枝干枯死。

2. 病原 常见种类为茂物隔担耳（*Septobasidium bogoriense* Pat.），属于担子菌亚门层菌纲隔担菌目。担子果平伏，革质，长 3～12cm，浅灰色至棕灰色，边缘初期近白色，质地疏松，海绵状，基层为较薄的菌丝层，上有直立的菌丝柱，柱粗 50～110μm，由粗 3～3.5μm 的褐色菌丝组成，上生子实层。原担子球形或近球形，直径 8.4～10μm，上生担子。担子长形，有 3 个隔膜，大小 25～35μm×5.3～6μm，上生 4 个担孢子。担孢子腊

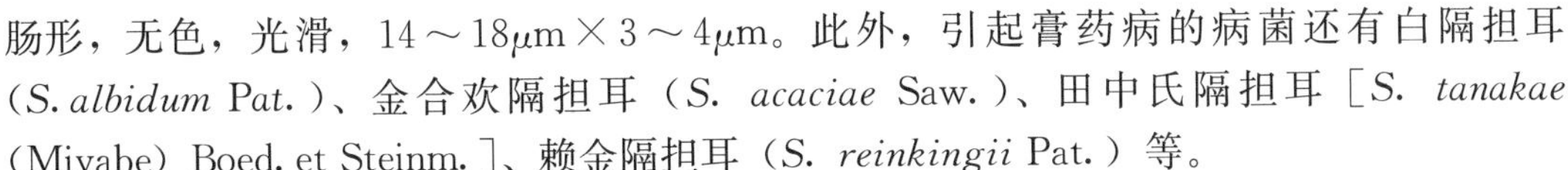

肠形，无色，光滑，14～18μm×3～4μm。此外，引起膏药病的病菌还有白隔担耳（*S. albidum* Pat.）、金合欢隔担耳（*S. acaciae* Saw.）、田中氏隔担耳［*S. tanakae*（Miyabe）Boed. et Steinm.］、赖金隔担耳（*S. reinkingii* Pat.）等。

3. 发生规律　病菌以菌丝膜在枝干表面越冬。翌年条件适宜时产生担孢子，通过风雨或昆虫传播进行为害。该病实际是病菌与介壳虫的一种共生，病菌主要以介壳虫的分泌物为养料，介壳虫借菌膜覆盖得到保护，所以介壳虫为害重的果园常发病较重。另外，菌丝也能伸入寄主树木皮层吸收营养。旬平均气温13～28℃、相对湿度78%～88%时，病菌生长扩展迅速，高温干旱不利于病菌生长。树势衰弱、土壤黏重、排水不畅、林间阴湿、通风透光不良的果园发病较重。

4. 防控措施

（1）加强栽培管理　适当栽植密度，合理修剪，促使果园通风透光，雨季及时排水，创造不利于病害发生的环境条件。增施农家肥等有机肥，科学施用速效化肥，培育壮树，提高树体抗病能力。

（2）及时防控介壳虫（治虫防病）　往年病害发生较重果园，在核桃发芽前全园喷施1次3～5波美度石硫合剂或45%石硫合剂晶体50～70倍液，杀灭枝干表面的越冬介壳虫。

（3）科学防控膏药病菌　结合农事操作，及时人工用竹片刮除膏药病菌斑块，然后涂抹3～5波美度石硫合剂或45%石硫合剂晶体30～50倍液、1∶1∶100倍波尔多液等。同时，将刮下的菌膜要集中带到园外销毁。据唐永奉等研究报道（2014），在核桃落叶后使用20%松脂酸钠可溶性粉剂800倍液、1.6%噻霉酮800倍液、80%代森锰锌可湿性粉剂800倍液分别全株喷洒，均对膏药病具有较好的防治效果，若噻霉酮与代森锰锌混用能显著提高药效。

（十一）桑寄生

桑寄生在我国各核桃产区均有发生，以南方核桃产区发生普遍。其寄主植物比较广泛，可寄生在核桃、苹果、梨、桃、李、杏、枣、板栗、柑橘、茶、油桐、柳、枫杨、白蜡等多种树木上。轻病树引起早期落叶、落果，或不能开花结果，重病树导致植株枯死。

1. 症状　在受害核桃的枝条或枝干上，长出常绿的寄生性小灌木丛，株高50～100cm。被寄生处肿胀，木质部纹理紊乱，出现裂缝或空心，易被风折断。受害核桃树发芽晚，叶片小，落叶早，不开花或开花晚，不结果或结果后易脱落。严重受害树病斑肿瘤常达20～30个，部分枝条枯死，甚至全树死亡。

2. 病原　桑寄生［*Loranthus parasiticus*（Linn.）Merr.］，是一种高等双子叶植物，属于桑寄生科。常绿丛生小灌木，可高达1m，小枝粗而脆，直立或斜生，因寄主不同变异较大，根出条多而发达，嫩枝顶端约4cm处有黄褐色星状短茸毛。叶椭圆形，对生，幼叶两面被有黄褐色星状茸毛，成叶两面无毛，全缘，有短柄。叶长4.5～6cm，宽2.5～3.5cm，纸质。花期9～10月开始，花冠筒状，长2.3～2.7cm，花淡红色，被有一些短毛。浆果椭圆形，长约8mm，宽约7mm，具小疣状突起，翌年1～2月成熟。

3. 发生规律　桑寄生植株在核桃枝干上生长，9～10月开花，翌年1～2月浆果成熟，招引各种鸟类啄食（主要有寒雀、麻雀、画眉、斑鸠等），将种子传播到其他核桃树上，由果皮外胶质物黏固在枝条上。温度、湿度条件适宜时，种子 3d 左右萌发，长出胚根。胚根先端与寄主接触产生吸盘，其下伸出初生吸根，分泌消解酶消解寄主树皮，并强力从伤口、芽部、幼嫩树皮钻入，逐步伸达木质部，甚至伸入木质部内层，历时约 15d 左右。初生吸根先端生出许多小突起，发育成不定根状的次生吸根。次生吸根相互愈合呈片状或掌状，伸向枝条木质部，吸根片末端再分生出许多细小吸根，与寄主的疏导组织相连，从中吸取水分和无机盐。有机物以自身绿叶制造为主。胚叶在胚根形成后数日开始发育，胚茎发育成直立或斜立的茎，以后长出叶片和花。根出条相当于无性繁殖，在寄主表面延伸，与寄主树皮接触后形成吸收根，而后钻入树皮定植，逐渐发育成新植株。根出条越发达，危害性越大，越难根除。

桑寄生对核桃树的破坏过程较缓慢，枝条受害最初都在幼嫩时期，受害处逐渐肿大形成肿瘤。严重时同一树上常有数十个肿瘤。肿瘤上部枝条逐渐衰弱、枯死，寄主枝条枯死后，其上的桑寄生也随之死亡。寄主枝条从受侵害开始到完全枯死，一般需要 5 年，甚至 10 年、20 年。

山坡中上部的核桃树受害较多，管理粗放果园受害较重。

4. 防控措施　以人工防治为主。秋季结合核桃果实采收，仔细检查，发现桑寄生及时连同被寄生枝条一起剪除，大枝干上的桑寄生最好连同枝干一起锯除。不能去除枝干时，也可只除去寄生枝、根出条，但需将吸盘一同去除。另外，还要注意检查周边树木上是否受害，并及时清除桑寄生植株。

（十二）槲寄生

槲寄生俗称冬青、树冬青，在我国各核桃产区均有发生，以北方和中部核桃产区发生较多。其寄主植物范围很广，主要有核桃、板栗、杨、柳、榆、栎、枫杨、桦树、椴树、松、柏等。受害树木质部割裂，树势变弱，严重时造成枝条枯死，甚至全树死亡。

1. 症状　核桃树被槲寄生侵害后，受害处丛生出黄绿色小灌木（槲寄生植株）。枝条逐渐肿大，形成瘤状，最后呈鸡腿状瘤。病树发芽晚，开花迟，不结果，或结果后早期脱落，严重时造成枝枯，甚至引起死树。

2. 病原　槲寄生［*Viscum coloratum*（Kom.）Nakai］，是一种高等双子叶植物，属于槲寄生科。常绿丛生小灌木，株高 30～60cm，枝圆筒形，黄绿色，为整齐二叉状分枝。叶片常绿，革质，对生，倒卵形至长椭圆形，长 2.5～7cm，宽 0.7～1.5cm，尖端钝，近于无柄，常具 3 脉。花单性，雌雄异株，生于枝顶或分叉处，黄绿色，无柄。苞片杯状。雄花 3～5 朵簇生，先端 4 裂，雄蕊 4，着生在裂片上。雌花 1～3 朵，生于短花梗上，先端 4 裂，柱头头状。浆果球形，直径约 8mm，黄色或橙红色半透明，着生于叉状小枝的角隅，果有黏性。河北花期 4～6 月，果期 6～9 月。

3. 发生规律　鸟类食取槲寄生成熟的果实后，将种子随粪便排泄出来，黏固在寄主植物枝干上。温度、湿度条件适宜时种子萌发，胚轴延伸突破种皮，胚根尖端与寄主皮层接触后形成吸盘，吸盘中央生出初生吸根。初生吸根直接穿透枝条皮层，沿皮层下方生出侧根，环抱木质部，然后逐年从侧根分生出次生吸根钻入皮层及木质部的表层。随枝干生长，初生及次生吸根陷入木质部深层中，受害处逐渐肿大，但没有明显的年轮偏心。后期，木质部深处的老吸根逐渐死亡，留下一些小沟。吸收根吸盘伸到木质部导管，吸取水

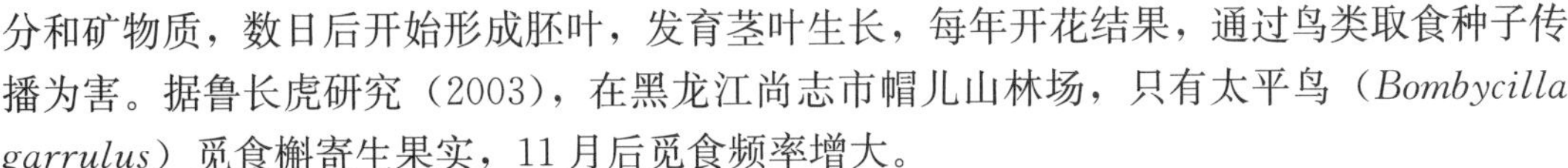

分和矿物质，数日后开始形成胚叶，发育茎叶生长，每年开花结果，通过鸟类取食种子传播为害。据鲁长虎研究（2003），在黑龙江尚志市帽儿山林场，只有太平鸟（*Bombycilla garrulus*）觅食槲寄生果实，11 月后觅食频率增大。

4. 防控措施　以人工防治为主。秋季结合核桃果实采收，发现槲寄生及时连同被寄生枝条一起剪除，大枝干上的槲寄生最好连同枝干一起锯除。不能去除枝干时，需连同寄生枝和皮下内生吸根一并刮除干净。另外，还应及时清除周边其他林木上的槲寄生植株。

三、果实病害

（一）炭疽病

炭疽病是核桃上发生的一种重要果实病害，在我国各核桃产区普遍发生，许多产区一般病果率 20%～40%，严重时病果率高达 90%以上，落果率达 50%以上，采收前 10～20d 病果迅速变黑腐烂，核仁干瘪，对核桃产量和品质影响很大。

1. 症状　炭疽病主要为害果实，有时也可为害叶片、芽和嫩枝。果实受害，病斑初为褐色圆形小斑点，稍凹陷；扩大后为黑褐色至黑色，近圆形或不规则形，凹陷明显，病斑表面常有褐色汁液溢出。随病斑发展，其表面逐渐产生呈轮纹状排列的小黑点（分生孢子盘），有时小黑点排列不规则，随后小黑点上逐渐产生淡粉红色黏液（分生孢子团），有时小黑点不明显仅能看到淡粉红色黏液。严重时，一个果实上生有许多病斑，并常扩展连片，导致果实外表皮大部分变黑色腐烂；后期腐烂果皮干缩，形成黑色僵果或脱落，病果核仁干瘪甚至没有核仁。叶片受害，形成褐色至深褐色不规则形病斑；有时病斑沿叶缘四周 1cm 宽扩展，有的沿主、侧脉两侧呈长条形扩展，后期中间灰白色，可形成穿孔；严重时叶片枯黄脱落。芽及嫩枝受害，形成长条形或不规则黑褐色病斑，后变灰褐色，常从顶端向下枯萎，叶片呈焦黄色脱落。

2. 病原　胶孢炭疽菌［*Colletotrichum gloeosporioides*（Penz.）Penz. et Sacc.］，属于半知菌亚门腔孢纲黑盘孢目。分生孢子盘初生在寄主表皮下，成熟后突破表皮外露，圆形，直径 210～340μm，密生分生孢子梗。分生孢子梗短，无色，单胞，栅状排列，6～18μm×2～4μm，顶生分生孢子。分生孢子常集结成团，孢子团呈淡粉红色，单个孢子无色，单胞，长椭圆形，10.4～15.0μm×4.6～6.4μm，内含 2～3 个油球；附着胞卵形、近圆形、裂叶状和不规则形，浅褐色或深褐色，平均大小 10.2μm×7.3μm。菌丝生长温度范围在 5～35℃，最适温度为 25℃，低于 5℃或高于 40℃停止生长。病菌对酸碱的适应性较强，pH 3～10 时均能生长，最适 pH 为 6.5～7。分生孢子萌发的温度范围为 12～40℃，最适温度为 28～32℃，最适相对湿度在 95%以上，低于 75%时停止萌发，且萌发时需要补充一定的营养。

有性阶段为围小丛壳［*Glomerella cingulata*（Stonem.）Spauld. et Schrenk］，属于子囊菌亚门核菌纲球壳菌目，在自然条件下很少产生。

胶孢炭疽菌寄主范围非常广泛，可为害核桃、山核桃、苹果、梨、葡萄、桃、李、杏、山楂、枣、柿、板栗、柑橘、芒果、番木瓜、无花果、橄榄、茶、咖啡、番茄、冬青、刺槐等多种植物，所致病害均称为炭疽病。

3. 发生规律　病菌主要以菌丝体和分生孢子盘在病僵果、病叶及芽上越冬，亦可在其他寄主植物的病组织上越冬。另据刘霞（2013）研究，山东泰安核桃产区还可以菌丝体在土壤中越冬，并是一种重要的初侵染来源。翌年条件适宜时越冬病菌产生大量分生孢子，通过风雨或昆虫传播，从伤口或自然孔口侵染，也可直接侵染。在27～28℃、孢子水滴内有寄主营养物质条件下，6～7h即可完成侵染。该病潜育期很短，一般为4～9d，条件适宜时可发生多次再侵染，所以炭疽病流行性较强，为害较重。同时，该病具有潜伏侵染特性，多表现为幼果期侵入、中后期发病，外观无病的果实、枝条、叶片可能潜伏带有炭疽病菌。炭疽病的发生时期各地略有不同，四川多从5月中旬开始发病，6～8月为发病盛期；江苏、河南、山东等地6月下旬或7月初开始发病；河北、辽宁等省多从8月开始发病。

炭疽病发生早晚及轻重与当年降雨情况有密切关系，降雨早、雨量多、湿度大，病菌孢子萌发侵染早，病害发生早、蔓延快，发病则重；反之，病害发生晚而轻。据在山东泰安调查，1971年6月降水量203.8mm，则7月上旬果实发病普遍较重，并有叶片发病。1972年和1973年6月降水量分别为20.2mm和62.6mm，则7月发病果实极少；7月降水量分别为118.4mm和287.8mm，果实发病才逐渐严重起来。新疆核桃，栽植在平原或地下水位较高的河滩地的，株行距小、树冠稠密，通风透光不良，病害发生重；反之，栽植于山坡的，通风透光良好，病害发生轻。因此，果园地势低洼、种植密度过大、通风透光不良等一切可以加重园内湿度的因素，均可加重炭疽病的发生。

核桃的不同品种类型感病性差异较大，如山东当地品种较抗病，新疆的阿克苏核桃和丰产薄壳较感病，隔年核桃、大果核桃发病较轻；一般晚熟品种较早熟品种抗病。但是，有些品种在果实和叶片抗病性上的表现存在差异，据赵立娟等（2013）研究报道，丰辉、绿波的果实抗病性较强，辽宁4号、金薄香1号、京861、鲁光、香玲、辽宁1号、中林5号果实抗病性中等，中林1号、扎343、晋丰果实抗病性较弱；而京861、辽宁1号、辽宁3号叶片抗病性较强，丰辉、辽宁4号、绿波叶片抗病性较弱。

核桃举肢蛾发生为害较重的果园，炭疽病也发生较重。

4. 防控措施 以农业防控措施为基础，消灭及控制园内病原和生长期适当喷药预防相结合。

（1）加强栽培管理 新建核桃园时，尽量选择地势较高、通风透光良好的地块，选用优质抗病品种，合理栽植密度。避免与苹果、梨、桃等炭疽病菌可以为害的果树林木相邻栽植或混栽。生长期科学修剪，使果园通风透光良好，雨季注意及时排水，降低园内环境湿度，创造不利于病害发生的环境条件。

（2）搞好果园卫生，消灭园内病菌 发芽前彻底清除树上、树下的病僵果及落叶，集中深埋或烧毁，消灭病菌越冬场所，减少病菌初侵染来源。生长季节及时剪除病果、病梢并深埋，减少园内菌量，防止扩散为害。往年病害发生较重核桃园，建议在发芽前喷施1次铲除性杀菌剂，杀灭园内残余越冬病菌，效果较好的有效药剂如：30%戊唑·多菌灵悬浮剂400～600倍液、60%铜钙·多菌灵可湿性粉剂300～400倍液、77%硫酸铜钙可湿性粉剂400～500倍液、45%代森铵水剂200～300倍液等。

（3）生长期及时喷药防控 往年病害发生较重的核桃园，从落花后20d左右开始喷药，或从雨季到来前开始喷药，10～15d喷洒1次，连喷3～5次。常用有效药剂有：

70%甲基硫菌灵可湿性粉剂或500g/L悬浮剂800～1 000倍液、30%戊唑·多菌灵悬浮剂800～1 000倍液、25%溴菌腈可湿性粉剂600～800倍液、450g/L咪鲜胺水乳剂1 000～1 500倍液、10%苯醚甲环唑水分散粒剂1 500～2 000倍液、50%多菌灵可湿性粉剂600～800倍液、430g/L戊唑醇悬浮剂3 000～4 000倍液、80%代森锰锌（全络合态）可湿性粉剂800～1 000倍液、70%丙森锌可湿性粉剂600～800倍液、77%硫酸铜钙可湿性粉剂800～1 000倍液、80%代森锌可湿性粉剂600～800倍液等。喷药时应及时均匀周到，以确保防控效果。

（4）生物防控　据刘幸红等（2012）研究报道，坚强芽孢杆菌（*Bacillus firmus*，Bf-02）对核桃炭疽病菌抗生效果显著，对核桃炭疽病具有保护和治疗双重作用。其抗生机理是Bf-02通过分泌各种代谢产物（抗菌蛋白、细菌素、抗生素、多种细胞壁降解酶等），破坏病菌的菌丝壁结构，引起菌丝膨大、畸变、扭曲、菌丝壁消解，分生孢子中间缢缩、细胞壁溶解、原生质外泄等。室内培养对炭疽病菌菌丝生长的抑制率达83.33%。15亿cfu/g坚强芽孢杆菌可湿性粉剂400倍液、600倍液的田间喷雾防治效果达80%以上（从核桃开花后第三周开始喷药，15d喷洒1次，喷施7次，采收前第五天调查）。另据王清海等（2011）研究报道，除坚强芽孢杆菌Bf-02外，枯草芽孢杆菌（*B. subtilis*，Bs-03）、幼虫芽孢杆菌（*B. lacivae*，PF-1）、短芽孢杆菌（*B. brevis*，PF-2）3个菌株在室内对核桃炭疽病菌的抑菌率均达83%以上，其中PF-2的抑菌率高达88.47%。

（二）黑斑病

黑斑病又称细菌性黑斑病、黑腐病，俗称“核桃黑”，是一种世界性病害，在我国各核桃产区均有不同程度发生。病害发生早时造成幼果腐烂，甚至早期脱落，不脱落的病果核仁干瘪、出油率降低，对产量和品质影响很大。该病除为害核桃外，还能侵害核桃属多种植物。严重地区受害株率60%～95%，果实受害率30%～70%，甚至受害果达90%以上，核仁减产40%～50%，叶片受害率80%～90%。2001年陕西洛南县核桃受害株率94.7%，果实受害率43.5%，叶片受害率20%～47%，枝条受害率8%～15%。

1. 症状　黑斑病主要为害果实和叶片，也可侵害嫩枝及雄花序。幼果受害，先在果面上产生近圆形油渍状褐色小斑点，边缘多不明显；后逐渐扩大呈黑褐色凹陷病斑，圆形或近圆形；潮湿时，病斑周围有水渍状晕圈；病斑扩大可相互连片，并深入果肉，甚至直达果心，导致整个果实全部变黑腐烂，早期脱落。膨大期至近成熟期果实受害，果面上先产生稍隆起的褐色至黑褐色小斑点，后病斑逐渐凹陷、颜色变深，较早的外围常有水渍状晕，较晚的晕圈不明显且后期病斑中部颜色变淡多呈灰褐色。严重时病斑连片，形成黑色大斑。近成熟期果实内果皮已硬化，病斑只局限在外果皮上，而导致外果皮变黑腐烂；有时病皮脱落，内果皮外露。

叶片受害，多从叶脉及叶脉的分叉处开始发生，先产生褐色小点，扩展后呈多角形或近圆形病斑，3～5mm，褐色至黑褐色，外围有水渍状晕，常许多病斑散生，后期病斑中央变灰白色，有时可形成穿孔。严重时多个病斑相互连成不规则形大斑，重病叶皱缩畸形，易枯萎早落。叶柄受害，症状表现与膨大期后的果实受害相似，初为稍隆起的褐色至黑褐色小点，后病斑中部凹陷，病斑多时常相互连片。

嫩枝受害，初期病斑淡褐色，稍隆起，外围常有水渍状晕，扩大后形成长形或不规则形病斑，褐色至黑褐色，稍凹陷；严重时病斑扩展围枝一周，导致病斑以上枝条枯死。

雄花序受害，形成黑褐色水渍状病斑，不能正常展开，花轴弯曲、变黑，甚至早落。

2. 病原 野油菜黄单胞杆菌核桃致病变种［*Xanthomonas campestris* pv. *juglandis*（Pierce）Dye. =*X. juglandis*（Pierce）Dowson.］，属于革兰氏阴性细菌。菌体杆状，长1.5～3μm，宽0.3～0.5μm，端生1根鞭毛，有荚膜。溶解明胶，在肉汁琼脂培养基上生长旺盛，菌落凸起、淡黄色、有光泽、平滑、黏稠、不透明。能使乳酸慢慢消解。菌落生长的最适温度为28～32℃，最高37℃，最低5～7℃，10min致死温度53～55℃；生长酸碱度范围pH 5.2～10.5，最适pH 6～8。

曲文文等（2012）研究报道，在核桃黑斑病的病果、病叶及病枝上均分离到了链格孢霉（*Alternaria alternata*），并认为其是黑斑病的病原之一，但其与病原细菌的关系尚需进一步研究。

3. 发生规律 黑斑病菌主要在枝梢病斑内或芽内越冬。第二年从核桃展叶时开始，病菌逐渐从病斑内溢出，通过风雨或昆虫传播，从气孔、皮孔、蜜腺及各种伤口侵染果实、叶片及嫩枝。花期侵染花粉后也可随花粉传播病菌。寄主表皮潮湿时，4～30℃可以侵染叶片，5～27℃能侵害果实，条件适宜时（气孔开放、组织内水分充足）完成侵染只需5～15min。该病潜育期短，叶片上一般为8～18d，果实上为5～34d，再侵染次数多，条件适宜时容易发生流行。病菌主要侵害薄壁组织，偶尔也侵害维管束，通过酶的作用使细胞结构破坏，甚至死亡。展叶期至开花期叶片最易受害，夏季多雨病害则发生严重。果实受害，以核桃举肢蛾等害虫为害的伤口最易受病菌侵染。

多雨潮湿是导致黑斑病发生早晚和轻重的主要环境条件。陕西陇县，2009年4月上中旬未降雨，下旬降雨16.8mm，较历年平均少25.4mm，病菌潜伏而不发生；5月降雨70.8mm，较历年平均多29.3mm，雨日数16d，黑斑病开始发生，6月上旬调查全县病株率3.2%、病叶率0.02%；6月至7月上旬，降雨35.4mm，较历年同期少55.6mm，病害蔓延速度慢、发生轻，7月上旬调查病株率4.1%、病叶率0.03%；7月中旬降雨41.7mm，雨日数7d，较历年同期多18.4mm，黑斑病开始蔓延，病株率达8%、病叶率为0.5%；7月下旬至8月上旬，降雨67.9mm，较历年同期多25.6mm，雨日数11d，病害进入流行初期，病株率达10.2%、病叶率0.9%；8月中旬至9月中旬，降水量137.5mm，雨日数26d，黑斑病形成流行，病株率44.8%、病叶率9.2%，严重果园病株率60%、病叶率20%。四川绵阳地区，5月上旬日平均气温18℃左右，叶片开始发病，6～7月气温升高、降雨增多，形成发病高峰，有多次再侵染，常引起大量落果、落叶。北京地区发病盛期在7月下旬至8月中旬，此期正值雨季，多雨潮湿年份发病重，少雨干旱年份发病轻。山东泰安地区，多从5月下旬至6月上旬开始发病，7月下旬至8月上旬达发病盛期。

不同核桃品种对黑斑病的抗感性存在显著差异。任丽华等（2004）在其调查的12个核桃品种中，黑核桃对黑斑病抗病性极强，寒丰、拥津26抗病性强，礼品2号、平壤、陕核Ⅰ较抗病，西吉尔、辽宁5号、辽宁1号、礼品1号、拥津1号抗病性差，新纸皮、磷山1号抗病性极差。牛亚胜等（2010）研究了20个核桃品种（系），其中陇32、西林2号表现为高抗，陇11、陇15、维纳、扎343、辽宁3号表现为中抗，中林1号、A02、元

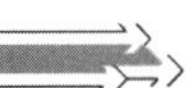

丰、丰辉、西洛3号表现为抗病，中林5号、阿7、鲁光、辽宁1号、辽宁4号、西扶2号属感病品种，香玲、中林3号属高感品种。另外，新疆核桃、绵核桃、隔子核桃、薄壳核桃容易感病。

核桃树龄、树势及生态环境也均与病害发生有密切关系。阴坡核桃重于阳坡树，弱树重于壮树，苗木及老树重于中年树，枝叶茂密的郁闭果园病害发生较重。核桃发芽至初花期容易感病，其他时期较抗病。另外，核桃举肢蛾等害虫为害严重的果园，果实受害常亦严重。

4. 防控措施

（1）加强果园管理　新建核桃园时，尽量选择优质抗病品种。增施农家肥等有机肥及中微量元素肥料，培育壮树，提高树体抗病能力。合理密植，科学修剪，促使果园通风透光，降低环境湿度。结合修剪，彻底剪除病枝梢及病僵果，并拣拾落地病果，集中深埋或烧毁，减少果园内病菌来源。

（2）早春药剂清园　核桃发芽前，全园喷施1次77%硫酸铜钙可湿性粉剂400～500倍液或3～5波美度石硫合剂、45%石硫合剂晶体60～80倍液，铲除树上残余越冬病菌。

（3）生长期及时喷药防控　往年黑斑病发生严重的核桃园，分别在展叶期、落花后、幼果期及果实膨大期各喷药1次，即可有效控制该病的发生为害；少数感病品种果园，在雨季还需增加喷药防控1～2次，间隔期10～15d。常用有效药剂有：80%代森锌可湿性粉剂600～800倍液、65%代森锌可湿性粉剂400～600倍液、72%硫酸链霉素可溶性粉剂2 000～3 000倍液、50%喹啉铜可湿性粉剂1 500～2 000倍液、77%硫酸铜钙可湿性粉剂800～1 000倍液、46%氢氧化铜水分散粒剂500～700倍液、47%春雷·王铜可湿性粉剂400～600倍液及1∶1∶200倍波尔多液等。

（4）治虫防病　注意防控核桃举肢蛾等害虫的发生为害，以减少果实伤口。

（三）果仁霉烂病

核桃果仁霉烂病又称核桃仁霉烂病、核桃仁霉腐病，在我国各地都有发生，是核桃采后贮运过程中的一种常见病害，为害轻者降低品质，严重时不能食用。

1. 症状　果仁霉烂病主要发生在果实采收后，发病初期核桃外表多没有异常表现，只是重量减轻。剥开核桃壳后，可见果仁表面有霉状物产生，该霉状物因病原种类不同而异，有青绿色、粉红色、灰白色、灰黑色、黑褐色等多种类型。轻者果仁表面变黑褐色至黑色，出油量降低，品质变劣；重者果仁干瘪或腐烂、僵硬，并有苦味或霉腐味，甚至不能食用。

2. 病原　果仁霉烂病可由多种病菌引起，多数为高等真菌，有时细菌也可导致发病。

（1）粉红聚端孢霉［*Trichothecium roseum*（Pers.）Link］　属于半知菌亚门丝孢纲丝孢目。在果仁上产生淡粉红色霉层，为病菌的菌丝体、分生孢子梗及分生孢子。分生孢子梗直立，无色。分生孢子在梗顶端单个向下连续产生，聚集成团，无色，双胞，卵形，基部呈偏乳头状，大小12～20μm×8～10μm。

（2）青霉菌类（*Penicillium* spp.）　属于半知菌亚门丝孢纲丝孢目。在果仁上产生灰绿色或蓝绿色霉层，边缘多白色，主要为分生孢子梗和分生孢子。分生孢子梗无色，直立，顶端一至多次分枝呈扫帚状，顶生瓶状产孢小梗。分生孢子串状顶生，无色，单胞，近球形。

（3）黑曲霉（*Aspergillus niger* N. Tiegh） 属于半知菌亚门丝孢纲丝孢目。在果仁上产生黑褐色至黑色大头针状霉状物，主要为分生孢子梗和分生孢子。分生孢子梗无色，直立，顶端膨大，上生放射状排列的小梗，小梗两层。分生孢子顶生，成串，单胞，球形，淡褐色，直径2.5～4μm。

（4）链格孢霉（*Alternaria* spp.） 属于半知菌亚门丝孢纲丝孢目。在果仁上产生灰褐色至墨绿色霉状物，为病菌的菌丝体、分生孢子梗和分生孢子。分生孢子梗褐色，很少分枝，顶生及侧生分生孢子。分生孢子淡褐色至深褐色，砖格胞状，链生、有时分枝，倒棍棒形，顶端细胞喙状。

（5）镰刀菌（*Fusarium* spp.） 属于半知菌亚门丝孢纲瘤座孢目。在果仁上产生灰白色至淡粉红色霉状物。分生孢子常有大小两种类型，大型孢子多为镰刀形，无色，多胞；小型孢子多为卵圆形、短椭圆形至长椭圆形，无色，单胞或双胞。

（6）立枯丝核菌（*Rhizoctonia solani* Kühn） 属于半知菌亚门丝孢纲无孢目。在果仁上产生疏松的灰白色霉状物。

（7）胶孢炭疽菌［*Colletotrichum gloeosporioides*（Penz.）Penz. et Sacc.］ 即为炭疽病病菌。

（8）野油菜黄单胞杆菌核桃致病变种［*Xanthomonas campestris* pv. *juglandis*（Pierce）Dye.］ 即为黑斑病病菌。

3. 发生规律 果仁霉烂病病菌除可引起生长期病害的病菌外，均属于弱寄生性真菌，在自然界广泛存在，没有固定的越冬场所。病菌多通过气流或风雨传播，从各种伤口（机械创伤、虫伤等）侵染为害。不同生态区域的核桃，具体病菌种类存在很大差异。核桃采收后集中堆放，温度高、湿度大，或核桃潮湿，贮藏场所温度高且通风不良，均易引起果仁霉烂病的发生。

引起生长期病害的病菌通过果实带病转入采后，果实受伤后在条件适宜时向果仁扩展，导致果仁受害。

4. 防控措施

（1）科学采收 在核桃绿皮逐渐变黄绿色、部分核桃绿皮开裂时进行采收。采收后在阴凉通风处堆集2～3d，然后及时脱青皮、晾晒干或热风干。采收时防止机械损伤，包装贮运前彻底剔除病、虫、伤果。

（2）包材及贮运场所消毒与安全贮运 对包装箱、袋及贮运场所用硫黄点燃熏蒸或用甲醛消毒。库房应保持阴凉、干燥、通风，温度以15℃、相对湿度70%为宜，不能高温、潮湿。

（四）褐色顶端坏死病

褐色顶端坏死病（Brown apical necrosis，BNA）是Belisario A. 等人1999年在意大利和法国的核桃园中首次发现的一种新病害，主要为害幼小果实的顶端，严重时造成果实内部坏死，致使果实早落。曲文文2009—2010年调查山东核桃病害时也发现了该病，平均发病率3%，病情指数0.7。

1. 症状 褐色顶端坏死病发生较早，落花后在雌蕊基部、幼果顶端即可发生。曲文文（2011）在山东调查发现，4月中下旬至5月中旬花后雌蕊干缩时便开始发病，持续到5月下旬，至6月上中旬果实膨大果壳硬化时不再发病。发病初期，首先从雌蕊柱头基部的枯萎处开始，最初在柱头底部产生1～2mm的褐色至深褐色斑点，此时果实内部与柱头连接处已开始出现坏死；褐色病斑在果实顶端扩展至5mm左右时，果实内部已出现1/3的坏死；当果实顶端的褐色病斑扩展至2～4cm或超过果面2/3面积时，果实内部几近全部坏死腐烂，致使病果脱落。

2. 病原 褐色顶端坏死病的病原目前还存在一些争议。2002年，Belisario A. 等人从核桃褐色顶端坏死病病果中分离到了镰刀菌（*Fusarium* sp.）和链格孢菌（*Alternaria* sp.），以及枝孢菌属（*Cladosporium* sp.）、拟茎点霉属（*Phomopsis* sp.）和炭疽菌属（*Colletotrichum* sp.）的真菌各1种及细菌1种（*Xanthomonas arboricola* pv. *juglandis*），其中以镰刀菌出现频率最高，且只有镰刀菌能从病果的柱头上分离到。因此，Belisario A. 等人（2002）认为，核桃顶端褐色坏死病是一种复合侵染型病害，镰刀菌可能是主要病原。后经Belisario A. 等人（2010）进一步研究认为，镰刀菌和链格孢菌应该是这种复合侵染的真菌性病害的主要病原。而Moragrega和Özaktan（2010）认为，核桃黄单胞杆菌（*Xanthomonas arboricola* pv. *juglandis*）是核桃褐色顶端坏死病的主要病原，镰刀菌可能与该细菌共同作用引起核桃褐色顶端坏死病，链格孢菌可能是继发侵染。曲文文等（2011）研究认为，从山东核桃褐色顶端坏死病病果上分离的病菌是链格孢霉（*A. alternata*）、细交链孢（*A. tenuissima*）和成团泛菌（*Pantoea agglomerans*）。

3. 发生规律 病菌可能在土壤或病果中越冬，通过风雨或昆虫传播，翌年3～4月萌芽展叶期从花芽侵入，开花后从雌蕊柱头干缩部位开始发病。5月中下旬到6月中下旬为发病盛期。受害严重果实变黑、腐烂，导致落果。开花前后果园内多雨潮湿、温度高时，病害发生较重。

4. 防控措施

（1）加强果园管理 新栽果园时合理密植，避免枝叶茂密、造成郁闭。科学修剪，促使果园通风透光良好，降低环境湿度。多雨潮湿地区，雨季注意及时排水。

（2）发芽前清园 结合其他病虫害防控，于核桃发芽前清园，全园喷施1次3～5波美度石硫合剂或45%石硫合剂晶体60～80倍液、77%硫酸铜钙可湿性粉剂400～500倍液、45%代森铵水剂200～300倍液，铲除越冬病菌。

（3）生长期适当喷药防控 往年褐色顶端坏死病发生为害较重的果园，在核桃开花前（花序生长期）、落花后各喷药1次，有效控制该病发生。效果较好的有效药剂如：77%硫酸铜钙可湿性粉剂800～1 000倍液、50%喹啉铜可湿性粉剂1 500～2 000倍液、47%春雷·王铜可湿性粉剂600～800倍液、70%甲基硫菌灵可湿性粉剂800～1 000倍液+72%硫酸链霉素可溶性粉剂2 000～3 000倍液等。

（五）霉污病

霉污病又称煤污病、煤烟病、叶霉病，在我国各核桃产区均有不同程度发生，以南方地区和郁闭山地果园发生较多，对果实品质和产量有一定影响。

1. 症状 霉污病主要为害果实和叶片，严重时也可为害枝梢。发病初期，在受害部位表面产生一层暗色霉斑，有时稍带灰色；后霉斑逐渐扩大蔓延，严重时整个果实、叶片或枝梢表面布满黑色霉层，似煤烟状。果实受害，导致果仁干瘪，影响果实质量；叶片受害，影响叶片光合作用及树体生长。

2. 病原 霉污病可由多种病菌引起，均为植物表面附生菌，受害部位表面的霉层即为病菌的菌丝体及子实体。菌丝暗褐色，匍匐在植物表面，以吸器吸取寄主表面的营养物质。

常见病菌为仁果黏壳孢［*Gloeodes pomigena*（Schw.）Colby］，属于半知菌亚门腔孢纲球壳孢目。菌丝体常分裂成厚垣孢子状。分生孢子器半球形，直径 70～100μm，高 20～40μm。分生孢子圆筒形，直或稍弯，成熟时双胞，大小 10～12μm×2～3μm，壁厚。

病菌寄主范围非常广泛，可为害核桃、山核桃、苹果、梨、柿、山楂、枣、花椒、芒果、柑橘、椿、槐、柳等许多种果树及林木。

3. 发生规律 病菌主要以菌丝体和子实体在枝干表面越冬。第二年雨季，病菌孢子通过雨水、昆虫或气流传播，在果实、叶片及枝梢表面附生为害，以蚜虫、介壳虫等昆虫的分泌物、排泄物及植物自身分泌物为营养。蚜虫、介壳虫类发生严重的果园，霉污病常发生较重；果园郁闭、通风透光不良、多雨潮湿、雾大露重等高湿环境因素均可加重该病的发生。

4. 防控措施

（1）加强果园管理 合理密植，科学修剪，促使果园通风透光良好，雨季及时排水，降低环境湿度，创造不利于病害发生的环境条件。注意对蚜虫、介壳虫类害虫的有效防控，避免在果实及叶片表面沉积蜜露，治虫防病。

（2）适当喷药防控 往年霉污病发生较多的果园，从雨季来临初期开始喷药，10d 左右 1 次，连喷 2 次左右。效果较好的有效药剂如：50%克菌丹可湿性粉剂 500～700 倍液、10%苯醚甲环唑水分散粒剂 1 500～2 000 倍液、30%戊唑・多菌灵悬浮剂 800～1 000 倍液、80%代森锰锌（全络合态）可湿性粉剂 600～800 倍液、1.5%多抗霉素可湿性粉剂 300～400 倍液等。

（六）日灼病

日灼病又称日烧病、日灼伤，在各核桃产区均有发生，多发生在夏季高温干旱季节，特别是果实膨大期。果实受害，导致核仁干瘪，品质变劣，产量降低；枝干受害，导致树势衰弱，并易诱发枝干病害发生。

1. 症状 日灼病主要为害果实，也可为害枝干，主要发生在向阳面。果实受害，初期在向阳果面上产生淡黄褐色至苍白色近圆形斑块，边缘不明显；随日灼伤加重，斑块逐渐变黄褐色，后呈褐色至黑褐色坏死斑，圆形或近圆形，稍凹陷，边缘常有一黄绿色至黄褐色晕圈。后期病斑呈黑褐色至黑色坏死，表面平或凹陷，边缘晕圈明显，潮湿时表面常有黑色霉状物腐生。日灼病主要为害核桃的青果皮，导致核仁干瘪、颜色变深、品质变劣、出油率降低，甚至早期脱落。枝干受害，多发生在树皮相对幼嫩的枝干上，向阳面局部树皮初期变苍白色，后逐渐变褐色至灰黑色枯死，导致树势衰弱，并易诱发侵染性枝干病害发生，严重时枯死树皮常发生翘裂。

2. 病因及发生特点 日灼病是一种生理性病害，由于强烈阳光过度直射引起。夏季 7、8 月如遇连日晴天，气温长时间在 37.7℃以上，日灼病容易发生。气候干旱、土壤缺

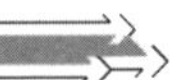

水常加重日灼病发生，修剪过度、枝条稀少、果实遮阴不足及管理粗放的果园日灼病发生较多。

据张彦坤等（2014）研究，遭受日灼病的核桃果实，核仁颜色加深，商品价值降低甚至失去商品价值，出仁率降低，总蛋白质含量降低，并对脂肪含量影响很大，显著降低了果实品质。

3. 防控措施　增施农家肥等有机肥，改良土壤结构，促进根系发育，提高树体吸收功能，增强果实、枝干等部位的耐热能力。夏季干旱时及时浇水，补充土壤水分，有效降低环境温度。合理密植，科学修剪，使果实能够适当遮阴。结合病虫害防治适当喷施叶面肥，如0.2%～0.3%磷酸二氢钾+0.3%尿素等，补充树体营养，提高果实等部位耐热性能。幼树适当树干涂白（如2%石灰乳等），降低树皮表面的局部增温效应，预防枝干受害。

据张彦坤等（2013）研究，在果实快速生长期至硬核期，喷施0.3%维生素C溶液、3%～9%高岭土溶液、0.2%KH_2PO_4溶液，15d喷1次，连喷4次，均能显著降低绿岭核桃果实日灼率及日灼的病情指数，并能在一定程度上提高果实品质。

（七）2,4－D丁酯药害

2,4－D丁酯是一种玉米田和小麦田常用除草剂，使用不当极易造成许多阔叶作物产生药害。核桃受害主要发生在北方地区，以玉米一作区发生较多。

1. 症状　2,4－D丁酯药害主要在核桃果实上表现明显症状，幼嫩果实受害较重。药害初期，果面上产生许多油渍状小点，随药害加重，整个果面均呈油渍状；后期，果面变褐，果皮变硬，似铁皮状，果实逐渐停止生长，核仁干瘪，甚至没有核仁，对核桃质量及产量影响很大。

2. 病因及发生特点　2,4－D丁酯药害属于生理性病害，由于核桃园附近施用含有2,4－D丁酯成分的除草剂时飘移到核桃园内而引起。2,4－D丁酯极易随风飘移，使用该药时若遇高温有风天气，周围或附近的核桃经常受到伤害，甚至几百米以外的核桃也会受害。

3. 防控措施　禁止使用含有2,4－D丁酯成分的除草剂是彻底防止造成药害的根本，特别是在核桃集中产区尤为重要。如果发生药害后，立即喷施0.003%丙酰芸薹素内酯水剂2 000～3 000倍液或0.004%芸薹素内酯水剂1 500～2 000倍液1～2次，间隔期7～10d，可在一定程度上缓解药害，但很难彻底解除。

四、叶部病害

（一）褐斑病

褐斑病又称白星病、绿缘褐斑病，在我国许多核桃产区均有发生。主要为害叶片，也可为害果实和嫩梢。叶片受害严重时造成早期落叶，8～9月落叶率可达80%以上，严重影响树势及树体生长；果实受害后易变黑腐烂，产量降低，品质变劣。

1. 症状　褐斑病主要为害叶片，有时也可为害嫩梢和果实。叶片受害，初期叶面上产生褐色小斑点，扩大后呈近圆形或不规则形黄褐色至褐色病斑，直径多为0.3～0.7cm，中部灰褐色，有时具不明显同心轮纹，外围有暗黄绿色或紫褐色边缘，病健分界线不明显。后期病斑表面产生许多小黑点，有时略呈同心轮纹状排列，为病菌的分生孢子盘。严重时，叶片上散布许多病斑，甚至扩展成片，导致叶片变黄、枯焦，提早脱落。嫩梢受害，病斑黑褐色，长椭圆形或不规则形，稍凹陷，中央常有纵向裂纹，表面亦可产生小黑点状分生孢子盘。果实受害，多形成较小的褐色至黑褐色凹陷病斑，病斑扩展连片后，果实变黑腐烂。

2. 病原 核桃盘二孢［*Marssonina juglandis*（Lib.）Magn.］，属于半知菌亚门腔孢纲黑盘孢目。分生孢子盘暗褐色，垫状，直径106～213μm。分生孢子梗密集生于盘内，无色，大小为8～12μm×1.2～1.8μm。分生孢子镰刀形，无色，双胞，下部细胞较大，上部细胞较小，且上部细胞顶端有的弯成钩状，大小20.2～29.4μm×4.6～6.2μm。

有性时期为核桃日规壳（*Gnomonia leptostyle* Ces. et de Not.），属于子囊菌亚门核菌纲球壳菌目，自然界很少发现。

3. 发生规律 病菌主要以菌丝体和分生孢子盘在落叶上越冬，也可在枝梢病斑上越冬。第二年条件适宜时，越冬病菌产生分生孢子，通过风雨或昆虫传播，从皮孔或直接侵染进行为害。该病潜育期较短，果园内可发生多次再侵染。病菌侵染的最适温度为20～25℃，在温度适宜条件下，降雨是影响该病发生流行的主导因素，雨量超过2mm或叶面结露超过7h病菌即能完成侵染，且降雨持续时间越长病菌侵染量越大。陕西地区5月中旬至6月上旬开始发病，7～8月为发病盛期。多雨潮湿、叶面有水膜时利于病菌的传播、侵染，病害发展蔓延迅速，发生为害较重，严重时引起大量叶片早期脱落，影响树势，降低果实产量及品质。

不同核桃品种对褐斑病的抗性有一定差异，梁丙前等（2011）调查陕西陇县核桃时发现，西扶、辽核、西林对褐斑病抗性较强，病害发生较轻，香玲、鲁光发病较重。

4. 防控措施

（1）加强果园管理 落叶后至发芽前，先树上、后树下彻底清除落叶，集中深埋或烧毁，消灭病菌越冬场所。结合冬季修剪，尽量剪除有病枝梢，减少树上越冬病菌。合理修剪，促使树体通风透光良好，降低环境湿度，创造不利于病害发生的环境条件。新建果园时，尽量栽植优质抗病品种。

（2）适当喷药防控 褐斑病多为零星发生，一般果园不需单独喷药。个别往年该病发生较重果园，从落花后开始喷药或病害发生初期开始喷药，10～15d喷1次，连喷2次即可有效控制褐斑病的发生为害。效果较好的药剂有：30%戊唑·多菌灵悬浮剂800～1 000倍液、60%铜钙·多菌灵可湿性粉剂500～700倍液、70%甲基硫菌灵可湿性粉剂或500g/L悬浮剂800～1 000倍液、50%多菌灵可湿性粉剂600～800倍液、10%苯醚甲环唑水分散粒剂1 500～2 000倍液、430g/L戊唑醇悬浮剂3 000～4 000倍液、50%克菌丹可湿性粉剂500～700倍液、80%代森锰锌（全络合态）可湿性粉剂800～1 000倍液、70%丙森锌可湿性粉剂600～800倍液、77%硫酸铜钙可湿性粉剂800～1 000倍液等。

（二）白粉病

白粉病是核桃树上的一种常见病害，在我国各核桃产区均有不同程度发生，无论苗木还是大树均能遭受白粉病为害。该病主要为害叶片，叶片受害率一般为10%～30%，严

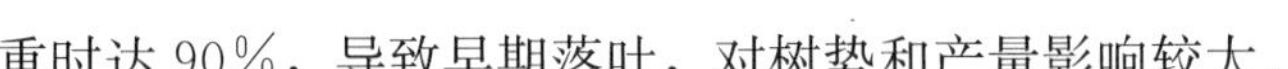

重时达 90%，导致早期落叶，对树势和产量影响较大。

1. 症状 核桃白粉病有两种，均主要为害叶片，其中一种也可为害新梢。发病后的主要症状特点均是在病叶表面产生有白粉状物，严重时均可引起叶片早落，影响树势和产量。

（1）叉丝壳白粉病 白粉状物主要在叶片正面产生，粉层较薄甚至不明显，后期在白粉层上形成很小的黑色颗粒。发病初期，叶片正面先产生不明显的白色粉斑，粉斑下叶片组织无明显异常变化；随病情发展，粉斑逐渐扩大、明显，粉层下叶片组织逐渐出现褐变，形成褐色病斑，严重时叶片背面也相应出现水渍状变褐。病斑多时，常相互连片，使整个叶片表面布满较薄的白粉状物，粉层下叶片组织也褐变连片，严重时病叶扭曲、皱缩、不平，甚至早期脱落。发病后期，白粉状物上逐渐散生许多初为黄色、渐变褐色、最后呈黑褐色至黑色的小颗粒（闭囊壳），有时闭囊壳形成后白粉层消失或不明显。新梢受害，节间缩短，叶形变窄，叶缘卷曲，质地脆硬，逐渐变褐焦枯，冬季落叶后病梢呈灰白色。

（2）球针壳白粉病 白粉状物主要在叶片背面产生，粉层较厚，呈粉霉斑或粉层状，后期在粉层上形成较大的黑色颗粒，且极易形成，叶片组织病变不明显。发病初期，叶片背面先产生白色粉斑，后粉斑扩展连片，形成白色粉层，甚至布满整个叶背；后期，在白色粉层上逐渐产生初期黄色、渐变黄褐色、最后呈黑褐色至黑色的颗粒状物（闭囊壳）。病叶正面多无明显异常表现。

2. 病原 叉丝壳白粉病由山田叉丝壳［*Microsphaera yamadai*（Salm.）Syd. =*M. juglandis*（Jacz.）Golov］引起，球针壳白粉病由榛球针壳［*Phyllactinia corylea*（Pers.）Karst. =*P. juglandis* Tao et Qin］引起，均属于子囊菌亚门核菌纲白粉菌目。病斑表面的白粉状物为病菌无性阶段的分生孢子梗和分生孢子，黑色颗粒状物为其有性阶段的闭囊壳。

（1）山田叉丝壳 闭囊壳球形，直径 73～130μm，附属丝 5～10 根，直或微弯曲，较坚硬，基部褐色，顶部叉状分枝 2～3 次，末端反卷。子囊 4～6 个，无色，椭圆形，大小 49～73μm×38～44μm，内有 4～8 个子囊孢子，无色，单胞，椭圆形，大小 16～23μm×10～15μm。分生孢子单生成链，无色，单胞，矩圆形。

（2）榛球针壳 闭囊壳球形，直径 140～290μm，附属丝球针状，基部膨大呈半球形，5～18 根，基本着生在赤道上。子囊 4～5 个，短圆形或倒卵形，有短柄，大小 60～105μm×25～40μm，内含子囊孢子 2～3 个。子囊孢子无色，单胞，椭圆形，大小 27～40μm×19～25μm。分生孢子单生，无色，单胞，椭圆形，一端稍细。

3. 发生规律 两种白粉病的病菌均以闭囊壳在病叶上及树体枝干表面附着越冬，叉丝壳白粉病菌还能以菌丝体在芽鳞上越冬。第二年生长季节，越冬存活闭囊壳遇到降雨后释放出子囊孢子，通过气流（风力）传播，从气孔侵染叶片进行为害，完成初侵染。芽鳞上越冬病菌逐渐导致新梢发病，产生分生孢子，成为初侵染来源，经气流传播，从气孔侵染叶片完成初侵染。初侵染发病后产生的分生孢子，借气流传播，进行再侵染。夏季潜育期一般为 7～8d，白粉病在田间可有多次再侵染。叉丝壳白粉病发生较早，5～6 月即可常见病叶；球针壳白粉病发生较晚，多在 7～8 月开始发病。两种白粉病均在秋季达发病高峰期。9～10月开始在白粉层中产生闭囊壳，初黄色、渐变为黄褐色、最后呈黑褐色至黑色。温暖潮湿与干燥交替出现有利于白粉病发生，雨季到来早的年份病害多发生早而较重，氮肥施用过多、钾肥用量较少的果园容易受害。

不同核桃品种（系）对白粉病的抗性有一定差异，据杨克强等（1998）对20个普通核桃品种（系）抗叉丝壳白粉病的测定，陇32、西林2号、陇11表现高抗，陇15为抗病，西扶2号、丰辉、中林5号、阿7、辽宁4号、维纳、辽宁1号、中林1号、A02、中林3号、元丰表现为中抗，香玲、鲁光、辽宁3号表现为感病，西洛3号、扎343为高度感病。

4. 防控措施

（1）消灭越冬菌源　落叶后至发芽前，先树上、后树下彻底清除落叶，集中深埋或烧毁，消灭病菌越冬场所。往年白粉病发生较重的果园，发芽前喷施1次铲除性药剂，杀灭在树体枝干上附着越冬的病菌。常用有效药剂有：2～3波美度石硫合剂、45%石硫合剂晶体60～80倍液、30%戊唑·多菌灵悬浮剂300～400倍液等。

（2）生长期喷药　从果园内初见病斑时开始喷药，10～15d喷洒1次，连喷2次左右即可有效控制白粉病的发生为害。常用有效药剂有：12.5%烯唑醇可湿性粉剂2 000～2 500倍液、40%腈菌唑可湿性粉剂7 000～8 000倍液、430g/L戊唑醇悬浮剂3 000～4 000倍液、10%苯醚甲环唑水分散粒剂1 500～2 000倍液、50%醚菌酯水分散粒剂2 500～3 000倍液、25%乙嘧酚悬浮剂1 000～1 200倍液、70%甲基硫菌灵可湿性粉剂或500g/L悬浮剂800～1 000倍液、30%戊唑·多菌灵悬浮剂800～1 000倍液、25%三唑酮可湿性粉剂1 500～2 000倍液等。

（3）其他措施　科学施肥，增施磷、钾肥，避免偏施氮肥，提高树体抗病能力。新建核桃园时，尽量选用优质抗病品种，栽植合理密度。

（三）灰斑病

灰斑病又称圆斑病，是核桃的一种常见叶部病害，在陕西、山东、四川、河北、甘肃、吉林等地发生较多，但一般均为害较轻。

1. 症状　灰斑病主要为害叶片，初期形成暗褐色小斑点，圆形或近圆形，外围常有不明显黄色晕圈；扩展后呈近圆形坏死斑，直径3～8mm，中部褐色，边缘深褐色。后期病斑中央渐变灰白色，易龟裂或穿孔，其上逐渐散生出黑色小点，为病菌分生孢子器。一张叶片上常有多个圆形病斑，严重时也可引起叶片早落。

2. 病原　核桃叶点霉［*Phyllosticta juglandis*（DC.）Sacc.］，属于半知菌亚门腔孢纲球壳孢目。分生孢子器初埋生在表皮下，后突破表皮外露，扁球形，直径80～96μm。分生孢子卵圆形或短圆柱形，无色，单胞，有的内含2个油球，大小5～7μm×2.5～3μm。

3. 发生规律　病菌以分生孢子器在病落叶上越冬。第二年雨季，越冬病菌散出分生孢子，通过风雨传播，完成初侵染为害。初侵染发病后，产生分生孢子器和分生孢子，借助风雨传播进行再侵染为害。田间可有多次再侵染，但一般发生为害较轻。灰斑病多从5～6月开始发生，8～9月为发生为害盛期。多雨潮湿年份病害发生较多，管理粗放、枝叶过密、树势衰弱果园发病较重。

4. 防控措施

（1）加强果园管理　落叶后至发芽前，彻底清除树上、树下的落叶，集中深埋或烧毁，消灭病菌越冬场所。增施农家肥等有机肥，科学施用速效化肥，培育壮树，提高树体抗病能力。合理修剪，避免枝叶过密，降低环境湿度。

（2）适当喷药防控　灰斑病多为零星发生，一般果园不需单独喷药。个别往年该病发生较重果园，从雨季到来初期或病害发生初期开始喷药，10～15d 喷 1 次，连喷 2 次左右即可有效控制其发生为害。常用有效药剂同“核桃褐斑病”。

（四）叶枯病

叶枯病是徐阳等 2010 年在新疆和田地区墨玉县调查核桃病害时发现的一种叶部病害，经过研究鉴定确认是一种新病害，并命名为叶枯病。该病导致叶片枯黄死亡，对树势及核桃产量与品质造成很大影响，是该区域核桃产业发展的巨大潜在威胁。1998 年在意大利北部果园也发现了由链格孢霉（*Alternaria alternata*）引起的核桃叶部病害，但其症状与叶枯病有较大差异。在意大利发现的为圆形病斑，并有同心轮纹，病斑直径平均 20mm。所以徐阳等认为，发生在新疆墨玉县的是一种新病害。

1. 症状　叶枯病只为害核桃叶片，从叶片边缘开始发病，逐渐向叶片中部扩展。发病初期，在叶缘产生褪绿病斑，近圆形，后叶组织逐渐坏死形成褐色枯斑，严重时整张叶片变黄、枯死，仅中脉附近仍有绿色。后期，在叶片背面产生墨绿色霉层，有时叶正面也可产生，为病原菌的分生孢子梗和分生孢子。病害发生严重时，引起树叶大量枯死，对树势、树体生长、坐果率及核桃产量与品质均造成巨大影响。

2. 病原　链格孢霉［*Alternaria alternate*（Fr.）Keissler.］，属于半知菌亚门丝孢纲丝孢目。分生孢子梗数根簇生，直立，直或弯曲，有分隔，不分枝，淡褐色至褐色，内壁芽生式产孢，合轴式延伸，大小 31.5～77.1μm×4.2～5.6μm。分生孢子单生或短链生，常呈分枝的链，孢子倒棍棒形、卵形、倒梨形或椭圆形，淡褐色至褐色，具 3～8 个横隔和 1～4 个纵、斜隔隔膜，孢子顶部常有喙，孢身 22.5～40.0μm×8.0～13.5μm，喙短、圆柱形，淡褐色或近无色，部分变为产孢细胞。

3. 发生规律　叶枯病的发生规律尚缺乏系统研究，从田间调查及致病性测定分析，病菌可能以分生孢子在病落叶或其他寄主植物上越冬。翌年核桃生长季节通过风雨或气流传播，条件适宜时从伤口或直接侵染为害。田间应该有再侵染。管理粗放、土壤盐碱、树势衰弱、枝叶郁闭果园发病较多，多雨潮湿有利于病害的发生及蔓延。

链格孢霉是一种弱寄生性真菌，自然界包含许多株系，其寄主范围均非常广泛。因此，进一步研究确认其侵染循环非常必要。

4. 防控措施

（1）加强果园管理　增施农家肥等有机肥及微生物肥料，按比例科学施用速效化肥，改良土壤，培育壮树，提高树体抗病能力。合理密植，科学修剪，促使树体通风透光，创造不利于病害发生的环境条件。落叶后至发芽前，彻底清扫落叶，集中深埋或烧毁，清除病菌越冬场所。

（2）生长期适当喷药防控　往年叶枯病发生较重果园或地区，从病害发生初期及时开始喷药，10～15d 喷 1 次，连喷 2～3 次。效果较好的药剂有：430g/L 戊唑醇悬浮剂

3 000～4 000 倍液、10%苯醚甲环唑水分散粒剂 1 500～2 000 倍液、50%异菌脲可湿性粉剂 1 000～1 500 倍液、80%代森锰锌（全络合态）可湿性粉剂 800～1 000 倍液、3%多抗霉素可湿性粉剂 400～600 倍液、70%甲基硫菌灵可湿性粉剂 800～1 000 倍液、50%克菌丹可湿性粉剂 500～700 倍液等。

（五）轮斑病

轮斑病首先于 1998 年在意大利北部核桃园被发现，目前在我国有些核桃产区均有类似报道，但多为零星发生。该病与近几年我国新疆和田地区发生的叶枯病症状表现有显著差异，因此认为两者应该分属于不同病害。

1. 症状 轮斑病主要为害叶片，多从叶缘开始发病。初为褐色至深褐色小斑点，扩展后形成褐色病斑，半圆形（叶缘病斑）或近圆形（叶中央病斑），没有光泽，直径平均 20mm，有明显深浅交错的同心轮纹。潮湿时，病斑背面可产生墨绿色至黑色霉状物，为病菌的分生孢子梗和分生孢子。病斑多时，常相互联合形成不规则大斑，严重时叶片焦枯脱落，对果实产量和品质造成一定影响。

2. 病原 链格孢霉［*Alternaria alternata*（Fr.）Keissler.］，属于半知菌亚门丝孢纲丝孢目，是一种弱寄生性真菌。分生孢子梗丛生，直立或弯曲，淡褐色至褐色，多胞，合轴式延伸产孢。分生孢子单生或呈链状，多为倒棍棒形，具纵、横隔膜，淡褐色至褐色，顶端有喙，喙细胞多颜色较淡。

3. 发生规律 病菌可能以菌丝体及分生孢子在病落叶上越冬，翌年条件适宜时产生分生孢子，通过风雨或气流传播，从皮孔或直接侵染叶片。初侵染发病后产生的分生孢子，借助风雨或气流传播进行再侵染。再侵染在果园内可发生多次。夏季多雨年份有利于病菌的传播、侵染，病害发生较多，阴雨潮湿环境下发病较重，土壤有机质贫乏、管理粗放、树势衰弱的果园轮斑病较常见。

4. 防控措施 以搞好果园卫生、消灭越冬菌源和培强树势为主，病害发生较重果园适当结合喷药防控。

（1）加强果园管理 落叶后至发芽前，彻底清扫落叶，集中深埋或烧毁，清除病菌越冬场所。增施农家肥等有机肥及微生物肥料，按比例科学施用氮、磷、钾肥及中微量元素肥料，改良土壤，培强树势，提高树体抗病能力。合理修剪，促使园内通风透光良好，降低环境湿度，创造不利于病害发生的生态条件。

（2）适当喷药防控 轮斑病多为零星发生，一般不需单独喷药，个别往年病害发生较重果园，从病害发生初期开始喷药，10～15d 喷洒 1 次，连喷 2 次左右，即可有效控制该病的发生为害。效果较好的有效药剂同“叶枯病”防控药剂。

（六）小斑病

1. 症状 小斑病又称角斑病，主要为害叶片，也可为害叶柄。叶片受害，初期在叶片上产生褪绿小斑点，后发展为褐色坏死病斑，圆形至椭圆形，有时扩展受叶脉限制呈多角形，中部灰白色，边缘褐色，且边缘微隆起，大小 1～2mm。通常病叶上病斑数量较多，1 张叶片上有 100～500 个病斑，严重时病叶卷曲、干枯，早期脱落。叶柄受害，症状表现与叶片上相似，凹陷明显，病斑多为椭圆形、梭形或长条形，严重时叶柄表面布满病斑，导致叶片干枯、脱落。

2. 病原　链格孢菌（*Alternaria* sp.），属于半知菌亚门丝孢纲丝孢目，是一种弱寄生性真菌。分生孢子梗丛生，直立或弯曲，淡褐色至褐色，多胞，合轴式延伸产孢。分生孢子单生或呈链状，多为倒棍棒形，具纵、横隔膜，淡褐色至褐色，顶端有喙，喙细胞多颜色较淡，有时变为产孢细胞。

3. 发生规律　病菌可能以菌丝体及分生孢子在病残体上越冬，翌年条件适宜时产生分生孢子，通过风雨或气流传播，从皮孔或直接侵染叶片。初侵染发病后产生的分生孢子，借助风雨或气流传播进行再侵染。再侵染在果园内可发生多次。核桃生长中后期病害发生较多，树势衰弱、管理粗放果园发病较重，多雨潮湿有利于病害的发生发展。

4. 防控措施　以搞好果园卫生、消灭越冬菌源和增施肥水、培强树势为基础，病害发生较重果园适当结合以喷药防控。具体措施同“轮斑病”。

（七）茎点霉黑斑病

茎点霉黑斑病是2010年在湖北宜昌发现的一种叶部病害，经熊婉（2013）研究鉴定是一种新病害，该病对当地核桃的质量和产量造成了较大影响。

1. 症状　茎点霉黑斑病主要为害核桃叶片，也可为害枝条和果实。叶片受害，初期产生黑色圆形或近圆形小斑点，后斑点逐渐扩大，形成圆形、近圆形或多角形病斑，褐色至黑褐色，外有黄色晕圈，严重时病斑相互扩展连片，病叶逐渐皱缩畸形。枝条受害，病斑为长形、黑褐色、稍凹陷，病斑蔓延扩展至围绕枝条一圈时，枝条枯死。果实受害，果面上初生黑色小斑点，后逐渐扩大成不规则的凹陷病斑，甚至达果皮深层，后期导致病果黑腐早落。

2. 病原　茎点霉菌（*Phoma herbicola*），属于半知菌亚门腔孢纲球壳孢目。分生孢子器在培养基上散生或聚生于菌落表面，梨形，孔口呈乳突状，器壁褐色，成熟时大小为89～101μm×135～195μm，内生分生孢子。分生孢子圆筒形或近圆筒形，无色，单胞，大小2.0～3.1μm×5.1～7.4μm。病菌在PDA培养基上生长良好，初期菌落白色，逐渐中央变褐色至黑褐色，2d后开始产生分生孢子器，25℃ 7d后菌落直径平均为5.8cm。

病菌生长温度范围较宽，5～35℃均能生长，适宜温度范围为20～30℃，最适温为25℃。病菌对酸碱适应能力较强，pH为4～11时均能生长，适宜生长范围为pH 4～7，最适生长pH为5。在碳源和氮源利用方面，对乳糖和KNO_3的利用效果最好，对淀粉和NH_4Cl的利用效果较差。病菌生长对光照条件无特殊要求。

3. 发生规律　茎点霉黑斑病的发生规律尚缺乏系统研究，从田间发病状况分析来看，病菌可能以分生孢子器在病落叶或枝条病斑上越冬。翌年条件适宜时释放出分生孢子，通过风雨传播进行侵染为害。湖北宜昌6月初开始发病，8月中下旬较大面积发生，可为害叶片、果实及枝条。分生孢子悬浮液人工叶片接种试验，1d后开始出现病斑，3d后全部发病，7d后病斑直径最大达1.6cm、最小为0.2cm。因此，田间应该潜育期较短，有多次再侵染。

熊婉（2013）用离体叶片接种法研究了不同核桃品种对茎点霉黑斑病的抗病性，结果在供试的8个核桃品种中，香玲、礼品2号、鲁核表现为中抗，辽宁2号、神农架野核桃表现为感病，礼品3号、辽宁1号、礼品1号表现为高度感病。

4. 防控措施 从病害发生特点及病菌特性分析，有效防控茎点霉黑斑病的措施应以搞好果园卫生、消灭越冬菌源为基础，生长期适当喷药预防相结合。

（1）加强果园管理 落叶后至发芽前，彻底清除树上、树下的落叶等病残体，集中深埋或销毁，消灭病菌越冬场所。增施农家肥等有机肥及中微量元素肥料，培育壮树，提高树体抗病能力。合理修剪，促使树体通风透光良好，并注意雨季及时排水，创造不利于病害发生的生态条件。

（2）适当喷药防控 往年茎点霉黑斑病发生较重果园，从病害发生初期（多为 6 月初）开始喷药，10d 左右 1 次，连喷 2～3 次，即可有效控制该病的发生为害。效果较好的药剂如：70%甲基硫菌灵可湿性粉剂 800～1 000 倍液、5%井冈霉素 A 可溶性粉剂 400～600 倍液、77%硫酸铜钙可湿性粉剂 800～1 000 倍液、10%苯醚甲环唑水分散粒剂 1 500～2 000 倍液、430g/L 戊唑醇悬浮剂 3 000～4 000 倍液等。

（八）毛毡病

毛毡病又称丛毛病、疥子病、痂疤病，在河北、陕西、云南、山东、辽宁、吉林等核桃产区均有发生，主要为害叶片。

1. 症状 毛毡病主要为害叶片，初期在叶背面产生许多不规则的白色小斑点，逐渐扩大，形成凹陷斑，斑内密生白色茸毛，似毛毡状；叶正面对应处隆起呈泡状，黄绿色。随病情发展，背面茸毛逐渐加厚，并由白色渐变为茶褐色，最后呈暗褐色，正面泡状隆起渐变褐色枯死。病斑大小不等，形状多圆形或不规则形。严重时，病叶皱缩，表面凹凸不平，后期变硬、干枯，甚至脱落。

2. 病原 核桃茸毛瘿螨（*Eriophyes tristriatus erineus* Nal.），属于节肢动物门蛛形纲瘿螨目，是一种寄生性微型螨。螨体圆锥形，体长 0.1～0.3mm，体具很多环节，近头部有两对软足，腹部细长，尾部两侧各生 1 根细长的刚毛。

3. 发生规律 瘿螨以成虫潜入芽鳞内或在被害叶片上越冬。翌年春季，随芽的萌动出蛰为害，由芽内移动到幼嫩叶片背面，潜伏在茸毛间为害，吸食汁液，刺激叶背茸毛增生，形成毛毡状，以保护螨体。高温干旱时瘿螨繁殖快，活动能力强。河北省 7 月上旬至 9 月下旬发生较重。

4. 防控措施

（1）加强果园管理 落叶后至发芽前，彻底清除树上、树下的枯枝落叶残体，集中烧毁或深埋。发病初期，结合其他农事活动，发现病叶及时摘除，集中深埋或销毁，防止扩大蔓延。

（2）药剂防控 结合其他害虫防控，在发芽前喷施 1 次铲除性药剂清园，杀灭越冬瘿螨，有效药剂如：3～5 波美度石硫合剂、45%石硫合剂晶体 50～70 倍液、20%哒螨灵可湿性粉剂 800～1 000 倍液等。往年瘿螨发生严重果园，发芽后至开花前和落花后再各喷药 1 次防控，生长期的有效药剂如：1.8%阿维菌素乳油 2 500～3 000 倍液、240g/L 螺螨酯悬浮剂 4 000～5 000 倍液、20%吡螨胺乳油 3 000～4 000 倍液、20%四螨嗪可湿性粉剂 1 500～2 000 倍液等。

（3）苗木消毒 核桃茸毛瘿螨可以随苗木及接穗进行远距离传播，因此从病区（园）调运苗木及接穗时，应进行温水消毒。方法是：把苗木或接穗先放入 30～40℃的温水中浸泡 3～5min，然后移入 50℃温水中浸泡 5～7min，即可将潜伏在芽鳞上的瘿螨杀死。

（九）叶缘焦枯病

叶缘焦枯病是近几年在新疆南疆地区发生的一种生理性病害，和田、喀什、阿克苏等核桃产区平均有 20%～30%核桃园受害。叶片变黄枯死，核仁干瘪或空仁，产量降低，品质变劣，病树核桃商品率仅有 50%～70%，造成巨大经济损失，严重影响了新疆南疆地区核桃产业的健康发展。

1. 症状　叶缘焦枯病主要在叶片上表现明显症状，多从叶尖、叶缘开始发生。初期叶尖、叶缘变黄、变褐，病健不明显，病斑逐渐枯死、焦枯，并逐渐向叶片主脉处蔓延。复叶顶部的单叶最先表现症状，干枯前没有萎蔫现象。有的植株少数枝条上的叶片发病，有的则为全株叶片受害。病叶边缘焦枯，光合效能下降，严重时导致果实变黑干缩，核仁干瘪，产量降低，品质变劣。

2. 病原　叶缘焦枯病是一种生理性病害，叶片中 Cl^- 和 Na^+ 显著增高及离子比例失调是导致该病发生的主要因素。据张计峰等（2012）研究，发病树体上叶片中 Cl^- 和 Na^+ 含量显著高于正常树体上叶片，且病叶叶缘的 Cl^- 和 Na^+ 含量显著高于叶芯部，而 Ca^{2+} 含量较低。病叶上离子比例失调，Cl^-/N、Na^+/K^+、Na^+/Ca^{2+} 的比值较正常叶片显著升高。病树根区土壤中 Cl^- 和 Na^+ 含量均高于正常树根区土壤。

3. 发生规律　叶缘焦枯病多从 6 月初开始发生，7 月底至 8 月初达发病高峰。随气温升高、蒸腾作用加大，土壤中的 Cl^- 和 Na^+ 随蒸腾水流向树体上部流动，富集在上部叶片，特别是叶缘部位，造成离子比例严重失调，细胞遭受破坏，叶缘逐渐焦枯。田间病株零星分布或连片发病。三年生以下幼树很少受害，五年生以上的结果树发病普遍，15 年生以上的大树又发病相对较轻。

张计峰等（2012）研究，正常树体老叶叶缘与叶芯的 Na^+ 含量比值为 1.68，而病树上病叶叶缘与叶芯的 Na^+ 含量比值为 2.28，所以焦枯症状从叶缘开始发生。另外在病树上，新叶中 Cl^- 和 Na^+ 的增幅变化显著高于老叶中，新叶中 Cl^- 和 Na^+ 的增幅分别达 154%和 184%，而老叶中 Cl^- 的增幅为 112%，说明叶片中离子失衡现象是从新叶开始的，所以叶缘焦枯病多从新叶开始发生。

土壤中 Cl^- 和 Na^+ 含量（即 NaCl）偏高时，是导致该病发生的主要因素。高温干旱缺水季节病害发生较重，土壤板结、碱性土壤、盐渍化土壤有利于病害发生，管理粗放、树势衰弱病害发生较多。

4. 防控措施　以加强栽培管理、增施有机肥及中微量元素肥料为基础，土壤调控处理和叶面喷施生理调节剂相结合，降低叶片中 Cl^- 和 Na^+ 的富集效应，达到控制病害发生为目的。

（1）加强土肥水管理　增施农家肥、绿肥等有机肥及微生物肥料，按比例科学使用中微量元素肥料，改良土壤，早春及干旱高温季节及时灌水、科学灌水，培强树势，提高树体抗逆能力。据梁智等（2014）研究，土壤施肥分秋季采果后（10 月）、春季展叶期（4 月）和夏季幼果膨大期（6 月下旬）3 次进行，每 667m^2 分别施入农家肥 1 500kg、尿素 66kg（N46%）、三料磷肥 66kg（$P_2O_5$46%）、硫酸钾 33kg（K_2O50%）、硫酸锌 660g、硼酸 440g、硫酸亚铁 880g。

（2）土壤调控与叶面喷施相结合　梁智等（2014）对土壤调控处理和叶面喷施生理调节剂的防病效果进行了综合研究，结果两者综合作用时，使核桃叶片发病率降低了58.1%、病叶焦枯面积占比（病斑面积占整个叶面积的比例）减少了75.8%、病情指数低68.6%，对叶缘焦枯病防效为89.9%，比对照增产36.8%，商品率提高了36.4%，效果非常显著，且比两项措施单独使用效果均显著提高。叶面喷施生理调节剂配方为：0.01%水杨酸＋0.2%甜菜碱＋0.4%硝酸钙＋25mg/kg 吲哚乙酸＋10mg/kg 黄腐酸；土壤调控处理剂配方为每667m^2 施用：30kg K_2SO_4＋200kg $CaSO_4$＋100kg 腐殖酸有机肥＋2kg 聚马来酸。

（十）缺素症

核桃的正常生长发育除需要有机质外，还必需氮、磷、钾、钙、铁、铜、锌、硼、锰等多种大量及中微量营养元素，当某种营养元素缺乏时，核桃就不能正常生长发育，就会表现出一些异常现象，统称为缺素症。综合分析造成植物营养元素缺乏的原因很多，主要有3种。一是土壤中缺乏某种元素；二是土壤中营养元素比例失调，元素间的颉颃作用影响某种元素吸收，如土壤中铵离子（氮）量偏高时，可抑制核桃对钾的吸收；三是土壤的物理性状不适，如温度过低、水分过少、pH 过高或过低等都能影响核桃对营养元素的吸收利用。核桃上常见的缺素症有6种。

1. 缺铁症　缺铁症又称黄叶病，主要在叶片上表现明显症状，首先从嫩叶开始发生，逐渐向较老叶片发展。初期脉间叶肉先变黄绿色，各级叶脉仍保持绿色，整张叶片呈绿色网纹状；随病情发展，叶肉褪绿程度加重，呈淡黄绿色，细小支脉也开始褪绿，仅主脉、侧脉仍有绿色；病情进一步发展，叶肉变黄白色，叶缘开始变褐焦枯。严重时，嫩叶枯死，新梢停止生长、甚至枯死。

缺铁症是由于铁素供应不足引起。土壤瘠薄、有机质贫乏、速效化肥施用偏多、碱性偏重是造成缺铁症发生的主要因素。在碱性土壤中，大量可溶性二价铁盐被转化为不溶于水的三价铁盐而沉淀，不能被核桃树吸收利用。盐碱地和石灰质含量高的核桃园容易发生缺铁症，土壤干旱季节和枝梢旺盛生长期缺铁症发生较重，地势低洼、结果量偏多、枝干病虫害及根部病虫害等也均可加重缺铁症的发生为害。

防控措施　尽量不要在碱性土壤地块建园。增施绿肥、农家肥等有机肥，按比例科学使用速效化肥及中微量元素肥料，提高土壤中有机质含量，改良土壤。结合根施有机肥，混合施用铁肥（硫酸亚铁等，每667m^2 施用5～10kg），提高土壤中有效铁含量。雨季及时排水，保证根系正常发育。合理结果量，促进树势健壮。及时防治根部及枝干病虫害，保证养分顺畅吸收及输导。发现黄叶后，及时树上喷施铁肥，10d 左右1次，直到叶片完全转绿为止。常用有效铁肥如：铁多多1 000～1 500倍液、黄腐酸二胺铁200～300倍液、黄叶灵300～500倍液、0.2%柠檬酸铁溶液、硫酸亚铁300～400倍液＋0.05%柠檬酸＋0.2%尿素混合液等。

2. 缺锌症　缺锌症又称小叶病，典型症状特点是簇叶和小叶，质地脆硬，叶片黄而卷曲，枝条顶端枯死。主要发生原因是在石灰质土壤中锌盐常被转化为难溶于水的状态，不能被核桃吸收；其次，瘠薄山地土壤雨水冲刷较重，锌素大量流失。当叶片中锌含量低于10～15mg/kg 时，即表现缺锌症状。

防控措施　增施农家肥等有机肥，按比例科学施用中微量元素肥料，适当增施硫酸锌肥，改良土壤。山坡地果园加强水土保护，防止土壤流失。发芽前 20d 左右喷施 1 次 4%～5%硫酸锌溶液；然后在叶片伸展后喷施 0.3%硫酸锌溶液，15～20d 喷 1 次，连喷 2～3 次。

3. 缺硼症　缺硼症主要表现为小枝梢枯死，叶片细支脉间出现棕色斑点，幼果容易脱落，病果表面凹凸不平，表皮木栓化。7～9 月为发病盛期。当土壤中硼的含量低于 10mg/kg 时即表现缺硼。酸性土壤施用石灰量过多时，导致硼素呈不溶解状态，容易发生缺硼症；山坡地、河滩地果园，土壤中的硼素容易淋溶流失，缺硼症常发生较多。

防控措施　增施农家肥等有机肥，适量增施硼肥，改良土壤。一般每株成龄树均匀施入土中硼砂 150～200g，而后土壤灌水。也可在雄花落花后喷施 0.3%硼砂溶液，10d 左右 1 次，连喷 2～3 次。

4. 缺铜症　缺铜症在核桃叶片上初期出现褐色斑点，逐渐导致叶片变黄早落；小枝表皮产生黑色斑点，严重时枝条枯死；核仁萎缩干瘪。碱性土壤和沙性土壤中，有效铜素含量偏低，易发生缺铜症。

防控措施　结合使用农家肥，根施铜肥（硫酸铜等）；或在树盘下均匀开挖放射状条沟，浇灌硫酸铜液，每 667m^2 施用硫酸铜约 1kg。也可在核桃展叶后结合其他病害防治，喷施 1∶2∶200 倍波尔多液、或 0.3%～0.5%硫酸铜溶液。

5. 缺锰症　多从初夏或中夏开始发生，叶片失绿，叶脉间呈浅绿色，叶肉及叶缘产生焦枯斑点，易早期脱落。碱性土壤容易缺锰，缺铜症果园易发生缺锰症。

防控措施　结合使用农家肥，每 667m^2 混施硫酸锰 1.5～3kg。叶片接近停止生长时或田间发生缺锰现象后，及时喷洒 0.1%～0.2%硫酸锰溶液，10d 左右 1 次，连喷 2～3 次。不可锰肥过量，防止发生锰中毒。

6. 缺钾症　病叶多出现在枝条中部，多从初夏或中夏开始发生，叶片变灰白色，叶背呈淡灰色，小叶叶缘呈波状并内卷，严重时叶缘变褐焦枯。缺钾植株枝条及叶片生长量小，果实变小。

防控措施　增施草木灰、农家肥等有机肥，适量施用钾肥，一般每 667m^2 施用草木灰 75kg 或硫酸钾 5～7.5kg。已发病地块，可在幼果发育期（6 月）和坚果硬核期（7 月）增施草木灰，每 667m^2 次施用 50～75kg。另外，钾肥应注意与氮肥、磷肥配合施用，以获得较好肥效。

第四节　主要害虫及防控

核桃在我国分布很广，黄河中下游山区（包括秦岭、伏牛山、太行山和燕山山区）面积最大，其次为云南、贵州和四川山区及新疆塔里木盆地。特别是近些年来，随着农村产业结构调整，核桃栽植面积正在不断扩大，伴随而来的是核桃害虫发生为害也呈逐年加重态势，严重影响着核桃产业的发展与农民收益。据资料记载，对核桃造成不同程度为害的害虫有 4 目 25 科 60 余种。不同核桃产区因生态环境差别较大，害虫区系也存在较大差异。在黄河中下游核桃产区，为害严重的核桃害虫主要有核桃举肢蛾、桃蛀螟、木橑尺蠖、云斑天牛、芳香木蠹蛾、核桃小吉丁、黄须球小蠹、核桃横沟象、核桃瘤蛾、银杏大蚕蛾、草履蚧等。在云南、贵州和四川产区，主要害虫有核桃果象甲、核桃根象、银杏大蚕蛾、桃蛀螟、核桃扁叶甲等。新疆核桃产区主要为春尺蠖、核桃黑斑蚜、皱大球坚蚧等。

（一）核桃举肢蛾

核桃举肢蛾（*Atrijuglans hetaohei* Yang）属鳞翅目举肢蛾科，俗称核桃黑，是核桃上的重要蛀果害虫之一。

1. 分布与为害 核桃举肢蛾在我国的河北、山东、北京、山西、陕西、河南、贵州、四川、甘肃等省（直辖市）均有发生，以河北省太行山脉和燕山山脉的核桃产区、陕西省商洛地区、北京山区和山西省的太行山区为害最重，属于专为害核桃的蛀果性害虫。

在我国，核桃举肢蛾为害核桃的报道始见于 20 世纪 50 年代，1955 年北京核桃受害株率达 40%以上；河北涉县受害株率达 30%～40%，重则达 90%以上，严重影响了核桃的产量、品质及出油率。北京平谷（1965）因该虫为害核桃减产达 40%以上；河北省灵寿县一般年份减产 40%～50%，严重时为害果率达 90%以上，据统计河北省因为该虫的为害年经济损失达 950 万～2 150 万元。20 世纪 70～80 年代核桃举肢蛾的为害有逐年加重的趋势，如陕西洛南虫果率达 50%左右，1986 年达 70.2%，商洛县因该虫为害，1973 年核桃减产 15.6%，1985 年减产达 17.6%；1985 年丹凤县核桃举肢蛾大量发生，虫果率达 59%，减产 43%。河北省兴隆县 1987 年果实受害率达 85.5%，1988 年达 89.3%；山西省孟县、左权、黎城等 9 个县市调查，1987 年核桃虫果率达 47.7%，严重的达 90%以上。20 世纪 90 年代核桃举肢蛾的为害仍然严重，如四川南江 1996 年因该虫为害引起落果率达 52%，树上受害果率达 37.4%。

进入 21 世纪，核桃举肢蛾为害呈逐年加重的趋势。2010 年贵州省兴仁县果实受害率达 70%～80%，严重的达 100%；陕西省丹凤县 2008 年受害果率达 81.8%；山西省灵丘县 2010 年核桃受害果率达 80%～90%，甚至绝收。随着核桃种植面积不断扩大，产量不断增加，核桃举肢蛾的为害也呈逐年加重和扩大的趋势，已经成为影响我国核桃安全生产的重大问题。

2. 形态特征

成虫：雌蛾体长 5～8mm，翅展 12～14mm；雄蛾体较瘦小，长 4～7mm，翅展约 12mm。体呈黑褐色有金属光泽，头部色较深，复眼红色，触角丝状，长约 3.5mm。下唇须发达，内侧银白色，外侧淡褐色，从头部前方两侧向上弯曲。翅狭长，披针形，前翅端部 1/3 处有 1 半月形白斑，后缘基部 1/3 处有 1 近圆形白斑，翅面覆盖黑褐色鳞粉，有光泽，前后翅的后缘均有较长的缘毛。腹背褐色，第二至六节密生横列的金黄色小刺，体腹面银白色。足白色，有褐斑。后足较长，一般超过体长，胫节中部和端部有黑色毛束，跗节第一至三节也被黑色毛丛，并有发达的距，栖息时向身体后侧上方举起，故名"举肢蛾"。

卵：近圆形，长 0.3～0.4mm，初产时乳白色，渐变为黄白色，黄色或浅红色，孵化前呈红褐色。

幼虫：初孵化幼虫体长约 1.5mm，乳白色，头部黄褐色。老熟幼虫体长 7.5～9mm，头部暗褐色，胴部淡黄白色，各节有白色刚毛。腹足趾钩为单序环状，臀足趾钩为单序横带。

蛹：纺锤形，长 4～7mm，宽 2～3mm，黄褐色，被蛹，藏于长椭圆形茧内。茧长椭圆形，褐色，长 8～10mm，茧的外面附有草末及细土粒。

3. 发生规律　核桃举肢蛾在我国核桃产区一年发生 1～2 代，以老熟幼虫在 1～9cm 土内或在杂草、石缝中结茧越冬。其中河北、甘肃天水、山西、陕西蓝田、贵州等地一年发生 1 代；在四川巴州、河南林州及鹤壁一年发生 2 代；在北京平谷、陕西丹凤、陕西商洛、河南安阳、山西吕梁地区一年发生 1～2 代；但是，在陕西丹凤海拔 1 000m 以上地区一年发生 1 代，海拔 600m 以下的一年发生 1～2 代。赵文臣等人（1990）在河北省平山、灵寿、涉县等地调查，该虫一年发生 1 代，以老熟幼虫在土内结茧越冬，越冬幼虫 5 月中旬始见化蛹，盛期在 6 月中下旬，蛹期平均 7.6d，成虫在 6 月中旬开始羽化，6 月下旬至 7 月上旬为成虫羽化盛期，随后进入产卵盛期，卵经 9d 孵化为幼虫，刚孵化幼虫在果面爬行，寻找适宜部位即蛀入果内为害，8 月上旬幼虫开始脱果，8 月下旬脱果完毕，老熟幼虫坠地入土结茧，准备越冬。王兴旺等人（1998）在四川省南江调查结果显示，该虫一年发生 2 代，也是以老熟幼虫在树下土壤中结茧越冬，越冬幼虫 4 月中旬开始在茧内化蛹，5 月中下旬至 6 月初为化蛹盛期，末期在 6 月上旬。蛹期 10～15d，越冬代成虫最早出现在 5 月中旬，末期在 6 月下旬。5 月下旬开始产卵，卵期 5～10d，5 月下旬第一代幼虫孵化，幼虫在果内为害 30～40d，6 月下旬脱果结茧化蛹，7 月中旬羽化出第一代成虫，8 月上旬孵化出第二代幼虫，为害至 9 月中下旬老熟后钻出果皮到越冬处结茧越冬。在陕西商洛地区，5 月中旬越冬幼虫开始化蛹，5 月下旬始见成虫，盛期在 6 月下旬至 7 月上旬，7 月中旬幼虫开始脱果，7 月 20 日以前脱果的幼虫能继续结茧化蛹发生第二代。7 月 20 日后脱果幼虫大部分直接入土结茧越冬，不再发生第二代。7 月下旬开始出现第一代成虫，8 月上旬羽化较多。第二代卵和幼虫发生量很少，为害很轻，其中只有 14%的幼虫能够完成发育。

核桃举肢蛾成虫趋光性弱，多在树冠下部叶背活动。核桃举肢蛾成虫羽化时间主要在中午前后。羽化当天雌雄成虫即可交尾，交配高峰期在羽化后第二天和第三天傍晚18～21 时之间。该虫为多次交配昆虫，雌蛾一生平均交配 2.95 次，最多可交配 6 次。在一天中除 18～21 时成虫进行交配活动外，其余时间大部分停息在核桃叶背面，或在树冠下的杂草丛中静伏不动，处于静止时，后肢向侧上方伸举，故名“举肢蛾”。成虫一般能飞 7～10m 远，最远可达 15m。卵散产，产在果实萼洼处的占 62.5%，产在梗洼处的占 26.4%，产在叶主脉处的占 6.9%，叶柄基部的占 2.8%，产在果实表面的占 1.4%。一般 1 果 1～2 粒，每头雌蛾产卵 35～40 粒。核桃举肢蛾雌蛾平均寿命 7.7d，雄蛾平均 2.6d。卵期 5～8d，一般为 7d。初孵幼虫在果面爬行 0.5～2.0h，寻找适当部位蛀入果实。第一代幼虫所致果实被害状与越冬代显著不同：第一代幼虫蛀食果实内外果皮及子叶，可引起 30%～80%落果，被害果毫无食用价值；越冬代幼虫只蛀食中果皮，蛀入孔处呈现水珠，初透明，后变为琥珀色，蛀道内充满粪便，使果实外表变黑并向内凹陷形成“核桃黑”。被害果出仁率减少 30%左右，含油量减少 35%左右。一个果内有幼虫平均 8.5 头，最多可达 30 余头。幼虫分为 5 个龄期。第一代幼虫在果内为害 25～30d，老熟后自落果中咬孔外出，结茧化蛹，继续繁育第二代；越冬代老熟幼虫则自黑果中咬孔坠落地面结茧越冬。越冬幼虫在树冠下土中越冬，其垂直分布是：1～2cm 深处越冬茧数占 93.8%，在 2～3cm 深土中越冬虫茧占 6.2%，但在松软土中越冬虫茧则较深。核桃举肢蛾越冬幼虫在土中越冬水平分布是：距树干 1m 内占 10%，1～2m 占 50%，2～3m 处占 40%，树冠投影外的土中几乎无越冬幼虫。

4. 发生与环境的关系

（1）虫源基数　核桃举肢蛾越冬幼虫成活率及化蛹率的多少决定着发生量和为害程度的高低。在山西黎城，越冬虫口密度为 5.2 个虫茧/m^2，秋后果实被害率 78.5%；在平顺越冬虫口密度为 6.3 个虫茧/m^2，秋后被害果率 86.7%；在潞城越冬虫口密度为 4.6 个虫茧/m^2，秋后果实被害率为 39.8%。由此可以看出，每平方米有越冬虫茧 5 个以上时，预计当年发生严重。在河北灵寿早春筛茧每公顷越冬幼虫达 87.5 万～100 万头，当年核桃被害果率达 71.8%～75.4%。

（2）气候条件

①温度和湿度。核桃举肢蛾越冬幼虫化蛹发育起点温度为 9.4℃，有效积温为 276.3℃，成虫羽化起点温度为 10.4℃，有效积温为 196.3℃。气温高低主要影响发生世代数和各代发生时间，空气湿度主要影响成虫的羽化时间和羽化率。年平均气温在 10℃以下的地方，每年主要发生一代；年均气温在 11℃以上地区一年发生 1～2 代，且随着温度的增高发生第二代的比例增大。历年 4～6 月的温度逐渐上升变化相对小，而各年 4～6 月降水量变化大，在降水量多、分布均匀的年份，土壤含水量经常保持在 8%～15%，越冬幼虫化蛹和成虫羽化率高，发生为害就重；相反在降雨少的干旱年份，土壤含水量降到 3%以下，化蛹和羽化率低，发生为害则轻。温湿度对卵的发育有一定影响，在温度为 19～23℃、相对湿度为 70%～80%的自然条件下，卵期为 5～7d。宋继学（1990）分析了陕西洛南 20 年气象资料，发现历年气温差异不大，对发生轻重无明显影响，降水量多少才是主要影响因素。其中 4～6 月降水量与当年发生程度密切相关，5～6 月降水量尤为重要。4～6 月的降水量为 256.0～334.4mm 时，发生十分严重；降水量为 196.4～231.0mm 时发生程度中等；降水量为 98.2～171.7mm 时发生偏轻或很轻。降水强度对该虫发生有不同影响。短时间暴雨，也能满足其对湿度的需要，但同时由于暴雨的冲刷或地面雨水的淹渍，对表土层中的幼虫、蛹和初羽化成虫有杀伤作用。较长时间的连阴雨，使光照减少，导致高湿度生境条件，但同时又因光照不足生境温度降低，化蛹进度减缓，发生期推迟。湿度对核桃举肢蛾的发生影响十分明显。6 月中旬当空气湿度达到 60%以上时，成虫即会出现，且发生期相对集中，每年成虫发生期出现的时间早晚随空气湿度的变化提早或推迟。6 月中旬当空气湿度升高时，核桃举肢蛾即开始发生；当空气湿度降低时，该虫则推迟发生。

②土壤温度和湿度。土壤温度和湿度主要影响核桃举肢蛾越冬幼虫的化蛹和羽化时间。孙益知等人（1993）研究了不同土壤温度和湿度对幼虫化蛹、羽化发育历期和存活率的影响（表 11-2，表 11-3）。由表 11-2 和表 11-3 可以看出化蛹、羽化历期主要受土壤温度控制，而化蛹率和羽化率主要受土壤含水量的制约。在适宜温度 20℃时，土壤含水量在 15%以下时，含水量减少会延长化蛹期和羽化历期，降低存活率，含水量在 3%以下时成虫无法羽化。

表 11－2　不同土壤温度、含水量对化蛹羽化的影响（陕西丹凤，1989）

温度（℃）	土壤含水量（%）	化蛹历期（d）	化蛹率（%）	羽化历期（d）	羽化率（%）
15	3	54.42	38	31.80	20
15	8	52.40	50	30.11	38
15	15	52.10	62	29.79	48
22	3	24.64	28	20.00	6
22	8	23.55	62	17.41	34
22	15	23.40	64	17.88	48
30	3	15.00	16	12.00	2
30	8	12.32	50	10.11	38
30	15	12.05	40	9.30	48

表 11－3　20℃下土壤含水量对化蛹和羽化的影响（陕西丹凤，1989）

土壤含水量（%）	化蛹历期（d）	化蛹率（%）	羽化历期（d）	羽化率（%）
1	41.2	20	—	0
2	31.7	35	—	0
3	24.7	40	54.4	23.3
8	24.6	50	43.7	40.0
15	20.7	60	39.2	50.7

（3）寄主植物及立地条件　核桃举肢蛾只为害核桃，核桃的立地条件及自然生境与该虫的发生和为害有密切关系。

①核桃立地条件与核桃举肢蛾发生为害的关系。寄主着生在海拔 200m 以下的低山丘陵地，无此虫为害；200～350m 发生较轻；350～450m 为害较重；450～800m 为害严重。

②核桃生态环境与核桃举肢蛾发生为害的关系。核桃多分布在山区，分散种植，生境复杂，地形多变，不同生境条件下发生程度有明显差异（表 11－4）。一般情况下，深山区核桃被害重，川边河谷地、浅山区受害轻；阴坡比阳坡被害重；沟里比沟外被害重；耕地上栽培的核桃被害轻，荒坡地较重。阴坡荫蔽潮湿，管理粗放，杂草丛生，光照时间短，湿度大，温度适宜，对该虫的生存和发生十分有利。阳坡光照强且时间长，树下土壤干燥，生活环境对该虫不利；核桃树下常年进行农事耕作，破坏了其正常生活环境，大部分幼虫和虫茧被翻入深土层中，不能顺利化蛹和羽化出土，因而发生轻。有研究报道：山沟虫果率达 45%，平地 21.8%，耕地 18.2%，荒地高达 64.5%。在山西黎城耕地平均虫茧 4 个/m^2，荒地虫茧 86 个/m^2。抽样 10m^2 调查结果：阴坡有活虫 40～96 头/m^2，平均 66 头/m^2；阳坡有活虫 8～48 头/m^2，平均 29.3 头/m^2。阴坡虫茧数 884 个/m^2，越冬死亡率 16%～50%，平均 25.3%；阳坡虫茧数 510 个/m^2，越冬死亡率 25%～60%，平均 42.6%。山西平顺阴坡核桃果实受害率 85%～90%，半阴坡为 25%，阳坡为 5%，荒地、荒坡为 29.1%，耕地受害果率 11.4%。

表 11-4 不同生境条件下核桃举肢蛾的发生为害程度（陕西洛南，1987）

发生类型	生境类型	调查株树	调查果数（个）	虫果率（%）
重	深山沟	61	17 600	36.86
	阴坡	67	28 700	28.79
中	浅沟、沟口	30	12 300	16.41
	房前场院	58	22 938	13.28
轻	阳坡	32	13 156	5.48
	耕地	76	28 414	4.62

（4）天敌昆虫　罗伟德和秦冬英（1995）从北京昌平采到两种核桃举肢蛾蛹寄生蜂，核桃黑瘤角姬蜂 *Pleolophus hetaohei* 和北京瘤角姬蜂 *Pleolophus beijingensis*，其发生规律及利用价值尚需进一步研究。

5. 虫情调查和预测预报

（1）调查抽样技术

①越冬虫口密度调查。在 4 月选有代表性核桃树 10 株，在树盘内进行筛茧调查。用对角线取样法，选取 $1m^2$ 的范围、深 3cm 的土，用筛选水浮法，调查计算每平方米越冬活虫茧数。

②越冬幼虫化蛹期调查。幼虫化蛹的多少是指导田间适时喷药的依据，用越冬虫口密度调查方法。但需固定地块，每次调查不宜少于 100 个虫茧，计算化蛹率。

③田间查卵法。在历年被害较严重的地块用五点取样法固定 10 株调查树，从始见成虫时开始，每 3d 在固定的每株树上按树冠东西南北 4 个方位调查 200 个果实上的卵粒数，共计 2 000 个果，计算卵果率。

（2）核桃举肢蛾预报

①发生程度的预报。以核桃树冠下每平方米虫茧密度和被害果率即为害程度分为轻、中、重 3 个等级，各等级指标如表 11-5。核桃举肢蛾测报的关键时期为越冬虫口密度及幼虫化蛹期和成虫羽化期，用于预测当年发生情况，进而指导田间防治的适期。

表 11-5 核桃举肢蛾为害程度等级划分标准

为害程度	树冠下每平方米虫茧密度	虫果率（%）
轻	5 头以下	10
中	6～10 头	11～20
重	10 头以上	20 以上

②防治孵化幼虫适期预报。化蛹盛期是喷药适期，此时正是成虫羽化初盛期，也是成虫产卵较多时期，是防治适期。如果化蛹率在 25%以上时，5d 后可发出喷药预报。

③成虫产卵预报。当田间卵果率达到 2%时即是树上喷药适期，应密切结合前两项预报进行防治。

④利用核桃举肢蛾性诱剂诱捕器进行成虫消长动态的监测。当诱蛾量急剧增加时发出

喷药预报。

6. 防控措施　核桃举肢蛾的防控策略为铲除虫源，狠抓树下防治。该虫的越冬、化蛹和成虫羽化均在树下土层中进行，通过破坏越冬场所和摘除拾净虫果等方法是降低发生程度的重要手段。防控指标为：若调查区内平均虫果率为10%，或地面调查虫茧数为5头/m^2 以下，树下刨树盘即可；虫果率在11%～20%，或虫茧数为5～10头/m^2，采取刨树盘和地面施药相结合；虫果率达20%以上，或虫茧数为10头/m^2 以上时，必须进行树下和树上全面防控。

(1) 农业防控措施　①耕翻树盘。在秋末冬初（10～11月）或早春（3～5月），在清除杂草和枯枝落叶的同时，耕翻树盘10～12cm深，范围略超出树冠垂直投影，可破坏该虫栖息场所，消灭越冬幼虫和抑制成虫羽化出土。此项措施能使虫果率降至3.1%～5.2%，而对照虫果率达48.7%～52.0%。②摘除虫果。在老熟幼虫脱果前（6～8月），摘除树上被害虫果，及时拾净树下落地虫果，深埋50cm，铲除越冬虫源。连续3年防控效果可达90%以上。

(2) 生物防控措施　利用昆虫病原线虫防控核桃举肢蛾幼虫。王永宏等（1996）试验表明，在8月核桃举肢蛾老熟幼虫脱果期，或5～6月越冬幼虫化蛹羽化前，树冠下每平方米地面喷施1～2次芫菁夜蛾线虫北京品系（*Steinernema fltiae* Beijing）悬浮液11万条，喷施时土壤含水量高于8%，温度在20～30℃，防控效果显著。昆虫病原线虫对土壤湿度要求较高，需要土壤中含水量较高、土壤缝隙形成水膜时才能侵染土壤中的害虫，因此，在雨后或浇地后喷施线虫，或施用后马上浇地，才能获得好的防控效果。

(3) 化学防控

①树下防控。核桃举肢蛾树下防控指标为：调查区内地面虫茧达5～10头/m^2，或10头/m^2 以上，在后蛹期必须进行树下地面施药封闭防控。效果较好的药剂有：5%辛硫磷颗粒剂5g/m^2、50%辛硫磷乳油500倍液等。药液干后进行浅锄，使药剂与土壤混合均匀，以延长药效，达到毒杀目的，若浅锄后覆盖秸秆更好。

②树上喷药防控。核桃举肢蛾树上喷药适期为：当成虫羽化率达50%或卵果率达2%或当性信息诱捕器诱蛾量急剧增加时，预报第一次喷药，每隔7～10d喷1次，连喷2～3次。常用有效药剂有：4.5%高效氯氰菊酯乳油1 500～2 000倍液、5%高效氯氟氰菊酯乳油2 500～3 000倍液、2.5%溴氰菊酯乳油1 500～2 000倍液、20%甲氰菊酯乳油1 500～2 000倍液、20%氰戊菊酯乳油1 500～2 000倍液、25%灭幼脲悬浮剂1 500～2 000倍液、1.8%阿维菌素乳油2 000～3 000倍液等。

核桃举肢蛾喜潮湿，6月连续降雨预示该虫发生严重，所以在雨水多的年份，应及时抢晴喷药，以免延误最佳防控时机。

（二）核桃长足象甲

核桃长足象甲（*Alcidodes juglans* Chao）属鞘翅目象甲科，又称核桃果象甲、核桃甲象虫，农民还形象地称之为“核桃象鼻虫”。

1. 分布与为害　核桃长足象甲分布于河南、山东、陕西、湖北、四川、贵州、云南、湖北、重庆等省（自治区、直辖市）核桃产区，是核桃果实的主要害虫。核桃长足象甲单食性，只为害核桃。成虫啃咬嫩枝、芽苞，使其枯萎脱落；幼虫蛀食果、芽、嫩枝、叶柄等，致使梢枯、芽蔫、叶（果）早落。果实被害后，果形始终不变，果内充满棕黑色粪便；果仁被为害后，造成大量落果，甚至绝收。以幼虫为害损失最重，严重时被害果率达81.5%，减产92.4%。

叶泽茂早在1959年报道陕西省镇坪县核桃长足象甲为害核桃果率达40%～100%。1964年陕南10余县核桃长足象甲大发生，受害株率达80%，果实被害率达到50%，其中宁强县核桃当年减产达87%。1990年宁强县核桃受害率达到50%～83%，减产40%以上。1997年、1998年该虫在湖北省长阳县西部的榔坪、乐园、贺家坪等乡镇核桃产区暴发为害，减产约50%，局部绝收。2002年调查，在贵州省水城县杨梅林场的核桃基地，有虫株率92.7%，虫果率达到85.7%。2006—2010年，万艳等对毕节地区核桃长足象的发生情况进行了调查，发生区有虫株率在40.5%～100%，果实被害率在5.2%～98.4%之间，通过风险分析评价，核桃长足象甲属于中度危险性林业有害生物，直接威胁着核桃的发展。

2. 形态特征

成虫：体长9～11mm，体长椭圆形，黑褐色略有光泽，密布棕色短毛，头部延伸成喙，喙粗长，密布小刻点。雌虫喙平均长5mm，触角着生于喙的1/2处；雄虫喙平均长4mm，触角着生于喙端部的1/3处。触角膝状，12节，第一节的长度与其余的11节长度相当，第二至第七节为念珠状，前端5节呈锤状。复眼近圆形。前胸背板密布黑色瘤状凸起，鞘翅上有明显的条状凹凸纵带，鞘翅基部明显向前突出。每鞘翅上有10条刻点沟。腿节膨大，各有1齿状突起。

卵：椭圆形，长1.2～1.4mm，初产时乳白色或浅黄色，后变黄褐色至褐色。

幼虫：体弯曲，蠋形，头棕色，体肥胖，淡黄色，老熟时黄褐色。老熟幼虫体长14～16mm，头部黄褐色或褐色，胸部弯曲呈镰刀状，其余部分淡黄色，气门明显。

蛹：长约10mm，黄褐色，胸腹背面散生许多小刺，腹部末端有1对褐色臀刺。

3. 发生规律 核桃长足象甲一年发生1代，以成虫在背风温暖的杂草及表土内越冬。孙益知等（1995）在陕西省宁强县调查结果表明，4月初核桃萌芽时，个别成虫出蛰上树啃食幼芽嫩梢，5月中旬气温达到6℃时大量出蛰并开始交尾产卵，产卵期长达30～50d，直到7月下旬还有个别产卵，产卵盛期为5月中旬至6月上旬。成虫多次交尾，交配产卵以每天10～12时活动最盛。产卵时，用头部的喙在果实表面上（多在果脐周围）蛀深约3mm的洞，然后掉过头来，产卵于洞口，再掉过头来用喙把卵送入洞内，又用口中的一种淡黄色胶状物在洞深2/3处将洞密封。雌虫产卵量为150～180粒，每果一般只产1粒，很少有2～3粒。卵期10d左右，初孵幼虫在原处蛀食果皮3～4d，再蛀入果核取食种仁，从蛀孔排出虫粪，种仁逐渐腐烂变黑，引起落果。从产卵到落果历经20d左右，幼虫随虫果落地后继续在果内取食种仁，幼虫老熟后在果内化蛹，整个幼虫期约50d。虫落果自6月初到7月下旬，6月中旬为落果盛期。6月下旬核桃硬核后，长足象甲幼虫多在果皮处蛀食，果皮变黑，果仁瘦秕。核桃长足象甲蛹为裸蛹，蛹期10d左右。成虫羽化始期为6月下旬，羽化末期为7月底，羽化盛期在7月上中旬。成虫羽化后将虫果的果壳咬开1小孔爬出果外，飞到树上觅食叶梢，蛀食果皮和芽，新羽化成虫当年不产卵，核桃采收后，成虫停栖在枝条芽苞处，11月下旬气温降到3℃时陆续下树落地，12月下旬气温降至0℃时，82%成虫落地，钻入树盘下土缝内或草丛等处越冬。－10℃时成虫死亡率达到

66.7%，－20℃越冬成虫全部死亡。

成虫喜光，多于阳面取食，所以树冠阳面受害重于阴面，上部重于下部，果实阳面蛀孔比阴面多3倍左右，晴天取食大于阴雨天。夜间很少取食。一般果实受害重于芽、嫩枝、叶柄。成虫行动迟缓，飞翔力弱，有假死性，有一定趋光性。

4. 防控措施

（1）人工防控　在6月初至7月上旬虫果脱落期，捡拾落果并集中深埋处理，可有效减少虫源基数。人工防控连续3年捡拾落果深埋，虫果率由48.3%降到5%，产量增加3倍。9～11月捕捉树上成虫，减少越冬成虫基数，可明显减轻翌年对核桃的为害，消灭1头成虫可避免1kg核桃受害。

（2）生物防控　保护红尾伯劳、寄生蝇、小黄蚂蚁等天敌。喷施白僵菌也可在一定程度上控制核桃长足象甲的为害。景河铭等1996—1997年在四川省平武县于5～7月气温22℃、空气相对湿度80%时，树冠喷施白僵菌菌液（5亿孢子/mL），喷施15d后，长足象甲的死亡率达到90%～100%。

（3）化学防控　在为害比较严重的乡镇或基地，4～6月加强监测，在越冬成虫大量出现到幼虫初孵时树上喷药防控成虫和初孵幼虫。常用有效药剂如：45%毒死蜱乳油1 500～2 000倍液、4.5%高效氯氰菊酯乳油1 500～2 000倍液、20%甲氰菊酯乳油1 500～2 000倍液、25g/L高效氯氟氰菊酯乳油1 500～2 000倍液、1.8%阿维菌素乳油2 500～3 000倍液、50%杀螟松乳油1 200～1 500倍液等。

（三）桃蛀螟

桃蛀螟［*Conogethespunctiferalis*（Guenée）］属鳞翅目螟蛾科，又称桃蛀野螟、豹纹斑螟、桃蠹螟、桃斑蛀螟，幼虫俗称“蛀心虫”。

1. 分布与为害　桃蛀螟在我国各地均有分布，发生地区包括辽宁、陕西、山西、河北、北京、天津、河南、山东、安徽、江苏、江西、浙江、福建、台湾、广东、海南、广西、湖南、湖北、四川、云南、西藏等。文献报道，最高垂直分布是在西藏的察隅锡妥，海拔达到2 200m。在日本、朝鲜、韩国、尼泊尔、越南、缅甸、泰国、马来西亚、菲律宾、印度尼西亚、巴基斯坦、印度、斯里兰卡、巴布亚新几内亚、澳大利亚等国家也有发生。

桃蛀螟寄主范围非常广泛，我国记载的寄主植物有100余种，除蛀食桃、李、杏、梨、枣、苹果、无花果、梅、樱桃、石榴、葡萄、山楂、柿、核桃、板栗、柑橘、荔枝、龙眼、脐橙、柚、甜橙、枇杷、芒果、香蕉、菠萝、银杏、木瓜等果树外，还为害玉米、高粱、向日葵、大豆、棉花、扁豆、甘蔗、蓖麻、姜科植物等作物及松、杉、桧柏和臭椿等林木，在印度还为害皂荚、木棉树，韩国栎树上也发现了桃蛀螟为害。桃蛀螟在核桃上以幼虫蛀食核桃果实，蛀孔外留有大量虫粪，虫道内亦充满虫粪，受害果实时有脱落，有的将核桃仁食空。

据杨建华等（2010）调查，云南引种的美国山核桃（*Carya illinoensis*）受桃蛀螟为害比较严重，有的美国山核桃种植园的果实受害率高达20%，常造成被害果实的早期脱落或果小且瘪仁。随着美国山核桃在云南种植面积的扩大，桃蛀螟已成为美国山核桃种植区普遍发生且为害严重的一种害虫。

2. 形态特征

成虫：体长 9～14mm，翅展 20～26mm。全体橙黄色，胸部、腹部及翅上有黑色斑点。前翅散生 25～30 个黑斑，后翅 14～15 个黑斑。腹部第一节和第三至六节背面各有 3 个黑点。雄蛾尾端有 1 丛黑毛，雌蛾不明显。下唇须两侧黑色，前胸两侧的被毛上有 1 个小黑点，体背及翅的正面散生大小不等的黑色斑点，腹部背面与侧面有成排的黑斑。

卵：椭圆形，长 0.6～0.7mm，宽约 0.3mm。初产时乳白色，孵化前红褐色。表面具密而细小的圆形刺点。卵面满布网状花纹。

幼虫：老熟幼虫体长 15～20mm，体背多暗红色，也有淡褐、浅灰、浅灰蓝等色，腹面多为淡绿色，头暗褐色，前胸背板黑褐色。各体节具明显的黑褐色毛片，背面毛片较大，腹部一至八节各节气门以上具有 6 个，成两横列，前排 4 个椭圆形，中间两个较大，后排两个长方形。腹足趾钩为三序缺环。三龄后，雄性幼虫第五腹节有两个暗褐色性腺。

蛹：长 10～15mm，纺锤形，初化蛹时淡黄绿色，后变深褐色。腹部末端有细长卷曲沟刺 6 根。淡褐色，尾端有臀刺 6 根，外被灰白色薄茧。

3. 发生规律 桃蛀螟在我国各地每年发生代数不一，在我国北方各地一年发生 2～3 代，华北地区 3～4 代，西北地区 3～5 代，华中地区 5 代。各地桃蛀螟主要以老熟幼虫滞育越冬，少量以蛹越冬。越冬场所因寄主植物、发生代数的差异有所不同。桃蛀螟主要以老熟幼虫在树皮裂缝、被害僵果、坝堰乱石缝隙、堆果场以及果园周边的向日葵盘、高粱和玉米茎秆内越冬。翌年 4 月开始化蛹、羽化，但很不整齐，造成后期世代重叠严重。成虫昼伏夜出，对黑光灯和糖醋液趋性强。华北地区第一代幼虫发生在 6 月初至 7 月中旬，第二代幼虫发生在 7 月初至 9 月上旬，第三代幼虫发生在 8 月中旬至 9 月下旬。从第二代幼虫开始为害果实，卵多产在枝叶茂密处的果实上或两个果实相互紧贴之处，卵散产。1 个果内常有数条幼虫，幼虫有转果为害习性。卵期 6～8d，幼虫期 15～20d，蛹期7～10d，完成 1 代约 30d。9 月中下旬后老熟幼虫转移至越冬场所越冬。在云南省漾濞县桃蛀螟越冬代成虫于 4 月中旬出现，待 8 月中旬第三代桃蛀螟成虫出现时，才飞到美国山核桃树的果实上产卵，9 月上旬达到产卵高峰；卵期 7～8d；卵散产于果实的赤道部、果蒂等处，每果序产卵 1～5 粒；8 月下旬初孵幼虫开始蛀食为害美国山核桃的果实，9 月中旬为桃蛀螟幼虫孵化的高峰期，幼虫为害期一直持续到 10 月下旬美国山核桃果实成熟采摘结束。

桃蛀螟各虫态历期随寄主植物和世代不同有所差异。一般卵期 6～8d，幼虫期 15～20d，幼虫共 5 龄，各代幼虫龄期以五龄最长。蛹期 7～8d，成虫寿命在 10d 左右，完成 1 个世代需要 1 个多月。桃蛀螟在温度为 16～32℃条件下，均能完成发育，发育历期随温度的升高而逐渐缩短，但成活率不同。桃蛀螟卵、幼虫和蛹的发育起点温度分别为 (8.39±1.45)℃、(7.34±1.96)℃和 (11.31±2.56)℃。室内越冬试验发现，桃蛀螟老熟幼虫是以滞育的形式进行越冬的，但滞育深度较浅。

幼虫老熟后多在紧贴于果实的枯叶下结茧，也有少数在被害果内、萼筒内或树下结茧化蛹。成虫羽化集中在 20 时至翌日凌晨 2 时。成虫昼伏夜出，飞翔取食、交尾、产卵，尤以 20～22 时最盛。羽化后 1d 交尾，2d 产卵，产卵期 2～7d。卵多产在果实萼筒内、两果紧靠处及枝叶遮盖的果面或梗洼处、高粱及玉米穗上、向日葵筒状花的蜜腺盘和花萼顶端或花丝及花冠内壁上等较隐蔽处。卵单产，1 头雌蛾最多能产卵 169 粒，一般 20～30

粒，果树上每果产卵1～3粒，多者5～7粒，以两果或三果接触的缝隙处最多。成虫有趋光性，对黑光灯趋性强，但对普通灯光趋性弱，对糖醋液也有趋性，喜食花蜜和成熟葡萄、桃汁。

4. 发生与环境的关系

（1）气候条件　桃蛀螟属喜湿性害虫。凡多雨高湿年份，发生严重，一般4～5月多雨有利于桃蛀螟的发生，少雨干旱年份则发生较轻。

桃蛀螟越冬幼虫在20℃时发育至蛹的平均发育历期是47.3d。也有研究表明，春天对桃蛀螟幼虫解除滞育后，在20℃下雌幼虫从滞育解除到化蛹持续时间是12.5d，长光照能让桃蛀螟越冬幼虫恢复正常生长发育。2006年对玉米和向日葵上的桃蛀螟老熟越冬幼虫的过冷却点测定结果表明，采自玉米上幼虫的过冷却点平均值为－16.57℃，向日葵上幼虫的过冷却点较低，平均值为－18.11℃。结冰点与过冷却点的变化趋势基本一致。桃蛀螟的过冷却点和结冰点较高，不耐低温。低温条件下，桃蛀螟越冬代死亡率很高，最高死亡率可达到91.3%。

桃蛀螟卵的发育起点温度为（8.39±1.45）℃，有效积温为（71.24±6.24）℃；幼虫的发育起点为（7.34±1.96）℃，有效积温为（383.73±90.71）℃；蛹的发育起点温度为（11.31±2.56）℃，有效积温为（126.57±26.53）℃。1995年有研究人员报道，桃蛀螟一年发生的3个世代的成虫产卵前期均为3d，在16℃、20℃、24℃、28℃和32℃5个温度条件下，桃蛀螟完成1个世代的历期分别为93.6d、49.7d、37.7d、30.4d和28.7d。

（2）寄主植物　桃蛀螟食性杂，分布广，按幼虫食性分化及成虫形态分为蛀果型和取食松科植物型。蛀果型主要是在多种果树和被子植物上取食，取食松科植物型主要在裸子植物上取食。两种形态的桃蛀螟成虫在前后翅上斑点的大小和颜色、下唇须形状和面积、雄虫的后足胫节上存在差异。

桃蛀螟对寄主不同品种的为害程度不同，即品种间存在一定的抗性差异，如在向日葵、蓖麻、姜科植物、板栗、高粱和玉米等寄主的品种间存在有抗性差异。因而，桃蛀螟在同一寄主作物不同品种上发育历期也不相同，如幼虫的发育历期在抗虫的蓖麻品种EB16－A上长达26.5d，而在感虫品种上仅为19d。如桃蛀螟在云南为害美国山核桃，但并未发现为害云南本地的漾濞核桃（*Juglans sigillata*）。

（3）天敌昆虫　桃蛀螟的天敌昆虫主要有绒茧蜂（*Apanteles* sp.）、赤眼蜂（*Trichogramma* sp.）、黄眶离缘姬蜂（*Trathala flavoorbitalis*）、广大腿小蜂（*Brachymeria lasus*）、抱缘姬蜂（*Temelucha* sp.）、川硬皮肿腿蜂（*Scleroderma sichuanensis*）等。捕食性天敌有蜘蛛类，如狼蛛（*Oxyopeschittrae*）。但生产中的应用方面，目前主要是以释放赤眼蜂来控制桃蛀螟的发生。

5. 防控措施　桃蛀螟寄主种类多、食性杂、世代重叠，并有转主为害的特点。因此，防控上应采取消灭越冬幼虫、做好预测预报、适期开展综合防控为主，结合果园管理及时除虫，减少和降低桃蛀螟为害。

（1）人工防控　在每年4月中旬，越冬幼虫化蛹前，清除玉米、向日葵等寄主植物的残体，刮除苹果等果树翘皮并集中烧毁，消灭和减少越冬虫源。发芽前刮树皮、翻树盘等，处理桃蛀螟越冬场所，消灭越冬害虫。果实采收前树干束草诱集越冬幼虫，而后集中烧毁。果实生长季节，及时摘除虫果、捡拾落果，并集中深埋，消灭果内幼虫。

（2）诱杀桃蛀螟　①诱杀成虫。利用成虫对黑光灯、糖醋液及性诱剂的趋性，在果园内设置黑光灯、频振式诱虫灯、糖醋液诱捕器或性诱剂诱捕器等，诱杀成虫，并进行预测预报。②种植诱集植物。利用桃蛀螟成虫对向日葵花盘、玉米、高粱等产卵有很强的选择性，在果园周围分期分批种植少量向日葵、玉米、高粱等，招引成虫在其上产卵，集中消灭，减轻作物和果树的被害率。

（3）生物防控　桃蛀螟产卵期释放赤眼蜂进行防控。保护利用自然生态系中的天敌昆虫以控制桃蛀螟种群。

（4）化学防控　根据性诱剂诱蛾结果，在成虫发生高峰过后3～5d内进行喷药防治，每代喷药1～2次。效果较好的药剂有：45%毒死蜱乳油或40%可湿性粉剂1 200～1 500倍液、4.5%高效氯氰菊酯乳油或水乳剂1 500～2 000倍液、25g/L高效氯氟氰菊酯乳油1 500～2 000倍液、1.8%阿维菌素乳油2 500～3 000倍液、50%杀螟松乳油1 500倍液等。喷药应及时均匀周到，特别是要精细喷洒果面，把幼虫消灭在蛀果前。同时，连片核桃园应根据虫情测报进行统防统控，以保证防控效果。

（四）木橑尺蠖

木橑尺蠖（*Culcula panterinaria* Bremer et Grey）属鳞翅目尺蛾科，又称核桃尺蠖、核桃步曲，俗称吊死鬼、小大头虫。

1. 分布与为害　木橑尺蠖在我国广泛分布于山东、河北、山西、内蒙古、河南、陕西、四川、云南、浙江、台湾等省（自治区），是一种多食性害虫，能取食28科115种植物，除为害核桃外，还为害木橑、山楂、梨、葡萄、柿树、茶树、杨树、柳树、槐树、榆树、桑等多种植物，特别是对木橑和核桃为害更为严重，并且在食光木本植物后，还可侵入农田食害棉花、豆类等农作物，如不及时防治，常造成毁灭性灾害。以幼虫取食叶片，初孵幼虫啃食叶肉，稍大蚕食叶片成缺刻或孔洞，是一种暴食性害虫。

在太行山麓的河北省、河南省和山西省的10余个县，有些年份曾大发生，3～5d吃光树木叶片，仅留叶柄，不仅导致减产绝收，还严重影响树势。1992年仅河北省涉县发生面积就达30 150hm^2，为害树木760万株，一般减产20%～50%，其中395.2万株树叶被吃光。1994年8月上中旬，木橑尺蠖在河南省林州市4个乡镇52个行政村暴发成灾，致使1.5万hm^2山林果木和0.8万hm^2大豆、玉米等农作物惨遭为害，其中有4 600hm^2林果被吃成光杆而绝收。根据8月13～16日调查，受害最重的核桃树，每株有幼虫3 000～7 000头，柿树和泡桐树有虫1 000～3 000头。幼虫多在核桃树上形成虫源中心，再向周围林木扩散。2002年该虫在陕西省黎城县暴发成灾，受灾面积5.7万hm^2（包括农用地），其中轻度受害3.5万hm^2，中度受害0.7万hm^2，重度受害1.5万hm^2。

2. 形态特征

成虫：体长17～31mm，翅展54～78mm。雌蛾触角线状，雄蛾触角短羽毛状。胸部背面具有棕黄色鳞毛，中央有一浅灰色斑纹。腹部背面近乳白色，腹部末端棕黄色。翅底白色，翅面有灰色和橙色斑点，在前翅基部有一近圆形的棕黄色斑纹，前后翅的中央各有1个明显浅灰色斑点。在前后翅外缘线上各有1条断续的波状棕黄色斑纹。后翅亚外缘线处也有5、6个不明显的圆形斑，后翅中部有一较大的淡灰色圆斑。雌蛾腹部末端具有黄棕色毛丛，雄蛾腹部细长，圆锥形。

卵：椭圆形，初绿色渐变灰绿，近孵化前黑色，数十粒成块，上覆棕黄色鳞毛。

幼虫：共6龄，第三龄幼虫体长约18mm，老熟幼虫体长约70mm。初孵幼虫头部暗褐色，背线及气门上线浅草绿色，以后随着幼虫的发育变为绿色、浅褐绿色或棕黑色。幼虫的体色常随着寄主植物的颜色而变化。体色因取食植物不同而有差异，为害核桃、臭椿、向日葵的多为淡绿色；为害刺槐、栎树的为灰褐色或黄褐色；为害杏树的为黑褐或红褐色。头部密布白色、琥珀色、褐色泡沫状突起，头顶两侧呈马鞍状突起。气门椭圆形，两侧各生1个白点。背线两侧，每一体节有3个灰白色小斑点。胸足3对，腹足1对，着生在腹部第六节，臀足1对。趾钩双序，腹足上有趾钩40多个。

蛹：长30～32mm，初化蛹时翠绿色，后变为黑褐色，表面光滑，头顶两侧具明显齿状突起，臀棘和肛门两侧各有3块峰状突起。

3. 发生规律 该虫在河北、河南、山东以及山西等地区一年发生1代，在浙江地区一年发生2～3代，以蛹在树干周围的土缝内或碎石堆中越冬，在土壤深度3cm处越冬最多。华北地区5月上旬至8月底为成虫发生期，盛期为7月中下旬。

成虫昼伏夜出，具有较强的趋光性，喜在夜间活动，白天静止在树上或者石块上，容易发现，特别是在清晨，成虫翅受潮后不易飞行，更容易发现。成虫多在夜晚9时至凌晨3时羽化，羽化后黎明前即可交尾，交尾时间长达16h以上。成虫交尾后1～2d内产卵，卵多产在寄主植物的树皮裂缝中或石块上，卵呈块状，不规则，每雌成虫可产卵1 000～3 000粒，产卵期可延续5～10d，卵期9～10d。

初孵幼虫有群集性，快速爬行寻找喜食植物叶片，并能吐丝下垂借助风力转移为害。幼虫二龄后行动迟缓，分散为害，臀足攀缘能力很强，静止时臀足直立在树枝上，或者以腹足和胸足分别攀缘在分杈处的两个小枝上，全身直立，像一小枯枝，故群众多称为"棍虫"。幼虫蜕皮前一两天停止取食，头胸部肿大，静伏在叶片或者枝条上，蜕皮后将皮吃掉。幼虫期一般45d左右。为害状随幼虫龄期和食量的不同而不同，初为害时叶片出现斑点状半透明痕迹，一龄幼虫为害的斑点连成片状，少数成空洞，以后即吃成缺刻。一龄和二龄幼虫食量很小，而五龄和六龄期的幼虫食量猛增，核桃叶被吃光后即转害大田作物。7～8月间是幼虫严重为害期。8月中下旬老熟幼虫陆续下树入土越冬。在幼虫老熟时坠入地面，少数幼虫顺着树干下爬或吐丝下垂着地，选择松软土壤中、阴暗潮湿的石缝或乱石块下化蛹。大发生年份，往往有几十或几百头幼虫聚在一起化蛹形成蛹巢。化蛹入土深度一般在3～6cm。

4. 发生与环境的关系

（1）与土壤的关系 木橑尺蠖的发生与土壤湿度有密切关系，土壤含水量在10%～15%最为适宜，低于5%或高于30%蛹即干死或腐烂，不能羽化。因此，冬季少雪，春季干旱，土壤湿度小，蛹死亡率也高。沟谷、背坡由于环境潮湿，食物丰富，常是其大发生的起源地。5月有适量降雨有助于越冬蛹羽化。不同生态环境越冬蛹死亡率不同，阳坡死亡率高于阴坡，深山区死亡率低于浅山区，灌木丛生的荒山死亡率低于植被稀疏的荒山。而且，蛹羽化的早晚与越冬场所的土温关系很大，如阳坡日平均温度高于阴坡，所以阳坡蛹羽化期比阴坡早15d左右，并且阳坡蛹羽化集中，而阴坡的蛹羽化较晚，并且羽化期拖得很长，这也是每年成虫5～8月都有出现的原因。

越冬蛹数量与树干的远近及土壤疏松程度关系密切，离树干愈近，土壤愈疏松，越冬蛹数量也愈多。含腐殖质较多的土壤蛹的数量也比较多。

（2）木橑尺蠖的天敌　2006—2008年，张改香在三门峡市部分地区对木橑尺蠖不同虫态的天敌进行了调查，其天敌主要包括黑卵蜂、广肩步甲、寄蝇、茧蜂、胡蜂、土蜂、麻雀、大山雀、白僵菌等。麻雀、大山雀等益鸟取食木橑尺蠖的量约占幼虫的12%；蛹期被寄生量为总蛹量的0.2%；其他天敌的捕食量约占木橑尺蠖的4%。

5. 防控措施

（1）人工防控　虫口密度大的地区，在秋季或春季，在成虫羽化前结合翻地在核桃树干周围1m内挖蛹，减少虫源基数。成虫不太活泼，特别是在清晨更不活动，可以组织人力在清晨时捕杀成虫。根据初孵幼虫群集性的特点，及时剪除群集为害的叶片，集中消灭初孵幼虫。

（2）物理防控　根据成虫趋光性，在大发生年份的5～8月成虫羽化期，大面积利用黑光灯或频振式诱虫灯诱杀成虫，每2～3hm^2设置1台灯。诱虫灯在诱杀害虫的同时，也可诱杀一些天敌昆虫，所以，此方法只有在核桃园害虫大面积成灾发生时的成虫期采用。

（3）化学防控　防控适期为卵孵化期至三龄前的幼虫期。效果较好的药剂有：8 000IU/mg苏云金杆菌悬浮剂200倍液、2.5%溴氰菊酯乳油1 500～2 000倍液、25%灭幼脲悬浮剂2 000～2 500倍液、24%甲氧虫酰肼悬浮剂1 500～2 000倍液、20%氟苯虫酰胺水分散粒剂2 500～3 000倍液、35%氯虫苯甲酰胺水分散粒剂6 000～8 000倍液、4.5%高效氯氰菊酯乳油2 000～3 000倍液、5%高效氯氟氰菊酯乳油3 000～4 000倍液、1.8%阿维菌素乳油2 500～3 000倍液、1%甲氨基阿维菌素苯甲酸盐微乳剂2 500～3 000倍液、45%毒死蜱乳油1 500～2 000倍液、3%苯氧威乳油3 000～4 000倍液、1%苦参碱可溶性液剂1 200倍液等。

（五）核桃瘤蛾

核桃瘤蛾（*Nola distributa* Walker）属鳞翅目瘤蛾科，又称核桃小毛虫。

1. 分布与为害　核桃瘤蛾分布于北京、河北、河南、山东、山西、陕西、甘肃等地区。大多数资料报道核桃瘤蛾属单食性，仅取食为害核桃叶片；但是，赵成金和张景昌曾在1992年报道发现该虫在山东省枣庄市石榴产区取食石榴叶片和花。该虫属偶发暴食性害虫，以幼虫为害核桃叶片，幼龄幼虫啃食叶肉，留下网状叶脉，幼虫长大后，能将全叶吃光只留叶脉。猖獗发生时，一张复叶上有虫数十头，尤其是7～8月间为害严重，不仅将树叶吃光，甚至啃食核桃果实青皮，致使枝条二次发芽，导致树势衰弱，抗寒力降低，翌年大批枝条枯死，严重影响核桃树的寿命。

2. 形态特征

成虫：体长约10mm，展翅20～24mm。全身灰褐色，略有光泽，雄蛾触角羽毛状，雌蛾触角丝状。前翅前缘基部及中部有3个隆起的深色鳞簇，组成3块明显的黑斑；从前缘至后缘有3条黑色鳞片组成的波状纹。后缘中部有一褐色斑纹。

卵：馒头形，中央顶部略凹陷，四周有细刻纹。初产时乳白色，后变为浅黄至褐色。

幼虫：多为7龄，少数为6龄，四龄前体色黄褐色。老熟幼虫体长约15mm，背面棕黑色，腹面淡黄褐色，体形短粗而扁，气门黑色。胸部和腹部第一至第九节背面有毛瘤，每节8个，其上着生数根短毛。在胸部背面及腹部第四至第七节背面有白条纹，胸足3对，腹足3对，臀足1对。趾钩为单序中带。

蛹：长8～10mm，黄褐色，椭圆形。腹部末端半球形，光滑无臀棘。茧长约13mm，长椭圆形，丝质，土褐色。

3. 发生规律　核桃瘤蛾一年发生2代，以蛹在石堰缝中、土缝中、树皮裂缝中及树干周围的杂草和落叶中越冬。越冬蛹在石堰缝中最多，占总蛹数的97.3%，其他场所较少。如果树周围没有石堰，则在土坡裂缝中越冬，但数量也不多。在阳坡、干燥的石堰缝中越冬蛹最多，存活率也高；阴坡、潮湿的石堰缝中数量少，存活的也少，很多易被菌类寄生而死亡。

越冬代成虫在北京市门头沟的自然条件下于5月下旬至7月中旬羽化，羽化盛期在6月中旬。第一代成虫羽化期从7月中旬至9月上旬，盛期在7月下旬。

绝大多数成虫在傍晚18～20时羽化，有趋光性，成虫对黑光灯趋性最强，蓝色灯趋性次之，一般灯光诱不到蛾子。成虫白天不活动，傍晚后至22时前最活跃。成虫羽化后2～3d内交尾，多在清晨4～6时交尾，交尾后第二天产卵。卵多产在叶背面主侧叶脉交叉处，散产，卵有胶质粘在叶片背面，表面光滑，无其他覆盖物。第一代卵盛期在6月中旬，第二代卵盛期为8月上旬末，卵期5～7d。幼虫孵化后至三龄前在背面啃食叶肉，多不活动，食量很小。幼虫三龄后转移为害，将叶吃成网状或缺刻，严重时仅留主叶脉。夜间取食剧烈，为害严重的在后期也吃果皮，树冠外围叶片受害多比内膛较重，上部叶片受害比下部受害较重。幼虫期18～27d，幼虫长大后于清晨离开叶片爬到两果之间、树皮裂缝或到土中隐蔽不动，夜晚再爬到树上取食为害。幼虫老熟后顺着树干下树，寻找石缝、土缝及石块下等缝隙处做茧化蛹。第一代老熟幼虫下树始期为7月中旬，盛期在7月下旬，末期为8月中旬。第二代老熟幼虫下树始期为8月下旬，盛期9月上中旬，末期为9月底。幼虫孵化后继续为害，至9～10月间老熟幼虫到越冬部位做茧、化蛹过冬。越冬蛹期9个月左右。

4. 防控措施

（1）农业技术　冬季彻底清除园内枯枝落叶，翻耕园地，消灭越冬虫蛹。

（2）灯光诱杀　在成虫发生期，利用成虫的趋光性，设置黑光灯或频振式诱虫灯诱杀成虫，需要大面积联防效果才显著，每2～3hm^2设一盏灯。

（3）束草诱杀　利用老熟幼虫顺树干下地化蛹的习性，在树干上绑草绳或草把，或在树下堆砖块，诱杀老熟幼虫。

（4）药剂防控　一般年份不需用药防治，大发生年份在卵孵化期至低龄幼虫期喷药，防治低龄幼虫，有效药剂同木橑尺蠖防控部分。

（六）绿尾大蚕蛾

绿尾大蚕蛾（*Actias selene ningpoana* Felder）属鳞翅目大蚕蛾科，又称大青天蛾蚕、中柏蚕、燕尾水青蛾、绿翅天蚕蛾、绿尾天蚕蛾、月神蛾、燕尾蛾、长尾水青蛾、水青蛾等，是一种间歇性发生的害虫。

1. 分布与为害 绿尾大蚕蛾分布于中国、日本、印度及东南亚各国，国内分布广泛，在河北、河南、江苏、江西、浙江、湖南、湖北、安徽、广西、四川、台湾等省（自治区）均有发生。寄主有核桃、苹果、梨、杏、沙果、海棠、葡萄、板栗、樱桃、枫杨、樟、木槿、乌桕、樱花、桤木、枫香、白榆、加杨、垂柳等多种果树林木。以幼虫蚕食叶片，低龄幼虫食叶成缺刻或孔洞，稍大时可把全叶吃光，仅残留叶柄或叶脉。虫粪很大、排于地上，黑绿色，很易发现。1994—1995 年，江苏各地连续大发生，对多种果树和园林植物造成了很大损失，一般果树减产 20%～30%，局部几乎绝产，有些核桃虽然挂果，但到成熟期仁肉空瘪，丧失经济价值。

2. 形态特征

成虫：体长 32～38mm，翅展 100～150mm。体粗大，绿色被白色絮状鳞片，触角黄褐色羽状。头部、胸部背面前缘有一紫色横纹，翅淡豆绿色，基部有白絮状鳞片。前翅前缘有暗紫色、白色、黑色组成的条纹，与胸部紫色横纹相接，前、后翅中央各有椭圆形眼状斑 1 个，斑中部有一透明横带，斑纹外侧为黄白色，内侧为暗紫色间红色。翅外侧有 1 条黄褐色横线。后翅臀角延长呈燕尾状，长约 40mm。后翅尾角边缘具浅黄色鳞毛，有些个体略带紫色。前、后翅中部中室端各具椭圆形斑，从斑内侧向透明带依次由黑、白、红、黄四色构成，黄褐色外缘线不明显。腹面色浅，近褐色。足紫红色。

卵：扁圆形，直径约 2mm，初产时绿色，近孵化时褐色，卵面具胶质粘连成块。

幼虫：低龄幼虫淡红褐色，长大后体色变绿，秋季老幼虫体节间变为淡红褐色。老熟幼虫体长 80～100mm，体黄绿色粗壮、被污白细毛。体节近六角形，着生肉突状毛瘤，前胸 5 个，中、后胸各 8 个，腹部每节 6 个，毛瘤上具白色刚毛和褐色短刺；中、后胸及第八腹节背上毛瘤大，顶黄基黑，其他处毛瘤端蓝色基部棕黑色。第一至第八腹节气门线上边赤褐色，下边黄色。体腹面黑色，臀板中央及臀足后缘具紫褐色斑。胸足褐色，腹足棕褐色，上部具黑横带。

蛹：椭圆形，长 40～45mm，紫黑色，额区有一浅白色三角形斑。外包被黄褐色丝质茧，茧外粘附寄主的叶片。

3. 发生规律 绿尾大蚕蛾在河北、山东等地一年发生 2 代，湖北、广东等地一年发生 3 代，以老熟幼虫在寄主枝干上或附近杂草丛中结茧化蛹越冬。

一年发生 2 代地区，翌年 4 月中旬至 5 月上旬越冬蛹羽化，第一代幼虫于 5 月中旬至 7 月间为害，6 月底到 7 月结茧化蛹，并羽化为第一代成虫；第二代幼虫在 7 月底到 9 月间为害，9 月底老熟幼虫结茧化蛹越冬。一年发生 3 代地区，各代成虫盛发期分别为：越冬代成虫盛发期为 4 月下旬到 5 月上旬，第一代成虫盛发期在 7 月上中旬，第二代成虫盛发期为 8 月下旬到 9 月上旬。各代幼虫为害盛期是：5 月中旬到 6 月上旬为第一代幼虫为害盛期，第二代幼虫在 7 月中下旬为害严重，第三代幼虫在 9 月下旬至 10 月上旬猖獗为害。成虫具有趋光性，昼伏夜出，多在中午前后和傍晚羽化，夜间交尾、产卵。卵多产于寄主叶面边缘及叶背、叶尖处，多个卵粒集合呈块状，平均每雌产卵量为 150 粒左右。在 3 个世代中，以第二、三代为害较重，尤其第三代为害最重。

幼虫共 5 龄，一、二龄幼虫群聚为害，三龄开始分散为害。一、二龄幼虫在叶背啃食叶肉，取食量占全幼虫期食量的 5.7%；三龄后幼虫多在树枝上，头朝上，以腹足抱握树枝，用胸足将叶片抓住取食，取食量占全幼虫期食量的94.3%。低龄幼虫昼夜取食量相差不大，但高龄幼虫夜间取食量明显高于白天。幼虫具避光蜕皮习性，蜕皮多在傍晚和夜间，在阴雨天、白天光线微弱处也有幼虫蜕皮现象。幼虫老熟后先结茧，然后在茧中化蛹，茧外常粘附树叶或草叶，结茧时间多在20时以后。

该虫的发生程度与海拔高度、树龄以及种植方式等有关。在海拔100～120m的低山丘陵区发生量大，为害重。在海拔800m以上的高山地区发生量少，为害轻。10～20年树龄、树高2～3m的树上发生虫量较多，受害较重，10年树龄以下的小树次之，20年树龄以上的老树发生虫量相对较少。凡是针、阔叶树种混栽区，受害较轻。多种阔叶树种的纯林或混交林，会使受害程度加重。

4. 防控措施

（1）人工防控　利用成虫白天悬挂枝头等处静止不动的习性，可及时捕杀；低龄期及时摘除幼虫团，老熟幼虫期根据地面新鲜黑色粗大虫粪寻找树上幼虫捕捉杀死；在各代产卵期和化蛹期，人工摘除着卵叶片和茧蛹，减少虫口数量。

（2）灯光诱杀　在成虫发生期内，设置黑光灯或频振式诱虫灯，诱杀成虫。灯光诱杀需要大面积联防效果才明显，一般每2～3hm^2设灯一盏。

（3）生物防控　在各代低龄幼虫期，喷施苏云金芽孢杆菌（Bt）悬浮剂（8 000IU/μL）200倍液防治幼虫。

（4）化学防控　一般年份不需单独喷药防控，发生严重年份，在低龄幼虫期及时喷药即可，每代需喷药1次，有效药剂同木橑尺蠖防控部分。

（七）银杏大蚕蛾

银杏大蚕蛾（*Dictyoploca japonica* Moore）属鳞翅目大蚕蛾科，又称栗蚕、白果蚕、核桃楸大蚕蛾，俗称白毛虫，是一种突发性食叶害虫。

1. 分布与为害　银杏大蚕蛾在我国分布较广，北起黑龙江、南至台湾、海南，西至山西、陕西西斜折入四川、云南，止于四川盆地西侧与横断山脉东侧。国外分布于朝鲜、日本、俄罗斯的西伯利亚及远东沿海地区，是亚洲东部的特有种。幼虫食害核桃、银杏、漆树、杨、桦、栎、李、梨等多种植物。以幼虫蚕食植物叶片，造成缺刻或食光叶片，严重发生时可将整株、整片核桃树叶片吃光，造成光合作用受阻、树势衰落。

陕南地区20世纪70年代银杏大蚕蛾已有发生，因为害较轻，未受重视；但自90年代以来，该虫在陕南的镇巴、佛坪、留坝、柞水、镇宁、宁陕、岚臬、平利、旬阳等县发生较重，受害核桃树达200多万株，每年直接经济损失1 000多万元。仅镇巴县1996年因银杏大蚕蛾为害，核桃减产40万kg，造成经济损失约达160万元。宁强县银杏大蚕蛾虫害首次暴发于1998年，主要在东皇沟、巩家河、代家坝等乡镇发生，经连续3年防治使该虫在宁强县的蔓延得到控制。2008年，银杏大蚕蛾再次大暴发，全县21个乡镇均有虫害发生，发生面积约533hm^2，约有24万株挂果核桃树受害，受害树占全县核桃总数的5%，整株树叶被全部吃光的约有15万株，占受害树的62.5%，在虫害严重的地方，如大安镇、代家坝镇、巨亭镇、广坪镇、铁锁关镇等，有虫株数达到了50%以上，虫口密度达到200～500头/株。造成核桃减产240t，直接经济损失达480万元。2003年浙江省江山市峡口镇首次发现该虫大面积为害板栗，近两年，塘源口乡等地有不同程度发生，严重影响板栗产量。2006 年在甘肃省康县银杏大蚕蛾首次突发为害核桃林，严重影响核桃生长发育。

2. 形态特征

成虫：体长 25～60mm，翅展 90～150mm，体灰褐色或紫褐色。雌蛾触角栉齿状，雄蛾羽状。前翅内横线紫褐色，外横线暗褐色，两线近后缘处汇合，中间呈三角形浅色区，中室端部具月牙形透明斑。后翅从基部到外横线间具较宽红色区，亚缘线区橙黄色，缘线灰黄色，中室端处生一大眼状斑，斑内侧具白纹。后翅臀角处有一白色月牙形斑。

卵：椭圆形，长 2.2mm 左右，灰褐色，一端具黑色黑斑。

老龄幼虫：体长 80～110mm，体黄绿色或青蓝色。背线黄绿色，亚背线浅黄色，气门上线青白色，气门线乳白色，气门下线、腹线处深绿色，各体节上具青白色长毛及突起的毛瘤，其上生黑褐色硬长毛。

蛹：长 30～60mm，污黄至深褐色。茧长 60～80mm，黄褐色，网状。

3. 发生规律 银杏大蚕蛾各地均一年发生 1 代，以卵在核桃树干上的树皮缝中越冬。在河南省三门峡地区，一般翌年 4 月下旬越冬卵开始孵化，5 月上旬为孵化盛期，5 月中旬进入末期。幼虫孵化后沿树干向上爬行，常群集于距地面最近的叶片上取食，一至三龄幼虫常数头或十余头群集于叶片背面，头向叶缘排列取食，1 枚叶片上有的可多达 40～60 头。幼虫密度大时，可将整株树叶吃光，然后再移至其他树上为害。一至三龄幼虫因体小、爬行缓慢，一般在中午气温高时常藏于叶片背部或树杈等阴凉处停息。三龄后分散取食，为害部位波及全树，食料不足时，常结伴转移为害。四至六龄时，7～8 时上树取食，11 时左右陆续下树遮阴，少数不下树，在树杈处停息遮阴；16 时后重新上树取食，四龄后食量很大，常将整株叶片吃光。

幼虫分为 6 龄，各龄历期不同，幼虫期需 48～63d。幼虫的发育历期与温湿系数呈正相关，即温湿系数越大，发育历期越长。幼虫老熟后，在叶片遮盖处缀少许叶片做茧。结茧时绕身体织个极稀的外圈，然后粘连相补，茧丝较粗，质地坚硬，各茧丝空隙较大，呈纱笼状。大多选择寄主附近离地面 1～1.5m 处的低矮植物上结茧，少数在地面树蔸草丛或 2～3m 的树杈缝内结茧。多数 5 月下旬至 6 月中旬老熟化蛹，化蛹后即进入夏眠，蛹期 68～108d。8 月下旬成虫羽化，9 月中旬为羽化盛期，9 月下旬底至 10 月上旬初为羽化末期。成虫白天静伏于蛹茧附近的荫蔽处，傍晚开始活动。翅展开后翌晚或第三天交尾，历时约 12h，卵 3～5 次产完，产卵量约 300 粒，卵期 2～3d。卵产在茧内、蛹壳内、树皮下、缝隙间或树干上附生的苔藓植物丛中，而以产在茧内居多。卵粒堆集成疏松的卵块，每块数十粒、百余粒甚至二三百粒不等。

4. 发生与环境的关系

（1）气候因素 银杏大蚕蛾越冬卵发育起点温度为 4.5℃，在日平均气温 15℃时孵化。初孵化幼虫活动适温为 18℃，温度低时影响其取食。二至六龄幼虫活动适温为 20～28℃，相对湿度为 55%～75%。低湿和连阴雨天对幼虫取食和发育不利，暴风雨能致初孵幼虫死亡率提高。

（2）天敌因素 卵的天敌有赤眼蜂、黑蜂等。幼虫天敌有喜鹊、麻雀、画眉、大山雀等。蛹的天敌有松毛虫、黑点瘤姬蜂。各时期天敌数量与发生为害程度成反比。

（3）食源关系　银杏大蚕蛾幼虫特别嗜食银杏和核桃树叶，其分布范围、蔓延速度与食源分布关系很大。

5. 防控措施

（1）人工防控　①摘除虫茧。根据老熟幼虫多在树下杂草、灌木丛中结茧化蛹的特点，在每年 7、8 月成虫未羽化前，组织群众结合核桃园农事活动，摘除树上树下虫茧，集中销毁。②清除树下杂草灌木，减少虫口密度。每年秋冬季，清除核桃园内及其周围的杂草灌木，进行树下垦复、扩盘，刮除老树皮，破坏越冬卵生存环境。③砸卵及树干涂白。利用该虫越冬卵多数成堆、成块分布于树皮裂缝、树干分杈处及便于发现、易于消灭的特性，每年 4 月中旬以前未刮除老树皮的果园，组织群众用铁锤斧头砸虫卵，砸卵后再用涂白剂从地面到树干处刷白，消灭卵块。④消灭幼虫。5 月初龄幼虫多群聚于新叶背面为害，每片叶背幼虫多达 80～350 头，可用竹竿将带虫树叶夹下来集中烧毁或深埋。

（2）药剂防控　①树上喷药。掌握雌蛾到树干上产卵和幼虫孵化盛期至上树为害三龄幼虫前两个有利时机，及时喷药防控，7d 左右 1 次，连喷 1～2 次。有效药剂同木橑尺蠖防治部分。②涂抹毒环或绑毒绳阻杀幼虫。幼虫四龄后虫体增大，抗性增强，且开始分散为害，树冠喷药不但费工费时，且防治效果不佳。因此，可利用大龄幼虫中午 11 时下树休息、下午 3 时又上树为害的习性，在树干上设置 2～3 道毒环或毒绳，以阻杀害虫。

（3）保护和利用天敌　银杏大蚕蛾虫体大，生活周期长，且终生裸露在树上，因此生物防治的作用很大。据调查，该虫天敌多达 60 余种，其中鸟类就有 30 余种，如喜鹊、大山雀等。另外，卵和蛹期有多种寄生蜂、寄生蝇寄生，且寄生率可高达 12%。所以要进一步研究利用天敌，提高天敌寄生率和捕食率。

（八）核桃缀叶螟

核桃缀叶螟（*Locastra muscosalis* Walker）属鳞翅目螟蛾科，又称缀叶丛螟、漆树缀叶螟、木橑黏虫、核桃卷叶虫。

1. 分布与为害　核桃缀叶螟分布在河北、北京、山东、山西、河南、陕西、江苏、安徽、浙江、广东、广西、湖南、湖北、四川、福建、贵州、云南、辽宁等省（自治区、直辖市），可为害核桃、黄连木、漆树、盐肤木、枫香树、黄栌、南酸枣、火炬树及马桑等多种林木。

核桃缀叶螟以幼虫缀叶取食为害。初孵幼虫群集吐丝结网，缠卷叶片，咬食叶肉，留下表皮。幼龄幼虫只缠卷 1 个叶片，随着虫龄长大，缠卷复叶上的 2～3 个叶片，甚至将 3～4 个复叶缠卷成团状。幼虫近老熟时则分散为害，1 头幼虫缠卷 1 个复叶上部的 3～4 张叶片，咬食叶片，虫量大时可将全树叶片吃光，严重影响树势及产量。该虫在河北省及北京市核桃产区为害非常严重，核桃叶常被吃光，对树势和产量造成严重影响。在北京香山及河南省部分山区海拔 1 000m 以下的高山下部及低山阳坡发现该虫还严重为害黄栌树，被害株率达 90%以上。在贵州省大部分地区、湖北西部地区主要为害漆树。近几年在浙江省金华市磐安县、江西省弋阳县发现严重为害枫香树，被害株率达 30%以上。

2. 形态特征

成虫：体长 15～20mm，展翅 35～45mm。触角线状。全身黄褐色，头部、胸背及前翅稍带红色。前翅外横线及内横线由深浅两色组成两条条纹，外横线中部向外弯曲。翅面满布黑色鳞粉，翅基部深色。后翅灰褐色，由外向里褐色逐渐减淡，中部有一淡色半圆形斑纹。雄蛾前翅前缘内横线处有褐色斑点。

卵：扁椭圆形，密集排列呈鱼鳞状卵块，每块有卵 200～300 粒。

老熟幼虫：体长约 30mm。头部黑色有光泽，前胸背板黑色，前缘有 6 个白色斑点。背中线宽、杏红色，亚背线、气门上线黑色，体侧各节有黄白色斑点。腹部腹面黄褐色。全身疏生短毛。

蛹：长 15～20mm，黄褐色至暗褐色。茧长 15～26mm，宽 8～16mm。越冬茧扁椭圆形，中部稍隆起，周缘扁平，形似柿核，深红色。

3. 发生规律 核桃缀叶螟在北京、河北、辽宁、贵州等地一年发生 1 代，以老熟幼虫在树根附近及距树干 1m 范围内的土中做茧越冬，入土深度 10cm 左右。翌年越冬幼虫于 5 月中旬开始化蛹，6 月中下旬为化蛹盛期，7 月下旬结束，蛹期 10～20d。6 月下旬至 8 月上旬为成虫羽化期，盛期在 7 月中旬。7 月为产卵盛期，7 月初始见幼虫，7～8 月中为幼虫为害盛期，8 月中下旬幼虫老熟，开始下树结茧越冬。

成虫昼伏夜出，善飞翔，有趋光性。成虫多于 14～15 时羽化。成虫寿命 1～7d，平均 3d。成虫羽化后 24h 左右即交尾，1～2d 后开始产卵，卵多产在寄主植物顶端和树冠外围的嫩叶上，分布于嫩叶正面中上部的边缘处或中脉两侧，卵块产，卵粒呈鱼鳞状排列，每个卵块有卵 200～300 粒，卵期 10d。7 月上旬至 8 月上中旬为幼虫孵化期，孵化盛期在 7 月底至 8 月初。

初孵幼虫暗绿色，行动活泼，群集于卵壳周围爬行，并在叶片正面吐丝，结成密集的网幕。初孵幼虫常数十头至数百头群居在网幕内取食叶表皮和叶肉，被害叶呈网格状。幼虫稍大后，在两叶片间吐丝结网，继续取食表皮和叶肉，当叶肉全被吃光后群体迁移到另一叶上。随着虫体增大，缀叶由少到多，能将多个叶片和小枝缀成 1 个大巢，虫体群集于丝巢内，将叶片食成缺刻，并常咬断叶柄和嫩枝，严重时将叶片全部食光。幼虫三龄后多分成几群为害，常将叶片缠卷成一团。幼虫四龄后分散活动为害，先缀合 1～2 张叶片做成丝囊，为害时钻出取食周围的叶片，将破碎叶片缠卷成团状，附在丝囊上，丝网上缀有其排泄的粪便。

幼虫有迁移性，植株叶片食光后，便成群转移到其他植株上为害。在迁移过程中，几天不食亦不致饿死。幼虫爬行迅速，受惊后常弹跳，并很快退回丝巢或吐丝下垂，吐丝下垂的虫体随后又沿垂丝爬到原处。幼虫一般夜间取食、活动、转移，白天静伏在被害叶囊内，很少食害，但在阴雨天也可在白天取食。6 月下旬幼虫开始出现，7、8 月进入为害盛期，严重时 8、9 月间核桃叶全被吃光。9 月以后幼虫逐渐老熟，迁移到地面在根际周围的杂草灌木、枯落物下或疏松表土中，结茧卷曲于其中，开始越冬。入土深度通常 3～8cm。茧的一端留有羽化孔。

4. 防控措施

（1）人工防控 利用越冬虫茧多集中在树根旁边及松软土中的习性，可在秋季封冻前或春季解冻后挖除虫茧。在幼虫发生初期，利用幼虫群集缀叶成巢的习性，剪下巢网，集中消灭网内幼虫。

(2) 物理防控 利用成虫的趋光性，在成虫羽化盛期，即6月下旬至7月上中旬，在果园内设置黑光灯或频振式诱虫灯，诱杀成虫。灯光诱杀需要大面积联防联动效果才能显著，一般每2～3hm^2设灯一盏。

(3) 化学防控 在7月中下旬幼虫缀叶前或缀叶为害初期，及时喷洒化学药剂能获得很好的防治效果。常用有效药剂同木橑尺蠖防治部分。

(九) 舞毒蛾

舞毒蛾（*Lymantria dispar* L.）属鳞翅目毒蛾科，又称秋千毛虫、苹果毒蛾、柿毛虫。

1. 分布与为害 舞毒蛾根据其地理分布和生活习性可分为亚洲种群、欧洲种群及北美种群。欧洲种群和北美种群同属于一个亚种，即欧洲亚种，主要分布于欧洲，1869年由欧洲传入美国。亚洲种群通常被称为亚洲型舞毒蛾，主要包括两个亚种，亚洲亚种（*Lymantria dispar asiatica* Vnukovskij）和日本亚种（*L. dispar japonica*），亚洲亚种主要分布在亚洲和欧洲部分地区，日本亚种主要分布于日本的本州、四国、九州及北海道的南部和西部地区。我国的舞毒蛾种群为亚洲亚种，据《中国森林昆虫》对我国发生记录的总结，舞毒蛾在我国主要分布于北纬20°～58°之间，主要分布在东北、华北、西北、华东及中国台湾，主要包括黑龙江、吉林、辽宁、内蒙古、陕西、宁夏、甘肃、青海、新疆、河北、山西、山东、河南、湖北、四川、贵州、江苏、台湾省（自治区）。寄主有苹果、柿、核桃、梨、桃、杏、樱桃等500多种植物。以幼虫蚕食叶片，该虫食量大，食性杂，严重时可将全树叶片吃光。

据记载，历史上我国多次出现过舞毒蛾局部大发生的情况。例如，1974—1976年此虫在辽宁省南部大发生，将许多蚕场的栎叶食尽，杨、柳、榆、山楂、苹果叶等也受到严重为害；1981年5月，绰尔局落叶松、白桦林舞毒蛾大面积发生，面积达5.7万hm^2，虫口密度最高达300余头；1987年山东枣庄市柿树虫株率为100%，平均虫口密度高达309头/株，最大虫口密度竟达1 634头/株，造成1987—1998年两年柿树大幅减产，经济损失巨大。1995—1997年，在内蒙古大兴安岭林区图里河、根河、得耳布尔相继大面积发生舞毒蛾，面积达3万hm^2；2006年起东北小兴安岭大量林区受灾，2007年7月中旬再次出现，但数量明显比前一年较少。近几年，国家林业部门对全国的舞毒蛾发生情况进行了监测，2008年共发生37万hm^2，主要分布于黑龙江、内蒙古和辽宁等地，吉林、河北、山西、甘肃、四川和贵州等地也有发生。2009年发生面积减少，共计12万hm^2，主要分布于辽宁、黑龙江、内蒙古、吉林和河北等地，山西、陕西、甘肃、四川和新疆等地也有发生。

2. 形态特征

成虫：雌雄异型，雄成虫体长约20mm，翅展37～54mm，前翅茶褐色，有4、5条波状横带，外缘呈深色带状，中室中央有一黑点。雌成虫体长约25mm，翅展58～80mm，前翅灰白色，每两条脉纹间有1个黑褐色斑点。腹末有黄褐色毛丛。

卵：圆形稍扁，直径1.3mm，初产为杏黄色，数百粒至上千粒产在一起成卵块，其上覆盖有很厚的黄褐色茸毛。

幼虫：一龄幼虫头宽0.5mm，体黑色，刚毛长，刚毛中间具有泡状扩大的毛，称为"风帆"，是减轻体重易被风吹扩散的构造。老熟幼虫体长50～70mm，头黄褐色有"八"

字形黑色纹，体黑褐色。背线与亚背线黄褐色。前胸至腹部第二节的毛瘤为蓝色，腹部第三至第八节的6对毛瘤为红色。

蛹：体长20～26mm，纺锤形，红褐色。体表在原幼虫毛瘤处生有黄色短毛。臀棘末端钩状突起。

3. 发生规律 舞毒蛾在世界各地均一年发生1代，以完成胚胎发育的卵在石块缝隙或树干背面洼裂处越冬。翌年4月上旬至5月上旬幼虫开始孵化，孵化早晚与卵块所在地点温度有关。幼虫孵化后先群集在原卵块上，2～3d后气温转暖时上树取食幼芽。一龄幼虫昼夜生活在树上，群集叶片背面，白天静止不动，夜间取食叶片成孔洞，幼虫受惊动则能吐丝下垂，并借助风力顺风飘移很远，可达1.6km，故称“秋千毛虫”。幼虫从二龄开始，白天潜伏在落叶及树上的枯叶、树皮缝隙或树下石块下，黄昏成群结队上树分散取食，至天亮时又爬回树下隐蔽场所。后期幼虫有较强的爬行转移为害能力，可将满树叶片吃光。雄虫蜕皮5次，雌虫蜕皮6次，均在夜间群集树上蜕皮，幼虫期约60d，5～6月为害最重，6月中下旬陆续老熟，老熟幼虫大多爬到树下隐蔽处结茧化蛹。蛹期10～15d，成虫7月大量羽化，羽化后2～3d即可交尾。雄蛾善飞翔，日间常成群作旋转飞舞，故称之为“舞毒蛾”；雌蛾身体肥大笨重，不爱飞舞。雌蛾产卵在树干表面、主枝表面、树洞中、石块下、石崖避风处及石砾上等。每雌平均产卵量为450粒，每雌产卵1～2块，每卵块有卵300多粒，上覆雌蛾腹末的黄褐鳞毛。大约1个月内幼虫在卵内完全形成，然后停止发育，进入滞育期。舞毒蛾雌雄成虫均有强烈的趋光性，雄成虫有较强的趋化性（雌成虫释放的性引诱剂为顺7,8-环氧-2-甲基十八烷）。

舞毒蛾多发生在郁闭度0.2～0.3，没有下木的阔叶林或新砍伐的阔叶林以及植被稀少的松林中，通风透光的林缘地带发生最重，而在林层复杂、郁闭度较大的林区很少大量发生。气候干旱有利于舞毒蛾暴发，我国舞毒蛾猖獗周期为8年左右，即准备1年，增殖期2～3年，猖獗期2～3年，衰亡期3年。

根据国内研究报道，中国舞毒蛾天敌共计6目19科91种。其中寄生性昆虫57种，姬蜂科30种，寄生蝇27种，半翅目19种，步甲科10种。卵期寄生天敌主要是大蛾卵跳小蜂［*Doencyrtus kuwanal*（Howard）］，幼虫期天敌主要是绒茧蜂、寄蝇，蛹期天敌主要有舞毒蛾黑瘤姬蜂、寄蝇等。内蒙古大兴安岭林区已知的舞毒蛾天敌昆虫约有30多种。另外还有捕食性天敌鸟类、蜘蛛和病原细菌、病毒等。保护好目前林区舞毒蛾天敌资源，减少化学杀虫剂的使用频率和范围，使舞毒蛾种群数量变动受到天敌的有效制约，则可以实现有虫不成灾的目的。

4. 预测预报

（1）利用其超光性诱集成虫 根据舞毒蛾成虫具有强的趋光性，可以利用黑光灯、频振式诱虫灯等对舞毒蛾发生期和发生量进行预测预报。将诱虫灯（20～30W），置于选定监测点附近的开阔地，高度1.5～2.5m，灯间距200m以上。在成虫羽化盛期前、后各开灯15d，每天记录诱虫量。①在发生期方面的应用，主要是根据当年诱虫灯诱集成虫出现的始见期加上过去历年成虫从始见期到高峰期的历期，即可预测今年该成虫出现的高峰期。②在发生量方面的应用，可根据当年诱虫灯诱集到的成虫数量、雌蛾数量与上年同期相同状态下诱集的成虫数量相比，求出种群消长趋势指数，进而判断舞毒蛾种群的动态。

③利用长期诱集历史资料，可总结出舞毒蛾长期发生趋势及其种群演变规律。

（2）利用舞毒蛾性诱剂诱捕器监测成虫　舞毒蛾性诱剂可采用桶状诱捕器、船型诱捕器（适合林区或机场、港口等环境）或粘胶板诱捕器（适合风沙小或较封闭环境），自6月中旬（成虫羽化前7～10d）开始悬挂，悬挂高度1.5～2.5m，诱捕器间距一般在200m以上。诱捕器应挂在不被遮挡、靠近寄主的直立支杆或树干上，避免人为干扰或损坏。每天检查诱蛾情况并记录诱捕数量，20d更换1次诱芯。当每个诱捕器一昼夜诱捕量超过20头时，则预示着下一年度有大发生的可能。

5. 防控措施

（1）人工防控　①诱杀幼虫。利用幼虫白天下树潜伏隐蔽的习性，在树下堆放石块诱集幼虫，及时消灭。②人工采集卵块。舞毒蛾大发生年份，其卵块大多集中在石崖下、树干、草丛等处，卵期长达9个月，所以容易人工采集并集中销毁。

（2）灯光诱杀　在舞毒蛾羽化始期，于果园内设置黑光灯或频振式诱虫灯，诱杀成虫。每组2台以上，灯间距离为200m。同时，在灯光诱杀的过程中，最好结合对灯具周围的空地进行喷洒化学杀虫剂，以便及时杀死诱到的各种害虫成虫。

（3）化学防控　在舞毒蛾大发生年份，于低龄幼虫期及时喷施化学药剂，杀灭幼虫。常用有效药剂同木橑尺蠖防治部分。

（十）黄褐天幕毛虫

黄褐天幕毛虫（*Malacosoma neustria testacea* Motschulsky）属鳞翅目枯叶蛾科，又称天幕毛虫、天幕枯叶蛾、带枯叶蛾、梅毛虫，俗称春黏虫、顶针虫等。

1. 分布与为害　黄褐天幕毛虫在我国分布于黑龙江、吉林、辽宁、河北、北京、内蒙古、新疆、山西、山东、河南、安徽、江苏、浙江、福建、台湾、广西、陕西、宁夏、青海、甘肃、四川等省（自治区、直辖市），尤以北方果区发生较重，可为害核桃、梨、苹果、桃、李、杏、樱桃、梅、树莓、杨、柳等多种果树及林木。在辽西地区曾于20世纪60年代初大发生，闾山梨树受害株率达100%，约有上万株梨树叶片被吃光，绥中梨区平均每株有越冬卵块4～6个。目前仅在管理粗放的果园发生较多。

2. 形态特征

成虫：雌雄成虫差异较大。雌虫体长18～20mm，翅展约40mm，全体黄褐色，触角锯齿状，前翅中央有1条赤褐色斜宽带，两边各有1条米黄色细线。雄虫体长约17mm，翅展约32mm，全体黄白色，触角双栉齿状，前翅有2条紫褐色斜线，其间色泽比翅基和翅端部的较淡。

卵：圆柱形，灰白色，高约1.3mm。200～300粒紧密黏结在一起，环绕在小枝上如“顶针”状。

幼虫：低龄幼虫身体和头部均为黑色，四龄以后头部呈蓝黑色。老熟幼虫体长50～60mm，背线黄白色，两侧有橙黄色和黑色相间的条纹，各节背面有黑色毛瘤数个，其上生有许多黄白色长毛，腹面暗灰色。

蛹：较粗大，初期为黄褐色，后期变为黑褐色，体长17～20mm。化蛹于黄白色丝质茧中。

3. 发生规律　黄褐天幕毛虫一年发生1代，以完成胚胎发育的幼虫在卵壳内越冬。翌年核桃树发芽后，幼虫从卵壳里爬出，出壳期比较整齐，大部分集中在3～5d内。出壳后的幼虫先在卵块附近的嫩叶上为害。幼虫共6龄，一至四龄幼虫吐丝结网，白天潜伏网中，夜间出来取食。随着幼虫的长大，网幕逐渐增大，五龄以后的幼虫，逐渐离开网幕，分散为害。被害叶最初呈网状，以后呈现缺刻或只剩叶脉或叶柄。离开网幕的幼虫遇振动即吐丝下坠。六龄幼虫进入暴食阶段，食量剧增，常将叶片吃光。幼虫老熟后多在叶背或树干附近的杂草上结茧化蛹，也有在树皮缝隙、墙角、屋檐下吐丝结茧化蛹者。成虫羽化后即可交尾、产卵。每头雌虫产卵1～2个卵块。成虫昼伏夜出，有趋光性。

我国各地气候条件不同，幼虫出蛰期有所差异。在辽宁西部梨区，幼虫于5月上中旬转移到小枝分杈处吐丝结网，取食叶片；幼虫约于5月底老熟，寻找适当场所化蛹，蛹期12d左右；成虫发生盛期在6月中旬。在吉林省通化地区，当4月中下旬日均气温达到11℃时，幼虫从卵壳中爬出，为害叶片；幼虫为害期45d左右，于6月下旬至7月上旬老熟后在叶间吐丝结茧化蛹，7月中下旬羽化出成虫。在内蒙古包头地区，当4月气温达到12.5℃时，幼虫从卵壳中爬出，气温达20℃时为出壳高峰，幼虫为害期35～46d，蛹期16～27d，成虫期2～5d，9月下旬幼虫在卵壳内孵化。在安徽歙县，幼虫于5月上旬从卵壳中爬出，5月下旬至6月上旬是为害盛期，同期开始陆续老熟后于叶间或杂草丛中结茧化蛹，6月末至7月为成虫发生盛期。

黄褐天幕毛虫的天敌较多，据相关资料记载，在吉林省有22种，其中寄生性天敌昆虫13种，捕食性天敌昆虫5种，鸟类4种。在卵寄生蜂中，大蛾卵跳小蜂［*Gocncyrtus kuwanae*（Howard）］为优势种，寄生率为8.3%，其次是杨扇舟蛾黑卵蜂（*Telenomus clostera* Wu et Chen），寄生率4%，松毛虫黑卵蜂（*Telenomus dendrolimusi* Chu）寄生率为3.5%。在辽宁沈阳和吉林延吉两地发现卵寄生蜂6种：大蛾卵跳小蜂、天幕毛虫黑卵蜂［*Telenomus terbraus*（Ratzeburg）］、毒蛾黑卵蜂（*Telcnomus* sp.）、舞毒蛾卵平腹小蜂［*Anastatus disparis*（Rusch.）］、松毛虫赤眼蜂（*Trichogramma dendrolimi* Matsumura）等。在山东烟台地区，天幕毛虫黑卵蜂对卵的寄生率可达90%。在辽宁盖县，天幕毛虫抱寄蝇（*Baumhaueria goniaeformis* Meigen）对幼虫的寄生率可达93.6%。

4. 防控措施

（1）人工防控　结合核桃修剪，彻底剪除小枝上的卵块，集中烧毁。在幼虫为害初期，幼虫在树上结的网幕显而易见，及时进行捕杀。幼虫分散后也可振树捕杀。

（2）生物防控　主要是保护和利用寄生性天敌和鸟类。

（3）物理防控　在成虫发生期，设置黑光灯或频振式诱虫灯，诱杀黄褐天幕毛虫成虫。

（4）药剂防控　关键是在幼虫出壳后至分散为害前及时喷药，一般果园1次用药即可。效果较好的药剂有：25%灭幼脲悬浮剂1 500～2 000倍液、20%杀铃脲悬浮剂1 500～2 000倍液、24%甲氧虫酰肼悬浮剂2 000～2 500倍液、10%氟苯虫酰胺悬浮剂1 200～1 500倍液、5%氯虫苯甲酰胺悬浮剂1 200～1 500倍液、5%高效氯氟氰菊酯乳油3 000～4 000倍液、4.5%高效氯氰菊酯乳油1 500～2 000倍液、20%甲氰菊酯乳油1 500～2 000倍液等。

（十一）美国白蛾

美国白蛾［*Hyphantria cunea*（Drury）］属鳞翅目灯蛾科，又称美国灯蛾、秋幕毛

虫、秋幕蛾、网幕毛虫。

1. 分布与为害　美国白蛾原产于北美洲，广泛分布于美国北部、加拿大南部和墨西哥，是国内外重要的检疫对象。20 世纪 40 年代末，通过人类活动和运载工具传播到了欧洲和亚洲。1979 年传入我国辽宁省丹东地区，目前在国内分布于吉林、辽宁、河北、北京、天津、山东、陕西、安徽、上海等省（直辖市），在林区造成严重损失。

美国白蛾寄主范围较广，国外报道寄主植物达 300 种以上，国内初步调查也有 100 余种。果树主要有核桃、苹果、梨、杏、李、桃、樱桃、枣、柿、山楂、板栗、葡萄、海棠、草莓、无花果等，树木主要有法国梧桐、榆树、柳树、糖槭、桑树、白蜡、杨树等，农作物及蔬菜主要有玉米、大豆、谷子、茄子、白菜、南瓜、灰菜等。美国白蛾以幼虫蚕食叶片和嫩枝，低龄啮食叶肉残留表皮呈白膜状，日久干枯，稍大后食叶呈缺刻和孔洞，严重时将大片树木食成光杆。

2. 形态特征

成虫：体长 12～17mm，翅展 30～40mm，白色。头胸部白色，胸部常具黑纹。腹部背面白色或黄色，背面和侧面各有 1 列黑点。足基节和腿节橘黄色，胫节和跗节白色，具黑带。后足胫节有端距 2 个。雄虫触角双栉齿状，黑色，前翅上有或多或少的黑色斑点。雌虫触角锯齿状，前翅翅面无斑点。

卵：近球形，直径约 0.6mm，有光泽，初产时淡黄绿色，近孵化时变为灰绿色或灰褐色。常数百粒成块产于叶片背面，单层排列。

老熟幼虫：体长 28～35mm，体色变化较大，有红头型和黑头型之分，我国仅有黑头型。头黑色具光泽，胸、腹部为黄绿色至灰黑色，背部两侧线之间有 1 条灰褐色至灰黑色宽纵带，背中线、气门上线、气门下线为黄色。背部毛瘤黑色，体侧毛瘤为橙黄色，毛瘤上生有白色长毛。

蛹：体长 8～15mm，宽约 4mm，暗红褐色，粗短，头、胸部布满不规则皱纹，后胸和腹部各节除节间沟外密布浅凹刻点。臀棘 8～17 根，每根上有许多小刺。

3. 发生规律　美国白蛾在我国一年发生 2～3 代，由北向南依次增加。在吉林一年发生 2 代，在辽宁、河北发生 2～3 代，在山东、安徽等地发生 3 代。各地均以蛹在枯枝落叶、树皮缝、树洞、表土层、建筑物缝隙及角落等处越冬。翌年春末夏初，当连续 5d 日均气温达到 12℃、相对湿度超过 68%时，成虫开始羽化。成虫雌雄比例为 1∶1.35。成虫羽化后，在无外界干扰时，白天几乎静伏不动，有趋光性，可作短距离飞行，一次飞行距离达 100m。成虫产卵于叶片背面，每个卵块有卵 300～500 粒，每头雌虫最高产卵量可达 2 000 粒。卵块表面覆盖有雌成虫腹部脱落的体毛。越冬代成虫产卵于树冠阳面下层枝叶片上，第一、二代成虫产卵于树冠中上层枝叶上。幼虫孵化后不久即吐丝结网，群集网内取食叶肉，残留表皮。网幕随幼虫龄期增长而扩大，长的可达 1.5m 以上。幼虫在 1 个网幕内将叶片食尽后，成群转移到另一处重新结网。四龄后的幼虫分散为害，不再结网，常将叶片吃光，仅剩叶脉。大龄幼虫食量很大，2～3d 就可将整株叶片吃光。幼虫老熟后下树寻找适宜场所结薄茧化蛹。

各虫态发育历期因气温不同而异，在恒温 25℃、相对湿度 75%、光照周期 L∶D＝16∶8条件下，用杨树叶片饲养的各虫态平均历期为：幼虫期 24.6～25.3d，蛹期 12.3～

19.0d，成虫期3.6～5.8d，卵期8.0～8.5d。各虫态最适发育温度为25～28℃，在此温度下，幼虫发育历期为44～37d。在自然界，雌成虫寿命4～7d，雄虫3～5d，越冬代略长。卵和蛹对高温有一定的耐受性。在35℃条件下，卵孵化率可达90%，蛹羽化率在80%以上。在37℃高温下，仍有80%以上的卵可以孵化。幼虫耐饥力很强，龄期越大，耐饥时间越长。一至二龄幼虫耐饥饿时间为4d，三至四龄为8～9d，五至六龄为9～11d，七龄幼虫最长可达15d。

我国各地气候条件不同，成虫羽化时期也有差异。在吉林双辽市，越冬蛹于5月中下旬开始羽化出成虫；7月下旬出现第一代成虫，7月末至8月初是成虫羽化高峰期；第二代幼虫发生期在8～9月，从9月中旬开始，老熟幼虫陆续化蛹，10月中旬结束，进入越冬状态。在山东省商河县，4月上旬开始出现成虫，4月下旬末至5月上旬为成虫羽化高峰期；第一代幼虫于5月上旬孵化，5月中旬为孵化高峰，5月下旬至6月上旬出现大量幼虫网幕；老熟幼虫于6月中旬开始化蛹，6月中下旬出现第一代成虫；第二代幼虫在6月下旬至7月上旬孵化，7月中下旬为幼虫为害盛期，8月上旬大量幼虫化蛹，同时出现第二代成虫；8月下旬发生第三代幼虫，9月上中旬出现大量网幕，9月下旬至10月上旬是为害最严重时期，从9月下旬开始，幼虫陆续化蛹越冬，一直持续到10月底或11月上旬。在安徽芜湖，4月中旬至5月中旬为越冬代成虫发生期，第一代成虫发生期在7月上旬至8月下旬，第二代成虫发生期在8月下旬至9月下旬。

无论一年发生2代还是3代，越冬代成虫数量一般不大。所以，第一代幼虫发生量相对较少，不易引起重视。从第一代成虫发生期开始，由于天气条件适合该虫发生，造成第二代幼虫数量明显增加，经常将树叶吃光。在一年发生3代的地区，由于对第二代幼虫采取了防治措施，加上自然天敌的控制作用，第三代幼虫发生数量又有减少。

在自然界，美国白蛾有多种天敌，寄生性天敌中以寄生蜂为主，主要种类有：白蛾周氏啮小蜂（*Chouioia cunea* Yang）、白蛾黑棒啮小蜂（*Tetrastichus septentrionalis* Yang）、白蛾黑基啮小蜂（*T. nigricoxae* Yang）、山东白蛾啮小蜂（*T. shandongensis* Yang）、白蛾聚集盘绒茧蜂（*Cotesia gregalis* Yang et Wei）、白蛾孤独长绒茧蜂（*Dolichogenidea ingularis* Yang et You）、白蛾圆腹啮小蜂（*Aprostocetus magniventer* Yang）、舞毒蛾黑瘤姬蜂（*Coccygomimus diparis* Viereck）、稻苞虫黑瘤姬蜂［*C. parnasae*（Viereck）］、白蛾派姬小蜂（*Pediobius elasmi* Ashmead）、中广大腿小蜂（*Brachymeria intermermedia* Nees）等。主要寄生蝇有：日本追寄蝇（*Exorista japonica* Townsend）、康刺腹寄蝇（*Compsilura concinnata* Meigen）、蓝黑栉寄蝇（*Ctenophorocera pavida* Meigen）及条纹追寄蝇（*Exorista fasciata* Falle）等。在捕食性天敌中，卵期的主要天敌有各种草蛉和瓢虫，幼虫期的天敌主要是多种蜘蛛。

这些天敌对美国白蛾的自然控制作用在我国各地有所不同，其中白蛾周氏啮小蜂的寄生率较高，对其应用技术的研究也较多，目前可以进行工厂化生产，用于大范围释放，可有效控制美国白蛾的发生，有望成为我国生物防治美国白蛾的最有效方法。

4. 防控措施

（1）加强检疫　美国白蛾自然传播主要靠成虫飞翔和老熟幼虫爬行。远距离传播主要是附着在苗木、木材、水果及包装物上的幼虫或蛹，通过运输工具进行。为防止扩散蔓延，首先要划定疫区，设立防护带。严禁从疫区调出苗木。一旦从疫区调入苗木，要严格进行检疫，发现美国白蛾要彻底销毁。

（2）人工防控　①捕杀幼虫。在幼虫发生初期，低龄幼虫结网幕为害，极易发现。要经常巡回检查果园和果园周围的林木，发现幼虫网幕要及时剪除，并集中销毁。②挖蛹。虫口密度较大或邻近林木的果园，在越冬代成虫羽化前挖蛹、销毁，是防治美国白蛾的一种有效方法。③诱集幼虫。根据老熟幼虫下树化蛹的习性，在树干上用谷草、稻草或草帘等围成下紧上松的草把，可诱集老熟幼虫在此化蛹，待化蛹结束后解下草把集中销毁，可消灭其中藏匿的幼虫或蛹。或在树下放置砖头瓦块等，诱集老熟幼虫集中化蛹，然后集中消灭。

（3）生物防控　目前应用比较成功的生物防控方法是释放人工饲养的白蛾周氏啮小蜂。方法是：在美国白蛾幼虫发育到六至七龄时，将已经接种白蛾周氏啮小蜂的柞蚕蛹挂到树上，按每个柞蚕蛹出蜂 4 000 头，蜂和害虫的比例为 9∶1 计算悬挂柞蚕蛹的数量。连续释放 2～3 年，即可有效控制美国白蛾的为害。

（4）化学药剂防控　在幼虫发生期，使用 25%灭幼脲悬浮剂 1 500～2 000 倍液或 24%甲氧虫酰肼悬浮剂 2 000～2 500 倍液、20 亿 PIB/ml 的棉铃虫核型多角体病毒悬浮剂 300～500 倍液及时喷药，杀灭幼虫效果很好，且对捕食性和寄生性天敌安全。也可结合其他害虫防治，喷施 1.8%阿维菌素乳油 2 000～3 000 倍液或 2%甲氨基阿维菌素苯甲酸盐乳油 4 000～5 000 倍液、5%虱螨脲悬浮剂 1 500～2 000 倍液、5%高效氯氟氰菊酯乳油 3 000～4 000 倍液、4.5%高效氯氰菊酯乳油 1 500～2 000 倍液等杀虫剂。喷药防治的最佳时期应在幼虫分散为害前，特别是在幼虫结网初期，既省工省药，又对环境污染较少。

（十二）黄刺蛾

黄刺蛾［*Cnidocampa flavescens*（Walker）］属鳞翅目刺蛾科，幼虫俗称洋刺子。

1. 分布与为害　黄刺蛾在全国各果树产区几乎都有分布，国外分布于日本和朝鲜等。寄主范围很广，果树中有核桃、苹果、梨、桃、李、杏、樱桃、梅、杨梅、枣、山楂、柿、板栗、石榴、醋栗、柑橘、芒果、榅桲、枇杷等，林木受害较重的有杨、柳、榆、法国梧桐等。该虫虽是为害果树的一种常见害虫，但在正常管理果园一般不会造成危害；而在管理粗放或弃管果园，幼虫能将叶片吃光，造成果树二次开花，严重影响树势。幼虫身体上的枝刺含有毒物质，触及人体皮肤时，会发生红肿，疼痛难忍。

2. 形态特征

成虫：雌成虫体长 15～17mm，翅展 35～39mm。雄成虫体长 13～15mm，翅展 30～32mm。体粗壮，鳞毛较厚。头、胸部黄色，复眼黑色。触角丝状，灰褐色。下唇须暗褐色，向上弯曲。前翅自顶角分别向后缘基部 1/3 处和臀角附近分出两条棕褐色细线，内横线以内至翅基部黄色，并有 2 个深褐色斑点；中室以外及外横线黄褐色。后翅淡黄褐色，边缘色较深。

卵：扁椭圆形，长约 1.5mm，表面具线纹。初产时黄白色，后变为黑褐色。常数十粒排列成不规则块状。

幼虫：初孵幼虫黄白色，背线青色，背上可见枝刺 2 行；二至三龄幼虫背线青色逐渐明显；四至五龄幼虫背线呈蓝白色至蓝绿色。老熟幼虫体长约 25mm。头小，黄褐色，隐于前胸下。胸部肥大，黄绿色。身体略呈长方形，体背面自前至后有一个前后宽、中间窄的大型紫褐色斑块。各体节有4个枝刺，以腹部第一节的最大，依次为第七节、胸部第三节、腹部第八节，腹部第二至第六节的刺最小。胸足极小，腹足退化，呈吸盘状。

蛹：椭圆形，粗而短，两复眼间有1个突起，表面有小刺。体长13～15mm，黄褐色，其上疏有黑色毛刺，包被在坚硬的茧内。茧灰白色，石灰质，坚硬，表面光滑，有几条长短不等或宽或窄的褐色纵纹，外形极似鸟蛋。

3. 发生规律 黄刺蛾在东北和华北地区一年发生1代，在山东、河南发生1～2代，在安徽、江苏、上海、四川等地发生2代，均以老熟幼虫在树干或枝条上结茧越冬，翌年春末夏初化蛹并羽化出成虫。成虫羽化后不久即可交尾，飞翔力不强，白天多静伏在枝条或叶背面，夜间活动，有趋光性。交尾后的成虫很快产卵，卵多产于叶背，排列成块，偶有单产。每头雌虫产卵几十粒至上百粒，卵期平均7d。交尾后的雌虫寿命3～4d，未经交尾的雌虫寿命5～8d。初孵幼虫有群集性，多聚集在叶背啃食下表皮和叶肉，留下上表皮，叶片呈网状。幼虫稍大后逐渐分散取食，将叶片吃成孔洞或缺刻。幼虫共7龄。一至二龄幼虫发育较慢，三龄后生长速度加快，五龄后的幼虫食量大增，常将叶片吃光，仅剩叶柄和主脉。老熟幼虫喜欢在枝杈或小枝上结茧，先用其上颚啃咬树皮，深达木质部，然后吐丝并排泄草酸钙等物质，形成坚硬的蛋壳状硬质茧。一般情况下一处1茧，虫口密度大时，一处结茧2个以上。一年发生1代时，老熟幼虫结茧进入滞育期，滞育时间长达280～300d。一年发生2代时，老熟幼虫结茧化蛹，继而发生第一代成虫。第二代幼虫继续为害至秋季，老熟后结茧，以预蛹越冬。

在一年发生2代的地区，越冬幼虫于4月中下旬化蛹，5月下旬出现成虫，成虫发生盛期在6月上中旬；成虫从6月上旬开始产卵，第一代幼虫发生期在6月中旬至8月上旬；从7月上旬开始，老熟幼虫陆续化蛹，7月中下旬始见第一代成虫；成虫于8月上旬产卵，卵期平均4.5d。第二代幼虫在8月中下旬为害最重，9月下旬陆续老熟，寻找适合场所结茧越冬。在一年发生1代的地区，越冬幼虫于6月上中旬开始化蛹，6月中旬至7月中旬为成虫发生期，幼虫发生期在7月中旬至8月下旬，8月下旬以后幼虫开始结茧，进入滞育状态，直至越冬。在湖南衡阳地区，越冬幼虫于翌年4月中旬开始化蛹，4月下旬至5月上旬为化蛹盛期，5月中旬开始羽化成虫，5月下旬至6月下旬为幼虫发生期；从7月上旬开始，幼虫陆续老熟做茧，至翌年4月中旬为幼虫滞育期；幼虫取食为害期仅1个月左右，在茧中滞育时间长达280d以上。

黄刺蛾的天敌较多，已有报道的寄生性天敌主要有上海青蜂（*Chrysis shanghalensis* Smith）、刺蛾广肩小蜂（*Eurytoma monemae* Ruschka）、健壮刺蛾寄蝇（*Chaetexorista eutachinoides* Baronoff）、朝鲜紫姬蜂（*Chlorocryptus coreanus* Siepligeli）等。其中上海青蜂发生范围广，寄生率高，能有效控制其为害。

4. 防控措施

（1）人工防控 结合果树冬剪，彻底清除越冬虫茧。在发生量大的果园，还应注意清除周围防护林上的虫茧。夏季结合果树管理，人工捕杀幼虫。

（2）生物防控 主要是保护和利用自然天敌。在冬季或初春，人工剪除越冬虫茧后，集中放在纱笼内，网眼大小以黄刺蛾成虫不能钻出为宜。将纱笼保存在树荫处，待上海青蜂羽化时，将沙龙挂在果园内，使羽化的上海青蜂顺利飞出，寻找寄主。连续释放几年，可基本控制黄刺蛾的为害。

(3) 化学药剂防控　药剂防控的关键是在幼虫发生初期及时喷药，一般每代幼虫喷药1次即可有效控制黄刺蛾的发生为害。常用有效药剂有：25%灭幼脲悬浮剂1 500～2 000倍液、20%虫酰肼悬浮剂1 500～2 000倍液、24%甲氧虫酰肼悬浮剂2 000～2 500倍液、5%虱螨脲悬浮剂1 500～2 000倍液、20%氟苯虫酰胺水分散粒剂3 000～4 000倍液、200g/L氯虫苯甲酰胺悬浮剂5 000～6 000倍液、20亿PIB/ml棉铃虫核型多角体病毒悬浮剂300～500倍液、1.8%阿维菌素乳油2 500～3 000倍液、2%甲氨基阿维菌素苯甲酸盐乳油4 000～5 000倍液、25g/L高效氯氟氰菊酯乳油1 500～2 000倍液、4.5%高效氯氰菊酯乳油1 500～2 000倍液等。幼虫对药剂比较敏感，只要防治及时，一般不会造成危害。

(十三) 褐边绿刺蛾

褐边绿刺蛾［*Latoia consosia* (Walker)］属鳞翅目刺蛾科，又称绿刺蛾、青刺蛾等，幼虫俗称洋刺子。

1. 分布与为害　褐边绿刺蛾在我国除内蒙古、宁夏、甘肃、青海、新疆和西藏尚无记录外，其他各省（自治区、直辖市）几乎都有分布。其寄主范围很广，果树上主要有核桃、苹果、梨、桃、李、杏、樱桃、梅、枣、山楂、柿、板栗、石榴、柑橘等，林木上主要有杨、柳、榆、枫、梧桐、白蜡、刺槐等。该虫是为害果树的一种常见害虫，在管理粗放的果园经常造成危害。

2. 形态特征

成虫：体长15～16mm，翅展约36mm。头和胸部绿色，复眼黑色。触角褐色，雌虫为丝状，雄虫基部2/3为短羽毛状。胸部背面中央有1条红褐色背线。前翅大部分为绿色，基部红褐色，外缘黄褐色，其上散布暗紫色鳞片，内缘线和翅脉暗紫色，外缘线暗褐色，呈弧状。后翅和腹部灰黄色。

卵：椭圆形，扁平，初产时乳白色，渐变为黄绿色至淡黄色。数十粒排列呈块状。

老熟幼虫：体长22～25mm，略呈长方形，圆筒状。初孵化时黄色，长大后变为绿色。头黄色，很小，常缩在前胸内。前胸盾上有2个横列黑斑。腹部背线蓝色，两侧有浓蓝色浅线。胴部第二至末节各有4个毛瘤，其上生1丛刚毛。第四节背面的毛瘤上各有3～6根红色刺毛，腹部末端的毛瘤上生有蓝黑色刚毛丛。腹面浅绿色。胸足小，无腹足，腹部第一至第七节腹面中部各有1个扁圆形的吸盘。

蛹：椭圆形，肥大，长约15mm，淡黄色至黄褐色，包被在坚硬的茧内。茧椭圆形，棕色或暗褐色，长约16mm，似羊粪粒状。

3. 发生规律　褐边绿刺蛾在东北和华北地区一年发生1代，在河南和长江下游地区发生2代，在江西发生2～3代，各地均以幼虫在树干基部周围的浅土层中结茧越冬，多集中在根颈周围2～5cm深土层中，少数茧零星散布于树干下部，且阴面较多。第二年春末夏初，越冬幼虫化蛹并羽化出成虫。成虫昼伏夜出，有趋光性，产卵于叶背近主脉处，每头雌虫可产卵150粒左右。卵粒排列呈鱼鳞状卵块。幼虫7～8龄。初孵幼虫先吃掉卵壳，第一次蜕皮后先吃掉蜕下的皮，然后取食下表皮和叶肉，残留上表皮，叶片呈网状。三龄前幼虫有群集性，四龄以后逐渐分散为害，六龄以后食量增大，常将叶片吃光，仅剩主脉和叶柄，并能迁移到邻近的树上为害。

在一年发生1代的地区，越冬幼虫于5月中下旬开始化蛹，6月上中旬羽化出成虫。卵期7d左右。幼虫在6月中下旬开始孵化，8月为害最重，8月下旬至9月下旬幼虫陆续老熟入土结茧越冬。在一年发生2代的地区，越冬幼虫于4月下旬至5月上中旬化蛹，成虫发生期在5月下旬至6月上中旬，卵发生期在6月至7月上旬；第一代幼虫发生期在6～7月，老熟幼虫于7月中旬以后陆续结茧化蛹；第二代成虫发生期在8月上中旬，幼虫孵化期在8月中旬至9月上旬，幼虫发生期一直到10月上旬，幼虫老熟后陆续结茧越冬。

褐边绿刺蛾的主要寄生性天敌是上海青蜂，在自然界对种群的控制作用明显，应注意保护和利用。

4. 防控措施

（1）人工防控　幼虫发生量大的果园，早春在树干周围的土中挖茧，以消灭越冬幼虫。夏季结合果树管理，在幼虫分散为害前及时进行人工捕杀。

（2）化学药剂防控　药剂防控的关键是在幼虫孵化初期至分散为害前及时喷药，每代喷药1次即可。常用有效药剂同黄刺蛾防控部分。

（十四）核桃扁叶甲

核桃扁叶甲（*Gastrolina depressa* Baly）属鞘翅目叶甲科，又称核桃叶甲、金花虫。核桃扁叶甲曾被分为3个亚种：指名亚种 *G. depressa depressa* Baly、淡足亚种 *G. depressa pallipes* Chen 和黑胸亚种 *G. depressa thoracica* Baly。2003年葛斯琴等人采用比较形态学手段，结合生物学和生物地理学方面的资料，对核桃扁叶甲3个亚种的分类地位进行了深入研究，修订3个亚种均提升为种，即核桃扁叶甲（*G. depressa* Baly）、黑胸扁叶甲（*G. thoracica* Baly）和淡足扁叶甲（*G. pallipes* Chen）。

1. 分布与为害　核桃扁叶甲分布范围很广，在我国主要分布于甘肃、江苏、湖北、湖南、广西、四川、贵州、陕西、河南、浙江、福建、广东、黑龙江、吉林、辽宁、河北等地。其寄主为胡桃属植物，主要有核桃、核桃楸和枫杨。成虫、幼虫均在叶面为害，严重时咬食叶片呈网状，大发生时，影响树木生长和结实量。

2. 形态特征

成虫：体长5～7mm。体型长方，背面扁平。头、鞘翅蓝黑色，前胸背板淡棕黄色，触角、足、中后胸腹板黑色，腹部暗棕色。头小，中央凹陷，刻点粗密，触角短，端部粗，节长约与端宽相等。前胸背板宽约为中长的2.5倍，基部明显较鞘翅为狭，侧缘基部直，中部之前略弧弯，盘区两侧高峰点粗密，中部明显细弱。鞘翅每侧有3条纵肋，各足跗节与爪节基部腹面呈齿状突出。雌虫卵期腹部膨大，突出于翅鞘之外。

卵：长椭圆形，顶端稍尖，平均长1.0mm，宽0.5mm。初孵卵米黄色，后变为灰黑色。卵产在叶背面，呈块状。

幼虫：共3龄，初孵幼虫淡黄色，后变为黑色。老熟幼虫体长8～10mm，污白色，头和足黑色，胴部具暗斑和瘤起。

蛹：离蛹，平均体长5.9mm，宽3.0mm，浅灰黑色。

3. 发生规律　核桃扁叶甲在江苏、安徽和山东一年发生2代，在辽宁一年发生1代，各地均以成虫在枯枝落叶层、树皮缝内越冬。在辽宁，越冬成虫于翌年 4 月上旬核桃开始发芽时出蛰活动。出蛰成虫大多集中在树干基部，以多年大树发生严重。成虫经取食补充营养后，于 4 月中旬开始交尾产卵，4 月下旬至 5 月上旬为交尾产卵盛期。卵期 4～5d，4 月底出现第一代幼虫潜叶为害，5 月为幼虫和越冬成虫为害高峰期。幼虫期 7～10d，5 月上旬幼虫开始化蛹，5 月中下旬为化蛹盛期。蛹经 3～5d 即可羽化，6 月上旬羽化出第一代成虫。6 月中旬遇高温，成虫开始越夏。7 月底第一代成虫重新上树为害，补充营养后交尾产卵，8 月中旬为产卵盛期，8 月中下旬为幼虫为害高峰期，9 月中下旬树上全是成虫，形成又一次成虫为害高峰期。9 月底成虫开始下树越冬。

越冬成虫开始活动后，以刚萌出的核桃楸叶片补充营养，并进行交尾产卵。雌雄成虫有多次交尾和产卵习性。每雌产卵量为 90～120 粒，最高达 167 粒。卵呈块状，多产于叶背，有的产在枝条上。新羽化成虫多于早晚活动取食，活动一段时间后于 6 月下旬开始越夏，至 8 月下旬再上树取食。成虫不善飞翔，有假死性，无趋光性。成虫寿命年均 320～350d。雌雄性比近 1∶1。

初孵幼虫有群集性，食量较小，仅食叶肉。幼虫进入三龄后食量大增并开始分散为害，此时不仅取食叶肉，当食料缺乏时也取食叶脉、甚至叶柄。残存叶脉、叶柄逐渐变黑色、枯死。幼虫老熟后多群集于叶背呈悬蛹状化蛹。

吴次彬等（1988）报道，核桃扁叶甲的天敌有：肿腿小蜂科（Cleonymidae）的一种寄生蜂、猎蝽科（Reduviidae）的一种猎蝽、奇变瓢虫［*Aiolocaria mirabilis*（Motsch)］、异色瓢虫［*Lexis axyridis*（Dallas)］及十五星裸瓢虫［*Calvia quinquedecimgutlata*（Fabricius)］等。在调查的 155 个蛹群 2 578 个蛹中，被瓢虫幼虫咬食的有 390 个，占 15.4%；另调查的 108 个蛹群 4 722 个蛹中，被肿腿小蜂寄生的有 104 个蛹，占 2.2%，1 个蛹内有寄生蜂幼虫 1～8 个不等，平均 3 个。瓢虫幼虫和成虫均可捕食该虫的卵、幼虫和蛹。据饲养观察，1 头瓢虫幼虫 1d 可捕食蛹 1～2 个、卵 70～100 余粒。Chang 等（1993）研究报道，龟纹瓢虫的一至四龄幼虫均可捕食核桃扁叶甲的幼虫，并且随着龄期增长，捕食能力逐渐增强。核桃扁叶甲的天敌还有益蝽［*Picromerus lewisi*（Scott)］、蠋蝽（*Arma chinensis*）等。王维翊等（1998）通过调查发现，跳小蜂（种名未知）寄生该叶甲的卵，1984 年和 1985 年调查寄生率分别达 24.3%和 27.6%，有很大的利用价值，并认为保护利用这些捕食性和寄生性天敌，尤其引入一些六斑异瓢虫（*Aiolocania nexasgilota*）释放于灾情重的林区，可抑制核桃扁叶甲的发生为害。

4. 防控措施

（1）人工防控　发芽前刮除树干老翘皮，彻底清除树下落叶，消灭越冬成虫。春季成虫出蛰上树时，振树捕杀落地成虫。

（2）化学药剂防控　从害虫发生为害初期开始喷药，每高峰期内喷药 1～2 次，间隔 7～10d。效果较好的药剂有：5%高效氯氟氰菊酯乳油 3 000～4 000 倍液、4.5%高效氯氰菊酯乳油 1 500～2 000 倍液、2.5%溴氰菊酯乳油 1 500～2 000 倍液、20%氰戊菊酯乳油 1 500～2 000 倍液。

（十五）日本扁足叶蜂

日本扁足叶蜂（*Croesus japonicus* Takeuchi）属膜翅目扁叶蜂科。

1. 分布与为害 日本扁足叶蜂在国外分布于日本、朝鲜等国，20 世纪 90 年代在我国山东省（泰安、长清、历城、新泰）等地开始发生，2007 年传入河北省平山县，2012 年和 2013 年在河北顺平县核桃树上发现该虫。其主要寄主植物为核桃和枫杨，以幼虫蚕食叶片，大发生时几乎将树体叶片全部吃光，直接影响核桃的产量和树木正常生长。2007 年在河北省平山县的营里、孟家庄、苏家庄、杨家桥等乡镇的核桃林区严重暴发，1 株三至五年生的核桃幼树有虫 30～50 头，虫株率达 95%以上。

2. 形态特征

成虫：体长 7mm 左右，黑色，有光泽；翅透明，翅脉与翅痣褐色；前足腿节赤褐色，胫节基半部白色，跗节淡褐色；后足基节、转节白色，腿节褐色，基跗节黑色；胫节前端及基跗节膨大。

卵：长椭圆形，白色。

幼虫：老熟幼虫体长 15mm 左右，头部黑色，有光泽，胸部及腹部黄色，气门上线至背中线间有 1 条蓝黑色光亮的宽纵带。

蛹：黄褐色，裸蛹。茧椭圆形，褐色。

3. 发生规律 日本扁足叶蜂在山东泰山海拔 700m 以上的药乡林场一年发生 2 代，以老熟幼虫在树干基部土中做茧变成预蛹越冬。翌年 5 月上中旬出现越冬代成虫。5 月下旬至 6 月初发生第一代幼虫，6 月下旬出现第一代成虫；7 月上旬至 8 月上旬发生第二代幼虫，为害到 9～10 月后陆续老熟入土做茧越冬。成虫在叶缘表皮下产卵，单粒散产。幼虫孵化后常数头群集叶缘，尾部翘起，排列整齐，形似叶缘镶边。老熟幼虫入土结茧化蛹，深度一般 9～13cm，蛹期 13～18d。

4. 防控措施

（1）人工防控 利用幼虫群集叶上为害取食的习性，人工摘除虫叶，集中销毁。利用三龄后幼虫的假死性，在树下铺塑料薄膜，用力振动树体，将振落的幼虫集中处理。

（2）化学药剂防控 该虫发生严重年份，在幼虫发生期及时喷施化学药剂，一般每代喷药 1 次即可。效果较好的药剂同核桃扁叶甲防治部分。

（十六）黑绒鳃金龟

黑绒鳃金龟（*Maladera orientalis* Motschulsky）属于鞘翅目鳃金龟科，又称黑绒金龟子、天鹅绒金龟子、东方金龟子。

1. 分布与为害 黑绒鳃金龟广泛分布于我国大部分地区。该虫食性很杂，可食害 149 种植物，成虫喜食杨、柳、榆、刺槐、苹果、梨、核桃、桑、杏、枣、梅、向日葵、甜菜等植物。黑绒鳃金龟幼虫一般危害性不强，仅在土内取食一些植物的根。成虫主要食害寄主的嫩芽、新叶及花朵，尤其嗜食幼嫩的芽叶，且常群集暴食，所以幼树受害更为严重，严重时常将叶、芽食光，尤其对刚定植的核桃树苗和幼树威胁很大。

2. 形态特征

成虫：体长 7～8mm，宽 4.5～5.0mm，卵圆形，体黑至黑紫色，密被天鹅绒状灰黑色短绒毛。鞘翅具 9 条隆起的线，外缘具稀疏刺毛。前足胫节外缘具 2 齿，后足胫节端部两侧各具 1 刺。

卵：初产时卵圆形乳白色，后膨大呈球状。

幼虫：老熟幼虫体长 14～16mm，体乳白色，头部黄褐色，肛腹片上有约 28 根锥状刺，横向排列呈单行弧状弯。

蛹：长约 8mm，裸蛹，黄褐色。

3. 发生规律　黑绒鳃金龟一年发生 1 代，主要以成虫在 20～40cm 深的土中越冬。翌年 3 月下旬至 4 月上旬开始出土，4 月中旬为出土盛期，5 月中下旬为交尾盛期，6 月上旬为产卵盛期，雌虫在 15～20cm 深的土壤中产卵，卵散产或 5～10 粒集于一处，每头雌虫产卵 30～100 粒。6 月中旬孵化出幼虫，幼虫 3 龄共需 80d 左右。幼虫在土中取食腐殖质及植物嫩根，危害不大，至 8 月初老熟幼虫在 30～45cm 深土层中化蛹，蛹期 10～12d，9 月上旬成虫羽化后在原处越冬。

成虫有假死性和趋光性，多在黄昏出土活动，白天在土缝中潜伏。成虫取食时，如受到惊动，紧缩体躯及附肢，坠地假死呈黑豆状，数秒或数分钟后恢复活动。根据观察，黑绒鳃金龟在一天中以 15～16 时开始出土，17～20 时为高峰期，20 时以后又逐渐入土潜伏，遇到刮风或雨天则不出土活动。成虫出土活动时间与温度有关，早春温度低时活动能力差且多在正午前后取食为害，很少飞行，早晚均潜伏土中。5、6 月间，成虫则白天潜伏，黄昏后开始出土活动、为害，并可远距离迁飞。具有群集为害果树、林木嫩梢及顶芽的习性，并交尾产卵。成虫为害期可达 3 月余。

黑绒鳃金龟卵、幼虫和成虫的存活率与土壤含水量有关，土壤含水量过高或过低均会使存活率下降，因此不同地势、地形的田块该虫发生量不同。黑绒鳃金龟的发生与土壤理化性状有密切关系，土壤松散、沙粒较多、黏粒较少、有机质含量较低的沙壤土环境适宜该虫发生，因此新开垦区和山丘地区发生较普遍。

4. 防控措施

（1）人工防控　①套袋防啃食。新栽植核桃树，定干后套袋，防止金龟子啃食嫩芽。以直径 5～10cm、长 50～60cm 的塑料袋为宜。塑料袋的顶端封闭后套于整形带处，下部扎严，袋上扎 5～10 个直径 2～3mm 的小孔，便于通气。待成虫盛发期过后及时取下塑料袋。②振树捕杀成虫。利用金龟子成虫的假死性，在成虫发生为害期，选择温暖无风的傍晚 18～20 时，在树下铺设塑料薄膜，然后人工振动树体，将金龟子振落进行捕杀。

（2）药剂防控　①土壤用药防控。利用成虫下树入土的习性，在成虫发生期内地面施用农药，然后浅锄土壤表层，杀虫效果很好。既可使用 50%辛硫磷乳油或 45%毒死蜱乳油 500 倍液喷洒树盘，也可每 667m^2 使用 5%辛硫磷颗粒剂 5kg 或 5%毒死蜱颗粒剂 2kg 与细干土或河沙按 1∶1 比例拌匀后均匀撒施。②树上喷药防控。成虫发生量大时，及时树上喷药。有效药剂如：5%高效氯氟氰菊酯乳油 3 000～4 000 倍液、4.5%高效氯氰菊酯乳油1 500～2 000 倍液及 50%马拉硫磷乳油 1 000～1 500 倍液等。

（十七）铜绿丽金龟

铜绿丽金龟（*Anomala corpulenta* Motschulsky）属鞘翅目丽金龟科，别名铜绿金龟子、青金龟子。

1. 分布与为害　铜绿丽金龟在我国的黑龙江、吉林、辽宁、河北、内蒙古、宁夏、陕西、山西、山东、河南、湖北、湖南、安徽、江苏、浙江、江西、四川、广西、贵州、广东等地普遍发生。寄主范围很广，主要为害核桃、苹果、山楂、海棠、梨、杏、桃、李、梅、柿、草莓、板栗、栎、杨、柳、榆等多种植物，以苹果属果树受害最重。成虫取食叶片，常造成大片幼龄果树叶片残缺不全，甚至全树叶片被吃光。幼虫生活在土中，为害植物地下部分，是一种重要地下害虫。

2. 形态特征

成虫：体长19～21mm，触角黄褐色，鳃叶状，前胸背板及鞘翅铜绿色，具闪光，上有细密刻点。额及前胸背板两侧边缘黄色，虫体的腹面及足均为黄褐色。

卵：椭圆形，乳白色。

幼虫：老熟幼虫体长约40mm，头黄褐色，胴部乳白色。腹部末节腹面除钩状毛外，尚有排成2纵列的刺状毛，14～15对。

蛹：长约20mm，黄褐色，裸蛹。

3. 发生规律　铜绿丽金龟一年发生1代，以三龄幼虫在地下越冬。第二年春季，土壤解冻后，随气温回升越冬幼虫开始向上移动，5月中旬前后继续为害一段时间，取食农作物和杂草的根部，老熟后做土室化蛹。6月初成虫开始出土，6月至7月上旬为出土为害盛期，为害期约40d。成虫昼伏夜出，多在傍晚18～19时飞出进行交配，20时以后开始取食为害树叶，直至凌晨3～4时后飞离果树重新回到土中潜伏。成虫喜欢栖息在疏松、潮湿的土壤中，潜入深度为7cm左右。成虫有较强的趋光性，以20～22时灯光诱集数量最多。成虫也有较强的假死性。成虫活动最适温度为25℃，相对湿度70%～80%，夜晚闷热无雨活动最盛。成虫6月中旬开始在果树下的土壤内产卵或在大豆、花生、甘薯、苜蓿等地里产卵，每次产卵20～30粒。7月间出现新一代幼虫，取食为害寄主植物根部，10月中旬幼虫在土中开始下潜越冬。

4. 防控措施

（1）人工防控　利用成虫的假死性，在傍晚成虫开始活动时振动树枝，捕杀成虫。

（2）灯光诱杀　利用成虫的趋光性，设置黑光灯或频振式诱虫灯诱杀成虫。

（3）适当药剂防控　成虫发生量大时，及时树下地表施药或树上喷药。具体方法及有效药剂同黑绒鳃金龟防治部分。

（十八）大灰象甲

大灰象甲（*Sympiezomias velatus* Chevrolat）属鞘翅目象甲科，又称大灰象鼻虫。

1. 分布与为害　大灰象甲在我国许多省份均有发生，寄主范围比较广泛，可为害核桃、苹果、梨、枣、柑橘、板栗、棉花、烟草、玉米、花生、马铃薯、辣椒、甜菜、瓜类、豆类等多种植物。在核桃树上成虫主要取食嫩芽和幼叶，轻者把叶片食成缺刻或孔洞，重者将芽、叶及嫩梢吃光，导致二次萌芽，对树势影响很大，特别是对核桃苗木和幼龄核桃树为害较重。幼虫先将叶片卷合并在卷中取食，为害一段时间后入土食害根部。

2. 形态特征

成虫：体长9～12mm，灰黄或灰黑色，密被灰白色鳞片。头部和喙密被金黄色发光鳞片，触角索节7节，长大于宽，复眼大而凸出，前胸两侧略凸，中沟细，中纹明显。鞘翅近卵圆形，具褐色云斑，每鞘翅上各有10条纵沟。后翅退化。头管粗短，背面有3条纵沟。

卵：长约 1.2mm，长椭圆形，初产时乳白色，后渐变为黄褐色。

幼虫：体长约 17mm，乳白色，肥胖，弯曲，各节背面有许多横皱。

蛹：长约 10mm，初乳白色，后变为灰黄色至暗灰色。

3. 发生规律　大灰象甲在东北和西北地区两年发生 1 代，第一年以幼虫越冬，第二年以成虫越冬。越冬成虫翌年 4 月中下旬开始出土活动，先取食杂草，待核桃发芽后，陆续转移到树上取食新芽、嫩叶。白天多栖息于土缝或叶背，清晨、傍晚和夜间活跃。5 月下旬开始产卵，成块产于叶片，6 月下旬陆续孵化。幼虫期生活于土内，取食腐殖质和须根，对树体危害不大。随温度下降，幼虫下移，9 月下旬达 60～80cm 深处，筑土室越冬。翌春越冬幼虫上升至表土层继续取食，6 月下旬开始化蛹，7 月中旬羽化为成虫，在原处越冬。

华北地区大灰象甲一年发生 1 代，以成虫在土中越冬。翌年 4 月开始出土活动，先后取食杂草、果树和苗木的嫩芽及新叶。成虫 6 月陆续在折叶内产卵，卵期 7d，幼虫孵化后入土生活，至晚秋幼虫老熟后在土中化蛹，羽化后成虫不出土即开始越冬。

成虫不能飞翔，主要靠爬行转移，动作迟缓，有假死性。白天静伏，傍晚及清晨取食活动。成虫寿命较长，可多次交尾，卵通常产在叶片上，产卵前先用足将叶片从两侧折合，然后将产卵管插入合缝中产卵，每产 1 粒卵少许移动，再产下粒卵，同时分泌黏液，将叶片粘合在一起，卵块状，每块 30～50 粒，产卵期长达 19～86d。每雌产卵 374～1 172粒。

4. 防控措施

（1）人工防控　在成虫发生期内，利用其假死性及行动迟缓不能飞翔等特点，在 9 时前或 16 时后进行人工振树捕杀，振树前先在树下铺设塑料薄膜，然后将成虫集中消灭。

（2）适当药剂防控　大灰象甲发生为害较重的果园，在成虫出土期进行树盘表层土壤用药，成虫上树为害期也可树上适当喷药。具体用药方法及有效药剂同黑绒鳃金龟防控部分。

（十九）核桃黑斑蚜

核桃黑斑蚜［*Chromaphis juglandicola*（Kaltenbach）］属同翅目斑蚜科，是核桃树上的主要害虫之一。

1. 分布与为害　核桃黑斑蚜国外分布于中亚、中东、非洲、丹麦、瑞典、西班牙、英国、德国、波兰及北美。我国自 1986 年报道以来，先后在辽宁、山西、新疆及北京等地发现该害虫。该蚜虫只为害核桃，无中间寄主，属单食性蚜虫。核桃黑斑蚜以成蚜、若蚜在核桃叶背及幼果上刺吸为害，发生严重时核桃叶片很快失绿焦枯，果仁干缩，出油率降低。山西省核桃产区普遍发生，有蚜株率高达 90%，有虫复叶占 80%。1990—1997 年在新疆温宿县曾经 4 次大发生，导致叶片大量焦枯。

2. 形态特征

干母：一龄若蚜体长椭圆形，胸部和腹部第一至第七节背面每节有4 个灰黑色椭圆形斑，第八腹节背面中央有一较大横斑；三、四龄若蚜灰黑色斑消失；腹管环形。

有翅孤雌蚜：成蚜体长 1.7～2.1mm，体淡黄色，尾片近圆形。三、四龄若蚜在春秋季腹部背面每节各有 1 对灰黑色斑，夏季蚜虫多无此斑；腹管环形。

性蚜：雌成蚜体长 1.6～1.8mm，无翅，淡黄绿至橘红色；头和前胸背面有淡褐色斑纹，中胸有黑褐色大斑；腹部第三至第五节背面有一黑褐色大斑。雄性成蚜体长 1.6～1.7mm，头胸部灰黑色，腹部淡黄色，第四、五腹节背面各有 1 对椭圆形灰黑色横斑，腹管短截锥形，尾片上有毛 7～12 根。

卵：长约 0.5mm，长卵圆形，初产时黄绿色，后变黑色，光亮，卵壳表面有网纹。

3. 发生规律　在山西每年发生 15 代左右，以卵在枝杈、叶痕等处的树皮缝中越冬。翌年 4 月中旬为越冬卵孵化盛期，若蚜在卵壳停留约 1h，然后开始寻找膨大的芽或叶片刺吸取食。4 月底 5 月初干母若蚜发育为成蚜，孤雌卵胎生产生有翅孤雌蚜。该蚜一年有 2 个为害高峰，分别在 6 月和 8 月中下旬至 9 月初。成蚜较活泼，可飞散至邻近树上。成蚜、若蚜均在叶背及幼果上为害。8 月下旬至 9 月初开始产生性蚜，9 月中旬性蚜大量产生，雌蚜数量是雄蚜的 2.7～21 倍。交配后，雌蚜爬向枝条，选择合适部位产卵，以卵越冬。

4. 防控措施

（1）保护和利用天敌　核桃黑斑蚜的天敌主要有七星瓢虫、异色瓢虫、大草蛉等，注意保护利用。

（2）及时药剂防控　关键为喷药时间。一般在蚜虫为害高峰前或嫩梢复叶蚜量达 50 头以上时开始喷药，10d 左右 1 次，连喷 2 次。效果较好的药剂有：70%吡虫啉水分散粒剂 8 000～10 000 倍液、350g/L 吡虫啉悬浮剂 4 000～5 000 倍液、10%吡虫啉可湿性粉剂 1 200～1 500 倍液、20%啶虫脒可溶性粉剂 7 000～8 000 倍液、5%啶虫脒乳油 1 500～2 000 倍液、10%烯啶虫胺水剂 4 000～5 000 倍液、25%吡蚜酮可湿性粉剂 1 500～2 000 倍液、10%氯噻啉可湿性粉剂 4 000～5 000 倍液、5%高效氯氟氰菊酯乳油 3 000～4 000 倍液、4.5%高效氯氰菊酯乳油 1 500～2 000 倍液等。

（二十）山核桃刻蚜

山核桃刻蚜（*Kurisakia sinocaryae* Zhang）属同翅目蚜科。

1. 分布与为害　山核桃刻蚜在我国分布于浙江、安徽山核桃产区，该虫食性单一，是为害山核桃的重要害虫，常导致山核桃雄花序、雌花芽脱落，叶芽、嫩枝萎缩，树势衰弱，甚至整株死亡，严重影响山核桃产量。

2. 形态特征

干母：体赭色，体长 2～2.5mm，宽 1.5mm，身体背面多皱纹，具肉瘤。口针细长，伸达腹末。触角短，4 节，足短，缩于腹下。无翅，无腹管。初孵若蚜黄色，取食后变暗绿色。

干雌：体长 2mm 左右，体扁，椭圆形。腹背面有绿色斑带 2 条和不甚明显的瘤状腹管。触角 5 节，复眼红色，无翅。

性母：体长 2mm 左右。成虫为有翅蚜，前翅为体长 2 倍，平覆于体背，翅前缘有一黑色翅痣。触角 5 节，腹背有 2 条绿色带及瘤状腹管。若蚜与干雌相似，唯触角端节一侧有一凹刻。

性蚜：无翅、无腹管。触角 4 节，端节一侧有 1 凹刻。雌蚜体长 0.6～0.7mm，黄绿色带黑，头前端中央微凹，尾端两侧各有1圆形泌蜡腺体，分泌白蜡。雄蚜比雌蚜小1/3，体色较雌蚜深，头前端深凹，腹末无泌蜡腺。

卵：椭圆形，长0.6mm。初产时白色，逐渐变为黑色而发亮，表面有蜡毛。

3. 发生规律　山核桃刻蚜一年发生4代，无转主为害现象，以卵在山核桃芽、叶痕及枝条破损裂缝内越冬。2月中旬前后孵化为干母（第一代），爬至芽上取食，2月下旬再陆续转移到嫩枝上为害，3月中下旬发育为成虫，以孤雌胎生方式繁殖。所产干雌（第二代）为害正在萌发的芽。到4月上中旬，仍进行孤雌胎生，出现世代重叠，为害最甚，此时开始产生有翅性母。4月中下旬，性母产下微小的性蚜，聚集叶背为害，至5月上中旬开始在叶背越夏。9月下旬寒露前后逐渐恢复活动，继续在叶背为害。10月下旬至11月上旬发育为无翅雌蚜和雄蚜，交尾后产卵越冬。冬季温暖、春季少雨有利于刻蚜发生；夏季高温干旱，可引起越夏蚜大量干瘪死亡。该虫喜凉爽、湿润环境，阴坡、山坞虫多，反之则少。

4. 防控措施

（1）药剂防控　关键用药时期为3月中下旬，当越冬虫口基数较大时及时喷药防控。有效药剂同核桃黑斑蚜的防控。

（2）保护和利用天敌　山核桃刻蚜的天敌有异色瓢虫、草蛉、食蚜蝇、蚜茧蜂等，注意保护和利用自然天敌，尽量避免使用广谱性杀虫剂。

（二十一）山楂叶螨

山楂叶螨（*Tetranychus viennensis* Zacher）属蛛形纲真螨目叶螨科，又称山楂红蜘蛛。

1. 分布与为害　山楂叶螨在我国分布很广，以北方果树产区发生较重，主要为害苹果、梨、核桃、桃、樱桃、山楂、李等果树。山楂叶螨主要在叶片背面刺吸汁液为害，受害叶片正面出现失绿小黄点，螨量多时失绿黄点聚集成片，呈黄褐色至苍白色；严重时叶片背面甚至正面布满丝网，叶片呈红褐色，似火烧状，易引起大量落叶，造成二次开花。不但影响当年产量，还对以后两年的树势及产量也会造成不良影响。

2. 形态特征

成螨：雌成螨椭圆形，体长0.54～0.59mm，冬型鲜红色，夏型暗红色，体背前端隆起，背毛26根，横排成6行，细长，基部无毛瘤。雄成螨体长0.35～0.45mm，体末端尖削，第一对足较长，体浅黄绿色至橙黄色，体背两侧各具一黑绿色斑。

幼螨：足3对，黄白色，取食后为淡绿色，体圆形。

若螨：足4对，淡绿色，体背出现刚毛，两侧有深绿色斑纹，老熟若螨体色发红。

卵：圆球形，春季卵橙红色，夏季卵黄白色。

3. 发生规律　山楂叶螨一年多发生5～13代，东北地区5～6代，黄河故道果区12～13代。各地均以受精雌成螨越冬，越冬部位多在枝干树皮缝内及树干基部3cm的土块缝隙内。河北省中部地区，越冬雌成螨4月上旬核桃树芽膨大期开始出蛰，4月中下旬出蛰雌成螨开始产卵。4月下旬至5月初为第一代卵盛期，第一代卵经8～10d孵化，随气温升高，以后卵期逐渐缩短，6月卵期4～6d。高温干旱时期9～15d可完成1代。在实验室控温条件下，卵期在18.0℃下12.3d，21.8℃下8d，24.4℃下5d，在10℃以上完成1代的有效积温为185℃。春、秋季世代雌螨产卵量为70～80粒，夏季世代为20～30粒。受精雌螨后代雌雄比为4.1∶1，未受精的雌螨所产后代均为雄性。山楂叶螨一般在叶片背面群集为害，数量多时吐丝结网，卵产于叶背茸毛或丝网上。早期山楂叶螨先集中在近大枝附近的叶片上为害，麦收前气温升高，繁殖加快，麦收期间数量多时大量向上、向外扩散，6月为害最烈，7、8月根据树体营养状况进入越夏、越冬，早晚相差很大。当叶片营养差时，7月即可见到橘红色越冬型雌螨，但到11月仍可在田间见到夏型个体。

山楂叶螨发生受气候因素影响非常明显，春季温度回升快、高温干旱时间长时，山楂叶螨为害时期长、发生严重，雨水多的年份发生相对较轻。有些年份进入7月高温季节后，突然降雨会造成螨口数量急剧下降，高温高湿对叶螨发生不利。

叶螨类的天敌种类很多，自然发生的种类有食螨瓢虫、六点蓟马、捕食螨、草蛉、小花蝽等，在管理粗放的果园，食螨瓢虫、六点蓟马和捕食螨较多。果园内的天敌种类和数量受生长期喷药种类及次数影响很大，在不使用菊酯类、有机磷类等广谱性农药的果园，叶螨自然消退时间早，一般可在6月下旬逐渐减少；当果园内使用菊酯类农药或有机磷类农药时，山楂叶螨为害时期延长，有些果园一直到8月下旬仍然为害十分严重。

4. 防控措施

（1）人工防控　①诱杀越冬虫源。树干光滑的果园，在越冬雌螨进入越冬场所之前，于树干上绑草绳、瓦楞纸等诱集带诱集越冬雌螨，进入冬季后解下集中烧毁。②刮除老翘皮。在核桃树发芽前刮除枝干粗皮、翘皮，破坏害螨越冬场所。

（2）生物防控　①保护和利用天敌。叶螨天敌主要有捕食螨、塔六点蓟马、食螨瓢虫等，这些天敌对叶螨的控制能力非常强，不喷药或喷药少的果园叶螨很少暴发成灾。因此，果园内尽量不喷用广谱性杀虫剂。②果园内生草招引并培育天敌。在果园行间种植绿肥植物，通过绿肥植物上发生的害虫培育叶螨天敌，以种植毛叶苕子为好。不适合种植绿肥植物的果园，提倡果园自然生草，剔除生长茂盛的恶性杂草，保留低矮杂草，为天敌提供庇护场所。然后在叶螨发生始盛期及时割草，迫使天敌转移上树控制树上害螨。③人工释放捕食螨。目前我国商品化的捕食螨有智利小植绥螨、胡瓜钝绥螨、巴氏钝绥螨、加州钝绥螨等多种。在害螨低密度时［每叶害螨虫（卵）2头（粒）以下］，按捕食螨∶红蜘蛛约为1∶200的比例释放捕食螨。具体释放时应注意天气情况，在阴天或晴天的傍晚释放较好，雨天或近期预告有连续降雨的天气不宜释放。捕食螨释放操作方法为：剪掉捕食螨纸袋上方一个侧角，形成2～4cm长的一条细缝，用订书钉固定在不被阳光直射的树冠中间下部枝杈处，袋底要与枝干充分接触，以利于捕食螨顺树而爬。捕食螨出厂后应尽快释放，一般不超过7d。如遇到不宜释放的情况，应置于15～20℃下贮存。释放捕食螨前后避免使用杀虫杀螨剂，且释放当天应距最后一次施药15d以上（具体视所用农药的残留期而定）。释放捕食螨后一般在1～1.5个月后达到最高防治效果。因此释放捕食螨后30d内不能喷洒任何农药，30d后再根据具体情况酌情处理。果园内要留草，不能使用除草剂。

（3）化学药剂防控　展叶前调查越冬雌螨出蛰情况，当越冬雌螨数量大时，在越冬雌螨出蛰后，及时喷药防控；展叶后每周调查一次叶片背面活动螨的数量，当达到防治指标时及时喷药。常用有效药剂如：1.8%阿维菌素乳油2 500～3 000倍液、15%哒螨灵乳油

1 500～2 000 倍液、25%三唑锡可湿性粉剂 1 500～2 000 倍液、50%丁醚脲悬浮剂 2 000～3 000 倍液、240g/L 螺螨酯悬浮剂 4 000～5 000 倍液、110g/L 乙螨唑悬浮剂 4 000～5 000 倍液、5%噻螨酮乳油 1 200～1 500 倍液、20%四螨嗪悬浮剂 1 500～2 000 倍液等。注意不同类型药剂交替使用，以延缓叶螨产生抗药性；喷药时一定要及时均匀周到，特别是树冠上部和内膛。

（二十二）苹果全爪螨

苹果全爪螨（*Panonychus ulmi* Koch）属蛛形纲真螨目叶螨科，又称苹果红蜘蛛、榆全爪螨。

1. 分布与为害　苹果全爪螨在我国北方果区均有发生，主要寄主有苹果、梨、核桃、桃、李、杏、山楂、沙果、海棠、樱桃及观赏植物樱花、玫瑰等。以幼螨、若螨、成螨刺吸汁液为害，其中幼螨、若螨和雄成螨多在叶背面活动，而雌成螨多在叶正面活动。受害叶片变灰绿色，仔细观察正面有许多失绿小斑点，整体叶貌类似苹果银叶病为害，一般不易造成早期落叶。

2. 形态特征

成螨：雌成螨体长约 0.45mm，宽约 0.29mm，体圆形、深红色，背部显著隆起。背毛 26 根，较粗长，着生于粗大的黄白色毛瘤上。足 4 对，黄白色。雄螨体长约 0.3mm，体后端尖削似草莓状。初蜕皮时为浅橘红色，取食后呈深橘红色，刚毛数目与排列同雌成螨。

卵：扁圆形，葱头状，顶端有刚毛状柄，越冬卵深红色，夏卵橘红色。

幼螨：足 3 对，越冬卵孵化出的第一代幼螨呈淡橘红色，取食后呈暗红色；夏卵孵化出的初为黄色，后变为橘红色或深绿色。

若螨：足 4 对，前期体色较幼螨深；后期体背毛较为明显，体形似成螨，可分辨出雌雄。

3. 发生规律　苹果全爪螨在辽宁一年发生 6～7 代，山东、河南 7～9 代。以卵在果台短枝、叶痕和二年生以上枝条的粗糙处越冬，越冬卵耐寒力极强，致死温度达－40～－45℃。翌年 4 月中旬至 5 月上旬，当月平均气温达到 8℃时，有效积温达到 50～55℃时，越冬卵开始孵化，5d 内孵化率达到 95%。孵化后幼螨陆续爬到新叶、芽、嫩茎、花蕾以及幼果上刺吸为害。苹果全爪螨发育起点温度为 7℃，完成 1 个世代的有效积温为 195.4℃。各个螨态历期随温度变化差异较大，在平均温度 15℃条件下，完成整个世代需要 33d 左右，在 30℃条件下，完成 1 个世代需要约 9.17d。越冬代雌成螨平均寿命为 18.8d，平均产卵量为 67.4 粒。第一代成螨寿命 14.4d，每雌螨平均产卵量为 46.0 粒。第五代成螨平均寿命 8.0d，每雌螨平均产卵 11.2 粒。苹果全爪螨即可两性生殖，也可孤雌生殖。孤雌生殖所产的卵可以发育为雌螨或雄螨。

苹果全爪螨的幼螨、若螨和雄成螨多在叶片背面活动，而雌成虫多在叶正面活动。一般麦收前后是全年为害高峰期，夏季叶面数量较少，秋季数量回升又出现小高峰。苹果全爪螨为害高峰期早于山楂叶螨，但在一些使用农药不当的果园，苹果全爪螨为害期延长，有些果园可以持续为害到 8 月中下旬。越冬卵的出现主要取决于寄主的营养状况和光周期的变化，苹果全爪螨属于短日照滞育型，但是营养状况对越冬卵的产生起主导作用。在群体数量大、寄主叶片受害严重时，越冬卵出现早。所以，同一地区各年越冬卵出现的时间不尽相同。

夏季高温干旱少雨，苹果全爪螨容易大发生。苹果全爪螨在树冠上的分布随季节而变化，前期多集中在内膛的叶片上，中期扩散到全树。苹果全爪螨的天敌和山楂叶螨相同，田间发现的主要种类包括捕食螨、塔六点蓟马等，对叶螨种群具有显著的控制作用。

4. 防控措施

（1）越冬卵防治　在核桃树发芽前喷施 1 次 5%矿物油乳剂，或 3～5 波美度石硫合剂、45%石硫合剂晶体 50～70 倍液，消灭越冬螨卵。

（2）生物防控　参考山楂叶螨防控部分。

（3）生长期药剂防控　如果树上越冬卵存活数量较大，在核桃树花芽萌动后及时喷施 1 次 5%噻螨酮乳油或可湿性粉剂 1 000～1 500 倍液，或 20%四螨嗪悬浮剂 1 500～2 000 倍液，杀灭未孵化的越冬卵和初孵幼螨。展叶后根据叶片上叶螨的数量及上升情况，当达到防治指标时及时喷药，并注意喷洒叶片背面，有效药剂同山楂叶螨用药。

（二十三）康氏粉蚧

康氏粉蚧［*Pseudococcus comstocki*（Kuwana）］属半翅目粉蚧科，又称桑粉蚧、梨粉蚧、李粉蚧。

1. 分布与为害　康氏粉蚧分布于黑龙江、吉林，辽宁、内蒙古、宁夏、甘肃、青海、新疆、山西、河北、山东、浙江、云南等省（自治区），寄主有苹果、梨、核桃、桃、李、杏、山楂、葡萄、柿、石榴、栗、金橘、刺槐、樟树、佛手瓜、君子兰等多种植物。以雌成虫和若虫刺吸寄主植物的芽、叶、果实、枝干及根部的汁液，嫩枝和根部受害常肿胀且易纵裂而枯死。多雨潮湿环境下易伴随发生煤烟病，影响光合作用。

2. 形态特征

成虫：雌成虫椭圆形，较扁平，体长 3～5mm，体粉红色，表面被白色蜡粉，体缘具 17 对白色蜡丝，体前端的蜡丝较短，后端最末 1 对蜡丝较长，几乎与体长相等，蜡丝基部粗，尖端略细。触角多为 8 节，末节最长，柄节上有几个透明小孔。胸足发达，后足基节上也有较多的透明小孔。腹裂 1 个，较大，椭圆形。肛环具 6 根肛环刺。臀瓣发达，其顶端生有 1 根臀瓣刺和几根长毛。雄成虫体紫褐色，体长约 1mm，翅展约 2mm，翅 1 对，透明，后翅退化成平衡棒，具尾毛。

卵：椭圆形，长约 0.3mm，浅橙黄色。数十粒集中成块，外覆薄层白色蜡粉，形成白絮状卵囊。

若虫：初孵若虫体扁平，椭圆形，淡黄色，外形似雌成虫。

蛹：仅雄虫有蛹期，浅紫色，触角、翅和足等均外露。

3. 发生规律　北京、河北和河南等地一年发生 3～4 代，以卵囊在枝干皮缝或石缝土块下等隐蔽场所越冬。翌年核桃树发芽时，越冬卵孵化为若虫，食害寄主幼嫩部位。第一代若虫发生盛期在 5 月中、下旬；第二代为 7 月中、下旬；第三代在 8 月下旬，世代重叠严重。若虫蜕皮 3 次即发育为成虫，雌成虫历期为 35～50d，雄虫历期为 25～37d。雄若虫化蛹于白色长形的茧中。雌雄交尾后，雌成虫即爬到枝干粗皮裂缝内或果实萼洼、梗洼等处产卵，有的将卵产在土壤内。产卵时，雌成虫分泌大量棉絮状蜡质结成卵囊，卵产在囊内，每一雌成虫可产卵 200～400 粒。

康氏粉蚧属活动性蚧类，除产卵期的成虫外，若虫、雌成虫皆能随时变换为害场所。该虫具有趋阴性，在阴暗的场所居留量大，为害较重。7～8 月是发生高峰期。

4. 防控措施

（1）生物防控　注意保护和利用天敌，如瓢虫和草蛉等。

（2）物理防控　从 9 月开始，在树干上束草把诱集成虫产卵，入冬后至发芽前取下草把烧毁，消灭虫卵。早春刮除老树皮、翘皮、树皮裂缝，用硬毛刷刷杀越冬卵或成虫。

（3）化学药剂防控　康氏粉蚧发生较重的果园，应抓住一龄若虫分散转移期及时喷药。效果较好的药剂有：25%噻嗪酮可湿性粉剂 1 000～1 500 倍液、70%吡虫啉水分散粒剂 8 000～10 000 倍液、350g/L 吡虫啉悬浮剂4 000～5 000 倍液、4.5%高效氯氰菊酯乳油 1 500～2 000 倍液、50g/L 高效氯氟氰菊酯乳油 3 000～4 000 倍液、1.8%阿维菌素乳油 2 000～2 500 倍液等。

（二十四）草履蚧

草履蚧（*Drosicha corpulenta* Kuwana）属同翅目硕蚧科，曾先后划归为绵蚧科和蚧科，又称日本履绵蚧、草履硕蚧、草鞋介壳虫、柿裸蚧、树虱子等。

1. 分布与为害　草履蚧在我国的辽宁、河北、北京、山东、山西、陕西、甘肃、河南、江西、江苏、浙江、福建、湖南、湖北、广东、广西、贵州、青海、四川、云南、新疆、西藏等省（自治区、直辖市）均有分布，国外分布于日本、印度、菲律宾和俄罗斯沿海。草履蚧的寄主植物种类繁多，我国已记载的有 29 科 46 余种，包括苹果、梨、核桃、枣、沙果、樱桃、柿树、海棠、板栗、杏、李、柑橘、荔枝、无花果、猕猴桃、银杏、香椿、杨树、洋槐、榆树、泡桐、法桐、栎树、松树、枫杨、白蜡树、构树、碧桃、绿棉木、月季、女贞子、悬铃木、乌桕、三角枫、广玉兰、罗汉松、花桃、樱花、紫薇、木瓜、绣球、冬青、菊花脑、珊瑚树、红叶李、海桐等农林、果树和园林植物。若虫和雌成虫常成堆聚集在芽腋、嫩梢、叶片和枝干上，吮吸汁液为害，造成植株生长不良，严重时早期落叶，甚至植株枯死。

在我国草履蚧为害果树的报道始于 20 世纪 30 年代，50 年代初、中期对该虫的研究报道较多。60、70 年代草履蚧在华北地区，特别是在河北的太行山区暴发成灾，以成虫、若虫吸食枝条汁液，被害枝条细弱、叶片小，受害严重的枝条不能正常发育，叶丛衰弱枯萎，影响花芽分化和果实发育。1976 年在河北灵寿调查，一、二年生枝条干枯率达 15%～30%，核桃产量损失 42%以上。80 年代和 90 年代随着科技进步和农药的大量使用，草履蚧的为害程度有所减轻，几乎不造成严重的危害，产量损失较轻，以 1998 年为例，太行山区因该虫为害造成的产量损失仅 3.78%。

2. 形态特征

成虫：雌成虫体长 10～12mm，宽 4～4.5mm，扁平椭圆形，背面隆起呈龟甲状，似草鞋，红褐色至灰紫色，外围淡黄色，外被白色蜡粉和许多微毛。触角黑色，被细毛，丝状，9 节。胸足 3 对，红褐色被细毛。腹部 8 节，背有横皱和纵沟，肛门有刺毛。雄虫体长 5～6mm，翅展 9～11mm，头、胸部黑色，腹部深紫红色，复眼明显，触角念珠状 10 节，黑色，略短于体长，鞭节各亚节每节有 3 个珠，上环生细长毛。前翅紫黑色至黑色，前缘略红，后翅转化为平衡棒，足黑色被细毛，腹末具4个较长突起，性刺褐色、筒状、较粗，微上弯。

卵：椭圆形，长1～1.2mm，初产时黄白色，逐渐变为黄褐色，光滑，卵产于卵囊内。卵囊长椭圆形，白色绵状，每囊内有卵数十至百余粒。

若虫：体形与雌成虫相似，体小、灰色，初龄若虫体长约1.5mm。

蛹：雄蛹为离蛹，呈圆筒形，褐色，长5～6mm，翅芽1对达第二腹节。

3. 发生规律 草履蚧一年发生1代，以卵在寄主树干周围土缝和砖石块下或10～12cm土层中的卵囊内越过夏、秋及冬天。在河北省太行山区12月底开始孵化。若虫开始活动的临界温度为1.5～2℃。在阳坡于1月下旬开始陆续上树为害，盛期在2月下旬至3月上旬，末期在4月上旬。在阴坡若虫于2月下旬开始上树，盛期在3月上中旬，4月中旬结束。若虫上树时期长达70余天。初龄若虫行动迟缓，陆续上树后，多集中在嫩枝、幼芽的芽腋、枝杈背阴处为害，在树皮缝、枝杈隐蔽处群栖。稍大后喜于1～2年生枝条阴面群集吸食汁液。受害树往往推迟发芽，显著削弱树势，严重时枝条枯死，影响产量和品质。雌虫蜕皮4次，雄虫蜕皮3次。蜕皮前先离开为害部位，爬行到树皮缝、树洞等隐蔽处进行蜕皮。蜕皮后的三龄若虫开始爬行到新梢、嫩芽、叶柄处为害。到4月底5月上旬，若虫爬行下树到树干周围石块下、土缝中、杂草和作物等隐蔽处进行第三次蜕皮。雄虫蜕皮后立即在原处分泌棉絮蜡质做茧并在内化蛹。蛹期7～10d。雌虫经3次蜕皮后继续爬行上树为害，到5月中下旬再次下树到树干附近杂草及作物隐蔽处进行第四次蜕皮。雌成虫蜕皮后再次继续爬行上树为害。雄虫于5月上旬至下旬羽化。雄成虫不取食，多在傍晚活动，飞行或爬至树上寻找雌虫交尾，阴天可整日活动，寿命3～5d。雌成虫交尾后仍需在枝叶上吸食为害至6月上、中旬陆续下树，钻入到树干周围阴凉潮湿的石块下、土缝等处，第二天即开始分泌白色棉絮状蜡质卵囊，第四天开始产卵其中。雌虫产卵时，先分泌白色蜡质物附着尾端，形成卵囊外围，产卵一次，多为20～30粒，陆续分泌一层蜡质绵层，再产一次卵，以此重叠，一般5～8层。卵囊初形成时为白色，后转淡黄至土色。卵囊内绵质物易由疏松到消失，所以夏季土中卵囊明显可见，到冬季则不易找到。雌虫产卵量与取食时间有关，取食时间长，产卵量大，一般产卵80～120粒，平均94粒，产卵期6～8d，产卵结束后母体干瘪死亡。草履蚧的卵集中分布于距树干基部60cm范围内及地面以下0～10cm的土层中。

草履蚧卵的孵化期和若虫上树时间与气温有关，当年11月至翌年2月月平均气温高时，卵的孵化期和若虫出土上树的时间提前，反之则延后。一龄若虫耐低温，气温在−8.7℃时仍能存活，在积雪静伏3～4d后，当气温回升后仍能在此爬行。土壤含水量的高低与一龄若虫存活率有很大关系，在土壤含水量达10%～20%时，20d死亡率仅2.2%，在干燥的土壤中15d的死亡率达62.6%。同时土壤含水量高低与卵的孵化有关，在干燥土壤中，卵的成活率20%～30%，土壤潮湿时卵的成活率达70%～80%。一龄若虫抗水淹，在凉水中浸泡，最长能活20d。

地势与地形与草履蚧卵的孵化和初孵若虫出土上树有关，向阳、避风、土层厚且潮湿的地方提前发生且较重，阴坡发生较迟。降水量的多少对种群影响较大，在雌虫产卵期，如连降数天大雨，产卵数量减少。温度是影响雌雄虫交配行为的主要环境因素，气温低时，交配主要在上午 10 时至下午 2 时，气温高时交配主要在傍晚和黎明进行。

草履蚧在不同寄主植物的适合度有明显差异，在同一地块上的不同树种、虫口密度、被害程度和被害株率不一。据 1975—1976 年河北平山调查，核桃树被害株率达 100%，虫口密度大，被害程度重，枯枝率达 51%；柿树被害株率达 70%，虫口密度较小，枯枝率达 30%左右；林木如柳树和刺槐树，受害株率仅为 20%，虫口密度小，被害轻。同时发现草履蚧发生多少与寄主着生环境有关，凡是着生在坡度大、阳光充足、气温高且干燥的地方或耕作地块中的寄主植物，草履蚧发生很少，甚至没有。相反，凡是着生在阴凉、潮湿、石块多的地方的寄主植物，虫口密度大，为害严重。

草履蚧的天敌主要有红环瓢虫（*Rodolia limbata* Motschulsky）、黑缘红瓢虫（*Chilocorus rubidus* Hope）、大红瓢虫（*Rodolia rufopilosa* Mulsant）、暗红瓢虫（*Rodolia concolor* Lewis）、异色瓢虫（*Harmonia axyridis* Pallas）、大草蛉（*Chrysopa pallens* Rambur）、日本黑蚁（*Polyrhachachis dives* Smith）、黑腹狼蛛（*Lycosa coelestis* Schenkel）等。其中红环瓢虫是很重要的捕食性天敌，该瓢虫产卵量大、成虫、幼虫均可捕食草履蚧，对草履蚧有很强的控制能力。

在林木上当发现红环瓢虫与草履蚧的比例为 1∶100 以上时，加强对红环瓢虫的保护，可不采取任何防治措施；达到 1∶2 000 以上时，加强对红环瓢虫的保护，当年可不采取防治措施。

4. 防控措施

（1）农业防控　①防止扩散蔓延。草履蚧传播途径广，可随苗木调运、木材采伐运输及林下行人、放牧等及随风、水流远距离传播，所以要严防发生区的苗木、原材等运入无虫区，如需调运则需严格杀死虫卵。②树下诱杀。在 4 月中下旬和 5 月中下旬，雄虫下树蜕皮化蛹前和雌成虫下树产卵前，于树干基部挖宽 30cm、深 20cm 的环形沟，内放杂草树叶等，诱集雄虫化蛹和雌虫产卵，然后集中及时处理，消灭虫卵。③翻耕树盘。秋天和初冬翻耕树盘，使卵囊暴露在阳光下，经风吹日晒，消灭越冬卵。

（2）生物防控　红环瓢虫对草履蚧有很强的控制能力，一生可食 2 000 余头草履蚧，应注意保护利用。

（3）物理防控　草履蚧若虫孵化出土后要经树干爬行上树取食为害，可采取下列方法阻止若虫上树，最佳时期应在若虫开始孵化至上树前进行。①塑料裙阻隔法。用塑料薄膜裁成宽 20cm 塑料带，做成裙状绑于距树干基部 50cm 处，与树干接触的缝隙用泥堵严，阻止若虫上树。②胶环阻隔法。将废机油 5 份用锅加热后放羊毛脂 1 份，融化为均匀混合物，冷却后在距树干基部 80～100cm 处涂宽 10～15cm 的封闭环，阻止若虫上树，或用废黄油、机油各半加热溶化后在距树干高 80～100cm 处涂抹宽 15～20cm 的粘胶带，隔10～15d 涂 1 次，共涂 2～3 次，注意及时处理粘虫带下的若虫。③塑料布兜土法阻隔若虫上树。将塑料布裁成 10～15cm 宽的条带，在距树干基部 1m 处，围树干 1 周用绳子将上沿绑好，把下沿上翻成兜状内放细土或细沙，使若虫被阻隔在兜下，注意及时处理未上树若虫。

（4）化学药剂防控　①树下防控。一是对被阻隔未上树的草履蚧若虫进行化学防治，防治适期应在草履蚧大量上树期，有效药剂如：2.5%溴氰菊酯乳油 2 000 倍液、4.5%高效氯氰菊酯乳油 1 000 倍液等。二是药剂涂环阻杀草履蚧若虫上树，将 50%敌敌畏乳油 1

份和黄油5份搅拌混合均匀，然后在距树干基部80～100cm处涂宽15～20cm的封闭药环，阻杀若虫上树；或先涂刷菊酯微胶囊2～3倍液，再绑宽25～30cm塑料布及20～25cm深色无纺布，然后在上面刷机油，阻杀若虫。②树上喷药防治。草履蚧的化学防治指标为每30cm延长枝上30头若虫，防治适期应在一至二龄若虫期为佳，常用有效药剂同康氏粉蚧生长期喷药。

（二十五）梨枝圆盾蚧

梨枝圆盾蚧（*Diaspidiotus perniciosus* Comstock）属同翅目盾蚧科，又称梨圆蚧、梨笠圆盾蚧。

1. 分布与为害 梨枝圆盾蚧在我国分布于黑龙江、吉林、辽宁、河北、北京、内蒙古、新疆、山西、山东、河南、安徽、湖北、湖南、江苏、浙江、福建、台湾、广西、陕西、甘肃、宁夏、四川、云南等省（自治区、直辖市），国外分布于美国、加拿大、墨西哥、南美、欧洲、日本、印度、巴基斯坦、南非、澳大利亚等地，是国际性检疫对象之一，我国1954年正式公布为检疫对象。该虫寄主范围很广，已知寄主达300余种，主要有梨、核桃、苹果、海棠、桃、李、杏、樱桃、梅、山楂、葡萄、柿、枣、榅桲和杨、柳等果树及林木。20世纪50～60年代，该虫在我国北方果树产区普遍发生，尤其在东北和华北地区部分梨园为害严重，80年代以后，随着我国果树面积的增加和果树苗木的远距离运输，其分布范围不断扩大，为害加重。如山东临沂地区，在90年代初期，有虫株率达15%～20%；1998—1999年，山东潍坊梨园受害面积1 400hm^2，有虫株率达60%。目前在全国各落叶果树产区几乎都有分布。梨枝圆盾蚧以雌成虫和若虫吸食枝条、果实和叶片的汁液，导致树势衰弱。果实受害后，商品价值降低。

2. 形态特征

成虫：雌成虫无翅，体扁圆形，黄色，口器丝状，着生于腹面。体被灰色圆形介壳，直径约1.3mm，中央稍隆起，壳顶黄色或褐色，表面有轮纹。雄成虫有翅，体长约0.6mm，翅展约1.2mm。头、胸部橘红色，腹部橙黄色，触角11节，鞭状。前翅1对，乳白色，半透明，脉纹简单。后翅特化为平衡棒。腹部橙黄色，末端有剑状交尾器。介壳长椭圆形，灰色，长约1.2mm，壳点偏向一边。

若虫：初孵若虫体长约0.2mm，扁椭圆形，淡黄色。触角、口器、足均较发达。口器很长，是体长的2～3倍，弯于腹面。腹末有2根长毛。二龄若虫眼、触角、足和尾毛均消失，开始分泌介壳，固定不动。三龄若虫可以区分雌雄，介壳形状近于成虫。

蛹：体长约0.6mm，长锥形，淡黄略带淡紫色。仅雄虫有蛹。

3. 发生规律 梨枝圆盾蚧在我国一年发生2～5代，辽宁、河北、山西、甘肃等地一年发生2代，新疆库尔勒地区发生2～3代，山东发生3代，浙江慈溪发生3～4代，福建省建宁县发生4～5代。均以二龄若虫在枝条上越冬。在辽宁兴城地区，越冬若虫到6月发育为成虫，并开始产仔。第一代若虫发生期在7～9月，第二代在9～11月。在甘肃省秦安县，第一代若虫发生期在5～6月，第二代在7～9月。在浙江慈溪，各代一龄若虫出现期分别为：第一代4月下旬至5月上旬，第二代6月上旬至7月中旬，第三代8月中旬至9月中旬，第四代11月上中旬。在福建建宁，越冬若虫于3月间开始活动，越冬雌成虫4月上中旬开始产仔，第一代若虫发生在5月中下旬至6月初，第二代在6月下旬至

7月下旬，第三代在7～8月，第四代在9～10月，第五代（越冬代）一龄若虫发生盛期在11月中旬至翌年1月中旬，二龄若虫多在12月上旬发生，并进入越冬阶段。

翌年春季树液流动后，越冬若虫继续为害，直至发育为成虫。成虫行两性生殖，也有孤雌生殖者。若虫为卵胎生，因此叫产仔。每头雌虫产仔量70～100头。若虫生于母体介壳下，出壳后爬行迅速，分散到枝叶和果实上为害。以2～5年生的枝条上较多，且喜欢在阳面。枝条被害处呈红色圆斑，严重时皮层爆裂，影响生长，甚至枯死。在果实上为害的若虫，大部分分布在果面上，似许多小斑点。虫体周围出现一圈红晕，虫多时则呈一片红色，受害严重者果面龟裂。为害叶片时，虫体多集中在叶脉附近，被害处呈淡褐色，逐渐枯死。若虫固定后1～2d开始分泌介壳。雄成虫羽化后即可交尾，之后死亡。雌成虫继续在原处取食一段时间，同时产仔，产仔完毕后死亡。

越冬代雌虫多固定在枝干和枝杈处为害，雄虫多在叶片主脉两侧。夏季发生的若虫爬行到叶片上为害，8月后逐渐为害果实。梨枝圆盾蚧在树干上阳面常多于阴面，但高温、高湿不利于其发生。其远距离传播、扩散主要靠苗木、接穗和果品传带，初孵若虫也可借助风力和鸟类、大型昆虫的活动进行传播。

梨枝圆盾蚧的天敌主要有红点唇瓢虫（*Chilocorus kuwanae* Silvestri）和2种寄生蜂：*Prospaltena aurantti* How、*Aphelinus fuscipenni* How。红点唇瓢虫食量较大，1头瓢虫从若虫发育到成虫能取食梨枝圆盾蚧1 500头以上。这种瓢虫以成虫越冬，一年发生2代，5～7月发生量较大。寄生蜂的发生时期在6～8月。在福建省建宁县发现13种寄生蜂，其中梨圆蚧恩蚜小蜂［*Encarsia perniciosi*（Tower）］和长缨恩蚜小蜂［*E. citrina*（Craw）］为优势种，分别占寄生蜂群体的47.5%和32.3%。寄生蜂对梨圆蚧的二龄若虫有寄生嗜好，全年以9月寄生率最高，可达20%，一般在10%左右。在新疆库尔勒地区，梨枝圆盾蚧的主要天敌有李斑唇瓢虫（*Chilocorus geminus* Zaslavskij）和桑盾蚧黄金蚜小蜂（*Aphytis proclia* Walker），其中，李斑唇瓢虫幼虫日均捕食若蚧220头，黄金蚜小蜂寄生率可达30%。

4. 防控措施

（1）加强检疫　从疫区调运苗木、接穗或果品时，应严格检查，避免害虫传播。

（2）农业防控　结合果树冬剪，剪除受害严重的枝条，或用硬毛刷刷除枝干上的越冬虫态，可明显减少越冬虫源。

（3）生物防控　主要是保护和利用自然天敌。在天敌发生量大的季节，尽量少用或不用广谱性杀虫剂，以减少对天敌的伤害。

（4）药剂防控　核桃树发芽前，全园喷施1次3～5波美度石硫合剂或45%石硫合剂晶体50～70倍液、95%矿物油乳剂100～200倍液，杀灭越冬虫态。核桃生长期防治，关键是抓住第一代若虫发生高峰期用药，因该期若虫发生比较整齐，树叶较少，药液易于接触虫体；其次是在各代若虫出壳后至固定前及时喷药。常用有效药剂有：22.4%螺虫乙酯悬浮剂4 000～5 000倍液、10%吡虫啉可湿性粉剂1 000～1 500倍液、25%噻嗪酮可湿性粉剂1 000倍液、80%敌敌畏乳油1 000倍液、50%辛硫磷乳油1 000倍液等。

（二十六）云斑天牛

云斑天牛（*Batocera horsfieldi* Hope）属鞘翅目天牛科，又称多斑白条天牛。

1. 分布与为害 云斑天牛在我国分布很广，以长城为其北界，西到陕西、四川（雅安）、云南，南至广东、广西，东达沿海各省和台湾省。国外分布于日本、印度和越南。云斑天牛寄主种类广泛，在我国已记载的有17科37余种，包括核桃、板栗、苹果、山楂、梨、李、枇杷、无花果、油橄榄等果树以及桑、杨、柳、泡桐、油桐、法桐、麻栎、栓皮栎、桦漆、榕树、桉树、梓树、山毛榉、火炬树、云南松、乌桕、臭椿、银杏等林木。云斑天牛成虫食害树木的叶片和嫩枝皮；幼虫孵化后先蛀入皮层为害，被害部位树皮外胀，然后纵裂，为害1～5d后向木质部蛀食2.5～3cm，再向上为害，蛀道长18～24cm。随虫体增长逐渐蛀入木质部乃至髓心，蛀道纵向或斜向。树干被害后易招致其他病虫侵染，受害树枝叶稀疏，长势衰弱，产量降低，甚至绝收，严重时树木枯死或被风吹折。

20世纪30年代中期，我国先后在河北、四川、广东、广西、江苏、浙江和福建均有云斑天牛发生为害及防治的研究报道。50年代又报道了在云南、湖北、湖南、安徽、江西和台湾省云斑天牛普遍发生为害。1960年河北省涉县核桃被害株率达50%，一株25年生被害致死的树中，有7条大幼虫，4个羽化孔和22条隧道。20世纪60～70年代，云斑天牛在太行山区核桃、板栗产区发生普遍，为害严重，1975年在河北省灵寿县调查，核桃被害株率达68.4%，死株率达5.48%。80年代伴随核桃叶、果害虫的连年暴发成灾，化学农药大量投入使用，云斑天牛发生为害程度有所减轻，核桃被害株率降至20%～30%。21世纪，在太行山的灵寿、平山、井陉等县核桃产区云斑天牛发生严重，10年生以上的大树被害株率达30%～50%。

2. 形态特征

成虫：体长51～97mm，宽17～22mm，黑褐色，密布青灰色或黄色绒毛。前胸背板中央具肾状白色毛斑1对，横列，小盾片舌状覆白色绒毛。鞘翅基部1/4处密布黑色颗粒，翅面上具不规则白色云状毛斑，略呈2～3纵行。如果是3行，以近中缝的最短，由2～4个小斑排成，中行到达翅中部以下，最外1行到翅端部；如果是2行，则近中缝的1行一般由2～3个小斑组成。白斑变异较大，有时翅中部有许多小圆斑；有时斑点扩大呈云状。体腹面两侧从复眼后到腹末具白色纵带1条。前胸背平坦，侧刺突向后弯，肩刺上翘，鞘翅基部密生瘤状颗粒，两鞘翅的后缘有1对小刺。雌虫触角较身体略长，雄虫触角超出体长3、4节。触角从第三节起，每节的下沿都有许多细齿，尤以雄虫最为显著。

卵：长椭圆形，略弯曲，长8.5～9.0mm，宽约2.7mm，淡土黄色，表面坚硬光滑。

幼虫：老熟幼虫体长74～100mm，体略扁，乳白色至黄白色。头稍扁平，深褐色长方形，1/2缩入前胸，外露部分近黑色，唇基黄褐色，上颚发达。前胸楔形，极大。前胸背板为橙黄色，两侧白色，上具橙黄色半月形斑块1个，中后部两侧各具纵凹1条，前部有细密刻点，中后部具暗褐色颗粒状突起。前胸腹面排列4个不规则的橙黄色斑块，前胸及腹面第一至第八节的两侧有9对明显气孔，腹面第三至第九节两侧均有1扁平的棱边，后胸及腹部一至七节的背、腹面均具步泡突。幼虫共8龄，一龄幼虫发育时间最短，仅1～2d。

蛹：长40～90mm，裸蛹，初为乳白色，后变黄褐色。

3. 发生规律 云斑天牛在河北省中南部两年跨3个年度发生1代。成虫于5月下旬开始出孔，盛期在6月上中旬，末期在8月下旬，成虫发生期长，且不集中。6月中旬开始产卵，盛期在 6 月下旬至 7 月中旬，末期在 8 月下旬，卵期 10～15d。6 月下旬幼虫孵化后开始蛀入皮层，为害 1～2d，即蜕皮进入二龄，随即蛀入木质部，7 月上旬至下旬为蛀入盛期，末期在 8 月下旬至 9 月上旬。幼虫为害到 9 月中旬至 10 月上中旬即在为害虫道内越冬。第二年 4 月上旬越冬幼虫开始活动取食，为害到 8 月下旬或 9 月上旬老熟后先做好羽化孔，然后在隧道末端作蛹室，蜕皮静止进行第二次越冬，到第三年 4 月上中旬化蛹，蛹期 20d 左右。成虫从羽化到出洞平均经 16.8d，老熟后，沿虫道经羽化孔出洞。

成虫羽化出孔后咬食核桃新枝嫩皮、叶片、叶柄和果皮补充营养，昼夜均能飞翔活动，但以傍晚活动较多，进行交尾产卵，交尾时间多在晚 7 时至凌晨 1 时。成虫产卵时，从树冠上顺枝干向下爬行，到主干寻找适宜产卵部位，先咬一月牙形产卵刻槽，然后调头向上产 1 粒卵于其中，从咬刻槽到产卵完毕需 30～50min。交尾 1 次产 1 次卵，每次产卵 3～5 粒，然后再次补充营养，再产卵 1 次，一生产卵 5～6 次。成虫在核桃园内寿命 78～112d，平均 97d，每雌虫平均产卵 41 粒。云斑天牛成虫对法国冬青（*V. awabuki*）和光皮桦（*B. luminifera*）有较强的嗜食性，林间最高取食选择率分别为 100%和 92.4%。4 种寄主植物挥发物对云斑天牛成虫的引诱力由大到小依次为光皮桦＞法国冬青＞核桃＞杨树，光皮桦和法国冬青挥发物对云斑天牛成虫的引诱力显著高于核桃和杨树，该虫嗅觉在寄主植物选择行为中起主导作用，而植物挥发物为云斑天牛选择寄主提供了线索。

云斑天牛扩散距离最远可达 200m，而树木受害程度与距虫源地距离呈负相关，距虫源地 20m、50～100m、200m 林带的虫害株率分别为 11.0%，49.3%和 73.3%。且成虫扩散方向与植被丰富度，特别是其补充营养寄主（野蔷薇、枫杨、旱柳等）之多寡呈正相关。云斑天牛成虫有假死性和弱趋光性，不喜飞翔，行动慢，受惊后发出声音。云斑天牛对嫁接后的早实核桃品种（香玲、鲁光）为害重，五年生树被害株率达 43%，18 年生的为 90%，较同龄晚实品种高 20%～40%。成虫在核桃林中多在树干基部产卵，干高 50cm 以下占总产卵量的 91.9%，50～100cm 处占 5%，100cm 以上占 3.1%。成虫出孔也多在树干基部，干高 50cm 以下占 87.1%，51～100cm 处占 7.2%，100cm 以上占 5.7%。在杨树上成虫昼夜均可出孔，以 19～23 时最多，成虫出孔历期 30～46d。出孔后成虫寿命雄虫 28～82d、雌虫 30～146d。成虫出孔初期，雌雄性比为 1∶1.06，盛期为 1.05∶1，末期雌虫为多。当核桃胸径达 8cm 后，其干基就可能有该虫为害。

云斑天牛成虫出孔后需经历 3 个发育阶段，生殖前期、生殖期和生殖后期。生殖前期为成虫出孔到第一次产卵时期，需 3 周左右；生殖期是成虫一生中最主要的时期，频繁交尾产卵，雄虫约 40d，雌虫经历 45～75d；生殖后期是成虫衰亡时期，雄虫从末次交尾到死亡经 7～10d，雌虫从末次产卵到死亡经历 30～35d。

4. 发生与环境的关系 云斑天牛的卵和初龄幼虫感病死亡率很低。经 5 005 个刻槽解剖调查，初龄幼虫感病死亡率仅为 2.1%，卵的寄生率为 3.99%。天敌寄生率低是种群数量稳定增长的重要原因。

（1）气候条件 昆虫是变温动物，气温高低对其生长发育起着重要作用。与海拔的关系和温度的关系相类似，海拔越高、气温越低，云斑天牛发育速度和繁殖能力也相对降低。在温度较低的海拔 1 000m 以上地区虫害株率显著减少，海拔 1 000m 以下的温度较高地区虫害株率较高。阳坡气温高有利于云斑天牛的发育和繁殖，所以阳坡上核桃树较阴坡受害重，虫口密度大。成虫产卵速度及数量与温度高低呈正相关，温度高，产卵速度快，产卵量多，27℃时较为适宜。

（2）寄主植物　云斑天牛在不同寄主植物上的种群适合度和为害程度有明显差异。例如在室内用多种树混合和单一树种的嫩枝分别饲养云斑天牛成虫，结果表明：用蔷薇、白蜡饲养的才能产卵，且较用旱杨、枫杨、1－69 杨、白榆饲养的取食量大，寿命长。成虫的取食量、寿命及产卵与植物体内含糖量呈正相关。6 种树种混合饲养云斑天牛成虫，其取食量和取食次数结果是：蔷薇＞旱柳＞1－69 杨＞枫杨＞白榆＞白蜡。单一树种饲养的，平均每天每头取食面积依次为蔷薇、旱柳、白蜡、白榆、枫杨、1－69 杨。成虫的寿命，用蔷薇饲养的均在 41d 以上，用其他树种饲养的多数在 10d 左右，最长的也只存活 17d。雌虫的产卵量，用蔷薇饲养的 2 年平均每头产卵分别为 13.8 粒和 25.7 粒。

云斑天牛最嗜食的寄主植物有 12 种，其中成虫对法国冬青和光皮桦有较强的嗜食性，林间最高取食选择率分别达到 100％和 92.4％，这两种寄主植物可作为诱饵树，集中对云斑天牛进行生物诱捕，为有效控制天牛的发生提供了可能性。同时核桃也是云斑天牛补充营养的主要嗜食寄主，这可能会增加核桃林内设置诱饵树防治成虫的难度。

云斑天牛对核桃不同品种、树龄的为害有一定差异。对嫁接后早熟品种（香玲、鲁光等）的为害株率，五年生树为 43％，18 年生树为 90％左右，明显高于本地实生的晚实品种（家核桃等）的为害率，且较同龄晚熟品种高 20～40 个百分点。同时，随着树龄增加，受害株率迅速上升。

（3）天敌　云斑天牛的天敌有川硬皮肿褪蜂、花绒坚甲、啄木鸟、长尾姬蜂等。川硬皮肿褪蜂（*Scleroderima sichuanensis* Xiao）寄生云斑天牛一龄幼虫，室内致死率为 100％，林区有效率 61.11％，室内卵寄生率为 62.5％，子代蜂出蜂率为 20.83％，对云斑天牛有一定持续防治效果。寄生成功后，母代蜂寿命会延长至子代蜂幼虫化蛹。花绒坚甲（*Dastarcus helophorides*）可寄生云斑天牛幼虫、蛹和刚羽化的成虫，自然寄生率达 2.6％～60.0％，在湖北浪柳树林寄生率达 38％～48％，可使当代天牛成虫羽化率降低、减少下代虫口数量。该天敌北自辽宁南到广东，西自陕西东到山东的广大区域内均有分布，且目前人工饲养已基本解决。

5. 防控措施

（1）人工防控　云斑天牛成虫发生期长，个体大极易发现。利用其不喜飞翔、行动慢、假死性等特点，在 6～7 月成虫发生期，人工捕捉成虫。成虫产卵后，如发现树干上有产卵刻槽，可用石头或锤子砸击卵槽，或用小刀将树皮切开挖除虫卵和幼虫。发现树干上有新鲜粪屑排出时，用带钩的铁丝钩杀蛀道内的幼虫。对严重受害树（濒死、枯死的树）及早砍伐，并运出果园烧毁，以减少成虫出孔数量。

（2）生物防控　①利用天敌昆虫防控天牛。通过人工饲养并释放川硬皮肿腿蜂（*Scleroderma sichuanensis* Xiao）防治一龄幼虫，效果可达 61.11％，且子代蜂的出蜂率为 20.83％，即有一定的持续防控作用。通过人工饲养并释放花绒坚甲（*Dastarcus helophoroides*），可寄生云斑天牛的幼虫、蛹和刚羽化的成虫。②利用微生物防控天牛。利用昆虫病原线虫——芫菁夜蛾线虫（*Sterinernema feltiae* A24）防控云斑天牛幼虫效果显著。线虫浓度每孔 1.0 万头时防控效果达 86％，线虫浓度为每孔 1.8 万头时防控效果达

94%。在云斑天牛幼虫初龄期，用小卷蛾斯氏线虫（*S. carpocapsae*）5 000 头/ml 蛀入虫孔，死亡率 95%以上。用芫菁夜蛾线虫北京品系（*S. feltiae* Beijing）和毛纹线虫（*S. botio* T319）防治天牛幼虫，用 1 000 头/ml 注射虫孔或用海绵吸附线虫塞入蛀孔，虫孔注射线虫防效达 90%～100%，海绵堵塞虫孔防效仅 30%～45%。每虫孔注射 1 000 头/ml浓度的 DD－136 斯氏线虫 2ml 防控幼虫，田间防效达 57.9%。③利用益鸟防治天牛。斑啄木鸟对天牛幼虫啄食率高达 84.0%，1 对啄木鸟在育雏期可捕食天牛幼虫 2 500 头，被啄株率达 78.86%，被啄孔率单株达 100%，可控制 33.3hm^2 杨树片林和农田林网100～133.3hm^2 天牛的为害。人工招引大斑啄木鸟防治云斑天牛效果较好，人工成功招引 1 对啄木鸟可控制 33.3hm^2 杨树林免受云斑天牛为害。所以，招引啄木鸟防治天牛是值得推广和提倡的生物防控措施，应加强宣传，保护益鸟。

（3）化学药剂防控　①天牛发生严重果园，在成虫羽化取食期间，使用 45%毒死蜱乳油 1 200～1 500 倍液或 2.5%高效氯氟氰菊酯乳油 1 500～2 000 倍液、50%辛硫磷乳油 800～1 000 倍液喷洒树冠，7～10d 喷洒 1 次，连喷 2 次。②在核桃生长季节，发现树干上有新鲜排粪孔后，及时用注射器注射 80%敌敌畏乳油 100～300 倍液或 50%辛硫磷乳油 200 倍液，也可用棉球或卫生纸蘸药液 80%敌敌畏乳油 20 倍药液塞入新鲜排粪孔内，然后用树下的泥土堵塞排粪孔。

（4）其他措施　在成虫产卵前树干涂白，预防成虫产卵和杀死低龄幼虫。涂白剂配方为：生石灰 5kg、食盐 0.25kg、硫黄 0.5kg、水 20kg，充分混匀后使用。

（二十七）星天牛

星天牛（*Anoplophora chinensis* Förster）属鞘翅目天牛科，又称白星天牛、银星天牛，幼虫俗称哈虫、倒根虫、铁炮虫。

1. 分布与为害　星天牛在我国分布较广，河北、北京、山东、江苏、浙江、山西、陕西、甘肃、湖北、湖南、四川、贵州、福建、广东、香港、海南、广西、云南、江西、吉林、辽宁、台湾及黑龙江等地均有发生。国外分布于朝鲜、缅甸及日本。星天牛寄主广泛，可为害核桃、苹果、梨、李、樱桃、无花果等果树及杨、柳、榆、刺槐、桑、核桃楸、梧桐、悬铃木、栎等多种林木。以幼虫蛀食树干，深入木质部，将树干串蛀成隧道，最后向根部蛀食，严重影响树体的发育和生长。由于树干被蛀空，常造成树干折断，甚至全株死亡。

2. 形态特征

成虫：雌虫体长约 32mm，雄虫体长约 21mm，全体漆黑色，头部中央有一纵凹陷，前胸背板左右各有 1 枚白点，鞘翅散生许多白点，白点大小因个体差异颇大。本种与光肩星天牛的区别就在于鞘翅基部有黑色小颗粒，而后者鞘翅基部光滑。

卵：长椭圆形，长约 5mm，黄白色。

幼虫：老熟幼虫体长约 45mm，乳白色至淡黄色，头褐色，长方形，前胸背板上有两个黄褐色飞鸟形纹。

蛹：纺锤形，裸蛹，长 30～38mm，淡黄色，羽化前变为黄褐色至黑色。

3. 发生规律　长江以南地区星天牛一年完成 1 代或三年完成 2 代，长江以北地区两年完成 1 代，均以幼虫在树干基部或主根虫道内越冬。翌年 5 月中旬成虫开始羽化，6 月上旬达羽化盛期。成虫羽化后在蛹室停留 4～8d，待身体变硬后才从圆形羽化孔爬出，啃食寄主幼嫩枝梢树皮作补充营养，10～15d 后交尾，交尾后 3～4d 产卵，7 月上旬为产卵高峰。雌成虫在树干下部或主侧枝下部产卵，产卵前先在树皮上咬深约 2mm、长约 8mm 的“T”形或“人”字形刻槽，再将产卵管插入刻槽一边的树皮夹缝中产卵，一般每一刻槽产卵 1 粒，产卵后分泌一种胶状物质封口。每一雌虫一生可产卵 23～32 粒，最多可达 71 粒。成虫寿命一般为 40～50d，从 5 月下旬开始至 7 月下旬均有成虫活动。成虫飞翔力不强，飞行距离可达 40～50m。成虫在强光高温时，多停息在枝端。

幼虫孵化后，先以韧皮为食，生活在皮层与木质部之间，多横向为害，形成不规则的扁平虫道，虫道中充满虫粪。一个月后开始向木质部蛀食，蛀至木质部 2～3cm 深度后转向上蛀，上蛀高度不一，蛀道加宽，并开有通气孔，从中排出粪便。9 月下旬后，绝大部分幼虫转头向下，顺着原虫道向下移动，至蛀入孔后，再开辟新虫道向下部蛀进，并在其中为害和越冬，来年春季化蛹。整个幼虫期长达 10 个月，虫道长 35～57cm。蛹期 30d 左右。

4. 防控措施 参考云斑天牛防控部分。

（二十八）核桃黄须球小蠹

核桃黄须球小蠹（*Sphaerotrypes coimbatorensis* Stebbing）属鞘翅目小蠹科，又称核桃小蠹虫。

1. 分布与为害 核桃黄须球小蠹分布于黑龙江、吉林、辽宁、河北、河南、山西、陕西、四川等省核桃产区。以成虫和幼虫蛀食核桃枝梢和芽，常与核桃吉丁虫同时发生为害，加速了枝梢和芽的枯死，造成“回梢”，树冠逐年缩小。严重发生为害地区，导致大量枝条枯死，影响开花结果，2～3 年没有收成，是核桃的主要害虫之一。

2. 形态特征

成虫：体长 2.3～3.3mm，黑褐色，身体短宽，背面隆起呈半球形。初羽化的成虫为黄白色，逐渐变为黑褐色。触角膝状，端部膨大呈锤状。上颚发达，上唇密生黄色绒毛。头胸交界处有 2 块三角形黄色绒毛斑。前胸背板及鞘翅上密生点刻，前胸背板隆起，覆盖头部。每一鞘翅上有 8 条排列均匀的纵沟，并生有短茸毛。

卵：长约 1mm，短椭圆形，初产时白色透明，有光泽，后变为乳黄色。

幼虫：乳白色，老熟幼虫体长约 3.3mm，椭圆形，弯曲，足退化。尾部排泄孔附近有 3 个明显的突起，呈“品”字形排列。

蛹：略呈椭圆形，裸蛹，初为乳白色，后变为褐色。

3. 发生规律 核桃黄须球小蠹在河北、陕西一年发生 1 代，以成虫在被害的顶芽或叶芽基部的蛀孔内越冬。成虫越冬部位，以顶芽为多，占 48%，第二侧芽占 29%，其他芽较少。翌年 4 月上旬（春夏之交）越冬成虫开始活动为害，多到健芽基部取食补充营养，是第一次严重为害期。4 月中下旬开始产卵，4 月下旬到 5 月上旬为产卵盛期。产卵前，雌虫先在衰弱枝条（特别是核桃小吉丁虫为害枝）的皮层内向上蛀食，形成一条长 16～46mm 的母坑道（蛀道时，雌虫挖掘坑道，雄虫运送木屑），雌虫边蛀坑道边产卵于母坑道的两侧，每头雌虫产卵约 30 粒。卵期约 15d。雄虫在雌虫产卵后不久即行离去，雌虫仍留在坑道内，直到死亡。幼虫孵化后分别在母坑道两侧向外横向蛀食，形成排列整齐的子坑道，呈“非”字形。子坑道宽度开始较细，以后逐渐加大，子坑道中堆满木屑及虫粪。待两侧的子坑道相接，则枝条即被环剥而枯死。幼虫期 40～45d。6 月中下旬到 7 月上中旬，幼虫先后老熟化蛹，蛹期 15～20d。成虫飞翔力弱，食性单一，调查发现只为害核桃。成虫多在白天活动，特别是午后炎热时较活跃，蛀食新芽基部，形成第二个为害高峰，顶芽受害最重，约占 63%。1 头成虫平均为害 3～5 个芽。当年羽化成虫经过一段取食为害后，潜伏在当年生枝条的顶芽和侧芽基部蛀孔内越冬。严重受害的核桃树连年枯梢，连续几年无收成。同时，由于被害枝条连续枯死，树冠残缺不全，导致树势极度衰弱；花芽受害后第二年不能开花结果，严重影响产量。

黄须球小蠹幼虫在枝条中发育需要一定湿度条件，最适含水量为 23.1%。核桃健康枝条皮层含水量为 82.8%，所以成虫不在健枝上产卵；而遭受核桃吉丁虫为害或其他伤害的枝条，秋季开始干枯，枝条含水量恰与黄须球小蠹幼虫发育的最适含水量相接近，所以这些枝条便成了成虫产卵的繁殖场所。因此，凡是核桃吉丁虫发生严重的地区，若有黄须球小蠹发生时，黄须球小蠹为害也就比较严重。

4. 防控措施

（1）农业防控　加强综合管理，增强树势，提高树体抗虫能力。根据受害芽多数不能萌发，甚至全枝枯死，在春季核桃树发芽后，彻底剪除没有萌发的虫枝或虫芽，以消灭越冬成虫。生长季节在当年新成虫羽化前及时剪除虫枝，多从核桃果实长到酸枣核大小或花椒盛花期时开始，到核桃硬核期前 10d 左右结束。同时，发现生长不良的有虫枝条，及时剪除，以消灭幼虫或蛹。

（2）物理防控　越冬成虫产卵前，在树上悬挂饵枝（可利用上年秋季修剪的枝条）引诱成虫产卵，而后集中销毁。

（3）化学药剂防　害虫发生严重的核桃园，在越冬成虫和当年成虫活动期及时喷药防治成虫。效果较好的药剂有：80%敌敌畏乳油 1 000～1 500 倍液、4.5%高效氯氰菊酯乳油 1 500～2 000 倍液、2.5%高效氯氟氰菊酯乳油 1 500～2 000 倍液、20%甲氰菊酯乳油 1 500～2 000 倍液、52.25%氯氰·毒死蜱乳油 1 500～2 000 倍液等。

（二十九）核桃吉丁虫

核桃吉丁虫（*Agrilus lewisiellus* Kerremans）属鞘翅目吉丁甲科，又称核桃小吉丁虫、核桃黑小吉丁虫。

1. 分布与为害　1971 年首次在陕西商洛核桃产区发现，后在陕西秦岭山区及关中各产区均有发生，目前在我国分布于山西、山东、河北、河南、陕西、甘肃、内蒙古等地区，韩国、日本也有发生。该虫单食性，只为害核桃，是我国核桃产区的灾害性害虫之一。

核桃吉丁虫以幼虫钻蛀为害枝条，严重地区被害株率达 90%以上。幼虫在二至三年生的枝干皮层中呈螺旋状取食，故又称为“串皮虫”。被害处膨大，表皮黑褐色，在蛀道上每隔一段距离有一新月形通气孔，并有少许黑褐色液体流出，干后呈白色物质附在裂口上。受害枝条多数枝梢枯死，树冠缩小，产量降低。幼树主干受害，树势减弱，常形成生长缓慢的“小老树”，重者则整株枯死。受害严重地区被害株率达 90%以上，幼树有 10%死亡，成年树减产 75%。此外，由于核桃吉丁虫的为害常引起核桃小蠹虫的大量发生，因小蠹虫多在干枯枝条中产卵繁殖，成虫出现后专吃核桃芽，顶芽受害尤为严重，所以对核桃产量及树势生长均造成严重影响。

2. 形态特征

成虫：体长4～7mm，黑褐色，有铜绿色金属光泽。头部较小，中部纵凹，触角锯齿状，复眼黑色。头、前胸背板及鞘翅上密布刻点；前胸背板中部隆起，两边稍延长。鞘翅基部稍变狭，肩区具一斜脊。

卵：长约1.1mm，扁椭圆形，产后1d变黑色，外被1层褐色分泌物。

幼虫：老熟幼虫体长12～20mm，乳白色，扁平。头黑褐色，明显地缩入前胸内。前胸膨大，淡黄色，中部有“人”字形纵纹，中后胸较小。腹部10节左右，腹部各节宽度与长度大体相同，腹端具1对褐色尾刺。

蛹：长4～7mm，裸蛹，初乳白色，羽化前黑色。

3. 发生规律 该虫在河北省一年发生1代，以幼虫在被害枝条木质部内的蛹室内越冬。越冬幼虫5月中旬开始化蛹，6月为化蛹盛期，蛹期16～39d，6月上中旬开始出现羽化成虫，7月为成虫高发期。成虫羽化后在蛹室停留15d左右，然后咬半圆形羽化孔钻出，取食核桃叶片10～15d补充营养，再交尾产卵。成虫喜强光，产卵需要较高的温度（气温达30℃左右）和强光，卵多散产在树冠外围和生长衰弱的二至三年生枝条向阳面的叶痕上及其附近，每次产1粒，卵期约10d。生长茂密、枝叶旺盛的树受害轻，生长弱、枝叶少、透射阳光良好的树受害严重。

7月上中旬开始出现幼虫。初孵幼虫从卵下面蛀入枝条表皮，随虫龄增长，逐渐深入到皮层和木质部间为害，蛀道多由下部围绕枝条螺旋形向上为害，蛀道宽1～2mm，内有褐色虫粪，直接破坏输导组织。如果树势强，受害轻，蛀道常能愈合；树势衰弱，蛀道多则不能愈合。被害枝条表面有不明显的蛀孔道痕和许多月牙形通气孔，从中流出树液。受害枝上叶片枯黄早落，入冬后枝条逐渐干枯。这些枯枝为第二年黄须球小蠹等蠹虫的幼虫提供了良好营养条件，进而又加速了枝条干枯。

幼虫在成龄树上多集中在二至三年生枝条上为害，受害率约72%，当年生枝条和第四、五、六年生枝的受害较轻，受害率分别是4%、14%、8%和2%。7月下旬至8月下旬被害枝上叶片发黄脱落，来年不发芽而枯死。8月下旬后，幼虫开始在被害枝条木质部筑虫室越冬，至10月底大部分幼虫进入越冬阶段。幼虫几乎全部在干枯枝条中越冬，未干枯的枝条很少有越冬幼虫。幼虫期长达8个月。成虫有假死性。

4. 防控措施

（1）植物检疫　加强植物检疫，严格控制带虫苗木进入无虫新区。同时，从疫区调运被害木材时需经剥皮、火烤或熏蒸处理，以防止害虫的传播和蔓延。

（2）农业防控　加强核桃园综合管理，增施肥水，培强树势，选育抗虫树种，是防治核桃吉丁虫的根本措施。各地经验证明，在秋末及早春施肥，春旱时适时浇水，都是促进树势生长旺盛的有效措施，进而减轻虫害。及时清除被害树木，剪除被害枝条，修剪下的虫害枝必须在4～5月幼虫化蛹以前剥皮或灭害处理。因干枯枝与活枝交界处是越冬幼虫的藏匿处，所以剪枯枝时要带一段活枝。连续剪除几年，即可从根本上控制住该虫为害。

（3）物理防控　在成虫产卵期（6月上旬至7月下旬）内设置一些饵木，诱集成虫产卵，而后及时烧毁。

（4）化学药剂防控　害虫发生严重的果园，在6～7月成虫羽化期内及时喷药防治成虫，并兼治核桃举肢蛾。效果较好的药剂有：45%毒死蜱乳油或水乳剂1 500～2 000倍液、50g/L高效氯氟氰菊酯乳油3 000～4 000倍液、4.5%高效氯氰菊酯乳油1 500～2 000倍液、20%甲氰菊酯乳油1 500～2 000倍液、1.8%阿维菌素乳油2 000～3 000倍液等。另外，7～8月检查发现枝条上有月牙形通气孔后，随即在虫疤处涂抹煤油敌敌畏液（20∶1），可有效毒杀内部幼虫。

（5）生物防控　核桃吉丁虫的寄生性天敌有白蜡吉丁肿腿蜂、天牛肿腿蜂等，幼虫被寄生率最高达56%，一般寄生率为16%，应注意天敌保护并加以利用。

（三十）芳香木蠹蛾

芳香木蠹蛾（*Cossus cossus* L.）属鳞翅目木蠹蛾科，又称木蠹蛾、杨木蠹蛾、蒙古木蠹蛾等，俗称红哈虫。

1. 分布与为害　芳香木蠹蛾在我国东北、华北、西北等地区都有分布，除为害核桃外，还可为害苹果、梨、杨、柳、榆、槐、白蜡、香椿等多种果树和林木。以幼虫群集为害核桃树干基部及根部蛀食皮层，被害处常有十几条幼虫，蛀孔堆有虫粪，幼虫受惊后能分泌一种特异香味。受害根颈部皮层开裂，排出深褐色虫粪和木屑，并有褐色液体流出，严重破坏树干基部及根系的输导组织，致使树势逐年减弱，产量下降，甚至整枝枯死，对核桃生产造成极大威胁。

2. 形态特征

成虫：体长24～42mm，雄蛾翅展60～67mm，雌蛾翅展66～82mm，体灰褐色。触角单栉齿状，中部栉齿宽，末端渐小。翼片及头顶毛丛鲜黄色，翅基片、胸背部土褐色，后胸具1条黑横带。前翅灰褐色，基半部银灰色，前缘生8条短黑纹，中室内3/4处及稍向外具2条短横线，翅端半部褐色，横条纹多变化，一般在臀角处有伸达前缘并与其垂直黑线1条，亚外缘线一般较明显。后足胫节有距2个。

卵：近卵圆形，长1.5mm，宽1mm，表面有纵行隆脊，脊间有横行刻纹，初产时白色，孵化前暗褐色。

幼虫：老熟幼虫体长80～100mm，扁圆筒形，背面紫红色有光泽，体侧红黄色，腹面淡红至黄色。头紫黑色。前胸背板淡黄色，有2块黑褐色大斑横列，中胸背板半骨化，3对胸足黄褐色，腹足趾钩单序环，趾钩76个左右，臀足趾钩单序横带，趾钩36个左右，臀板黄褐色。

蛹：长30～50mm，暗褐色。第二至第六腹节背面各具2横列刺，前列长超过气门，刺较粗，后列短不达气门，刺较细；肛孔外围有齿突3对，腹面1对较粗大。茧长椭圆形，长50～70mm，由丝黏结土粒构成，较致密。

3. 发生规律　芳香木蠹蛾2～3年发生1代，如在青海西宁3年发生1代，在山西、北京等地区2年发生1代。以幼虫在被害树的蛀道内和树干基部附近深约10cm的土内做茧越冬。越冬幼虫于第二年4～5月化蛹，6～7月羽化为成虫。成虫羽化时将蛹壳留在茧口。夜间活动，趋光性弱，黑光灯仅诱集少量成虫，且多为雄虫。成虫寿命平均5d左右，羽化后一般于翌日即开始产卵，每雌平均产卵245粒，卵多块产于树干基部1.5cm以下或根颈结合部的裂缝或伤口处，每卵块有几粒乃至百粒左右，卵粒外无覆盖物。

初孵幼虫群集为害，多从根颈部、伤口、树皮裂缝或旧蛀孔等处蛀入皮层，入孔处有黑褐色粪便及褐色树液。小幼虫在皮层中为害，逐渐食入木质部，根颈部皮层变黑，并与木质部分离，此时常有几十条幼虫聚集于皮下为害，极易剥落，后在木质部的表面蛀成槽状蛀坑，从蛀孔处排出细碎均匀的褐色木屑。随着幼虫龄期增大，分散在树干的同一段内蛀食，并逐渐蛀入髓部，形成粗大而不规则的蛀道。幼虫老熟后从树干爬出，在核桃树附近根际处，或离树干几米处的土埂、土坡等向阳干燥的土壤中结薄茧越冬。老熟幼虫爬行速度较快，当触及虫体时，幼虫能分泌出具有麝香气味的液体，故称芳香木蠹蛾。第三年春在土壤里越冬后的幼虫离开越冬薄茧，重做化蛹茧。幼虫化蛹前体色由紫红渐变为粉红色至乳白色。如茧被破坏，仍能重新做茧化蛹。蛹头部向上，离地表 2～27mm。蛹期 27～33d。4 月上中旬，野外即可初见成虫。成虫羽化前，蛹体以刺列蠕动至地表。成虫羽化后，蛹壳半露于地面，明显易见。

4. 防控措施

（1）农业防控　在成虫产卵前，树干涂白，防止成虫产卵。及时发现和清理被害枝干，消灭虫源；幼虫为害初期，当发现根颈皮下部有幼虫为害时，可撬起皮层挖除皮下群集幼虫。老熟幼虫离开树干入土化蛹时（9 月中旬以后），人工捕杀幼虫。

（2）化学药剂防控　①成虫产卵期防控。在树干 2m 以下喷洒 25%辛硫磷胶囊剂 200～300 倍液或 45%毒死蜱乳油 500～600 倍液，毒杀卵和初孵幼虫。②幼虫为害期防控。在幼虫蛀入木质部为害时，先刨开根颈部土壤，清除孔内虫粪，然后用注射器向虫孔注射 80%敌敌畏或 50%辛硫磷乳油或 45%毒死蜱乳油 30～50 倍液，注至药液外流为止。③熏杀幼虫。8、9 月当年孵化的幼虫多集中在主干基部为害，虫口处有较细的暗褐色虫粪，这时用塑料薄膜把有虫的主干被害部位包住，从上端投入磷化铝片剂 0.5～1 片，可熏杀木质部中的幼虫，12h 后杀虫效果即显示出来。

（3）生物防控　保护有益鸟类，如啄木鸟等。

（三十一）核桃横沟象

核桃横沟象（*Dyscerus juglaus* Chao）属鞘翅目象甲科，又称核桃根象甲。

1. 分布与为害　核桃横沟象分布于河南、陕西、四川和云南等核桃产区，以幼虫在核桃根部为害皮层，核桃树根皮被环剥，常与芳香木蠹蛾混合发生，造成树势衰弱，甚至整株枯死。此外，核桃根象甲的成虫还可为害果实、嫩枝、幼芽和叶片，常与核桃果象甲混合发生，使被害果仁干缩，嫩枝、幼芽被害后影响来年结果。主要在坡底、沟洼和村旁土质肥沃的地块及生长旺盛的核桃树上为害较重，幼树、老熟受害轻，中龄树受害重。每株虫口最多可达 110 头，被害株率一般达 50%～60%，严重地区可达 100%。

2. 形态特征

成虫：体长 12～16.5mm（不含喙），宽 5～7mm，雌虫体略大。体黑色，被白色或黄色毛状鳞片。喙粗而长、密布刻点，长于前胸，两侧各有 1 条触角沟。雌虫喙长 4.4～5.0mm，触角着生于喙前端 1/4 处；雄虫触角着生于喙前端 1/6 处。触角11 节，呈膝状。柄节长，常藏于触角沟内。复眼黑色。前胸背板宽大于长，中间有纵脊，密布较大而不规则的刻点。鞘翅上的点刻排列整齐，鞘翅近中部和端部有数块棕褐色绒毛斑。

卵：椭圆形，长 1.4～2mm，宽 1～1.3mm，初产时黄白色，后变为黄色至黄褐色。

幼虫：老熟幼虫体长 14～20mm，头宽 3.5～4mm，黄白色，头部棕褐色，口器黑褐色。身体肥胖、弯曲，多皱褶。

蛹：长 14～17mm，黄白色，末端有 2 根褐色臀刺。

3. 发生规律　据韩佩琦、景河铭等研究，在河南、陕西、四川等省均 2 年发生 1 代，跨 3 个年度，以幼虫在根皮部或以成虫在向阳杂草或表土层内越冬。在河南和陕西省幼虫经过 2 个冬天后，第三年的 5 月中下旬开始化蛹，可一直延续到 8 月上旬，化蛹盛期在 6 月中旬。蛹期 11～24d，自 6 月中旬成虫开始羽化，8 月中旬羽化结束，7 月中旬为羽化盛期。成虫羽化后在蛹室内停留 10～15d，然后咬破皮层，再停 2～3d 后从羽化孔爬出，上树取食叶片、嫩枝，也可取食根部皮层作补充营养。成虫爬行较快，飞翔力差，有假死性和弱趋光性。8 月上旬成虫开始产卵，8 月中旬达盛期，10 月上旬结束，成虫开始越冬。

越冬成虫翌年 3 月下旬开始活动，4 月上旬日平均气温 10℃左右时上树取食叶片和果实等进行补充营养，5 月为活动盛期，6 月上中旬为末期。越冬成虫能多次交尾，5 月中旬开始产卵，直至 8 月上旬产卵结束，而后成虫逐渐死亡，成虫寿命 430～464d。卵多产于根部的裂缝和嫩根皮中，雌成虫产卵前先用头管咬成 1.5mm 直径大小的圆洞，而后产卵于内，再转身用头管将卵送入洞内深外，最后用碎木屑覆盖洞口。每处多产卵 1 粒以上。1 头雌虫最多可产卵 111 粒，平均 60 粒。卵期 11～34d，平均 22d，当年产的卵 8 月下旬开始孵化，10 月下旬孵化结束。幼虫孵化后蛀入皮层。90%的幼虫集中在表土下 5～20cm 深的根部为害皮层，少数可沿主根向下深达 45cm。距树干基部 140cm 远的侧根也普遍受害，部分幼虫在表土上层沿皮层为害，但这部分幼虫多被寄生蝇寄生。幼虫钻蛀的虫道弯曲交错，充满黑褐色粪粒和木屑。虫道宽 9～30mm，被害树皮纵裂，并流出褐色汁液。严重时 1 株树有幼虫 60～70 头，甚至上百余头，将根颈下 30cm 左右长的皮层蛀成虫斑，随后斑斑相连，严重时根皮被环剥，导致整株枯死。幼虫为害至 11 月后进入越冬状态。

幼虫为害期长，每年 3～11 月均能蛀食，12 月至翌年 2 月为越冬期，当年以幼龄幼虫在虫道末端越冬，第二年以老熟幼虫越冬，幼虫期长达 610～670d。经越冬的老熟幼虫，4 月下旬当地温达 17℃时，在虫道末端蛀成长 20mm、宽 9mm 的蛹室蜕皮化蛹，5 月下旬为化蛹盛期，7 月下旬为末期，蛹期 17～29d，平均 25d。

4. 防控措施

（1）人工防控　①阻止成虫产卵。成虫产卵前，将根颈部土壤挖开，涂抹浓石灰浆于根颈部，然后封土，可阻止成虫在根上产卵，效果很好，并持效期 2～3 年。②挖土晾根。冬春季结合翻树盘，挖开根颈泥土，剥去根颈粗皮，降低根部湿度，造成不利于虫卵发育的环境，可使幼虫数量降低 75%～85%。

（2）药剂防控　①药剂防控幼虫。在春季幼虫开始活动为害时，挖开树干基部的土壤，撬开根部老皮，灌注 80%敌敌畏乳油 100 倍液或 50%杀螟松乳油 200 倍液、45%毒死蜱乳油 200 倍液、50%辛硫磷乳油 200 倍液，然后封土，杀灭幼虫，效果良好。②药剂防控成虫。在 6～7 月成虫盛发期，使用 50%辛硫磷乳油 1 000 倍液、每毫升含 2 亿个白僵菌孢子的菌液在树冠和根颈部喷雾，可有效杀灭成虫。

（三十二）大青叶蝉

大青叶蝉［*Tettigella viridis*（Linnaeus）］属同翅目叶蝉科，又称大绿浮尘子、青叶跳蝉。

1. 分布与为害 大青叶蝉在全国各地都有分布，寄主植物有核桃、苹果、梨、桃、李、杏等多种果树和麦类、高粱、玉米、豆类、花生、薯类及蔬菜等，食性很杂。成虫和若虫均可在枝、梢、茎、叶等部位刺吸植物汁液，但在果树上主要以成虫产卵为害。成虫秋末产卵时，以其锯状产卵器刺破枝条表皮呈月牙状翘起，然后将6～12粒卵产在其中，卵粒排列整齐，表皮呈肾形凸起。由于成虫在枝干上群集活动，产卵密度大，使枝条遍体鳞伤，经冬季低温和春季风吹，导致枝条水分丧失严重，易形成抽条，严重时导致枝条枯死，甚至全树死亡。与秋菜地或晚熟多汁作物临近的苗木和幼树常受害较重。

2. 形态特征

成虫：体长7～10mm，体黄绿色，头黄褐色，复眼黑褐色。头部背面有2个黑点，触角刚毛状。前胸背板前缘黄绿色，其余部分深绿色。前翅绿色，革质，尖端透明，后翅黑色，折叠于前翅下面。身体腹面和足黄色。

卵：长卵形，长约1.6mm，稍弯曲，一端稍尖，乳白色，以10粒左右排列成卵块。

若虫：共5龄，幼龄若虫体灰白色，三龄以后黄绿色，胸、腹部背面具褐色纵条纹，并出现翅芽，老熟若虫似成虫，仅翅未形成，体长约7mm。

3. 发生规律 大青叶蝉一年发生3代，以卵在嫩树干和枝条的表皮下越冬。翌年4月孵化，初孵化若虫喜群聚取食，3d后转移到蔬菜、农作物或杂草上取食，午间至黄昏时非常活跃，受惊即跳跃逃避。各代发生期大体为：第一代4月上旬至7月上旬，第二代6月上旬至8月下旬，第三代7月中旬至11月中旬，末代成虫9月开始出现。各代发生不整齐，世代重叠。成虫有趋光性，夏季很强，晚秋不明显，可能是低温所致。成虫、若虫日夜均可活动取食，产卵于寄主植物的茎秆、叶柄、主脉、枝条等组织内，以锯状产卵器刺破表皮呈月牙形伤口，于伤口中产卵6～12粒，排列整齐，表面呈月牙形凸起。每雌产卵30～70粒。该虫前期主要取食为害农作物、蔬菜及杂草，至9～10月农作物收割、杂草枯萎后，则集中转移至秋菜、冬小麦等绿色植物上为害，10月中旬第三代成虫陆续转移到果树、林木的枝条上产卵，将卵产在果树或林木幼嫩光滑的枝条及主干上越冬，卵块多集中在1～3cm粗的主枝或侧枝上，10月下旬为产卵盛期，以卵越冬。

果园内或周围间作的作物收获期的早晚与大青叶蝉为害幼树轻重有关。在幼树行间间作白菜、萝卜等蔬菜或晚熟的薯类，其虫口密度显著增加，大白菜畦中的幼树枯死率最高。而50m以外幼树产卵伤口很少，无枯死现象，说明大青叶蝉有集中为害特性。

4. 防控措施

（1）农业防控 及时清除果园杂草，最好在杂草种子成熟前翻于树下用作肥料。幼树果园避免间作大白菜、萝卜、胡萝卜、甘薯等多汁晚熟作物，如果间作这些作物时，应在9月底以前收获。对于越冬卵量较大的幼树，组织群众用小木棍将产于树干上的卵块压死，并于早春及时灌水。另外，也可在成虫产卵前于幼树主干上涂白，对阻止成虫产卵有一定作用。涂白剂配方为：生石灰25%、粗盐4%、石硫合剂1%～2%、水70%及少量

 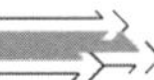

植物油，也可加入少量杀虫剂。

（2）灯光诱杀成虫　在成虫发生期，利用灯光诱杀成虫，可以大量消灭成虫。

（3）适当喷药防控　大青叶蝉发生数量大时，10 月上中旬于成虫产卵前或产卵初期进行喷药防控，并注意喷洒果树行间杂草及间作植物。效果较好的有效药剂有：45%毒死蜱乳油 1 500～2 000 倍液、20%甲氰菊酯乳油 1 500～2 000 倍液、4.5%高效氯氰菊酯乳油 1 500～2 000 倍液、50g/L 高效氯氟氰菊酯乳油 3 000～4 000 倍液、80%敌敌畏乳油 1 000～1 500 倍液等。

（三十三）其他害虫

除上述三十几种害虫外，在有些核桃产区发生的害虫还有许多，但均为零星或局部区域发生。现将较常见的几种害虫列表简述如下（表 11－6）。

表 11－6　核桃其他害虫发生概况与防治要点

种　　类	发生概况	防治要点
春尺蠖 *Apocheima cinerarius* Erschoff，属鳞翅目尺蛾科	春尺蠖一年发生 1 代，以蛹在树干周围的土壤中越夏越冬。越冬蛹于翌年春季果树发芽时开始羽化出土，3 月上中旬见卵，4 月上中旬幼虫孵化，5 月上中旬老熟幼虫入土化蛹。每年 4～5 月是春尺蠖集中为害时期	1. 春季翻树盘，杀灭虫蛹。 2. 树干基部涂粘胶环或绑塑料环，阻止雌蛾上树产卵。 3. 大发生时，低龄幼虫期树上喷施有机磷类或拟除虫菊酯类药剂防治。 4. 灯光诱杀雄成虫
核桃星尺蠖 *Ophthalmitis albosignaria* (Bremer et Grey)，属鳞翅目尺蛾科	幼虫喜食核桃叶片，还可为害木橑等。该虫一年发生 2 代，以蛹在核桃树下石块、土缝、枯叶草丛中越冬。翌年 6 月中下旬成虫羽化，卵块产于叶背面或枝条上，每块卵约 100 余粒。7 月幼虫孵化为害，分散取食叶片，小幼虫先为害嫩叶，随着龄期增大，转食老叶。老熟幼虫坠地入土化蛹。8 月成虫羽化，9 月幼虫出现第二代为害，10 月后老熟幼虫下树入土结茧越冬	1. 人工挖茧，消灭越冬幼虫。 2. 大发生时，低龄幼虫期树上喷施有机磷类或拟除虫菊酯类药剂防治
核桃美舟蛾 *Uropyia meticulodina* (Oberthür)，属鳞翅目舟蛾科	以幼虫蚕食叶片，主要为害核桃。在北京地区一年发生 2 代，入秋后老熟幼虫吐丝缀叶结茧化蛹越冬。翌年 5～6 月和 7～8 月羽化为第一、二代成虫。幼虫在 6 月和 7～8 月出现	一般年份不用防治。个别发生量大的年份可以喷药防治
樗蚕 *Philosamia cynthia* Walker et Felder，属鳞翅目大蚕蛾科	幼虫食叶和嫩芽，严重时把叶片吃光。一年发生 2～3代，以蛹越冬。在四川越冬蛹于 4 月下旬开始羽化为成虫，成虫有趋光性，并有远距离飞行能力。羽化出的成虫当即进行交配。卵产在寄主的叶背和叶面上，常数十粒成块状，每雌产卵 300 粒左右。初孵幼虫有群集习性，三龄后逐渐分散为害。第一代幼虫在 5 月为害，7 月底 8 月初是第一代成虫羽化产卵时间，9～10 月为第二代幼虫为害期，幼虫老熟后在树上缀叶结茧化蛹越冬	1. 冬季人工摘除虫茧。 2. 灯光诱杀成虫。 3. 大发生时，低龄幼虫期树上喷施有机磷类或拟除虫菊酯类药剂防治

（续）

种　类	发生概况	防治要点
大蓑蛾 *Clania variegate* Snellen，属鳞翅目蓑蛾科	幼虫在护囊中咬食叶片、嫩梢，或剥食枝干、果实皮层。一年发生1～2代，多以老熟幼虫在护囊内越冬。在陕西关中地区，5月上中旬化蛹，5月下旬至6月上旬成虫羽化产卵，6月中下旬幼虫孵化后开始为害，10月下旬老熟幼虫在护囊内越冬。成虫雌雄二型，雌蛾无翅，雄蛾有翅并具趋光性	1. 冬季或生长季节及时摘除树上虫囊，集中烧毁。 2. 大发生时，低龄幼虫期树上喷施有机磷类或拟除虫菊酯类药剂防治
白眉刺蛾 *Narosaedoensis* (Kawada)，属鳞翅目刺蛾科	该虫一年发生2代，以老熟幼虫在树杈上和叶背面结茧越冬。翌年4～5月化蛹，5～6月成虫出现，7～8月为幼虫为害期。成虫白天静伏于叶背，夜间活动，有趋光性。卵块产于叶背，每块有卵8粒左右，卵期约7d。幼虫孵出后，开始在叶背取食叶肉，留下半透明的上表皮；然后蚕食叶片，造成缺刻或孔洞。8月下旬开始幼虫陆续老熟后即寻找适合场所结茧越冬	1. 于冬季或早春，剪下树上的越冬茧。 2. 发生严重的年份，于低龄幼虫期可喷洒有机磷类、拟除虫菊酯类及其他药剂防治
扁刺蛾 *Thosea sinensis* Walker，属鳞翅目刺蛾科	该虫北方一年发生1代，南方2～3代，均以老熟幼虫在树下3～6cm土层内结茧以前蛹越冬。1代区5月中旬开始化蛹；6月上旬开始羽化、产卵，发生期不整齐；6月中旬至8月上旬均可见初孵幼虫，8月为害最重，8月下旬开始陆续老熟入土结茧越冬。成虫昼伏夜出，羽化后即可交配产卵，多散产于叶面上，卵期7d左右。幼虫共8龄，六龄起可食全叶，老熟多夜间下树入土结茧	1. 挖除树基四周土壤中的虫茧，减少虫源。 2. 发生严重的年份，于低龄幼虫期可喷洒有机磷类、拟除虫菊酯类及其他药剂防治
梨娜刺蛾 *Narosoideusflavidorsalis* (Staudinger)，属鳞翅目刺蛾科	该虫一年发生1代，以老熟幼虫在土中结茧，以前蛹越冬。翌春化蛹，7～8月出现成虫。成虫昼伏夜出，有趋光性，产卵于叶片上。幼虫孵化后取食叶片，发生盛期在8～9月。幼虫老熟后从树上爬下，入土结茧越冬。在正常管理的果园，梨娜刺蛾的发生数量一般不大，在管理粗放的果园，有时发生较多	防治方法参见扁刺蛾
核桃细蛾 *Acrocercops transecta* Meyrick，属鳞翅目细蛾科	该虫以幼虫潜叶为害，多于上表皮下潜食叶肉，后期形成不规则大斑。该虫一年发生3代，以蛹在树皮裂缝或落叶中结白色半透明茧越冬。6月中旬出现幼虫，7月、8月和9月分别是各代成虫发生期，7月为害最重。低龄幼虫潜食叶肉呈不规则线状隧道，后呈不规则大斑，上表皮与叶肉分离呈泡状，表皮逐渐干枯。幼虫老熟后钻出叶片在树皮缝隙或叶片上吐丝结白色半透明的茧化蛹	1. 冬季或早春清除落叶，用铁丝刷刷除树皮裂缝内的越冬蛹。 2. 卵孵化期树上喷敌敌畏、灭幼脲或高效氯氰菊酯等药剂防治初孵幼虫

（续）

种　类	发生概况	防治要点
榆蛎盾蚧 *Lepidosaphes ulmi* L. 属同翅目盾蚧科	一年发生1～2代，以卵在母体介壳下越冬。翌年5月下旬开始孵化，约经1个月若虫期后老熟。7月上中旬雌雄交尾，8月上旬开始产卵，至8月中下旬为产卵盛期。每头雌虫产卵90～1 000粒，多发生在向阳避雨的枝条上。初孵若虫活动性较强，常沿枝干爬行，选择适当的处所固定为害	1. 春季核桃树发芽后剪除虫量较多的枝条，或人工刮除越冬介壳及卵。 2. 5～6月若虫孵化盛期树上喷药防治，可选择溴氰菊酯、高效氯氰菊酯、螺虫乙酯等药剂
皱大球蚧 *Eulecanium kuwanai*（Kanda），属同翅目蜡蚧科	一年发生1代，以二龄若虫在1～2年生枝条上或芽附近越冬，翌年寄主萌芽时开始为害，进行雌雄分化。4月中旬至5月初雌蚧虫体膨大呈半球形，5月初雄虫羽化，进行交配，可行孤雌生殖。5月中旬雌虫开始产卵，6月上中旬开始孵化。初孵化若虫喜集中固定在叶背面主脉两侧吸食汁液，体表分泌蜡被，发育极慢。9月中旬至10月上旬若虫迁至枝条下方固着越冬	1. 夏季雌虫膨大产卵前刮除枝干上的虫体。 2. 在果树休眠期喷施3～5波美度石硫合剂或5%矿物油乳剂；在6月上中旬若虫孵化期，树体喷施有机磷类或拟除虫菊酯类药剂
斑衣蜡蝉 *Lycorma delicatula*（White），属同翅目蜡蝉科	一年发生1代，以卵在树干或附近建筑物上越冬。翌年4月中下旬若虫孵化并在枝干上刺吸营养为害，5月上旬为孵化盛期。若虫稍有惊动即跳跃而去。6月中旬羽化为成虫，活动为害至10月。11月初产卵，卵多产在树干的南面。每块卵有40～50粒，多时可达百余粒，卵块排列整齐，覆盖蜡粉。成虫、若虫均具有群栖性，善于跳跃	1. 冬季刮除树干上的卵块。 2. 在一龄若虫孵化期，喷施有机磷类或拟除虫菊酯类杀虫剂
咖啡豹蠹蛾 *Zeuzera coffeae* Nietner，属鳞翅目木蠹蛾科	一年发生1代，以幼虫在蛀道内越冬。翌年3月初继续蛀害，4月下旬以后幼虫陆续老熟，5月下旬至6月初大量化蛹，6月下旬为成虫羽化盛期。成虫羽化后不久即可交尾产卵，成虫喜产卵于孔洞或缝隙处，6月上旬便可见到初孵幼虫。由于成虫羽化时间不一致，故几乎任何时候都可见到幼虫。幼虫多从嫩枝基部逐渐食害蛀入，当蛀至木质部后多在蛀道下方环蛀一圈，并咬一通外的蛀孔，然后向上蛀食，同时不断向外排出粪粒	自核桃萌芽至5月成虫羽化前，剪除受害枯枝虫梢，集中烧毁或深埋。连续1～2年后即可控制其为害

第 十 二 章 核桃采收、贮藏及加工

第一节 采收适宜时期

一、采收期

核桃果实采收的最佳时期为青果皮由绿变黄，部分顶部出现裂纹，青果皮容易剥离，此时种仁饱满，幼胚成熟，子叶变硬，种仁颜色变浅，风味浓香。在成熟前一个月内核桃果实大小和坚果基本稳定，但出仁率与脂肪含量均随采收时间推迟呈递增趋势。有研究发现，青皮裂口比例与脂肪含量、蛋白质含量、出仁率显著正相关，与种仁含水量显著负相关，因此青皮裂口比例可作为核桃果实是否成熟的重要标志。当1/3的外皮裂口时即可采收，过早过晚均不利于核仁的品质。

核桃果实的成熟期，因品种和气候条件不同而异。早熟与晚熟品种之间可相差10～25d。一般来说，北方地区核桃的成熟期多在9月上旬至中旬，南方地区相对晚些，如云南三台地区核桃采收期在9月下旬。同一品种在不同地区的成熟期有所差异，如辽宁1号品种在辽宁大连地区9月中下旬成熟，在河北保定地区9月上中旬即可成熟。在同一地区的成熟期也有所不同，平原区较山区成熟早，阳坡较阴坡成熟早，干旱年份较多雨年份成熟早。

核桃采收适期非常重要，品种不同采收期不同，采收过早青皮不易剥离，种仁不饱满，单果重、出仁率和含油率均明显降低，使产量和品质均受到严重损失；采收过晚则果实容易脱落，同时青皮开裂后仍留在树上，阳光直射的一面坚果硬壳及内种皮颜色变深，同时也容易受霉菌感染，导致坚果品质下降。

目前我国核桃掠青早采的现象相当普遍，且日趋严重。据各产区的调查表明，目前核桃的采收期一般提前10～15d，产量损失8%左右。提早采收也是近年来我国核桃坚果品质下降的主要原因之一。因此，适时采收是核桃栽培管理中一项重要的技术措施，应该引起足够的重视。

（一）干制核桃

根据不同品种采收期种仁内含物变化的测定结果，应在青皮变黄、部分果实出现裂纹、种仁硬化时采收。

（二）鲜食核桃

鲜食核桃是指果实采收后保持青鲜状态时，食用鲜嫩种仁。鲜食核桃应早于干制核桃采收，果实青皮开始变黄、种仁含水量较高、口感脆甜时鲜食品质好。

(三) 麻核桃

麻核桃的正常采收时间一般略早于普通核桃。但不同品类、不同年份和不同生长情况的同品类核桃成熟早晚略有差异，有时成熟期相差 10d 左右。因此，不同类型、不同立地条件和不同年份，还应根据实际情况具体确定采收时间。麻核桃适时采收极为重要，采收过早，外壳木质素未完全沉积，易出现顶尖发白和壳面花斑现象，坚果质轻，缺乏骨感，不容易包浆上色，严重影响坚果外观品相。采收期过晚，壳面颜色变深，壳皮容易开裂，影响把玩价值。为提高坚果品质和品相，提倡不同品类分期采收。

(四) 油用核桃

油用核桃的种仁含油率、坚果出仁率和成熟度有密切关系。因此，应选择适宜油用品种，采果期应在果实充分成熟、种仁脂肪含量最高时采收。

二、采收方法

(一) 人工采收

人工采收法是我国目前普遍采用的采收方法。人工采收就是在果实成熟时，用带弹性的木杆或竹竿敲击果实所在的枝条或直接触落果实。敲打时应自上而下，从内向外顺枝进行，以免损伤枝芽，影响翌年产量。新建矮化核桃品种园多人工采摘。

(二) 机械采收

机械振动采收法是于采收前 10～20d，在树上喷布 500～2 000mg/kg 乙烯利催熟，采收时用机械振动树干，使果实振落于地面，这种方法在美国已普遍采用。其优点是青皮容易剥离，果面污染轻。但用乙烯利催熟往往会造成早期落叶而削弱树势。

(三) 麻核桃采收

为保证麻核桃坚果壳皮完好，实行手工采摘，并且轻采、轻拿、轻放，尽量减少机械损伤，以提高坚果质量和青皮果的贮藏期，方便脱青皮加工处理。高处的青果可用高枝剪从果柄处剪下，落入布袋中。也可用带铁钩和收果袋的竹竿或木杆顺枝钩取。采收后把完好青皮果和损伤果分开装箱，分别处理。

无论采用什么方法采收，采收前均应将地面早落的病果、虫果等捡拾干净，并做妥善处理。对于打落的果实应及时捡拾，剔除病虫果，将带青皮的果实和落地后已脱去青皮的坚果分别放置。脱去青皮的坚果可直接漂洗，以免混在带青皮的果实中，在脱青皮的过程中污染坚果果面。对于采收后的果实应尽快放置在阴凉通风处，注意避免阳光暴晒，以免温度过高使种仁颜色变深，甚至使种仁酸败变味。

第二节　脱青皮及干燥处理

一、脱青皮方法

(一) 机械脱青皮

根据加工原理可将机械法脱青皮分为钢丝刷皮法、刀片切割脱皮法、挤压摩擦刮削脱皮法、刀片与钢丝刷结合脱皮法等。国外核桃脱青皮机主要形式有水平式的钢丝刷刷青皮机、立式圆盘的弹齿刷刷青皮机和滚筒式的钢丝或弹齿刷刷青皮机3种，均可进行连续化作业，并且可配套于核桃初加工生产线上，将青皮与坚果分离，并对坚果进行清洗。由于国外核桃品种硬壳机械强度大且缝合线紧密，大小均一，适于脱青皮加工，因此，核桃机械脱青皮的问题在国外已经完全解决。长期以来我国核桃品种选优标准一直片面追求硬壳薄、出仁率高，乃至我国国家标准《核桃丰产与坚果品质》中规定的核桃坚果出仁率优级为≥59%，所以我国选出的核桃品种硬壳普遍较薄，硬壳机械强度及缝合线紧密度较小，且果个一致性差，因此，国外设备不适用于中国核桃品种的脱青皮加工，而且国外的脱青皮设备工艺复杂，成本高，不易加工制作。李忠新等采用栅条滚筒钢丝刷式、栅条滚筒刀片式和水平刀片与钢丝刷相结合式三种生产方式对温185、扎343和新新2号三个品种脱青皮，其生产效率分别比人工方式提高80、130和300倍，其中前两者适合果农家中使用，而第三种适合配套生产线使用。随着核桃产业化的发展，机械法脱青皮是核桃集约化生产必然途径。

（二）乙烯利脱青皮

该方法是我国主产区广泛使用的脱青皮方法。将采收的青皮果施用3 000～5 000mg/kg乙烯利溶液浸蘸1min，然后堆成厚50cm左右的果堆，上面覆盖塑膜，在温度为30℃左右，相对湿度80%～90%的条件下，2～3d，脱青皮率可达95%。此方法比堆沤法脱皮快，仅少量坚果表面有局部污染，核仁变质率约1.3%左右。此法对成熟度稍差及脱青皮较难的品种效果较好，不仅可以缩短脱青皮所需时间，而且避免了堆沤时间过长对坚果造成的污染。但对成熟度较高大量青皮已开裂的果实，不宜采用此法。否则不仅是人力物力的浪费，而且因乙烯利溶液进入已开裂的果实青皮与坚果之间，造成对坚果果壳及种仁的污染。在应用乙烯利脱皮过程中，为提高温湿度，果堆上可以加盖一些干草，但忌用塑料薄膜之类不透气的物质蒙盖，更不能装入密闭的容器中。

（三）堆沤脱青皮

堆沤法是我国传统的核桃脱青皮方法。采收后将果实及时运到庇阴处或室内，按50cm左右的厚度堆成堆（堆积过厚易腐烂），然后盖上一层麻袋或10cm左右的干草或树叶，以保持堆内温湿度，促进后熟。适期采收的果实一般堆沤3～5d青皮即可离壳，此时用木板或铁锹稍加搓压即可脱去青皮，并清洗污物。堆沤时切忌时间过长，否则青皮变黑甚至腐烂，污染坚果外壳和种仁，降低坚果品质和商品价值。一般正常的果实堆沤3～5d均能脱去青皮，而个别不产生离层的果实多为未受精而没有种仁的假果，没有价值可弃之。

（四）冻融脱青皮

该法是利用冷冻和融化交替的方法去除青皮。采收后，剔除病害果和虫害果，利用低温设备将鲜核桃进行－5～－25℃低温冷冻，待核桃青皮完全冻透，即青果皮全部结冰，脱皮时有明显的冰屑嵌入青皮内，再升温至0℃以上使其融化。待核桃青皮开裂和流汁软化后再采用人工或机械剥离青皮。冻融后使用机械剥离速度快、剥离率高，可实现流水作业。该方法缺点是需增加冷冻及升温设备。

二、脱青皮果清洗

脱青皮后的坚果表面常残存有烂皮、泥土及其他污染物，应及时用清水洗涤，保持果面洁净。传统清洗方法是将脱皮后的坚果装入筐内（一次不宜装得太多，以容量的1/2左右为宜），把筐放在流水或清水池中，用扫帚搅洗。在水池中冲洗时，应及时更换清水，每次洗涤5min左右，一次洗涤时间不宜过长，以免脏水渗入壳内污染核仁。一般视情况洗涤3～5次即可。在一般情况下，清水洗涤后应及时将坚果摊开晾晒，尤其是缝合线不够紧密或露仁的品种，只能用清水洗涤，否则易污染种仁。

近年来，随着核桃规模化生产面积的扩大，核桃清洗机已被广泛使用。该机器多与脱青皮机生产线相结合，可采用对插式尼龙毛辊对坚果进行刷洗，利用高压清水喷淋冲刷污物，此后在洗涤池中利用大量密集气泡对坚果进行翻滚搓洗，模拟人工清洗，大大加强清洗性能。

脱青皮和水洗必须连续进行，不宜间隔时间过长（不超过3h），否则坚果基部维管束收缩，水容易浸入，使种仁变色、腐烂。

三、干燥处理

经过脱掉青皮和洗净表面的坚果，应尽快进行干燥处理，以提高坚果的质量和贮运能力。特别是贮藏的核桃必须达到一定的干燥程度，以免水分过多而霉烂，坚果干燥是使核桃壳和核仁的多余水分蒸发掉。干燥后坚果（壳和核仁）含水量应低于8%，高于8%时，核仁易生长霉菌。生产上以内隔膜易于折断为标准。

我国核桃干燥方法有自然晾晒和设备烘干两种方式。洗净后的坚果不能立即放在日光下暴晒，否则核壳会翘裂，影响坚果品质。应先摊放在竹箔或高粱秆箔上晾半天左右，待大部分水分蒸发后再摊放在芦席或竹箔上晾晒。坚果摊放的厚度一般不宜超过两层。晾晒过程中要经常翻动，以达到干燥均匀、色泽一致。一般经5～7d即可晾干。干燥后的坚果含水量以8%以下为宜，此时坚果碰敲声音脆响，横隔膜极易折断，核仁酥脆。过度晾晒坚果重量损失较大，甚至种仁出油，降低品质。自然晾晒法是绝大多数果农采用的干制核桃方式。

设备烘干是应对南方采收期阴雨天气较多，北方秋雨连绵不断，不利核桃坚果脱水干燥的措施。多年来，南方核桃产区大多采用烘干房或烘干机处理坚果，随着核桃生产机械的普及，近年来北方核桃主产区也开始大量使用烘干设备进行坚果烘干处理。在烘干时，烘架上坚果的摊放厚度以15cm以下为宜，过厚或过薄，烘烤不均匀，易烤焦或裂果。烘烤过程中的温度控制至关重要。开始坚果湿度较大，温度宜控制在25～30℃为宜，同时应保持通风，让大量水蒸气排出。当烤至四五成干时，降低通风量，加大火力，温度控制在35～40℃；待到七八成干时，减小火力，温度控制在30℃左右，最后用文火烤干为止。果实从开始烘干到大量水气排出之前不宜翻动，经烤烘10h左右，壳面无水时才可翻动，越接近干燥，翻动越勤，最后每隔2h左右翻动一次。

第三节　果实贮藏、分级及包装

核桃作为一种坚果，坚硬外壳的保护使其耐贮性显著优于浆果和核果。但由于核桃仁中含有65%左右的脂肪，且脂肪中90%以上为不饱和脂肪酸，因此容易氧化而产生哈喇味，导致品质下降。只有采取适宜的贮藏方式，才能抑制核桃仁哈败变质并减少营养成分损失，使核桃仁在长时间内保持优良品质。核桃仁的优良品质是分级、包装和商品化的前提。

一、青皮果冷藏

目前，市场上最常见的是经过脱青皮、干制的核桃坚果。但近年来，采收后不经过脱青皮的核桃鲜果，由于果仁鲜嫩酥脆、无油腻感、营养损失少等突出特点，越来越受到消费者青睐。在我国北方大中城市，每到核桃即将成熟时，最先上市的往往是带青皮的核桃。然而，作为鲜果进入市场，青皮核桃货架期较短成为限制其规模销售的瓶颈。

青皮核桃在贮藏期间，含水量下降速度比脱青皮的湿鲜核桃要慢，这是由于青皮的存在起到了一定保鲜作用。但青皮核桃在贮藏期间的呼吸强度要远大于脱青皮后的干制核桃，因此，在贮藏过程中极易出现腐烂霉变、褐斑等情况（黄凯等，2009）。只有采取适当的冷藏措施，控制贮藏条件，才能使青皮核桃的耐贮性提高，从而延长货架期。影响青皮核桃冷藏效果的因素主要包括以下几个方面：

1. 温度 在核桃的长期贮藏过程中首先要考虑的就是温度，因为低温能有效抑制核桃的呼吸强度。适宜低温条件可以延长贮藏期，但是贮藏温度并非越低越好，温度过低会引起果实的代谢失调和紊乱，导致冷害发生。

多数研究者认为核桃贮藏温度应该控制在0～2℃为佳。郭园园等（2013）研究发现，当把青皮核桃置于（−1±0.5)℃条件下贮藏时，与（5±1)℃、(0±0.5)℃条件下贮藏的青皮核桃相比，其贮藏期可分别延长45d和15d。对其含水量的下降、a^*（色差值，正值表示偏红，负值表示偏绿）的升高、酸价的升高均有延缓作用，并可降低青皮核桃的呼吸强度，提高过氧化物酶（POD）活性，降低多酚氧化酶（PPO）活性，获得了较好的保鲜效果。

高书宝等（2008）研究发现，在室温条件下，青皮核桃比脱青皮的湿核桃失水缓慢，外果皮能起到很好的保鲜作用。室温下，湿核桃在4d时即完成全部失水量的91.9%，而青皮核桃失水过程缓慢而均匀，失水首先表现为外果皮皱陷，同时伴有果仁黄化现象。当采用低温密封保存时，青皮核桃呼吸代谢受到抑制，经28d保存，青皮果的失水率也仅有0.96%。另外，温度和创伤程度都直接影响核桃的保存期限，低温贮藏可减少青皮霉烂现象的发生，而青皮完好有利于长期保存。带果柄青皮核桃在5℃低温密封贮藏，保存40d以上没出现霉烂现象。

2. 相对湿度 相对湿度是影响核桃贮藏效果的关键因素之一。Hadorn等（1980）认为，相对湿度为50%～60%是贮藏核桃的较佳条件。Kader与Labavitch（1989）建议贮藏核桃的相对湿度为70%。冯文煜等（2013）将青皮核桃鲜贮的相对湿度设置为60%～70%，结合自发气调贮藏（MAP）取得了较为理想的贮藏效果。相对湿度过高，易引起核桃的腐烂，而相对湿度过低，则会造成核桃的失水，尤其对鲜食核桃的贮藏影响更为明显。

3. 气体成分（自发气调包装） 自发气调（modified atmosphere，MA）是采用对氧气和二氧化碳具有不同透性的薄膜密封包装来调节果实微环境气体条件以增强保鲜效果的方法。薄膜经特殊工艺制成，上面的微孔可以让密封袋内气体与空气适度交换而达到一个较稳定的气体条件，从而实现小包装气调贮藏（MA）的效果。

贮藏中适度增加 CO_2 浓度可以防止核桃霉变腐烂的发生，但仅限于主动自发气调，若利用高 CO_2 脉冲处理则会加剧果实的腐烂。马惠玲（2012）等认为，当 MA 作用达到如 mPVC 袋的效果，即 O_2 体积分数≤10.1%、CO_2 体积分数≥3.0%时方可减少可溶性干物质的消耗，表现出对青皮核桃显著的保鲜作用。thk-PE 袋的自发气调、保水能力均优于其他包装，并较其他包装更有效降低了核桃青果的呼吸强度、减少了乙烯生成，降低腐烂指数。thk-PE 袋贮期内，袋内气体体积分数达到 O_2 10.1%～13.0%，CO_2 4.3%～6.5%，可视为核桃青果适宜的自发气调保鲜条件，从而可知，核桃青果至少可耐 5%左右的 CO_2。冯文煜（2013）等采取 PE30（30μm）、thk-PE（45μm）、PE50（50μm）等 3 种不同厚度的改良聚乙烯膜包装处理，以地膜（6μm）包装为对照，在 0～1℃冷藏条件下进行研究，发现 PE50 自发气调能力及保水能力最强，使袋内 O_2 和 CO_2 体积分数分别达到了 4.5%～5.0%、5.3%～5.7%，显著降低了青皮核桃呼吸高峰，抑制了乙烯释放。3 种包装的核桃仁保鲜率都在 97%以上，并且越厚包装的核桃果实腐烂率越低。

另外，郭园园（2014）研究表明，厚度为 40μm 的 PE 膜包装处理，可有效降低果实霉腐率，延缓劣变进程，保持青皮核桃的原有水分和色泽，使青皮核桃的贮藏期延长到 90d。

4. 药剂保鲜

（1）纳他霉素　纳他霉素是一种天然保鲜剂，安全性高且具有广谱高效的抗真菌作用。据报道，纳他霉素在低浓度下就能有效抑制真菌生长，对几乎所有的真菌类都有很强的抑制性，已在香菇、乳制品、肉制品、果汁饮料、葡萄酒保藏上得到应用，效果较好。郭园园（2013）等研究发现，在冷藏温度（0±0.5)℃条件下，纳他霉素能够降低青皮核桃的霉腐率与 a^* 值的升高，能够延缓丙二醛（MDA）含量的增加，提高过氧化氢酶（CAT）活性，降低 PPO 和脂氧合酶（LOX）活性，从而提升青皮核桃对病原菌的抵抗能力，延缓衰老。其中，以 1 000mg/L 纳他霉素处理的青皮核桃的保鲜效果最佳。

（2）二氧化氯　蒋柳庆（2013）的研究表明，二氧化氯（ClO_2）处理有利于青皮核桃的贮藏保鲜，具有潜在的应用价值。其中，浓度为 80mg/L 的 ClO_2 可以防止青皮核桃的生理衰老，抑制呼吸速率和乙烯生成，提高贮藏过程中总酚和总黄酮的含量，延缓青皮中含水量的下降。二氧化氯处理还可以延缓青皮核桃的腐烂进程，在贮藏 45d 后腐烂指数还小于 20%，且核仁品质几乎与初始时一样。

5. 不同品种和采收期对青皮核桃冷藏的影响　蒋柳庆（2013）比较了西扶 2 号、辽宁 2 号和鲁光 3 个核桃品种之间冷藏效果的差异。发现不同品种果实的采后呼吸峰值出现的时间并不一致，辽宁 2 号的两个峰值依次晚于另外两个品种 6～12d，其乙烯释放高峰早于另外两个品种 6d，释放量为另二者的 4 倍。到 48d 贮藏结束时，辽宁 2 号、鲁光和西扶 2 号的腐烂指数分别为 14.00%、17.80%和 21.07%，表明 3 个品种中，辽宁 2 号更适于青皮核桃冷藏。

对于盛花后 140d（Ⅰ）、145d（Ⅱ）和 150d（Ⅲ）3 个采收期的青皮核桃进行 0～1℃

冷藏处理。采收期Ⅲ的果实腐烂指数显著低于采收期Ⅰ和Ⅱ，出仁率也高于其他两个采收期。

二、坚果贮藏

在我国，将采收后的核桃经过干制后进行贮藏的方式较为普遍，其流程包括：

核桃采收→脱青皮→漂洗→干制→袋装贮藏。

核桃坚果的外壳为核桃仁与外界之间提供了天然的屏障，其耐贮性显著优于浆果、核果类果实，一些缝合线较紧密的核桃品种，其坚果在室温环境下可有 9 个月左右的货架期。核桃的硬壳结构、含水量等特性是决定其贮藏特性的内在因素。赵悦平（2004）探讨了核桃硬壳结构与核桃坚果品质之间的关系，发现核桃硬壳结构（缝合线紧密度、机械强度、硬壳密度、硬壳厚度、硬壳细胞大小）与坚果品质密切相关。一般来说，核桃品种不同，其硬壳结构存在较大差异。当缝合线开裂的坚果超过抽检样品数量 10%时，则不能评为优级和一级，同时对核桃的耐贮性也带来不良影响。

为了更好地保证核桃的食用品质，延长其贮藏期和货架期，核桃坚果可通过通风库、冷库、气调库等方式进行贮藏。

1. 通风库贮藏 通风库贮藏只适合核桃短期存放，在常温下贮藏到夏季来临之前，核桃仁的品质能基本保持不变。首先对通风库进行防虫处理，每 $100m^3$ 的容积库可以用 1.5kg 二硫化碳熏 24h。核桃采收后，将脱去青皮的核桃置于干燥通风处晾干，装入布袋或麻袋置于库房内，下面用木板或砖石支垫，使袋子离地面 40～50cm。通风库内必须冷凉、干燥、通风、背光，同时要防止鼠害。

入通风库前，核桃含水量应降低至 7%～8%，此时，坚果的仁壳由白变黄，隔膜易于折断，种皮与种仁不易分离。当核桃含水量低于 8%时，其水分活度（Aw）一般小于 0.64，此时对大多数微生物的生长繁殖将起到抑制作用。Rockland 等（1961）研究表明，核桃含水量在 3.1%～4.0%时，在贮藏过程中的感官品质变化很小。Koyuncu 等（2003）研究表明，核桃经自然干燥密封贮藏于（20±1）℃、相对湿度 50%～60%，贮藏期可达 1 年。

2. 冷库贮藏 坚果类在 0～10℃为比较适宜的温度范围，－10℃以下会发生冻害。低温环境是核桃进行长期贮藏的首要条件（黄凯，2009）。Hadorn 等（1980）认为，温度为 12～14℃，相对湿度为 50%～60%的环境是贮藏核桃的最佳条件。Kader 与 Labavitch（1989）建议贮藏核桃的温度为 10℃，相对湿度为 70%。

核桃坚果果仁在冷藏条件下，也能取得较好的贮藏效果。A. Lopez（1995）对核桃仁在低温贮藏条件下品质变化进行了研究。结果表明，核桃仁在 10℃，相对湿度为 60%的条件下，保质期可达 1 年，其物理、化学、感官等品质指标均在规定范围内。也有研究（王亟，1998）认为核桃仁在 1.1～1.7℃的冷藏柜中，保藏 2 个月仍不哈败变质，而含水量 3.3%的核桃在 24℃下贮藏 30d 后，再包装在聚乙烯袋中，在贮温 0～1℃的库中可贮 1 年以上。

核桃的水分含量同样对冷藏效果产生影响，在 3～4℃的贮藏条件下，低含水量（5.89%）核桃的酸败程度比高含水量（12.77%）核桃的酸败程度明显减轻。这主要是较低的含水量能够使核桃的呼吸速率大大降低，同时减缓了油脂氧化。然而干燥并不能彻底阻止核桃酸败现象的发生，如果含水量过低，反而会增加酸败出现的可能性（马艳萍，2010）。因此，与通风库贮藏要求相似，核桃在冷藏入贮前要将其水分降至7%左右。

3. 气调库贮藏　气调贮藏，其原理在青皮核桃贮藏部分已进行过论述，即借助农产品的呼吸代谢和薄膜渗气调节气体平衡，在包装袋内形成高 CO_2、低 O_2 体积分数的微环境，从而降低呼吸作用与水分蒸腾，减少营养损耗，延长贮藏寿命。

干制核桃对 CO_2 不敏感，高浓度 CO_2 和低浓度的 O_2 对核桃的贮藏有利。采用隔氧包装或充氮包装，能抑制微生物及虫害的繁殖危害，且能控制油脂哈败（黄凯，2009），从而延长核桃货架期。Mate 等（1996）在氧气浓度和相对湿度对核桃酸败影响的研究中发现，核桃分别在含氧量高（>21%）与含氧量低（<2.5%）的环境中贮藏 28d 后，产生明显差异，贮至第 42d 时，在氧含量高的环境中贮藏的核桃过氧化值和乙醛含量明显高于低氧环境中贮藏的核桃。Pernille 等（2003）发现在带有氧气吸收装置条件下，核桃贮藏于 11℃以下，保存期为 13 个月。Jan 等（1988）研究发现，O_2 浓度低于 2.1%时可以完全避免脂肪氧化及酸败现象的发生。

简易气调贮藏的主要方式是采用塑料薄膜包装贮藏，使用塑料帐密封贮藏应在温度低、干燥季节进行，以便保持帐内湿度较低。将核桃装袋后堆成垛，在 0～1℃下用塑料薄膜大帐罩起来，把 CO_2 或 N_2 充入帐内，贮藏初期充气浓度应达 50%，以后 CO_2 保持 20%，O_2 保持 2%，这样既可防止种仁脂肪氧化变质又能防止核桃发霉和生虫（马艳萍，2010）。

简易气调贮藏采用具备一定气调功能的纳米材料，同样可以取得理想效果。纳米材料作为包装材料，其性能体现在具有抗菌表面、低透氧率、低透湿率和阻隔 CO_2 等方面，张文涛等（2012）经研究证实，纳米材料包装属于自发气调包装，可以维持低 O_2 高 CO_2 的气体环境，在纳米包装材料中添加了纳米银、纳米二氧化钛，具有一定的抗菌、抑菌作用。

袁德保（2007）将室温裸放，0℃裸放及 0℃0.03mm 聚乙烯（PE）袋包装的 3 组贮藏方式进行对比。结果显示，贮藏到 30d 后，3 个处理的过氧化值出现显著差异，室温裸放>0℃裸放>0℃0.03mmPE 袋包装，另外，裸放核桃的脂肪酶的活性显著高于 0.03mmPE 袋包装核桃脂肪酶的活性。这是因为聚乙烯（PE）薄膜袋起到自发性气调作用，0℃0.03mmPE 袋内产生低 O_2 和高 CO_2 环境，抑制了核桃的生理生化变化，使过氧化值增加缓慢，脂肪酶活性也受到抑制。

4. 栅栏技术　栅栏技术也称联合保存，联合技术或屏障技术，是多种技术科学合理地结合，通过各个保藏因子（栅栏因子）的协同作用，如水分活度、防腐剂、酸度、温度、氧化还原电势等，建立一套完整的屏蔽体系，以控制微生物的生长繁殖、抑制引起食品氧化变质的酶的活性，阻止食品腐败变质及降低对食品的危害性。

刘学彬等（2013）研究发现，核桃含水率、破碎程度、贮藏温度、充气情况、光照情况等栅栏因子对核桃理化性质均有不同程度影响。其中破碎程度、贮藏温度及光照情况在短时期内对核桃酸价、过氧化值影响较大；充气情况、含水率在长期贮藏中的影响会较为明显。

三、分级

(一) 坚果

1. 分级目的、意义 在采收之后，不同大小、品质的核桃坚果都混合在了一起，为了保证核桃质量，提高核桃商品价值和附加值，体现按质取价和交易公平，需要对其进行分级处理。分级处理，一方面满足了消费者对核桃坚果的差异化需求；另一方面，也为核桃进行深加工时的破壳机械化处理提供了条件，使核桃的商品价值最大化。

2. 分级标准 我国在1987年颁布了国家标准《核桃丰产与坚果品质》(GB 7907—87)，在1988年颁布了核桃的国家标准（GB 10164—88)，但均已废止。现行的核桃品质分级国家标准为《核桃坚果质量等级》(GB/T 20398—2006)，该标准从感官指标、物理指标和化学指标3个方面，将核桃坚果分为4个等级（表12-1)。

表12-1 核桃坚果质量分级指标

项目		特级	Ⅰ级	Ⅱ级	Ⅲ级
基本要求		坚果充分成熟，壳面洁净，缝合线紧密，无露仁、虫蛀、出油、霉变、异味等果，无杂质，未经有害化学漂白处理			
感官指标	果形	大小均匀，形状一致	基本一致	基本一致	
	外壳	自然黄白色	自然黄白色	自然黄白色	自然黄白或黄褐色
	种仁	饱满，色黄白，涩味淡	饱满，色黄白，涩味淡	较饱满，色黄白，涩味淡	较饱满，色黄白或浅琥珀色，稍涩
物理指标	横径（mm）	≥30.0	≥30.0	≥28.0	≥26.0
	平均果重（g）	≥12.0	≥12.0	≥10.0	≥8.0
	取仁难易度	易取整仁	易取整仁	易取半仁	易取1/4仁
	出仁率（%）	≥53.0	≥48.0	≥43.0	≥38.0
	空壳果率（%）	≤1.0	≤2.0	≤2.0	≤3.0
	破损果率（%）	≤0.1	≤0.1	≤0.2	≤0.3
	黑斑果率（%）	0	≤0.1	≤0.2	≤0.3
	含水率（%）	≤8.0	≤8.0	≤8.0	≤8.0
化学指标	脂肪含量（%）	≥65.0	≥65.0	≥60.0	≥60.0
	蛋白质含量（%）	≥14.0	≥14.0	≥12.0	≥10.0

3. 分级方法 目前，果品分级机械按工作原理可分为大小分级机、重量分级机、色泽分级机，但在国内市场专门针对核桃上述特性进行分级的机械并不多见。而针对核桃的形状特点进行分级的研究已有报道。核桃按形状分有椭球形、近球形和略扁形，一般的分级机对于圆形的物料分级精度较高，但对于长圆形的物料分级误差较大。针对核桃的特殊情况，何鑫等（2010）设计出一种间隙渐变式辊轴分级机，试验表明，当喂入量为

15kg/min，链条前进的速度为24m/min，分级辊的转速为180 r/min时，核桃的分级精度最高，可达到95%。

（二）果仁

国内核桃取仁仍较多沿用手工方法，所取得的果仁大小或破碎程度不仅与取仁方法有关，更与品种特性直接相关。根据核桃仁的特性进行分级，将为确定核桃仁加工产品种类、加工方式和方法提供依据，使其得以充分利用，降低核桃仁作为原料的成本。

国家林业局在2010年发布的“核桃仁”林业行业标准（LY/T 1922—2010）中，根据核桃仁的质量规格进行了分级，见表12-2。

表12-2　核桃仁质量分级指标

等级		规格	不完善仁（%）≤	杂质（%）≤	不符合本等级仁允许量（%）≤	异色仁允许量（%）≤
一等	一级	半仁，淡黄	0.5	0.05	总量8，其中碎仁1	10
	二级	半仁，浅琥珀	1.0	0.05		10
二等	一级	四分仁，淡黄	1.0	0.05	大三角仁及碎仁总量30，其中碎仁5	10
	二级	四分仁，浅琥珀	1.0	0.05		10
三等	一级	碎仁，淡黄	2.0	0.05	Φ10mm圆孔筛下仁总量30，其中Φ8mm圆孔筛下仁3、四分仁5	15
	二级	碎仁，浅琥珀	2.0	0.05		15
四等	一级	碎仁，琥珀	3.0	0.05	Φ8mm圆孔筛上仁5，Φ2mm圆孔筛下仁3	15
	二级	米仁，淡黄	2.0	0.05		—

为了便于操作，业内根据核桃仁的颜色和完整程度将其划分为八级，行业术语将“级”称为“路”。白头路：1/2仁，淡黄色；白二路：1/4仁，淡黄色；白三路：1/8仁，淡黄色；浅头路：1/2仁，浅琥珀色；浅二路：1/4仁，浅琥珀色；浅三路：1/8仁，浅琥珀色；混四路：碎仁，种仁色浅且均匀；深四路：碎仁，种仁深色。

在核仁收购、分级时，除注意核仁颜色和仁片大小之外，还要求核仁干燥，水分不超过4%；核仁肥厚，饱满，无虫蛀，无霉烂变质，无杂味，无杂质。不同等级的核桃仁，出口价格不同，白头路最高，浅头路次之。但我国大量出口的商品主要为白二路、白三路、浅二路和浅三路4个等级。混四路和深四路均作内销或加工用。

四、包装

（一）坚果

根据GB/T 20398—2006规定，核桃坚果一般应用麻袋包装，麻袋要结实、干燥、完整、整洁卫生、无毒、无污染、无异味。壳厚小于1mm的核桃坚果可用纸箱包装。麻袋包装上应系挂卡片，纸箱上要贴上标签，均应表明品名、品种、等级、净重、产地、生产单位名称和通讯地址、批次、采收年份、封装人员代号等。

（二）果仁

核桃仁出口，要求按等级用纸箱或木箱包装。包装材料应清洁、干燥、无毒、无异味，符合相应国家卫生标准的要求。一般每箱核仁净重 20～25kg。包装时应采取防潮措施，一般是在箱底和四周衬垫玻璃纸等防潮材料，装箱之后立即封严、捆牢，并注明有关信息。核桃仁销售包装必须完整、严密、不易散包。大包装产品可分装为小包装或散装零售，包装的形式分为盒装、袋装等，在产品标签上注明厂名、厂址、生产日期等产品信息。

第四节　核桃产品加工技术

核桃是药食两用食物，不仅营养价值很高，而且具有多种保健功效。当前核桃消费仍以直接食用核桃仁为主，由于核桃仁表层的内种皮含有丰富的酚类物质，直接食用时有一定的苦涩味，因而限制了核桃的广泛消费，使得核桃的营养保健作用不能更好地被充分利用和发挥。随着我国核桃种植业的迅速发展，核桃产量逐年增加，因此，亟须开发出更多的核桃加工产品，促进核桃的消费和核桃产业健康稳步发展，从而进一步提高人民身体健康素质。然而当前核桃加工产业却发展较慢，明显落后于种植业的发展，核桃加工品种少，规模小。现今市场上核桃加工品种主要有核桃粉、琥珀桃仁系列、核桃油、核桃乳、脱衣核桃仁，但大都缺乏品牌效应，因此，核桃的深加工技术、特别是核桃保健食品加工技术亟待研究开发。现就当前已有核桃产品和研发产品的生产技术总结介绍如下。

一、琥珀核桃仁系列

琥珀核桃仁是以核桃仁为原料，经去涩、上糖衣、油炸等工序制成的色似琥珀、香酥脆甜、具有浓郁核桃仁香味的传统特色小吃，琥珀核桃仁是核桃加工品家族的元老，自20世纪80年代就走出国门，出口海外。琥珀核桃仁由于其独特的，甜、酥、香、脆，至今仍是消费者喜爱的休闲食品，与琥珀核桃仁相似的还有椒盐核桃仁、奶油核桃仁、五香核桃仁等产品。随着人们健康意识的增强，对核桃产品提出了更高的要求，琥珀核桃仁由于本身脂肪含量较高，油炸加工使脂肪含量又有所增加，使得琥珀核桃仁成为一种高能量食物。而今，国人中超体重和肥胖人群增多，因而，为了避免油脂摄入过量，生产者对其加工工艺进行改进，琥珀核桃仁系列中又诞生了无油版琥珀核桃仁。

（一）琥珀核桃仁

1. 琥珀核桃仁加工工艺　核桃仁→分拣去杂→预煮脱涩→甩水→上糖衣→油炸起酥→甩油、冷却→检验→包装→成品。

2. 操作要点

（1）分拣去杂　去除碎、虫、霉烂不合格仁，并选除杂质，再除去碎核桃仁皮。

（2）预煮脱涩　将核桃仁投入沸水煮 5min，脱掉部分多酚类物质，立即以清水冷却、漂洗。

（3）甩水　将预煮好的核桃仁装入布袋中，用离心机甩水2～3min，将其含水量控制在10%左右。

（4）上糖衣　糖75%、水25%，使糖全部化开，再加入0.01%的柠檬酸，然后按比例加10%核桃仁进糖液中煮10min,，捞出滤去糖液，摊开冷却至20～30℃。

（5）油炸起酥　将核桃仁倒入油炸笼内，把油温控制在150～160℃之间，油炸2～4min，炸至核桃仁色泽清亮呈琥珀色。严格控制油炸温度和时间，才能保证琥珀核桃仁的质量。油炸用油按以下配方组成：10kg花生油、3g没食子酸丙酯、1.5g柠檬酸、9g乙醇。

（6）甩油冷却　将炸好的核桃仁倒入离心机内，趁热甩油、1～2min，然后分散摊开在不锈钢工作台上，冷却至糖衣固化。

（7）检验包装　对已油炸过的琥珀核桃仁，剔除焦煳、色泽过深或过浅的以及杂质，再按大小粒和不同色泽分开，使琥珀核桃仁颜色和大小都较均匀。将冷却至室温的核桃仁装入PE袋中或罐头瓶，抽真空密封。

无油琥珀核桃仁操作关键点：

无油琥珀核桃仁加工工艺中无油炸工序，核桃仁前处理同琥珀核桃仁，取代油炸工序的是将核桃仁在冰糖液中翻炒。将脱涩的核桃仁倒入加热融化、有小气泡产生时的冰糖溶液中翻炒，至糖液稍干、核桃仁发脆，倒入瓷盘，趁热打散核桃仁，防止结块，冷却后即成无油琥珀核桃仁。

3. 琥珀核桃仁产品特征

（1）感官指标

色泽：呈琥珀色，色泽均匀一致，无焦煳现象。

滋味及气味：具有油炸香与坚果香，香甜滋味。

组织及形态：酥脆，不黏不沙。

（2）理化指标

总糖20%～55%，水分2%以下。

（二）风味核桃仁

1. 椒盐（奶油、五香）**核桃仁加工工艺**　核桃仁→分拣去杂→预煮脱涩→甩水→料液浸泡、沥水→烘烤→冷却包装→成品。

2. 操作要点　分拣去杂、预煮脱涩、甩水、冷却、包装同琥珀核桃仁操作要点。

（1）料液浸泡　用纱布将核桃仁包好，放入料液中，浸泡50min，时间不宜过长，以免核桃仁变软，影响口感。

（2）烘烤　将沥净水的核桃仁放入烘烤箱中，烘烤温度100℃，烘烤时间3h，其间每隔1h翻料1次。

椒盐料液配方：10kg核桃仁，25kg水，2.5kg盐，2kg白砂糖，300ml麦芽糖，60g花椒，30g籽盐，100g大料，50g抗坏血酸钠，30g柠檬酸。配料时先将花椒、籽盐、大料等香料物质在沸水中加热5min，然后倒入料桶中，香味更好地入料。

奶香料液配方：1kg核桃仁，5kg水，150g盐，1.5kg白砂糖，1 000ml麦芽糖，0.5kg奶油香精，20g抗坏血酸钠，10g柠檬酸。

五香料液配方：1kg 核桃仁，5kg 水，250g 盐，0.5kg 白砂糖，600ml 麦芽糖，200g 花椒，100g 籽盐，200g 大料，100g 甘草，200g 特殊香料（部分配料保密），50g 抗坏血酸钠，20g 柠檬酸。

3. 风味核桃仁产品特征

色泽：淡褐色。

滋味及气味：具有相应的椒盐、奶油、五香风味与坚果香味。

组织及形态：具有香、酥、脆特征。

二、核桃粉系列

核桃粉是 2000 年左右上市的产品，是以脱去部分脂肪后的核桃粕为主要原料，经过研磨、添加各种不同辅料或营养成分、调配、乳化、均质、浓缩、喷粉后制成的各种风味、营养核桃粉。核桃粉营养全面、风味独特，具有抗衰老、补气、养血、化咳、健脑、益肾等保健功能，是一种老少皆宜的方便营养品。随着食品加工设备和技术的发展，核桃研磨可利用超微纳米粉碎机粉碎，制得的产品速溶性好。

（一）核桃粉

1. 生产工艺 核桃仁→去皮→烘干→冷榨→脱部分脂肪后的核桃粕→粉碎→粗磨浆→乳化剂、稳定剂和各种辅料调配→细磨浆→均质→浓缩→喷雾干燥→集粉→包装→核桃粉。

2. 操作要点

（1）核桃仁去皮 经挑选的核桃仁冷水中浸泡 30min，捞出沥干水分，置于 4% Na_2CO_3＋10%$Ca(OH)_2$ 混合液中 90℃浸泡 2～3min，捞出沥去水分，用高压水冲洗去皮。

（2）烘干 在鼓风干燥箱中 60℃烘制 3～4h，至核桃仁含水量在 3%～4%。

（3）冷榨 用液压榨油机榨油，压力 10MPa，时间 5～8min，出油率控制在 30%以下，榨油后的副产品为脱脂核桃粕，此核桃粕蛋白质基本保持了原有蛋白质结构，无变性。

（4）粉碎 采用高速粉碎机或超微粉碎机对脱脂核桃粕进行粉碎，成细粉。

（5）粗磨 脱脂核桃粕粉加水，料水比 1∶5，浸泡 30min 后胶体磨粗磨浆。

（6）调配 按营养核桃粉或风味核桃粉配方比例，在核桃磨浆液中加入相应的营养成分和风味物辅料、溶解好的稳定剂和乳化剂进行调配。赵见军等研究表明，核桃粉乳化剂、稳定剂比例分别为蔗糖脂肪酸酯 3%、稳定剂 β-环糊精 0.9%、表面活性剂多聚磷酸钠 0.2%适宜。

（7）细磨 混合好的浆液继续用胶体磨细磨 5～10min。

（8）均质 混合好的浆液在 40MPa 条件下，均质二次，均质温度 60℃。

（9）真空浓缩 采用真空浓缩设备在 10～15kPa 压力下，浓缩至固形物为 40%。

（10）喷雾干燥 处理好的浆液通过小型喷塔进行喷雾干燥，进风温度 190℃，离心喷雾转速 20 000r/min。

喷好的粉通过集粉、检验、包装后得核桃粉成品。

3. 核桃粉产品特征

（1）核桃粉感官品质

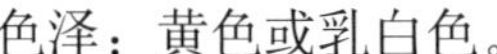

色泽：黄色或乳白色。

风味：具有核桃特有的香味及该种产品应有的风味，口味纯正，无异味。

组织状态：粉状或微粒状，无结块。

（2）理化指标　蛋白质≥10%，脂肪水分≤10%，水分≤4.0%，溶解度≥80%。

（3）微生物指标符合国家规定的食品卫生标准。

（二）核桃蛋白多肽粉

核桃蛋白是一种优质蛋白，主要由清蛋白、球蛋白、醇溶蛋白和谷蛋白组成，18 种氨基酸齐全，且人体所需的 8 种必需氨基酸含量合理，接近联合国粮农组织（FAO）和世界卫生组织（WHO）规定的标准，是一种很具开发潜力的植物蛋白。核桃仁蛋白质含量 14%～17%，榨油后的副产品——核桃粕中蛋白质含量更高达 53.89%，但通常将其作为饲料或直接废弃，造成了资源的极大浪费。利用酶法对核桃蛋白进行酶解制备多肽，不仅可提高核桃粕的利用价值，还能改变其物化性质和功能特性，提高消化吸收性和营养功效，成为一种营养和保健价值更大的食材，因蛋白酶解物中含有许多小分子的肽，比蛋白质和氨基酸能更好地被吸收。已有研究表明，核桃蛋白肽具有很好的抗氧化性，抗 ACE 抑制活性、抗肿瘤活性、抗菌性等功能，这些性能使得核桃多肽在食品、医药、保健品、化妆品等领域具有广泛的开发和利用前景。

在食品行业中，核桃蛋白多肽粉可作为食品添加剂，应用到肉制品、乳制品、冷饮食品及焙烤食品的加工中，以改善食品的质构品质和风味，增加食品营养价值。由于核桃多肽具有较强的抗氧化能力，适合用于加工出优质食品，其良好的营养学特性，能迅速恢复和增强体力，促进健康，更适合用于特殊病人的营养剂，特别是作为消化系统中肠道营养剂和流质食品。

酶解制得的核桃多肽粉，再经过大孔树脂和凝胶过滤、分离纯化后，可获得活性更好的功能成分，可以用于医药行业中生产出相应功效的药品，以更好地发挥其功效，提高产品附加值。

由于核桃多肽的溶解性好，吸湿性和保湿性强，易溶解于多种化妆品溶剂中，并且具有一定的抗氧化作用，它常被应用在化妆品中，在头发及皮肤的护理上具有一定的作用，也可用于一些修复型化妆品的添加剂。

1. 核桃蛋白多肽粉复合酶解工艺　核桃饼粕→粉碎浸泡→调 pH→超声波辅助浸提→离心，取上清液→酸沉→离心，取沉淀→得蛋白质粉→溶解，调 pH →加酶→保温酶解→灭酶→冷却→离心→得上清液→测定水解度→透析→大孔树脂过滤→凝胶过滤→冻干→得活性化多肽粉→浓缩→烘干→核桃蛋白多肽粉。

核桃蛋白最佳酶解条件：即酶解液最适 pH 为 7.4，酶解温度为 60.46℃，酶用量为 5.71%。酶解时间 5.05h。此时水解度可达 14.54%。Alcalase2.4L 碱性蛋白酶+胰蛋白酶复合酶系的最佳配比为 3∶1。

2. 操作要点

（1）粉碎浸泡　称取一定量的核桃饼粕于万能粉碎机中粉碎后，按质量比为 1∶20 溶于去离子水。

（2）调 pH　用 1mol/L 的 NaOH 溶液调 pH 至 8.5。

(3) 浸提　55℃超声波加搅拌浸提3h。

(4) 离心　4 000 r/min 离心 20min，去除油层和下层沉淀，取上清液，得蛋白溶液。

(5) 酸沉　用稀盐酸液调 pH 至 4.8，搅拌，使溶液中蛋白完全沉淀。

(6) 离心　4 000 r/min 离心 20min，取沉淀，用去离子水溶解后调 pH 为 7.0，低温保存核桃蛋白质溶液。

(7) 调节 pH、加酶　用 1mol/L 的 NaOH 调蛋白溶液至最适 pH7.4，加酶量为蛋白质质量的 5.71%，水解酶系为 3∶1 的 Alcalase2.4L∶胰蛋白酶复合酶。

(8) 保温酶解　加温蛋白液至 60.46℃，保温酶解 5.05h，测水解度。

(9) 灭酶　当水解度达到 14.54%时结束酶解，升温蛋白酶解液至 95℃，保持 10min 灭酶处理。

(10) 冷却、离心　冷却至室温，4 000 r/min 离心 20min，得蛋白水解物。

(11) 透析　将蛋白酶解液用截留分子量 7 000u 的透析袋中透析。

(12) 浓缩　收集透析液减压浓缩至 30%浓度。

(13) 冻干　冷冻干燥至水分含量≤7%，即得到淡棕色核桃多肽粉。

此复合酶解得到的核桃多肽的平均链长 PCL＝（1/DH）×100%≈6.88、平均分子量 MW＝110×PCL＋18≈774.53u，符合常见功能性多肽的分布范围。

三、核桃油

核桃油为近几年国际、国内市场需求量较大的三大植物油之一，营养价值高。核桃油脂中不饱和脂肪酸含量超过 90%，长期食用，不但降低胆固醇，还能减少肠道对胆固醇的吸收，很适合高血压、冠心病和动脉硬化的病人食用。有试验表明核桃油脂能够有效降低突然死亡的风险，并减少患癌症的机会，即使在钙摄入量不足的情况下，也可以有效降低骨质疏松症的发生，核桃油脂中的亚麻酸还具有减少炎症的发生和血小板凝聚的作用。法国和日本已把核桃油作为高级食用保健油，在国际市场上，核桃油备受消费者青睐，市场前景广阔。

植物油脂的制取方法主要有压榨法、有机溶剂萃取法、水代法、超临界 CO_2 萃取法等。核桃油因含油量高，目前生产加工方法主要采用压榨法。压榨法分螺旋榨油机热榨和液压榨油机冷榨法。螺旋榨油机压榨法需加热核桃仁原料，同时压榨过程通过螺旋杆动态挤压、摩擦核桃仁原料，也会产生热量，可使物料的蛋白质变性。产生热量既增加了物料塑性，又使油的黏性降低，有助于油的流出，因而出油率高，但是同时也存在着杂质多、颜色深的缺点。液压冷榨生产过程，核桃仁物料装在专用纤维编织袋中被静态挤压，压榨中基本不产生热量，避免了对核桃蛋白产生热变性，保持了油的天然特性。一般情况下，冷榨核桃饼粕为半脱脂状态，仍保留少量脂肪，粕疏松，有核桃固有的香味，且蛋白不变性，便于核桃蛋白的开发利用。液压冷榨专用纤维编织袋可起到过滤的作用，得到的毛油杂质很少，可免去精炼环节，因此，液压冷榨核桃油品质好。

（一）液压冷榨核桃油

采用液压冷榨机进行压榨，其生产特点为原料无需加热、间歇式进料、出油，不能连续生产，物料不经历受热。

1. 冷榨核桃油生产工艺　核桃仁→分拣→去皮（或不去皮）→（碱液去皮→水洗→55℃烘烤核桃仁至所需含水量4%以下）粉碎→液压榨油→冷榨核桃毛油→过滤→核桃油理化性质测定→成品。

2. 操作要点

（1）核桃仁分拣　挑选干燥、无病虫害、无霉变、无杂质的核桃仁。

（2）核桃仁脱皮　利用0.6%NaOH溶液65℃浸泡核桃仁15min，立即用清水漂洗干净至无碱性。

（3）烘干　脱皮后的核桃仁送入烘箱在60℃鼓风干燥，至2%左右水分含量。

（4）粉碎　核桃仁需破碎至花生仁颗粒大小，压榨时出油率高。

（5）压榨　采用液压榨油机，将核桃仁碎料装入专用压榨袋，放入榨缸中进行压榨，核桃油压榨压力10～30MPa、压榨时间5～40min，在此条件下油脂提取率为40%～85%，得到的核桃油品质高。如榨饼进行二次压榨，则榨出的油质量下降。

3. 液压冷榨核桃油产品特征　液压冷榨获得的核桃油色浅、透亮，杂质少，经过滤后可不精炼。出油量随压榨条件不同而已。

吴凤智、周鸿翔等最新研究表明，压力30 MPa、压榨时间30min，压榨制取核桃油出油率可达90%左右。

（二）螺旋压榨核桃油

采用螺旋杆压榨机进行压榨，其特点是物料需加热，可连续进料、连续出油、出饼粕，连续生产。物料需经历受热，核桃蛋白发生热变性。

1. 螺旋压榨核桃油生产工艺　核桃仁分拣→粉碎→蒸炒→螺旋榨油→热榨核桃毛油。

2. 操作要点

（1）核桃仁分拣　核桃仁分拣去杂，去霉变仁。

（2）粉碎　将核桃仁破碎为花生粒大小。

（3）蒸炒　蒸炒温度为125～135℃，炒至果仁金黄色、无生味，水分含量为5%～6%。

（4）榨油　采用螺旋榨油机，炒熟的核桃仁趁热投入榨膛进行压榨，入榨温度为75～85℃，这样出油率高。周伯川等研究表明，进料核桃仁中含壳率为30%左右时，可增加榨膛压力，使榨油顺利。

3. 螺旋热榨核桃油产品质量特征　热榨工艺生产的核桃油往往酸价高、色泽深，油中含杂质多，需进一步精炼。

螺旋热榨核桃油之后的核桃粕，受热发生变性，并且由于高温，核桃仁粕颜色变深，无法再利用。

（三）超临界二氧化碳萃取核桃油技术

超临界流体萃取技术是以超临界流体为溶剂，利用该状态下的流体具有的高渗透能力和高溶解能力，进行非极性混合物萃取分离的一项现代食品加工高新分离技术，又称为压力流体萃取、超临界气体萃取、超临界溶剂萃取等。流体在超临界状态下同时具有气体的诸多特点：低黏度、低离子扩散系数和高密度的特性，对多种物质成分都具备较强的分离能力；超临界流体对被萃取物的分离速率远比常规的液体萃取快，这个过程同时利用了蒸馏和萃取的过程——蒸汽压和相分离过程均在起重要作用。CO_2 在一定温度和压力下形成超临界状态，超临界 CO_2 流体兼有近气体的黏度、扩散系数和液体的密度，具有很好的传质特性，有利于与溶质的结合，改变压力和温度可以对物质进行有效的萃取和分离，并且萃取过程完全在低温条件下完成，能很好地保护萃取物的天然特性。因而，该技术多用于提取热敏成分。由于超临界二氧化碳萃取设备昂贵，利用该技术制备核桃油成本高，但油品质量好于传统提取法。

1. 超临界二氧化碳萃取技术流程 核桃仁→分拣→粉碎、过筛→萃取→核桃油。

2. 操作要点 多项研究表明，超临界二氧化碳萃取核桃油的条件为：萃取压力32.45MPa，萃取温度42.95℃，CO_2流量20L/h，提油率90%。

(1) 核桃仁分拣 核桃仁分拣去杂，去霉变仁。

(2) 粉碎、过筛 将核桃仁用高速粉碎机粉碎，过30目筛。

(3) 萃取 将粉碎的核桃粉投入萃取缸，调节萃取条件为萃取压力32.45MPa、萃取温度42.95℃、CO_2流量20L/h。

萃取完毕后得到核桃油。

超临界二氧化碳萃取的核桃油色泽浅，酸值低，各项指标均符合国家植物油规定的指标要求。

(四) 核桃毛油精炼

压榨后直接获得的油为毛油或粗油，毛油中含有磷脂、色素、蛋白质、纤维质、游离脂肪酸及有异味的物质，甚至含有有毒的成分，如花生油中的黄曲霉毒素等，无论是风味、外观，还是油脂品质、稳定性，毛油都是不理想的，需要进行精制，精制包括过滤去除蛋白质等杂质，脱胶去除油中的磷脂，脱酸去除油中游离脂肪酸，脱色去除油中色素，脱臭去除油脂中异味物。精制之后的油脂，氧化稳定性提高，可提高油的品质。改善风味，延长货架期。

毛油精炼工艺流程：核桃毛油→静置→过滤→水化脱胶→离心→脱酸→离心→水洗→干燥→脱色→过滤→脱臭→精炼油。

(1) 静置 通过静置自然沉淀法去除杂质，但此法很慢。

(2) 过滤 采用植物油脂用板框式过滤机进行过滤，去除杂质。

(3) 脱胶 毛油加热至65℃，加入油量0.6%、浓度85%的磷酸，60r/min搅拌，缓慢加入油量5%、80℃热水，恒温搅拌20min，离心分离胶体，得脱胶毛油。

(4) 脱酸 根据毛油酸值确定加碱浓度为6.58%～14.24%碱液，边加边搅拌，搅拌速度50r/min，5～10min内加碱完毕，降低搅拌速度至30r/min，并慢慢加热油脂至60～80℃，继续搅拌至皂粒析出，4 000r/min离心分离10min，加入与油同温的软水进行洗涤2～3遍，每次用水量为油重的15%左右，静置1h，放掉废水，然后测定其酸值。

(5) 脱色 将脱胶、脱酸毛油加热到80℃，60r/min搅拌，分批次添加一定量的脱色剂活性炭，活性炭添加总量为油量的3%，保温搅拌10min，然后趁热抽滤。

(6) 脱臭 毛油通入150～180℃热蒸汽，30r/min搅拌，维持1h，得到无色无味的高级核桃油脂。

（五）核桃油微胶囊技术

微胶囊技术是利用天然或合成的高分子化合物成膜性壁材或囊腔类物质作为包埋材料，将固体、液体甚至气体包覆制成微小胶囊的技术。该技术因具有掩蔽不良味道、颜色、气味，降低挥发性和毒性，控制可持续释放等作用而被广泛应用于医学、食品、添加剂等领域，微胶囊技术给食品工业带来了突破性的进展。微胶囊化技术在国外已经广泛运用于各个领域，国内正处于新产品的研发阶段。核桃油多不饱和脂肪酸含量高，是导致其货架期短的主要原因。核桃油微胶囊化能大大降低核桃油中不饱和脂肪酸的氧化程度，显著减少芳香成分的损失，使其免受环境中温度、氧、紫外线等因素的影响，还可改变液态核桃油为固态，方便核桃油的贮存、运输，更加适应现代食品工业的需要和消费者的食用。

微胶囊包埋技术根据不同的壁材，选用不同的形成湿微胶囊方法和干燥方法。

闫师杰等人研究表明，①对核桃油进行微胶囊化时，采用喷雾干燥法比恒温箱干燥法效果好。②核桃油微胶囊化适宜的壁材是大豆分离蛋白和麦芽糊精、β-环状糊精和阿拉伯胶、明胶和阿拉伯胶，利用这些壁材能够得到色泽白、粒度好、包埋率较高的微胶囊粉末。③喷雾干燥法制备核桃油微胶囊时适宜工艺参数为：进料浓度 20%～30%，进料温度 50～60℃，进风温度 160～180℃，出风温度 70～80℃。

1. 核桃油微胶囊化工艺流程　芯材与壁材配料混合→乳化→均质→喷雾干燥→成品。

2. 操作要点　以环状糊精为壁材的微胶囊化技术。

（1）配料　将 1 200g β-环糊精溶解于 1 200g 水中，将 100g 阿拉伯胶 65～70℃水中溶解并加入 β-环糊精溶解液中，然后加入含有 1%单甘酯的核桃油 600g，加水至 5 000g 混匀。

（2）乳化均质　将配料液置于振荡器上振荡 24h，并过均质机（25MPa）两次。

（3）喷雾干燥　配好的乳剂在高速离心喷雾干燥器中干燥，进风压力 5.5～6kg/cm^2，进风温度 160～180℃，进料温度 50～60℃，出风温度 70～80℃。

以大豆分离蛋白（SPI）为壁材的微胶囊化技术 SPI 同时具有亲水基和疏水基，并且有分子面与分子内吸引力，乳化性和成膜性良好，常被用作良好壁材。麦芽糊精易于溶解，黏度低、成膜性好，可形成质密的玻璃体，因此成为构成壁膜的重要材料。

（1）配料　450g 大豆分离蛋白加水并经过热处理（80～85℃，15min）后，加入 150g 麦芽糊精，50g 黄原胶，400g 核桃油，加水至 5 000g 混匀，均质两次后，喷雾干燥。

（2）乳化均质　将配料液置于振荡器上振荡 24 h，并过均质机（25 MPa）两次。

（3）喷雾干燥　配好的乳剂在高速离心喷雾干燥器中干燥，进风压力 5.5～6kg/cm^2，进风温度 160～180℃，进料温度 50～60℃，出风温度 70～80℃。此条件下核桃油包埋率为 70%。

3. 微胶囊核桃油产品特征　利用上述大豆分离蛋白、β-环糊精作壁材，能够得到色泽白、粒度好、包埋率较高的微胶囊粉末。

四、核桃乳

核桃乳是一种高营养的植物蛋白饮料，深受消费者喜爱。随着我国核桃产量的增加，核桃乳的生产、消费有了快速的发展。目前，我国多数省份都生产核桃乳，但形成品牌效应、打入全国市场的很少，仅有“大寨核桃露”“六个核桃”“露露核桃露”具有了一定的品牌效应。核桃乳饮料，作为新一代营养型饮料以及它消费的便捷性和消费人群的广泛性，将会成为国内植物蛋白饮料的主要品种。核桃乳分为全脂核桃乳和脱脂核桃乳。全脂核桃乳是用未脱脂的核桃仁加工而成的，营养丰富、核桃香味浓郁，但因含油量高，易出现分层、沉淀。脱脂核桃乳是以脱去部分油脂的脱脂核桃仁加工而成的。脱脂核桃乳稳定性好于全脂核桃乳，但核桃香味不及全脂核桃乳。

（一）全脂核桃乳

1. 全脂核桃乳生产工艺 核桃仁→挑选→脱皮→磨浆→过滤→调配→一次均质→二次均质→灌装→杀菌→冷却→包装。

2. 操作要点

（1）脱皮 核桃仁用4% $NaHCO_3$ 和10% $Ca(OH)_2$ 混合溶液预煮3min，自来水冲洗去皮。

（2）磨浆 采用纯净水、胶体磨磨浆。液固比为（20～30）∶1、浸泡1～2h、磨浆温度60℃，此过程加入0.06%的 $NaHCO_3$ 时，可溶性蛋白质得率最大。

（3）过滤 100～200目筛过滤，去渣。

（4）调配 蔗糖6%～8%，复合稳定剂0.1%，单硬脂酸甘油酯∶蔗糖脂肪酸酯为7∶3，海藻酸钠为0.3%、果胶0.15%、黄原胶为0.15%。

（5）均质 40MPa，80℃均质；45MPa，80℃二次均质。

（6）灭菌 137℃ 20s超高温灭菌，或75℃ 15min的巴氏杀菌工艺。

（7）灌装 全自动灌装机生产线，灌装温度85℃。

关键技术问题：全脂核桃乳生产中的关键技术是核桃乳的稳定性，因此，除生产工艺外，由乳化剂和增稠剂组成的复合稳定剂配方及用量是关键技术。已有研究报道核桃乳稳定剂配方有多种，但所用添加剂均包含单硬脂酸甘油酯：蔗糖脂肪酸酯，胶类增稠剂成分。市面现有使用的复合稳定剂多数不符合有机食品标准。为生产天然、优质、绿色的核桃乳，使核桃乳走出国门，开发符合有机食品标准的核桃乳复合稳定剂是今后核桃乳研究的一项重要内容。

磨浆程度影响核桃乳的可溶性蛋白含量，赵声兰等研究认为，核桃制品生产及开发过程中适宜的打浆处理工艺条件为：温度77～79℃，pH 8.7～9.0，打浆次数为2～3次，这样可使核桃蛋白质的溶出率达到90%。

3. 全脂核桃乳产品特征 感官指标：淡乳白色或略带浅棕色的均匀乳浊液，无分层现象，口感细腻，口味纯正，具有浓郁的核桃香味。

理化指标：可溶性固形物≥8%，蛋白质≥0.5%，总脂肪≥1.2%，pH 7.5。

全脂核桃乳保留了核桃的全部营养成分，营养价值高，易被人体消化吸收，美味可口，是一种很好的补脑、抗衰老营养饮品，适合各类人群。

（二）脱脂核桃乳

为了满足不同人群对核桃乳的消费，尤其是肥胖人群，结合核桃油的生产，即将核桃仁中脂肪通过低温冷榨，减少20%～30%的脂肪，冷榨后的脱脂仁，按照核桃乳生产工艺，可获得脱脂核桃乳。

1. 脱脂核桃乳生产工艺　核桃仁→浸泡→脱皮→干燥→榨油→脱脂核桃蛋白→磨浆→过滤→调配→二次均质→灌装→杀菌→冷却→包装。

为了增加核桃乳的香味，可将10%的核桃仁原料烘烤后再磨浆，得到核桃风味浓郁的核桃乳。

在核桃乳基础上可开发出各种风味核桃乳，如已开发的花生核桃乳、红枣核桃乳等，达到营养互补，风味独特的目的，为消费者提供多种营养休闲食品。风味核桃乳生产工艺即在调配工序上加入制备好的花生乳、红枣汁。

2. 脱脂核桃乳产品特征　感官指标：淡乳白色或略带浅棕色的均匀乳浊液，无分层现象，口感细腻，口味纯正，核桃香味不及全脂核桃乳浓郁。

理化指标：可溶性固形物≥8%，蛋白质≥0.1%，总脂肪≤1.2%，pH 7.5。

（三）鲜核桃乳

上述核桃乳均以干核桃为原料生产，与干核桃相比，鲜核桃没有干核桃的油腻和苦涩味，以鲜核桃加工生产的核桃乳，具有鲜核桃特有的香味和清甜的水果味。于明等对鲜核桃乳生产工艺进行了研究，总结了鲜核桃乳的生产工艺如下。

1. 鲜核桃乳生产工艺　青皮鲜核桃→去皮→脱壳→脱膜（脱涩）处理→磨浆→过滤→护色处理→第一次均质→调配→真空脱气→第二次均质→灌装→杀菌→冷却→成品。

2. 操作要点

（1）原料　选用九成熟至全熟的青皮核桃为原料，不能选用核桃仁膜已经变为褐色或黑色的半干和全干核桃。

（2）脱膜（脱涩）处理　氢氧化钠的浓度为1.0%，浸泡温度95℃，浸泡时间10min。

（3）磨浆、过滤　清水清洗后的脱膜核桃仁直接（原料：高温净化水=1∶8）磨浆机磨浆，滤网100目，浆渣分离，进一步除去细小核桃仁膜。

（4）护色处理　磨浆后，核桃乳中加入0.2%的磷酸氢二钠，0.2%的柠檬酸和1.0%的维生素C进行护色。

（5）均质　第一次均质压力30 MPa。

（6）调配　按比例加入蔗糖、乳化剂、稳定剂等。

（7）真空脱气　为防止料液继续氧化褐变及其中维生素A、维生素E等营养成分的氧化损失，需对料液进行脱气，在80～100kPa条件下脱气，同时也起到脱臭作用。

（8）第二次均质　高压均质机对调配、脱气好的料液进行第二次均质，均质压力40MPa，料液温度60℃。

（9）灌装、杀菌、冷却　经脱气后的料液在不低于65℃的温度下进行灌装、封盖，然后在121℃下恒温15min，冷却至40℃。

3. 鲜核桃乳产品特征

（1）感官指标

色泽：乳白色或略带黄色。

滋味和气味：无异味，入口香甜，甜度适中；鲜核桃乳具有鲜核桃特有的香甜味。

组织状态：均匀乳状液，不分层、无沉淀、无杂质、无上浮物。

（2）理化指标

可溶性固形物9.22%，蛋白质1.24%，脂肪2.52%。

鲜核桃乳与干核桃乳生产工艺区别：一是干核桃乳原料有烘烤环节，为提高产品香气，而鲜核桃乳生产原料不需烘烤。二是鲜核桃具有水果特性，容易褐变，需要护色处理，而干核桃无需护色处理。三是在核桃仁脱膜处理上均使用氢氧化钠，但鲜核桃乳处理温度和时间比干核桃的高和长，以达到杀灭鲜核桃仁中的氧化酶类。

（四）核桃酸奶

酸奶因其独特的风味和营养保健作用越来越受到消费者的喜爱，核桃含有丰富的人体必需脂肪酸-亚油酸和亚麻酸，以核桃和牛奶为原料发酵酸奶，可营养互补，提高酸奶的营养保健价值，丰富酸奶品种。

1. 凝固型核桃酸奶生产工艺　核桃仁→浸泡→去皮→漂洗→烘烤→磨浆→过滤→配料→灭菌→冷却→接种→装瓶→发酵→后熟→成品→品质评价。

2. 操作要点　核桃酸奶配方：核桃乳15%～25%、牛奶75%～85%，接种量4%、蔗糖8%。

（1）浸泡　挑选新鲜、肉厚饱满、无霉变的当年核桃仁在室温下浸泡2h。

（2）去皮　用Na_2CO_3和$Ca(OH)_2$所配成的去皮液在95℃下热烫3min去皮。

（3）烘烤　对去皮核桃仁进行烘烤，桃仁变为淡黄色，有坚果香味，以增加核桃的香气。

（4）磨浆　将烘烤后的核桃仁与水以1∶6的比例在60℃恒温水浴中浸泡2h，然后用$NaHCO_3$将浸泡液的pH调至8.7，在打浆机上粗磨2～3次，再用胶体磨细磨2遍，获得核桃乳液。

（5）过滤　用200目的筛网过滤浆液，使浆渣分离，得到质地均匀的核桃乳。

（6）配料、灭菌　将核桃乳、牛奶按比例混合均匀，按原料乳8%的比例加入蔗糖，95℃加热灭菌20min。

（7）冷却　灭菌后的原料液迅速冷却到45℃。

（8）接种　将酸奶菌种按配方的不同接种量接入到冷却后的原料液中。

（9）发酵　将原料乳充分摇匀，分装封口，在42℃的恒温培养箱中发酵4h。

（10）后熟　将发酵后的酸奶放到4℃的冰箱中后熟12h，即得成品，进行品质评价。

3. 核桃酸奶产品特征

（1）感官指标　益智核桃酸奶是乳白色中带有淡黄色的凝乳，有酸奶特有的酸甜味和适宜的核桃香味，凝块均匀一致，表面光滑，硬度、黏度适中，无或有少量的乳清析出，符合酸奶标准。

（2）理化指标　蛋白质含量3.6%、脂肪含量5.1%、非脂乳固体6.9%、酸度70°T。

（3）微生物指标　大肠菌群（MPN）≤90/100ml。

符合国家酸牛奶标准GB 2746—1999。

注意事项：为保证核桃酸奶产品稳定性，可添加0.5 %的1∶1的果胶和CMC作为稳定剂。

核桃酸奶也可制作为颗粒型核桃酸奶，以搅拌型酸奶形式生产。酸奶制作完成后，将经粉碎成适宜大小颗粒的核桃碎烘烤至有坚果香，按比例加入到酸奶中搅拌均匀，灌装、后熟即成为颗粒型搅拌型酸奶。

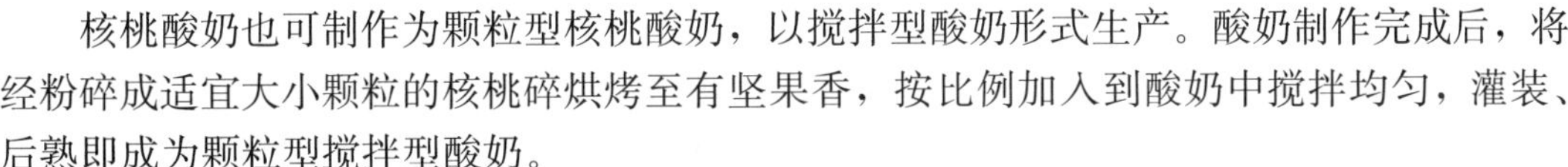

五、核桃酱

核桃酱是以核桃仁为主要原料经研磨、调配制成的一种高富集营养的方便产品，现多处于开发研究阶段，未见有产品上市。文献报道的核桃酱类产品包括核桃原酱、核桃蛋白酱、添加保健成分的保健核桃酱、鲜核桃酱和核桃风味营养酱。

1. 核桃酱生产工艺

核桃油
↑
冷榨部分脱脂→磨浆→调配→均质→灌装→杀菌→核桃蛋白酱
↑
核桃仁精选→浸泡去皮→漂洗→烘烤→磨浆→调配→均质→灌装→杀菌→核桃酱
↓
风味物配料→调配→均质→灌装→杀菌→核桃风味营养酱

青皮鲜核桃→去皮→清洗→护色→粗磨→调配→均质→灌装→杀菌→冷却→鲜核桃酱

2. 操作要点

（1）原料精选　精选无霉变、无虫害、无杂质、色泽正常、肉质饱满核桃仁浸泡于热水中30min。

（2）浸泡去皮　将核桃仁从浸泡水中捞出、沥干投放入80～90℃、3% NaOH溶液维持3min左右，迅速捞出，用高压水冲洗去皮衣。也可采用烘烤去皮法去皮。

（3）漂洗　碱法去皮衣后马上用清水漂洗，至核桃仁无碱液残留的润滑感。

（4）烘烤　漂洗好的核桃仁在130～150℃烘烤30～40min，使香味浓郁；也可将烘烤与去皮结合在一起进行。将带皮衣核桃仁在130～150℃温度烘烤30～40min，取出冷却至室温，用人工或机械法摩擦搓皮取出核桃仁皮衣。

（5）脱脂　将烘烤之后的核桃仁采用液压冷榨机压榨脱去部分油脂，提高核桃仁蛋白质含量。

（6）磨浆　烘烤好的核桃仁以直接用胶体磨粗磨，研磨成泥状。鲜核桃酱以鲜核桃仁磨浆。

（7）调配　根据产品种类，按照配方比例要求，将风味物配料、保健成分、乳化剂、稳定剂和调味成分粉碎为浆状物，加入核桃酱中，调和均匀。

（8）均质　采用回流式胶体磨细磨4～6min，使所含固形物微粒化、乳化。

（9）罐装、灭菌　将按上述方法制成的核桃酱装入玻璃罐后，95～100℃、15～25min灭菌。

3. 核桃酱产品特征

（1）核桃原酱　色泽褐黄色如花生酱，口感细腻，滋味香甜，有浓郁的核桃坚果香，存放后可能出现部分油析出。鲜核桃酱乳黄色，特有的鲜核桃清甜味，入口细腻爽滑，无异味；黏稠度适中，光滑、不粘壁、不分层、无沉淀。

(2) 理化指标　水分含量46.6%；蛋白质含量5.3%；脂肪含量17.2%。

(3) 微生物指标　细菌总数≤90个/mL；大肠菌群≤3个/mL。

六、核桃固元膏和营养膏

(一) 固元膏

固元膏也叫阿胶核桃膏，有“固本培元”的功效，是补血养元的佳品，能治疗多种疾病、延缓衰老、美容养颜。固元膏最早出自民间秘方，人称“贵妃美容膏”。据传胡桃阿胶膏也是慈禧晚年非常喜欢的一道药膳，《清宫叙闻》记载：“西太后爱食胡桃阿胶膏，故老年皮肤滑腻。”可见，核桃的营养保健作用很早就被民间认可。

固元膏基本配方：阿胶250g（冬天可用500g），黑芝麻500g，核桃仁500g，红枣750g，冰糖250g，黄酒1 000g。

1. 工艺流程　各配料洗净、烘干、粉碎→加黄酒调配均匀→蒸制→灌装→冷却→成品。

2. 操作要点

(1) 阿胶烊化　将大块的阿胶连着包装敲成小块，按1：2加水置蒸锅中烊化，使溶解更加完全成胶状体。

(2) 原料粉碎处理　把黑芝麻、核桃仁洗干净，130℃ 10～20min烘箱烘干至有香味，用粉碎机粉碎成粉末状；红枣洗净、蒸软、去核，去皮，搅拌机搅拌成枣泥。

(3) 蒸制　将上述粉碎物料与冰糖放入盆里，倒入黄酒，搅拌均成膏状，盖好盖子，放入大锅内，隔水蒸约1.5 h，完全蒸透。

(4) 灌装　将蒸好的膏状物趁热装瓶、密封，冷却，即得核桃固元膏。

3. 核桃膏产品特征　核桃固元膏和营养膏：颜色棕褐色，软硬适宜、可成型，表面光滑、有光泽，口感细腻、松软，有浓郁的枣香和核桃香味。

(二) 核桃营养膏

固元膏虽有多种健康养生作用，但并不是适合所有人群。从其配方可以看出，一般固元膏成分均为温补之物，再加上黄酒调制，便显现强烈的温补之性，其适合40岁以上的人群。为了扩大核桃固元膏的消费人群，根据其配方调整为一般人群皆可食用的核桃营养膏，配方如下：

阿胶250g，黑芝麻500g，核桃仁500g，红枣500g，桂圆肉、枸杞、冰糖各250g，蜂蜜125g，黄酒500g。

制作方法同核桃固元膏。

七、核桃饴糖

核桃饴糖和核桃酥糖是利用麦芽糖醇、白砂糖、淀粉糖浆等熬制，添加维生素和核桃碎，调配、冷凝成型的糖制品，由于核桃仁被包裹在其中，免受外界氧气对其氧化的影响，能较好地保持核桃的香味和营养品质，同时有一定的甜度，可降低食用时核桃仁本身的苦涩味，不失为一种营养、方便、香甜味美的休闲食品，特别适合儿童少年消费。

1. 核桃饴糖生产工艺

核桃仁挑选与处理
↓
白砂糖、麦芽糖、水制糖浆→过滤→混合调配→凝冻成型→干燥→切分→包装→成品
↑
淀粉→糊化明胶溶化

2. 操作要点

(1) 核桃碎的制备　将市售核桃去壳，放入烘箱中130℃，烘50min，使其达到熟化，有核桃香味，并可轻松处理掉大部分核桃皮，并用刀切成豆粒大小，使其可以均匀包裹在软糖里，并且食用的时候，可以咀嚼出核桃特有的香味。

(2) 麦芽糖浆的制备　将麦芽糖浆、白砂糖、低聚异麦芽糖按比例加入锅内，混合均匀，加入与麦芽糖醇等量的水，加热熬制，待熬制成浅黄色、透明、略黏稠的液体状时，停止加热。溶解过程要注意不断搅拌，防止糊底、结块。

(3) 淀粉溶液的制备　称取定量淀粉，用1∶10的开水进行溶解，并加入1%的柠檬酸溶液2g，加热至糊化，略微黏稠。溶解过程要注意搅拌，防止煳底。

(4) 明胶的制备　称取明胶，加入1∶3的水加热溶解。

(5) 核桃软糖的制作　将熬制好的麦芽糖浆、淀粉溶液和明胶混合均匀，熬去多余的水分。撒上核桃仁颗粒，倒在塑钢平盘内，冷却后，切成小块，包装成型。

3. 核桃软糖产品特征　色泽：白色或淡黄色，表面光亮。

组织形态：形态完整，大小一致，呈螺旋状。

口感：质地软、有一定弹性，香、甜，不粘牙。

杂质：无杂质。

理化指标：水分<5%，还原糖<15%。

微生物指标：符合国家食品卫生标准。

八、核桃酒

核桃酒系选用上等核桃作为主要原料，用独特的方法酿制、浸提、经长期储存老化而成。酒液澄清透明，酒味柔和醇厚，饮时芬芳适口，饮后回味无穷，具有特殊风味。目前，国内少见核桃酒生产。文献报道（陈玉庆），20世纪30年代北京天主教圣母会修道院开设的上议葡萄酒厂（在京外国人称之为栅栏）就生产核桃酒，是我国唯一生产过核桃酒的酒厂。当时它采用了北京平谷和密云生产的核桃作为主要原料，产品销到全国各大饭店、使馆、食品洋行等，特别是北京饭店、六国饭店是用来调配鸡尾酒中不可缺少的产品。之后国内其他省地也有生产核桃酒的。核桃酒除具有酒的一般性质外，更重要的是还具有多种药用功效。核桃酒具有显著的止痛作用，特别是对消化系统胃肠胀气性疼痛及绞痛有很好的疗效，对妇科的痛经病效果亦佳。用DPPH（二苯代苦味酰自由基）法证实青核桃酒具有明显的抗氧化能力，对人体的抗氧化效果可以与红葡萄酒相媲美。

核桃酒可分别用带青皮核桃和成熟核桃制作，其制作方法分别如下：

（一）成熟核桃制作的核桃酒

1. 核桃酒制作工艺流程　用成熟的核桃制作核桃酒对原料要求是：①果实完整、干

净、无虫蛀和霉变，果仁呈浅黄色至琥珀色，清水洗净核桃。②制作还要用到药用香料，要求无霉变、无虫蛀现象，不得含有杂质。③酒精须二级以上的食用酒精。④白砂糖含糖95%以上，洁白晶体。柠檬酸要求无色、无嗅，含量98%以上。

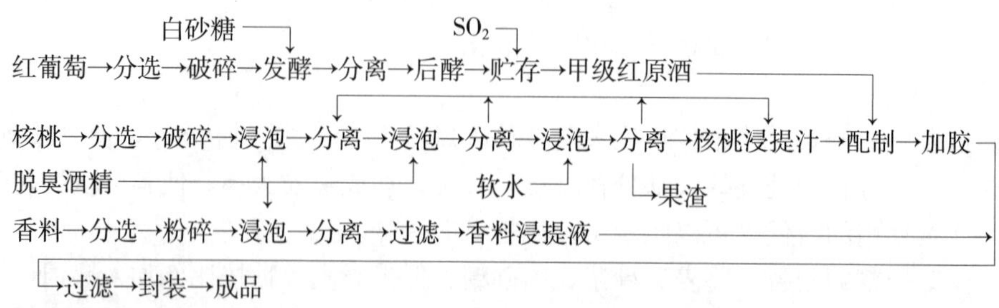

2. 操作要点

（1）核桃清洗　核桃经过挑选后，清洗，沥干水。

（2）破碎　将核桃果实用机械力作用至破裂为几瓣但不碎，然后进行浸泡。

（3）第一次浸泡加入二倍核桃量的75%脱臭酒精，浸饱1个月，收集浸泡液。第二次浸泡同第一次浸泡，仍加入2倍于核桃量的75%脱臭酒精，浸泡1个月。第三次浸泡则用与核桃量相同的软水浸泡10d；浸泡期间每3天翻池1次，3次浸泡液混合使用。

（4）香料浸泡液的制取　将桂皮、丁香、覆盆子等香料粉碎后，用体积分数为75%的酒精浸泡1个月后，分离过滤，配制用。

（5）将白砂糖、柠檬酸、香料浸泡液、制备好的红葡萄原酒和核桃浸提液按比例混合，陈化3个月以上。

3. 核桃酒产品特征

（1）感官指标　酒液呈琥珀色，澄清透明，无沉淀，无明显悬浮物，具有核桃酒应有的浓郁醇香，香气怡人。

（2）理化指标　酒度（20℃）为18%，糖度（以葡萄糖计）为200g/L，总酸（以酒石酸计）为4g/L，重金属离子含量符合国家规定标准。

（二）用青核桃制作的核桃酒

国外很早有利用青核桃制作核桃酒的习惯，一般是在每年的6～7月间，核桃壳还是绿色，核桃仁刚形成时，采收无病虫害的青核桃制作。将青果洗净，切成碎块，添加一定量的桂皮、丁香和柠檬皮等香辛料，用食用酒精对其进行浸泡1～3个月，过滤。在滤液中添加一定量的糖和水，陈化3～12个月，再次过滤，就能获得金黄色、味香醇美的青核桃酒。此酒一般在晚餐后饮用。此法制作的核桃酒中含有丰富的多酚类物质，具有很好的抗氧化作用。

核桃青皮内含有胡桃醌、α-氢化胡桃醌-4-葡萄糖苷、鞣质、没食子酸、胡桃醌生物碱和萘醌等多种功能成分以及维生素C，胡桃醌具有抗肿瘤作用。此外，青皮中还有抑菌成分。因此，今后应加强对核桃青果酒保健功能与产品深加工研究，开发市场需求和欢迎的保健核桃酒。

参 考 文 献

白岗栓，2000. 核桃腐烂病的发生与防治［J］. 陕西林业科技（1）：38－40.

白振海，张春全，刘喜平，2007. 核桃伤流发生规律研究［J］. 北方园艺（9）：123－124.

曹挥，张利军，王美琴，2014. 核桃病虫害防治彩色图说［M］. 北京：化学工业出版社.

曹若彬，1997. 果树病理学［M］. 北京：中国农业出版社.

曹子刚，1998. 板栗、核桃、枣、柿、山楂主要病虫害及其防治［M］. 北京：中国林业出版社.

陈季琴，张永，高同雨，等，2007. 核桃高油品种筛选［J］. 北方园艺（8）：27－29.

陈龙，吴凤智，周鸿翔，等，2014. 响应面法优化β-环糊精包埋核桃油［J］. 食品科技，39（7）：168－175.

陈玉庆，2003. 酿酒六十年追忆（五）：核桃酒生产回顾［J］. 酿酒，30（6）：1.

成锁占，杨文衡，1987. 根据同工酶对核桃属十个种分类学的研究［J］. 园艺学报，14（2）：90－96.

程惠珍，林余霖，陈君，等，1997. 天牛肿腿蜂防治核桃蛀茎性害虫试验初报［J］. 中国中药杂志，22（11）：659－660.

丁平海，郗荣庭，1991. 核桃伤流液发生规律及成分测定［J］. 河北农业大学学报，14（1）：40－43.

董再冉，1966. 核桃酒治疗腹痛和胃痛［J］. 中级医刊（7）：463.

冯连芬，吕芳德，张亚萍，等，2006. 我国核桃育种及其栽培技术研究进展［J］. 经济林研究（24）：69－73.

冯社章，赵善陶，等，2007. 果树生产技术：北方本［M］. 北京：化学工业出版社.

冯文煜，蒋柳庆，马惠玲，等，2013. 不同厚度PE膜包装对核桃果实采后生理与鲜贮的效应［J］. 食品科学，34（18）：295－300.

高瑞桐，王宏乾，徐邦新，等，1995. 云斑天牛补充营养习性及与寄主树关系的研究［J］. 林业科学研究，8（6）：619－623.

高书宝，陈昊，韩桂军，等，2008. 青果核桃贮藏保鲜技术［J］. 经济林研究，26（3）：115－118.

高新一，王玉英，2003. 植物无性繁殖实用技术［M］. 北京：金盾出版社.

葛保胜，王秀道，孟磊，2003. 超临界萃二氧化碳取核桃油工艺研究［J］. 食品工业（2）：44－46.

葛斯琴，杨星科，王书永，等，2003. 核桃扁叶甲三亚种的分类地位订正（鞘翅目：叶甲科，叶甲亚科）［J］. 昆虫学报，46（4）：512－518.

郭延虎，张志强，朱咏霞，2009. 苹果圆斑根腐病的综合防治［J］. 北方果树（5）：36－37.

郭园园，鲁晓翔，李江阔，等，2013. 不同贮藏温度对青皮核桃保鲜的影响［J］. 食品工业科技，34（16）：308－312.

郭园园，鲁晓翔，李江阔，等，2013. 纳他霉素对青皮核桃保鲜的影响［J］. 食品与发酵工业，39（8）：221－225.

郭园园，鲁晓翔，李江阔，等，2014. 自发气调包装对青皮核桃采后生理及品质的影响［J］，35（4）：205－209.

哈特曼 H T，凯斯特 D E，1985. 植物繁殖原理与技术［M］. 北京：中国林业出版社.

韩振海，1995. 落叶果树种质资源学［M］. 北京：中国农业出版社，143－146.

郝艳宾，王贵，2008. 核桃精细管理十二个月［M］. 北京：中国农业出版社.

何曼莉，王胜宝，李经文，1999. 银杏大蚕蛾生物学特性及防治［J］. 植物保护，25（5）：32－34.

何鑫，2010. 核桃分级机的设计及试验研究［D］. 乌鲁木齐：新疆农业大学.

黄凯，袁德保，韩忠，2009. 鲜食核桃贮藏中腐烂病原菌分离、鉴定及体外抑菌研究［J］. 食品工业科技（1）.

黄凯，袁德保，宋国胜，等，2009. 核桃贮藏技术及采后生理研究现状［J］. 食品研究与开发，30（2）：128－131.

黄可训，胡敦孝，1979. 北方果树害虫及防治［M］. 天津：天津人民出版社.

黄黎慧，黄群，孙术国，等，2009. 核桃的营养保健功能与开发利用［J］. 粮食科技与经济，34（4）：48－50.

姬生锋，胡姓娃，刘文瑞，等，2004. 核桃主要病虫害综合防控措施［J］. 陕西林业科技（4）：68－69.

蒋柳庆，2013. 青皮核桃的耐贮性及药剂保鲜效应研究［D］. 杨凌：西北农林大学

金苹，高晓余，2011. 白绢病的研究［J］. 农业灾害研究，1（1）：14－22.

景河铭，1987. 核桃病虫防治［M］. 北京：中国林业出版社.

亢菊侠，甘赖莉，2012. 核桃害虫银杏大蚕蛾危害与综合防治对策［J］. 陕西农业科学（1）：125－127.

李殿锋，刘伟杰，李红霞，等，2010. 芳香木蠹蛾生物学特性及防控措施［J］. 吉林农业（10）：73.

李怀方，刘风权，郭小密，2001. 园艺植物病理学［M］. 北京：中国农业大学出版社.

李建杰，2011. 核桃多肽的制备及生物活性研究［D］. 北京：北京联合大学.

李建庆，杨忠岐，梅增霞，等，2013. 释放花绒寄甲对核桃云斑天牛的防治效果［J］. 中国生物防治学报，29（2）：194－199.

李书国，陈辉，李雪梅，2001. 大枣核桃乳饮料的加工工艺研究［J］. 粮食与食品工业（1）：18－24.

李彦东，郭良科，李献明，2007. 核桃树有害生物灾害可持续控制策略初探［J］. 河北林业科技（2）：52－53.

李有忠，张芳保，王培新，等，2009. 银杏大蚕蛾的灾变规律与控灾技术研究［J］. 中国森林病虫，28（2）：20－22.

李镇宇，姚德富，2001. 北京地区舞毒蛾寄生性天敌昆虫及其转主寄主的研究［J］. 北京林业大学学报，23（5）：39－42.

李子明，徐子谦，王也，2009. 核桃制油及深加工技术的比较研究［J］. 农业工程技术（8）：31－37.

梁丙前，李新龙，2011. 核桃褐斑病发生与防治［J］. 西北园艺（果树）（6）：33－34.

梁志宏，王慧敏，王建辉，2001. E26 防治植物根癌病的效果及其稳定性初步研究［J］. 中国农业大学学报，6（1）：91－95.

梁智，张计峰，井然，等，2014. 土壤及叶面调控对核桃“叶缘焦枯病”的防控效果［J］. 新疆农业科学，51（9）：1652－1657.

刘保珍，2012. 核桃的分级与贮藏［J］. 农产品加工（10）：12－13.

刘广，陶长定，2010. 核桃油的生产工艺探讨［J］. 粮食与食品工业，17（4）：11－13.

刘庆忠，艾呈祥，张力思，等，2005. 核桃种质资源收集、保存、鉴定与利用［C］//中国农业科学院，2005 年多年生和无性繁殖作物种植资源共享试点研讨会.

刘世骐，1986. 核桃溃疡病的研究［J］. 安徽农学院学报（2）：1－6.

刘学彬，刘薇，王泽斌，等，2013. 栅栏技术在核桃贮藏中的应用研究［J］. 安徽农业科学，41（4）：1721－1723，1735.

刘玉升，郭建英，万方浩，等，2001. 果树害虫生物防治［M］. 北京：金盾出版社.
刘正兴，2014. 阿克苏核桃叶缘焦枯病发生原因及防控措施［J］. 农村科技（12）：41-42.
娄进群，王燕来，2006. 影响核桃嫁接成活的因素及对策［J］. 河北果树（1）：26-27.
卢希平，朱传祥，刘玉，等，1996. 应用斯氏线虫防治云斑天牛幼虫［J］. 植物保护，22（4）：43-44.
卢永民，2014. 核桃枝枯病的发生规律及防治对策［J］. 北方果树（4）：44-45.
路安民，1982. 论胡桃科植物的地理分布［J］. 植物分类学报，20（3）：257-274.
吕明蕊，史宣明，张俐，等，2013. 核桃多肽功能特性及制备工艺研究进展［J］. 中国油脂，38（5）：34-38.
吕赞韶，王贵，等，1993. 核桃新品种优质高产栽培技术［M］. 太原：山西高校联合出版社.
罗勤贵，辛龙飞，2004. 核桃酱生产工艺中稳定性的研究［J］. 农产品加工（12）：38-39.
罗秀钧，王汉涛，武显维，1990. 河南省核桃良种选育研究［J］. 武汉植物学研究（4）：365-373.
马德钦，王慧敏，1995. 果树根癌病及其生物防治［J］. 中国果树（2）：42-44.
马惠玲，宋淑亚，马艳萍，等，2012. 自发气调包装对核桃青果的保鲜效应［J］. 农业工程学报，28（2）：262-267.
马艳萍，2010. 鲜食核桃采后生理及辐照效应研究［D］. 杨凌：西北农林科技大学.
马瑜，柯杨，王琴，等，2014. 核桃溃疡病症状及其病菌坚定［J］. 果树学报，31（3）：443-447.
孟庆英，刘学辉，杨广海，等，2008. 核桃扁叶甲形态特征及生物学特性［J］. 中国森林病虫，27（2）：22-23.
穆英林，郗荣庭，1990. 核桃属部分的小孢子发生与核型研究［J］. 武汉植物学研究，8（4）：301-309.
裴东，谷瑞升，2006. 树木复幼的研究概述［J］. 植物学通报，22（6）：753-760.
裴东，鲁新政，2011. 中国核桃种质资源［M］. 北京：中国林业出版社.
裴东，2009. 核桃等树种不定根发生及其无性繁殖［M］. 北京：中国环境科学出版社.
彭刚，郗荣庭，刘孟军，2007. 阿克苏地区幼龄核桃整形修剪技术［C］//第五届全国干果生产、科研进展学术研讨会论文集.
齐康学，贺宝良，强磊，等，2012. 渭南市临渭区核桃干腐病调查与防治［J］. 陕西林业科技（3）：80-82.
卿厚明，张延平，2010. 核桃树腐烂病重发原因与防治措施［J］. 西北园艺（8）：30-31.
曲文文，杨克强，刘会香，等，2011. 山东省核桃主要病害及其综合防治［J］. 植物保护，37（2）：136-140.
曲文文，2011. 山东省核桃（*Juglans regia*）主要病害病原鉴定［D］. 泰安：山东农业大学.
曲文文，刘霞，杨克强，等，2012. 山东省危害核桃的链格孢属真菌鉴定及其系统发育［J］. 植物保护学报，39（2）：121-128.
荣瑞芬，高志平，一种具有保健功能的魔芋粉核桃酱及其制备方法. 中国，CN102018241A［P］.
荣瑞芬，吴雪疆，2005. 益智核桃酸奶配方初步研究［J］. 食品科技（11）：45-47.
陕西省果树研究所，1980. 核桃［M］. 北京：中国林业出版社.
商靖，2010. 核桃基腐病病原学基础研究［D］. 乌鲁木齐：新疆农业大学.
邵嘉鸣，张述义，1994. 核桃枝枯病菌生物学特性研究及药剂毒力测定［J］. 山西农业科学，22（1）：49-51.
石娟，王月，徐洪儒，等，2003. 不同食料植物对舞毒蛾生长发育的影响［J］. 北京林业大学学报，25（5）：47-50.
司胜利，1995. 核桃病虫害防治［M］. 北京：金盾出版社.

宋金东，薛妮妮，张海红，等，2010. 渭南市核桃小吉丁虫的发生与防治 [J]. 安徽农学通报，16 (13)：148-149.
宋梅亭，冯玉增，2010. 核桃病虫害诊治原色图谱 [M]. 北京：科学技术文献出版社.
孙军超，周玫，1988. 核桃酒的开发 [J]. 酿酒科技 (3)：30-31.
孙益知，等，2010. 核桃病虫害防治新技术 [M]. 北京：金盾出版社.
孙益知，李鑫，郭久重，等，1995. 核桃长足象发生规律及防治研究 [J]. 陕西农业科学 (6)：19-21.
孙益知，罗瑟，等，1989. 利用斯氏线虫防治核桃举肢蛾 [J]. 生物防治通报，5 (3)：119.
孙益知，孙光东，庞红喜，等，2013. 核桃病虫害防治新技术 [M]. 北京：金盾出版社.
孙益知，张文军，1993. 土壤温湿度对核桃举肢蛾发育的影响 [J]. 西北农林科技大学学报（自然科学版），21 (1)：106-108.
覃江文，2000. 长阳县核桃果象甲的发生特点及防治 [J]. 湖北植保 (4)：31-32.
汤铁伟，李保国，齐国辉，等，2008. 早实核桃一年生枝条休眠期伤流规律研究 [J]. 西北林学院学报 (5)：84-87.
田甜，沈振明，徐秋芳，等，2012. 土壤中山核桃干腐病抑制菌的筛选和坚定 [J]. 浙江农林大学学报，29 (1)：58-64.
田英，李鑫，沈国伟，等，2014. 我国核桃育种研究标准化探析 [J]. 陕西农业科学，60 (4)：66-70.
王安民，梁英，张治有，2013. 核桃溃疡病病原菌鉴定及药剂筛选试验 [J]. 北方果树 (3)：6-8.
王安民，2005. 早实良种核桃的简易修剪技术 [J]. 北方果树 (3)：24-25.
王超，王春荣，崔怀仙，2014. 间作条件下核桃根系田间分布特征研究 [J]. 北方园艺 (15)：28-29.
王凡，胡奎，陈然，等，2013. 8种杀菌剂对核桃根腐病菌室内毒力测定 [J]. 长江大学学报（自然科学版），10 (23)：4-7.
王根宪，2000. 云斑天牛在核桃树上的发生与防治 [J]. 山西果树 (4)：29.
王贵，2010. 核桃丰产栽培实用技术 [M]. 北京：中国林业出版社.
王贵，等，2008. 我国核桃标准化生产的若干问题 [M]. 昆明：云南科技出版社.
王红霞，张志华，玄立春，2007. 我国核桃种质资源及育种研究进展 [J]. 河北林果研究，22 (4)：387-392.
王滑，阎亚波，张俊佩，等，2009. 应用ITS序列及SSR标记分析核桃与铁核桃亲缘关系 [J]. 南京林业大学学报，33 (6)：35-38.
王亟，1998. 果实采收与简易贮藏 [M]. 石家庄：河北科学技术出版社.
王江柱，2014. 板栗　核桃　柿病虫害诊断与防治原色图鉴 [M]. 北京：化学工业出版社.
王克建，郝艳宾，齐建勋，等，2007. 核桃果实中多酚类物质与核桃酒的制作 [J]. 农产品加工 (5)：29-30.
王藕芳，王加更，胡洪仁，2003. 桃蛀螟的发生与综合防控措施 [J]. 中国南方果树，32 (4)：74-75.
王绍林，王宏琦，夏明辉，等，2004. 核桃树云斑天牛的发生规律与防控措施 [J]. 中国果树 (2)：11-13.
王维翔，王维中，1998. 核桃扁叶甲的发生与防治 [J]. 辽宁林业科技 (6)：55.
王永宏，孙益知，殷坤，1997. 利用芜菁夜蛾线虫控制核桃举肢蛾的研究 [J]. 陕西农业科学 (1)：5-7.
魏建荣，赵文霞，张永安，2011. 星天牛研究进展 [J]. 植物检疫，25 (5)：81-85.
吴国良，段良骅，2000. 现代核桃整形修剪图解 [M]. 北京：中国林业出版社.
吴国良，刘群龙，郑先波，等，2009. 核桃种质资源研究进展 [J]. 果树学报，26 (4)：539-545.
吴国良，刘燕，沈元月，等，2005. 核桃果皮的组织解剖学研究 [J]. 中国生态农业学报，13 (3)：

104 -107.

吴夏花，2012. 营养型核桃多肽粉的研制 [D]. 太原：山西大学.

吴燕民，裴东，奚声珂，2000. 运用 RAPD 对核桃属种间亲缘关系的研究 [J]. 园艺学报，27 (1)：17 -22.

吴志辉，束庆龙，余益胜，2006. 气候因子对山核桃溃疡病发生的影响 [J]. 经济林研究，24 (2)：1 -4.

郗荣庭，刘孟军，2005. 中国干果 [M]. 北京：中国林业出版社.

郗荣庭，张毅萍，1992. 中国核桃 [M]. 北京：中国林业出版社.

郗荣庭，张毅萍，1991. 中国果树志·核桃卷 [M]. 北京：中国林业出版社.

郗荣庭，张志华，孙红川，2001. 核桃优良新品种——清香 [J]. 河北果树 (4)：52 - 53.

萧刚柔，1992. 中国森林昆虫 [M]. 第 2 版. 北京：中国林业出版社.

肖良俊，张雨，吴涛，等，2014. 云南紫仁核桃脂肪酸含量及营养评价 [J]. 检测分析，39 (9)：94 -97.

肖玲，胥耀平，1998. 核桃果皮的发育解剖学研究 [J]. 西北植物学报，18 (4)：577 - 580.

肖玲，胥耀平，赵先贵，等，1998. 核桃果皮的发育解剖学研究 [J]. 西北植物学报，18 (4)：577 -580.

谢宝多，1988. 核桃干腐病的调查研究 [J]. 经济林研究，6 (1)：58 - 62.

熊婉，2013. 核桃茎点霉黑斑病病原学及防治技术研究 [D]. 武汉：华中农业大学.

徐效圣，2010. 核桃乳生产工艺研究 [D]. 乌鲁木齐：新疆农业大学.

徐阳，刘雪峰，蒋萍，等，2012. 和田地区核桃叶枯病病原菌的鉴定 [J]. 西部林业科学，41 (3)：102 -105.

闫师杰，吴彩娥，晓虹，等，2002. 提取方法对核桃油脂肪酸组分含量及质量指标的影响 [J]. 食品工业科技 (4)：33 - 34.

严昌荣，韩兴国，陈灵芝，2000. 北京山区落叶阔叶林优势种叶片特点及其生理生态特性 [J]. 生态学报，20 (1)：53 - 60.

阎师杰，吴彩娥，寇晓虹，等，2003. 核桃油微胶囊化工艺的研究 [J]. 农业工程学报，19 (1)：168 -171.

杨华延，1983. 核桃休眠期修剪 [J]. 中国果树 (4)：26.

杨俊霞，郭宝林，张卫红，等，2001. 核桃主要经济性状的主成分分析及优良品种选择的研究 [J]. 河北农业大学学报 (4)：39 - 42.

杨克强，程三虎，牛亚胜，等，1998. 若干个核桃品种（系）对白粉病的抗性 [J]. 果树科学，15 (2)：154 - 157.

杨世璋，吴猛耐，陈杰，等，2002. 白僵菌对核桃长足象成虫致病性与防治的初步研究 [J]. 中国生物防治，18 (1)：41 - 42.

杨文衡，郗荣庭，赵玉，1965. 核桃生长结果习性的初步观察 [J]. 河北农业大学学报 (2)：1.

杨忠岐，2004. 利用天敌昆虫控制我国重大林木害虫研究进展 [J]. 中国生物防治，20 (4)：221 - 227.

杨忠强，李忠新，杨莉玲，等，2013. 核桃脱青皮技术及其装备研究 [J]. 食品与机械 (6)：121 -124.

杨忠强，李忠新，杨莉玲，等，2015. 核桃脱青皮装置脱皮性能分析与试验研究 [J]. 农机化研究 (1)：84 - 89.

杨自湘，奚声珂，1989. 胡桃属十种植物的过氧化物同工酶分析 [J]. 植物分类学报，27 (1)：53 - 57.

于明，何伟忠，吴新凤，2010. 鲜核桃乳生产工艺研究 [J]. 新疆农业科学，47 (10)：2117 - 2120.

于明，王春玲，何伟忠，2010. 鲜核桃酱生产工艺及质量优化研究 [J]. 食品与发酵工业 (11)：

49 -51.

禹婷，王永熙，刘航空，2006. 3种果树伤流液中氮素形态分析［J］. 西北林学院学报，21（3）：34 -36.

袁德保，2007. 鲜食核桃冷藏技术及采后生理研究［D］. 杨凌：西北农林科技大学.

张计峰，梁智，邹耀湘，等，2012. 新疆南疆核桃叶缘焦枯病成因分析研究［J］. 新疆农业科学，49（7）：1261 - 1265.

张丽，2010. 核桃油脂提取及其稳定性的研究［D］. 石河子：新疆石河子大学.

张良皖，曹信稳，刘秋芬，1983. 果树根腐病的研究：Ⅱ. 甲醛的制菌作用与田间防治效果［J］. 植物病理学报，13（3）：37 - 43.

张良皖，李桂良，刘秋芬，等，1982. 果树根腐病的研究：Ⅰ. 病原鉴定与病菌侵染规律初步探讨［J］. 植物病理学报，12（3）：41 - 46.

张盛贵，2002. 核桃乳饮料的研制［J］. 粮油加工与食品机械（7）：50 - 51.

张文涛，蒋林惠，陈琛，等，2012. 不同气调包装对核桃仁贮藏品质的影响［J］. 食品科学，33（16）：297 - 301.

张宪省，贺学礼，2003. 植物学［M］. 北京：中国农业出版社.

张彦坤，齐国辉，李保国，等，2013. 不同喷施物对绿岭核桃果实日灼及坚果品质的影响［J］. 河北农业大学学报，36（6）：38 - 42，65.

张毅萍，1987. 中国核桃地理分布的探讨［J］. 经济林研究（S1）：111 - 120.

张执中，1998. 舞毒蛾综合管理的研究［M］. 北京：北京科学技术出版社.

张志华，丁平海，郗荣庭，等，1997. 核桃休眠期修剪理论研究［J］. 果树科学，14（4）：240 - 243.

张中义，冷怀琼，张志铭，等，1988. 植物病原真菌学［M］. 成都：四川科学技术出版社.

张宗侠，2012. 樱花、核桃枝干溃疡类病害病原的鉴定及木霉对其的抑制作用［D］. 泰安：山东农业大学.

赵登超，侯立群，韩传明，2010. 我国核桃新品种选育研究进展［J］. 经济林研究，28（1）：118 -121.

赵基嘉，1956. 介绍核桃酒做镇痛药［J］. 中国药学杂志，4（1）：43 - 44.

赵见军，韩军崎，张润光，等，2014. 风味速溶核桃粉制备工艺及配方研究［J］. 食品工业科技，35（14）：272 - 278.

赵书岗，赵悦平，王红霞，等，2011. 核桃坚果硬壳结构的影响因子［J］. 林业科学，47（4）：70 - 75.

赵悦平，赵书岗，王红霞，等，2008. 核桃坚果壳结构与核仁商品品质的关系［J］. 林业科学，43（12）：81 - 85.

赵悦平，2004. 核桃硬壳结构与坚果品质相关性研究［D］. 保定：河北农业大学.

浙江农业大学，四川农业大学，河北农业大学，等，1992. 果树病理学［M］. 北京：农业出版社.

郑宏兵，2004. 山核桃抗溃疡病机理及其相关因素的研究［D］. 合肥：安徽农业大学.

郑建平，李春波，张玉芳，等，1992. 核桃举肢蛾的生物学特性及防治［J］. 昆虫知识，29（4）：206.

郑瑞亭，1981. 核桃害虫［M］. 西安：陕西科学技术出版社.

郑艳芳，陆斌，毛云玲，等，2009. 不同采收日期对三台核桃品质的影响［J］. 经济林研究，27（1）：49 - 53.

周贝贝，马庆国，王滑，等，2011. 核桃亲子鉴定方法的建立［J］. 中国农业科学. 44（20）：4258 -4264.

周伯川，高洪庆，1994. 核桃的特性及其制油工艺的研究［J］. 中国油脂，19（6）：4 - 5.

周鸿升，王希群，郭保香，2010. 核桃蛋白酱加工工艺和设备选型研究［J］. 经济林研究，28（3）：122 -124.

朱光平，丁峰，2011. 核桃缺素症及防治措施［J］. 现代农村科技（17）：23.

庄艳玲，王淑兰，梁绍隆，等，2004. 脱脂核桃粕制作低脂高蛋白核桃粉的工艺研究［J］. 食品科学，25（9）：218－219.

邹丽萍，2013. 立地条件对泡核桃溃疡病的影响研究［J］. 林业调查规划，38（6）：60－61，116.

A Belisario，E Forti，L，1999. Corazza. First report of alternaria alternate causing leaf spot on English Walnut［J］. Plant Disaese，83：696.

Belisario A，Forti E，Santori A，et al，2001. Fusarium necrosis on Persian（English）walnut fruit［J］. Acta Horticulture，544：389－393.

Belisario A，Maccaroni M，Corazza L，2002. Occurrence and etiology of brown apical necrosis on Persian（English）walnut fruit［J］. Plant Disease，6：599－602.

Belisario A，Santori A，Potente G，et al，2010. Brown apical necrosis（BAN）：a fungal disease causing fruit drop of English Walunt［J］. Acta Horticulture，861：449－452.

Bonga J M，1987. Clonal propagation of mature trees：problems and possible solutions［M］//Cell and tissue culture in forestry. Springer Netherlands，249－271.

Book of Abstracts VII International Walnut Symposiym，2013.

Brochmann C，Soltis P S，1992. Recurrent formation and polyphly of Nordic polyploids in Draba（Brassicaceae）［J］. Amer. J. Bot. 79（6）：673－688.

Caqlarirmak N，2003. Biochemical and physical properties of some walnut（*Juglans regia* L.）［J］. Nahrung，47（1）：28－32.

Christopoulos M V，Rouskas D，Tsantili E，Bebeli P J，2010. Germplasm diversity and genetic relationships among walnut（*Juglans regia* L.）cultivars and Greek local selections revealed by Inter-Simple Sequence Repeat（ISSR）markers［J］. Scientia Horticulturae. 125：584－592.

Ciarmiello L F，Pontecorvo G，Piccirillo P，2013. Use of nuclear and mitochondrial single nucleotide polymorphisms to characterize English Walnut（*Juglans regia* L.）genotypes［J］. Plant Mol Biol Rep. 31：1116－1130.

Conner A，Dommisse E M，1992. Monocotyledonous plants as hosts for agrobacterium［J］. J Int J Plant Sci，153（4）：550－555.

Ebrahimi A，Fatahi R，Zamani Z，2011. Analysis of genetic diversity among some Persian walnut genotypes（*Juglans regia* L.）using morphological traits and SSRs markers［J］. ScientiaHorticulturae，130，146－151.

Erturk U，Dalkilic Z，2011. Determination of genetic relationship among some walnut（*Juglans regia* L.）genotypes and their early-bearing progenies using RAPD markers［J］. Romanian Biotechnological Letters. 16：5944－5952.

Fjellstrom R G，Parfitt D E，1994. Walnut（*Juglans* spp.）genetic diversity determined by restriction fragment length polymorphisms［J］. Genome. 37：690－700.

Hadorn，Kene T，Kleinert J，1980. Ueberdas verhalten einiger. oelsamenfrueehte unter versehiedenen Lagervedingungen（Behaviour of oil seeds under various storag conditions）［J］. Zueker and Suesswarenwirtschaft，33（10）：317－322.

Jan M，Langerak D I，Wolters T G，1988. The effect of packaging and storage conditions on the keeping quality of walnuts treated with disinfestation dose of gamma rays［J］. Acta Aliment，17：13－31.

Joolka N K，Sharma S K，2005. Selection of superior Persian walnut（*Juglans regia* L.）strains from a population of seeding origin［J］. Acta Hort. 696：75－78.

Kader A A, Labavitch S M, 1989. Harvesting and post harvest handling systems for tree nuts and dehydrated fruits publieation [M]. University of California. Deparrment of Pomology, 2: 17.

Koyuncu M A, Koyuneu F, Bakir N, 2003. Selected drying conditions and storage Period and quality of walnut selections [J]. Journal of Food Proeessing and Preservation, 27 (2): 87-99.

Lopez A, Pique M T, Romero A, et al, 1995. Influence of cold-storage conditions on the quality of unshelled walnuts [J]. Int. J Refrig, 18 (8): 544-549.

Ma Q G, Zhang J P, Pei D, 2011. Genetic analysis of walnut cultivars in China using fluorescent amplified fragment length polymorphism [J]. Journal of the American Society for Horticultural Science. 136: 422-428.

Mallikarjuna K, Aradhya, Daniel P, 2007. Molecular phylogeny of *Juglans* (Juglandaceae): a biogeographic perspective [J]. Tree Genetics & Genomes. 3: 363-378.

Malvolti M E, Fineschi S, Pigliucci M, 1996. Morphological integration and genetic variability in *regia* L [J]. The Journal of Heredity. Washington, 185 (5): 389-392.

Mate J I, Saltveit M E, Kroehta J M, 1996. Peanut and walnut rancidity: Effects of oxygen concentration and relative humidity [J]. Food Sci. 61, 465-468, 472.

Mccleary T S, Rodney L, Robichaud S N, 2009. Four cleaved amplified polymorphic sequence (CAPS) markers for the detection of the Juglans ailantifolia chloroplast in putatively native *J. cinerea* populations [J]. Molecular Ecology Resources. 9: 525-527.

Moragrega C, Özaktan H, 2010. Apical necrosis of Persian (English) Walnut (*Juglans regia*): an update [J]. Plant Pathology, 92: 67-71.

Peer K R, Greenwood M S, 2001. Maturation, topophysis and other factors in relation to rooting in Larix [J]. Tree physiology, 21 (4): 267-272.

Pernille Jensen, Gitte Sorensen, Per Brockhoff, et al, 2003. Investigation of packaging systems for shelled walnuts based on oxygen absorbers [J]. Agric. Food Chem, 51, 4941-4947.

Pollegioni P, Olimpieri I, Woeste K E, 2012. Barriers to interspecific hybridization between *Juglans nigra* L. and *J. regia* L. species [J]. Tree Genetics & Genomes, 9: 291-305.

Raval M, 1992. Quality Characteristics of California walnuts [J]. Cereal Food World, 37: 264-366.

Roekland L B, Swarthout D M, Johnson R A, 1961. Studies on English (Persian) Walnuts, *Juglans regia* Ⅲ.: stabilization of kernels [J]. Food Technol, 15, 112-115.

Rosengarten F, 1994. The Book of Edible Nuts [M]. New York: Walker and Company.

Trentacoste E R, Puertas C M, 2011. Preliminary characterization and morpho-agronomic evaluation of the olive germplasm collection of the Mendoza Province (Argentina). Euphytica. 177: 99-109.

University of California Division of Agriculture and Nature Resources, 1998. Walnut Production Manual, Communication Services-Publication.

Wang H, D Pei, R S Gu, et al, 2008. Genetic diversity and structure of walnut populations in Central and Southwestern China [J]. J. Amer. Soc. Hort. Sci., 133 (2): 197-203.

图3-1　中宁奇核桃树体

图4-1　早实核桃的二次花和二次果

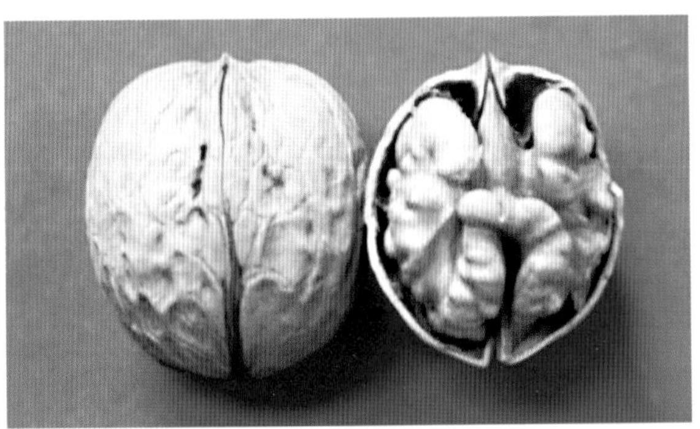

图4-2　薄壳香

图4-3　北京861

图4-4　京香1号

图4-5　京香2号

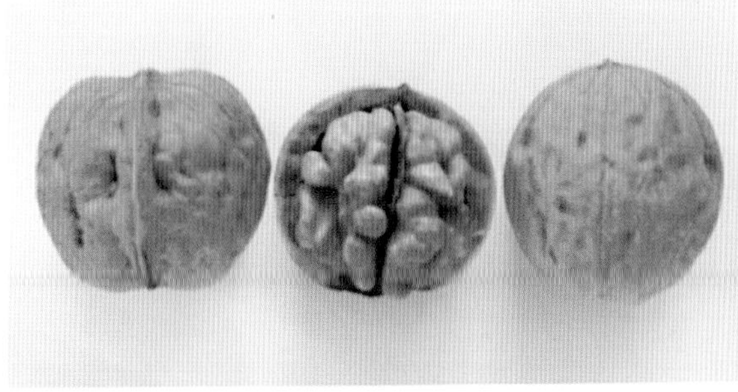

图4-6　京香3号

图4-7　礼品1号

图4-8　礼品2号

图4-9　辽宁1号

图4-10　辽宁4号

图4-11　辽宁5号

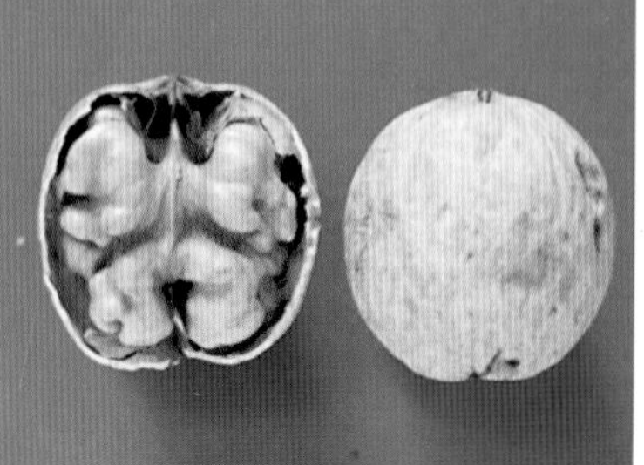

图4-12　辽宁7号

图4-13　鲁　光

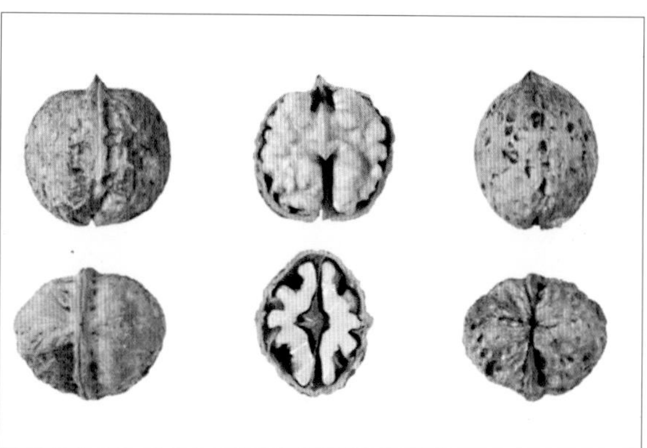

图4-14　泡核桃

三台核桃果枝

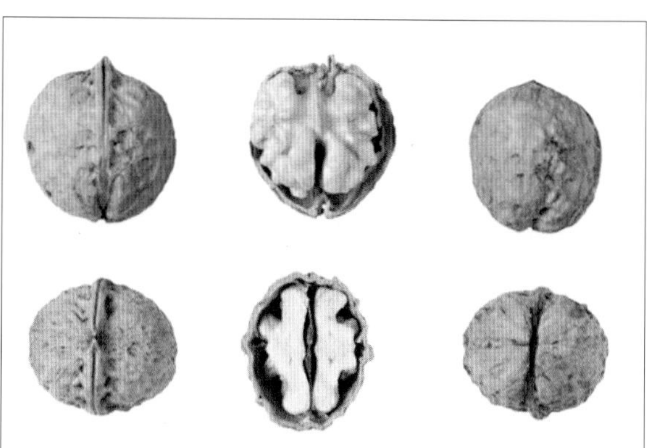

图4-15　三台核桃

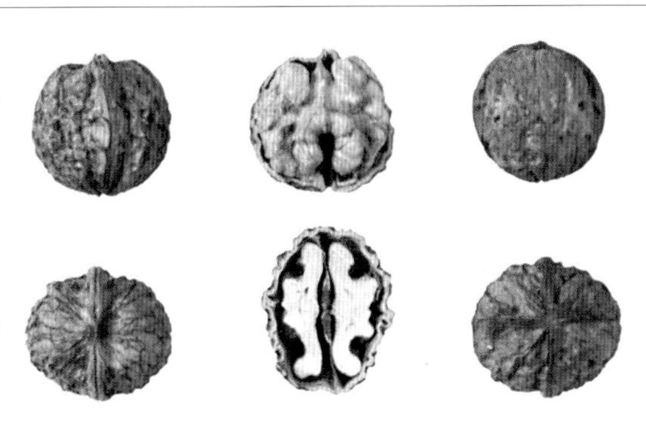
图4-16　细香核桃

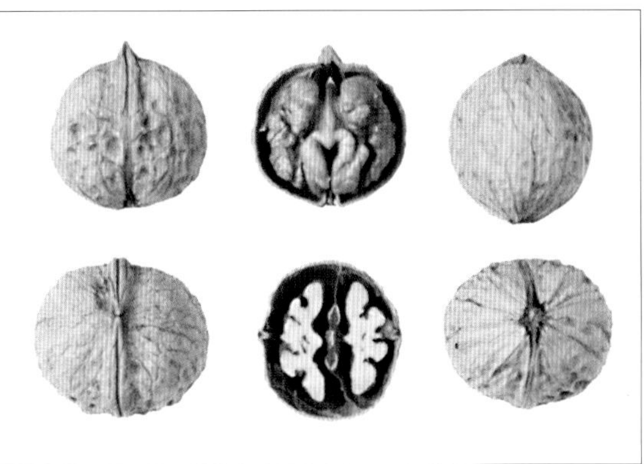
图4-17　大白壳核桃

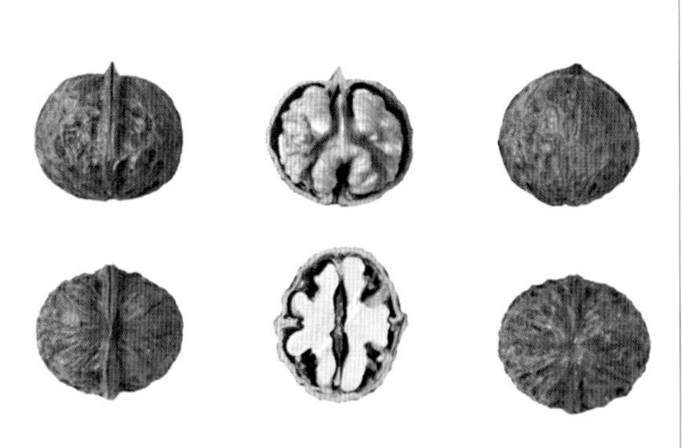
图4-18　圆菠萝核桃

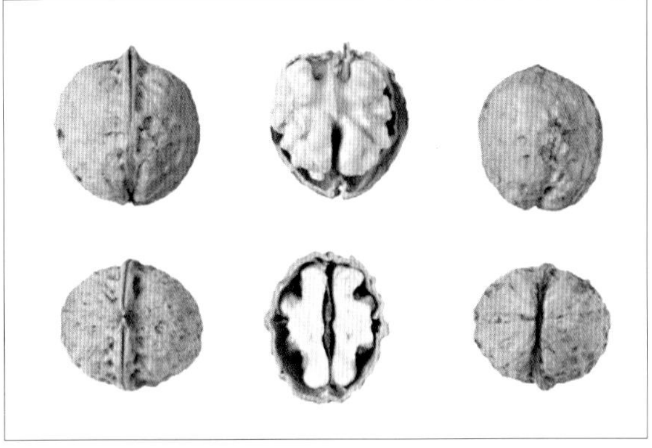
图4-19　草果核桃

图4-20　早核桃

图4-21　娘青核桃

图4-22　大泡核桃夹绵

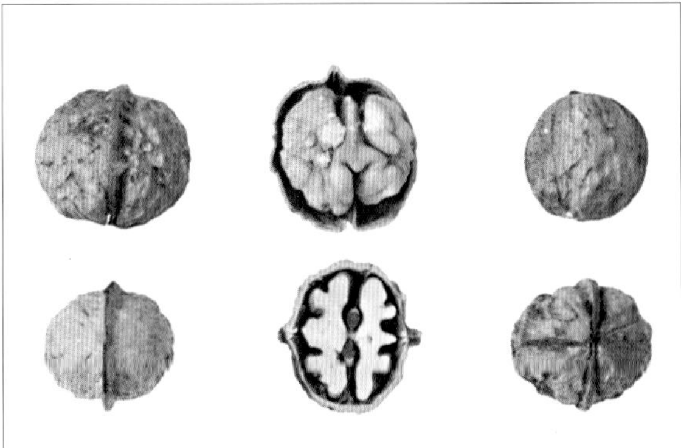
图4-23　丽53

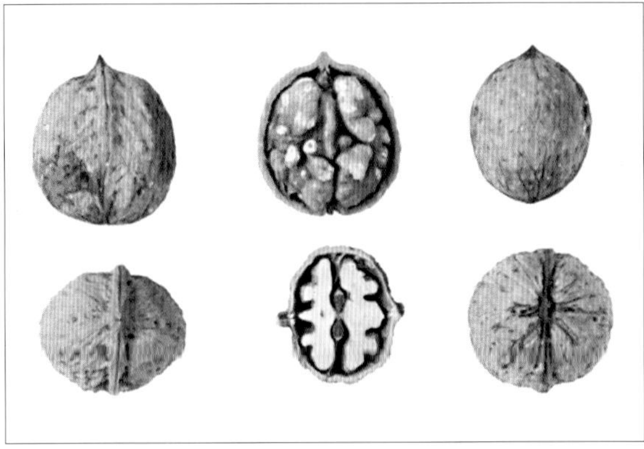
图4-24　维2号

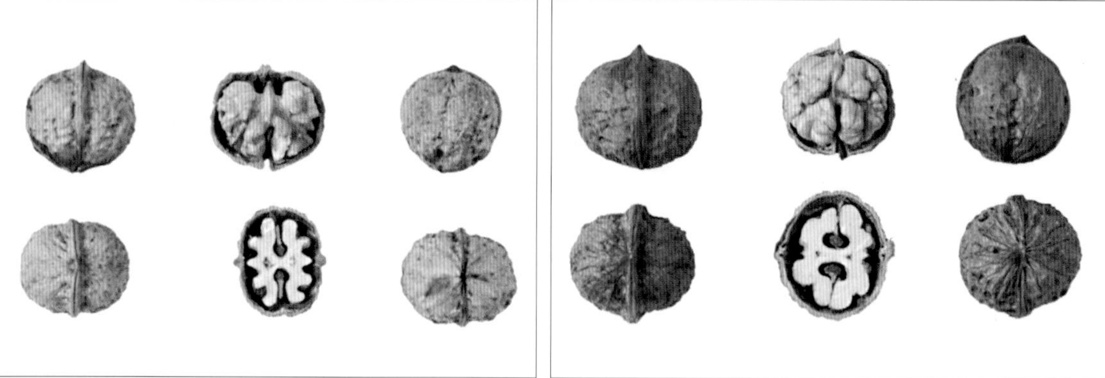

图4-25　永11

图4-26　桐子果核桃

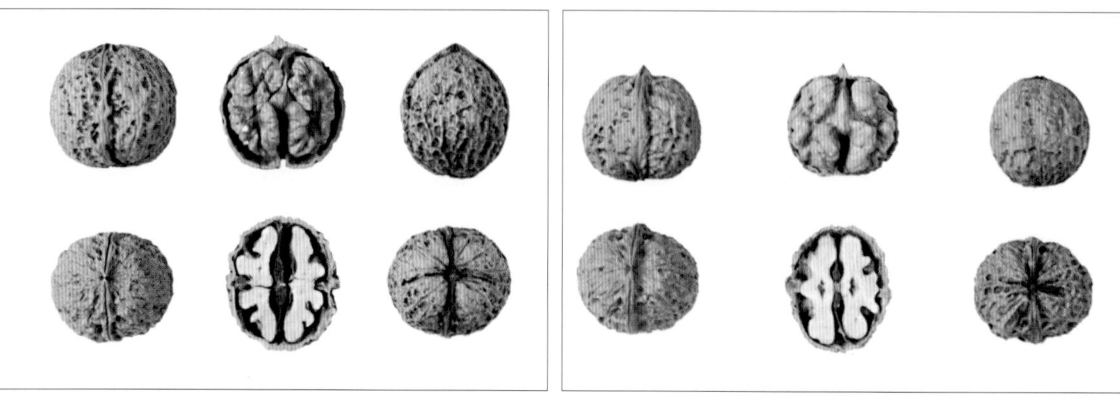

图4-27　华宁大砂壳

图4-28　保核2号

图4-29　保核3号

图4-30　保核5号

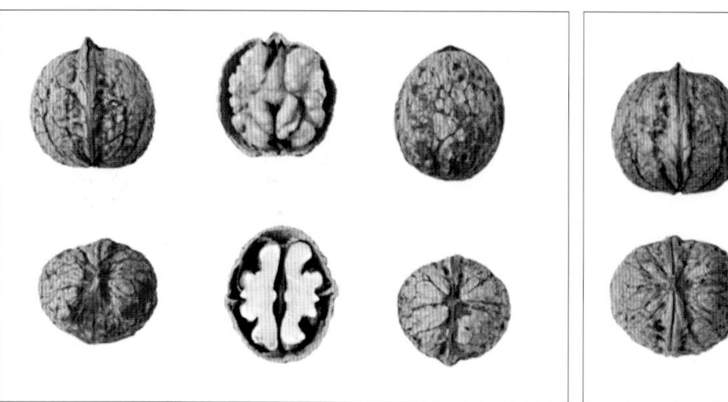

图4-31　保核7号

图4-32　漾江1号

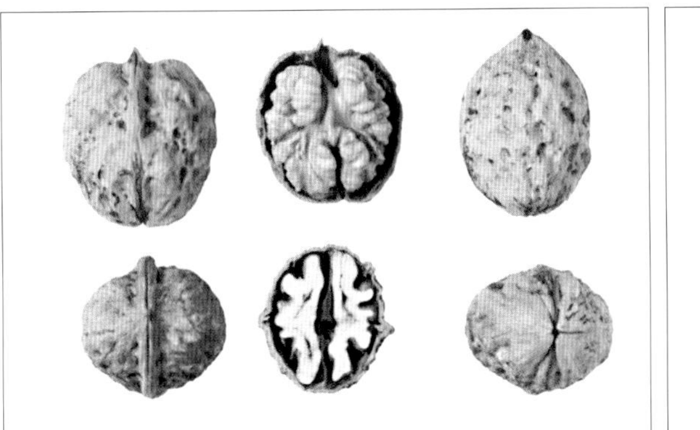

图4-33　云新高原

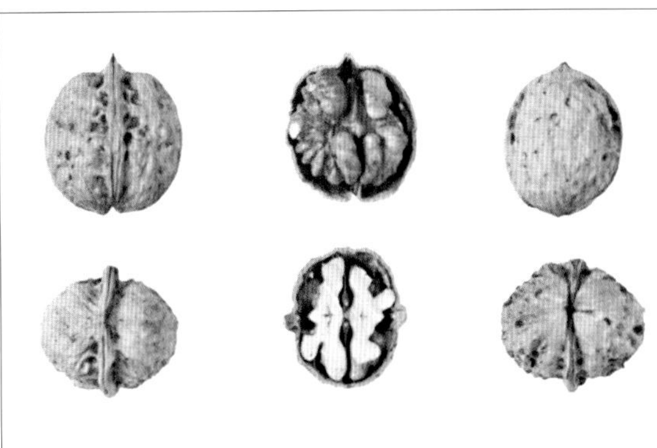

图4-34　云新云林

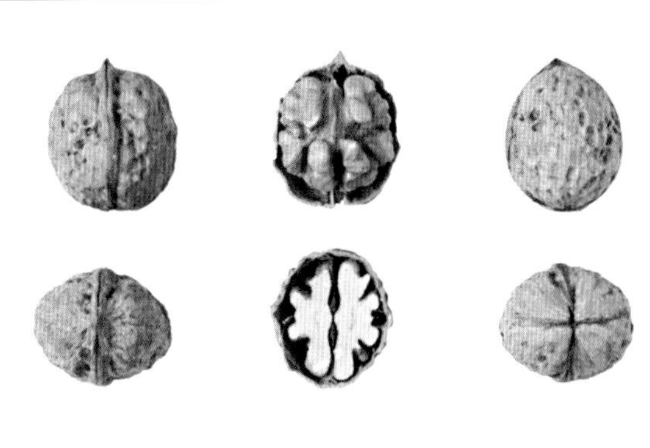

图4-35　云新301

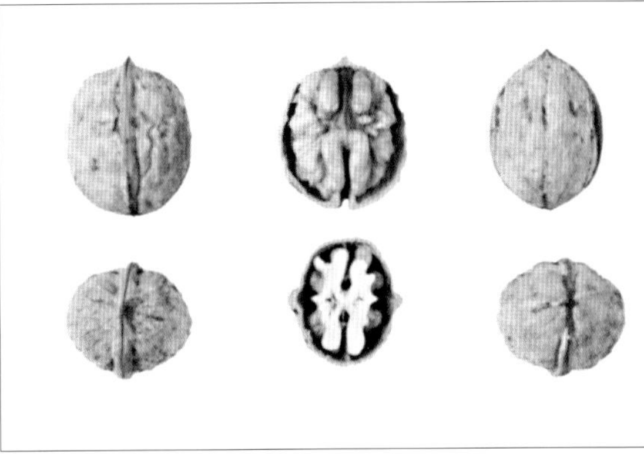

图4-36　云新303

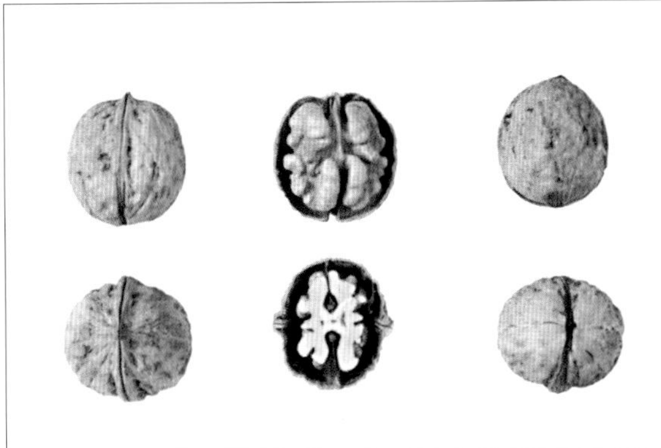

图4-37　云新306

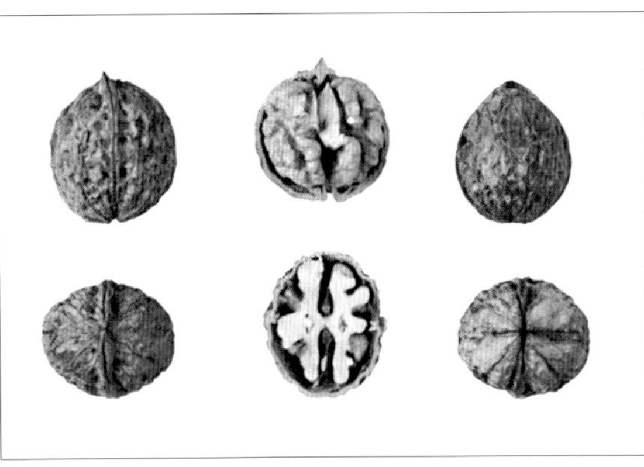

图4-38　漾杂1号

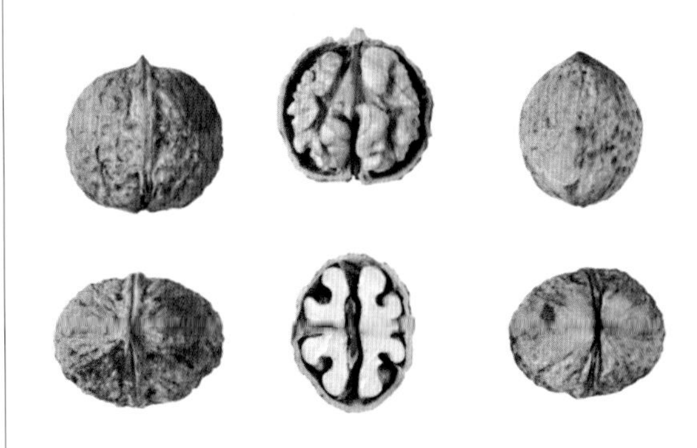

图4-39　漾杂2号

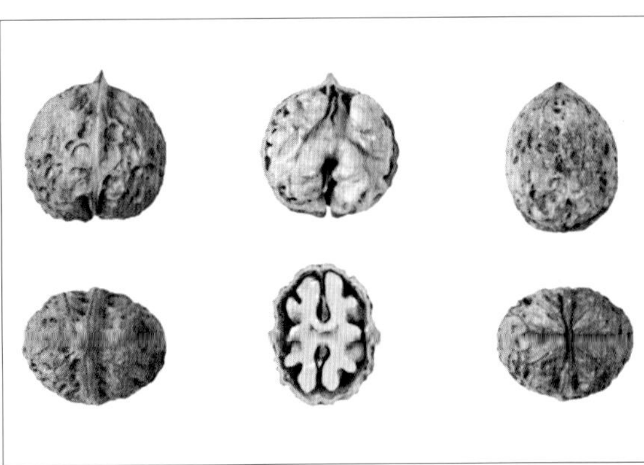

图4-40　漾杂3号

图4-43　艺核1号

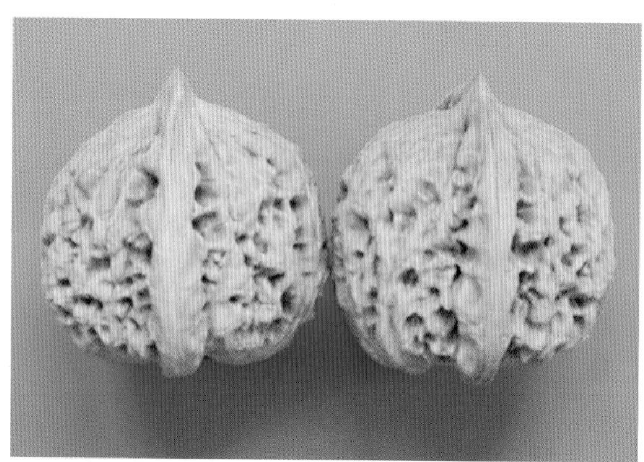

图4-41　未揉（左）和揉手3年后（右）的麻核桃

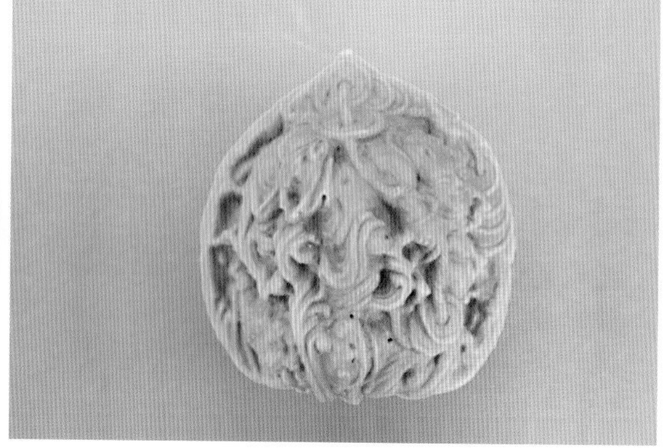

图4-42　麻核桃雕刻艺术品："辰龙仟喜"（左）和"刘海戏金蟾"（右）

图4-44　京艺1号

图4-45　华艺1号

图4-46　京艺2号

图4-47　京艺6号

图4-48　京艺7号

图4-49　京艺8号

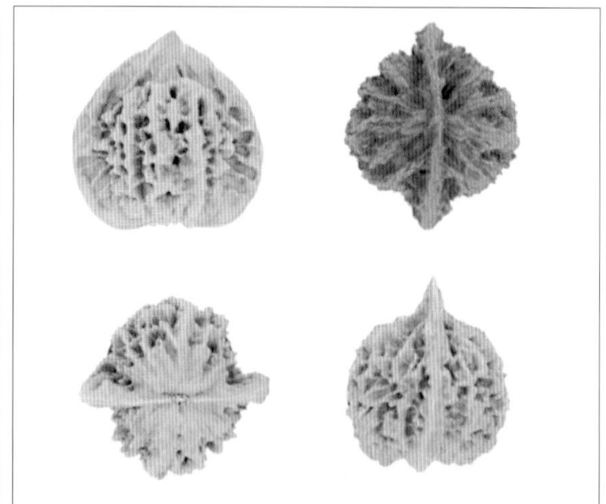
图4-50　艺　龙

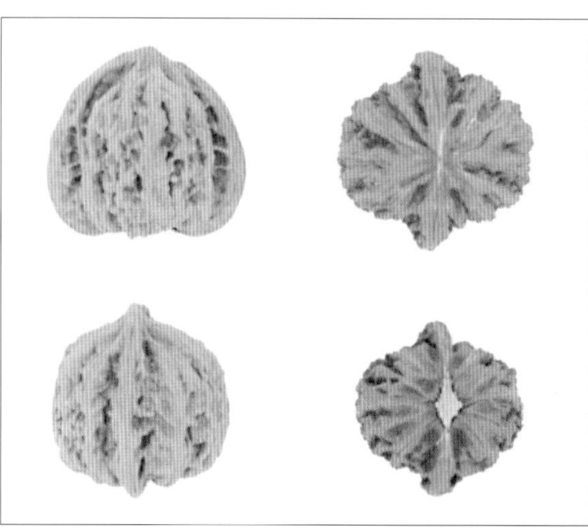
图4-51　艺　狮

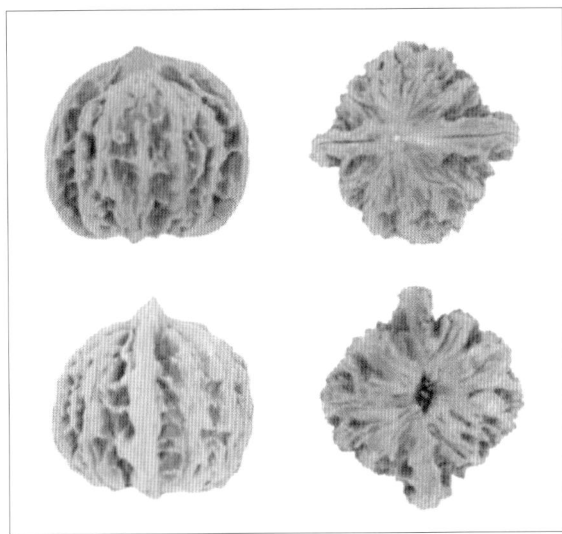

图4-52　艺　虎

图4-53　艺　豹

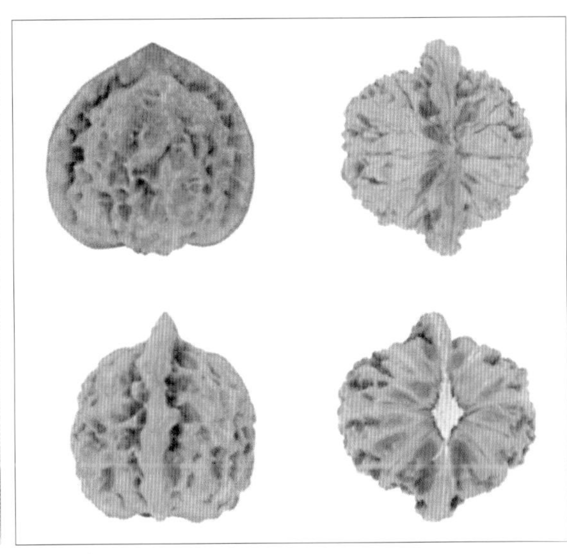

图4-54　艺麒麟

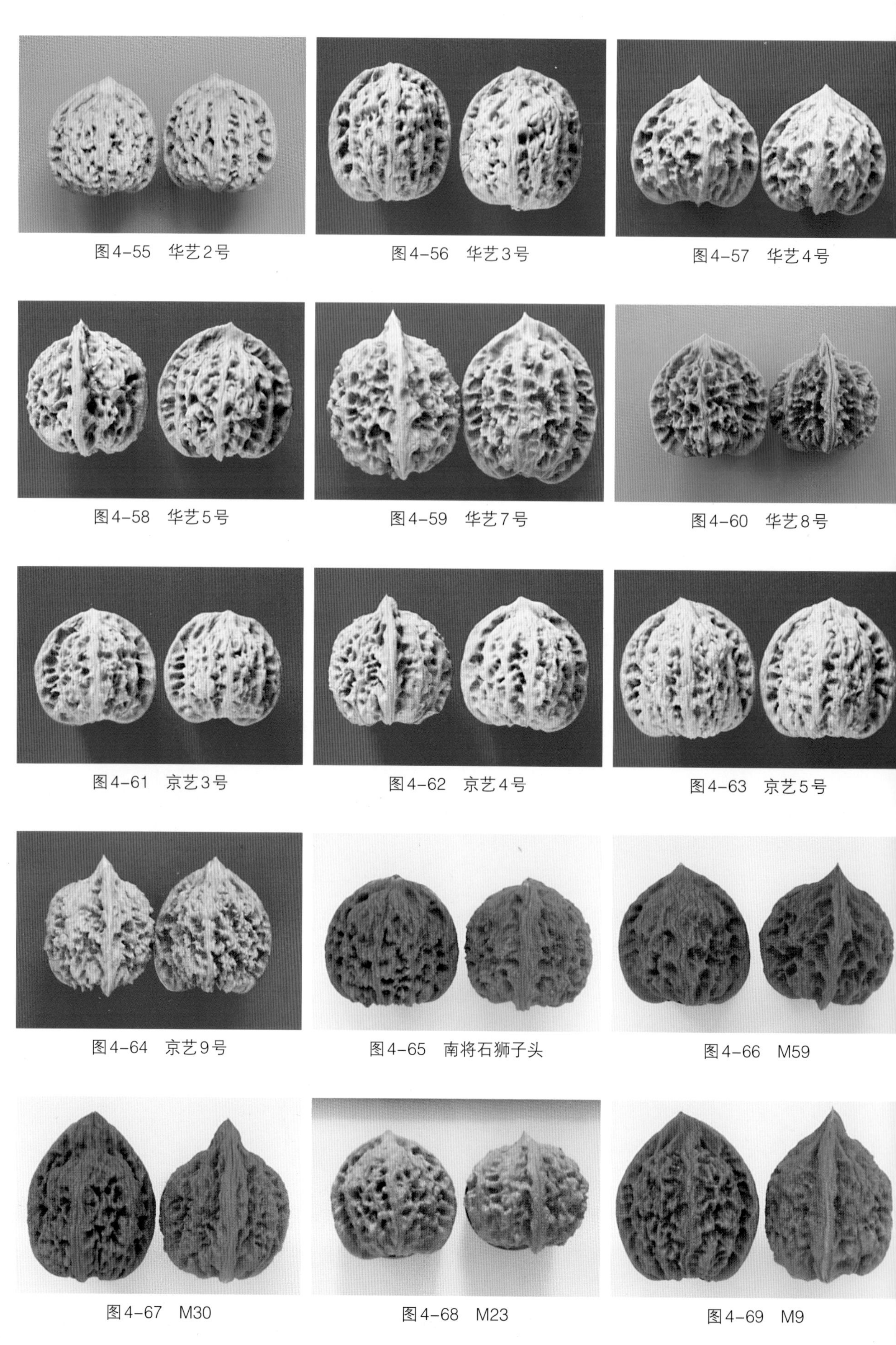

图4-55　华艺2号

图4-56　华艺3号

图4-57　华艺4号

图4-58　华艺5号

图4-59　华艺7号

图4-60　华艺8号

图4-61　京艺3号

图4-62　京艺4号

图4-63　京艺5号

图4-64　京艺9号

图4-65　南将石狮子头

图4-66　M59

图4-67　M30

图4-68　M23

图4-69　M9

图4-70 浙林山1号

图4-71 浙林山2号

图4-72 浙林山3号

图4-73　皖金1号

图4-74　皖金2号

图4-75　皖金3号